Was ist Mathematik?

Richard Courant · Herbert Robbins

Was ist Mathematik?

Fünfte, unveränderte Auflage
Mit 287 Abbildungen

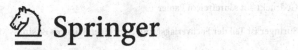

Springer

Richard Courant (1888–1972)
New York University
Courant Institute of Mathematical Sciences
New York, USA

Herbert Robbins (1915–2001)
Rutgers University
Department of Mathematics
Piscataway, USA

Die Fotovorlage für die Abbildung von Richard Courant auf der Einbandvorderseite wurde dem Band C. Reid: „Courant“, Springer-Verlag, 1996, entnommen.

Die Fotovorlage für die Abbildung von Herbert Robbins auf der Einbandvorderseite wurde dem Band Donald. J. Albers, G.L. Alexanderson (Eds.): „Mathematical People, Profiles and Interviews“ mit freundlicher Genehmigung des Birkhäuser Verlags Basel entnommen.

Das englische Original dieses Buches erschien seit dem Jahre 1941 unter dem Titel

WHAT IS MATHEMATICS?

im Verlage der Oxford University Press, New York, in neun Auflagen. Die vorliegende autorisierte Übersetzung stammt von Dr. Iris Runge und wurde von Dr. Arnold Kirsch und Brigitte Rellich bearbeitet.

ISBN 978-3-642-13700-6 e-ISBN 978-3-642-13701-3
DOI 10.1007/978-3-642-13701-3
Springer Heidelberg Dordrecht London New York

Die Deutsche Nationalbibliothek verzeichnet diese Publikation in der Deutschen Nationalbibliografie; detaillierte bibliografische Daten sind im Internet über http://dnb.d-nb.de abrufbar.

Mathematics Subject Classification (1991): 00-01, 00A05

Einbandentwurf: WMXDesign GmbH, Heidelberg

Gedruckt auf säurefreiem Papier

Springer ist Teil der Fachverlagsgruppe Springer Science+Business Media (www.springer.com)

Dem Andenken an
Franz Rellich
gewidmet

Vorwort zur vierten Ausgabe

Richard Courant hatte immer etwas Skrupel wegen des Buchtitels „Was ist Mathematik?", fand er ihn doch „ein klein wenig unehrlich". Diese Bedenken wurden, wenn nicht behoben, so doch gemildert durch einen Ratschlag, den ihm Thomas Mann gab, und von dem Courant oft und mit sichtlichem Vergnügen erzählte*). Bei einer Abendgesellschaft in Princeton, Courants ältester Sohn Ernst hatte gerade den Doktortitel erworben und Thomas Mann den Grad eines Ehrendoktors erhalten, kam Courant neben dem Dichter zu sitzen. Er ließ sich die Gelegenheit nicht entgehen, den berühmten Autor zu fragen, ob er sein Buch „Was ist Mathematik?" oder doch lieber „Mathematische Untersuchungen grundlegender elementarer Probleme für das allgemeine Publikum" nennen sollte. Mann entgegnete, zwar könne er Courant nicht raten, aber er wolle ihm von seiner eigenen Erfahrung berichten. Vor einiger Zeit nämlich habe seine *Lotte in Weimar* in einer englischen Übersetzung bei einem amerikanischen Verlag erscheinen sollen. Da sei sein Verleger, Mr. Knopf, zu ihm gekommen und habe gesagt: „Herr Mann, wir sollten uns noch einmal über den Titel Ihres Buches unterhalten. Meine Frau, die in solchen Dingen ein ausgezeichnetes Gespür hat, meint, wir sollten das Buch *The Beloved Returns* nennen." Als der Autor ein gewisses Unbehagen über diesen Vorschlag äußerte und meinte, schließlich tauge *Lotte in Weimar* ebensogut als deutscher wie als englischer Titel, habe Knopf gesagt: „Herr Mann, Sie haben ja durchaus recht, aber bitte bedenken Sie: Wenn wir Ihr Buch unter dem Titel *Lotte in Weimar* herausbringen, werden wir vielleicht 10000 Exemplare absetzen; nennen wir es aber *The Beloved Returns*, so verkaufen wir 100000 Stück." „Darauf", so Mann, „habe ich mich entschieden, für *The Beloved Returns*". Courant wählte den Titel „What is Mathematics?"

Was also ist Mathematik? Courant und Robbins geben eine Antwort, der wohl die meisten Mathematiker zustimmen können, nämlich, daß man nicht über Mathematik philosophieren, sondern sich mit ihr beschäftigen soll. Freilich, so Euklid, gibt es keinen bequemen Königsweg in die Mathematik, und daher kommt es schon darauf an, welchen Führern man folgen will, wenn die Reise in die Mathematik Erkenntnis und Vergnügen bringen soll. Es ist wohltuend, daß die beiden Autoren die Mathematik nicht als Sammlung unzusammenhängender Probleme, als Rätselecke der Naturwissenschaften darstellen, sondern dem Leser einen Einblick in das innere Gefüge der Mathematik und ihre historische Entwicklung gewähren. Zugleich zeigen sie ihm, worin die Stärke der Mathematik besteht, nämlich in der engen Verbindung von Problemanalyse, Intuition und abstrakt-integrativem Denken. Die Bedeutung des letzteren, von Mathematikern als Axiomatik bezeichnet, kann man gar nicht hoch genug veranschlagen für die Erfolge der Mathematik. Andererseits läuft die axiomatische Methode leicht ins Leere, wenn sie nicht mit der Anschauung, der Intuition und

*) Vgl. Constance Reid, *Courant*, übersetzt von Jeanette Zehnder-Reitinger, Springer-Verlag 1979, Seite 272.

der Einsicht in den organischen inneren Zusammenhang der verschiedenen mathematischen Gebiete gepaart ist. In bester Absicht wird zuweilen die axiomatische Methode überbetont oder gar als allein selig machender Weg gepriesen, wo es doch auch angebracht wäre, die Phantasie des Lesers zu stärken und seine schöpferische Kraft anzuregen. So schrieb schon Lagrange 1788 in seiner *Analytischen Mathematik*: „Man findet in diesem Werk keine Figur. Die hier angewandten Methoden erfordern weder Konstruktionen noch geometrische oder mechanische Schlüsse. Algebraische Operationen allein genügen, die auf einem regulären und einförmigen Wege ausgeführt werden." Ganz ähnlich äußerte sich Dieudonné, einer der Väter von Bourbaki, im Vorwort seiner *Grundlagen der modernen Analysis* (1960): Axiomatische Methoden seien strikt zu befolgen ohne jedweden Appell an die „geometrische Intuition", zumindest in den formalen Beweisen, und diese Notwendigkeit habe er dadurch betont, daß absichtlich kein einziges Diagramm in seinem Buch zu finden wäre.

Freilich hat auch die Mathematik ihre Moden, und inzwischen ist der puristische Standpunkt wieder einmal der Einsicht gewichen, daß man das eine tun kann, ohne das andere zu lassen. Die Anziehungskraft von Arnolds *Mathematischen Methoden der klassischen Mechanik* besteht unter anderem darin, daß viele hilfreiche Figuren die Anschauungskraft des Lesers stützen und ihm das Verständnis der abstrakten Begriffsbildungen erleichtern.

Zum Glück sind auch Courant und Robbins keine Dogmatiker, sondern zeigen uns die Vielfalt mathematischen Denkens, also die geballte Kraft der axiomatischen Methode und die belebende, anregende Wirkung einer glücklich gewählten Figur, die das Denken beflügelt und den Beweisgang in die richtige Bahn lenkt. Außer der *Anschaulichen Geometrie* von Hilbert und Cohn-Vossen kenne ich kein für einen breiten Leserkreis geschriebenes Buch über Mathematik, das dem Geist, dem Charakter und der Schönheit dieser Wissenschaft so gerecht wird wie das vorliegende. Obwohl seit seinem Erscheinen ein halbes Jahrhundert vergangen ist, scheint es mir so frisch, lebendig und aktuell zu sein wie am ersten Tag, was unter anderem auch im Verzicht auf billige Moden und Effekthascherei begründet sein mag; die schöne schlichte Sprache tut ein übriges.

Was ist Mathematik? ist für Leser jeden Alters und jeder Vorbildung gedacht, sofern sie nur Ausdauer und etwas intellektuelle Fähigkeiten mitbringen. Den Schüler wird die Fülle und Vielgestalt der beschriebenen mathematischen Probleme reizen und anspornen, seine geistigen Kräfte zu erproben. Studenten werden vielleicht zu diesem Buch greifen, wenn sie die Orientierung zu verlieren meinen und sich den Ausgangspunkt der modernen Mathematik vor Augen führen wollen. Hier ist die Einheit mathematischen Denkens in der Vielgestalt seiner Ideen, Methoden und Resultate meisterhaft dargestellt. Gymnasiallehrer finden eine reiche Auswahl an Beispielen aller Schwierigkeitsstufen aus den verschiedensten Gebieten – Zahlentheorie, geometrische Konstruktionen, nichteuklidische und projektive Geometrie, Kegelschnitte, Topologie, Extremalaufgaben, Infinitesimalrechnung –, mit denen sich der Unterricht beleben läßt, und für Arbeitsgemeinschaften und Leistungskurse gibt es vielfältige interessante Anregungen. Auch Universitätsdozenten werden mit Gewinn zu diesem Buch greifen, zeigen ihnen doch zwei Meister ihres Faches, wie sich mathematischer Stoff fesselnd und verständlich darstellen läßt ohne billige Kompromisse hinsichtlich Strenge der Beweisführung. Freilich scheuen sich die Autoren nicht, auch Pseudobeweise vorzuführen, wenn diese einen wirklichen Erkenntniswert haben und ein technisch perfekter Beweis nur dem geschulten Mathematiker zuzumuten wäre. Beispiele solcherart Beweise sind Johann Bernoullis Lösung des Brachystochronenproblems und die faszinierende Herleitung des Primzahlsatzes aus statistischen Annahmen.

Der Abschnitt über Minimalflächen, Seifenhautexperimente, Steinerproblem und isoperimetrische Aufgaben wird jedermann fesseln, den Kenner ebensogut wie den Anfänger. Ein Blick auf das Inhaltsverzeichnis genügt, den Leser in erwartungsvolle Spannung zu versetzen. Ich freue mich, daß der Springer-Verlag *Was ist Mathematik?* wieder aufgelegt hat. Dieses klassische Werk sollte in der Bibliothek jedes Gebildeten stehen, gleich neben *Lotte in Weimar*.

Bonn, den 11. Mai 1992 S. HILDEBRANDT

Vorwort zur ersten deutschen Ausgabe

In der Zeit seit dem Erscheinen der ersten Auflage von "What is Mathematics"? im Jahre 1941 ist das allgemeine Interesse an der Mathematik überall erheblich gestiegen. Es wird durch den Unterricht in Schulen und Hochschulen meistens nicht recht befriedigt, trotz mancher Bestrebungen zur Unterrichtsreform. Und doch besteht bei vielen Menschen, ungeachtet der Stufe ihrer Ausbildung, der Wunsch nach einem Verständnis dessen, was die Mathematik als das Produkt einer Jahrtausende alten Tradition und als ein integrierender Bestandteil unserer Kultur bedeutet.

Ausgezeichnete populäre Bücher haben dieses Interesse stimuliert. Aber ein wirkliches Verständnis kann nicht von außen durch mühelose Lektüre gewonnen werden, sondern nur durch ernsten Kontakt mit dem Inhalt der lebendigen Mathematik.

Das vorliegende Werk versucht, den Leser von einem durchaus elementaren Niveau ohne Umwege zu Aussichtspunkten zu führen, von denen man einen Einblick in die Substanz der neueren Mathematik gewinnt. Es ist insofern elementar, als es keine Vorkenntnisse über die geläufige Schulmathematik hinaus erfordert. Es vermeidet unnötige Komplikationen und die leider so oft geübte dogmatische Darstellungsform, welche Wurzeln, Motive und Ziele der Mathematik verschleiert. Aber trotz allen Bemühens, so direkt wie möglich den Kern mathematischer Entwicklungen verständlich zu machen, kann dem Leser nicht jede Anstrengung erspart bleiben: ein gewisser Grad von intellektueller Reife und Bereitschaft zum eigenen Nachdenken ist erforderlich.

Das Buch wendet sich an einen weiten Kreis: an Schüler und Lehrer, an Anfänger und Gelehrte, an Philosophen und Ingenieure. Es mag vielleicht als Ergänzung zu FELIX KLEINs klassischem Werke „Elementarmathematik vom höheren Standpunkte" betrachtet werden, indem es „höhere Mathematik" von einem elementaren Standpunkte behandelt.

Das Buch ist in mehr als 10 Jahren intensiver Vorbereitung entstanden. Den zahlreichen Freunden und Helfern, welche in jenen Jahren mitgearbeitet haben, kann ich hier nicht im einzelnen danken. Während der letzten zwei Jahre vor dem Erscheinen des englischen Originals hat Dr. HERBERT ROBBINS, damals Instructor an der New York University, jetzt Professor der mathematischen Statistik an der Columbia University, als Assistent bei der Fertigstellung des Manuskriptes und bei der Drucklegung sehr wesentliche Hilfe geleistet. Wenn auch die Verantwortung für den Plan und den Inhalt des Buches bei dem unterzeichnenden Autor liegt, so soll doch der Name von HERBERT ROBBINS auf dem Titelblatt zum Ausdruck bringen, daß seine Mitarbeit in den letzten Stadien der Vorbereitung für die endgültige Form des Originals wesentlich war. Für die Übersetzung ins Deutsche und für die Bearbeitung des Manuskriptes sowie für das Korrekturlesen danke ich Frau Dr. IRIS RUNGE, Herrn Dr. ARNOLD KIRSCH, Frau BRIGITTE RELLICH, Frau LISELOTTE JANKE und Herrn DIETER SCHMITT; dieser hat überdies das Sachverzeichnis angefertigt.

Die vorliegende deutsche Ausgabe ist dem Andenken meines unersetzlichen Freundes FRANZ RELLICH gewidmet.

Arosa, Februar 1962 RICHARD COURANT

Vorwort zur zweiten deutschen Ausgabe

Die vorliegende Ausgabe unterscheidet sich von der ersten durch einige Korrekturen und Ergänzungen, die ich hauptsächlich meinen Freunden OTTO NEUGEBAUER in Providence und CARL LUDWIG SIEGEL in Göttingen verdanke.

New Rochelle, N. Y. Oktober 1966 RICHARD COURANT

Ratschläge für die Leser

Es ist keineswegs nötig, daß dieses Buch Seite für Seite, Kapitel für Kapitel durchstudiert wird. Trotz der systematischen Anordnung sind die einzelnen Abschnitte weitgehend unabhängig voneinander. Oft sind die ersten Teile der Kapitel leichter zu verstehen als die darauffolgenden Entwicklungen. Der Leser, der vor allem einen allgemeinen Überblick gewinnen will, mag sich mit einer Auswahl des Stoffes begnügen und viele ins Einzelne gehende Diskussionen auslassen. Ebenso sollte ein ungeübter Leser mit nur geringen Vorkenntnissen sich zunächst auf solche Teile der Darstellung beschränken, die ihm ohne große Schwierigkeiten zugänglich sind und sein Interesse erregen.

Ausführungen, welche solche Leser überschlagen mögen, sind durch Kleindruck oder durch Sternchen (*) bezeichnet. Viele der Aufgaben haben keinen Routinecharakter; manche sind schwierig. Wer die Lösung nicht leicht findet, braucht sich nicht zu beunruhigen.

Lehrer, die das Buch zur Ergänzung des Unterrichts an höheren Schulen benutzen wollen, seien auf die Abschnitte über geometrische Konstruktionen und über Maxima und Minima hingewiesen.

Die Kapitel VI und VIII bilden eine zusammenhängende Einführung in die Differential- und Integralrechnung vom Standpunkt des anschaulichen Verständnisses; in den Händen eines Lehrers, der ergänzendes Material an Aufgaben und Beispielen heranziehen will, mögen diese Kapitel eine brauchbare Grundlage für systematischen Klassenunterricht geben. — Vielfache Erfahrungen mit dem Original haben gezeigt, daß auch im Hochschulunterricht das Buch nützlich sein kann, wenn es sich um unkonventionelle Übersichtskurse oder Kurse für die Lehrerbildung handelt.

Alles in allem ist zu hoffen, daß auch die vorliegende deutsche Ausgabe eine vielfache Anwendungsmöglichkeit bietet.

Inhaltsverzeichnis

Fünftes Kapitel

Topologie

Sechstes Kapitel

Funktionen und Grenzwerte

Anhang

Was ist Mathematik?

Die Mathematik ist tief im menschlichen Denken verankert. Betrachtender Verstand, unternehmender Wille, ästhetisches Gefühl finden in ihr den reinsten Ausdruck. Sie vereint Logik und Anschauung, Analyse und Konstruktion, Individualität der Erscheinungen und Abstraktion der Formen. Wenn auch Mode oder Tradition den einen oder anderen Gesichtspunkt betonen mögen, so beruht doch auf dem Zusammenspiel dieser Antithesen und dem Streben nach Synthese die Vitalität und der letzte Wert der mathematischen Wissenschaft.

Zweifellos ist die Entwicklung der Mathematik in allen ihren Zweigen ursprünglich von praktischen Bedürfnissen und von Beobachtungen realer Dinge angeregt worden, selbst wenn dieser Zusammenhang im Unterricht und in der spezialisierten Forschung vergessen wird. Aber einmal begonnen unter dem Druck notwendiger Anwendungen, gewinnt eine mathematische Entwicklung ihren eigenen Schwung, der meistens weit über die Grenzen unmittelbarer Nützlichkeit hinausführt. Dieser Übergang von der angewandten zur theoretischen Wissenschaft zeigt sich in der antiken Entwicklung ebenso wie in vielen Beiträgen von Ingenieuren und Physikern zur modernen Mathematik.

Die Geschichte der Mathematik beginnt im Orient, wo um 2000 v. Chr. die Babylonier ein reiches Material sammelten, das wir heute in die elementare Algebra einordnen würden. Jedoch als Wissenschaft im modernen Sinne tritt die Mathematik erst später auf griechischem Boden im 5. und 4. Jahrhundert v. Chr. hervor. Kontakte zwischen dem Orient und Griechenland, die zur Zeit des persischen Reiches begannen und in der Zeit nach ALEXANDER einen Höhepunkt erreichten, machten die Griechen mehr und mehr mit den Leistungen der babylonischen Mathematik und Astronomie vertraut. Bald wurde die Mathematik Gegenstand der philosophischen Diskussionen in den intellektuellen Kreisen der griechischen Stadtstaaten. Griechische Denker erkannten die großen Schwierigkeiten in den Begriffen der Stetigkeit, der Bewegung, des Unendlichen und in dem Problem der Messung beliebiger Größen mittels gegebener Einheiten. Diese Schwierigkeiten wurden in bewundernswerter Weise gelöst. Das Ergebnis war EUDOXUS' Theorie des geometrischen Kontinuums, eine Leistung, die erst mehr als 2000 Jahre später in der modernen Theorie der Irrationalzahlen ihresgleichen fand. Die deduktiv-axiomatische Richtung in der Mathematik entstand zur Zeit des EUDOXUS und kristallisierte sich später in EUKLIDs „Elementen".

Wenn auch die theoretische und axiomatische Einstellung der griechischen Mathematik eines ihrer wichtigen Kennzeichen bleibt und bis heute einen ungeheuren Einfluß ausgeübt hat, so kann doch nicht stark genug betont werden, daß die Anwendungen und der Kontakt mit der physikalischen Wirklichkeit in der antiken Mathematik durchaus eine ebenso wichtige Rolle spielten und daß auch in der Antike häufig eine weniger strenge Darstellung als die euklidische vorgezogen wurde.

Die frühe Einsicht in die Schwierigkeiten, die mit „inkommensurablen" Größen zusammenhängen, mag die Griechen davon abgeschreckt haben, die Kunst des Zahlenrechnens weiterzuführen, obwohl sie im Orient schon weit entwickelt war. Statt dessen bahnten sich die Griechen den Weg durch das Gestrüpp der reinen axiomatischen Geometrie. So begann einer der merkwürdigen Umwege der Wissenschaftsgeschichte, und vielleicht wurde eine große Gelegenheit verpaßt. Das hohe Ansehen der geometrischen Tradition der Griechen verzögerte fast 2000 Jahre lang die unvermeidliche Weiterentwicklung des Zahlbegriffs und der algebraischen Methoden, welche heute die Grundlage der Wissenschaft bilden.

Nach einer langen Periode der Stagnation und langsamen Vorbereitung begann im 17. Jahrhundert eine Revolution in den mathematischen Wissenschaften mit der analytischen Geometrie und der Infinitesimalrechnung. In einer wahren Orgie der Produktivität eroberten die Pioniere der neuen Mathematik eine faszinierende Welt mathematischer Reichtümer. Die griechische Geometrie spielte weiter eine wichtige Rolle; aber das griechische Ideal der axiomatischen Kristallisation und strengen systematischen Deduktion verblaßte im 17. und 18. Jahrhundert. Logisch zwingende Beweise, scharfe Definitionen, klare Axiome erschienen den Pionieren der neuen Mathematik unwesentlich. Intuitives Gefühl für Zusammenhänge und eine fast blinde Überzeugung von der übermenschlichen Kraft der neu erfundenen formalen Methoden, mit einer Beimischung von beinahe mystischem Vertrauen in das logisch nicht faßbare „unendlich Kleine" gaben den Anstoß zu neuen Eroberungen. Jedoch allmählich wurde die Ekstase des Fortschritts durch einen neu erwachenden Sinn der Selbstkritik abgelöst. Im 19. Jahrhundert wurde das lange verdrängte Bedürfnis nach Sicherung der Ergebnisse und nach Klarheit unabweisbar, als sich nach der französischen Revolution die Basis des wissenschaftlichen Lebens ungeheuer verbreiterte und die Beherrschung der neuen Methoden nicht einer kleinen Elite von Gelehrten mit sicherem mathematischen Instinkt vorbehalten bleiben konnte. Man wurde also gezwungen, die Grundlagen der neuen Mathematik zu revidieren und zu klären; insbesondere war es nötig, die Differential- und Integralrechnung und ihren Grenzbegriff einem viel größeren Kreise von Lernenden zugänglich zu machen. So wurde das 19. Jahrhundert nicht nur eine Periode neuer Fortschritte, sondern es war zugleich gekennzeichnet durch die erfolgreiche Besinnung auf das klassische Ideal der Präzision und der strengen Beweise. In dieser Hinsicht übertraf es sogar das Vorbild der griechischen Wissenschaft.

Mit der Zeit schlug das Pendel nach der Seite der reinen Logik und Abstraktion aus, und zwar so weit, daß eine gefährliche Trennung der „reinen" Mathematik von lebenswichtigen Anwendungsgebieten entstand. Vielleicht war eine solche Entfremdung zwischen den Mathematikern und anderen Wissenschaftlern in den Zeiten kritischer Revision unvermeidlich. Aber es scheint, und es ist jedenfalls zu hoffen, daß diese Periode der Isolation beendet ist. Die wiedergewonnene innere Stärke und die ungeheure Vereinfachung, die durch das tiefere Verständnis erreicht wurden, machen es heute möglich, die mathematische Theorie zu beherrschen, ohne die Anwendungen zu vernachlässigen. Eine neue organische Einheit von reiner und angewandter Wissenschaft und einen Ausgleich zwischen abstrakter Allgemeinheit und den farbigen, konkreten Erscheinungen zu schaffen, ist vielleicht die wichtigste Aufgabe für die nächste Zukunft.

Eine philosophische Definition der Mathematik ist hier nicht angebracht. Nur auf einige Punkte soll hingewiesen werden. Die Betonung des deduktiv-axiomatischen, Charakters der Mathematik birgt eine große Gefahr. Allerdings entzieht sich das Element der konstruktiven Erfindung, der schöpferischen Intuition einer einfachen philosophischen Formulierung; dennoch bleibt es der Kern jeder mathematischen Leistung, selbst auf den abstraktesten Gebieten. Wenn die kristallisierte, deduktive Form das letzte Ziel ist, so sind Intuition und Konstruktion die treibenden Kräfte. Der Lebensnerv der mathematischen Wissenschaft ist bedroht durch die Behauptung, Mathematik sei nichts anderes als ein System von Schlüssen aus Definitionen und Annahmen, die zwar in sich widerspruchsfrei sein müssen, sonst aber von der Willkür des Mathematikers geschaffen werden. Wäre das wahr, dann würde die Mathematik keinen intelligenten Menschen anziehen. Sie wäre eine Spielerei mit Definitionen, Regeln und Syllogismen ohne Ziel und Sinn. Die Vorstellung, daß der Verstand sinnvolle Systeme von Postulaten frei erschaffen könnte, ist eine trügerische Halbwahrheit. Nur aus der Verantwortung gegen das organische Ganze, nur aus innerer Notwendigkeit heraus kann der freie Geist Ergebnisse von wissenschaftlichem Wert hervorbringen.

Trotz der Gefahr der einseitigen Übertreibung hat die Axiomatik zu einem tieferen Verständnis der mathematischen Tatsachen und ihrer Zusammenhänge und zu einer klareren Einsicht in das Wesen mathematischer Begriffe geführt. Hieraus hat sich eine Auffassung entwickelt, welche über die Mathematik hinaus für moderne Wissenschaft typisch ist.

Welchen philosophischen Standpunkt wir auch immer einnehmen mögen, für die wissenschaftliche Beobachtung erschöpft sich ein Gegenstand in der Gesamtheit seiner möglichen Beziehungen zum beobachtenden Subjekt oder Instrument. Freilich, bloße Beobachtung stellt noch keine Erkenntnis oder Einsicht dar; sie muß eingeordnet und gedeutet werden durch Beziehung auf ein zugrundeliegendes Etwas, ein „Ding an sich", das selbst nicht Gegenstand direkter Beobachtung sein kann, sondern zur Metaphysik gehört. Aber für die wissenschaftliche Methode ist es wichtig, alle metaphysischen Elemente auszuschalten und die beobachtbaren Tatsachen als die einzige Quelle aller Vorstellungen und Konstruktionen zu betrachten. Dieser Verzicht auf das Ziel, das „Ding an sich" zu verstehen, die „letzte Wahrheit" zu erkennen, das innerste Wesen der Welt zu entschleiern, mag für naive Enthusiasten bitter sein; aber gerade er hat sich als eine der fruchtbarsten Wendungen im modernen Denken erwiesen.

Entscheidende Erfolge in der Physik verdanken wir dem Festhalten an dem Prinzip der Ausschaltung des Metaphysischen. EINSTEIN reduzierte die Idee der Gleichzeitigkeit an verschiedenen Orten auf beobachtbare Erscheinungen; so wurde der naive Glaube an einen absoluten Sinn dieser Vorstellung als metaphysisches Vorurteil erkannt und der Schlüssel zur Relativitätstheorie gefunden. NIELS BOHR und seine Schüler gingen der Tatsache auf den Grund, daß jede physikalische Beobachtung von einer Einwirkung des beobachtenden Instruments auf das beobachtete Objekt begleitet sein muß; so wurde z. B. klar, daß die gleichzeitige scharfe Bestimmung von Ort und Geschwindigkeit eines Teilchens physikalisch unmöglich ist. Die weitreichenden Konsequenzen dieser Entdeckung sind heute jedem Wissenschaftler geläufig. Im 19. Jahrhundert herrschte die Auffassung, daß mechanische Kräfte und Bewegungen der Teilchen im Raum etwas „Wirkliches" wären. Das Phänomen der Wärme wurde befriedigend auf dieser Basis verstanden, und man setzte sich das Ziel, auch Elektrizität, Licht und Magnetismus auf mechanische Erscheinungen zurückzuführen und so zu „erklären". Zu diesem Zweck wurde der „Äther" als ein hypothetisches Medium erfunden, welcher zu noch nicht ganz erklärbaren, mechanischen Bewegungen fähig sein sollte. Langsam erkannte man, daß der Äther unbeobachtbar ist und zur Metaphysik gehört, nicht aber zur Physik. Mit Erleichterung und zugleich Enttäuschung wurde schließlich die mechanische Erklärung des Lichtes und der Elektrizität und mit ihnen der Äther aufgegeben.

Eine ähnliche Lage, vielleicht noch stärker ausgeprägt, bestand in der Mathematik. Durch die Jahrhunderte hatten die Mathematiker ihre Objekte, z. B. Zahlen, Punkte usw., als „Dinge an sich" betrachtet. Da diese Objekte aber den Versuchen, sie angemessen zu definieren, von jeher getrotzt haben, dämmerte es den Mathematikern des 19. Jahrhunderts allmählich, daß die Frage nach der Bedeutung dieser Objekte als „wirkliche Dinge" für die Mathematik keinen Sinn hat — wenn sie überhaupt einen hat. Die einzigen sinnvollen Aussagen über sie beziehen sich nicht auf die dingliche Realität; sie betreffen nur die gegenseitigen Beziehungen zwischen undefinierten Objekten und die Regeln, die die Operationen mit ihnen beherrschen. Was Punkte, Linien, Zahlen „wirklich" sind, kann und braucht in der mathematischen Wissenschaft nicht erörtert zu werden. Worauf es ankommt und was „nachprüfbaren" Tatsachen entspricht, ist Struktur und Beziehung, etwa, daß zwei Punkte eine Gerade bestimmen, daß aus Zahlen nach gewissen Regeln andere Zahlen gebildet werden, usw. Eine klare Einsicht in die Notwendigkeit, die elementaren mathematischen Begriffe ihrer Dinglichkeit zu entkleiden, ist eines der fruchtbarsten Ergebnisse der modernen Entwicklung der Axiomatik.

Glücklicherweise vergessen schöpferische Menschen ihre dogmatischen Vorurteile, sobald diese die konstruktive Leistung behindern. In jedem Fall, für Gelehrte und Laien gleichermaßen, kann nicht Philosophie, sondern nur das Studium der mathematischen Substanz die Antwort auf die Frage geben: Was ist Mathematik?

Erstes Kapitel

Die natürlichen Zahlen

Einleitung

Die Zahlen sind die Grundlage der modernen Mathematik. Aber was sind Zahlen? Was bedeutet etwa die Aussage $\frac{1}{2}+\frac{1}{2}=1$, $\frac{1}{2}\cdot\frac{1}{2}=\frac{1}{4}$ oder $(-1)(-1)=1$? Wir lernen in der Schule die mechanischen Rechenregeln für Brüche und negative Zahlen, aber um das Zahlensystem wirklich zu verstehen, müssen wir auf einfachere Elemente zurückgreifen. Während die Griechen die geometrischen Begriffe Punkt und Gerade zur Grundlage ihrer Mathematik wählten, ist es heute zum Leitprinzip geworden, daß alle mathematischen Aussagen letzten Endes auf Aussagen über die *natürlichen Zahlen* 1, 2, 3, . . . zurückführbar sein müssen. „Die ganzen Zahlen hat Gott gemacht, alles übrige ist Menschenwerk." Mit diesen Worten bezeichnete LEOPOLD KRONECKER (1823–1891) den sicheren Grund, auf dem der Bau der Mathematik errichtet werden kann.

Vom menschlichen Geist zum Zählen geschaffen, haben die Zahlen keinerlei Beziehung zu der individuellen Natur der gezählten Dinge. Die Zahl Sechs ist eine Abstraktion von allen wirklichen Gesamtheiten, die sechs Dinge enthalten; sie hängt nicht von den speziellen Eigenschaften dieser Dinge oder von den benutzten Symbolen ab. Erst auf einer etwas höheren Stufe der geistigen Entwicklung wird die abstrakte Natur der Idee der Zahl deutlich. Für Kinder bleiben die Zahlen immer mit greifbaren Dingen wie Fingern oder Perlen verknüpft, und primitive Sprachen zeigen einen konkreten Zahlensinn, indem sie für verschiedene Arten von Dingen verschiedene Zahlworte verwenden.

Glücklicherweise braucht sich der Mathematiker nicht um die philosophische Natur des Übergangs von Gesamtheiten konkreter Gegenstände zum abstrakten Zahlbegriff zu kümmern. Wir wollen daher die natürlichen Zahlen als gegeben ansehen, zusammen mit den beiden Grundoperationen, Addition und Multiplikation, durch die sie verknüpft werden können.

§ 1. Das Rechnen mit ganzen Zahlen

1. Gesetze der Arithmetik

Die mathematische Theorie der natürlichen Zahlen oder *positiven ganzen Zahlen* heißt *Arithmetik*. Sie beruht auf der Tatsache, daß die Addition und Multiplikation der ganzen Zahlen gewissen Gesetzen unterworfen sind. Um diese Gesetze in voller Allgemeinheit auszusprechen, können wir nicht Symbole wie 1, 2, 3 benutzen, da sich diese auf bestimmte Zahlen beziehen. Die Behauptung

$$1+2=2+1$$

ist nur ein spezielles Beispiel des allgemeinen Gesetzes, daß die Summe von zwei Zahlen dieselbe ist, gleichgültig, in welcher Reihenfolge sie betrachtet werden. Wenn wir daher die Tatsache aussprechen wollen, daß eine gewisse Beziehung zwischen Zahlen unabhängig von den speziellen Werten der beteiligten Zahlen gültig ist, so werden wir die Zahlen symbolisch durch Buchstaben $a, b, c, \ldots$ bezeichnen. Mit dieser Verabredung können wir nun fünf arithmetische Grundgesetze aussprechen, die dem Leser vertraut sind:

$$1)\ a + b = b + a, \qquad 2)\ ab = ba,$$
$$3)\ a + (b + c) = (a + b) + c, \qquad 4)\ a(bc) = (ab)c,$$
$$5)\ a(b + c) = ab + ac.$$

Die ersten beiden von diesen, die *kommutativen* Gesetze der Addition und Multiplikation, sagen aus, daß man bei Addition und Multiplikation die Reihenfolge der beteiligten Elemente vertauschen darf. Das dritte, das *assoziative* Gesetz der Addition, sagt aus, daß die Addition dreier Zahlen dasselbe ergibt, einerlei, ob wir die erste zu der Summe der zweiten und dritten oder die dritte zu der Summe der ersten und zweiten addieren. Das vierte ist das assoziative Gesetz der Multiplikation. Das letzte, das *distributive* Gesetz, drückt die Tatsache aus, daß eine Summe sich mit irgendeiner Zahl multiplizieren läßt, indem man jedes Glied der Summe mit der Zahl multipliziert und dann die Produkte addiert.

Diese Gesetze der Arithmetik sind sehr einfach und könnten als selbstverständlich erscheinen. Es wäre aber möglich, daß sie auf andere Gegenstände als positive Zahlen nicht anwendbar wären. Wenn a und b Symbole nicht für Zahlen, sondern für chemische Substanzen sind und wenn Addition im Sinne von „Hinzufügen" gebraucht wird, so ist klar, daß das kommutative Gesetz nicht immer gilt. Denn wenn z. B. Schwefelsäure zu Wasser hinzugefügt wird, so erhält man eine verdünnte Lösung, während die Hinzufügung von Wasser zu konzentrierter Schwefelsäure für den Experimentator eine Katastrophe bedeuten kann. Ähnliche Beispiele zeigen, daß bei solcher „Arithmetik" auch das assoziative und distributive Gesetz der Addition versagen können. Man kann sich demnach Typen einer Arithmetik vorstellen, bei denen eins oder mehrere der Gesetze 1) bis 5) nicht gelten. Solche Systeme sind tatsächlich in der modernen Mathematik untersucht worden.

Ein konkretes Modell für den abstrakten Begriff der natürlichen Zahl wird die anschauliche Grundlage andeuten, auf der die Gesetze 1) bis 5) beruhen. Statt die gewöhnlichen Zahlzeichen 1, 2, 3 usw. zu benutzen, wollen wir diejenige positive ganze Zahl, die die Anzahl der Dinge in einer gegebenen Gesamtheit (z. B. die Gesamtheit der Äpfel auf einem bestimmten Baum) angibt, durch eine

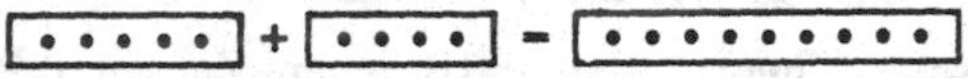

Fig. 1. Addition

Anzahl Punkte in einem rechteckigen Kästchen bezeichnen, je einen Punkt für jedes Ding. Indem wir mit solchen Kästchen operieren, können wir die Gesetze der Arithmetik der positiven Zahlen untersuchen. Um zwei Zahlen a und b zu addieren, setzen wir die beiden Kästchen aneinander und entfernen die Trennwand.

Um a und b zu multiplizieren, bilden wir einen neuen Kasten mit a Zeilen und b Spalten von Punkten. Man sieht, daß die Regeln 1) bis 5) unmittelbar anschaulichen Eigenschaften dieser Operationen mit den Kästen entsprechen.

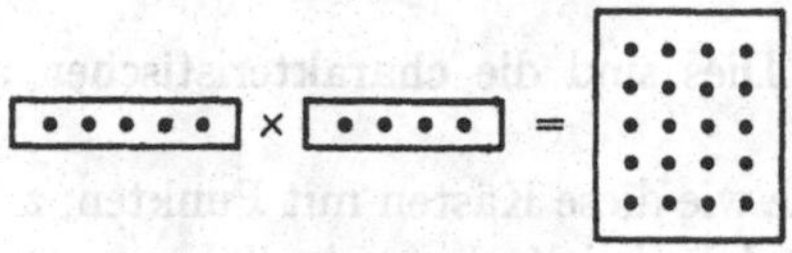

Fig. 2. Multiplikation

Auf Grund der Definition der Addition zweier positiver ganzer Zahlen können wir nun die *Kleiner-* bzw. *Größerbeziehung* definieren. Jede der beiden gleichwertigen Aussagen $a < b$ (lies: a kleiner als b) und $b > a$ (lies: b größer als a) bedeutet,

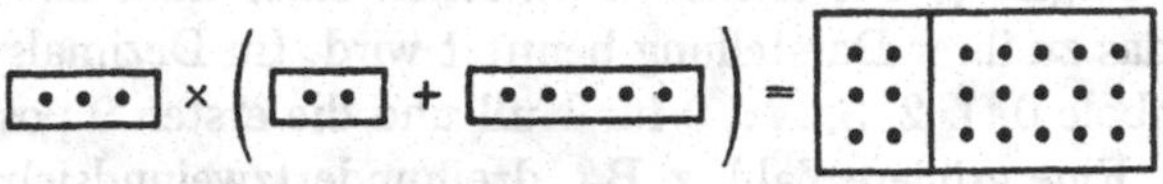

Fig. 3. Das distributive Gesetz

daß der Kasten b aus dem Kasten a erhalten werden kann, indem man einen geeignet gewählten Kasten c hinzufügt, so daß $b = a + c$. Wenn das zutrifft, schreiben wir

$$c = b - a ,$$

womit die Operation der *Subtraktion* definiert ist.

Fig. 4. Subtraktion

Addition und Subtraktion heißen *inverse Operationen*; denn wenn auf die Addition der Zahl d zu der Zahl a die Subtraktion der Zahl d folgt, so ist das Ergebnis wieder die ursprüngliche Zahl a:

$$(a + d) - d = a .$$

Man beachte, daß die ganze Zahl $b - a$ bisher nur definiert ist, wenn $b > a$. Die Deutung von $b - a$ als *negative ganze Zahl*, falls $b < a$, wird später erörtert werden (S. 44).

Es ist häufig bequem, die Schreibweise $b \geqq a$ (lies: b größer oder gleich a) oder $a \leqq b$ (lies: a kleiner oder gleich b) zu benutzen, um die Verneinung der Aussage $a > b$ auszudrücken. So ist z. B. $2 \geqq 2$ und $3 \geqq 2$.

Wir können den Bereich der positiven ganzen Zahlen, dargestellt durch Kästen mit Punkten, noch ein wenig erweitern, indem wir die ganze Zahl *Null* einführen, dargestellt durch einen leeren Kasten. Wenn wir den leeren Kasten durch das gewohnte Symbol 0 bezeichnen, so gilt nach unserer Definition der Addition und Multiplikation

$$a + 0 = a ,$$
$$a \cdot 0 = 0 ,$$

für jede Zahl a. Denn $a + 0$ bezeichnet die Addition eines leeren Kastens zu dem

Kasten a, während $a \cdot 0$ einen Kasten ohne Spalten, also einen leeren Kasten bedeutet. Es ist dann sinnvoll, die Definition der Subtraktion dahin zu erweitern, daß

$$a - a = 0$$

für jede ganze Zahl a. Dies sind die charakteristischen arithmetischen Eigenschaften der Zahl Null.

Geometrische Modelle wie diese Kästen mit Punkten, z. B. der antike Abacus, sind bis in das späte Mittelalter vielfach zur Ausführung numerischer Rechnungen benutzt worden; später wurden sie allmählich ersetzt durch weit überlegene symbolische Methoden, die auf dem Dezimalsystem beruhen.

2. Die Darstellung der positiven ganzen Zahlen

Wir müssen sorgfältig unterscheiden zwischen einer Zahl und dem Symbol 5, V, ... usw., das zu ihrer Darstellung benutzt wird. Im Dezimalsystem werden die 10 Ziffersymbole 0, 1, 2, 3, ..., 9 für Null und die ersten 9 positiven ganzen Zahlen benutzt. Eine größere Zahl, z. B. „dreihundertzweiundsiebzig“, kann in der Form

$$300 + 70 + 2 = 3 \cdot 10^2 + 7 \cdot 10 + 2$$

ausgedrückt werden und wird im Dezimalsystem durch das Symbol 372 bezeichnet. Der wichtige Punkt hierbei ist, daß die Bedeutung der Ziffern 3, 7, 2 von ihrer *Stellung* auf dem Einer-, Zehner- oder Hunderterplatz abhängt. Mit dieser „Stellenschreibweise“ können wir jede ganze Zahl durch ausschließliche Benutzung der 10 Ziffersymbole in verschiedener Zusammensetzung darstellen. Nach der allgemeinen Regel wird eine ganze Zahl in folgender Form dargestellt

$$z = a \cdot 10^3 + b \cdot 10^2 + c \cdot 10 + d\,,$$

wobei die Ziffern a, b, c, d ganze Zahlen von Null bis neun sind. Die Zahl z wird dann durch das abgekürzte Symbol

$$abcd$$

ausgedrückt. Nebenbei bemerken wir, daß die Koeffizienten d, c, b, a die Reste sind, die bei aufeinanderfolgenden Divisionen von z durch 10 bleiben. Also

$$\begin{aligned} 372 : 10 &= 37 \quad \text{Rest } 2 \\ 37 : 10 &= 3 \quad \text{Rest } 7 \\ 3 : 10 &= 0 \quad \text{Rest } 3\,. \end{aligned}$$

Der oben angegebene spezielle Ausdruck für z kann nur ganze Zahlen unter zehntausend darstellen, da größere Zahlen fünf oder mehr Ziffern verlangen. Wenn z eine ganze Zahl zwischen zehntausend und hunderttausend ist, so können wir sie in der Form

$$z = a \cdot 10^4 + b \cdot 10^3 + c \cdot 10^2 + d \cdot 10 + e$$

ausdrücken und durch das Symbol $abcde$ darstellen. Eine ähnliche Aussage gilt für ganze Zahlen zwischen hunderttausend und einer Million usw. Es ist nützlich, sämtliche Zahlen durch eine einheitliche Bezeichnungsweise zu erfassen. Zu diesem Zweck bezeichnen wir die verschiedenen Koeffizienten $e, d, c, \ldots$ durch den Buchstaben a mit verschiedenen „Indexwerten“: $a_0, a_1, a_2, a_3, \ldots$ und deuten die

Tatsache, daß die Potenzen von 10 so groß wie nötig genommen werden können, dadurch an, daß wir die höchste Potenz nicht durch 10^3 oder 10^4, wie in den obigen Beispielen, sondern durch 10^n bezeichnen, wobei n eine beliebige natürliche Zahl bedeuten soll. Die allgemeine Darstellung einer Zahl z im Dezimalsystem ist dann

$$z = a_n \cdot 10^n + a_{n-1} \cdot 10^{n-1} + \cdots + a_1 \cdot 10 + a_0 \tag{1}$$

oder symbolisch

$$a_n a_{n-1} \cdots a_1 a_0 .$$

Ebenso wie in dem oben betrachteten Spezialfall sehen wir, daß die Ziffern a_0, a_1, $a_2, \ldots, a_n$ einfach die aufeinanderfolgenden Reste sind, die bei wiederholter Division von z durch 10 auftreten.

Im Dezimalsystem ist die Zahl Zehn als Basis gewählt. Der Laie macht sich vielleicht nicht klar, daß die Wahl der Zehn nicht wesentlich ist, sondern daß jede ganze Zahl größer als Eins demselben Zweck dienen könnte. Man könnte z. B. ein *Septimalsystem* (Basis 7) benutzen. In einem solchen System würde eine ganze Zahl als

$$b_n \cdot 7^n + b_{n-1} \cdot 7^{n-1} + \cdots + b_1 \cdot 7 + b_0 \tag{2}$$

ausgedrückt werden, worin die b Ziffern von Null bis sechs sind, und die Zahl durch das Symbol

$$b_n b_{n-1} \cdots b_1 b_0$$

dargestellt wird. So würde hundertneun im Septimalsystem durch das Symbol 214 bezeichnet werden, was

$$2 \cdot 7^2 + 1 \cdot 7 + 4$$

bedeutet. Zur Übung möge der Leser beweisen, daß die allgemeine Regel für den Übergang von der Basis zehn zu einer beliebigen anderen Basis B darin besteht, aufeinanderfolgende Divisionen der Zahl z durch B durchzuführen; die Reste werden die Ziffern der Zahl in dem System mit der Basis B sein. Zum Beispiel:

$$\begin{aligned} 109 : 7 &= 15, \quad \text{Rest } 4 \\ 15 : 7 &= \ \ 2, \quad \text{Rest } 1 \\ 2 : 7 &= \ \ 0, \quad \text{Rest } 2 \end{aligned}$$

$$109 \text{ (Dezimalsystem)} = 214 \text{ (Septimalsystem)}.$$

Es liegt nahe, zu fragen, ob irgendeine spezielle Wahl der Basis besondere Vorzüge hat. Wir werden sehen, daß eine zu kleine Basis Nachteile hat, während eine große Basis das Lernen vieler Ziffersymbole und ein erweitertes Einmaleins erfordert. Die Wahl der Zwölf als Basis ist empfohlen worden, da zwölf durch zwei, drei, vier und sechs teilbar ist und daher Aufgaben, in denen Divisionen und Brüche vorkommen, vielfach vereinfacht werden würden. Um eine beliebige ganze Zahl auf Grund der Basis zwölf (Duodezimalsystem) auszudrücken, brauchen wir zwei neue Ziffersymbole für zehn und elf. Schreiben wir etwa α für zehn und β für elf. Dann würde im Duodezimalsystem zwölf als 10 geschrieben werden, „zweiundzwanzig" würde als 1α, „dreiundzwanzig" würde 1β und „einhunderteinunddreißig" würde $\alpha\beta$ heißen.

Die Erfindung der Stellenschreibweise, die den Sumerern oder Babyloniern zugeschrieben wird und von den Hindus weiterentwickelt wurde, war von außerordentlicher Bedeutung für die Kultur. Die frühesten Zahlsysteme waren auf dem rein additiven Prinzip aufgebaut. In der römischen Darstellungsweise schrieb man z. B.

CXVIII = hundert + zehn + fünf + eins + eins + eins.

Die ägyptischen, hebräischen und griechischen Zahlsysteme standen auf dem gleichen Niveau. Einer der Nachteile einer rein additiven Bezeichnungsweise ist, daß man mehr und mehr Symbole braucht, je größer die Zahlen werden. (Selbstverständlich waren die damaligen Wissenschaftler noch nicht mit unseren modernen astronomischen und atomaren Größenordnungen geplagt.) Aber der Hauptnachteil der antiken Systeme, z. B. des römischen, lag darin, daß das Zahlenrechnen äußerst schwierig war; nur Spezialisten konnten sich über die allereinfachsten Aufgaben hinauswagen. Das Stellensystem der Hindus, das wir jetzt benutzen, hat demgegenüber enorme Vorteile. (Es wurde in das mittelalterliche Europa durch italienische Kaufleute eingeführt, die es von den Moslems gelernt hatten.) Im Stellensystem können alle Zahlen, groß oder klein, mit Hilfe einer relativ geringen Anzahl von Ziffersymbolen dargestellt werden (im Dezimalsystem sind dies die „arabischen Ziffern" 0, 1, 2, ..., 9). Dazu kommt der noch wichtigere Vorteil der bequemen Rechenmethoden. Die Regeln für das Rechnen mit Zahlen im Stellensystem können in der Form von Additions- und Multiplikationstabellen für die Ziffierngrößen dargestellt werden, die man ein für allemal auswendig lernen kann. Die uralte Kunst des Rechnens, die einst nur auf wenige Eingeweihte beschränkt war, wird jetzt in der Grundschule gelehrt. Es gibt nicht viele Beispiele dafür, daß der wissenschaftliche Fortschritt das Alltagsleben so stark beeinflußt und erleichtert hat.

3. Das Rechnen in nichtdezimalen Systemen

Die Benutzung der Zahl Zehn als Basis geht auf die Anfänge der Zivilisation zurück und beruht zweifellos auf der Tatsache, daß wir zehn Finger haben, mit denen wir zählen können. Aber die Zahlworte vieler Sprachen zeigen noch Spuren von der Verwendung anderer Basen, insbesondere zwölf und zwanzig. Im Englischen und Deutschen werden die Wörter für elf und zwölf nicht nach dem Dezimalprinzip der Verbindung der 10 mit den Ziffern, wie bei 13, 14 usw., gebildet, sondern sie sind sprachlich unabhängig von dem Wort für 10. Im Französischen deuten die Wörter „vingt" und „quatrevingt" für 20 und 80 an, daß für manche Zwecke ein System mit der Basis 20 gebraucht worden ist. Im Dänischen bedeutet das Wort für 70 „halvfjerds" halbwegs von dreimal zu viermal zwanzig. Die babylonischen Astronomen hatten ein Bezeichnungssystem, das teilweise sexagesimal (Basis 60) war, und man nimmt an, daß sich hieraus die herkömmliche Einteilung der Stunde und des Winkelgrads in 60 Minuten erklärt.

In einem Nichtdezimalsystem sind die Rechenregeln dieselben, aber die Tabellen für Addition und Multiplikation (Einmaleins) der Ziffergrößen sind andere. Da wir an das Dezimalsystem gewöhnt und auch durch die Zahlwörter unserer Sprache daran gebunden sind, werden wir dies wohl zuerst als etwas verwirrend empfinden. Versuchen wir einmal eine Multiplikation im Septimalsystem. Vorher empfiehlt es sich, die Tabellen, die wir zu benutzen haben, hinzuschreiben:

Addition

	1	2	3	4	5	6
1	2	3	4	5	6	10
2	3	4	5	6	10	11
3	4	5	6	10	11	12
4	5	6	10	11	12	13
5	6	10	11	12	13	14
6	10	11	12	13	14	15

Multiplikation

	1	2	3	4	5	6
1	1	2	3	4	5	6
2	2	4	6	11	13	15
3	3	6	12	15	21	24
4	4	11	15	22	26	33
5	5	13	21	26	34	42
6	6	15	24	33	42	51

Wir wollen nun 265 mit 24 multiplizieren, wobei diese beiden Zahlensymbole im Septimalsystem geschrieben sind. (Im Dezimalsystem würde dies der Multiplikation von 145 mit 18 entsprechen.) Die Regeln der Multiplikation sind dieselben wie im Dezimalsystem. Wir beginnen, indem wir 5 mit 4 multiplizieren, was nach der Multiplikationstabelle 26 ergibt.

$$\begin{array}{r} 265 \\ 24 \\ \hline 1456 \\ 563 \\ \hline 10416 \end{array}$$

Wir schreiben 6 an die Stelle der Einer und übertragen die 2 „im Kopf" auf die nächste Stelle. Dann finden wir $4 \cdot 6 = 33$ und $33 + 2 = 35$. Wir schreiben die 5 hin und gehen auf dieselbe Art weiter, bis alles ausmultipliziert ist. Bei der Addition von 1456 und 563 erhalten wir $6 + 0 = 6$ auf der Einerstelle, $5 + 3 = 11$ in der Stelle der Siebener; wieder schreiben wir 1 hin und behalten 1 für die Neunundvierziger-Stelle, für die wir $1 + 6 + 4 = 14$ erhalten. Das Endergebnis ist $265 \cdot 24 = 10416$.

Als Probe für dieses Resultat können wir dieselben Zahlen im Dezimalsystem multiplizieren. 10416 (Septimalsystem) kann im Dezimalsystem geschrieben werden, wenn man die Potenzen von 7 bis zur vierten berechnet: $7^2 = 49$, $7^3 = 343$, $7^4 = 2401$. Also haben wir $2401 + 4 \cdot 49 + 1 \cdot 7 + 6$, wobei hier Zahlen im Dezimalsystem gemeint sind. Addieren wir die Zahlen, so finden wir, daß 10416 im Septimalsystem gleich 2610 im Dezimalsystem ist. Multiplizieren wir schließlich 145 mit 18 im Dezimalsystem, so ergibt sich 2610, also stimmen die Rechnungen überein.

Übungen: 1. Man stelle die Additions- und Multiplikationstabellen im Duodezimalsystem auf und rechne einige Beispiele der gleichen Art.

2. Man drücke „dreißig" und „hundertdreiunddreißig" in den Systemen mit den Basen 5, 7, 11 und 12 aus.

3. Was bedeuten die Symbole 11111 und 21212 in diesen Systemen?

4. Man bilde die Additions- und Multiplikationstabellen für die Basen 5, 11, 13.

In theoretischer Hinsicht ist das Stellensystem mit der Basis 2 dadurch ausgezeichnet, daß es die kleinstmögliche Basis hat. Die einzigen Ziffern in diesem *dyadischen System* sind 0 und 1; jede andere Zahl z wird durch eine Reihe dieser beiden Symbole ausgedrückt. Die Additions- und Multiplikationstabellen bestehen einfach aus den Regeln $1 + 1 = 10$ und $1 \cdot 1 = 1$. Aber der Nachteil dieses Systems liegt auf der Hand: Man braucht lange Ausdrücke, um kleine Zahlen darzustellen. So z. B. wird neunundsiebzig, das man als $1 \cdot 2^6 + 0 \cdot 2^5 + 0 \cdot 2^4 + 1 \cdot 2^3 + 1 \cdot 2^2 + 1 \cdot 2 + 1$ ausdrücken kann, im dyadischen System 1001111 geschrieben.

Als Beispiel für die Einfachheit der Multiplikation im dyadischen System wollen wir sieben und fünf multiplizieren, die hier 111 bzw. 101 heißen. Behalten wir im Sinn, daß $1 + 1 = 10$ ist, so haben wir

$$\begin{array}{r} 111 \\ 101 \\ \hline 111 \\ 111 \\ \hline 100011 \end{array} = 2^5 + 2 + 1\,,$$

was tatsächlich fünfunddreißig ist.

GOTTFRIED WILHELM LEIBNIZ (1646–1716), einer der bedeutendsten Köpfe seiner Zeit, schätzte das dyadische System sehr. LAPLACE sagt von ihm: „LEIBNIZ sah in seiner dyadischen Arithmetik das Bild der Schöpfung. Er stellte sich vor, die Einheit stelle Gott dar und die Null das Nichts; das höchste Wesen habe alle Dinge aus dem Nichts erschaffen, ebenso wie die Einheit und die Null alle Zahlen seines Zahlensystems ausdrücken".

Übung: Man diskutiere das Problem der Zahlenbenennung, wenn eine beliebige Basis a zugrundegelegt wird. Um die ganzen Zahlen in dem betr. System benennen zu können, brauchen wir Wörter für die Ziffern $0, 1, \ldots, a - 1$ und für die verschiedenen Potenzen von a: $a, a^2, a^3, \ldots$. Wieviel verschiedene Zahlwörter braucht man zur Benennung aller Zahlen von Null bis tausend, wenn $a = 2, 3, 4, 5, \ldots, 15$ ist; bei welcher Basis werden die wenigsten gebraucht? (Beispiele: Wenn $a = 10$, brauchen wir 10 Wörter für die Ziffern, dazu Wörter für 10, 100 und 1000, also im ganzen 13. Für $a = 20$ brauchen wir 20 Wörter für die Ziffern, dazu Wörter für 20 und 400, im ganzen also 22. Wenn $a = 100$, brauchen wir 100 plus 1.)

*§ 2. Die Unendlichkeit des Zahlensystems
Mathematische Induktion

1. Das Prinzip der mathematischen Induktion

Die Folge der natürlichen Zahlen 1, 2, 3, 4, ... hat kein Ende; denn hinter jede Zahl n, die man erreicht, kann man noch die nächste Zahl $n + 1$ schreiben. Wir drücken diese Eigenschaft der Zahlenreihe aus, indem wir sagen, daß es *unendlich viele* natürliche Zahlen gibt. Die Gesamtheit der natürlichen Zahlen stellt das einfachste und nächstliegende Beispiel des mathematisch Unendlichen dar, das in der modernen Mathematik eine beherrschende Rolle spielt. Überall in diesem Buch werden wir es mit Gesamtheiten oder „Mengen" zu tun haben, die unendlich viele mathematische Objekte enthalten, wie z. B. die Menge aller Punkte einer Geraden oder die Menge aller Dreiecke in einer Ebene. Die unendliche Folge der natürlichen Zahlen ist das einfachste Beispiel einer unendlichen Menge.

Der Vorgang, schrittweise von n zu $n + 1$ überzugehen, durch den die unendliche Folge der natürlichen Zahlen erzeugt wird, bildet zugleich die Grundlage für eine der wichtigsten mathematischen Schlußweisen, das Prinzip der mathematischen Induktion. Die „empirische Induktion" in den Naturwissenschaften geht von einer speziellen Beobachtungsreihe gewisser Erscheinungen zur Behauptung eines allgemeinen Gesetzes über, das alle vorkommenden Fälle dieser Erscheinung beherrscht. Der Grad der Sicherheit, mit dem dieses Gesetz verbürgt ist, hängt von der Anzahl der einzelnen Beobachtungen und deren Bestätigungen ab. Diese Art des induktiven Schließens ist häufig vollkommen überzeugend; die Voraussage, daß die

Sonne morgen im Osten aufgehen wird, ist so sicher, wie nur etwas sein kann; aber der Charakter dieser Aussage ist ein durchaus anderer als der eines durch streng logische oder mathematische Schlußfolgerung bewiesenen Gesetzes.

Auf völlig andere Weise wird die *mathematische Induktion* angewandt, um die Wahrheit eines mathematischen Satzes für eine unendliche Folge von Fällen, den ersten, zweiten, dritten usw., ohne Ausnahme zu erweisen. Es möge A eine Behauptung bedeuten, die eine willkürliche Zahl n enthält. Zum Beispiel sei A die Behauptung: „Die Summe der Winkel in einem konvexen Polygon von $n+2$ Seiten ist das n-fache von 180 Grad." Oder A' sei die Behauptung: „Durch n in einer Ebene gezogene Geraden kann man die Ebene nicht in mehr als 2^n Teile zerlegen." Um einen solchen Satz für *jede* natürliche Zahl n zu beweisen, genügt es nicht, ihn einzeln für die ersten 10 oder 100 oder sogar 1000 Werte von n zu beweisen. Das würde tatsächlich dem Gesichtspunkt der empirischen Induktion entsprechen. Statt dessen müssen wir eine streng mathematische, nicht-empirische Schlußweise benutzen, deren Charakter durch die folgenden Beweise der Beispiele A und A' hervortreten wird. Im Falle A wissen wir, daß für $n = 1$ das Polygon ein Dreieck ist, und aus der elementaren Geometrie ist bekannt, daß die Winkelsumme im Dreieck $1 \cdot 180°$ ist. Für ein Viereck, $n = 2$, ziehen wir eine Diagonale, die das Viereck in zwei Dreiecke zerlegt. Dies zeigt sofort, daß die Winkelsumme im Viereck gleich der Summe aller Winkel in beiden Dreiecken ist, was $180° + 180° = 2 \cdot 180°$ ergibt. Wir gehen weiter zum Fünfeck, $n = 3$: dieses zerlegen wir in ein Dreieck und ein Viereck. Da dieses die Winkelsumme $2 \cdot 180°$ hat, wie eben bewiesen, und das Dreieck die Winkelsumme 180°, so erhalten wir $3 \cdot 180$ Grad für das Fünfeck. Nun ist es klar, daß wir in derselben Weise unbegrenzt weitergehen und den Satz für $n = 4$, dann für $n = 5$ usw. beweisen können. Jede Behauptung folgt in derselben Weise aus der vorhergehenden, so daß der allgemeine Satz A für alle n gültig sein muß.

In ähnlicher Weise können wir die Behauptung A' beweisen. Für $n = 1$ ist sie offenbar richtig, da eine einzelne Gerade die Ebene in zwei Teile teilt. Fügen wir nun eine zweite Gerade hinzu: Jeder der vorherigen Teile wird wieder in zwei Teile geteilt, wenn nicht die neue Gerade der ersten parallel ist. In beiden Fällen haben wir für $n = 2$ nicht mehr als $4 = 2^2$ Teile. Jetzt fügen wir eine dritte Gerade hinzu: jedes der vorherigen Gebiete wird entweder in zwei Teile zerschnitten oder unverändert gelassen. Also ist die Anzahl aller Teile nicht größer als $2^2 \cdot 2 = 2^3$. Nachdem wir dies wissen, können wir den nächsten Fall in derselben Art beweisen und so unbegrenzt fortfahren.

Der wesentliche Gedanke bei den vorstehenden Überlegungen ist, einen allgemeinen Satz A für alle Werte von n dadurch zu beweisen, daß man nacheinander eine Folge von Spezialfällen $A_1, A_2, \ldots$ beweist. Die Durchführbarkeit beruht auf zweierlei: a) Man kann mit einer allgemeinen Methode zeigen, daß, *wenn* eine Aussage A_r wahr ist, dann die nächste Aussage A_{r+1} *ebenfalls* wahr sein muß; b) Von der ersten Aussage A_1 *weiß* man, daß sie wahr ist. Daß diese beiden Bedingungen ausreichen, um die Gültigkeit *aller* Aussagen $A_1, A_2, A_3, \ldots$ sicherzustellen, ist ein logisches Prinzip, das für die Mathematik so grundlegend ist wie die klassischen Regeln der aristotelischen Logik. Wir formulieren es wie folgt:

Es sei die Aufgabe, eine unendliche Folge von mathematischen Sätzen

$$A_1, A_2, A_3, \ldots,$$

die zusammen den allgemeinen Satz A darstellen, zu beweisen. *Wenn* a) *durch eine mathematische Überlegung gezeigt werden kann, daß für beliebiges r aus der Gültigkeit der Aussage A_r die Gültigkeit von A_{r+1} folgt und* b) *die erste Aussage A_1 als wahr bekannt ist, dann müssen alle Aussagen der unendlichen Folge wahr sein, und A ist bewiesen.*

Wir werden dies ohne Bedenken anerkennen, ebenso wie wir die einfachen Regeln der gewöhnlichen Logik als grundlegendes Prinzip der mathematischen Schlüsse anerkennen. Denn wir können die Gültigkeit jeder einzelnen der Aussagen A_n nachweisen, indem wir von der gegebenen Voraussetzung b), daß A_1 gilt, ausgehen und durch wiederholte Anwendung der Voraussetzung a) schrittweise auf die Gültigkeit von A_2, A_3, A_4 usw. schließen, bis wir zu der Aussage A_n kommen. Das Prinzip der mathematischen Induktion beruht somit auf der Tatsache, daß es zu jeder natürlichen Zahl r eine nächste $r + 1$ gibt, und daß jede gewünschte Zahl n durch eine endliche Anzahl solcher von der Zahl 1 ausgehenden Schritte erreicht werden kann.

Oft wird das Prinzip der mathematischen Induktion angewandt, ohne daß es ausdrücklich erwähnt wird, oder es wird nur durch ein beiläufiges „etc." oder „und so weiter" angedeutet. Dies geschieht besonders oft im Elementarunterricht. Aber bei genaueren Beweisen ist die ausdrückliche Durchführung des induktiven Schließens unerläßlich. Wir wollen einige einfache, aber doch nicht triviale Beispiele anführen.

2. Die arithmetische Reihe

Für jeden Wert von n ist die Summe $1 + 2 + 3 + \cdots + n$ *der ersten n ganzen Zahlen gleich* $\frac{n(n+1)}{2}$. Um diesen Satz durch mathematische Induktion zu beweisen, müssen wir zeigen, daß für jedes n die Behauptung A_n

$$1 + 2 + 3 + \cdots + n = \frac{n(n+1)}{2} \tag{1}$$

gültig ist. a) Wenn r eine natürliche Zahl ist und wenn wir wissen, daß A_r richtig ist, d. h. daß die Gleichung

$$1 + 2 + 3 + \cdots + r = \frac{r(r+1)}{2}$$

gilt, dann erhalten wir durch Addition der Zahl $r + 1$ auf beiden Seiten die neue Gleichung

$$1 + 2 + 3 + \cdots + r + (r+1) = \frac{r(r+1)}{2} + r + 1$$

$$= \frac{r(r+1) + 2(r+1)}{2} = \frac{(r+1)(r+2)}{2},$$

und das ist genau die Behauptung A_{r+1}. b) Die Behauptung A_1 ist offensichtlich richtig, da $1 = \frac{1 \cdot 2}{2}$. Folglich ist nach dem Prinzip der mathematischen Induktion die Behauptung A_n für jedes n gültig, was zu beweisen war.

Gewöhnlich wird dies dadurch gezeigt, daß man die Summe $1 + 2 + 3 + \cdots + n$ auf zwei Arten schreibt:

$$S_n = 1 + \quad 2 \quad + \cdots + (n-1) + n$$

und

$$S_n = n + (n-1) + \cdots + \quad 2 \quad + 1\,.$$

Beim Addieren beider Zeilen bemerkt man, daß jedes Paar von übereinanderstehenden Zahlen die Summe $n+1$ ergibt, und da es n Kolonnen sind, so folgt

$$2S_n = n(n+1)\,,$$

womit das gewünschte Resultat bewiesen ist.

Aus (1) kann man sofort die Formel für die Summe der $(n+1)$ ersten Glieder einer beliebigen *arithmetischen Folge* ableiten.

(2) $$P_n = a + (a+d) + (a+2d) + \cdots + (a+nd) = \frac{(n+1)(2a+nd)}{2}\,;$$

denn

$$P_n = (n+1)\,a + (1+2+\cdots+n)\,d = (n+1)\,a + \frac{n(n+1)d}{2}$$

$$= \frac{2(n+1)\,a + n(n+1)\,d}{2} = \frac{(n+1)\,(2a+nd)}{2}\,.$$

Für den Fall $a = 0$, $d = 1$ ist dies gleichwertig mit (1).

3. Die geometrische Reihe

Die allgemeine geometrische Reihe kann man in ähnlicher Weise behandeln. Wir werden beweisen, daß für jeden Wert von n

(3) $$G_n = a + aq + aq^2 + \cdots + aq^n = a\,\frac{1-q^{n+1}}{1-q}\,.$$

(Wir setzen $q \neq 1$, lies: q ungleich 1, voraus, da sonst die rechte Seite von (3) keinen Sinn hätte.)

Diese Behauptung ist für $n = 1$ sicher gültig; denn dann besagt sie, daß

$$G_1 = a + aq = \frac{a(1-q^2)}{1-q} = \frac{a(1+q)\,(1-q)}{1-q} = a(1+q)\,.$$

Wenn wir nun annehmen, daß

$$G_r = a + aq + \cdots + aq^r = a\,\frac{1-q^{r+1}}{1-q}\,,$$

dann finden wir als Folgerung daraus

$$G_{r+1} = (a + aq + \cdots + aq^r) + aq^{r+1} = G_r + aq^{r+1} = a\,\frac{1-q^{r+1}}{1-q} + aq^{r+1}$$

$$= a\,\frac{(1-q^{r+1}) + q^{r+1}(1-q)}{1-q} = a\,\frac{1-q^{r+1}+q^{r+1}-q^{r+2}}{1-q} = a\,\frac{1-q^{r+2}}{1-q}\,.$$

Dies ist aber gerade die Behauptung (3) für den Fall $n = r+1$. Damit ist der Beweis vollständig.

In elementaren Lehrbüchern wird der Beweis gewöhnlich so geführt: Man setzt

$$G_n = a + aq + \cdots + aq^n$$

und multipliziert beide Seiten dieser Gleichung mit q, also

$$qG_n = aq + aq^2 + \cdots + aq^{n+1}\,.$$

Subtrahiert man nun die Seiten dieser Gleichung von den entsprechenden der vorigen, so erhält man

$$G_n - qG_n = a - aq^{n+1}\,,$$

$$(1-q)\,G_n = a(1-q^{n+1})\,,$$

$$G_n = a\,\frac{1-q^{n+1}}{1-q}\,.$$

4. Die Summe der ersten n Quadrate

Eine weitere interessante Anwendung des Prinzips der mathematischen Induktion betrifft die Summierung der ersten n Quadrate. Durch Probieren findet man, wenigstens für kleine Werte von n:

$$1^2 + 2^2 + 3^2 + \cdots + n^2 = \frac{n(n+1)(2n+1)}{6}, \tag{4}$$

und man kann *vermuten*, daß diese bemerkenswerte Formel für *alle natürlichen Zahlen n* gilt. Um dies zu *beweisen*, werden wir wieder das Prinzip der mathematischen Induktion benutzen. Zuerst stellen wir fest: Wenn die Behauptung A_n, die in diesem Falle die Gleichung (4) ist, für den Fall $n = r$ gilt, so daß

$$1^2 + 2^2 + 3^2 + \cdots + r^2 = \frac{r(r+1)(2r+1)}{6},$$

dann erhalten wir durch Addition von $(r+1)^2$ auf beiden Seiten:

$$1^2 + 2^2 + 3^2 + \cdots + r^2 + (r+1)^2 = \frac{r(r+1)(2r+1)}{6} + (r+1)^2$$

$$= \frac{r(r+1)(2r+1) + 6(r+1)^2}{6} = \frac{(r+1)[r(2r+1) + 6(r+1)]}{6}$$

$$= \frac{(r+1)(2r^2 + 7r + 6)}{6} = \frac{(r+1)(r+2)(2r+3)}{6},$$

also gerade die Behauptung A_{r+1}, die ja erhalten wird, indem man n in (4) durch $r+1$ ersetzt. Um den Beweis zu vervollständigen, brauchen wir nur noch zu bemerken, daß die Behauptung A_1, also in diesem Falle die Gleichung

$$1^2 = \frac{1(1+1)(2+1)}{6},$$

offensichtlich zutrifft. Also gilt die Gleichung (4) für alle n.

Formeln ähnlicher Art können auch für die höheren Potenzen der ganzen Zahlen aufgestellt werden, also für $1^k + 2^k + 3^k + \cdots + n^k$, worin k eine beliebige, positive ganze Zahl ist. Zur Übung möge der Leser mittels mathematischer Induktion beweisen, daß

$$1^3 + 2^3 + 3^3 + \cdots + n^3 = \left[\frac{n(n+1)}{2}\right]^2. \tag{5}$$

Es ist zu bemerken, daß das Prinzip der mathematischen Induktion wohl ausreicht, um die Formel (5) zu *beweisen*, nachdem diese Formel einmal hingeschrieben ist, daß der Beweis jedoch keinerlei Andeutung gibt, wie diese Formel zuerst gefunden wurde, warum man gerade auf den Ausdruck $\left[\frac{n(n+1)}{2}\right]^2$ für die Summe der ersten n Kuben gekommen ist, anstatt vielleicht auf $\left[\frac{n(n+1)}{3}\right]^2$ oder $(19n^2 - 41n + 24)/2$ oder sonst auf einen der unendlich vielen Ausdrucke ähnlicher Art, die man hätte betrachten können. Der Umstand, daß ein Theorem durch Anwendung einfacher Regeln der Logik bewiesen werden kann, schaltet das schöpferische Element in der Mathematik, das in der Wahl der zu untersuchenden Möglichkeiten liegt, keineswegs aus. Die Frage nach dem Ursprung der *Hypothese* (5) gehört in ein Gebiet, für das keine allgemeinen Regeln angegeben werden können; Experiment, Analogie und konstruktive Intuition spielen dabei eine wesentliche Rolle. Wenn aber einmal die richtige Hypothese formuliert ist, genügt oft das Prinzip der mathematischen Induktion, um den Beweis zu liefern. Da ein solcher Beweis keinen Hinweis auf die eigentliche Entdeckung gibt, könnte man ihn passender eine *Bestätigung* nennen.

*5. Eine wichtige Ungleichung[1]

In einem der späteren Kapitel werden wir die Ungleichung

$$(1+p)^n \geqq 1+np \tag{6}$$

benötigen, die für jedes $p > -1$ und für jedes positive ganze n gültig ist. (Um der Allgemeinheit willen nehmen wir hier die Benutzung negativer und nicht ganzer Zahlen vorweg, indem wir p eine beliebige Zahl größer als -1 sein lassen. Der Beweis für den allgemeinen Fall ist genau derselbe wie in dem Falle, daß p eine positive ganze Zahl ist.) Wir benutzen wieder die mathematische Induktion.

a) Wenn es zutrifft, daß $(1+p)^r \geqq 1+rp$, dann erhalten wir durch Multiplikation beider Seiten dieser Ungleichheit mit der positiven Zahl $(1+p)$:

$$(1+p)^{r+1} \geqq 1+rp+p+rp^2.$$

Das Weglassen des positiven Gliedes rp^2 verstärkt diese Ungleichheit noch, so daß

$$(1+p)^{r+1} \geqq 1+(r+1)p\,.$$

Dies zeigt, daß die Ungleichung (6) auch für die nächste ganze Zahl $r+1$ gültig ist. b) Es trifft offensichtlich zu, daß $(1+p)^1 \geqq 1+p$. Damit ist der Beweis erbracht, daß (6) für jedes n gilt. Die Beschränkung auf Zahlen $p > -1$ ist wesentlich. Wenn $p < -1$, dann ist $1+p$ negativ, und die Argumentation in a) wird falsch; denn wenn beide Seiten einer Ungleichung mit einer negativen Größe multipliziert werden, so kehrt sich der Sinn der Ungleichung um (wenn wir z. B. beide Seiten der Ungleichung $3 > 2$ mit -1 multiplizieren, so ergibt sich $-3 > -2$, was falsch ist).

*6. Der binomische Satz

Es ist oft wichtig, einen entwickelten Ausdruck für die n-te Potenz eines Binoms, $(a+b)^n$, zu besitzen. Wir finden durch Ausrechnen

für $n=1: (a+b)^1 = a+b,$

für $n=2: (a+b)^2 = (a+b)(a+b) = a(a+b)+b(a+b) = a^2+2ab+b^2,$

für $n=3: (a+b)^3 = (a+b)(a+b)^2 = a(a^2+2ab+b^2)+b(a^2+2ab+b^2)$
$= a^3+3a^2b+3ab^2+b^3,$

usw. Welches allgemeine Bildungsgesetz steckt in den Worten „und so weiter"? Untersuchen wir den Vorgang der Ausrechnung von $(a+b)^2$. Da $(a+b)^2 = (a+b)(a+b)$, erhalten wir den Ausdruck für $(a+b)^2$, indem wir jedes Glied des Ausdrucks $a+b$ mit a und dann mit b multiplizieren und die Ergebnisse addieren. Dasselbe Verfahren wird angewandt, um $(a+b)^3 = (a+b)(a+b)^2$ zu berechnen. Wir können in derselben Weise fortfahren, um $(a+b)^4$, $(a+b)^5$ zu berechnen und so unbegrenzt weiter. Der Ausdruck für $(a+b)^n$ wird erhalten, indem man jedes Glied des vorher gewonnenen Ausdrucks für $(a+b)^{n-1}$ zuerst mit a,

[1] Auch „Bernoullische Ungleichung" genannt.

dann mit b multipliziert und die Ergebnisse addiert. Dies führt zu folgendem Diagramm:

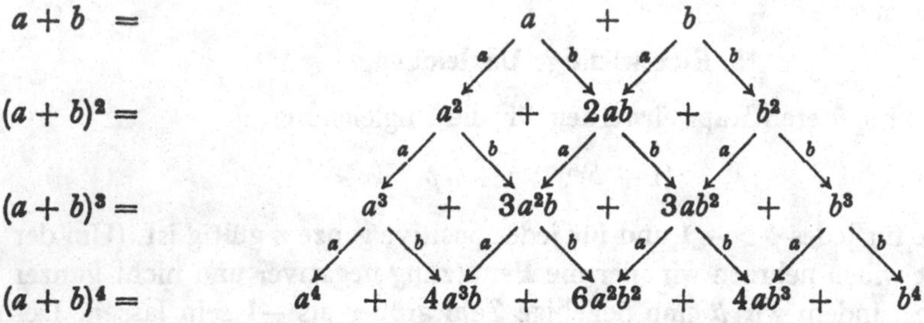

. . . . ,

aus dem sich sogleich die allgemeine Regel für die Bildung der Koeffizienten in der Entwicklung von $(a+b)^n$ ergibt. Wir bauen eine dreieckige Anordnung von Zahlen auf, indem wir mit den Koeffizienten 1, 1 von $a+b$ beginnen, derart, daß jede Zahl des Dreiecks die Summe ihrer beiden Nachbarzahlen in der vorhergehenden Zeile ist. Diese Anordnung heißt das *Pascalsche Dreieck*.

1 1
1 2 1
1 3 3 1
1 4 6 4 1
1 5 10 10 5 1
1 6 15 20 15 6 1
1 7 21 35 35 21 7 1
. . . .

Die n-te Zeile dieser Anordnung gibt die Koeffizienten in der Entwicklung von $(a+b)^n$ ***nach abnehmenden Potenzen von a und zunehmenden Potenzen von b an,*** also

$$(a+b)^7 = a^7 + 7a^6b + 21a^5b^2 + 35a^4b^3 + 35a^3b^4 + 21a^2b^5 + 7ab^6 + b^7.$$

Wenn wir eine abgekürzte Schreibweise mit unteren und oberen Indizes benutzen, können wir die Zahlen in der n-ten Zeile des Pascalschen Dreiecks wie folgt bezeichnen:

$$\binom{n}{0} = 1,\ \binom{n}{1},\ \binom{n}{2},\ \binom{n}{3},\ \ldots,\ \binom{n}{n-1},\ \binom{n}{n} = 1\,.$$

Dann kann man die allgemeine Formel schreiben:

$$(7)\qquad (a+b)^n = a^n + \binom{n}{1}a^{n-1}b + \binom{n}{2}a^{n-2}b^2 + \cdots + \binom{n}{n-1}ab^{n-1} + b^n.$$

Nach dem Bildungsgesetz des Pascalschen Dreiecks haben wir

$$(8)\qquad \binom{n}{i} = \binom{n-1}{i-1} + \binom{n-1}{i}\,.$$

Zur Übung möge der fortgeschrittenere Leser diese Beziehung zusammen mit der Tatsache, daß $\binom{1}{0} = \binom{1}{1} = 1$, benutzen, um durch mathematische Induktion zu zeigen, daß

$$(9)\qquad \binom{n}{i} = \frac{n(n-1)(n-2)\cdots(n-i+1)}{1\cdot 2\cdot 3\cdots i} = \frac{n!}{i!\,(n-i)!}\,.$$

(Für jede positive ganze Zahl bedeutet das Symbol $n!$ (lies: n Fakultät) das Produkt der ersten n ganzen Zahlen: $n! = 1\cdot 2\cdot 3\cdots n$. Es ist zweckmäßig, auch $0! = 1$ zu definieren, so daß (9) auch für $i = 0$ und $i = n$ gilt.)

Diese explizite Formel für die Koeffizienten der binomischen Entwicklung wird bei der Entwicklung des *binomischen Satzes* verwendet. (Siehe auch S. 363).

Übungen: Man beweise durch mathematische Induktion:

1. $\frac{1}{1\cdot 2}+\frac{1}{2\cdot 3}+\cdots+\frac{1}{n(n+1)}=\frac{n}{n+1}$.

2. $\frac{1}{2}+\frac{2}{2^2}+\frac{3}{2^3}+\cdots+\frac{n}{2^n}=2-\frac{n+2}{2^n}$.

*3. $1+2q+3q^2+\cdots+nq^{n-1}=\frac{1-(n+1)q^n+nq^{n+1}}{(1-q)^2}$.

*4. $(1+q)(1+q^2)(1+q^4)\cdots(1+q^{2^n})=\frac{1-q^{2^{n+1}}}{1-q}$.

Man bestimme die Summe der folgenden geometrischen Reihen:

5. $\frac{1}{1+x^2}+\frac{1}{(1+x^2)^2}+\cdots+\frac{1}{(1+x^2)^n}$.

6. $1+\frac{x}{1+x^2}+\frac{x^2}{(1+x^2)^2}+\cdots+\frac{x^n}{(1+x^2)^n}$.

7. $\frac{x^2-y^2}{x^2+y^2}+\left(\frac{x^2-y^2}{x^2+y^2}\right)^2+\cdots+\left(\frac{x^2-y^2}{x^2+y^2}\right)^n$.

Man beweise mit Hilfe der Formeln (4) und (5):

*8. $1^2+3^2+\cdots+(2n+1)^2=\frac{(n+1)(2n+1)(2n+3)}{3}$.

*9. $1^3+3^3+\cdots+(2n+1)^3=(n+1)^2(2n^2+4n+1)$.

Man beweise dieselben Formeln durch mathematische Induktion.

*7. Weitere Bemerkungen zur mathematischen Induktion

Man kann dem Prinzip der mathematischen Induktion die folgende, etwas allgemeinere Form geben:

„Wenn eine Folge von Aussagen $A_s, A_{s+1}, A_{s+2}, \ldots$ gegeben ist, worin s eine positive ganze Zahl ist, und wenn

a) für jeden Wert $r \geqq s$ die Gültigkeit von A_{r+1} aus der Gültigkeit von A_r folgt und

b) A_s als wahr bekannt ist,

dann sind alle Aussagen $A_s, A_{s+1}, A_{s+2}, \ldots$ wahr, d. h. A_n ist wahr für alle $n \geqq s$". Genau dieselbe Überlegung, aus der die Gültigkeit des gewöhnlichen Prinzips der mathematischen Induktion folgt, ist auch hier anwendbar, wo die Folge 1, 2, 3, ... durch die entsprechende Folge $s, s+1, s+2, \ldots$ ersetzt ist. Indem wir das Prinzip in dieser Form benutzen, können wir die Ungleichung auf S. 13 noch etwas verschärfen, indem wir die Möglichkeit des Gleichheitszeichens ausschließen. Wir behaupten:

Für jedes $p \neq 0$ und > -1 und jede ganze Zahl $n \geqq 2$ ist

$$(1+p)^n > 1+np. \tag{10}$$

Der Beweis kann dem Leser überlassen bleiben.

Nahe verwandt mit dem Prinzip der mathematischen Induktion ist das „Prinzip der kleinsten natürlichen Zahl", das behauptet, daß *jede nicht leere Menge C von positiven ganzen Zahlen eine kleinste Zahl enthält.* Eine Menge ist leer, wenn sie kein Element enthält, z. B. die Menge der geradlinigen Kreise oder die Menge der ganzen Zahlen n, für die $n > n$ ist. Aus einleuchtenden Gründen schließen wir solche Mengen bei der Formulierung des Prinzips aus. Die Menge C kann endlich sein, wie die Menge 1, 2, 3, 4, 5, oder unendlich, wie die Menge aller geraden Zahlen 2, 4, 6, 8, 10, ... Jede nicht leere Menge C muß mindestens eine natürliche Zahl enthalten, sie sei n, und die kleinste von den Zahlen 1, 2, 3, ..., n, die zu C gehört, ist dann die kleinste Zahl in C.

Die Bedeutung dieses Prinzips erkennt man am besten daran, daß es *nicht* auf jede Menge C von Zahlen beliebiger Art anwendbar ist. Zum Beispiel enthält die Menge aller ganzen Zahlen $0, \pm 1, \pm 2, \ldots$ und auch die Menge der positiven Brüche $1, \frac{1}{2}, \frac{1}{3}, \frac{1}{4}, \ldots$ kein kleinstes Element.

In logischer Hinsicht ist es interessant, daß das Prinzip der kleinsten natürlichen Zahl benutzt werden kann, um das Prinzip der mathematischen Induktion als Theorem zu *beweisen*. Zu diesem Zweck betrachten wir eine beliebige Folge von Aussagen $A_1, A_2, A_3, \ldots$ derart, daß

a) für jede positive ganze Zahl r die Gültigkeit von A_{r+1} aus der von A_r folgt und

b) A_1 als wahr bekannt ist.

Wir werden zeigen, daß die Annahme, irgendein A sei falsch, unhaltbar ist. Denn wenn auch nur *ein* A falsch wäre, so wäre die Menge C *aller* positiven ganzen Zahlen n, für die A_n falsch ist, nicht leer. Nach dem Prinzip der kleinsten natürlichen Zahl müßte C eine kleinste Zahl p enthalten, die > 1 sein muß, wegen b). Daher wäre A_p falsch, aber A_{p-1} richtig. Dies steht im Widerspruch zu a).

Noch einmal wollen wir hervorheben, daß das Prinzip der mathematischen Induktion von der empirischen Induktion in den Naturwissenschaften völlig verschieden ist. Die Bestätigung eines allgemeinen Gesetzes in einer endlichen Anzahl von Fällen, so groß sie auch sein möge, kann niemals einen Beweis für das Gesetz im streng mathematischen Sinn des Wortes liefern, selbst wenn zur Zeit keine Ausnahme bekannt ist. Ein solches Gesetz würde immer nur eine sehr vernünftige *Hypothese* bleiben, die durch Ergebnisse späterer Erfahrungen möglicherweise abzuändern wäre. In der Mathematik ist ein Gesetz oder Theorem nur dann bewiesen, wenn gezeigt werden kann, daß es eine notwendige, logische Folge aus gewissen Annahmen ist, die als gültig angesehen werden. Es gibt viele Beispiele für mathematische Aussagen, die in jedem bisher untersuchten Einzelfall bestätigt worden sind, aber die noch nicht allgemein bewiesen werden konnten. (Beispiel siehe S. 24.) Man kann *vermuten*, daß ein Satz in voller Allgemeinheit gültig ist, wenn man seine Gültigkeit in einer Anzahl von Fällen festgestellt hat; man kann dann versuchen, ihn durch mathematische Induktion zu beweisen. Gelingt dieser Versuch, dann ist der Satz bewiesen. Wenn der Versuch nicht gelingt, so kann der Satz immer noch wahr oder falsch sein und vielleicht eines Tages mit anderen Methoden bewiesen oder widerlegt werden.

Bei Anwendung des Prinzips der mathematischen Induktion muß man sich immer davon überzeugen, daß die Bedingungen a) und b) auch wirklich erfüllt sind. Versäumt man dies, so kann sich ein Unsinn wie der folgende ergeben (der Leser möge den Trugschluß aufdecken): Wir wollen „beweisen", daß zwei beliebige natürliche Zahlen einander gleich sind, z. B. $5 = 10$.

Zunächst eine Definition: Wenn a und b zwei verschiedene ganze Zahlen sind, so definieren wir $\max(a, b)$ als a oder b, je nachdem, welches die größere Zahl ist; wenn $a = b$, so setzen wir $\max(a, b) = a = b$. Also ist $\max(3, 5) = \max(5,3) = 5$, während $\max(4, 4) = 4$ ist. Nun sei A_n die Behauptung: „Wenn a und b zwei positive ganze Zahlen sind, derart daß $\max(a, b) = n$, so ist $a = b$."

a) Angenommen, A_r sei gültig. Es seien a und b zwei beliebige positive ganze Zahlen, derart, daß $\max(a, b) = r + 1$. Man betrachte die beiden Zahlen

$$\alpha = a - 1$$
$$\beta = b - 1,$$

dann ist $\max(\alpha, \beta) = r$. Folglich ist $\alpha = \beta$, da ja angenommen wurde, daß A_r gültig ist. Daraus folgt $a = b$, demnach ist A_{r+1} gültig.

b) A_1 ist offenbar gültig, denn wenn $\max(a, b) = 1$, so müssen a und b, da sie nach Voraussetzung positive ganze Zahlen sind, beide gleich 1 sein. Daher ist nach mathematischer Induktion A_n für jedes n gültig.

Nun seien a und b zwei beliebige positive ganze Zahlen; wir bezeichnen $\max(a, b)$ mit r. Da nun A_n wie bewiesen für jedes n gültig ist, so ist auch A_r gültig. Folglich ist $a = b$.

Ergänzung zu Kapitel I

Zahlentheorie

Einleitung

Ihren mystischen Nimbus haben die natürlichen Zahlen nach und nach verloren; aber niemals ist das Interesse von Mathematikern und Laien an den Gesetzen der Zahlenwelt schwächer geworden. Es mag sein, daß EUKLIDs Ruhm auf der geometrischen Deduktion seiner „Elemente" beruht; bis heute haben die „Elemente" jedenfalls den Unterricht in der Geometrie entscheidend beeinflußt. Und doch war EUKLIDs Geometrie im wesentlichen eine Zusammenstellung älterer Ergebnisse, während seine Beiträge zur Zahlentheorie anscheinend originelle Leistungen waren. DIOPHANT von Alexandria (etwa 275 n. Chr.) hat später die Zahlentheorie wesentlich weiter entwickelt. PIERRE DE FERMAT (1601–1665), ein Jurist aus Toulouse und einer der größten Mathematiker der neueren Zeit, begründete die moderne Zahlentheorie. EULER (1707–1783), vielleicht der erfindungsreichste Mathematiker überhaupt, hat die Zahlentheorie durch viele Arbeiten und Beiträge bereichert. Große Namen in den Annalen der Mathematik – LEGENDRE, RIEMANN, DIRICHLET – können dieser Liste hinzugefügt werden. GAUSS (1777 bis 1855), der hervorragendste und vielseitigste Mathematiker der Neuzeit, hat seine Begeisterung für die Zahlentheorie in die Worte gefaßt: „Die Mathematik ist die Königin der Wissenschaften, und die Zahlentheorie ist die Königin der Mathematik."

§ 1. Die Primzahlen

1. Grundtatsachen

Die meisten Aussagen der Zahlentheorie, wie überhaupt der ganzen Mathematik, betreffen nicht einzelne Objekte – die Zahl 5 oder die Zahl 32 – sondern ganze Klassen von Objekten, charakterisiert durch eine gemeinsame Eigenschaft, wie die Klasse der geraden Zahlen

$$2, 4, 6, 8, \ldots$$

oder die Klasse aller durch 3 teilbaren Zahlen

$$3, 6, 9, 12, \ldots$$

oder die Klasse aller Quadrate ganzer Zahlen

$$1, 4, 9, 16, \ldots$$

und so weiter.

Von grundlegender Bedeutung in der Zahlentheorie ist die Klasse der *Primzahlen*. Die meisten positiven ganzen Zahlen können in kleinere Faktoren zerlegt werden: $10 = 2 \cdot 5$, $111 = 3 \cdot 37$, $144 = 3 \cdot 3 \cdot 2 \cdot 2 \cdot 2 \cdot 2$ usw. Zahlen, die sich nicht zerlegen lassen, heißen Primzahlen. Genauer ausgedrückt ist *eine Primzahl eine ganze Zahl p größer als 1, die keine anderen Faktoren enthält als sich selbst und eins.* (Eine Zahl a heißt ein *Faktor* oder *Teiler* einer Zahl b, wenn es eine Zahl c gibt, so daß $b = ac$.) Die Zahlen 2, 3, 5, 7, 11, 13, 17, ... sind Primzahlen, während z. B. 12 keine ist, da $12 = 3 \cdot 4$. Die große Bedeutung der Klasse der Primzahlen beruht darauf, daß *jede* positive ganze Zahl ($\neq 1$) als *Produkt von Primzahlen* darstellbar ist: Wenn eine Zahl nicht selbst eine Primzahl ist, kann sie schrittweise in Faktoren zerlegt werden, bis alle Faktoren Primzahlen sind; so ist z. B. $360 = 3 \cdot 120 = 3 \cdot 30 \cdot 4 = 3 \cdot 3 \cdot 10 \cdot 2 \cdot 2 = 3 \cdot 3 \cdot 5 \cdot 2 \cdot 2 \cdot 2 = 2^3 \cdot 3^2 \cdot 5$. Eine positive ganze, von 1 verschiedene Zahl, die keine Primzahl ist, bezeichnet man als *zerlegbar* oder *zusammengesetzt*.

Eine der ersten Fragen über die Primzahlen ist, ob es nur eine endliche Anzahl verschiedener Primzahlen gibt, oder ob die Menge der Primzahlen unendlich viele Elemente enthält, wie die Menge aller natürlichen Zahlen, von der sie ein Teil ist. Die Antwort lautet: *Es gibt unendlich viele Primzahlen.*

Der Beweis für die Unendlichkeit der Menge der Primzahlen, den EUKLID gibt, wird immer ein Musterbild mathematischer Schlußweise bleiben. Er verfährt nach der „indirekten Methode". Wir machen zunächst versuchsweise die Annahme, daß der Satz falsch ist. Das bedeutet, daß es nur endlich viele Primzahlen gibt, vielleicht sehr viele – etwa eine Billion – aber jedenfalls eine bestimmte endliche Anzahl n. Mit Hilfe der Indexschreibweise können wir diese Primzahlen mit p_1, $p_2, \ldots, p_n$ bezeichnen. Jede andere Zahl wird dann zerlegbar sein und muß durch mindestens eine der Zahlen $p_1, p_2, \ldots, p_n$ teilbar sein. Wir werden jetzt einen Widerspruch aufzeigen, indem wir eine Zahl A angeben, die von sämtlichen Primzahlen $p_1, p_2, \ldots, p_n$ verschieden ist, weil sie größer ist als jede von ihnen, und die doch durch keine von ihnen teilbar ist. Diese Zahl ist

$$A = p_1 p_2 \ldots p_n + 1,$$

d. h. um eins größer als das Produkt der Zahlen, von denen wir angenommen hatten, daß sie die sämtlichen Primzahlen wären. A ist größer als jede der Primzahlen und muß daher zerlegbar sein. Aber bei Division durch p_1 oder durch p_2 oder durch irgendein p läßt A immer den Rest 1, daher hat A keine der Zahlen p als Teiler. Unsere ursprüngliche Annahme, daß es nur eine endliche Anzahl von Primzahlen gäbe, führt zu einem Widerspruch, also ist die Annahme unsinnig, und daher muß ihr Gegenteil zutreffen.

Obwohl dieser Beweis indirekt ist, kann er leicht so abgeändert werden, daß er wenigstens im Prinzip eine Methode zur Herstellung einer unendlichen Folge von Primzahlen liefert. Beginnen wir mit irgendeiner Primzahl, z. B. $p_1 = 2$, und nehmen wir an, daß wir n Primzahlen $p_1, p_2, \ldots, p_n$ kennen, so bemerken wir (wie oben), daß $p_1 p_2 p_3 \ldots p_n + 1$ entweder selbst eine Primzahl ist oder einen Primfaktor haben muß, der von den bereits bekannten verschieden ist. Da dieser Faktor immer durch einfaches Probieren gefunden werden kann, so sind wir sicher, daß wir jedenfalls eine neue Primzahl p_{n+1} finden können. Fahren wir in derselben Weise fort, so sehen wir, daß die Folge der konstruierbaren Primzahlen niemals abbricht.

Übung: Man führe diese Konstruktion durch, indem man mit $p_1 = 2$, $p_2 = 3$ beginnt und 5 weitere Primzahlen bestimmt.

Wenn eine Zahl als Produkt von Primzahlen dargestellt ist, so können wir diese Primfaktoren in beliebiger Reihenfolge anordnen. Ein wenig Probieren läßt keinen Zweifel, daß, abgesehen von dieser Willkür in der Anordnung, die Zerlegung einer

Zahl N in Primfaktoren eindeutig ist: *Jede ganze Zahl N größer als 1 kann nur auf eine einzige Art als Produkt von Primzahlen geschrieben werden.* Diese Behauptung erscheint auf den ersten Blick so naheliegend, daß man geneigt ist, sie für selbstverständlich zu halten. Aber sie ist keineswegs eine Trivialität; der Beweis erfordert, obwohl er durchaus elementar ist, einen gewissen Scharfsinn. Der klassische Beweis, den EUKLID für diesen „Fundamentalsatz der Arithmetik" gibt, stützt sich auf ein Verfahren oder „Algorithmus" zur Auffindung des größten gemeinsamen Teilers zweier Zahlen. Dies wird auf S. 35 f. erörtert werden. Hier wollen wir statt dessen einen Beweis jüngeren Datums bringen, der etwas kürzer und vielleicht etwas raffinierter ist als der euklidische. Er ist ein typisches Beispiel eines indirekten Beweises. Wir werden annehmen, daß es eine natürliche Zahl gibt, die auf zwei wesentlich verschiedene Weisen in Primzahlen zerlegt werden kann, und aus dieser Annahme werden wir einen Widerspruch herleiten. Dieser Widerspruch wird zeigen, daß die Annahme der Existenz einer Zahl mit zwei wesentlich verschiedenen Primzahlzerlegungen unhaltbar ist, und daß folglich die Primzahlzerlegung jeder Zahl eindeutig ist.

*Wenn es eine positive ganze Zahl gibt, die in zwei wesentlich verschiedene Produkte von Primzahlen zerlegt werden kann, dann muß es eine *kleinste* solche Zahl m geben (siehe S. 15). Für diese gilt

$$m = p_1 p_2 \cdots p_r = q_1 q_2 \cdots q_s, \tag{1}$$

worin die p und q Primzahlen sind. Wenn wir die Reihenfolge der p und q nötigenfalls abändern, dürfen wir annehmen, daß

$$p_1 \leqq p_2 \leqq \cdots \leqq p_r, \quad q_1 \leqq q_2 \leqq \cdots \leqq q_s.$$

Nun kann p_1 nicht gleich q_1 sein; denn wenn das der Fall wäre, könnten wir von beiden Seiten der Gleichung (1) den ersten Faktor wegheben und erhielten zwei wesentlich verschiedene Primzahlzerlegungen einer positiven ganzen Zahl kleiner als m; dies wäre ein Widerspruch dagegen, daß wir m als die *kleinste* Zahl dieser Eigenschaft gewählt hatten. Daher ist entweder $p_1 < q_1$ oder $q_1 < p_1$. Nehmen wir an, es sei $p_1 < q_1$. (Wenn $q_1 < p_1$, brauchen wir nur die Buchstaben p und q im folgenden zu vertauschen.) Wir bilden die ganze Zahl

$$m' = m - p_1 q_2 q_3 \cdots q_s. \tag{2}$$

Indem wir für m die beiden Ausdrücke der Gleichung (1) einsetzen, können wir m' in den folgenden beiden Formen schreiben:

$$m' = (p_1 p_2 \cdots p_r) - (p_1 q_2 \cdots q_s) = p_1 (p_2 p_3 \cdots p_r - q_2 q_3 \cdots q_s), \tag{3}$$

$$m' = (q_1 q_2 \cdots q_s) - (p_1 q_2 \cdots q_s) = (q_1 - p_1)(q_2 q_3 \cdots q_s). \tag{4}$$

Da $p_1 < q_1$, so folgt aus (4), daß m' eine positive ganze Zahl ist, während m' wegen (2) kleiner als m sein muß. Folglich muß die Primzahlzerlegung von m', abgesehen von der Reihenfolge der Faktoren, *eindeutig* sein. Aber aus (3) ergibt sich, daß p_1 ein Faktor von m' ist, daher muß nach (4) p_1 entweder ein Teiler von $q_1 - p_1$ oder von $q_2 q_3 \cdots q_s$ sein. (Dies ergibt sich aus der angenommenen Eindeutigkeit der Zerlegung von m', siehe die Überlegung im nächsten Absatz.) Das letzte ist unmöglich, da alle q größer sind als p_1. Folglich muß p_1 ein Teiler von $q_1 - p_1$ sein, so daß es eine ganze Zahl h geben muß, für die

$$q_1 - p_1 = p_1 \cdot h \quad \text{oder} \quad q_1 = p_1 (h + 1).$$

Aber hiernach müßte p_1 ein Teiler von q_1 sein, im Widerspruch zu der Tatsache, daß q_1 eine Primzahl ist. Dieser Widerspruch zeigt, daß unsere ursprüngliche Annahme unhaltbar ist, und damit ist der Fundamentalsatz der Arithmetik bewiesen.

Ein wichtiges Corollar des Fundamentalsatzes ist das folgende: *Wenn eine Primzahl der Teiler eines Produktes ab ist, so muß p ein Teiler entweder von a oder von b sein.* Denn wenn p weder ein Teiler von a noch von b wäre, so würde das Produkt der Primzahlzerlegungen von a und b eine Primzahlzerlegung das Produkts ab ergeben, *die p nicht enthielte.* Da andererseits p nach Voraussetzung ein Faktor von ab ist, so existiert eine ganze Zahl t von der Art, daß

$$ab = pt.$$

Daher würde das Produkt von p mit einer Primfaktorzerlegung von t eine Primfaktorzerlegung der Zahl ab ergeben, *in der p enthalten ist,* im Widerspruch zu der Tatsache, daß ab nur eine einzige Primzahlzerlegung besitzt.

Beispiele: Wenn man festgestellt hat, daß 13 ein Faktor von 2652 ist, und daß $2652 = 6 \cdot 442$, so kann man schließen, daß 13 ein Faktor von 442 ist. Andererseits ist 6 ein Faktor von 240 und 240 ist $= 15 \cdot 16$, aber 6 ist weder ein Faktor von 15 noch von 16. Dies zeigt, daß die Voraussetzung, daß p eine *Primzahl* ist, wesentlich ist.

Übung. Um alle Teiler einer beliebigen Zahl a zu finden, brauchen wir nur a in ein Produkt

$$a = p_1^{\alpha_1} \cdot p_2^{\alpha_2} \cdots p_r^{\alpha_r}$$

zu zerlegen, worin die p verschiedene Primzahlen sind, die jede zu einer gewissen Potenz erhoben sind. *Sämtliche* Teiler von a sind die Zahlen

$$b = p_1^{\beta_1} \cdot p_2^{\beta_2} \cdots p_r^{\beta_r},$$

worin die β beliebige ganze Zahlen $\geqq 0$ sind, die die Ungleichungen

$$0 \leqq \beta_1 \leqq \alpha_1,\ 0 \leqq \beta_2 \leqq \alpha_2, \ldots, 0 \leqq \beta_r \leqq \alpha_r$$

erfüllen. Man beweise diese Behauptung. Dementsprechend zeige man, daß die Anzahl der verschiedenen Teiler von a (einschließlich der Teiler a und 1) durch das Produkt

$$(\alpha_1 + 1)(\alpha_2 + 1) \ldots (\alpha_r + 1).$$

gegeben ist. Zum Beispiel hat

$$144 = 2^4 \cdot 3^2$$

$5 \cdot 3$ Teiler. Diese sind 1, 2, 4, 8, 16, 3, 6, 12, 24, 48, 9, 18, 36, 72, 144.

2. Die Verteilung der Primzahlen

Eine Tabelle aller Primzahlen bis zu einer gegebenen natürlichen Zahl N kann man herstellen, indem man der Reihe nach alle Zahlen bis N hinschreibt, dann diejenigen wegstreicht, die Vielfache von 2 sind, dann von den übrigen alle, die Vielfache von 3 sind, und so weiter, bis alle zerlegbaren Zahlen ausgeschieden sind. Dieses Verfahren, das „Sieb des Eratosthenes" genannt, fängt in seinen Maschen alle Primzahlen bis zu N. Vollständige Tabellen der Primzahlen bis etwa 10000000 sind im Laufe der Zeit mit Hilfe einer verfeinerten Methode zusammengestellt worden; sie liefern uns eine ungeheure Menge empirischer Angaben über Verteilung und Eigenschaften der Primzahlen. Auf Grund dieser Tabellen lassen sich viele plausible Vermutungen aufstellen (als ob die Zahlentheorie eine Experimentalwissenschaft wäre), die häufig sehr schwierig zu beweisen sind.

a) Formeln zur Konstruktion von Primzahlen

Man hat versucht, einfache arithmetische Formeln zu finden, die lauter Primzahlen, wenn auch nicht alle Primzahlen liefern. FERMAT sprach die berühmte Vermutung (aber nicht die ausdrückliche Behauptung) aus, daß alle Zahlen der Form

$$F(n) = 2^{2^n} + 1$$

Primzahlen seien. Tatsächlich erhalten wir für $n = 1, 2, 3, 4$

$$F(1) = 2^2 + 1 = 5,$$
$$F(2) = 2^{2^2} + 1 = 2^4 + 1 = 17,$$
$$F(3) = 2^{2^3} + 1 = 2^8 + 1 = 257,$$
$$F(4) = 2^{2^4} + 1 = 2^{16} + 1 = 65537,$$

also stets Primzahlen. Aber im Jahre 1732 entdeckte EULER die Faktorzerlegung $2^{2^5} + 1 = 641 \cdot 6700417$, also ist $F(5)$ keine Primzahl. Später wurden noch mehr von diesen „Fermatschen Zahlen" als zerlegbar erkannt, wobei in jedem Fall tiefere zahlentheoretische Methoden erforderlich waren, da die Schwierigkeiten des direkten Ausprobierens unüberwindlich sind. Bis heute ist noch nicht einmal bewiesen, daß irgendeine der Zahlen $F(n)$ für $n > 4$ eine Primzahl ist.

Ein anderer merkwürdiger und einfacher Ausdruck, der viele Primzahlen liefert, ist

$$f(n) = n^2 - n + 41.$$

Für $n = 1, 2, 3, \ldots, 40$ sind die $f(n)$ Primzahlen, aber für $n = 41$ erhalten wir $f(n) = 41^2$, eine Zahl, die keine Primzahl ist.

Der Ausdruck

$$n^2 - 79n + 1601$$

liefert Primzahlen für alle n bis 79, versagt aber für $n = 80$. Im ganzen hat es sich als erfolgloses Bemühen erwiesen, nach Ausdrücken einfacher Art zu suchen, die nur Primzahlen liefern. Noch weniger aussichtsreich ist der Versuch, eine algebraische Formel zu finden, die *sämtliche* Primzahlen liefert.

b) Primzahlen in arithmetischen Folgen

Während es einfach zu beweisen war, daß in der Folge aller natürlichen Zahlen 1, 2, 3, 4, ... unendlich viele Primzahlen vorkommen, bereiten Folgen wie 1, 4, 7, 10, 13, ... oder 3, 7, 11, 15, 19, ... oder, allgemeiner, beliebige arithmetische Folgen $a, a + d, a + 2d, \ldots, a + nd, \ldots$, worin a und d keinen gemeinsamen Teiler haben, erhebliche Schwierigkeiten. Alle Beobachtungen wiesen auf die Tatsache hin, daß es *in jeder solchen Folge unendlich viele Primzahlen* gibt, ebenso wie in der einfachsten, 1, 2, 3, ... Der Beweis dieses allgemeinen Satzes war eine der berühmten Leistungen von LEJEUNE-DIRICHLET (1805–1859), einem der großen Meister seiner Generation. Sein Erfolg beruhte auf einer genialen Anwendung der höheren Analysis. Noch heute, nach hundert Jahren, zählt DIRICHLETs Arbeit über diesen Gegenstand zu den hervorragendsten Leistungen der Mathematik. Es ist bisher nicht gelungen, seinen Beweis so zu vereinfachen, daß er denen zugänglich ist, die nicht in der Technik der Infinitesimalrechnung und Funktionentheorie bewandert sind.

Während wir hier den Beweis für DIRICHLETs allgemeines Theorem nicht darstellen können, ist es leicht, für gewisse *spezielle* arithmetische Folgen, z. B. $4n+3$ und $6n+5$, den einfachen euklidischen Beweis abzuwandeln. Um die erste dieser beiden Folgen zu behandeln, bemerken wir, daß jede Primzahl größer als 2 ungerade ist (da sie sonst durch 2 teilbar wäre) und daher die Form $4n+1$ oder $4n+3$ hat, mit einer geeigneten ganzen Zahl n. Ferner ist das Produkt zweier Zahlen der Form $4n+1$ wieder von dieser Form, da

$$(4a+1)(4b+1) = 16ab + 4a + 4b + 1 = 4(4ab + a + b) + 1 .$$

Nun nehmen wir an, es gäbe nur eine endliche Anzahl von Primzahlen $p_1, p_2, p_3, \ldots, p_n$ von der Form $4n+3$, und betrachten die Zahl

$$N = 4(p_1 p_2 \ldots p_n) - 1 = 4(p_1 \ldots p_n - 1) + 3 .$$

Entweder ist N selbst eine Primzahl, oder es kann in ein Produkt von Primzahlen zerlegt werden, unter denen $p_1, p_2, \ldots, p_n$ nicht vorkommen können, da diese, wenn N durch sie geteilt wird, den Rest -1 geben. Ferner können nicht alle Faktoren von N von der Form $4n+1$ sein; denn N selbst ist nicht von dieser Form, und wie wir gesehen haben, ist jedes Produkt von Zahlen der Form $4n+1$ wieder von dieser Form. Daher muß mindestens ein Primfaktor von der Form $4n+3$ sein, und dies ist unmöglich, da keine von den Zahlen $p_1, p_2, \ldots, p_n$, von denen wir annahmen, daß sie *alle* Primzahlen der Form $4n+3$ darstellten, ein Faktor von N sein kann. Also führt die Annahme, daß die Anzahl der Primzahlen der Form $4n+3$ endlich sei, zu einem Widerspruch, und folglich muß die Anzahl dieser Primzahlen unendlich sein.

Übung. Man beweise den entsprechenden Satz für die Folge $6n+5$.

c) Der Primzahlsatz

Auf der Suche nach einem Gesetz über die Verteilung der Primzahlen wurde der entscheidende Schritt getan, als man die erfolglosen Versuche aufgab, eine einfache mathematische Formel zu finden, die *alle* Primzahlen oder die genaue Anzahl der Primzahlen unter den ersten n ganzen Zahlen angibt, und sich stattdessen mit einer Auskunft über die *durchschnittliche* Verteilung der Primzahlen unter den natürlichen Zahlen begnügte.

Für eine beliebige natürliche Zahl n möge A_n die Anzahl der Primzahlen unter den Zahlen $1, 2, 3, \ldots, n$ bezeichnen. Wenn wir in einer Liste der ersten ganzen Zahlen alle Primzahlen unterstreichen:

$$1\ \underline{2}\ \underline{3}\ 4\ \underline{5}\ 6\ \underline{7}\ 8\ 9\ 10\ \underline{11}\ 12\ \underline{13}\ 14\ 15\ 16\ \underline{17}\ 18\ \underline{19} \ldots,$$

so können wir die ersten Werte von A_n feststellen:

$$A_1 = 0,\quad A_2 = 1,\quad A_3 = 2,\quad A_4 = 2,\quad A_5 = A_6 = 3,\quad A_7 = A_8 = A_9 = A_{10} = 4,$$

$$A_{11} = A_{12} = 5,\ A_{13} = A_{14} = A_{15} = A_{16} = 6,\ A_{17} = A_{18} = 7,\ A_{19} = 8, \text{ usw.}$$

Wenn wir jetzt eine beliebige Folge von Werten n nehmen, die unbegrenzt zunimmt, sagen wir

$$n = 10, 10^2, 10^3, 10^4, \ldots,$$

dann werden die zugehörigen Werte von A_n,

$$A_{10}, A_{10^2}, A_{10^3}, A_{10^4}, \ldots,$$

ebenfalls unbegrenzt zunehmen (allerdings langsamer). Da, wie wir wissen, unendlich viele Primzahlen existieren, müssen die Werte von A_n für wachsendes n früher oder später jede endliche Zahl überschreiten. Die „Dichte" der Primzahlen unter den ersten n ganzen Zahlen wird durch den Quotienten $\frac{A_n}{n}$ gegeben, und aus einer Primzahltabelle kann man die Werte von $\frac{A_n}{n}$ empirisch für einige große Werte von n entnehmen.

n	A_n/n
10^3	0,168
10^6	0,078498
10^9	0,050847478
...	....

Der Quotient A_n/n kann als Wahrscheinlichkeit dafür aufgefaßt werden, daß eine aufs Geratewohl aus den ersten n ganzen Zahlen herausgegriffene Zahl eine Primzahl ist, da es n Möglichkeiten der Wahl gibt und darunter A_n Primzahlen sind.

Im Einzelnen ist die Verteilung der Primzahlen unter den natürlichen Zahlen außerordentlich unregelmäßig. Aber diese Unregelmäßigkeit „im Kleinen" verschwindet, wenn wir unsere Aufmerksamkeit der durchschnittlichen Verteilung der Primzahlen, wie sie durch das Verhältnis $\frac{A_n}{n}$ gegeben wird, zuwenden. Das einfache Gesetz, dem dieses Verhältnis gehorcht, ist eine der merkwürdigsten Entdeckungen der Mathematik. Um den *Primzahlsatz* zu formulieren, müssen wir den „natürlichen Logarithmus" einer Zahl n definieren. Hierzu wählen wir zwei zueinander senkrechte Achsen in einer Ebene und betrachten die Gesamtheit aller Punkte in der Ebene, für die das Produkt ihrer Abstände x und y von den beiden Achsen gleich 1 ist. Dies ist eine gleichseitige Hyperbel, mit der Gleichung $xy = 1$. Wir definieren nun $\ln n$ als diejenige *Fläche* in Fig. 5, die begrenzt wird von der Hyperbel, der x-Achse und den beiden Vertikalen $x = 1$ und $x = n$. (Eine eingehendere Besprechung des Logarithmus findet sich in Kap. VIII.) Auf Grund einer empirischen Untersuchung von Primzahltabellen bemerkte GAUSS, daß das Verhältnis $\frac{A_n}{n}$ angenähert gleich $1/\ln n$ ist, und daß die Annäherung sich mit wachsendem n zu verbessern scheint. Die Güte der Annäherung ist durch das Verhältnis $\frac{A_n/n}{1/\ln n}$ gegeben, dessen Werte für $n = 1000$, 1000000 und 1000000000 in der folgenden Tabelle angegeben sind.

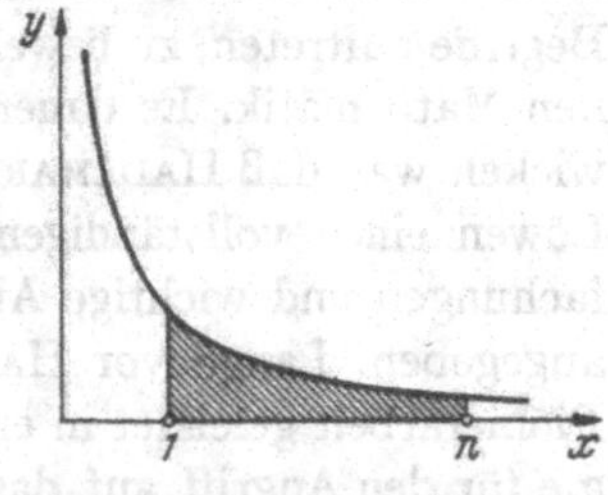

Fig. 5. Die Fläche des schraffierten Gebiets unter der Hyperbel definiert $\ln n$

n	A_n/n	$1/\ln n$	$\frac{A_n/n}{1/\ln n}$
10^3	0,168	0,145	1,159
10^6	0,078498	0,072382	1,084
10^9	0,050847478	0,048254942	1,053
...	....	....	.....

Auf Grund solcher empirischer Feststellungen sprach GAUSS die Vermutung aus, daß das Verhältnis A_n/n der Größe $1/\ln n$ „asymptotisch gleich" ist. Dies bedeutet: wenn wir eine Folge von immer größeren Werten n nehmen, sagen wir wie oben

$$n = 10, 10^2, 10^3, 10^4, \ldots,$$

dann nähert sich das Verhältnis von A_n/n zu $1/\ln n$,

$$\frac{A_n/n}{1/\ln n},$$

berechnet für diese aufeinanderfolgenden Werte von n, immer mehr dem Wert 1, d. h. die Differenz zwischen dem Wert dieses Verhältnisses und 1 kann beliebig klein gemacht werden, wenn wir genügend große Werte von n wählen. Diese Behauptung wird symbolisch durch das Zeichen $\sim$ dargestellt:

$$\frac{A_n}{n} \sim \frac{1}{\ln n} \text{ bedeutet } \frac{A_n/n}{1/\ln n} \text{ strebt gegen 1, wenn } n \text{ zunimmt.}$$

Das Zeichen $\sim$ kann natürlich nicht durch das gewöhnliche Gleichheitszeichen $=$ ersetzt werden, wie aus der Tatsache hervorgeht, daß A_n immer eine ganze Zahl ist, während dies für $n/\ln n$ nicht zutrifft.

Daß das durchschnittliche Verhalten der Primzahlverteilung durch die Logarithmusfunktion beschrieben werden kann, ist eine sehr merkwürdige Entdeckung; denn es ist erstaunlich, daß zwei mathematische Begriffe, die scheinbar gar nichts miteinander zu tun haben, in Wirklichkeit so eng miteinander verknüpft sind.

Obwohl die Formulierung der Gaußschen Vermutung einfach zu verstehen ist, ging ein strenger Beweis weit über die Leistungsfähigkeit der mathematischen Wissenschaft zu GAUSS' Zeiten hinaus. Um diesen Satz, in dem nur ganz elementare Begriffe auftreten, zu beweisen, benötigt man die stärksten Methoden der modernen Mathematik. Es dauerte fast hundert Jahre, ehe die Analysis so weit entwickelt war, daß HADAMARD (1896) in Paris und DE LA VALLÉE POUSSIN (1896) in Löwen einen vollständigen Beweis des Primzahlsatzes geben konnten. Vereinfachungen und wichtige Abänderungen wurden von v. MANGOLDT und LANDAU angegeben. Lange vor HADAMARD hatte RIEMANN (1826–1866) entscheidende Pionierarbeit geleistet in einer berühmten Arbeit, in der er gleichsam die Strategie für den Angriff auf das Problem entwarf. Der amerikanische Mathematiker NORBERT WIENER hat jetzt den Beweis so umgestaltet, daß die Benutzung komplexer Zahlen bei einem wichtigen Schritt des Gedankengangs vermieden wird. Aber der Beweis des Primzahlsatzes ist noch immer keine leichte Angelegenheit. Wir werden auf diesen Gegenstand noch auf S. 369ff. zurückkommen.

d) Zwei ungelöste Probleme, die Primzahlen betreffen

Während das Problem der durchschnittlichen Primzahlverteilung befriedigend gelöst worden ist, gibt es noch viele Vermutungen, die durch alle empirischen Feststellungen gestützt werden, aber bis heute noch nicht bewiesen werden konnten.

Eine davon ist die berühmte Goldbachsche Vermutung. GOLDBACH (1690 bis 1764) hat nur durch dieses Problem, das er 1742 in einem Brief an EULER aufstellte, in der Geschichte der Mathematik Bedeutung erlangt. Er bemerkte, daß jede von ihm untersuchte gerade Zahl (außer 2, die selbst eine Primzahl ist) als Summe zweier Primzahlen dargestellt werden kann. Zum Beispiel:

$$4 = 2 + 2,\quad 6 = 3 + 3,\quad 8 = 5 + 3,\quad 10 = 5 + 5,\quad 12 = 5 + 7,\quad 14 = 7 + 7,$$
$$16 = 13 + 3,\quad 18 = 11 + 7,\quad 20 = 13 + 7, \ldots, 48 = 29 + 19, \ldots,\quad 100 = 97 + 3$$

usw.

GOLDBACH fragte EULER, ob er beweisen könnte, daß dies für alle geraden Zahlen zutrifft, oder ob er ein Gegenbeispiel angeben könnte? EULER gab niemals eine Antwort, auch ist sonst bisher kein Beweis oder Gegenbeispiel gefunden worden. Die empirischen Ergebnisse zugunsten der Behauptung, daß jede gerade Zahl so dargestellt werden kann, sind durchaus überzeugend, wie jeder bestätigen kann, der eine Anzahl von Beispielen prüft. Der Grund für die Schwierigkeit ist, daß Primzahlen durch *Multiplikation* definiert sind, während es sich bei diesem Problem um *Additionen* handelt. Ganz allgemein ist es schwierig, Zusammenhänge zwischen den multiplikativen und additiven Eigenschaften der ganzen Zahlen aufzufinden.

Bis vor kurzem schien ein Beweis der Goldbachschen Vermutung vollkommen unangreifbar. Heute scheint die Lösung nicht mehr gänzlich hoffnungslos zu sein. 1931 wurde, völlig unerwartet und zum größten Erstaunen der Fachleute, von einem bis dahin unbekannten jungen russischen Mathematiker, SCHNIRELMANN (1905–1938), ein bedeutender Erfolg errungen. SCHNIRELMANN bewies, daß *jede positive ganze Zahl als Summe von nicht mehr als 300000 Primzahlen dargestellt werden kann.* Obwohl dieses Ergebnis im Vergleich zu dem ursprünglichen Ziel, die Goldbachsche Vermutung zu beweisen, beinahe komisch anmutet, so ist es jedenfalls der erste Schritt in dieser Richtung. Der Beweis ist ein direkter, konstruktiver, obwohl er keinerlei praktische Methode angibt, um die Zerlegung einer beliebigen Zahl in eine Summe von Primzahlen zu finden. Etwas später gelang es dem russischen Mathematiker VINOGRADOFF mit Hilfe von Methoden, die von HARDY, LITTLEWOOD und ihrem indischen Mitarbeiter RAMANUJAN stammen, die Zahl der Summanden von 300000 auf 4 herabzudrücken. VINOGRADOFFs großartige Leistung kommt der Lösung des Goldbachschen Problems schon sehr viel näher. Es besteht aber ein prinzipieller Unterschied zwischen SCHNIRELMANNs und VINOGRADOFFs Ergebnis, noch bedeutsamer vielleicht als der Unterschied von 300000 und 4. VINOGRADOFFs Satz ist nur für alle „hinreichend großen" Zahlen bewiesen, genauer gesagt, VINOGRADOFF bewies, daß es eine Zahl N gibt, derart, daß jede Zahl $n > N$ als Summe von höchstens 4 Primzahlen dargestellt werden kann. VINOGRADOFFs Beweis erlaubt nicht, N abzuschätzen; im Gegensatz zu SCHNIRELMANNs Satz ist er wesentlich indirekt und nicht konstruktiv. Was VINOGRADOFF wirklich bewiesen hat, ist, daß die Annahme, es gäbe unendlich viele ganze Zahlen, die nicht in höchstens 4 Primzahlsummanden zerlegt werden können, zu einem Widerspruch führt. Hier haben wir ein gutes Beispiel des tiefliegenden Unterschieds zwischen den beiden Beweistypen, dem direkten und dem indirekten.

Zum Schluß sei noch ein anderes ungelöstes Problem über Primzahlen erwähnt, welches mindestens ebenso reizvoll ist wie die Goldbachsche Vermutung, welches aber noch weiter von einer befriedigenden Antwort entfernt zu sein scheint. Es ist auffallend, daß in den Tabellen der Primzahlen immer wieder Paare p und $p + 2$ vorkommen, die sich nur um zwei unterscheiden, z. B. 3 und 5, 11 und 13, 29 und 31 usw. Die sich aufdrängende Vermutung ist nun, daß es unendlich viele solcher

Paare gibt. – Obwohl kaum ein Zweifel an der Richtigkeit der Vermutung besteht, ist bisher noch kein entscheidender Fortschritt in der Richtung auf einen Beweis gelungen.

§ 2. Kongruenzen

1. Grundbegriffe

Überall, wo die Frage nach der Teilbarkeit ganzer Zahlen durch eine bestimmte ganze Zahl d auftritt, dient der Begriff und die Bezeichnung „Kongruenz" (auf GAUSS zurückgehend) zur Klärung und Vereinfachung der Überlegungen.

Um diesen Begriff einzuführen, wollen wir die Reste untersuchen, die bei der Division der ganzen Zahlen durch 5 übrigbleiben. Wir haben

$$\begin{array}{lll}
0 = 0 \cdot 5 + 0 & 7 = 1 \cdot 5 + 2 & -1 = -1 \cdot 5 + 4 \\
1 = 0 \cdot 5 + 1 & 8 = 1 \cdot 5 + 3 & -2 = -1 \cdot 5 + 3 \\
2 = 0 \cdot 5 + 2 & 9 = 1 \cdot 5 + 4 & -3 = -1 \cdot 5 + 2 \\
3 = 0 \cdot 5 + 3 & 10 = 2 \cdot 5 + 0 & -4 = -1 \cdot 5 + 1 \\
4 = 0 \cdot 5 + 4 & 11 = 2 \cdot 5 + 1 & -5 = -1 \cdot 5 + 0 \\
5 = 1 \cdot 5 + 0 & 12 = 2 \cdot 5 + 2 & -6 = -2 \cdot 5 + 4 \\
6 = 1 \cdot 5 + 1 & \text{usw.} & \text{usw.}
\end{array}$$

Wir bemerken, daß der Rest, der bleibt, wenn eine beliebige ganze Zahl durch 5 geteilt wird, stets eine der fünf Zahlen 0, 1, 2, 3, 4 ist. Wir sagen, daß zwei ganze Zahlen a und b „kongruent modulo 5" sind, wenn sie bei Division durch 5 *denselben Rest* lassen. So sind 2, 7, 12, 17, 22, ..., −3, −8, −13, −18, ... alle kongruent modulo 5, da sie den Rest 2 lassen. Allgemein ausgedrückt sagen wir, daß zwei ganze Zahlen a und b *kongruent modulo* d sind, wobei d eine bestimmte ganze Zahl ist, wenn es eine ganze Zahl n gibt, derart, daß $a - b = nd$. Zum Beispiel sind 27 und 15 kongruent modulo 4, weil

$$27 = 6 \cdot 4 + 3, \qquad 15 = 3 \cdot 4 + 3.$$

Der Begriff der Kongruenz ist so nützlich, daß es wünschenswert ist, dafür eine kurze Schreibweise zu haben. Wir schreiben

$$a \equiv b \pmod{d},$$

um auszudrücken, daß a und b kongruent modulo d sind. Wenn über den Modul kein Zweifel besteht, kann man auch das „mod d" der Formel weglassen. (Wenn a nicht kongruent b modulo d ist, schreiben wir $a \not\equiv b \pmod{d}$).

Kongruenzen kommen im Alltagsleben häufig vor. Zum Beispiel geben die Zeiger einer Uhr die Stunde modulo 12 an, und der Kilometerzähler im Auto zeigt die insgesamt zurückgelegten Kilometer modulo 100000.

Ehe wir mit der Erörterung der Kongruenzen im einzelnen beginnen, sollte sich der Leser klar machen, daß die folgenden Aussagen alle einander äquivalent sind:

1. a ist kongruent b modulo d.
2. $a = b + nd$ für eine gewisse ganze Zahl n.
3. d ist ein Teiler von $a - b$.

Der Nutzen der Gaußschen Kongruenzschreibweise liegt darin, daß die Kongruenz in bezug auf einen bestimmten Modul viele der formalen Eigenschaften der gewöhnlichen Gleichheit hat. Die wichtigsten formalen Eigenschaften der Gleichheits-Beziehung $a = b$ sind die folgenden:

1) Es ist immer $a = a$.
2) Wenn $a = b$, dann ist auch $b = a$.
3) Wenn $a = b$ und $b = c$, dann ist $a = c$.

Ferner: wenn $a = a'$ und $b = b'$, dann ist

4) $a + b = a' + b'$.
5) $a - b = a' - b'$.
6) $ab = a'b'$.

Diese Eigenschaften bleiben erhalten, wenn die Beziehung $a = b$ durch $a \equiv b \pmod{d}$ ersetzt wird. So ist

1') immer $a \equiv a \pmod{d}$,
2') wenn $a \equiv b \pmod{d}$, dann auch $b \equiv a \pmod{d}$,
3') wenn $a \equiv b \pmod{d}$ und $b \equiv c \pmod{d}$, dann auch $a \equiv c \pmod{d}$.

Die triviale Nachprüfung dieser Tatsachen bleibe dem Leser überlassen.
Ferner: wenn $a \equiv a' \pmod{d}$ und $b \equiv b' \pmod{d}$, dann ist

4') $a + b \equiv a' + b' \pmod{d}$,
5') $a - b \equiv a' - b' \pmod{d}$,
6') $ab \equiv a'b' \pmod{d}$.

Es können also *Kongruenzen in bezug auf denselben Modul addiert, subtrahiert und multipliziert werden.* Um diese drei Aussagen zu beweisen, brauchen wir nur folgendes zu bemerken: Wenn

$$a = a' + rd, \qquad b = b' + sd,$$

dann ist

$$a + b = a' + b' + (r + s)d,$$
$$a - b = a' - b' + (r - s)d,$$
$$ab = a'b' + (a's + b'r + rsd)d,$$

woraus die gewünschten Eigenschaften folgen.

Der Begriff der Kongruenz erlaubt eine anschauliche geometrische Deutung. Wenn wir die ganzen Zahlen geometrisch darzustellen wünschen, wählen wir gewöhnlich eine Strecke der Länge 1 und erweitern sie durch Vielfache derselben Länge nach beiden Seiten. Auf diese Weise finden wir für jede ganze Zahl einen entsprechenden Punkt auf der Geraden wie in Fig. 6. Wenn wir es dagegen mit den

Fig. 6. Geometrische Darstellung der ganzen Zahlen

ganzen Zahlen modulo d zu tun haben, so werden zwei beliebige kongruente Zahlen als dieselbe Zahl angesehen, da es nur auf ihr Verhalten bei Division durch d ankommt und sie denselben Rest lassen. Um dies geometrisch zu veranschaulichen, wählen wir einen Kreis, der in d gleiche Teile geteilt ist. Jede ganze Zahl läßt bei Division durch d als Rest eine der d Zahlen $0, 1, 2, \ldots, d - 1$, die in gleichen Abständen auf dem Umfang des Kreises angeordnet werden. Jede ganze Zahl ist einer dieser Zahlen kongruent modulo d und wird daher geometrisch durch einen dieser Punkte dargestellt. Fig. 7 ist für den Fall $d = 6$ gezeichnet. Das Zifferblatt einer Uhr ist ein weiteres Beispiel aus dem täglichen Leben.

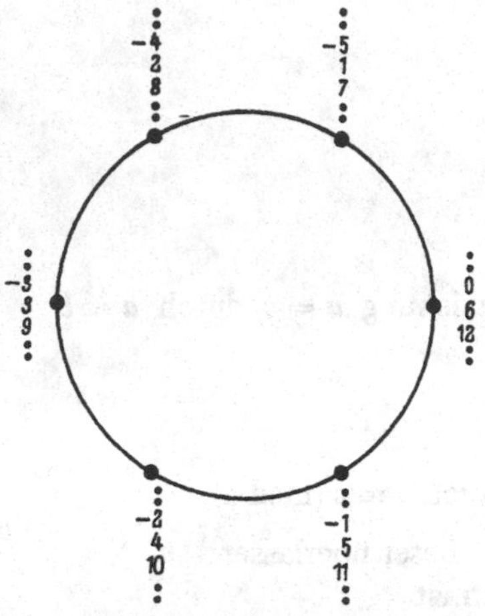

Fig. 7. Geometrische Darstellung der ganzen Zahlen modulo 6

Als Beispiel für die Anwendung der multiplikativen Eigenschaft 6′) der Kongruenzen können wir die Reste bestimmen, die bei der Division aufeinanderfolgender Zehnerpotenzen durch eine gegebene Zahl bleiben. Zum Beispiel ist

$$10 \equiv -1 \quad (\text{mod } 11),$$

da $10 = -1 + 11$. Multiplizieren wir diese Kongruenz wiederholt mit sich selbst, so ergibt sich

$$10^2 \equiv (-1)(-1) = 1 \quad (\text{mod } 11),$$
$$10^3 \equiv -1 \quad (\text{mod } 11),$$
$$10^4 \equiv 1 \quad (\text{mod } 11) \text{ usw.}$$

Hieraus läßt sich zeigen, daß eine beliebige natürliche Zahl

$$z = a_0 + a_1 \cdot 10 + a_2 \cdot 10^2 + \cdots + a_n \cdot 10^n,$$

im Dezimalsystem ausgedrückt, bei Division durch 11 denselben Rest läßt wie die Summe ihrer Ziffern mit abwechselndem Vorzeichen genommen,

$$t = a_0 - a_1 + a_2 - a_3 + \cdots.$$

Denn wir können schreiben

$$z - t = a_1 \cdot 11 + a_2(10^2 - 1) + a_3(10^3 + 1) + a_4(10^4 - 1) + \cdots.$$

Da alle Zahlen 11, $10^2 - 1$, $10^3 + 1, \ldots$ kongruent 0 mod 11 sind, gilt dies von $z - t$ ebenfalls, und daher läßt z bei Division durch 11 denselben Rest wie t. Insbesondere folgt, daß eine Zahl dann und nur dann durch 11 teilbar ist (d. h. den Rest 0 läßt), wenn die Summe ihrer Ziffern mit abwechselndem Vorzeichen durch 11 teilbar ist. Zum Beispiel: da $3 - 1 + 6 - 2 + 8 - 1 + 9 = 22$, ist die Zahl $z = 3162819$ durch 11 teilbar. Noch einfacher ist es, ein Kennzeichen für die Teilbarkeit durch 3 oder 9 zu finden, da $10 \equiv 1$ (mod 3 oder 9) und daher $10^n \equiv 1$ (mod 3 oder 9)für jedes n. Daraus folgt, daß eine Zahl z dann und nur dann durch 3 oder 9 teilbar ist, wenn die Summe ihrer Ziffern – die sogenannte Quersumme –

$$s = a_0 + a_1 + a_2 + \cdots + a_n$$

ebenfalls durch 3 bzw. durch 9 teilbar ist.

Für Kongruenzen modulo 7 haben wir

$$10 \equiv 3,\ 10^2 \equiv 2,\ 10^3 \equiv -1,\ 10^4 \equiv -3,\ 10^5 \equiv -2,\ 10^6 \equiv 1.$$

Diese Reste wiederholen sich dann beim Weitergehen. Daher ist z dann und nur dann durch 7 teilbar, wenn der Ausdruck

$$r = a_0 + 3a_1 + 2a_2 - a_3 - 3a_4 - 2a_5 + a_6 + 3a_7 + \ldots$$

durch 7 teilbar ist.

Übung: Man suche ein ähnliches Kennzeichen für die Teilbarkeit durch 13.

Beim Addieren oder Multiplizieren von Kongruenzen mit Bezug auf einen festen Modul, etwa $d = 5$, können wir verhindern, daß die auftretenden Zahlen zu groß werden, wenn wir jede Zahl a immer durch diejenige aus der Menge

$$0, 1, 2, 3, 4$$

ersetzen, zu der sie kongruent ist. Um also Summen und Produkte von ganzen Zahlen modulo 5 zu berechnen, brauchen wir nur die folgenden Tabellen für die Addition und die Multiplikation zu benutzen.

$a+b$	$b \equiv 0$	1	2	3	4
$a \equiv 0$	0	1	2	3	4
1	1	2	3	4	0
2	2	3	4	0	1
3	3	4	0	1	2
4	4	0	1	2	3

$a \cdot b$	$b \equiv 0$	1	2	3	4
$a \equiv 0$	0	0	0	0	0
1	0	1	2	3	4
2	0	2	4	1	3
3	0	3	1	4	2
4	0	4	3	2	1

Aus der zweiten Tabelle geht hervor, daß ein Produkt ab nur dann kongruent 0 (mod 5) ist, wenn a oder b kongruent 0 (mod 5) ist. Das deutet auf das allgemeine Gesetz

7) $$ab \equiv 0 \pmod{d} \text{ nur, wenn } a \equiv 0 \text{ oder } b \equiv 0 \pmod{d}.$$

Dies ist eine Erweiterung des gewöhnlichen Gesetzes für ganze Zahlen, nach dem ab nur $= 0$ sein kann, wenn $a = 0$ oder $b = 0$. *Das Gesetz* (7) *gilt dann und nur dann, wenn d eine Primzahl ist.* Denn die Kongruenz

$$ab \equiv 0 \pmod{d}$$

bedeutet, daß d ein Teiler von ab ist; ist nun d eine Primzahl, dann wissen wir, daß sie nur dann Teiler des Produkts ab sein kann, wenn sie entweder Teiler von a oder von b ist, also nur, wenn

$$a \equiv 0 \pmod{d} \quad \text{oder} \quad b \equiv 0 \pmod{d}.$$

Wenn aber d keine Primzahl ist, dann können wir $d = r \cdot s$ setzen, worin r und s kleiner als d sind, so daß

$$r \not\equiv 0 \pmod{d}, \quad s \not\equiv 0 \pmod{d}$$

und trotzdem

$$rs = d \equiv 0 \pmod{d};$$

d. h. das Gesetz ist nicht gültig. Zum Beispiel ist $2 \not\equiv 0 \pmod{6}$ und $3 \not\equiv 0 \pmod{6}$, aber $2 \cdot 3 = 6 \equiv 0 \pmod{6}$.

Übung: Man zeige, daß die folgende *Kürzungsregel* für Kongruenzen in bezug auf einen Primzahlmodul gilt:

Wenn $ab \equiv ac$ und $a \not\equiv 0$, dann ist $b \equiv c$.

Übungen: 1. Welcher Zahl zwischen 0 und 6 (einschließlich) ist das Produkt $11 \cdot 18 \cdot 2322 \cdot 13 \cdot 19$ kongruent modulo 7?

2. Welcher Zahl zwischen 0 und 12 (einschließlich) ist $3 \cdot 7 \cdot 11 \cdot 17 \cdot 19 \cdot 23 \cdot 29 \cdot 113$ kongruent modulo 13?

3. Welcher Zahl zwischen 0 und 4 (einschließlich) ist die Summe $1 + 2 + 2^2 + \cdots + 2^{19}$ kongruent modulo 5?

2. Der kleine Fermatsche Satz

Im 17. Jahrhundert entdeckte FERMAT, der Begründer der modernen Zahlentheorie, den wichtigen Satz: *Für eine beliebige Primzahl p, die nicht Teiler der ganzen Zahl a ist, gilt*

$$a^{p-1} \equiv 1 \qquad (\text{mod}\, p)\,.$$

Das heißt, daß die $(p-1)$te Potenz von a bei Division durch p den Rest 1 läßt.

Einige unserer früheren Rechnungen bestätigen diesen Satz; z. B. fanden wir, daß $10^6 \equiv 1$ (mod 7), $10^2 \equiv 1$ (mod 3) und $10^{10} \equiv 1$ (mod 11). Ebenso können wir zeigen, daß $2^{12} \equiv 1$ (mod 13) und $5^{10} \equiv 1$ (mod 11). Um die letzteren Kongruenzen nachzuprüfen, brauchen wir nicht diese hohen Potenzen wirklich auszurechnen, da wir uns die multiplikative Eigenschaft der Kongruenzen zunutze machen können:

$$\begin{aligned} 2^4 &\equiv 16 \equiv 3 && (\text{mod}\, 13), \\ 2^8 &\equiv 9 \equiv -4 && (\text{mod}\, 13), \\ 2^{12} &\equiv -4 \cdot 3 = -12 \equiv 1 && (\text{mod}\, 13). \end{aligned} \qquad \begin{aligned} 5^2 &\equiv 3 && (\text{mod}\, 11), \\ 5^4 &\equiv 9 \equiv -2 && (\text{mod}\, 11), \\ 5^8 &\equiv 4 && (\text{mod}\, 11), \\ 5^{10} &\equiv 3 \cdot 4 = 12 \equiv 1 && (\text{mod}\, 11). \end{aligned}$$

Um den Fermatschen Satz zu beweisen, betrachten wir die Vielfachen von a

$$m_1 = a, \qquad m_2 = 2a, \qquad m_3 = 3a, \ldots, m_{p-1} = (p-1)\,a\,.$$

Keine zwei dieser Zahlen können kongruent modulo p sein; denn dann wäre p ein Teiler von $m_r - m_s = (r-s)\,a$ für ein gewisses Paar von ganzen Zahlen r, s mit $1 \leqq r < s \leqq (p-1)$. Aber nach Satz (7) kann dies nicht sein, denn da $s-r$ kleiner als p ist, ist p kein Teiler von $s-r$, während nach Voraussetzung p kein Teiler von a ist. Auch kann keine der Zahlen kongruent 0 sein. Daher muß jede der Zahlen $m_1, m_2, \ldots, m_{p-1}$ genau einer entsprechenden unter den Zahlen $1, 2, 3, \ldots$ $\ldots, p-1$ kongruent sein. Daraus folgt

$$m_1 m_2 \cdots m_{p-1} = 1 \cdot 2 \cdot 3 \cdots (p-1)\, a^{p-1} \equiv 1 \cdot 2 \cdot 3 \cdots (p-1) \; (\text{mod}\, p)\,,$$

oder, wenn wir K als Abkürzung für $1 \cdot 2 \cdot 3 \cdots (p-1)$ schreiben,

$$K\,(a^{p-1} - 1) \equiv 0 \qquad (\text{mod}\, p)\,.$$

Aber K ist nicht durch p teilbar, da keiner seiner Faktoren es ist, daher muß nach dem Satz (7) $a^{p-1} - 1$ durch p teilbar sein, d. h.

$$a^{p-1} - 1 \equiv 0 \qquad (\text{mod}\, p)\,.$$

Das ist der Fermatsche Satz.

Um den Satz nochmals zu kontrollieren, nehmen wir $p = 23$ und $a = 5$. Wir haben dann, immer modulo 23, $5^2 \equiv 2$, $5^4 \equiv 4$, $5^8 \equiv 16 \equiv -7$, $5^{16} \equiv 49 \equiv 3$, $5^{20} \equiv 12$, $5^{22} \equiv 24 \equiv 1$. Mit $a = 4$ anstelle von 5 erhalten wir, wiederum modulo 23, $4^2 \equiv -7$, $4^3 \equiv -28 \equiv -5$, $4^4 \equiv -20 \equiv 3$, $4^8 \equiv 9$, $4^{11} \equiv -45 \equiv 1$, $4^{22} \equiv 1$.

In dem oben angegebenen Beispiel mit $a = 4$, $p = 23$ und in anderen bemerken wir, daß nicht nur die $(p-1)$te Potenz von a, sondern schon eine niedrigere Potenz kongruent 1 sein kann. Es gilt dann immer, daß die kleinste derartige Potenz, in diesem Fall 11, ein Teiler von $(p-1)$ ist. (Siehe die folgende Übung 3).

Übungen: 1. Man zeige durch ähnliche Rechnung, daß $2^8 \equiv 1$ (mod 17); $3^8 \equiv -1$ (mod 17); $3^{14} \equiv -1$ (mod 29); $2^{14} \equiv -1$ (mod 29); $4^{14} \equiv 1$ (mod 29); $5^{14} \equiv 1$ (mod 29).

2. Man bestätige den kleinen Fermatschen Satz für $p = 5, 7, 11, 17$ und 23 mit verschiedenen Werten von a.

3. Man beweise den allgemeinen Satz: Die kleinste positive ganze Zahl e, für die $a^e \equiv 1 \pmod p$, muß Teiler von $p - 1$ sein. Anleitung: Man teile $p - 1$ durch e, was

$$p - 1 = ke + r$$

ergibt, wobei $0 \leqq r < e$, und benutze, daß $a^{p-1} \equiv a^r \equiv 1 \pmod p$.

3. Quadratische Reste

Betrachten wir die Beispiele zum Fermatschen Satz, so finden wir, daß nicht nur immer $a^{p-1} \equiv 1 \pmod p$ ist, sondern daß (wenn p eine von 2 verschiedene Primzahl, also ungerade und von der Form $2p' + 1$ ist) darüber hinaus für manche Werte von a auch $a^{p'} = a^{\frac{p-1}{2}} \equiv 1 \pmod p$ ist. Diese Tatsache regt zu interessanten Untersuchungen an. Wir können den Fermatschen Satz in folgender Form schreiben:

$$a^{p-1} - 1 = a^{2p'} - 1 = (a^{p'} - 1)(a^{p'} + 1) \equiv 0 \qquad \pmod p .$$

Da ein Produkt nur dann durch p teilbar ist, wenn einer der Faktoren es ist, so ergibt sich sofort, daß entweder $a^{p'} - 1$ oder $a^{p'} + 1$ durch p teilbar sein muß, so daß für jede Primzahl $p > 2$ und jede Zahl a, die nicht durch p teilbar ist, entweder

$$a^{\frac{p-1}{2}} \equiv 1 \quad \text{oder} \quad a^{\frac{p-1}{2}} \equiv -1 \qquad \pmod p .$$

Seit dem Beginn der modernen Zahlentheorie haben sich die Mathematiker bemüht herauszufinden, für welche Zahlen a der erste Fall vorliegt und für welche der zweite. Nehmen wir an, a sei modulo p kongruent dem Quadrat einer Zahl x,

$$a \equiv x^2 \quad \pmod p .$$

Dann ist $a^{\frac{p-1}{2}} \equiv x^{p-1}$, was nach dem Fermatschen Satz kongruent 1 modulo p ist. Eine Zahl a ($\not\equiv 0 \pmod p$), die modulo p einer Quadratzahl kongruent ist, heißt ein *quadratischer Rest von p*, während eine Zahl b ($\not\equiv 0 \pmod p$), die keiner Quadratzahl kongruent ist, ein *quadratischer Nichtrest von p* genannt wird. Wir haben eben gesehen, daß jeder quadratische Rest von p die Kongruenz $a^{\frac{p-1}{2}} \equiv 1 \pmod p$ befriedigt. Ohne große Schwierigkeit läßt sich beweisen, daß für jeden Nichtrest b die Kongruenz $b^{\frac{p-1}{2}} \equiv -1 \pmod p$ gilt. Darüber hinaus werden wir alsbald zeigen, daß es unter den Zahlen $1, 2, 3, \ldots, p - 1$ genau $\frac{p-1}{2}$ quadratische Reste und $\frac{p-1}{2}$ Nichtreste gibt.

Obwohl viele empirische Daten durch direkte Ausrechnung gesammelt werden konnten, war es nicht leicht, allgemeine Gesetze über die Verteilung der quadratischen Reste und Nichtreste zu entdecken. Eine erste tiefliegende Eigenschaft dieser Reste wurde von LEGENDRE (1752–1833) bemerkt und später von GAUSS das *quadratische Reziprozitätsgesetz* genannt. Dieses Gesetz betrifft das Verhalten von zwei verschiedenen Primzahlen p und q und sagt aus, daß q ein quadratischer Rest von p dann und nur dann ist, wenn p ein quadratischer Rest von q ist, vorausgesetzt, daß das Produkt $\frac{p-1}{2} \cdot \frac{q-1}{2}$ *gerade* ist. Ist dieses Produkt *ungerade*, dann ist umgekehrt p ein Rest von q dann und nur dann, wenn q ein *Nichtrest* von p ist. Eine der Leistungen des jungen GAUSS war der erste strenge Beweis dieses merkwürdigen Gesetzes, das längere Zeit die Mathematiker herausgefordert hatte. GAUSS' erster Beweis war keineswegs einfach, und das Reziprozitätsgesetz ist selbst heute noch nicht allzu leicht zu begründen, obwohl eine ganze Anzahl verschiedener Beweise veröffentlicht worden ist. Seine wahre Bedeutung ist erst kürzlich im Zusammenhang mit der modernen Entwicklung der algebraischen Zahlentheorie erkannt worden.

Als Beispiel zur Erläuterung der Verteilung der quadratischen Reste wollen wir $p = 7$ wählen. Da

$$0^2 \equiv 0,\quad 1^2 \equiv 1,\quad 2^2 \equiv 4,\quad 3^2 \equiv 2,\quad 4^2 \equiv 2,\quad 5^2 \equiv 4,\quad 6^2 \equiv 1\,,$$

alle modulo 7, und da die weiteren Quadratzahlen nur dieselbe Folge von Zahlen wiederholen, sind die quadratischen Reste von 7 alle Zahlen, die kongruent 1, 2 und 4 sind, während die Nichtreste kongruent 3, 5 und 6 sind. Im allgemeinen Fall bestehen die quadratischen Reste von p aus den Zahlen, die kongruent 1^2, $2^2, \ldots, (p-1)^2$ sind. Aber diese $p-1$ Quadrate sind paarweise kongruent, denn

$$x^2 \equiv (p-x)^2 \pmod{p} \qquad (\text{z. B. } 2^2 \equiv 5^2 \pmod{7})\,,$$

weil $(p-x)^2 = p^2 - 2px + x^2 \equiv x^2 \pmod{p}$. Daher sind die Hälfte der Zahlen $1, 2, \ldots, p-1$ quadratische Reste und die andere Hälfte sind quadratische Nichtreste.

Um das quadratische Reziprozitätsgesetz zu verdeutlichen, wollen wir $p = 5$, $q = 11$ wählen. Da $11 \equiv 1^2 \pmod{5}$, ist 11 ein quadratischer Rest von 5. Da das Produkt $\frac{5-1}{2} \cdot \frac{11-1}{2}$ gerade ist, sagt uns das Reziprozitätsgesetz, daß auch 5 ein quadratischer Rest von 11 ist. Wir bestätigen dies durch die Feststellung, daß $5 \equiv 4^2 \pmod{11}$. Wenn andererseits $p = 7$, $q = 11$ gewählt wird, so ist das Produkt $\frac{7-1}{2} \cdot \frac{11-1}{2}$ ungerade, und tatsächlich ist 11 ein Rest (mod 7), da $11 \equiv 2^2 \pmod{7}$, während 7 ein Nichtrest (mod 11) ist.

Übungen: 1. $6^2 = 36 \equiv 13 \pmod{23}$. Ist 23 ein quadratischer Rest (mod 13)?

2. Wir haben gesehen, daß $x^2 \equiv (p-x)^2 \pmod{p}$. Man zeige, daß dies die *einzigen* Kongruenzen zwischen den Zahlen $1^2, 2^2, 3^2, \ldots, (p-1)^2$ sind.

§ 3. Pythagoreische Zahlen und großer Fermatscher Satz

Eine interessante Frage der Zahlentheorie hängt mit dem pythagoreischen Lehrsatz zusammen. Die Griechen wußten, daß ein Dreieck mit den Seiten 3, 4 und 5 rechtwinklig ist. Dies regte zu der Frage an, welche anderen rechtwinkligen Dreiecke Seiten haben, deren Längen ganze Vielfache einer Einheitslänge sind. Der Satz des PYTHAGORAS drückt sich algebraisch durch die Gleichung aus:

$$a^2 + b^2 = c^2\,, \tag{1}$$

in der a und b die Längen der Katheten eines rechtwinkligen Dreiecks sind und c die Länge der Hypotenuse ist. Das Problem, *alle* rechtwinkligen Dreiecke mit Seiten von ganzzahligen Längen zu finden, ist daher äquivalent mit dem Problem, alle ganzzahligen Lösungen a, b, c der Gleichung (1) zu finden. Jedes solche Zahlentripel wird ein *pythagoreisches Zahlentripel* genannt.

Das Problem, alle pythagoreischen Zahlentripel zu finden, läßt sich sehr einfach lösen. Wenn a, b und c ein pythagoreisches Zahlentripel bilden, so daß $a^2 + b^2 = c^2$, so wollen wir zur Abkürzung $a/c = x$, $b/c = y$ setzen. x und y sind rationale Zahlen mit der Eigenschaft $x^2 + y^2 = 1$. Wir haben dann $y^2 = (1-x)(1+x)$ oder $\frac{y}{(1+x)} = \frac{(1-x)}{y}$. Der gemeinsame Wert der beiden Seiten dieser Gleichung ist eine Zahl t, die sich als Quotient $\frac{u}{v}$ zweier ganzer Zahlen ausdrücken läßt. Wir können nun schreiben $y = t(1+x)$ und $1 - x = ty$ oder

$$tx - y = -t, \qquad x + ty = 1.$$

Aus diesen simultanen Gleichungen finden wir sofort

$$x = \frac{1-t^2}{1+t^2}, \qquad y = \frac{2t}{1+t^2}.$$

Setzen wir für x, y, t ihre Werte ein, so haben wir

$$\frac{a}{c} = \frac{v^2 - u^2}{u^2 + v^2}, \qquad \frac{b}{c} = \frac{2uv}{u^2 + v^2}.$$

Daher ist

$$\begin{aligned} a &= (v^2 - u^2)r, \\ b &= (2uv)r, \qquad (2)\\ c &= (u^2 + v^2)r, \end{aligned}$$

mit einem gewissen Proportionalitätsfaktor r. Hieraus geht hervor: wenn (a, b, c) ein pythagoreisches Zahlentripel ist, müssen a, b und c den Zahlen $v^2 - u^2$, $2uv$ und $u^2 + v^2$ proportional sein. Umgekehrt ist leicht einzusehen, daß jedes Tripel (a, b, c), das durch (2) definiert ist, ein pythagoreisches Tripel ist; denn aus (2) ergibt sich

$$\begin{aligned} a^2 &= (u^4 - 2u^2v^2 + v^4)r^2, \\ b^2 &= (4u^2v^2)r^2, \\ c^2 &= (u^4 + 2u^2v^2 + v^4)r^2, \end{aligned}$$

so daß $a^2 + b^2 = c^2$.

Dieses Ergebnis läßt sich noch etwas vereinfachen. Aus jedem pythagoreischen Zahlentripel (a, b, c) können wir durch Multiplikation mit beliebigen natürlichen Zahlen s unendlich viele andere pythagoreische Tripel (sa, sb, sc) ableiten. Aus (3, 4, 5) erhalten wir (6, 8, 10), (9, 12, 15) usw. Solche Tripel sind nicht wesentlich verschieden, da sie ähnlichen rechtwinkligen Dreiecken entsprechen. Wir werden daher ein *primitives* pythagoreisches Zahlentripel als ein solches definieren, bei dem a, b und c keinen gemeinsamen Faktor enthalten. Es läßt sich dann zeigen, daß *die Formeln*

$$\begin{aligned} a &= v^2 - u^2, \\ b &= 2uv, \\ c &= u^2 + v^2 \end{aligned}$$

für beliebige positive ganze Zahlen u und v mit $v > u$, wenn u und v keinen gemeinsamen Teiler haben und nicht beide ungerade sind, sämtliche primitiven pythagoreischen Zahlentripel liefern.

**Übung:* Man beweise die letzte Behauptung.

Als Beispiele für primitive pythagoreische Zahlentripel haben wir $u = 1$, $v = 2$: (3, 4, 5), $u = 2$, $v = 3$: (5, 12, 13), $u = 3$, $v = 4$: (7, 24, 25), ..., $u = 7$, $v = 10$: (51, 140, 149), usw.

Dieses Ergebnis für pythagoreische Zahlen läßt natürlich die Frage entstehen, ob ganze Zahlen a, b, c gefunden werden können, für die $a^3 + b^3 = c^3$ oder $a^4 + b^4 = c^4$ ist, oder allgemeiner, ob für einen gegebenen positiven ganzen Exponenten $n > 2$ die Gleichung

$$a^n + b^n = c^n \tag{3}$$

mit positiven ganzen Zahlen a, b, c gelöst werden kann. Diese Frage führte zu einer in der Geschichte der Mathematik höchst bemerkenswerten Entwicklung: FERMAT hat viele wichtige zahlentheoretische Entdeckungen in Randbemerkungen in seinem Exemplar des Werkes von DIOPHANTUS, dem großen Zahlentheoretiker der Antike, niedergelegt. Er hat dort viele Sätze ausgesprochen, ohne sich mit deren Beweis aufzuhalten, und diese Sätze sind alle später bewiesen worden, mit einer wichtigen Ausnahme. Bei seinen Anmerkungen zu den pythagoreischen Zahlen schrieb FERMAT, *daß die Gleichung* (3) *nicht in ganzen Zahlen lösbar sei, sobald n eine ganze Zahl* >2 ist; aber der elegante Beweis, den er hierfür gefunden habe, sei leider zu lang für den Rand, auf den er schreibe.

Diese allgemeine Behauptung FERMATs konnte bisher weder widerlegt noch bewiesen werden, obwohl sich viele der größten Mathematiker darum bemüht haben.* Der Satz ist allerdings für viele spezielle Werte von n bewiesen worden, insbesondere für alle $n < 619$, aber nicht für alle n, obgleich niemals ein Gegenbeispiel geliefert worden ist. Wenn der Satz selbst auch mathematisch kein überwältigendes Interesse bieten mag, so haben die Versuche, ihn zu beweisen, doch manche bedeutende zahlentheoretische Untersuchung veranlaßt. Das Problem hat auch in nichtmathematischen Kreisen viel Aufsehen erregt, zum Teil wegen eines Preises von 100000 Mark, der für denjenigen ausgesetzt wurde, der die erste Lösung des Problems liefern würde. Der Preis wurde von der Göttinger Akademie der Wissenschaften verwaltet, und bis zu seiner Entwertung durch die Inflation wurde jedes Jahr eine große Anzahl unrichtiger „Lösungen" den Treuhändern eingesandt. Selbst ernstzunehmende Mathematiker täuschten sich zuweilen und übersandten oder veröffentlichten Beweise, die zusammenbrachen, nachdem irgendein oberflächlicher Fehler entdeckt worden war. Das allgemeine Interesse scheint seit der Geldentwertung etwas nachgelassen zu haben; doch von Zeit zu Zeit findet sich noch immer die sensationelle Mitteilung in der Presse, daß das Problem von einem bis dato unbekannten Genie gelöst worden sei.

§ 4. Der euklidische Algorithmus

1. Die allgemeine Theorie

Der Leser kennt die gewöhnliche Methode der Division einer ganzen Zahl durch eine andere und weiß, daß das Verfahren so lange weitergeführt werden kann, bis der Rest kleiner ist als der Divisor. Wenn z. B. $a = 648$ und $b = 7$ ist, so haben wir

* Anmerkung des Verlages: Der Satz von Fermat wurde im Oktober 1994 von Andrew Wiles bewiesen

den Quotienten $q = 92$ und einen Rest $r = 4$

$$648 : 7 = 92 \text{ Rest } 4 \qquad 648 = 7 \cdot 92 + 4$$

$$\begin{array}{l} 63 \\ \hline 18 \\ 14 \\ \hline 4 \end{array}$$

Wir können dies als allgemeinen Satz aussprechen: *Wenn a eine beliebige ganze Zahl und b eine ganze Zahl größer als 0 ist, dann können wir stets eine ganze Zahl q finden, so daß*

(1) $$a = bq + r\,,$$

wobei r eine ganze Zahl ist, die der Ungleichung $0 \leqq r < b$ genügt.

Um diese Behauptung zu beweisen, ohne das Verfahren der ausführlichen Division zu benutzen, brauchen wir nur zu bemerken, daß eine beliebige ganze Zahl a entweder selbst ein Vielfaches von b ist,

$$a = bq\,,$$

oder zwischen zwei aufeinanderfolgenden Vielfachen von b liegt,

$$bq < a < b(q + 1) = bq + b\,.$$

Im ersten Fall gilt die Gleichung (1) mit $r = 0$. Im zweiten Fall haben wir nach der linken Ungleichung

$$a - bq = r > 0$$

und nach der rechten Ungleichung

$$a - bq = r < b\,,$$

so daß $0 < r < b$, wie in (1) verlangt.

Aus dieser einfachen Tatsache werden wir mannigfache wichtige Folgerungen ableiten, z. B. ein Verfahren zur Bestimmung des größten gemeinsamen Teilers von zwei ganzen Zahlen.

Es seien a und b zwei ganze Zahlen, die nicht beide Null sind, und wir betrachten die Menge aller positiven ganzen Zahlen, die sowohl Teiler von a als auch von b sind. Diese Menge ist sicherlich endlich; denn wenn z. B. $a \neq 0$ ist, dann kann keine Zahl, die absolut genommen größer als a ist, Teiler von a sein, d. h. a hat nur endlich viele Teiler. Also kann es auch nur eine endliche Anzahl von gemeinsamen Teilern von a und b geben, und d möge der größte sein. Die ganze Zahl d heißt der *größte gemeinsame Teiler* von a und b und wird $d = (a, b)$ geschrieben. So finden wir für $a = 8$ und $b = 12$ durch Probieren $(8, 12) = 4$, während wir für $a = 5$ und $b = 9$ nur $(5, 9) = 1$ finden. Wenn a und b groß sind, z. B. $a = 1804$ und $b = 328$, so wäre der Versuch, (a, b) durch Probieren zu finden, recht mühselig. Eine kurze und sichere Methode liefert der *euklidische Algorithmus.* (Ein Algorithmus ist eine systematische Rechenmethode.) Er beruht auf der Tatsache, daß aus jeder Beziehung der Form

(2) $$a = bq + r$$

geschlossen werden kann, daß

(3) $$(a, b) = (b, r)\,.$$

Denn jede Zahl u, die sowohl in a wie in b enthalten ist,

$$a = su, \qquad b = tu,$$

muß auch in r enthalten sein, da $r = a - bq = su - qtu = (s - qt)u$, und umgekehrt muß jede Zahl v, die in b und r enthalten ist,

$$b = s'v, \qquad r = t'v,$$

auch in a enthalten sein, da $a = bq + r = s'vq + t'v = (s'q + t')v$. Demnach ist *jeder* gemeinsame Teiler von a und b zugleich ein gemeinsamer Teiler von b und r und umgekehrt. Wenn daher die Menge *aller* gemeinsamen Teiler von a und b mit der Menge aller gemeinsamen Teiler von b und r identisch ist, dann muß auch der *größte* gemeinsame Teiler von a und b dem größten gemeinsamen Teiler von b und r gleich sein, womit (3) bewiesen ist. Der Nutzen dieser Beziehung wird sich sogleich ergeben.

Kehren wir zur Frage nach dem größten gemeinsamen Teiler von 1804 und 328 zurück. Durch gewöhnliche Division

$$\begin{array}{l} 1804 : 328 = 5 \quad \text{Rest } 164 \\ \underline{1640} \\ 164 \end{array}$$

finden wir

$$1804 = 5 \cdot 328 + 164 .$$

Also können wir nach (3) schließen, daß

$$(1804, 328) = (328, 164) .$$

Man beachte, daß die Aufgabe, (1804, 328) zu finden, ersetzt worden ist durch eine Aufgabe mit kleineren Zahlen. Wir können das Verfahren fortsetzen. Wegen

$$\begin{array}{l} 328 : 164 = 2 \\ \underline{328} \\ 0, \end{array}$$

oder $328 = 2 \cdot 164 + 0$ haben wir $(328, 164) = (164, 0) = 164$. Also ist $(1804, 328) = (328, 164) = (164, 0) = 164$, womit das gewünschte Ergebnis gefunden ist.

Dieses Verfahren zur Bestimmung des größten gemeinsamen Teilers zweier Zahlen wird in geometrischer Form in EUKLIDs *Elementen* angegeben. Für beliebige ganze Zahlen a und b, die nicht beide 0 sind, kann es arithmetisch in folgender Form beschrieben werden.

Wir können voraussetzen, daß $b > 0$ ist. Dann erhalten wir durch wiederholte Division:

$$(4) \qquad \begin{array}{rlr} a &= bq_1 + r_1 & (0 < r_1 < b) \\ b &= r_1 q_2 + r_2 & (0 < r_2 < r_1) \\ r_1 &= r_2 q_3 + r_3 & (0 < r_3 < r_2) \\ r_2 &= r_3 q_4 + r_4 & (0 < r_4 < r_3) \\ & \ldots\ldots\ldots\ldots & \ldots\ldots\ldots \end{array}$$

solange die Reste $r_1, r_2, r_3, \ldots$ nicht 0 sind. Aus den Ungleichungen rechts ersehen wir, daß die aufeinanderfolgenden Reste eine dauernd abnehmende Folge von positiven Zahlen bilden:

$$(5) \qquad b > r_1 > r_2 > r_3 > r_4 > \cdots > 0 .$$

Also muß nach höchstens b Schritten (oft viel früher, da der Unterschied zwischen zwei aufeinanderfolgenden Resten meist größer als 1 ist) der Rest 0 auftreten:

$$r_{n-2} = r_{n-1}q_n + r_n$$
$$r_{n-1} = r_n q_{n+1} + 0 .$$

Wenn dies geschieht, wissen wir, daß

$$(a, b) = r_n ;$$

mit anderen Worten, (a, b) *ist der letzte positive Rest in der Folge* (5). Das folgt aus der wiederholten Anwendung der Gleichung (3) auf die Gleichungen (4), denn aus den aufeinanderfolgenden Zeilen (4) ergibt sich

$$(a, b) = (b, r_1); \quad (b, r_1) = (r_1, r_2); \quad (r_1, r_2) = (r_2, r_3);$$
$$(r_2, r_3) = (r_3, r_4); \ldots ; (r_{n-1}, r_n) = (r_n, 0) = r_n .$$

Übung: Man bestimme mit dem euklidischen Algorithmus den größten gemeinsamen Teiler von (a) 187 und 77, (b) 105 und 385, (c) 245 und 193.

Eine äußerst wichtige Eigenschaft von (a, b) kann aus den Gleichungen (4) abgeleitet werden. *Wenn $d = (a, b)$, dann können positive oder negative ganze Zahlen k und l gefunden werden, so daß*

$$d = ka + lb . \tag{6}$$

Um das einzusehen, betrachten wir die Folge (5) der aufeinanderfolgenden Reste. Aus der ersten Gleichung von (4) folgt

$$r_1 = a - q_1 b ,$$

so daß r_1 in der Form $k_1 a + l_1 b$ geschrieben werden kann (in diesem Fall ist $k_1 = 1$, $l_1 = -q_1$). Aus der nächsten Gleichung folgt

$$r_2 = b - q_2 r_1 = b - q_2(k_1 a + l_1 b) = (-q_2 k_1) a + (1 - q_2 l_1) b = k_2 a + l_2 b .$$

Offenbar kann dieses Verfahren für die folgenden Reste $r_3, r_4, \ldots$ fortgesetzt werden, bis wir zu der Darstellung kommen:

$$r_n = ka + lb ,$$

wie zu beweisen war.

Als Beispiel betrachten wir den euklidischen Algorithmus für (61, 24); der größte gemeinsame Teiler ist 1, und die gesuchte Darstellung für 1 kann aus den Gleichungen

$$61 = 2 \cdot 24 + 13, \qquad 24 = 1 \cdot 13 + 11, \qquad 13 = 1 \cdot 11 + 2,$$
$$11 = 5 \cdot 2 + 1, \qquad 2 = 2 \cdot 1 + 0 \qquad \text{gefunden werden.}$$

Aus der ersten dieser Gleichungen erhalten wir

$$13 = 61 - 2 \cdot 24 ,$$

aus der zweiten

$$11 = 24 - 13 = 24 - (61 - 2 \cdot 24) = -61 + 3 \cdot 24 ,$$

aus der dritten

$$2 = 13 - 11 = (61 - 2 \cdot 24) - (-61 + 3 \cdot 24) = 2 \cdot 61 - 5 \cdot 24$$

und aus der vierten

$$1 = 11 - 5 \cdot 2 = (-61 + 3 \cdot 24) - 5(2 \cdot 61 - 5 \cdot 24) = -11 \cdot 61 + 28 \cdot 24 .$$

2. Anwendung auf den Fundamentalsatz der Arithmetik

Die Tatsache, daß $d = (a, b)$ immer in der Form $d = ka + lb$ geschrieben werden kann, läßt sich benutzen, um einen Beweis des Fundamentalsatzes der Arithmetik zu geben, der unabhängig von dem auf S. 19 gegebenen Beweis ist. Wir werden zuerst als Lemma das Corollar von S. 20 beweisen, und dann werden wir aus dem Lemma den Fundamentalsatz ableiten, indem wir also die Reihenfolge der Beweise umkehren.

Lemma: Wenn eine Primzahl p Teiler eines Produkts ab ist, dann muß p Teiler von a oder von b sein.

Wenn eine Primzahl p nicht Teiler der ganzen Zahl a ist, dann ist $(a, p) = 1$, da die einzigen Teiler von p die Zahlen p und 1 sind. Daher können wir ganze Zahlen k und l finden, so daß

$$1 = ka + lp\,.$$

Multiplizieren wir beide Seiten dieser Gleichung mit b, so erhalten wir

$$b = kab + lpb\,.$$

Wenn nun p ein Teiler von ab ist, so können wir schreiben

$$ab = pr\,,$$

so daß

$$b = kpr + lpb = p(kr + lb)\,,$$

woraus klar wird, daß p ein Teiler von b ist. Wir haben also gezeigt: wenn p Teiler von ab, aber nicht von a ist, muß p notwendig Teiler von b sein, so daß auf jeden Fall die Primzahl p entweder Teiler von a oder von b ist, wenn sie Teiler von ab ist.

Die Verallgemeinerung für Produkte von mehr als zwei ganzen Zahlen ergibt sich sofort. Wenn zum Beispiel p Teiler von abc ist, so können wir durch zweimalige Anwendung des Lemmas zeigen, daß p Teiler von mindestens einer der Zahlen a, b, c sein muß. Denn wenn p weder Teiler von a noch von b, noch von c ist, so kann es nicht Teiler von ab sein und daher auch nicht von $(ab)c = abc$.

Übung: Soll diese Beweisführung auf Produkte einer beliebigen Anzahl n von ganzen Zahlen ausgedehnt werden, so muß explizit oder implizit das Prinzip der mathematischen Induktion angewandt werden. Man führe dies im einzelnen aus.

Aus diesem Ergebnis folgt der Fundamentalsatz der Arithmetik. Nehmen wir an, es seien zwei verschiedene Zerlegungen einer positiven ganzen Zahl N in Primzahlen gegeben:

$$N = p_1 p_2 \cdots p_r = q_1 q_2 \cdots q_s\,.$$

Da p_1 Teiler der linken Seite dieser Gleichung ist, muß es auch Teiler der rechten sein und daher nach der obigen Übung auch Teiler eines der Faktoren q_k. Aber q_k ist eine Primzahl, daher muß p_1 gleich diesem q_k sein. Nachdem man diese beiden gleichen Faktoren gestrichen hat, folgt in derselben Weise, daß p_2 Teiler eines der übrigen Faktoren q_l und daher ihm gleich sein muß. Man streicht p_2 und q_l und verfährt ebenso mit den $p_3, \ldots, p_r$. Am Ende dieses Vorgangs sind alle p gestrichen, so daß nur 1 auf der linken Seite bleibt. Kein q kann auf der rechten Seite übrig sein, da alle q größer als eins sind. Also sind die p und q paarweise einander gleich, und das bedeutet, daß die beiden Zerlegungen, allenfalls abgesehen von der Reihenfolge, identisch waren.

3. EULERs φ-Funktion. Nochmals kleiner Fermatscher Satz

Zwei ganze Zahlen heißen *relativ prim*, wenn ihr größter gemeinsamer Teiler 1 ist:

$$(a, b) = 1 .$$

Zum Beispiel sind 24 und 35 relativ prim, während 12 und 18 es nicht sind. *Wenn a und b relativ prim sind, so kann man immer mit geeignet gewählten positiven oder negativen ganzen Zahlen k und l schreiben:*

$$ka + lb = 1 .$$

Das folgt aus der auf S. 37 besprochenen Eigenschaft von (a, b).

Übung: Man beweise den Satz: *Wenn eine ganze Zahl r Teiler eines Produkts ab und relativ prim zu a ist, dann muß r Teiler von b sein.* (Anleitung: Wenn r relativ prim zu a ist, dann gibt es ganze Zahlen k und l, so daß

$$kr + la = 1 .$$

Man multipliziere beide Seiten dieser Gleichung mit b.) Dieser Satz umfaßt das Lemma auf Seite 38 als speziellen Fall, da eine Primzahl dann und nur dann relativ prim zu einer ganzen Zahl a ist, wenn p nicht Teiler von a ist.

Für eine beliebige positive ganze Zahl n möge $\varphi(n)$ *die Anzahl der ganzen Zahlen von* 1 *bis* n bezeichnen, *die relativ prim zu* n *sind.* Diese Funktion $\varphi(n)$, die von EULER zuerst eingeführt wurde, ist eine „zahlentheoretische Funktion" von großer Bedeutung. Die Werte von $\varphi(n)$ für die ersten Werte von n lassen sich leicht bestimmen:

$\varphi(1) = 1$	da 1 relativ prim zu 1 ist,
$\varphi(2) = 1$	da 1 relativ prim zu 2 ist,
$\varphi(3) = 2$	da 1 und 2 relativ prim zu 3 sind,
$\varphi(4) = 2$	da 1 und 3 relativ prim zu 4 sind,
$\varphi(5) = 4$	da 1, 2, 3, 4 relativ prim zu 5 sind,
$\varphi(6) = 2$	da 1 und 5 relativ prim zu 6 sind,
$\varphi(7) = 6$	da 1, 2, 3, 4, 5, 6 relativ prim zu 7 sind,
$\varphi(8) = 4$	da 1, 3, 5, 7 relativ prim zu 8 sind,
$\varphi(9) = 6$	da 1, 2, 4, 5, 7, 8 relativ prim zu 9 sind,
$\varphi(10) = 4$	da 1, 3, 7, 9 relativ prim zu 10 sind,
usw.	

Wir stellen fest, daß $\varphi(p) = p - 1$, wenn p eine Primzahl ist; denn eine Primzahl hat keinen anderen Teiler als sich selbst und 1 und ist daher relativ prim zu allen ganzen Zahlen $1, 2, 3, \ldots, (p-1)$. Wenn n die Primzahlzerlegung

$$n = p_1^{\alpha_1} p_2^{\alpha_2} \cdots p_r^{\alpha_r},$$

hat, in der die p lauter verschiedene Primzahlen, jede zu einer gewissen Potenz erhoben, bedeuten, dann ist

$$\varphi(n) = n\left(1 - \frac{1}{p_1}\right)\cdot\left(1 - \frac{1}{p_2}\right)\cdots\left(1 - \frac{1}{p_r}\right).$$

Wegen $12 = 2^2 \cdot 3$ gilt z. B.

$$\varphi(12) = 12\left(1 - \frac{1}{2}\right)\left(1 - \frac{1}{3}\right) = 12\left(\frac{1}{2}\right)\left(\frac{2}{3}\right) = 4 ,$$

wie es sein muß. Der Beweis ist nicht schwer, soll hier aber fortgelassen werden.

**Übung:* Unter Benutzung der Eulerschen φ-Funktion soll der kleine Fermatsche Satz von S. 30 verallgemeinert werden. Der allgemeinere Satz behauptet: *Wenn n eine beliebige ganze Zahl ist und a relativ prim zu n, dann ist*

$$a^{\varphi(n)} \equiv 1 \qquad (\text{mod } n).$$

4. Kettenbrüche. Diophantische Gleichungen

Der euklidische Algorithmus zur Bestimmung des größten gemeinsamen Teilers zweier Zahlen führt unmittelbar zu einer Methode für die Darstellung des Quotienten zweier ganzer Zahlen in Form eines zusammengesetzten Bruchs.

Wendet man den euklidischen Algorithmus z. B. auf die Zahlen 840 und 611 an, so liefert er die Gleichungen

$$\begin{aligned} 840 &= 1 \cdot 611 + 229, \qquad & 611 &= 2 \cdot 229 + 153, \\ 229 &= 1 \cdot 153 + 76, & 153 &= 2 \cdot 76 \;\; + 1, \end{aligned}$$

aus denen folgt, daß $(840, 611) = 1$. Aus diesen Gleichungen können wir die folgenden Ausdrücke ableiten:

$$\frac{840}{611} = 1 + \frac{229}{611} = 1 + \frac{1}{611/229},$$

$$\frac{611}{229} = 2 + \frac{153}{229} = 2 + \frac{1}{229/153},$$

$$\frac{229}{153} = 1 + \frac{76}{153} = 1 + \frac{1}{153/76},$$

$$\frac{153}{76} = 2 + \frac{1}{76}.$$

Durch Zusammenfassung dieser Gleichungen erhalten wir die Entwicklung der rationalen Zahl $\frac{840}{611}$ in der Form

$$\frac{840}{611} = 1 + \cfrac{1}{2 + \cfrac{1}{1 + \cfrac{1}{2 + \cfrac{1}{76}}}}.$$

Ein Ausdruck der Form

$$a = a_0 + \cfrac{1}{a_1 + \cfrac{1}{a_2 + \cfrac{\ddots}{\quad + \cfrac{1}{a_n}}}}, \tag{7}$$

worin $a_0, a_1, a_2, \ldots, a_n$ positive ganze Zahlen sind, heißt ein *Kettenbruch*. Der euklidische Algorithmus liefert uns eine Methode, um jede positive rationale Zahl in dieser Form auszudrücken.

Übung: Man stelle die Kettenbruchentwicklung von

$$\frac{2}{5}, \frac{43}{30}, \frac{169}{70}$$

auf.

*Kettenbrüche sind von großer Bedeutung in dem Zweig der höheren Arithmetik, der diophantische Analysis genannt wird. Eine *diophantische Gleichung* ist eine algebraische Gleichung in einer oder mehreren Unbekannten mit ganzzahligen Koeffizienten, für die ganzzahlige Lösungen gesucht werden. Solche Gleichungen können entweder gar keine, eine endliche oder eine unendliche Anzahl von Lösungen haben. Der einfachste Fall ist der der *linearen* diophantischen Gleichung mit zwei Unbekannten

$$ax + by = c, \tag{8}$$

worin a, b und c gegebene ganze Zahlen sind und ganzzahlige Lösungen x, y gesucht werden. Die vollständige Lösung einer Gleichung dieser Form kann mit dem euklidischen Algorithmus gefunden werden.

Zunächst findet man mit dem euklidischen Algorithmus $d = (a, b)$; dann ist bei geeigneter Wahl von k und l

$$ak + bl = d. \tag{9}$$

Daher hat die Gleichung (8) für den Fall $c = d$ die spezielle Lösung $x = k$, $y = l$. Allgemeiner, falls c ein Vielfaches von d ist,

$$c = d \cdot q,$$

gilt nach (9)

$$a(kq) + b(lq) = dq = c,$$

so daß (8) die spezielle Lösung $x = x^* = kq$, $y = y^* = lq$ hat. Wenn umgekehrt (8) irgendeine Lösung x, y für ein gegebenes c hat, dann muß c ein Vielfaches von $d = (a, b)$ sein; denn d ist Teiler von a und b und muß daher auch Teiler von c sein. Wir haben somit bewiesen, daß die Gleichung (8) dann und nur dann eine Lösung hat, wenn c ein Vielfaches von (a, b) ist.

Wir wollen nun die übrigen Lösungen von (8) bestimmen. Wenn $x = x'$, $y = y'$ eine andere Lösung als die oben mittels des euklidischen Algorithmus gefundene Lösung $x = x^*$, $y = y^*$ ist, dann muß offenbar $x = x' - x^*$, $y = y' - y^*$ eine Lösung der „homogenen" Gleichung

$$ax + by = 0 \tag{10}$$

sein. Aus

$$ax' + by' = c \quad \text{und} \quad ax^* + by^* = c$$

erhält man nämlich durch Subtraktion der zweiten Gleichung von der ersten

$$a(x' - x^*) + b(y' - y^*) = 0.$$

Nun ist die allgemeine Lösung der Gleichung (10) $x = rb/(a, b)$, $y = -ra/(a, b)$, worin r eine beliebige ganze Zahl ist. (Wir überlassen den Beweis dem Leser als Übungsaufgabe. Anleitung: Man teile durch (a, b) und benutze die Übung auf S. 39.) Hieraus folgt sofort:

$$x = x^* + rb/(a, b), \qquad y = y^* - ra/(a, b).$$

Wir fassen zusammen: Die lineare diophantische Gleichung $ax + by = c$, worin a, b, c ganze Zahlen sind, hat dann und nur dann eine ganzzahlige Lösung, wenn c ein Vielfaches von (a, b) ist. In diesem Fall kann eine spezielle Lösung $x = x^*$, $y = y^*$ mit dem euklidischen Algorithmus gefunden werden, und die allgemeine Lösung hat die Form

$$x = x^* + rb/(a, b), \qquad y = y^* - ra/(a, b),$$

worin r eine beliebige ganze Zahl ist.

Beispiele: Die Gleichung $3x + 6y = 22$ hat keine ganzzahlige Lösung, da $(3, 6) = 3$ und 3 nicht Teiler von 22 sind.

Die Gleichung $7x + 11y = 13$ hat die spezielle Lösung $x = -39$, $y = 26$, die man auf folgende Weise findet:

$$11 = 1 \cdot 7 + 4, \qquad 7 = 1 \cdot 4 + 3, \qquad 4 = 1 \cdot 3 + 1, \qquad (7, 11) = 1.$$
$$1 = 4 - 3 = 4 - (7 - 4) = 2 \cdot 4 - 7 = 2(11 - 7) - 7 = 2 \cdot 11 - 3 \cdot 7.$$

Daher ist

$$7 \cdot (-3) + 11(2) = 1,$$
$$7 \cdot (-39) + 11(26) = 13.$$

Die sämtlichen Lösungen sind dann gegeben durch

$$x = -39 + r \cdot 11, \qquad y = 26 - r \cdot 7,$$

worin r eine beliebige ganze Zahl ist.

Übung: Man löse die diophantischen Gleichungen

$$\text{a)}\ 3x - 4y = 29, \quad \text{b)}\ 11x + 12y = 58, \quad \text{c)}\ 153x - 34y = 51.$$

Zweites Kapitel

Das Zahlensystem der Mathematik

Einleitung

Wir müssen den ursprünglichen Zahlbegriff wesentlich erweitern, um ein Instrument zu schaffen, das für Theorie und Praxis leistungsfähig genug ist. Im Zuge einer langen Entwicklung wurden schließlich die Null, die negativen ganzen Zahlen und die Brüche als ebenso zulässig erkannt wie die positiven ganzen oder natürlichen Zahlen. Heute sollte jedes Schulkind die Rechenregeln für diese Zahlen beherrschen. Um aber völlige Freiheit in den algebraischen Operationen zu gewinnen, müssen wir noch weiter gehen und auch irrationale und komplexe Zahlen in den Zahlbegriff einschließen. Obwohl diese Erweiterungen des natürlichen Zahlbegriffs schon jahrhundertelang in Gebrauch sind und der ganzen modernen Mathematik zugrunde liegen, sind sie erst im 19. Jahrhundert auf eine logisch einwandfreie Grundlage gestellt worden. Im vorliegenden Kapitel berichten wir über diese Entwicklung.

§ 1. Die rationalen Zahlen

1. Messen und Zählen

Die ganzen Zahlen dienen dazu, endliche Gesamtheiten von Dingen zu zählen. Im täglichen Leben müssen wir aber nicht nur solche *Gesamtheiten zählen*, sondern auch *Größen messen*, z. B. Längen, Flächen, Gewichte und Zeit. Wenn wir ohne Einschränkung mit solchen Größen rechnen wollen, die beliebig feiner Unterteilung fähig sind, so werden wir gezwungen, das Gebiet der Arithmetik über das der ganzen Zahlen hinaus zu erweitern. Der erste Schritt ist, das *Problem des Messens auf das des Zählens zurückzuführen*. Zuerst wählen wir willkürlich eine *Maßeinheit* – Meter, Zentimeter, Kilogramm, Gramm oder Sekunde – und schreiben dieser das Maß 1 zu. Eine gegebene Menge Blei kann z. B. genau 27 Kilo wiegen. Im allgemeinen wird jedoch die Zählung der Einheiten nicht genau „aufgehen", und die gegebene Menge wird nicht genau in ganzen Vielfachen der gewählten Einheit meßbar sein. Das Beste, was wir sagen können, ist, daß die gegebene Menge zwischen zwei aufeinanderfolgenden Vielfachen dieser Einheit, sagen wir zwischen 26 und 27 Kilo, liegt. Wenn das der Fall ist, gehen wir einen Schritt weiter, indem wir eine Untereinheit einführen, die wir durch Unterteilung der ursprünglichen Einheit in eine Anzahl n gleicher Teile erhalten. In der gewöhnlichen Sprache können diese neuen Untereinheiten besondere Namen haben: z. B. ist das Meter in 100 Zentimeter, das Kilogramm in 1000 Gramm, die Stunde in 60 Minuten eingeteilt. In der Symbolsprache der Mathematik wird dagegen eine Untereinheit, die durch Unterteilung der ursprünglichen Einheit in n gleiche Teile entsteht, durch das Symbol $1/n$ bezeichnet, und wenn eine gegebene Größe gerade m dieser

Untereinheiten enthält, so wird ihr Maß durch das Symbol m/n bezeichnet (zuweilen auch $m:n$ geschrieben). Dieses Symbol nennt man einen *Bruch* oder ein *Verhältnis*. Der nächste und entscheidende Schritt wurde erst nach Jahrhunderten tastender Versuche bewußt getan: Das Symbol m/n wurde seiner konkreten Beziehung zu dem Prozeß des Messens und den gemessenen Größen entkleidet und statt dessen als eine reine *Zahl* angesehen, als ein mathematisches Objekt von gleicher Art wie die natürlichen Zahlen. Das Symbol m/n wird eine *rationale Zahl* genannt.

Der Gebrauch des Wortes Zahl (das ursprünglich nur „natürliche Zahl" bedeutete) für diese neuen Symbole wird gerechtfertigt durch die Tatsache, daß die Addition und Multiplikation dieser Symbole denselben Gesetzen gehorchen, die für die Operationen mit den natürlichen Zahlen gelten. Um dies deutlich zu machen, müssen zuerst Addition, Multiplikation und Gleichheit rationaler Zahlen definiert werden. Diese Definitionen lauten bekanntlich:

$$\text{(1)} \qquad \frac{a}{b}+\frac{c}{d}=\frac{ad+bc}{bd}, \qquad \frac{a}{b}\cdot\frac{c}{d}=\frac{ac}{bd},$$
$$\frac{a}{a}=1, \qquad \frac{a}{b}=\frac{c}{d}, \text{ wenn } ad=bc,$$

für beliebige ganze Zahlen a, b, c, d. Zum Beispiel:

$$\frac{2}{3}+\frac{4}{5}=\frac{2\cdot 5+3\cdot 4}{3\cdot 5}=\frac{10+12}{15}=\frac{22}{15}, \qquad \frac{2}{3}\cdot\frac{4}{5}=\frac{2\cdot 4}{3\cdot 5}=\frac{8}{15},$$
$$\frac{3}{3}=1, \qquad \frac{8}{12}=\frac{6}{9}=\frac{2}{3}.$$

Zu genau diesen Definitionen sind wir gezwungen, wenn wir die rationalen Zahlen als Maße für Längen, Flächen usw. benutzen wollen. Aber streng genommen sind diese Regeln für die Addition, Multiplikation und Gleichheit durch unsere eigene Definition festgesetzt und uns nicht durch irgendeine „apriorische" Notwendigkeit vorgeschrieben, außer der Bedingung der Widerspruchsfreiheit und der Nützlichkeit für die Anwendungen. Auf Grund der Definitionen (1) können wir zeigen, daß ***die grundlegenden Gesetze der Arithmetik der natürlichen Zahlen auch im Gebiet der rationalen Zahlen gültig bleiben:***

$$\text{(2)} \qquad \begin{aligned} p+q&=q+p &&\text{(kommutatives Gesetz der Addition),}\\ p+(q+r)&=(p+q)+r &&\text{(assoziatives Gesetz der Addition),}\\ pq&=qp &&\text{(kommutatives Gesetz der Multiplikation),}\\ p(qr)&=(pq)r &&\text{(assoziatives Gesetz der Multiplikation),}\\ p(q+r)&=pq+pr &&\text{(distributives Gesetz).}\end{aligned}$$

Zum Beispiel liegt der Beweis für das kommutative Gesetz der Addition für Brüche in den Gleichungen

$$\frac{a}{b}+\frac{c}{d}=\frac{ad+bc}{bd}=\frac{cb+da}{db}=\frac{c}{d}+\frac{a}{b},$$

worin das erste und letzte Gleichheitszeichen aus der Definition (1) der Addition folgt, während das mittlere eine Konsequenz der kommutativen Gesetze der Addition und Multiplikation natürlicher Zahlen ist. Der Leser möge die vier anderen Gesetze in derselben Weise bestätigen.

Um diese Tatsachen wirklich klar werden zu lassen, muß nochmals betont werden, daß wir die rationalen Zahlen selbst geschaffen und die Regeln (1) gleichsam willkürlich aufgestellt haben. Wir könnten willkürlich ein anderes Gesetz fordern, z. B. $\frac{a}{b} + \frac{c}{d} = \frac{a+c}{b+d}$, was im einzelnen ergeben würde $\frac{1}{2} + \frac{1}{2} = \frac{2}{4}$, ein absurdes Ergebnis vom Standpunkt des Messens. Regeln dieser Art würden, obwohl logisch zulässig, die Arithmetik unserer Symbole zu einer bedeutungslosen Spielerei machen. Das freie Spiel des Verstandes wird hier durch die Notwendigkeit geleitet, ein geeignetes Hilfsmittel für das Umgehen mit Meßwerten zu schaffen.

2. Die innere Notwendigkeit der rationalen Zahlen

Das Prinzip der Verallgemeinerung

Außer dem „praktischen" Grund für die Einführung der rationalen Zahlen gibt es noch einen tieferliegenden und in mancher Hinsicht noch zwingenderen Grund, den wir jetzt unabhängig von der vorstehenden Überlegung erörtern wollen. Er ist arithmetischer Natur und ist typisch für eine im mathematischen Denken vorherrschende Tendenz.

In der gewöhnlichen Arithmetik der natürlichen Zahlen können wir die beiden Grundoperationen Addition und Multiplikation immer ausführen. Aber die „inversen Operationen" der *Subtraktion* und *Division* sind nicht immer möglich. Die Differenz $b - a$ zweier ganzer Zahlen a, b ist die ganze Zahl c, für die $a + c = b$ ist, d. h. sie ist die Lösung der Gleichung $a + x = b$. Aber im Gebiet der natürlichen Zahlen hat das Symbol $b - a$ nur einen Sinn unter der Einschränkung $b > a$, denn nur dann hat die Gleichung $a + x = b$ eine natürliche Zahl x als Lösung. Es war schon ein wichtiger Schritt auf die Beseitigung dieser Einschränkung hin, als das Symbol 0 eingeführt wurde, indem wir $a - a = 0$ setzten. Von noch größerer Bedeutung war es, als durch die Einführung der Symbole $-1, -2, -3, \ldots$, zusammen mit der Definition

$$b - a = -(a - b)$$

für den Fall $b < a$, dafür gesorgt wurde, daß die Subtraktion *im Gebiet der positiven und negativen ganzen Zahlen ohne Einschränkung* ausführbar wurde. Um die neuen Symbole $-1, -2, -3, \ldots$ in eine erweiterte Arithmetik einzufügen, die sowohl negative als auch positive ganze Zahlen umfaßt, müssen wir natürlich das Rechnen mit ihnen *so definieren, daß die ursprünglichen Regeln für die arithmetischen Operationen erhalten bleiben.* So ist zum Beispiel die Regel

$$(-1)(-1) = 1\,, \tag{3}$$

die wir für die Multiplikation negativer ganzer Zahlen aufstellten, eine Konsequenz unseres Wunsches, das distributive Gesetz $a(b + c) = ab + ac$ beizubehalten. Denn wenn wir $(-1)(-1) = -1$ festgesetzt hätten, dann würden wir für $a = -1$, $b = 1$, $c = -1$ erhalten haben $-1(1 - 1) = -1 - 1 = -2$, während in Wirklichkeit $-1(1 - 1) = -1 \cdot 0 = 0$ ist. Es hat lange gedauert, bis die Mathematiker erkannten, daß die „Vorzeichenregel" (3), ebenso wie alle anderen Definitionen, welche die negativen ganzen Zahlen und Brüche betreffen, nicht „bewiesen" werden können. Sie werden von uns *festgesetzt*, um die freie Durchführbarkeit der Rechnungen unter Beibehaltung der Grundgesetze der Arithmetik zu sichern.

Was man beweisen *kann* – und auch muß –, ist nur, daß auf Grund dieser Definitionen die kommutativen, assoziativen und distributiven Gesetze der Arithmetik erhalten bleiben. Selbst EULER nahm seine Zuflucht zu einem sehr wenig überzeugenden Argument, um zu zeigen, daß $(-1)(-1)$ gleich $+1$ sein „muß". Denn, so schloß er, es muß entweder $+1$ oder -1 sein, kann aber nicht -1 sein, weil $-1 = (+1)(-1)$.

Ebenso wie die Einführung der negativen ganzen Zahlen und der Null den Weg für die uneingeschränkte Subtraktion frei macht, so beseitigt die Einführung der Brüche das entsprechende arithmetische Hindernis für die Division. Der Quotient $x = b/a$ zweier ganzer Zahlen a und b, definiert durch die Gleichung

$$ax = b, \tag{4}$$

existiert nur dann als *ganze Zahl*, wenn a ein Teiler von b ist. Ist dies nicht der Fall, z. B. wenn $a = 2$, $b = 3$, so führen wir einfach ein neues Symbol b/a ein, das wir einen Bruch nennen, und das der Regel $a(b/a) = b$ unterliegt, so daß b/a „nach Definition" eine Lösung von (4) ist. Die Erfindung der Brüche als neue Zahlensymbole macht die Division ohne Einschränkung ausführbar, außer der *Division durch Null*, die wir *ein für allemal ausschließen*.

Ausdrücke wie 1/0, 3/0, 0/0 usw. werden für uns sinnlose Symbole sein. Denn wenn Division durch 0 erlaubt wäre, so könnten wir aus der richtigen Gleichung $0 \cdot 1 = 0 \cdot 2$ den unsinnigen Schluß ziehen $1 = 2$. Es ist jedoch manchmal nützlich, solche Ausdrücke durch das Symbol ∞ (lies „unendlich") zu bezeichnen, *sofern man nur nicht versucht, mit diesem Symbol so umzugehen, als ob es den gewöhnlichen Rechenregeln für Zahlen unterworfen wäre.*

Die rein arithmetische Bedeutung des Systems aller rationalen Zahlen – ganze Zahlen und Brüche, positive und negative – ist nun offenbar. Für dieses erweiterte Zahlengebiet gelten nicht nur die formalen kommutativen, assoziativen und distributiven Gesetze, sondern es haben auch die Gleichungen $a + x = b$ und $ax = b$ ohne Einschränkung Lösungen, $x = b - a$ und $x = b/a$, sofern nur im letzten Fall $a \neq 0$ ist. Mit anderen Worten, im Bereich der rationalen Zahlen können die sogenannten *rationalen Operationen* – Addition, Subtraktion, Multiplikation und Division – uneingeschränkt ausgeführt werden und führen niemals aus diesem Bereich hinaus. Ein derartiger abgeschlossener Zahlenbereich heißt ein *Körper*. Wir werden anderen Beispielen von Körpern später in diesem Kapitel und in Kapitel III begegnen.

Das geschilderte Vorgehen ist charakteristisch für den mathematischen Prozeß der Verallgemeinerung. Er besteht darin, neue Symbole einzuführen, die als Spezialfälle die ursprünglichen Symbole enthalten und mit denen auch in dem erweiterten Gebiet die ursprünglichen Gesetze gültig bleiben. Die Verallgemeinerung von natürlichen auf rationale Zahlen befriedigt sowohl das theoretische Bedürfnis nach der Beseitigung der Einschränkungen bei Subtraktion und Division als auch das praktische Bedürfnis nach Zahlen, mit denen das Ergebnis einer Messung angegeben werden kann. Die volle Bedeutung der rationalen Zahlen liegt in dieser zweifachen Funktion. Wie wir gesehen haben, wurde diese Erweiterung des Zahlbegriffs möglich durch die Schaffung neuer Zahlen in Form der abstrakten Symbole wie 0, -2 und 3/4. Da uns heute die rationalen Zahlen selbstverständlich erscheinen, können wir uns schwer vorstellen, daß diese noch im 17. Jahrhundert nicht für ebenso gerechtfertigt gehalten wurden wie die positiven ganzen Zahlen, und daß sie nur mit gewissen Zweifeln und Bedenken angewendet wurden. Die menschliche Neigung, sich an das „Konkrete" zu halten, hier also an die natürlichen Zahlen, hat den unaufhaltbaren Fortschritt zunächst gehemmt. Nur im Reich des Abstrakten kann ein wirklich befriedigendes System der Arithmetik geschaffen werden.

3. Geometrische Deutung der rationalen Zahlen

Eine anschauliche geometrische Deutung des Systems der rationalen Zahlen bietet die folgende Konstruktion.

Auf einer geraden Linie, der „Zahlenachse", tragen wir die Strecke 0 bis 1 ab, wie in Fig. 8. Hiermit ist die Länge der Strecke von 0 bis 1, die wir nach Belieben wählen können, als Längeneinheit festgesetzt. Die positiven und negativen ganzen Zahlen werden dann als eine Menge äquidistanter Punkte auf der Zahlenachse dargestellt, die positiven zur Rechten des Punktes 0 und die negativen zur Linken. Um Brüche mit dem Nenner n darzustellen, teilen wir jede Strecke von der Länge 1 in n gleiche Teile; dann stellen die Teilpunkte die Brüche mit dem Nenner n dar. Wenn wir das für alle ganzen Zahlen n tun, dann sind alle rationalen Zahlen durch Punkte der Zahlenachse dargestellt. Wir werden diese Punkte *rationale Punkte* nennen und die Ausdrücke „rationale Zahl" und „rationaler Punkt" als gleichbedeutend gebrauchen.

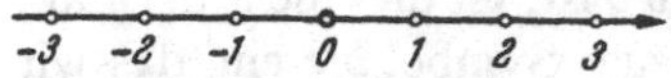

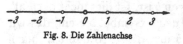

Fig. 8. Die Zahlenachse

Im Kapitel I, § 1 definierten wir die Beziehung $A < B$ für natürliche Zahlen. Diese entspricht auf der Zahlenachse der Beziehung „Punkt A liegt links von Punkt B". Da diese geometrische Beziehung für *alle* rationalen Punkte gilt, sehen wir uns veranlaßt, die arithmetische Beziehung so zu erweitern, daß die relative geometrische Ordnung für die entsprechenden Punkte erhalten bleibt. Das leistet die folgende Definition: Die rationale Zahl A soll *kleiner als* die rationale Zahl B genannt werden ($A < B$) und B *größer als* A ($B > A$), wenn $B - A$ positiv ist. Dann ergibt sich, im Fall $A < B$, daß die Punkte (Zahlen) *zwischen* A und B diejenigen sind, die zugleich $> A$ und $< B$ sind. Jedes Paar getrennter Punkte, zusammen mit den dazwischenliegenden Punkten, wird als *Strecke* oder *Intervall* $[A, B]$ bezeichnet.

Die Entfernung eines Punktes A vom Anfangspunkt, positiv gerechnet, wird der *absolute Betrag* von A genannt und durch das Symbol

$$|A|$$

bezeichnet. In Worten: Wenn $A \geqq 0$, so haben wir $|A| = A$; wenn $A \leqq 0$, so haben wir $|A| = -A$. Es ist klar, daß bei gleichen Vorzeichen von A und B die Gleichung $|A + B| = |A| + |B|$ gilt, daß aber bei entgegengesetzten Vorzeichen von A und B $|A + B| < |A| + |B|$ ist. Durch Zusammenfassung dieser beiden Aussagen erhalten wir die allgemeine Ungleichung

$$|A + B| \leqq |A| + |B|,$$

die unabhängig von den Vorzeichen von A und B gilt.

Eine Tatsache von grundlegender Bedeutung findet ihren Ausdruck in der Aussage: *Die rationalen Punkte liegen überall dicht auf der Achse.* Damit meinen wir, daß in jedem Intervall, so klein es auch sei, rationale Punkte gelegen sind. Wir brauchen nur den Nenner n so groß zu wählen, daß das Intervall $[0, 1/n]$ kleiner wird als das fragliche Intervall $[A, B]$, dann muß mindestens einer der Brüche m/n innerhalb des Intervalls liegen. Also kann es kein noch so kleines Intervall auf der Achse geben, das von rationalen Punkten frei wäre. Es folgt weiterhin, daß es in jedem Intervall unendlich viele rationale Punkte geben muß; denn wenn es nur eine endliche Anzahl gäbe, so könnte das Intervall zwischen zwei beliebigen benachbarten Punkten keine rationalen Punkte enthalten, was, wie wir eben sahen, unmöglich ist.

§ 2. Inkommensurable Strecken, irrationale Zahlen und der Grenzwertbegriff

1. Einleitung

Vergleicht man zwei Strecken a und b hinsichtlich ihrer Größe, so kann es vorkommen, daß a in b genau r-mal enthalten ist, wobei r eine ganze Zahl darstellt. In diesem Fall können wir das Maß der Strecke b durch das von a ausdrücken, indem wir sagen, daß die Länge von b das r-fache der Länge von a ist. Oder es kann sich zeigen, daß man, wenn auch kein ganzes Vielfaches von a genau gleich b ist, doch a in, sagen wir, n gleiche Strecken von der Länge a/n teilen kann, so daß ein ganzes Vielfaches m der Strecke a/n gleich b wird:

$$b = \frac{m}{n} a . \tag{1}$$

Wenn eine Gleichung der Form (1) besteht, sagen wir, daß die beiden Strecken a und b *kommensurabel* sind, da sie als gemeinsames Maß die Strecke a/n haben, die n-mal in a und m-mal in b aufgeht. Die Gesamtheit aller mit a kommensurablen Strecken enthält alle die, deren Länge für eine gewisse Wahl der ganzen Zahlen m und n ($n \neq 0$) in der Form (1) ausgedrückt werden kann. Wenn wir a als die Einheitsstrecke $[0, 1]$ in Fig. 9 wählen, dann entsprechen die mit dieser Einheitsstrecke kommensurablen Strecken allen rationalen Punkten m/n auf der Zahlenachse. Für alle praktischen Zwecke beim Messen reichen die rationalen Zahlen vollkommen aus. Selbst vom theoretischen Standpunkt könnte man, da die Menge der rationalen Punkte die Achse dicht bedeckt, meinen, daß alle Punkte der Achse rationale Punkte wären. Wenn das wahr wäre, würde jede beliebige Strecke mit der Einheit kommensurabel sein. Es war eine der überraschendsten Entdeckungen der frühen griechischen Mathematiker (der pythagoräischen Schule), daß die Sachlage keineswegs so einfach ist. Es gibt *inkommensurable Strecken* oder, wenn wir annehmen, daß jeder Strecke eine Zahl entspricht, die ihre Länge (ausgedrückt durch die Einheit) angibt, so gibt es *irrationale Zahlen*. Diese Einsicht war ein wissenschaftliches Ereignis von höchster Bedeutung. Sie muß als einer der entscheidenden, typischen und vielleicht als der wichtigste der griechischen Beiträge zur Schaffung einer wirklich wissenschaftlichen Betrachtungsweise angesehen werden. Seither hat die Entdeckung der irrationalen Größen auf Mathematik und Philosophie einen wesentlichen Einfluß gehabt.

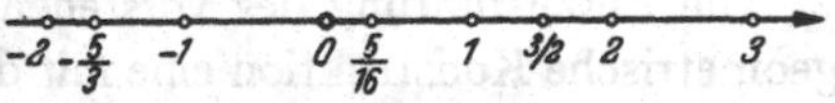

Fig. 9. Rationale Punkte

EUDOXUS' Theorie des Inkommensurablen, in geometrischer Form in EUKLIDs *Elementen* dargestellt, ist ein Meisterstück der griechischen Mathematik, obwohl sie in der verwässerten Schulbuchdarstellung dieses klassischen Werkes meist weggelassen wird. Die Bedeutung dieser Theorie wurde erst gegen Ende des 19. Jahrhunderts voll erkannt, nachdem DEDEKIND, CANTOR und WEIERSTRASS eine strenge Theorie der irrationalen Zahlen aufgestellt hatten. Wir werden die Theorie in der modernen arithmetischen Form darstellen.

Zuerst zeigen wir: Die Diagonale eines Quadrats ist inkommensurabel mit seiner Seite. Wir können annehmen, daß die Seite eines gegebenen Quadrats als Längeneinheit gewählt wird und daß die Diagonale die Länge x hat. Dann haben wir nach dem Satz des PYTHAGORAS

$$x^2 = 1^2 + 1^2 = 2 .$$

(Wir können x durch das Symbol $\sqrt{2}$ bezeichnen). Wenn nun x mit 1 kommensurabel wäre, so gäbe es zwei ganze Zahlen p und q, so daß $x = p/q$ und

$$p^2 = 2q^2. \tag{2}$$

Wir dürfen annehmen, daß p/q schon in den kleinsten Zahlen ausgedrückt ist, denn ein etwa vorhandener gemeinsamer Teiler in Zähler und Nenner könnte schon vorweg herausgekürzt worden sein. Da 2 als Faktor auf der rechten Seite steht, ist p^2 eine gerade Zahl, und daher ist p selbst gerade, denn das Quadrat einer ungeraden Zahl ist ungerade. Wir können daher schreiben $p = 2r$. Gleichung (2) wird dann zu

$$4r^2 = 2q^2 \quad \text{oder} \quad 2r^2 = q^2 .$$

Da nun 2 ein Faktor der linken Seite ist, muß q^2 und folglich auch q gerade sein. Also sind p und q beide durch 2 teilbar, was unserer Annahme, daß p und q keinen gemeinsamen Teiler haben, widerspricht. Daher kann Gleichung (2) nicht gelten und x kann keine rationale Zahl sein.

Das Ergebnis kann durch die Aussage ausgedrückt werden, daß es keine rationale Zahl gibt, die gleich $\sqrt{2}$ ist.

Die Beweisführung des vorstehenden Absatzes zeigt, daß eine sehr einfache geometrische Konstruktion eine mit der Einheit inkommensurable Strecke liefern kann. Wenn eine solche Strecke mit Hilfe eines Zirkels auf der Zahlenachse abgetragen wird, so kann der so gefundene Punkt mit keinem der rationalen Punkte zusammenfallen: *Das System der rationalen Zahlen bedeckt*, obwohl es überall dicht ist, *nicht die ganze Zahlenachse.* Dem „gesunden Menschenverstand" muß es sehr sonderbar und paradox erscheinen, daß die dichte Menge der rationalen Punkte nicht die ganze Linie bedecken soll. Nichts in unserer „Anschauung" hilft uns, die irrationalen Punkte als verschieden von den rationalen zu „sehen". Kein Wunder, daß die Entdeckung des Inkommensurablen die griechischen Philosophen und Mathematiker stark erregte und selbst bis zum heutigen Tage auf nachdenkliche Köpfe wie eine Herausforderung wirkt.

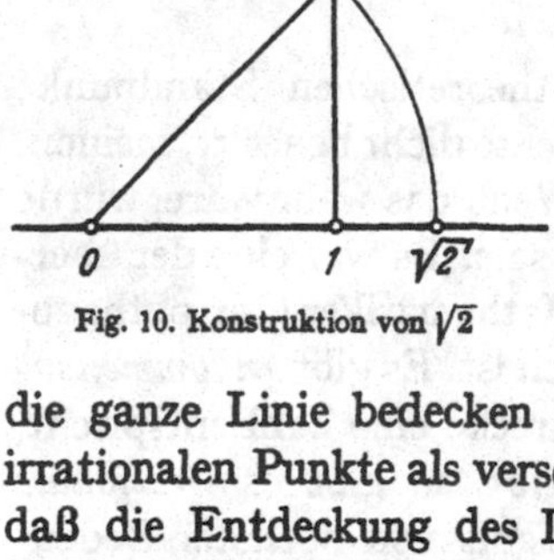

Fig. 10. Konstruktion von $\sqrt{2}$

Es wäre sehr leicht, so viele mit der Einheit inkommensurable Strecken zu konstruieren, wie wir nur irgend wollen. Die Endpunkte solcher Strecken, wenn diese vom 0-Punkt der Zahlenachse aus abgetragen werden, nennt man *irrationale Punkte.* Bei der Einführung der Brüche war das *Messen von Längen durch Zahlen* das leitende Prinzip. Wir möchten nun dieses Prinzip gern beibehalten, wenn es sich um Strecken handelt, die mit der Längeneinheit inkommensurabel sind. Wenn wir fordern, daß es eine *wechselseitige Entsprechung von Zahlen* einerseits und *Punkten einer geraden Linie* andererseits geben soll, so ist es notwendig, *irrationale Zahlen* einzuführen.

Fassen wir die bisherige Sachlage zusammen, so können wir sagen, daß eine irrationale Zahl die Länge einer mit der Einheit inkommensurablen Strecke darstellt. In den folgenden Abschnitten werden wir diese etwas vage und rein geometrische Definition verfeinern, so daß wir zu einer Definition gelangen, die vom Standpunkt der logischen Strenge besser befriedigt. Wir werden zuerst versuchen, mit Hilfe der Dezimalbrüche einen Zugang zu unserem Problem zu finden.

Übungen: 1. Man beweise, daß $\sqrt{2}$, $\sqrt[3]{3}$, $\sqrt{5}$, $\sqrt[3]{3}$ nicht rational sind (Anleitung: Man benutze das Lemma von S. 38).

2. Man beweise, daß $\sqrt{2} + \sqrt{3}$ und $\sqrt{2} + \sqrt[4]{3}$ nicht rational sind (Anleitung: Wenn z. B. die erste dieser Zahlen einer rationalen Zahl r gleich wäre, dann würde sich, wenn man $\sqrt{3} = r - \sqrt{2}$ schreibt und quadriert, $\sqrt{2}$ als rationale Zahl ergeben).

3. Man beweise, daß $\sqrt{2} + \sqrt{3} + \sqrt{5}$ irrational ist. Man versuche ähnliche und allgemeinere Beispiele zu bilden.

2. Unendliche Dezimalbrüche

Um die Zahlenachse mit einer überall dichten Punktmenge zu überdecken, brauchen wir nicht die Gesamtheit aller rationalen Zahlen; z. B. genügt es, nur solche Zahlen zu betrachten, die durch Division jeder Einheitsstrecke in 10, dann in 100, 1000 usw. gleiche Teile entstehen. Die so erhaltenen Punkte entsprechen den „Dezimalbrüchen". Zum Beispiel entspricht der Punkt $0{,}12 = 1/10 + 2/100$ dem Punkt, der im ersten Einheitsintervall, im zweiten Teilintervall der Länge 10^{-1} und am Anfang des dritten Teil-Teilintervalls der Länge 10^{-2} liegt (a^{-n} bedeutet $1/a^n$). Ein solcher *Dezimalbruch* hat, wenn er n Stellen nach dem Komma enthält, die Form

$$f = z + a_1 10^{-1} + a_2 10^{-2} + a_3 10^{-3} + \cdots + a_n 10^{-n},$$

worin z eine ganze Zahl ist und die a Ziffern von 0 bis 9 sind, welche die Zehntel, Hundertstel usw. angeben. Die Zahl f wird im Dezimalsystem durch das abgekürzte Symbol $z, a_1 a_2 a_3 \ldots a_n$ bezeichnet. Wir sehen sofort, daß diese Dezimalbrüche in der gewöhnlichen Bruchform p/q mit $q = 10^n$ geschrieben werden können; z. B. $f = 1{,}314 = 1 + \frac{3}{10} + \frac{1}{100} + \frac{4}{1000} = \frac{1314}{1000}$. Wenn p und q einen gemeinsamen Teiler haben, so kann der Dezimalbruch auf einen Bruch, dessen Nenner ein gewisser Teiler von 10^n ist, reduziert werden. Andererseits kann kein gekürzter Bruch, dessen Nenner kein Teiler einer Potenz von 10 ist, als Dezimalbruch dargestellt werden. Zum Beispiel ist $\frac{1}{5} = \frac{2}{10} = 0{,}2$ und $\frac{1}{250} = \frac{4}{1000} = 0{,}004$, aber $\frac{1}{3}$ kann nicht als Dezimalbruch mit einer endlichen Anzahl n von Dezimalstellen geschrieben werden, so groß man n auch wählt; denn eine Gleichung der Form

$$\frac{1}{3} = \frac{b}{10^n}$$

würde verlangen, daß

$$10^n = 3b,$$

was unmöglich ist, da 3 nicht Teiler irgendeiner Potenz von 10 ist.

Wählen wir nun irgendeinen Punkt P auf der Zahlenachse, der keinem Dezimalbruch entspricht, z. B. den rationalen Punkt 1/3 oder den irrationalen Punkt $\sqrt{2}$, dann wird es bei dem Verfahren der Unterteilung der Einheitsstrecke in 10 gleiche Teile usw. niemals vorkommen, daß P der Anfangspunkt eines Teilintervalls wird. Aber P kann in immer kleinere Intervalle der Dezimaleinteilung mit jedem gewünschten Annäherungsgrad eingeschlossen werden. Diesen Annäherungsprozeß können wir wie folgt beschreiben:

Nehmen wir an, P liege im ersten Einheitsintervall. Wir teilen dieses Intervall in 10 gleiche Teile, je von der Länge 10^{-1}, und finden beispielsweise, daß P zwischen den Dezimalbrüchen 0,2 und 0,3 liegt. Wir unterteilen das Intervall von 0,2 bis 0,3 in 10 gleiche Teile, je von der Länge 10^{-2}, und finden, daß P beispielsweise in dem vierten dieser Intervalle liegt. Indem wir nun dieses wiederum unterteilen, finden wir, daß P vielleicht im ersten Intervall der Länge 10^{-3} liegt. Wir können jetzt sagen, daß P zwischen 0,230 und 0,231 liegt. Dieses Verfahren kann unbegrenzt fortgesetzt werden und führt zu einer unendlichen Folge von Ziffern $a_1, a_2, a_3, \ldots, a_n, \ldots$ mit folgender Eigenschaft: welche Zahl n wir auch wählen, der Punkt P liegt in dem Intervall I_n, dessen linker Endpunkt der Dezimalbruch $0{,}a_1a_2a_3 \ldots a_{n-1}a_n$ und dessen rechter Endpunkt $0{,}a_1a_2a_3 \ldots a_{n-1}(a_n+1)$ ist, wobei die Länge von $I_n = 10^{-n}$ ist. Wenn wir nacheinander $n = 1, 2, 3, 4, \ldots$ wählen, sehen wir, daß jedes der Intervalle $I_1, I_2, I_3, \ldots$ in dem vorhergehenden enthalten ist, während die Längen $10^{-1}, 10^{-2}, 10^{-3}, \ldots$ gegen Null streben. Wir sagen, daß der Punkt P in einer *Schachtelung von Dezimalintervallen* enthalten ist. Ist z. B. P der rationale Punkt 1/3, dann sind alle Ziffern gleich 3, und P ist in jedem Intervall I_n enthalten, das von 0,333 ... 33 bis 0,333 ... 34 reicht, d. h. 1/3 ist größer als 0,333 ... 33, aber kleiner als 0,333 ... 34, wobei man die Anzahl der Ziffern beliebig groß wählen kann. Wir drücken diesen Sachverhalt aus, indem wir sagen, daß der n-stellige Dezimalbruch mit zunehmendem n „gegen 1/3 strebt". Wir schreiben

$$\frac{1}{3} = 0{,}333\ldots,$$

wobei die Punkte bedeuten, daß der Dezimalbruch ohne Ende fortgesetzt werden soll.

Der irrationale Punkt $\sqrt{2}$, der im Abschnitt 1 definiert wurde, führt auch auf einen unendlich fortgesetzten Dezimalbruch. Hier jedoch ist das Gesetz, das die Werte der einzelnen Ziffern bestimmt, keineswegs offenkundig. Tatsächlich kennt man keine explizite Formel, welche die aufeinanderfolgenden Ziffern bestimmt, obwohl man beliebig viele Ziffern berechnen kann:

$$1^2 = 1 < 2 < 2^2 = 4$$
$$(1{,}4)^2 = 1{,}96 < 2 < (1{,}5)^2 = 2{,}25$$
$$(1{,}41)^2 = 1{,}9881 < 2 < (1{,}42)^2 = 2{,}0164$$
$$(1{,}414)^2 = 1{,}999396 < 2 < (1{,}415)^2 = 2{,}002225$$
$$(1{,}4142)^2 = 1.99996164 < 2 < (1{,}4143)^2 = 2{,}00024449, \text{ usw.}$$

Wir formulieren als allgemeine Definition, daß ein Punkt P, der durch keinen Dezimalbruch mit einer endlichen Zahl n von Ziffern darstellbar ist, durch einen *unendlichen Dezimalbruch* $z,a_1a_2a_3\ldots$ dargestellt wird, wenn für jeden Wert von n der Punkt P in dem Intervall der Länge 10^{-n} mit dem Anfangspunkt $z,a_1a_2a_3\ldots a_n$ liegt.

Auf diese Weise wird eine Beziehung hergestellt zwischen allen Punkten der Zahlenachse und allen *endlichen und unendlichen* Dezimalbrüchen. Wir stellen versuchsweise die Definition auf: Eine „Zahl" ist ein *endlicher oder unendlicher* Dezimalbruch. Alle die unendlichen Dezimalbrüche, die keine rationalen Zahlen darstellen, heißen *irrationale Zahlen.*

Bis in die Mitte des 19. Jahrhunderts wurden diese Betrachtungen als befriedigende Erklärung für das System der rationalen und irrationalen Zahlen, des *Zahlenkontinuums*, aufgefaßt. Der gewaltige Fortschritt der Mathematik seit dem 17. Jahrhundert, insbesondere die Entwicklung der analytischen Geometrie und der Differential- und Integralrechnung entfaltete sich ungehindert auf dem Boden dieser Auffassung vom Zahlensystem. Aber in der Periode der kritischen Überprüfung der Grundlagen und der Sicherung der Ergebnisse sah man mehr und mehr ein, daß der Begriff der irrationalen Zahlen einer genaueren Analyse bedurfte. Als Vorbereitung auf unseren Bericht über die moderne Theorie des Zahlenkontinuums wollen wir auf mehr oder weniger anschauliche Art und Weise den grundlegenden Begriff des *Grenzwerts* erörtern.

Übung: Man berechne $\sqrt[3]{2}$ und $\sqrt[3]{5}$ mit einer Genauigkeit von mindestens 10^{-2}.

3. Grenzwerte. Unendliche geometrische Reihen

Wie wir im vorigen Abschnitt sahen, kommt es zuweilen vor, daß eine gewisse rationale Zahl s durch eine Folge von anderen rationalen Zahlen s_n angenähert wird, wobei der Index n nacheinander alle Werte 1, 2, 3, ... annimmt. Wenn zum Beispiel $s = 1/3$ ist, dann haben wir $s_1 = 0{,}3$, $s_2 = 0{,}33$, $s_3 = 0{,}333$ usw. Als weiteres Beispiel wollen wir das Einheitsintervall in zwei Hälften teilen, die zweite Hälfte wieder in zwei gleiche Teile, den zweiten von diesen wieder in zwei gleiche Teile und so immer weiter, bis die kleinsten so erhaltenen Intervalle die Länge 2^{-n} haben; dabei soll n beliebig groß gewählt werden, z. B. $n = 100$, $n = 1000000$ oder welche Zahl wir immer wollen. Dann erhalten wir durch Addieren aller dieser Intervalle, außer dem allerletzten, die Gesamtlänge

$$s_n = \frac{1}{2} + \frac{1}{4} + \frac{1}{8} + \cdots + \frac{1}{2^n}. \tag{3}$$

Wir sehen, daß s_n sich von 1 um $(1/2)^n$ unterscheidet, und daß diese Differenz beliebig klein wird oder „gegen 0 strebt", wenn n unbegrenzt wächst. Es hat keinen Sinn zu sagen, daß die Differenz Null *ist*, wenn n unendlich *ist*. Das Unendliche kommt nur zum Ausdruck durch das unendlich fortgesetzte *Verfahren* und nicht als wirkliche *Größe*. Wir beschreiben das Verhalten von s_n, indem wir sagen, daß *die Summe* s_n *sich dem Grenzwert* 1 *nähert, wenn* n *gegen unendlich strebt*, und schreiben dafür

$$1 = \frac{1}{2} + \frac{1}{2^2} + \frac{1}{2^3} + \frac{1}{2^4} + \cdots, \tag{4}$$

wobei wir auf der rechten Seite eine *unendliche Reihe* haben. Diese „Gleichung" bedeutet nicht, daß wir tatsächlich unendlich viele Glieder zusammenzählen sollen; sie ist nur ein abgekürzter Ausdruck für den Sachverhalt, daß 1 der Grenzwert der endlichen Summe s_n ist, wenn n gegen unendlich *strebt* (keineswegs unendlich *ist*). Demnach ist die Gleichung (4) mit dem unvollständigen Symbol „$+\cdots$" nur eine mathematische Kurzform für die exakte Aussage:

(5) $$1 = \text{Grenzwert von } s_n = \frac{1}{2} + \frac{1}{2^2} + \frac{1}{2^3} + \cdots + \frac{1}{2^n}$$
bei unbeschränkt wachsendem n.

Kürzer, aber sehr einprägsam, schreiben wir

(6) $$s_n \to 1, \text{ wenn } n \to \infty.$$

Als weiteres Beispiel eines Grenzwertes betrachten wir die Potenzen einer Zahl q. Wenn $-1 < q < 1$, z. B. $q = 1/3$ oder $q = 4/5$, dann nähern sich die aufeinanderfolgenden Potenzen von q

$$q, q^2, q^3, q^4, \ldots, q^n, \ldots$$

mit wachsendem n dem Wert Null. Wenn q negativ ist, so wechselt das Vorzeichen von q^n zwischen $+$ und $-$ ab, und q^n strebt von beiden Seiten gegen Null. Also wenn $q = 1/3$, so ist $q^2 = 1/9$, $q^3 = 1/27$, $q^4 = 1/81$, aber wenn $q = -1/2$, so ist $q^2 = 1/4$, $q^3 = -1/8$, $q^4 = 1/16, \ldots$. Wir sagen, daß der Grenzwert von q^n, wenn n gegen unendlich strebt, gleich Null ist oder, in Symbolen geschrieben,

(7) $$q^n \to 0, \text{ wenn } n \to \infty, \text{ für } -1 < q < 1.$$

(Nebenbei bemerkt: wenn $q > 1$ oder $q < -1$, so strebt q^n nicht gegen Null, sondern wächst absolut genommen über alle Grenzen.)

Um die Behauptung (7) streng zu beweisen, gehen wir von der auf S. 13 bewiesenen Ungleichung aus, derzufolge $(1+p)^n \geqq 1 + np$ für jedes positive ganze n und $p > -1$. Wenn q irgendeine feste Zahl zwischen 0 und 1 ist, z. B. $q = 9/10$, so haben wir $q = \frac{1}{1+p}$ mit $p > 0$. Daher ist

$$\frac{1}{q^n} = (1+p)^n \geqq 1 + np > np$$

oder (siehe Regel 4, S. 245)

$$0 < q^n < \frac{1}{p} \cdot \frac{1}{n};$$

q^n ist daher eingeschlossen zwischen dem festen Intervallrand 0 und dem Intervallrand $1/p \cdot 1/n$, der sich mit wachsendem n der Null nähert, da ja p festliegt. Demnach ist es klar, daß $q^n \to 0$. Wenn q negativ ist, so haben wir $q = -1/(1+p)$ und die Intervallränder $(-1/p)(1/n)$ und $(1/p)(1/n)$ anstelle von 0 und $(1/p)(1/n)$. Im übrigen bleibt die Überlegung dieselbe.

Wir betrachten jetzt die *geometrische Reihe*

(8) $$s_n = 1 + q + q^2 + q^3 + \cdots + q^n.$$

(Den Fall $q = 1/2$ haben wir schon oben besprochen.) Wie auf S. 11 gezeigt, können wir die Summe s_n in einfacher und knapper Form ausdrücken. Wenn wir s_n mit q multiplizieren, erhalten wir

(8a) $$q s_n = q + q^2 + q^3 + q^4 + \cdots + q^{n+1},$$

und indem wir (8a) von (8) subtrahieren, sehen wir, daß sich alle Glieder außer 1 und q^{n+1} wegheben. Es ergibt sich durch diesen Kunstgriff

$$(1-q)\,s_n = 1 - q^{n+1}$$

oder nach Division

$$s_n = \frac{1-q^{n+1}}{1-q} = \frac{1}{1-q} - \frac{q^{n+1}}{1-q}\,.$$

Der Grenzbegriff kommt ins Spiel, wenn wir n wachsen lassen. Wie wir sahen, strebt $q^{n+1} = q \cdot q^n$ gegen Null, wenn $-1 < q < 1$, und wir erhalten die Grenzbeziehung

(9) $$s_n \to \frac{1}{1-q}, \text{ wenn } n \to \infty, \text{ für } -1 < q < 1.$$

Als *unendliche geometrische Reihe* geschrieben lautet dies

(10) $$1 + q + q^2 + q^3 + \cdots = \frac{1}{1-q} \quad \text{für } -1 < q < 1\,.$$

Zum Beispiel ist

$$1 + \frac{1}{2} + \frac{1}{2^2} + \frac{1}{2^3} + \cdots = \frac{1}{1-\frac{1}{2}} = 2$$

in Übereinstimmung mit (4) und

$$\frac{9}{10} + \frac{9}{10^2} + \frac{9}{10^3} + \frac{9}{10^4} + \cdots = \frac{9}{10} \cdot \frac{1}{1-\frac{1}{10}} = 1\,,$$

so daß $0{,}999\ldots = 1$. In ähnlicher Weise zeigt sich, daß der endliche Dezimalbruch 0,2374 und der unendliche 0,2373999 ... dieselbe Zahl darstellen.

In Kapitel VI werden wir den Grenzbegriff in der heute üblichen strengen Weise einführen.

Übungen: 1. Man beweise, daß $1 - q + q^2 - q^3 + q^4 - \cdots = \frac{1}{1+q}$, wenn $|q| < 1$.

2. Was ist der Grenzwert der Folge $a_1, a_2, a_3, \ldots$, wenn $a_n = \frac{n}{(n+1)}$? (Anleitung: man schreibe den Ausdruck in der Form $\frac{n}{(n+1)} = 1 - \frac{1}{(n+1)}$ und beachte, daß das zweite Glied gegen Null strebt.)

3. Was ist der Grenzwert von $\frac{n^2+n+1}{n^2-n+1}$ für $n \to \infty$? (Anleitung: Man schreibe den Ausdruck in der Form

$$\frac{1+\frac{1}{n}+\frac{1}{n^2}}{1-\frac{1}{n}+\frac{1}{n^2}}\,.)$$

4. Man beweise für $|q| < 1$, daß $1 + 2q + 3q^2 + 4q^3 + \cdots = \frac{1}{(1-q)^2}$. (Anleitung: Man benutze das Ergebnis der Übung 3 auf S. 15).

5. Was ist der Grenzwert der unendlichen Reihe

$$1 - 2q + 3q^2 - 4q^3 + \cdots ?$$

6. Was ist der Grenzwert von $\frac{1+2+3+\cdots+n}{n^2}$, von $\frac{1^2+2^2+\cdots+n^2}{n^3}$ und von $\frac{1^3+2^3+\cdots+n^3}{n^4}$? (Anleitung: Man benutze die Ergebnisse von S. 10 und 12.)

4. Rationale Zahlen und periodische Dezimalbrüche

Rationale Zahlen p/q, die keine endlichen Dezimalbrüche sind, können in unendliche Dezimalbrüche entwickelt werden, indem man das elementare Verfahren der Division durchführt. Auf jeder Stufe dieses Verfahrens muß sich ein Rest, der ungleich Null ist, ergeben, denn sonst würde der Dezimalbruch endlich sein. Alle verschiedenen Reste, die bei der Division auftreten, werden ganze Zahlen zwischen 1 und $q-1$ sein, so daß es im Höchstfalle $q-1$ Möglichkeiten für die Werte des Restes gibt. Das bedeutet, daß nach höchstens q Divisionen ein gewisser Rest k zum zweiten Mal vorkommen muß. Dann aber werden sich alle weiteren Reste stets in derselben Reihenfolge wiederholen, in der sie nach dem ersten Auftreten des Restes k erschienen sind. Es zeigt sich also, daß der *Dezimalbruch für jede rationale Zahl periodisch ist:* nachdem am Anfang eine gewisse endliche Folge von Ziffern aufgetreten ist, wird sich dann eine bestimmte Ziffer oder Ziffernfolge unendlich oft wiederholen. Beispiele sind: $1/6 = 0{,}1666\ldots$; $1/7 = 0{,}142857142857142857\ldots$; $1/11 = 0{,}09090909\ldots$; $122/1100 = 0{,}11090909\ldots$; $11/90 = 0{,}122222\ldots$ usw. (Die rationalen Zahlen, die sich durch einen endlichen Dezimalbruch darstellen lassen, können als periodische Dezimalbrüche aufgefaßt werden, bei denen sich nach einer anfänglichen endlichen Anzahl von Ziffern die Ziffer 0 unendlich oft wiederholt).

Umgekehrt kann man zeigen, daß *alle periodischen Dezimalbrüche rationale Zahlen sind*. Nehmen wir zum Beispiel den unendlichen periodischen Dezimalbruch

$$p = 0{,}3322222\ldots.$$

Dann haben wir $p = 33/100 + 10^{-3}\cdot 2(1 + 10^{-1} + 10^{-2} + \cdots)$. Der Ausdruck in der Klammer ist die unendliche geometrische Reihe

$$1 + 10^{-1} + 10^{-2} + 10^{-3} + \cdots = \frac{1}{1-\frac{1}{10}} = \frac{10}{9}.$$

Folglich ist

$$p = \frac{33}{100} + 2\cdot 10^{-3}\cdot\frac{10}{9} = \frac{2970+20}{9\cdot 10^{3}} = \frac{2990}{9000} = \frac{299}{900}.$$

Der Beweis für den allgemeinen Fall ist im wesentlichen derselbe, verlangt aber eine allgemeinere Schreibweise.

In dem allgemeinen periodischen Dezimalbruch

$$p = 0{,}a_1a_2a_3\ldots a_mb_1b_2\ldots b_nb_1b_2\ldots b_n\ldots$$

setzen wir $0{,}b_1b_2\ldots b_n = B$, so daß B den periodischen Teil des Dezimalbruchs darstellt. Dann wird

$$p = 0{,}a_1a_2\ldots a_m + 10^{-m}B(1 + 10^{-n} + 10^{-2n} + 10^{-3n} + \cdots).$$

Der Ausdruck in der Klammer ist eine unendliche geometrische Reihe mit $q = 10^{-n}$, deren Summe nach Gleichung (10) des vorigen Abschnitts gleich $1/(1-10^{-n})$ ist, und damit haben wir

$$p = 0{,}a_1a_2\ldots a_m + \frac{10^{-m}B}{1-10^{-n}}.$$

Übungen: 1. Man entwickle 1/11, 1/13, 2/13, 3/13, 1/17, 2/17 in Dezimalbrüche und stelle die Periode fest.

***2. Die Zahl 142857 hat die Eigenschaft, daß Multiplikation mit irgendeiner der Zahlen 2, 3, 4, 5 oder 6 nur eine zyklische Vertauschung ihrer Ziffern hervorruft. Man erkläre diese Eigenschaft unter Benutzung der Entwicklung von 1/7 in einen Dezimalbruch.**

3. Man entwickle die rationalen Zahlen der Übung 1 als „Dezimalbrüche" mit der Basis 5, 7 und 12.

4. Man entwickle 1/3 als dyadische Zahl.

5. Man schreibe 0,11212121 . . . als gewöhnlichen Bruch. Welchen Wert hat dieses Symbol, wenn es in einem System mit der Basis 3 oder 5 gelten soll?

5. Allgemeine Definition der Irrationalzahlen durch Intervallschachtelungen

Auf S. 51 definierten wir versuchsweise: Eine „Zahl" ist ein endlicher oder unendlicher Dezimalbruch. Wir verabredeten, daß diejenigen unendlichen Dezimalbrüche, die keine rationalen Zahlen darstellen, irrationale Zahlen heißen sollten. Auf Grund der Ergebnisse des vorigen Abschnitts können wir diese Definition jetzt wie folgt formulieren: Das *Zahlenkontinuum* oder *System der reellen Zahlen* („reell" im Gegensatz zu „imaginär" oder „komplex", was in § 5 eingeführt werden wird) *ist die Gesamtheit der unendlichen Dezimalbrüche.* (Endliche Dezimalbrüche können als ein Spezialfall betrachtet werden, bei dem alle Ziffern von einer gewissen Stelle an Null sind. Statt dessen könnte man auch vorschreiben, daß an Stelle jedes endlichen Dezimalbruchs, dessen letzte Ziffer a ist, ein unendlicher Dezimalbruch genommen werden soll, bei dem $a - 1$ an Stelle von a steht, und darauf eine unendliche Reihe von Ziffern 9 folgt; dies drückt die Tatsache aus, daß $0{,}\underline{999}\ldots = 1$, wie in Abschnitt 3 gezeigt.) Die *rationalen* Zahlen sind die *periodischen* Dezimalbrüche, die *irrationalen* sind die *nichtperiodischen* Dezimalbrüche. Auch diese Definition ist nicht vollkommen befriedigend; denn wie wir in Kapitel I sahen, ist das Dezimalsystem in keiner Weise durch die Natur der Sache ausgezeichnet. Wir hätten dieselbe Argumentation genauso gut mit dem dyadischen oder einem anderen System durchführen können. Aus diesem Grunde ist es erwünscht, eine allgemeinere Definition des Zahlenkontinuums zu haben, die von der speziellen Bezugnahme auf die Basis zehn frei ist. Der einfachste Weg hierzu ist vielleicht der folgende.

Betrachten wir eine Folge $I_1, I_2, I_3, \ldots, I_n, \ldots$ von Intervallen auf der Zahlenachse mit rationalen Endpunkten, von denen jedes in dem vorhergehenden enthalten ist und von der Art, daß die Länge des n-ten Intervalls I_n mit wachsendem n gegen Null strebt. Eine solche Folge heißt eine *Intervallschachtelung*. Für Dezimalintervalle ist die Länge I_n gleich 10^{-n}, aber sie könnte ebenso gut 2^{-n} oder auch nur der schwächeren Forderung unterworfen sein, kleiner als $1/n$ zu sein. Nun formulieren wir als ein grundlegendes Postulat der Geometrie: *Zu jeder Intervallschachtelung gibt es genau einen Punkt auf der Zahlenachse, der in allen Intervallen enthalten ist.* (Man sieht sofort, daß es nicht mehr als *einen* Punkt geben kann, der sämtlichen Intervallen gemeinsam ist; denn die Längen der Intervalle streben gegen Null, und es könnten nicht zwei verschiedene Punkte in einem Intervall liegen, das kleiner wäre als ihr Abstand voneinander.) Dieser Punkt heißt nach Definition eine *reelle Zahl*; wenn er nicht rational ist, heißt er eine *irrationale Zahl.* Mit dieser Definition wird eine vollkommene gegenseitige Zuordnung zwischen Punkten und Zahlen hergestellt. Sie ist nur eine allgemeinere Formulierung der Definition mit Hilfe unendlicher Dezimalbrüche.

Hier könnte sich der Leser durch einen durchaus gerechtfertigten Zweifel beunruhigt fühlen. Was *ist* so ein „Punkt" auf der Zahlenachse, von dem wir annehmen, daß er in allen Intervallen einer Schachtelung enthalten ist, wenn er kein rationaler Punkt ist? Unsere Antwort ist: Die Existenz eines Punktes auf der Zahlenachse (als Gerade betrachtet), der jedem Intervall einer solchen Folge mit rationalen Endpunkten angehört, ist ein fundamentales *Postulat der Geometrie*. Es ist keinerlei logische Zurückführung dieses Postulats auf andere mathematische Tatsachen erforderlich. Ebenso wie andere Axiome oder Postulate in der Mathematik nehmen wir auch dieses Postulat wegen seiner anschaulichen Plausibilität und seiner Brauchbarkeit zum Aufbau eines widerspruchsfreien Systems für das mathematische Denken an. Vom rein formalen Standpunkt können wir von einer Geraden ausgehen, die nur aus rationalen Punkten besteht, und dann einen irrationalen Punkt einfach *definieren* als ein *Symbol für eine gewisse Intervallschachtelung*. Ein irrationaler Punkt wird vollständig durch eine Folge solcher rationaler Intervalle beschrieben, deren Längen gegen Null streben. Daher liefert unser fundamentales Postulat tatsächlich eine Definition. Nachdem wir durch ein intuitives Gefühl, daß der irrationale Punkt „existiert", zu der Intervallschachtelung geleitet worden sind, bedeutet diese Definition, daß wir die intuitive Krücke, die unsere Überlegung stützte, fallen lassen und uns klar machen, daß alle *mathematischen Eigenschaften* irrationaler Punkte als Eigenschaften solcher Folgen rationaler Intervalle ausgedrückt werden können.

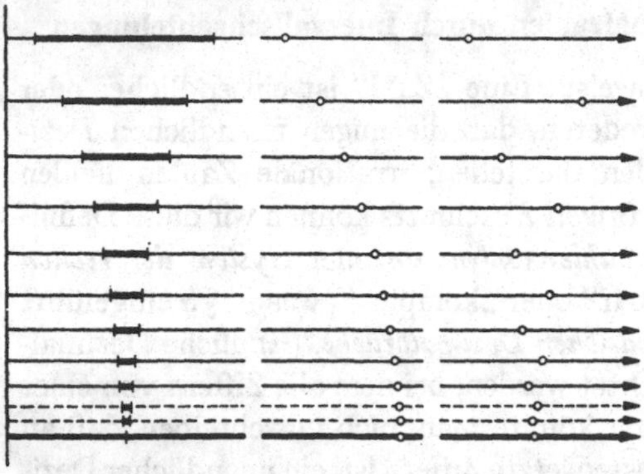

Fig. 11. Intervallschachtelung. Grenzwerte von Punktfolgen

Wir haben hier ein typisches Beispiel der philosophischen Haltung, die in der Einleitung dieses Buches beschrieben wird: die Abwendung von der naiven, „realistischen" Auffassung, die einen mathematischen Gegenstand als „Ding an sich" betrachtet, dessen Eigenschaften wir nur untersuchen, und an deren Stelle die Einsicht, daß die einzige sinnvolle „Existenz" mathematischer Gegenstände eben in ihren mathematischen Eigenschaften und den sie verknüpfenden Beziehungen liegt. Diese Beziehungen und Eigenschaften erschöpfen die mathematische Bedeutung des betreffenden Gegenstands. Wir geben das mathematische „Ding an sich" auf, ebenso wie die Physiker den unbeobachtbaren Aether aufgaben. Das ist der Sinn der Definition irrationaler Zahlen als Intervallschachtelungen.

Mathematisch wichtig hierbei ist, daß für diese irrationalen Zahlen, definiert als Intervallschachtelungen, die Operationen der Addition, Multiplikation usw. und die Beziehungen „kleiner als" und „größer als" ohne weiteres verallgemeinert werden können und zwar so, daß alle Gesetze, die im Bereich der rationalen Zahlen gelten, erhalten bleiben. Zum Beispiel läßt sich die Addition zweier irrationaler Zahlen α und β mit Hilfe der betreffenden beiden Intervallschachtelungen definieren. Zu dem Zweck konstruieren wir eine dritte Intervallschachtelung, indem wir die (rationalen) Anfangs- und Endwerte je zweier entsprechender Intervalle der beiden Schachtelungen α und β addieren. Diese neue Intervallschachtelung definiert dann $\alpha + \beta$. In ähnlicher Weise können wir das Produkt $\alpha\beta$, die Differenz $\alpha - \beta$ und den Quotienten α/β definieren. Auf Grund dieser Definition läßt sich zeigen, daß die in § 1 dieses Kapitels besprochenen arithmetischen Gesetze auch für irrationale Zahlen gelten. Die Einzelheiten übergehen wir hier.

Die Nachprüfung dieser Gesetze ist einfach und naheliegend, aber etwas ermüdend für den Anfänger, dem es mehr darauf ankommt, zu erfahren, was man mit der Mathematik anfangen kann, als ihre logische Begründung zu untersuchen. Manche modernen Lehrbücher der Mathematik wirken abstoßend auf viele Lernende, da sie mit einer pedantisch genauen Analyse des reellen Zahlensystems beginnen. Wenn ein Leser diese Einleitung einfach überschlägt, so kann er dies damit rechtfertigen, daß bis weit ins 19. Jahrhundert hinein alle großen Mathematiker ihre Entdeckungen auf Grund der „naiven", der Anschauung entnommenen Vorstellung vom Zahlensystem gemacht haben.

Die Definition einer irrationalen Zahl durch eine Intervallschachtelung entspricht in der Physik der Bestimmung des Wertes einer beobachtbaren Größe durch eine Folge von Messungen mit immer größerer Genauigkeit. Jede gegebene Methode, etwa zur Bestimmung einer Länge, hat einen praktischen Sinn nur innerhalb gewisser Fehlergrenzen, welche die Genauigkeit der Methode angeben. Da die rationalen Zahlen auf der Geraden überall dicht liegen, ist es unmöglich, durch irgendeine, noch so genaue physikalische Meßmethode festzustellen, ob eine gegebene Länge rational oder irrational ist. Es könnte daher den Anschein haben, als ob die irrationalen Zahlen für die hinreichende Beschreibung physikalischer Erscheinungen unnötig wären. Aber wie wir in Kapitel VI deutlicher sehen werden, liegt der wirkliche Vorteil, den die Einführung der irrationalen Zahlen für die mathematische Beschreibung physikalischer Erscheinungen mit sich bringt, darin, daß diese Beschreibung ungeheuer vereinfacht wird durch die freie Verwendung des Grenzbegriffs, der auf dem Zahlenkontinuum beruht.

*6. Andere Methoden zur Definition der irrationalen Zahlen. Dedekindsche Schnitte

Eine etwas andere Methode, die irrationalen Zahlen zu definieren, wählte Richard Dedekind (1831–1916), einer der großen Pioniere in der Erforschung der logischen und philosophischen Grundlagen der Mathematik. Seine Arbeiten, *Stetigkeit und irrationale Zahlen* (1872) und *Was sind und was sollen die Zahlen?* (1887) übten einen starken Einfluß auf die mathematische Grundlagenforschung aus. Dedekind zog es vor, mit allgemeinen abstrakten Ideen zu arbeiten, anstatt mit bestimmten Folgen ineinandergeschachtelter Intervalle. Sein Verfahren beruht auf der Definition eines „Schnitts", den wir kurz beschreiben wollen.

Angenommen, es sei eine Methode gegeben, um die Menge *aller rationalen Zahlen* in zwei Klassen A und B einzuteilen, so daß jedes Element b der Klasse B größer ist als jedes Element a der Klasse A. Jede Klassifizierung dieser Art heißt ein *Schnitt* in der Menge der rationalen Zahlen. Bei einem Schnitt gibt es genau drei Möglichkeiten, von denen eine und nur eine zutreffen muß.

1. *Es gibt ein größtes Element a^* von A.* Dies ist zum Beispiel der Fall, wenn A aus allen rationalen Zahlen $\leqq 1$ und B aus allen rationalen Zahlen > 1 besteht.

2. *Es gibt ein kleinstes Element* b^* *von* B. Das ist zum Beispiel der Fall, wenn A aus allen rationalen Zahlen < 1 und B aus allen rationalen Zahlen $\geqq 1$ besteht.

3. *Es gibt weder ein größtes Element von* A, *noch ein kleinstes Element von* B. Dies ist zum Beispiel der Fall, wenn A aus allen negativen rationalen Zahlen, Null und allen positiven rationalen Zahlen besteht, deren Quadrat kleiner als 2 ist, und B aus allen positiven rationalen Zahlen, deren Quadrat größer als 2 ist. A und B zusammen umfassen alle rationalen Zahlen; denn wir haben bewiesen, daß es keine rationale Zahl gibt, deren Quadrat gleich 2 ist.

Der Fall, in dem A ein größtes Element a^* *und* B ein kleinstes Element b^* hat, ist unmöglich, denn die rationale Zahl $(a^* + b^*)/2$, die in der Mitte zwischen a^* und b^* liegt, würde größer sein als das größte Element von A und kleiner als das kleinste von B und könnte daher zu keiner der beiden Klassen gehören.

Im dritten Fall, in dem es weder eine größte rationale Zahl in A, noch eine kleinste rationale Zahl in B gibt, sagt DEDEKIND, daß der Schnitt eine irrationale Zahl definiert, oder einfacher, eine irrationale Zahl *ist*. Man sieht leicht ein, daß diese Definition mit der durch Intervallschachtelung übereinstimmt; jede Folge $I_1, I_2, I_3, \ldots$ von ineinandergeschachtelten Intervallen definiert einen Schnitt, wenn wir in Klasse A alle die rationalen Zahlen aufnehmen, die kleiner sind als der linke Endpunkt von mindestens einem der Intervalle I_n, und in B alle übrigen rationalen Zahlen.

Im philosophischen Sinne erfordert DEDEKINDs Definition der irrationalen Zahlen einen ziemlich hohen Grad von Abstraktion, da sie der Natur des mathematischen Gesetzes, das die beiden Klassen A und B bestimmt, keinerlei Beschränkung auferlegt. Eine konkretere Methode, das reelle Zahlenkontinuum zu definieren, verdanken wir GEORG CANTOR (1845—1918). Obwohl auf den ersten Blick durchaus verschieden von der Methode der Intervallschachtelungen und der Schnitte, ist seine Methode doch beiden äquivalent in dem Sinne, daß die auf diese drei Arten definierten Zahlensysteme dieselben Eigenschaften haben. CANTORs Gedanke entsprang aus den Tatsachen, daß 1. reelle Zahlen als unendliche Dezimalbrüche angesehen werden können und 2. unendliche Dezimalbrüche durch Grenzübergang aus endlichen Dezimalbrüchen entstehen. Wenn wir uns von der Abhängigkeit vom Dezimalsystem frei machen, können wir mit CANTOR sagen, daß jede Folge $a_1, a_2, a_3, \ldots$ rationaler Zahlen eine *reelle Zahl* definiert, wenn sie „konvergiert". Konvergenz hat dabei die Bedeutung, daß die Differenz $(a_m - a_n)$ zwischen irgend zwei Elementen der Folge gegen Null strebt, wenn a_m und a_n genügend weit „hinten" in der Folge gewählt werden, d. h. wenn m und n gegen unendlich streben. (Die aufeinanderfolgenden Annäherungen einer reellen Zahl durch Dezimalbrüche haben diese Eigenschaft, da irgend zwei solche Annäherungen nach dem n-ten Schritt sich höchstens um 10^{-n} unterscheiden können.) Da dieselbe reelle Zahl auf vielerlei Weisen durch eine Folge von rationalen Zahlen approximiert werden kann, so sagen wir, daß zwei konvergente Folgen $a_1, a_2, a_3, \ldots$ und $b_1, b_2, b_3 \ldots$ von rationalen Zahlen dieselbe reelle Zahl definieren, falls $a_n - b_n$ gegen 0 strebt, wenn n unbegrenzt zunimmt. Die Operationen der Addition usw. für solche Folgen sind nicht schwer zu definieren.

§ 3. Bemerkungen über analytische Geometrie*

1. Das Grundprinzip

Das Zahlenkontinuum, ob als Selbstverständlichkeit aufgefaßt oder erst nach einer kritischen Untersuchung übernommen, ist seit dem 17. Jahrhundert die Grundlage der Mathematik, insbesondere der analytischen Geometrie und der Infinitesimalrechnung, gewesen.

* Für die Leser, die mit diesem Gegenstand nicht vertraut sind, befinden sich einige Übungsaufgaben über elementare analytische Geometrie im Anhang am Ende des Buches, S. 374—379.

Führt man das Zahlenkontinuum ein, so ist es möglich, jeder Strecke eine bestimmte reelle Zahl zuzuordnen, die ihre Länge angibt. Aber wir können noch viel weiter gehen, nicht nur Längen, sondern *jedes geometrische Objekt und jede geometrische Operation kann auf das Zahlensystem bezogen werden*. Die entscheidenden Schritte zu dieser Arithmetisierung der Geometrie wurden schon 1629 von FERMAT (1601–1655) und 1637 von DESCARTES (1596–1650) getan. Der Grundgedanke der analytischen Geometrie besteht in der Einführung von „Koordinaten"; das sind Zahlen, die einem *geometrischen Objekt* zugeordnet oder „koordiniert" werden und die dieses Objekt vollständig charakterisieren. Den meisten Lesern werden die sogenannten rechtwinkligen oder kartesischen Koordinaten bekannt sein, die dazu dienen, die Lage eines beliebigen Punktes P in einer Ebene zu kennzeichnen. Wir gehen von zwei festen, aufeinander senkrechten Geraden in der Ebene aus, der „x-Achse" und der „y-Achse", auf die wir jeden Punkt beziehen. Diese Geraden werden als gerichtete Zahlenachsen betrachtet und in derselben Einheit gemessen. Jedem Punkt P werden, wie in Fig. 12, zwei Koordinaten, x und y, zugeordnet. Diese werden wie folgt erhalten: Wir betrachten die gerichtete Strecke vom „Ursprung" 0 zum Punkt P und projizieren diese gerichtete Strecke, die vielfach der „Ortsvektor" genannt wird, senkrecht auf beide Achsen, wodurch wir auf der x-Achse die gerichtete Strecke OP' erhalten, deren gerichtete Länge von O aus durch die Zahl x gemessen wird, und ebenso auf der y-Achse die gerichtete Strecke OQ', deren gerichtete Länge von O aus durch die Zahl y gemessen wird. Die beiden Zahlen x und y heißen die Koordinaten von P. Sind umgekehrt x und y zwei beliebig vorgeschriebene Zahlen, so ist der zugehörige Punkt P eindeutig bestimmt. Sind x und y beide positiv, so liegt P im *ersten Quadranten* des Koordinatensystems (siehe Fig. 13); sind beide negativ, so liegt P im dritten Quadranten; ist x positiv und y negativ, liegt P im vierten und ist x negativ und y positiv, im zweiten Quadranten.

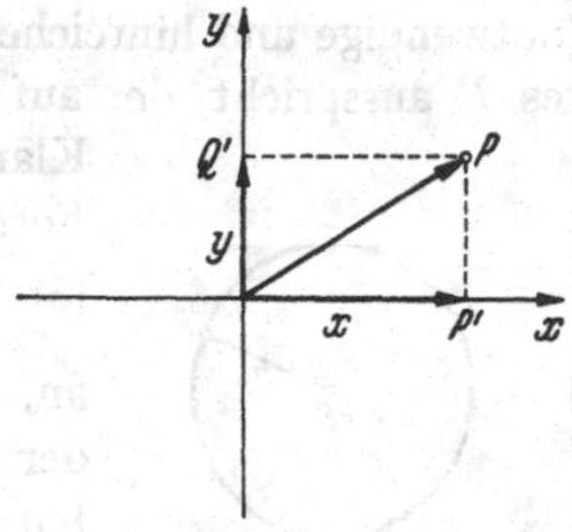

Fig. 12. Rechtwinklige Koordinaten eines Punktes

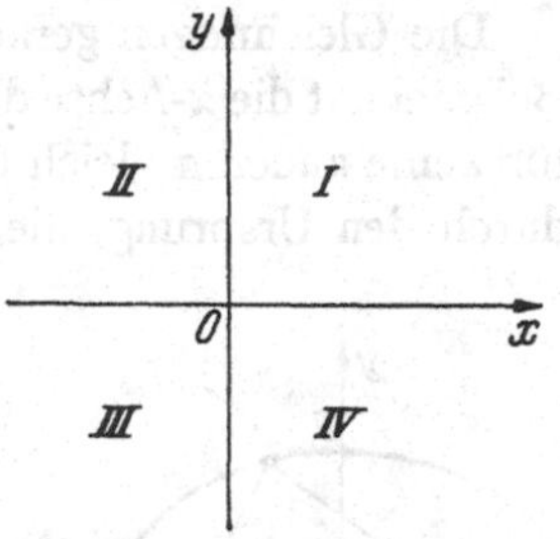

Fig. 13. Die vier Quadranten

Der Abstand d zwischen dem Punkt P_1 mit den Koordinaten x_1, y_1 und dem Punkt P_2 mit den Koordinaten x_2, y_2 ist durch die Formel

$$d^2 = (x_1 - x_2)^2 + (y_1 - y_2)^2 \tag{1}$$

gegeben. Dies folgt sofort aus dem pythagoreischen Lehrsatz, wie Fig. 14 zeigt.

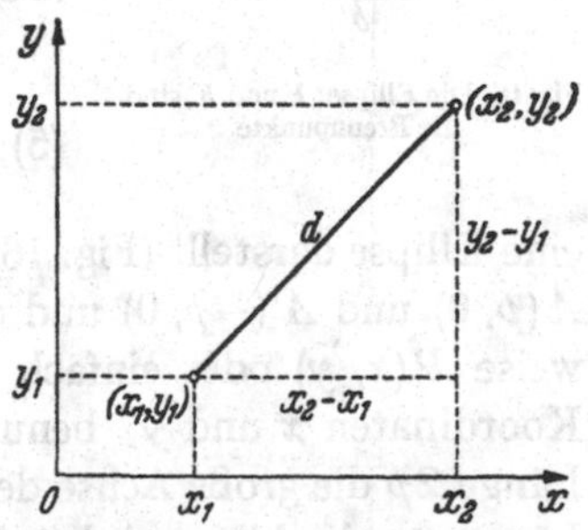

Fig. 14. Der Abstand zwischen zwei Punkten

*2. Gleichungen von Geraden und Kurven

Wenn C ein fester Punkt mit den Koordinaten $x = a$, $y = b$ ist, dann ist der geometrische Ort aller Punkte P mit einem gegebenen Abstand r von C ein Kreis mit C als Mittelpunkt und r als Radius. Dann folgt aus der Abstandsformel (1), daß die Punkte dieses Kreises Koordinaten x, y haben, die der Gleichung

$$(x-a)^2+(y-b)^2=r^2 \tag{2}$$

genügen. Diese wird die *Gleichung des Kreises* genannt, weil sie die vollständige (notwendige und hinreichende) Bedingung für die Koordinaten x, y eines Punktes P ausspricht, der auf dem Kreis um C mit dem Radius r liegt. Wenn die Klammern aufgelöst werden, nimmt die Gleichung (2) die Form

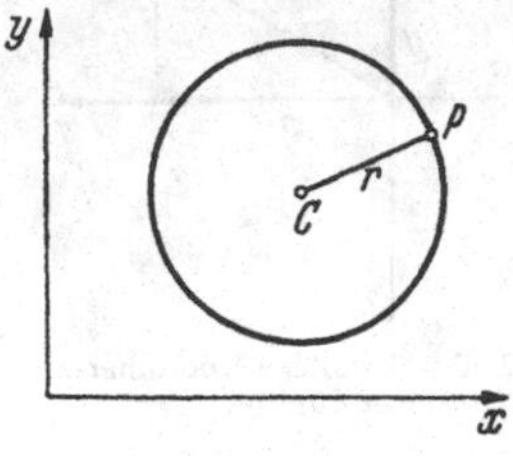

Fig. 15. Der Kreis

$$x^2+y^2-2ax-2by=k \tag{3}$$

an, worin $k=r^2-a^2-b^2$. Ist umgekehrt eine Gleichung der Form (3) gegeben, worin a, b, k willkürliche Konstanten sind, derart, daß $k+a^2+b^2$ positiv ist, so kann man durch das algebraische Verfahren der „quadratischen Ergänzung" die Gleichung in die Form

$$(x-a)^2+(y-b)^2=r^2$$

bringen, wobei $r^2=k+a^2+b^2$. Folglich bestimmt die Gleichung (3) einen Kreis vom Radius r um den Punkt C mit den Koordinaten a und b.

Die Gleichungen gerader Linien sind sogar von noch einfacherer Form. Zum Beispiel hat die x-Achse die Gleichung $y=0$, da y für alle Punkte der x-Achse und für keine anderen gleich 0 ist. Die y-Achse hat die Gleichung $x=0$. Die Geraden durch den Ursprung, die die Winkel zwischen den Achsen halbieren, haben die Gleichungen $x=y$ und $x=-y$. Es ist leicht zu zeigen, daß eine beliebige Gerade eine Gleichung der Form

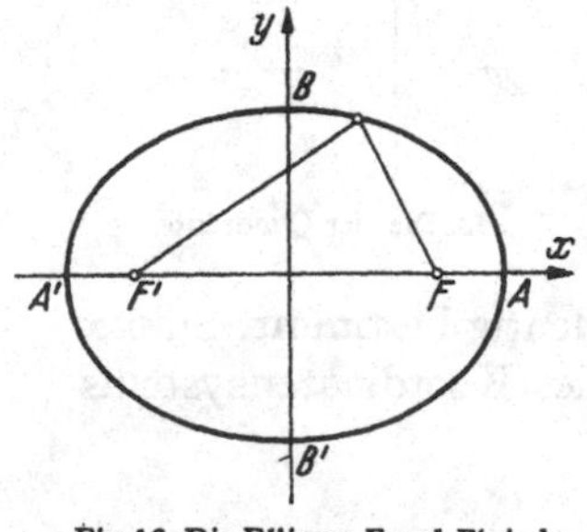

Fig. 16. Die Ellipse; F und F' sind die Brennpunkte

$$ax+by=c \tag{4}$$

hat, worin a, b, c feste Konstanten sind, die die Gerade charakterisieren. Der Sinn der Gleichung (4) ist wiederum, daß alle Paare reeller Zahlen x, y, die der Gleichung genügen, die Koordinaten eines Punktes der Geraden sind und umgekehrt.

Der Leser hat vielleicht gelernt, daß die Gleichung

$$\frac{x^2}{p^2}+\frac{y^2}{q^2}=1 \tag{5}$$

eine Ellipse darstellt (Fig. 16). Diese Kurve schneidet die x-Achse in den Punkten $A(p, 0)$ und $A'(-p, 0)$ und die y-Achse in $B(0, q)$ und $B'(0, -q)$. (Die Schreibweise $P(x, y)$ oder einfach (x, y) wird als Abkürzung für „Punkt P mit den Koordinaten x und y" benutzt). Wenn $p>q$, so wird die Strecke AA' von der Länge $2p$ die große Achse der Ellipse genannt, während die Strecke BB' von der Länge $2q$ die kleine Achse heißt. Diese Ellipse ist der geometrische Ort aller Punkte P, deren Abstände von den Punkten $F(\sqrt{p^2-q^2}, 0)$ und $F'(-\sqrt{p^2-q^2}, 0)$ die Summe $2p$ haben. Zur Übung möge der Leser dies durch Anwendung der Formel (1) nachprüfen. Die Punkte F und F' heißen die *Brennpunkte* der Ellipse und das Verhältnis $e=\frac{\sqrt{p^2-q^2}}{p}$ heißt die *Exzentrizität* der Ellipse.

Eine Gleichung der Form

$$\frac{x^2}{p^2} - \frac{y^2}{q^2} = 1 \tag{6}$$

stellt eine Hyperbel dar. Diese Kurve besteht aus zwei Ästen, die die x-Achse in $A(p, 0)$ bzw. $A'(-p, 0)$ schneiden (Fig. 17). Die Strecke AA' von der Länge $2p$, heißt die Hauptachse der Hyperbel. Die Hyperbel nähert sich mehr und mehr den beiden Geraden $qx \pm py = 0$, je weiter sie sich vom Ursprung entfernt, erreicht aber diese Geraden nie. Sie werden die *Asymptoten* der Hyperbel genannt. Die Hyperbel ist der geometrische Ort aller Punkte P, deren Abstände von den beiden Punkten $F(\sqrt{p^2+q^2}, 0)$ und $F'(-\sqrt{p^2+q^2}, 0)$ die *Differenz* $2p$ haben. Diese Punkte werden wieder die Brennpunkte der Hyperbel genannt; unter ihrer Exzentrizität verstehen wir das Verhältnis $e = \frac{\sqrt{p^2+q^2}}{p}$.

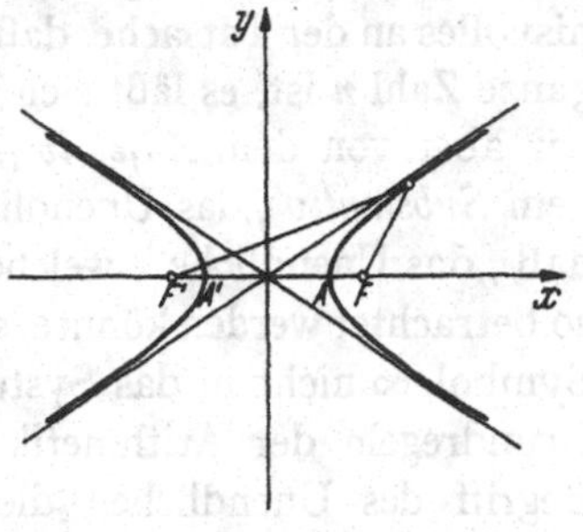

Fig. 17. Die Hyperbel; F und F' sind die Brennpunkte

Die Gleichung

$$xy = 1 \tag{7}$$

bestimmt ebenfalls eine Hyperbel, deren Asymptoten jetzt die beiden Achsen sind (Fig. 18). Die Gleichung dieser „gleichseitigen" Hyperbel läßt erkennen, daß die Fläche des durch P bestimmten Rechtecks für jeden Punkt P der Kurve gleich 1 ist. Eine gleichseitige Hyperbel, deren Gleichung

$$xy = c \tag{7a}$$

lautet, worin c eine Konstante ist, stellt nur einen Spezialfall der allgemeinen Hyperbel dar, ebenso wie der Kreis ein Spezialfall der Ellipse ist. Die gleichseitige Hyperbel ist dadurch charakterisiert, daß ihre beiden Asymptoten (in diesem Fall die beiden Koordinatenachsen) aufeinander senkrecht stehen.

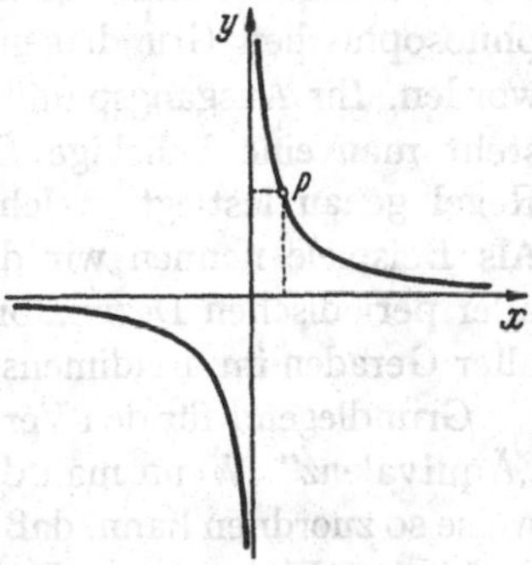

Fig. 18. Die gleichseitige Hyperbel $xy = 1$. Die Fläche xy des durch den Punkt $P(x, y)$ bestimmten Rechtecks ist gleich 1

Für uns ist wesentlich, daß geometrische Objekte vollständig durch numerische und algebraische Ausdrücke dargestellt werden können und daß dasselbe auch von geometrischen Operationen gilt. Wenn wir zum Beispiel den Schnittpunkt zweier Geraden finden wollen, so betrachten wir ihre beiden Gleichungen

$$\begin{aligned} ax + by &= c\,, \\ a'x + b'y &= c'\,. \end{aligned} \tag{8}$$

Der Punkt, der beiden Geraden gemeinsam ist, wird dann einfach bestimmt, indem man seine Koordinaten als Lösung x, y des Gleichungssystems (8) berechnet. Ebenso können die Schnittpunkte irgend zweier Kurven, wie etwa des Kreises $x^2 + y^2 - 2ax - 2by = k$ und der Geraden $ax + by = c$, gefunden werden, indem man das zugehörige Gleichungssystem löst.

§ 4. Die mathematische Analyse des Unendlichen

1. Grundbegriffe

Die Folge der positiven ganzen Zahlen

$$1, 2, 3, \ldots$$

ist das erste und wichtigste Beispiel einer unendlichen Menge. Es ist nichts Geheimnisvolles an der Tatsache, daß diese Folge kein Ende hat; denn wie groß auch eine ganze Zahl n ist, es läßt sich immer eine nächste ganze Zahl $n + 1$ bilden. Wenn wir aber von dem *Adjektiv* „unendlich", das einfach „ohne Ende" bedeutet, zu dem *Substantiv* „das Unendliche" übergehen, dann dürfen wir nicht annehmen, daß „das Unendliche", welches man durch das besondere Symbol ∞ bezeichnet, so betrachtet werden könnte, als ob es eine gewöhnliche Zahl wäre. Wir können das Symbol ∞ nicht in das System der reellen Zahlen einbeziehen und zugleich die Grundregeln der Arithmetik beibehalten. Nichtsdestoweniger durchdringt der Begriff des Unendlichen die ganze Mathematik, da mathematische Objekte gewöhnlich nicht als Individuen sondern als Glieder einer Klasse oder Gesamtheit untersucht werden, die unendlich viele Objekte desselben Typus enthält, wie z. B. die Gesamtheit der ganzen Zahlen oder der reellen Zahlen oder der Dreiecke in einer Ebene. Daher ist es notwendig, das mathematisch Unendliche in exakter Weise zu analysieren. Die moderne Mengenlehre, deren Schöpfer GEORG CANTOR und seine Schule gegen Ende des 19. Jahrhunderts waren, hat diese Forderung mit bemerkenswertem Erfolg erfüllt. CANTORs Mengenlehre hat viele Gebiete der Mathematik stark beeinflußt und ist für das Studium der logischen und philosophischen Grundlagen der Mathematik von fundamentaler Bedeutung geworden. Ihr Ausgangspunkt ist der allgemeine Begriff der *Menge*. Darunter versteht man eine beliebige Gesamtheit von Objekten, für die eine bestimmte Regel genau festlegt, welche Objekte zu der betreffenden Gesamtheit gehören. Als Beispiele nennen wir die Menge aller positiven ganzen Zahlen, die Menge aller periodischen Dezimalbrüche, die Menge aller reellen Zahlen oder die Menge aller Geraden im dreidimensionalen Raum.

Grundlegend für den Vergleich zweier verschiedener Mengen ist der Begriff der „Äquivalenz". Wenn man die Elemente zweier Mengen A und B einander paarweise so zuordnen kann, daß jedem Element von A ein und nur ein Element von B und jedem Element von B ein und nur ein Element von A entspricht, dann nennt man die Zuordnung *eineindeutig* und die Mengen A und B *äquivalent*. Der Begriff der Äquivalenz fällt bei *endlichen* Mengen mit dem gewöhnlichen Begriff der *Anzahlgleichheit* zusammen, da zwei endliche Mengen dann und nur dann die gleiche Anzahl von Elementen enthalten, wenn die Elemente der beiden Mengen einander eineindeutig zugeordnet werden können. Dies ist im Grunde der eigentliche Sinn des Zählens, denn wenn man eine endliche Menge von Objekten zählt, so heißt das, daß man eine eineindeutige Beziehung zwischen diesen Objekten und einer Menge von Zahlensymbolen $1, 2, 3, \ldots, n$ herstellt.

Es ist nicht immer nötig, die Objekte von zwei endlichen Mengen zu zählen, um ihre Äquivalenz festzustellen. Zum Beispiel können wir, ohne sie zu zählen, behaupten, daß eine endliche Menge von Kreisen vom Radius 1 der Menge ihrer Mittelpunkte äquivalent ist.

CANTORs Idee war, den Begriff der Äquivalenz auf unendliche Mengen auszudehnen, um eine „Arithmetik" des Unendlichen zu schaffen. Die Menge aller reellen Zahlen und die Menge aller Punkte einer Geraden sind äquivalent, da die Wahl eines Ursprungs und einer Einheit uns erlaubt, jedem Punkt der Geraden in eineindeutiger Weise eine bestimmte reelle Zahl x als seine Koordinate zuzuordnen:

$$P \leftrightarrow x.$$

Die *geraden Zahlen* bilden eine echte Teilmenge der Menge *aller ganzen Zahlen*, und die *ganzen Zahlen* bilden eine echte Teilmenge der Menge aller *rationalen Zahlen*. (Unter dem Ausdruck *echte Teilmenge* einer Menge S verstehen wir eine Menge S', die aus einigen, aber nicht allen Elementen von S besteht.) *Wenn eine Menge endlich ist*, d. h. wenn sie eine Anzahl n von Elementen und nicht mehr enthält, *dann kann sie* offenbar *nicht einer ihrer eigenen echten Teilmengen äquivalent sein*, da eine echte Teilmenge im Höchstfalle $n - 1$ Elemente enthalten kann. *Wenn aber eine Menge unendlich viele Objekte enthält, dann kann sie* paradoxerweise *einer ihrer eigenen echten Teilmengen äquivalent sein.*

Zum Beispiel stellt die Zuordnung

$$\begin{array}{cccccc} 1 & 2 & 3 & 4 & 5 \ldots & n \ldots \\ \updownarrow & \updownarrow & \updownarrow & \updownarrow & \updownarrow & \updownarrow \\ 2 & 4 & 6 & 8 & 10 \ldots & 2n \ldots \end{array}$$

eine eineindeutige Beziehung zwischen der Menge der *positiven ganzen Zahlen* und der echten Teilmenge der *geraden Zahlen* her, die damit als äquivalent erwiesen sind. Dieser Widerspruch gegen die wohlbekannte Wahrheit „das Ganze ist größer als jeder seiner Teile" zeigt, welche Überraschungen auf dem Gebiet des Unendlichen zu erwarten sind.

2. Die Abzählbarkeit der rationalen Zahlen und die Nichtabzählbarkeit des Kontinuums

Eine der ersten Entdeckungen CANTORs bei seiner Analyse des Unendlichen war, daß die Menge der *rationalen Zahlen* (die die unendliche Menge der ganzen Zahlen als Teilmenge enthält und daher selbst unendlich ist) *der Menge der ganzen Zahlen* äquivalent ist. Auf den ersten Blick erscheint es sehr sonderbar, daß die dichte Menge der rationalen Zahlen mit der dünn gesäten Untermenge der ganzen Zahlen vergleichbar sein soll. Freilich, man kann die positiven rationalen Zahlen nicht *der Größe nach* aufzählen (wie man es bei den positiven ganzen Zahlen kann) und etwa sagen: a sei die erste rationale Zahl, b die nächstgrößere und so weiter; denn es gibt unendlich viele rationale Zahlen zwischen zwei beliebig gegebenen, und demnach gibt es keine „nächstgrößere". Wenn man aber von der Größerbeziehung zwischen aufeinanderfolgenden Elementen absieht, ist es möglich, alle positiven rationalen Zahlen in einer einzigen Folge $r_1, r_2, r_3, r_4, \ldots$ anzuordnen, ebenso wie die natürlichen Zahlen. In dieser Folge gibt es eine erste rationale Zahl, eine zweite, eine dritte und so weiter, und jede rationale Zahl erscheint genau einmal. Eine solche Anordnung einer Menge von Objekten in einer Folge wie die der natürlichen Zahlen nennt man eine *Abzählung* der Menge. Indem er eine solche Abzählung angab, zeigte CANTOR, daß die Menge der positiven rationalen Zahlen der Menge der natürlichen Zahlen äquivalent ist, da die Zuordnung

$$\begin{array}{ccccc} 1 & 2 & 3 & 4 \ldots & n \ldots \\ \updownarrow & \updownarrow & \updownarrow & \updownarrow & \updownarrow \\ r_1 & r_2 & r_3 & r_4 \ldots & r_n \ldots \end{array}$$

eineindeutig ist. Eine Möglichkeit, die rationalen Zahlen abzuzählen, wollen wir jetzt beschreiben.

Jede positive rationale Zahl kann in der Form a/b geschrieben werden, wobei a und b natürliche Zahlen sind, und alle diese Zahlen können in eine Tabelle eingeordnet werden mit a/b in der a-ten Spalte und der b-ten Zeile. Zum Beispiel befindet sich 3/4 in der dritten Spalte und der vierten Zeile der unten angegebenen Tabelle (Fig. 19). Alle positiven rationalen Zahlen können nun nach dem folgenden

1	2	3	4	5	6	7	...
$\frac{1}{2}$	$\frac{2}{2}$	$\frac{3}{2}$	$\frac{4}{2}$	$\frac{5}{2}$	$\frac{6}{2}$	$\frac{7}{2}$	...
$\frac{1}{3}$	$\frac{2}{3}$	$\frac{3}{3}$	$\frac{4}{3}$	$\frac{5}{3}$	$\frac{6}{3}$	$\frac{7}{3}$	...
$\frac{1}{4}$	$\frac{2}{4}$	$\frac{3}{4}$	$\frac{4}{4}$	$\frac{5}{4}$	$\frac{6}{4}$	$\frac{7}{4}$	...
$\frac{1}{5}$	$\frac{2}{5}$	$\frac{3}{5}$	$\frac{4}{5}$	$\frac{5}{5}$	$\frac{6}{5}$	$\frac{7}{5}$	...
$\frac{1}{6}$	$\frac{2}{6}$	$\frac{3}{6}$	$\frac{4}{6}$	$\frac{5}{6}$	$\frac{6}{6}$	$\frac{7}{6}$	...
...	...	...	...	...	...	...	...

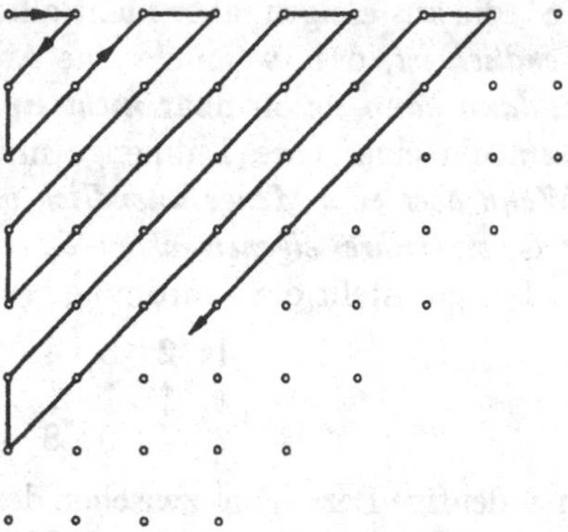

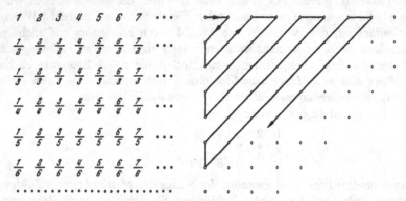

Fig. 19. Abzählung der rationalen Zahlen

Schema geordnet werden: In der eben beschriebenen Tabelle ziehen wir eine fortlaufende gebrochene Linie, die durch alle Zahlen der Anordnung geht. Bei 1 beginnend, gehen wir horizontal zur nächsten Stelle rechts, wobei sich 2 als nächstes Glied der Folge ergibt, dann schräg hinunter nach links bis zur ersten Spalte an der Stelle, wo 1/2 steht, dann senkrecht nach unten zu 1/3, wieder schräg nach oben bis zur ersten Zeile bei 3, nach rechts zu 4, schräg links abwärts bis 1/4 und so weiter, wie in der Figur gezeigt. Verfolgt man diese gebrochene Linie, so erhält man eine Folge 1, 2, 1/2, 1/3, 2/2, 3, 4, 3/2, 2/3, 1/4, 1/5, 2/4, 3/3, 4/2, 5, ..., welche die rationalen Zahlen in der Reihenfolge enthält, wie sie entlang der gebrochenen Linie vorkommen. In dieser Folge streichen wir nun alle die Zahlen a/b, in denen a und b einen gemeinsamen Teiler enthalten, so daß jede rationale Zahl r genau einmal und in ihrer einfachsten Form auftritt. So erhalten wir die Folge 1, 2, 1/2, 1/3, 3, 4, 3/2, 2/3, 1/4, 1/5, 5, ..., die jede positive rationale Zahl einmal und nur einmal enthält. Dies zeigt, daß die Menge aller positiven rationalen Zahlen abzählbar ist. Durch die Tatsache, daß die rationalen Zahlen eineindeutig den rationalen Punkten einer Geraden entsprechen, haben wir zugleich bewiesen, daß die Menge der rationalen Punkte einer Geraden abzählbar ist.

Übungen: 1. Man zeige, daß die Menge aller positiven und negativen ganzen Zahlen abzählbar ist. Ferner, daß die Menge aller positiven und negativen rationalen Zahlen abzählbar ist.

2. Man zeige, daß die Menge $A \cup B$ (siehe S. 87) abzählbar ist, wenn A und B abzählbar sind. Dasselbe für die Vereinigung von drei, vier oder einer beliebigen Zahl n von Mengen und schließlich für eine aus abzählbar vielen abzählbaren Mengen zusammengesetzten Menge.

Da die rationalen Zahlen sich als abzählbar erwiesen haben, könnte man vermuten, daß *jede* unendliche Menge abzählbar ist und daß dies das abschließende Ergebnis der Analyse des Unendlichen ist. Das ist aber keineswegs der Fall. CANTOR machte die sehr bedeutsame Entdeckung, daß die *Menge aller reellen Zahlen*, der rationalen und irrationalen, *nicht abzählbar ist*. Mit anderen Worten: die Gesamtheit der reellen Zahlen stellt einen grundsätzlich anderen und sozusagen höheren Typus des Unendlichen dar als die der ganzen oder der rationalen Zahlen allein. CANTORs höchst sinnreicher, indirekter Beweis dieser Tatsache hat für viele mathematische Argumentationen als Muster gedient. Der Gedankengang des Beweises ist folgender: wir gehen von der probeweise aufgestellten Annahme aus, daß alle reellen Zahlen tatsächlich in einer Folge angeordnet worden sind, und dann konstruieren wir eine Zahl, die in der angenommenen Abzählung nicht vorkommt. Dies liefert einen Widerspruch, da angenommen wurde, daß *alle* reellen Zahlen in der Abzählung enthalten waren, und da diese Annahme falsch ist, wenn auch nur eine Zahl fehlt. Daher erweist sich die Annahme, daß eine Abzählung der reellen Zahlen möglich ist, als unhaltbar, und damit ist ihr Gegenteil, nämlich CANTORs Behauptung, daß die Menge der reellen Zahlen nicht abzählbar ist, erwiesen.

Um diesen Plan durchzuführen, wollen wir annehmen, wir hätten alle reellen Zahlen abgezählt, indem wir sie in einer Tabelle unendlicher Dezimalbrüche angeordnet hätten,

$$\begin{array}{ll} \text{1. Zahl:} & N_1{,}a_1a_2a_3a_4a_5\ldots \\ \text{2. Zahl:} & N_2{,}b_1b_2b_3b_4b_5\ldots \\ \text{3. Zahl:} & N_3{,}c_1c_2c_3c_4c_5\ldots \\ \ldots\ldots & \ldots\ldots\ldots\ldots\ldots, \end{array}$$

worin die N den ganzzahligen Anteil und die kleinen Buchstaben die Ziffern nach dem Komma bedeuten. Der wesentliche Teil des Beweises ist jetzt, mit Hilfe eines „Diagonalverfahrens" eine neue Zahl zu konstruieren, von der wir zeigen können, daß sie nicht in dieser Folge enthalten ist. Zu diesem Zweck wählen wir zunächst eine Ziffer a, die von a_1 verschieden ist und weder 0 noch 9 ist (um etwaige Mehrdeutigkeiten zu vermeiden, die aus Übereinstimmungen wie $0{,}999\ldots = 1{,}000\ldots$ entstehen könnten), dann eine Ziffer b, verschieden von b_2 und wiederum weder 0 oder 9, ebenso c, verschieden von c_3, und so weiter. (Zum Beispiel könnten wir einfach $a = 1$ wählen, außer wenn $a_1 = 1$ ist, in welchem Falle wir $a = 2$ wählen und ebenso weiter für alle Ziffern $b, c, d, e, \ldots$). Nun betrachten wir den unendlichen Dezimalbruch

$$z = 0{,}abcde\ldots.$$

Diese neue Zahl ist sicher verschieden von jeder einzelnen Zahl in der obigen Tabelle; sie kann nicht gleich der ersten sein, weil sie sich in der ersten Stelle nach dem Komma von ihr unterscheidet, sie kann nicht gleich der zweiten sein, weil sie sich in der zweiten Stelle unterscheidet, und allgemein kann sie nicht mit der n-ten Zahl der Tabelle übereinstimmen, weil sie sich von ihr in der n-ten Stelle unterscheidet. Dies zeigt, daß unsere Tabelle von nacheinander angeordneten Dezimalbrüchen *nicht* alle reellen Zahlen enthält. Folglich ist diese Menge nicht abzählbar.

Der Leser mag annehmen, daß die Nichtabzählbarkeit dadurch begründet ist, daß die Gerade unendlich ausgedehnt ist und daß ein endliches Stück der Geraden nur abzählbar unendlich viele Punkte enthält. Das ist nicht der Fall; denn es ist leicht zu zeigen, daß das gesamte Zahlenkontinuum einer beliebigen endlichen Strecke äquivalent ist, z. B. der Strecke von 0 bis 1, unter Ausschluß der Endpunkte. Die gewünschte eineindeutige Beziehung ergibt sich, wenn man die Strecke an den Stellen 1/3 und 2/3 umknickt und von einem Punkt aus, wie in Fig. 20 gezeigt, projiziert. Daraus folgt, daß selbst eine endliche Strecke der Zahlenachse eine nichtabzählbar unendliche Menge von Punkten enthält.

Übung: Man zeige, daß ein beliebiges Intervall $[A, B]$ der Zahlenachse einem beliebigen anderen $[C, D]$ äquivalent ist.

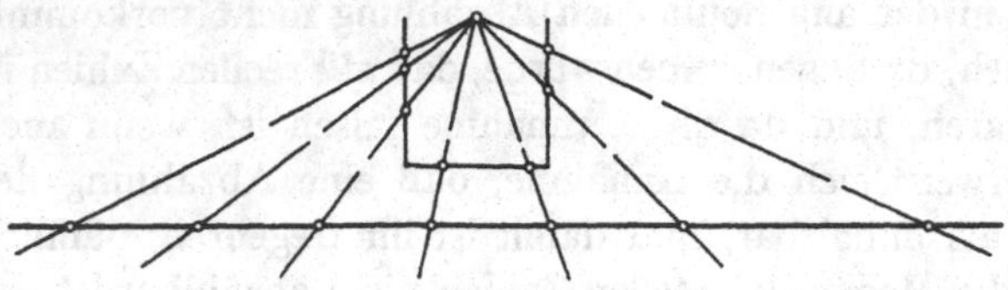

Fig. 20

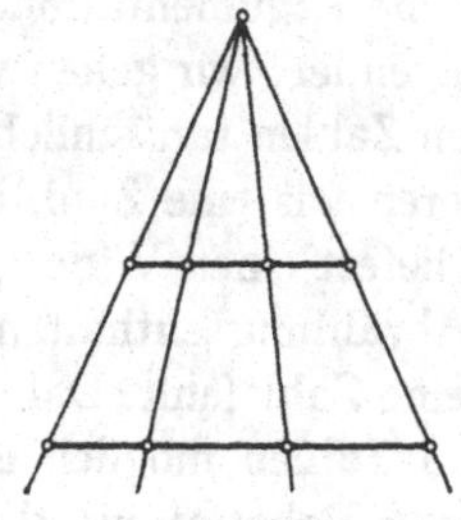

Fig. 21

Fig. 20. Eineindeutige Beziehung zwischen den Punkten einer geknickten Strecke und einer vollständigen Geraden

Fig. 21. Eineindeutige Beziehung zwischen den Punkten zweier Strecken von verschiedener Länge

Es lohnt sich, noch einen anderen und vielleicht anschaulicheren Beweis für die Nichtabzählbarkeit des Zahlenkontinuums anzudeuten. Im Hinblick auf das, was wir eben bewiesen haben, wird es genügen, unsere Aufmerksamkeit auf die Menge der Punkte zwischen 0 und 1 zu beschränken. Der Beweis ist wiederum indirekt. Nehmen wir an, die Menge aller Punkte auf der Geraden zwischen 0 und 1 ließe sich in eine Folge

$$(1) \qquad a_1, a_2, a_3, \ldots$$

ordnen. Wir wollen den Punkt mit der Koordinate a_1 in ein Intervall von der Länge 1/10 einschließen, den Punkt mit der Koordinate a_2 in ein Intervall der Länge $1/10^2$ und so weiter. Wenn alle Punkte zwischen 0 und 1 der Folge (1) angehörten, so wäre das Einheitsintervall völlig bedeckt von einer unendlichen Folge von sich möglicherweise zum Teil überdeckenden Intervallen der Längen $1/10, 1/10^2, \ldots$ (Der Umstand, daß einige davon über das Einheitsintervall hinausragen, beeinträchtigt unseren Beweis nicht.) Die Summe aller dieser Längen ist durch die geometrische Reihe gegeben:

$$\frac{1}{10} + \frac{1}{10^2} + \frac{1}{10^3} + \cdots = \frac{1}{10} \cdot \frac{1}{1 - \frac{1}{10}} = \frac{1}{9}.$$

Also führt die Annahme, daß die Folge (1) alle reellen Zahlen zwischen 0 und 1 enthält, zu der Möglichkeit, daß ein Intervall von der Länge 1 vollkommen mit einer Menge von Intervallen von der Gesamtlänge 1/9 bedeckt werden kann, was offensichtlich absurd ist. Wir könnten diesen Widerspruch als Beweis betrachten, obwohl er vom logischen Standpunkt noch eine genauere Untersuchung erfordert.

Die Überlegung des vorstehenden Absatzes dient zur Aufstellung eines Theorems, das für die moderne „Maßtheorie" von großer Bedeutung ist. Ersetzen wir die obigen Intervalle durch kleinere Intervalle von der Länge $\varepsilon/10^n$, wobei ε eine beliebig kleine positive Zahl ist, so sehen wir, daß eine abzählbare Menge von Punkten auf der Geraden in einer Menge von Intervallen von der Gesamtlänge $\varepsilon/9$ eingeschlossen werden kann. Da ε beliebig ist, können wir die Zahl $\varepsilon/9$ so klein machen, wie wir wollen. In der Terminologie der Maßtheorie sagen wir, daß eine abzählbare Menge von Punkten das *Maß Null* hat.

Übung: Man zeige, daß dasselbe Ergebnis auch für eine abzählbare Menge von Punkten einer Ebene gilt, wenn man die Längen der Intervalle durch die Flächen von Quadraten ersetzt.

3. CANTORs „Kardinalzahlen"

Wir fassen nochmals zusammen: Die Anzahl der Elemente einer *endlichen* Menge A kann nicht gleich der Anzahl der Elemente einer endlichen Menge B sein, wenn A eine *echte Teilmenge* von B ist. Wenn wir den Begriff „Mengen mit derselben (endlichen) Anzahl von Elementen" durch den allgemeineren Begriff der *äquivalenten Mengen* ersetzen, so gilt diese Behauptung bei unendlichen Mengen nicht mehr; die Menge aller geraden Zahlen ist eine echte Teilmenge der Menge der ganzen Zahlen und die Menge der ganzen Zahlen eine echte Teilmenge der Menge der rationalen Zahlen, und doch haben wir gesehen, daß diese Mengen äquivalent sind. Man könnte glauben, daß *alle* unendlichen Mengen äquivalent wären, und daß andere Unterscheidungen als die zwischen endlichen Anzahlen und der Unendlichkeit nicht gemacht werden könnten, aber CANTORs Resultat widerlegt diese Vermutung. Es gibt eine Menge, nämlich die des reellen Zahlenkontinuums, die keiner abzählbaren Menge äquivalent ist.

Es gibt also mindestens zwei verschiedene Arten von „Unendlichkeit", die abzählbare Unendlichkeit der Mengen der natürlichen Zahlen und die nichtabzählbare Unendlichkeit des Kontinuums. Wenn zwei Mengen A und B, endlich oder unendlich, einander äquivalent sind, so sagen wir, daß sie *dieselbe Kardinalzahl* haben. Dies reduziert sich auf den gewöhnlichen Begriff der *gleichen Anzahl*, wenn A und B endlich sind, und kann als eine sinnvolle Verallgemeinerung dieses Begriffes angesehen werden. Wenn ferner eine Menge A einer Teilmenge von B äquivalent ist, während B weder zu A noch zu einer von deren Teilmengen äquivalent ist, so sagen wir nach CANTOR, daß die Menge B eine *größere Kardinalzahl* hat als A. Dieser Gebrauch des Wortes „Zahl" stimmt ebenfalls mit der gewöhnlichen Vorstellung einer größeren Zahl bei endlichen Mengen überein. Die Menge der ganzen Zahlen ist eine Teilmenge der Menge der reellen Zahlen, während die Menge der reellen Zahlen weder der Menge der ganzen Zahlen noch irgendeiner ihrer Untermengen äquivalent ist (d. h. die Menge der reellen Zahlen ist weder abzählbar noch endlich). Daher hat nach unserer Definition das Kontinuum der reellen Zahlen eine größere Kardinalzahl als die Menge der ganzen Zahlen.

*Tatsächlich hat CANTOR gezeigt, wie man eine ganze Folge von unendlichen Mengen mit immer größeren Kardinalzahlen konstruieren kann. Da wir von der Menge der positiven ganzen Zahlen ausgehen können, so genügt es zu zeigen, daß sich zu *jeder gegebenen Menge A eine Menge B mit einer größeren Kardinalzahl konstruieren läßt*. Wegen der großen Allgemeinheit dieses Satzes ist der Beweis notwendigerweise etwas abstrakt. Wir definieren die Menge B als die Menge, deren Elemente alle verschiedenen Teilmengen der Menge A sind. Unter dem Wort „Teilmenge" wollen wir nicht nur die echten Teilmengen von A verstehen, sondern auch die Menge A selbst und die „leere" Teilmenge 0, die überhaupt keine Elemente enthält. (Wenn also A aus den drei ganzen Zahlen 1, 2, 3 besteht, dann enthält B die 8 verschiedenen Elemente $\{1, 2, 3\}$, $\{1, 2\}$, $\{1, 3\}$, $\{2, 3\}$, $\{1\}$, $\{2\}$, $\{3\}$ und 0.) Jedes Element der Menge B ist selbst eine *Menge*, die aus gewissen Elementen von A besteht. Nehmen wir nun an, daß B der Menge A oder einer ihrer Teilmengen äquivalent ist, d. h. daß es eine gewisse Regel gibt, die in eineindeutiger Weise die Elemente von A oder einer ihrer Teilmengen mit allen Elementen von B verknüpft

$$a \leftrightarrow S_a, \tag{2}$$

wobei wir mit S_a die Teilmenge von A bezeichnen, die dem Element a von A zugeordnet ist. Wir werden nun zu einem Widerspruch gelangen, indem wir ein Element von B (d. h. eine Teilmenge von A) angeben, das keinem Element a zugeordnet sein kann. Um diese Teilmenge zu konstruieren, bemerken wir, daß es für jedes Element x von A zwei Möglichkeiten gibt:

entweder die Menge S_x, die in der gegebenen Zuordnung (2) zu x gehört, enthält das Element x, oder S_x enthält x nicht. *Wir definieren T als diejenige Teilmenge von A, die aus allen den Elementen x besteht, für die S_x das Element x nicht enthält.* Diese Teilmenge unterscheidet sich von jedem S_a mindestens um das Element a; denn ist a in S_a enthalten, so ist es in T nicht enthalten; ist a in S_a nicht enthalten, dann ist es in T enthalten. Daher wird T von der Zuordnung (2) nicht erfaßt. Also ergibt sich, daß es unmöglich ist, eine eineindeutige Beziehung zwischen den Elementen von A oder einer ihrer Teilmengen und denen von B herzustellen. Aber die Beziehung

$$a \leftrightarrow \{a\}$$

definiert eine eineindeutige Zuordnung zwischen den Elementen von A und der Teilmenge von B, die aus allen Teilmengen von A besteht, die nur ein Element enthalten. Daher hat B nach der Definition des vorigen Absatzes eine größere Kardinalzahl als A.

* *Übung:* Man zeige: Wenn A aus n Elementen besteht, wobei n eine positive ganze Zahl ist, dann enthält B nach der obigen Definition 2^n Elemente. Wenn A aus der Menge aller positiven ganzen Zahlen besteht, dann ist B dem Kontinuum der reellen Zahlen von 0 bis 1 äquivalent. (Anleitung: Eine Teilmenge von A werde im ersten Fall durch eine endliche, im zweiten durch eine unendliche Folge der Ziffern 0 und 1,

$$a_1 a_2 a_3 \ldots,$$

dargestellt, wobei $a_n = 1$ oder 0, je nachdem ob das n-te Element von A zu der betreffenden Teilmenge gehört oder nicht.)

Man könnte es für eine einfache Aufgabe halten, eine Menge von Punkten zu finden, die eine größere Kardinalzahl hat als die Menge der reellen Zahlen von 0 bis 1. Gewiß scheint ein Quadrat, das doch „zweidimensional" ist, „mehr" Punkte zu enthalten als eine „eindimensionale" Strecke. Überraschenderweise ist das nicht der Fall; *die Kardinalzahl der Menge der Punkte eines Quadrates ist dieselbe wie die der Menge der Punkte einer Strecke.* Zum Beweis stellen wir folgende Zuordnung her:

Wenn (x, y) ein Punkt des Einheitsquadrats ist, so können x und y als Dezimalbrüche geschrieben werden

$$x = 0{,}a_1 a_2 a_3 a_4 \ldots,$$
$$y = 0{,}b_1 b_2 b_3 b_4 \ldots,$$

wobei wir, um jede Mehrdeutigkeit zu vermeiden, z. B. für die rationale Zahl $^1/_4$ die Form 0,25000 . . . statt 0,24999 . . . wählen. Dem Punkt (x, y) des Quadrats ordnen wir nun den Punkt

$$z = 0{,}a_1 b_1 a_2 b_2 a_3 b_3 a_4 b_4 \ldots$$

der Strecke zwischen 0 und 1 zu. Offensichtlich entsprechen dann verschiedenen Punkten (x, y) und (x', y') des Quadrates verschiedene Punkte z und z' der Strecke, so daß die Kardinalzahl des Quadrates nicht größer sein kann als die der Strecke.

(In Wirklichkeit haben wir eben eine eineindeutige Zuordnung zwischen der Menge der Punkte des Quadrats und einer echten Teilmenge der Einheitsstrecke definiert; denn kein Punkt des Quadrats würde beispielsweise dem Punkt 0,2140909090 . . . entsprechen, da für die Zahl $^1/_4$ die Form 0,25000 . . . gewählt wurde und nicht 0,24999 . . . . Es ist aber möglich, die Zuordnung geringfügig abzuändern, so daß sie zwischen dem ganzen Quadrat und der ganzen Strecke eineindeutig wird, denen somit die gleiche Kardinalzahl zukommt.)

Eine ähnliche Überlegung zeigt, daß die Kardinalzahl der Punkte eines Würfels nicht größer ist als die Kardinalzahl einer Strecke.

Diese Ergebnisse scheinen der anschaulichen Dimensionsvorstellung zu widersprechen. Wir müssen aber beachten, daß die Zuordnung, die wir aufgestellt haben, nicht „stetig" ist; wenn wir die Strecke von 0 bis 1 stetig durchlaufen, werden die Punkte des Quadrates keine stetige Kurve bilden, sondern werden in einer völlig chaotischen Anordnung auftreten. Die Dimension einer Punktmenge hängt nicht nur von der Kardinalzahl der Menge sondern auch von der Art der Anordnung der Punkte im Raum ab. In Kapitel V werden wir auf diese Frage zurückkommen.

4. Die indirekte Beweismethode

Die von Cantor geschaffene allgemeine Mengenlehre, in der die Theorie der Kardinalzahlen einen wichtigen Bestandteil bildet, wurde von einigen der angesehensten Mathematiker seiner Zeit scharf kritisiert. Kritiker wie KRONECKER und POINCARÉ beanstandeten die Nebelhaftigkeit des allgemeinen Mengenbegriffs und das nicht-konstruktive Vorgehen bei Definition gewisser Mengen.

Die Einwände gegen das nicht-konstruktive Vorgehen richteten sich gegen eine Schlußweise, die man als *wesentlich indirekte Beweismethode* bezeichnen könnte. Indirekte Beweise spielen in der Mathematik eine große Rolle: Um die Wahrheit einer Behauptung A zu beweisen, macht man probeweise die Annahme, daß A', das Gegenteil von A, wahr wäre. Dann leitet man durch eine Kette von Schlüssen einen Widerspruch zu A' ab und zeigt damit die Unhaltbarkeit von A'. Die Unhaltbarkeit von A' ist aber auf Grund des fundamentalen logischen Prinzips vom „ausgeschlossenen Dritten" gleichbedeutend mit der Wahrheit von A.

Überall in diesem Buche werden wir Beispielen begegnen, in denen ein indirekter Beweis leicht in einen direkten umgewandelt werden kann, obwohl die indirekte Form vielfach den Vorzug der Kürze und der Freiheit von unnötigem Ballast hat. Aber es gibt gewisse Sätze, für die bisher noch keine anderen als indirekte Beweise gegeben werden konnten. Ja, es gibt sogar Theoreme, die mit indirekten Methoden beweisbar sind, für die aber ein konstruktiver, direkter Beweis wegen der Eigenart des Theorems selbst grundsätzlich nicht gegeben werden kann. Von dieser Art ist zum Beispiel der Satz auf Seite 65. Mehrmals in der Geschichte der Mathematik waren die Anstrengungen mancher Mathematiker vergeblich darauf gerichtet, Lösungen gewisser Probleme zu *konstruieren*, als ein anderer Mathematiker die Schwierigkeit mit einer leichten, eleganten Wendung umging, indem er einen indirekten, nicht-konstruktiven Beweis gab. Verständlicherweise gab es dann Enttäuschungen und Erbitterung.

Es besteht tatsächlich ein wesentlicher Unterschied zwischen dem Beweis der Existenz eines Objekts, indem man ein solches Objekt wirklich konstruiert, und dem bloßen Nachweis, daß man widersprechende Konsequenzen ziehen könnte, wenn man annimmt, das Objekt existiere nicht. Im ersten Fall gelangt man zu einem konkreten mathematischen Gegenstand, im letzten besteht die Leistung lediglich in der Entdeckung eines logischen Widerspruchs. Es ist nicht verwunderlich, daß heute manche hervorragenden Mathematiker für die mehr oder weniger vollständige Verbannung aller nichtkonstruktiven Beweise aus der Mathematik eintreten. Selbst wenn jedoch ein solches Programm erstrebenswert wäre, würde es zur Zeit ungeheure Komplikationen hervorrufen und die Entwicklung, vielleicht sogar die Existenz, lebendiger Gebiete der Mathematik bedrohen. So ist es kein Wunder, daß dieses Programm der „Intuitionisten" auf leidenschaftlichen Widerstand gestoßen ist; selbst entschiedene Intuitionisten können nicht immer ihren Überzeugungen nachleben.

5. Die Paradoxien des Unendlichen

Die kompromißlose Haltung der Intuitionisten erscheint den meisten Mathematikern viel zu extrem. Andererseits ist aber doch eine Gefahr für die elegante Theorie der unendlichen Mengen entstanden, seitdem logische Paradoxien in dieser Theorie offenbar wurden. Wie man bald bemerkte, führt unbeschränkte Freiheit im Gebrauch des Begriffs „Menge" zu Widersprüchen. Eine dieser Paradoxien, die BERTRAND RUSSELL hervorhob, läßt sich wie folgt formulieren. Die meisten Mengen enthalten sich nicht selbst als Elemente. Zum Beispiel enthält die Menge A aller ganzen Zahlen als Elemente e nur ganze Zahlen; A selbst, da es keine ganze Zahl, sondern eine *Menge von ganzen Zahlen* ist, ist nicht in sich selbst enthalten. Eine solche Menge können wir eine „gewöhnliche" nennen. Es könnte jedoch Mengen geben, die sich selbst als Elemente e enthalten, zum Beispiel die folgendermaßen definierte Menge S: „S enthält als Element alle Mengen, die sich durch einen deutschen Satz von weniger als dreißig Worten definieren lassen"; offenbar enthält S sich selbst. Solche Mengen wollen wir „anormale" Mengen nennen. Indessen werden jedenfalls die meisten Mengen gewöhnliche Mengen sein, und wir könnten versucht sein, solche „anormalen" Mengen auszuschließen, indem wir unser Augenmerk auf die *Menge aller gewöhnlichen Mengen* richten. Nennen wir diese Menge C. Jedes Element von C ist selbst eine Menge, nämlich eine gewöhnliche Menge. Nun entsteht die Frage: Ist C eine gewöhnliche oder eine anormale Menge? Eins von beiden muß der Fall sein. Nehmen wir zunächst an, daß C eine gewöhnliche Menge ist. Dann muß C sich selbst als Element enthalten, denn C enthält nach Definition *alle* gewöhnlichen Mengen. Das bedeutet aber, daß C anormal ist, denn die anormalen Mengen sind gerade diejenigen, die sich selbst als Element enthalten. Unsere Annahme hat also zu einem Widerspruch geführt, und daher muß C eine anormale Menge sein. Aber dann enthält C als Element eine anormale Menge (nämlich sich selbst), und das steht im Widerspruch zu der Definition, nach der C nur gewöhnliche Mengen enthalten darf. Dieser Widerspruch zeigt, daß die ganz natürliche Vorstellung der Menge C zu einer logischen Paradoxie führt.

6. Die Grundlagen der Mathematik

Solche Paradoxien haben RUSSELL und andere zu einem systematischen Studium der Grundlagen von Mathematik und Logik geführt. Man bemühte sich um eine feste Basis der Mathematik, gesichert gegen logische Widersprüche und doch breit genug, um die gesamte mathematische Substanz zu tragen, die von allen (oder wenigstens einigen) Mathematikern für wichtig gehalten wird. Während dieses Ziel noch nicht erreicht worden ist und vielleicht überhaupt nicht erreicht werden kann, hat das Gebiet der mathematischen Logik mehr und mehr Interesse erregt. Viele Probleme auf diesem Gebiet, die sich in einfachen Worten aussprechen lassen, sind sehr schwierig zu lösen. Als Beispiel erwähnen wir die *Kontinuumhypothese*, die besagt, daß es keine Menge gibt, deren Kardinalzahl größer ist als die der Menge der natürlichen Zahlen, aber kleiner als die der Menge der reellen Zahlen. Interessante Konsequenzen können aus dieser Hypothese abgeleitet werden. CANTOR und viele nach ihm haben lange um einen Beweis für diese Hypothese gerungen. Erst neuerdings gelang es zu zeigen: Wenn die der Mengenlehre zugrunde liegenden gewöhnlichen Postulate in sich widerspruchsfrei sind, dann kann man die Kontinuumhypothese weder widerlegen (GÖDEL 1938), noch beweisen (COHEN 1963), d. h. sie ist von den anderen Postulaten unabhängig. Fragen dieser Art lassen sich letzten Endes auf die eine Frage zurückführen, was mit dem Begriff der mathematischen Existenz gemeint ist.

Glücklicherweise hängt die Existenz der Mathematik nicht von einer befriedigenden Beantwortung dieser Frage ab. Die Schule der „Formalisten" unter der Führung des großen Mathematikers HILBERT vertritt den Standpunkt, daß in der Mathematik „Existenz" nichts weiter bedeutet als „Widerspruchsfreiheit". Es wird dann notwendig, eine Reihe von Postulaten aufzustellen, aus denen die gesamte Mathematik durch rein formale Schlüsse abgeleitet werden kann, und zu zeigen, daß diese Reihe von Postulaten niemals zu einem Widerspruch führen kann. Neuere Ergebnisse von GÖDEL und anderen scheinen zu zeigen, daß dieses Programm, wenigstens so, wie es ursprünglich von HILBERT aufgestellt wurde, unausführbar ist. Bezeichnenderweise gründet sich HILBERTs Theorie der formalen Struktur der Mathematik wesentlich auf anschauliche Gedankengänge. Irgendwie, offen oder versteckt, selbst vom starrsten formalistischen oder axiomatischen Gesichtspunkt aus, bleibt die konstruktive Anschauung doch immer das eigentliche, belebende Element in der Mathematik.

§ 5. Komplexe Zahlen

1. Der Ursprung der komplexen Zahlen

Aus mancherlei Gründen mußte der Zahlbegriff sogar noch über das reelle Zahlenkontinuum hinaus durch Einführung der sogenannten komplexen Zahlen erweitert werden. Man muß sich hierbei klarmachen, daß in der historischen und psychologischen Entwicklung der Wissenschaft alle diese Erweiterungen des Zahlbegriffs keineswegs das Werk einzelner Mathematiker sind. Vielmehr treten sie als Ergebnisse einer allmählichen, tastenden Entwicklung auf. Es war das Bedürfnis nach größerer Freiheit bei formalen Rechnungen, das die Verwendung der negativen und der rationalen Zahlen zur Folge hatte. Erst am Ausgang des Mittelalters fingen die Mathematiker an, das Gefühl des Unbehagens zu verlieren, wenn sie diese „Zahlen" benutzten, die nicht denselben anschaulichen und konkreten Charakter wie die natürlichen Zahlen besitzen. Erst um die Mitte des 19. Jahrhunderts erkannten die Mathematiker klar, daß die wesentliche logische und philosophische Grundlage für das Arbeiten in einem erweiterten Zahlenbereich formalistischer Natur ist; daß die Erweiterungen durch Definitionen geschaffen werden müssen, die als solche willkürlich sind, die nur dann Wert haben, wenn sie so aufgestellt werden, daß die in dem ursprünglichen Bereich geltenden Regeln und Eigenschaften auch in dem erweiterten Bereich erhalten bleiben. Daß die Erweiterungen zuweilen mit „wirklichen" Dingen verknüpft werden können und dadurch Handwerkszeug für neue Anwendungen liefern, ist von größter Bedeutung, kann aber nur eine Anregung zu der Erweiterung, nicht einen logischen Beweis für ihre Rechtmäßigkeit, liefern.

Die zuerst auftretende Aufgabe, welche die Verwendung komplexer Zahlen erfordert, ist die Auflösung quadratischer Gleichungen. Wir erinnern uns an die lineare Gleichung $ax = b$, worin die unbekannte Größe x bestimmt werden soll. Die Lösung ist einfach $x = b/a$, und die Forderung, daß jede lineare Gleichung mit ganzen Koeffizienten $a \neq 0$ und b eine Lösung haben soll, verlangte die Einführung der rationalen Zahlen. Gleichungen wie

$$x^2 = 2\,, \tag{1}$$

die keine Lösung im Bereich der rationalen Zahlen haben, führten zur Konstruktion des umfassenderen Bereichs der reellen Zahlen, in dem eine solche Lösung existiert. Aber selbst der Bereich der reellen Zahlen ist nicht weit genug, um eine vollständige Theorie der quadratischen Gleichungen zu ermöglichen. Eine einfache

Gleichung wie

(2) $$x^2 = -1$$

hat keine reelle Lösung, da das Quadrat einer reellen Zahl niemals negativ ist.

Wir müssen uns entweder mit der Feststellung zufriedengeben, daß diese einfache Gleichung unlösbar ist oder den gewohnten Pfad der Erweiterung unseres Zahlbegriffs weitergehen, indem wir Zahlen einführen, die diese Gleichung lösbar machen. Genau das geschieht, wenn wir das neue Symbol i einführen, indem wir $i^2 = -1$ definieren. Natürlich hat dieses Objekt i, die „imaginäre Einheit", nichts mehr mit dem Begriff der Zahl als Mittel zum *Zählen* zu tun. Es ist ein reines *Symbol*, das der fundamentalen Regel $i^2 = -1$ unterworfen ist, und sein Wert wird allein davon abhängen, ob durch diese Einführung eine wirklich nützliche und brauchbare Erweiterung des Zahlensystems erzielt werden kann.

Da wir mit dem Symbol i ebenso zu addieren und multiplizieren wünschen wie mit den gewöhnlichen reellen Zahlen, so sollten wir imstande sein, Symbole wie $2i, 3i, -i, 2+5i$ oder allgemeiner $a+bi$ zu bilden, wobei a und b beliebige reelle Zahlen sind. Wenn diese Symbole den gewohnten kommutativen, assoziativen und distributiven Gesetzen der Addition und Multiplikation gehorchen sollen, so muß zum Beispiel gelten:

$$(2+3i)+(1+4i) = (2+1)+(3+4)i = 3+7i\,,$$
$$(2+3i)\,(1+4i) = 2+8i+3i+12i^2 = (2-12)+(8+3)i = -10+11i\,.$$

Angeleitet durch diese Betrachtungen, beginnen wir unsere systematische Behandlung mit der folgenden *Definition*: Ein Symbol von der Form $a+bi$, worin a und b reelle Zahlen sind, soll eine ***komplexe Zahl*** mit dem *Realteil* a und dem *Imaginärteil* b genannt werden. Die Operationen der Addition und Multiplikation sollen mit diesen Symbolen genauso durchgeführt werden, als ob i eine gewöhnliche reelle Zahl wäre, mit dem Unterschied, daß i^2 immer durch -1 ersetzt werden muß. Genauer gesagt, definieren wir Addition und Multiplikation komplexer Zahlen durch die Regeln

(3)
$$(a+bi)+(c+di) = (a+c)+(b+d)i\,,$$
$$(a+bi)\,(c+di) = (ac-bd)+(ad+bc)i\,.$$

Insbesondere haben wir

(4) $$(a+bi)\,(a-bi) = a^2 - abi + abi - b^2i^2 = a^2 + b^2\,.$$

Auf Grund dieser Definition läßt sich leicht verifizieren, daß die kommutativen, assoziativen und distributiven Gesetze für komplexe Zahlen gelten. Außerdem führen nicht nur Addition und Multiplikation, sondern auch Subtraktion und Division wiederum auf Zahlen der Form $a+bi$, so daß die komplexen Zahlen einen *Körper* bilden (siehe S. 45):

(5)
$$(a+bi)-(c+di) = (a-c)+(b-d)i\,,$$
$$\frac{a+bi}{c+di} = \frac{(a+bi)}{(c+di)}\frac{(c-di)}{(c-di)} = \left(\frac{ac+bd}{c^2+d^2}\right)+\left(\frac{bc-ad}{c^2+d^2}\right)i.$$

(Die zweite Gleichung ist sinnlos, wenn $c+di = 0+0i$ ist; denn dann ist $c^2+d^2 = 0$. Also *müssen wir* wieder eine *Division durch* Null, d. h. durch $0+0i$ ausschließen). Zum Beispiel ist:

$$(2+3i)-(1+4i)=1-i\,,$$

$$\frac{2+3i}{1+4i}=\frac{2+3i}{1+4i}\cdot\frac{1-4i}{1-4i}=\frac{2-8i+3i+12}{1+16}=\frac{14}{17}-\frac{5}{17}i\,.$$

Der Körper der komplexen Zahlen schließt die reellen Zahlen als Unterkörper ein; denn die komplexe Zahl $a+0i$ gilt als dasselbe wie die reelle Zahl a. Andererseits wird eine komplexe Zahl $0+bi=bi$ eine rein imaginäre Zahl genannt.

Übungen: 1. Man bringe $\frac{(1+i)(2+i)(3+i)}{(1-i)}$ auf die Form $a+bi$.

2. Man bringe

$$\left(-\frac{1}{2}+i\frac{\sqrt{3}}{2}\right)^3$$

auf die Form $a+bi$.

3. Man bringe

$$\frac{1+i}{1-i}\,,\ \frac{1+i}{2-i}\,,\ \frac{1}{i^5}\,,\ \frac{1}{(-2+i)(1-3i)}\,,\ \frac{(4-5i)^2}{(2-3i)^2}$$

auf die Form $a+bi$.

4. Man berechne $\sqrt{5+12i}$. (Anleitung: Man setze $\sqrt{5+12i}=x+yi$, quadriere und setze reelle und imaginäre Teile gleich.)

Durch Einführung des Symbols i haben wir den Körper der reellen Zahlen zu dem Körper der Symbole $a+bi$ erweitert, in dem die spezielle quadratische Gleichung

$$x^2=-1$$

die beiden Lösungen $x=i$ und $x=-i$ hat. Denn nach Definition ist $i\cdot i=(-i)(-i)=i^2=-1$. In Wirklichkeit haben wir noch viel mehr gewonnen. Es läßt sich leicht bestätigen, daß jetzt *jede quadratische Gleichung*, die wir in der Form

$$ax^2+bx+c=0 \quad (a\neq 0) \tag{6}$$

schreiben können, *eine Lösung hat*. Denn nach (6) haben wir

$$x^2+\frac{b}{a}x=-\frac{c}{a}\,,$$

$$x^2+\frac{b}{a}x+\frac{b^2}{4a^2}=\frac{b^2}{4a^2}-\frac{c}{a}\,,$$

$$\left(x+\frac{b}{2a}\right)^2=\frac{b^2-4ac}{4a^2}\,,$$

$$x+\frac{b}{2a}=\frac{\pm\sqrt{b^2-4ac}}{2a}\,,$$

$$x=\frac{-b\pm\sqrt{b^2-4ac}}{2a}\,. \tag{7}$$

Wenn nun $b^2-4ac\geqq 0$, so ist $\sqrt{b^2-4ac}$ eine gewöhnliche reelle Zahl, und die Lösungen (7) sind reell; ist aber $b^2-4ac<0$, so ist $4ac-b^2>0$ und $\sqrt{b^2-4ac}=\sqrt{-(4ac-b^2)}=\sqrt{4ac-b^2}\cdot i$, also sind die Lösungen (7) komplexe Zahlen. Zum Beispiel sind die Lösungen von

$$x^2-5x+6=0$$

$x = \frac{5 \pm \sqrt{25-24}}{2} = \frac{5 \pm 1}{2} = 3$ oder 2, während die Lösungen der Gleichung

$$x^2 - 2x + 2 = 0$$

lauten: $x = \frac{2 \pm \sqrt{4-8}}{2} = \frac{2 \pm 2i}{2} = 1 + i$ oder $1 - i$.

2. Die geometrische Deutung der komplexen Zahlen

Schon im 16. Jahrhundert sahen sich die Mathematiker gezwungen, Ausdrücke für die Quadratwurzeln aus negativen Zahlen einzuführen, um alle quadratischen und kubischen Gleichungen lösen zu können. Aber sie wußten nicht recht, wie die exakte Bedeutung dieser Ausdrücke zu erklären wäre, die sie mit einer Art abergläubischer Ehrfurcht betrachteten. Der Name „imaginär" erinnert noch heute an die Tatsache, daß diese Ausdrücke irgendwie als erfunden oder unwirklich angesehen wurden. Endlich wurde zu Beginn des 19. Jahrhunderts, als die Wichtigkeit dieser Zahlen für viele Zweige der Mathematik offenbar geworden war, eine einfache geometrische Deutung des Operierens mit komplexen Zahlen gegeben, wodurch die immer noch vorhandenen Zweifel an ihrer Rechtmäßigkeit entkräftet wurden. Natürlich ist eine solche Deutung vom modernen Standpunkt aus überflüssig, von dem aus die Rechtfertigung formaler Rechnungen mit komplexen Zahlen ohne weiteres auf Grund der formalen Definitionen von Addition und Multiplikation gegeben ist. Aber die geometrische Deutung, die ungefähr gleichzeitig von WESSEL (1745–1818), ARGAND (1768–1822) und GAUSS gegeben wurde, ließ diese Operationen vom Standpunkt der Anschaulichkeit aus natürlicher erscheinen und ist seit jener Zeit von größter Bedeutung bei der Anwendung der komplexen Zahlen in den mathematischen und physikalischen Wissenschaften.

Diese geometrische Deutung besteht einfach darin, daß man die komplexe Zahl $z = x + yi$ durch den Punkt in der Ebene mit den rechtwinkligen Koordinaten x, y darstellt. So ist also der Realteil von z seine x-Koordinate und der Imaginärteil seine y-Koordinate. Damit ist eine Beziehung zwischen den komplexen Zahlen und den Punkten einer „Zahlenebene" hergestellt, ebenso wie in § 2 eine Beziehung zwischen den reellen Zahlen und den Punkten einer Geraden, der Zahlenachse, hergestellt wurde. Die Punkte auf der x-Achse der Zahlenebene entsprechen den reellen Zahlen $z = x + 0i$, während die Punkte der y-Achse den rein imaginären Zahlen $z = 0 + yi$ entsprechen.

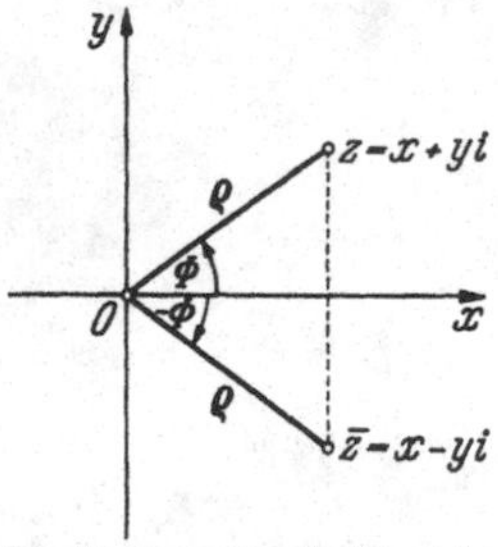

Fig. 22. Geometrische Darstellung komplexer Zahlen. Der Punkt z hat die rechtwinkligen Koordinaten x, y

Wenn

$$z = x + yi$$

eine beliebige komplexe Zahl ist, so nennen wir die komplexe Zahl

$$\bar{z} = x - yi\,,$$

die *konjugierte* von z. Der Punkt $\bar{z}$ wird in der Zahlenebene durch das Spiegelbild des Punktes z bezüglich der x-Achse dargestellt. Wenn wir die Entfernung des Punktes z vom Ursprung mit ϱ bezeichnen, dann ist nach dem pythagoreischen Lehrsatz

$$\varrho^2 = x^2 + y^2 = (x + yi)(x - yi) = z \cdot \bar{z}\,.$$

Die reelle Zahl $\varrho = \sqrt{x^2 + y^2}$ heißt *Modul* oder *absoluter Betrag* von z und wird

$$\varrho = |z|$$

geschrieben. Wenn z auf der reellen Achse liegt, ist sein Modul der gewöhnliche absolute Betrag von z. Die komplexen Zahlen mit dem Modul 1 liegen auf dem „Einheitskreis" mit dem Mittelpunkt im Ursprung und dem Radius 1.

Wenn $|z| = 0$, *dann ist* $z = 0$. Das folgt aus der Definition von $|z|$ als Abstand des Punktes z vom Ursprung. Ferner ist der *Modul des Produkts von zwei komplexen Zahlen gleich dem Produkt ihrer Moduln:*

$$|z_1 \cdot z_2| = |z_1| \cdot |z_2| .$$

Dies wird sich aus einem allgemeinen Satz ergeben, den wir auf S. 76 beweisen werden.

Übungen: 1. Man beweise dieses Theorem direkt auf Grund der Definition der Multiplikation zweier komplexer Zahlen, $z_1 = x_1 + y_1 i$ und $z_2 = x_2 + y_2 i$.

2. Aus der Tatsache, daß das Produkt zweier *reeller* Zahlen nur dann 0 ist, wenn einer der beiden Faktoren 0 ist, soll der entsprechende Satz für *komplexe* Zahlen hergeleitet werden. (Anleitung: Man benutze die beiden eben angegebenen Sätze.)

Nach der Definition der Addition zweier komplexer Zahlen $z_1 = x_1 + y_1 i$ und $z_2 = x_2 + y_2 i$ haben wir

$$z_1 + z_2 = (x_1 + x_2) + (y_1 + y_2) i .$$

Daher wird der Punkt $z_1 + z_2$ in der Zahlenebene durch die vierte Ecke eines Parallelogramms dargestellt, dessen drei andere Ecken die Punkte 0, z_1 und z_2 sind. Diese einfache geometrische Konstruktion für die Summe zweier komplexer Zahlen ist für viele Anwendungen von Bedeutung. Aus ihr können wir den wichtigen Schluß ziehen, daß der Modul der Summe zweier komplexer Zahlen nicht größer ist als die Summe der Moduln (vgl. S. 46):

$$|z_1 + z_2| \leqq |z_1| + |z_2| .$$

Das folgt aus der Tatsache, daß die Länge einer Dreiecksseite nicht größer sein kann als die Summe der Längen der beiden anderen Seiten.

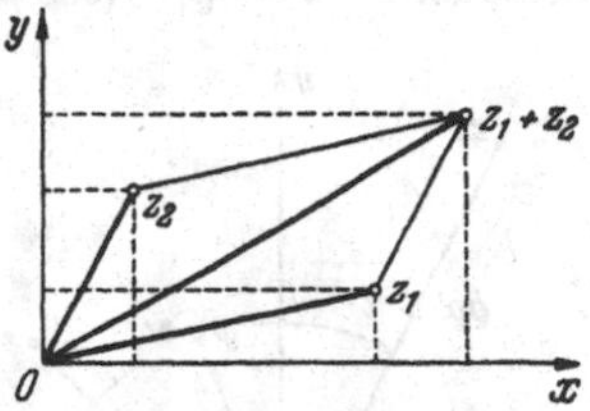

Fig. 23. Das Parallelogrammgesetz der Addition komplexer Zahlen

Übung: Wann gilt die Gleichung $|z_1 + z_2| = |z_1| + |z_2|$?

Der Winkel zwischen der positiven Richtung der x-Achse und der Geraden Oz wird der *Winkel* von z genannt und mit ϕ bezeichnet (Fig. 22). Der Modul von $\bar{z}$ ist derselbe wie der von z,

$$|\bar{z}| = |z| ,$$

aber der Winkel von $\bar{z}$ ist der negativ genommene Winkel von z,

$$\bar{\phi} = -\phi .$$

Natürlich ist der Winkel von z nicht eindeutig bestimmt, da man ein beliebiges ganzes Vielfaches von 360° zu einem Winkel addieren oder von ihm subtrahieren kann, ohne die Lage seines begrenzenden Schenkels zu verändern. Also stellen

$$\phi, \phi + 360°, \phi + 720°, \phi + 1080°, \ldots,$$
$$\phi - 360°, \phi - 720°, \phi - 1080°, \ldots$$

zeichnerisch alle denselben Winkel dar. Mit Hilfe des Moduls ϱ und des Winkels ϕ kann die komplexe Zahl z in der Form

$$(8) \qquad z = x + yi = \varrho(\cos\phi + i\sin\phi)$$

geschrieben werden, denn nach der Definition von Sinus und Cosinus (siehe S. 211), ist

$$x = \varrho\cos\phi, \qquad y = \varrho\sin\phi.$$

Beispiele: Für $z = i$ haben wir $\varrho = 1$, $\phi = 90°$, so daß $i = 1\,(\cos 90° + i\sin 90°)$;

für $z = 1 + i$ haben wir $\varrho = \sqrt{2}$, $\phi = 45°$, so daß

$$1 + i = \sqrt{2}\,(\cos 45° + i\sin 45°);$$

für $z = 1 - i$ haben wir $\varrho = \sqrt{2}$, $\phi = -45°$, so daß

$$1 - i = \sqrt{2}\,[\cos(-45°) + i\sin(-45°)];$$

für $z = -1 + \sqrt{3}\,i$ haben wir $\varrho = 2$, $\phi = 120°$, so daß

$$-1 + \sqrt{3}\,i = 2\,(\cos 120° + i\sin 120°).$$

Der Leser möge diese Behauptungen durch Einsetzen der Werte der trigonometrischen Funktionen nachprüfen.

Die trigonometrische Darstellung (8) ist sehr nützlich, wenn zwei komplexe Zahlen zu multiplizieren sind. Wenn

$$z = \varrho(\cos\phi + i\sin\phi)$$

und

$$z' = \varrho'(\cos\phi' + i\sin\phi'),$$

dann ist

$$zz' = \varrho\varrho'\{(\cos\phi\cos\phi' - \sin\phi\sin\phi') + i(\cos\phi\sin\phi' + \sin\phi\cos\phi')\}.$$

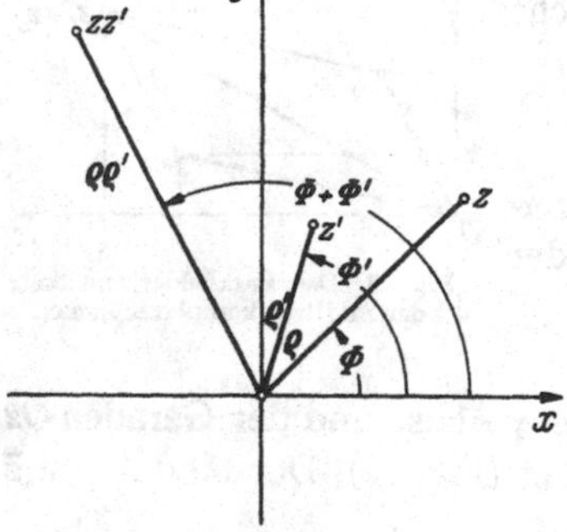

Fig. 24. Multiplikation zweier komplexer Zahlen; die Winkel werden addiert und die Moduln multipliziert

Nun ist nach den Additionstheoremen für den Sinus und Cosinus

$$\cos\phi\cos\phi' - \sin\phi\sin\phi' = \cos(\phi + \phi'),$$
$$\cos\phi\sin\phi' + \sin\phi\cos\phi' = \sin(\phi + \phi').$$

Daher ist

$$(9) \qquad zz' = \varrho\varrho'\{\cos(\phi + \phi') + i\sin(\phi + \phi')\}.$$

Dies ist die trigonometrische Form der komplexen Zahl mit dem Modul $\varrho\varrho'$ und dem Winkel $(\phi + \phi')$. Mit anderen Worten: *Zwei komplexe Zahlen werden multipliziert, indem man ihre Moduln multipliziert und ihre Winkel addiert* (Fig. 24). So sehen wir, daß die Multiplikation komplexer Zahlen etwas mit *Drehungen* zu tun hat. Um uns genauer auszudrücken, wollen wir die gerichtete Strecke, die vom Ursprung zum Punkt z führt, den Vektor z nennen; dann ist $\varrho = |z|$ dessen Länge. Nun sei z' eine Zahl auf dem Einheitskreis, so daß $\varrho' = 1$ ist; multiplizieren wir dann z mit z', so wird der Vektor z einfach um den Winkel ϕ' gedreht. Ist $\varrho' \neq 1$, so muß die Länge des Vektors nach der Drehung noch mit ϱ' multipliziert werden. Der Leser möge sich diese Tatsache verdeutlichen durch Multiplikation verschiedener Zahlen mit $z_1 = i$ (Drehung um 90°), mit $z_2 = -i$ (Drehung um 90° im entgegengesetzten Sinne), mit $z_3 = 1 + i$ und $z_4 = 1 - i$.

Die Formel (9) erlaubt eine besonders wichtige Folgerung, wenn $z = z'$, denn dann haben wir

$$z^2 = \varrho^2(\cos 2\phi + i \sin 2\phi)\,.$$

Multipliziert man dies nochmals mit z, so erhält man

$$z^3 = \varrho^3(\cos 3\phi + i \sin 3\phi)\,,$$

und fährt man in der gleichen Weise fort, so ergibt sich für beliebige positive ganze Zahlen n

$$z^n = \varrho^n(\cos n\phi + i \sin n\phi)\,. \tag{10}$$

Ist insbesondere z ein Punkt des *Einheitskreises*, also $\varrho = 1$, so erhalten wir die von dem englischen Mathematiker A. DE MOIVRE (1667–1754) entdeckte Formel

$$(\cos\phi + i \sin\phi)^n = \cos n\phi + i \sin n\phi\,. \tag{11}$$

Diese Formel ist eine der bemerkenswertesten und nützlichsten Gleichungen der elementaren Mathematik. Ein Beispiel wird das deutlich machen. Wir können die Formel auf $n = 3$ anwenden und die linke Seite nach der binomischen Formel

$$(u+v)^3 = u^3 + 3u^2v + 3uv^2 + v^3$$

entwickeln, wodurch wir die Gleichung erhalten

$$\cos 3\phi + i \sin 3\phi = \cos^3\phi - 3\cos\phi\sin^2\phi + i(3\cos^2\phi\sin\phi - \sin^3\phi)\,.$$

Eine einzige solche Gleichung zwischen zwei komplexen Zahlen bedeutet ein Paar von Gleichungen zwischen reellen Zahlen. Denn: sind zwei komplexe Zahlen einander gleich, dann müssen sowohl ihre reellen wie ihre imaginären Teile gleich sein. Daher können wir schreiben

$$\cos 3\phi = \cos^3\phi - 3\cos\phi\sin^2\phi\,, \qquad \sin 3\phi = 3\cos^2\phi\sin\phi - \sin^3\phi\,.$$

Mit Hilfe der Beziehung

$$\cos^2\phi + \sin^2\phi = 1$$

erhalten wir schließlich

$$\cos 3\phi = \cos^3\phi - 3\cos\phi(1-\cos^2\phi) = 4\cos^3\phi - 3\cos\phi\,,$$
$$\sin 3\phi = -4\sin^3\phi + 3\sin\phi\,.$$

Ähnliche Formeln, die $\sin n\phi$ und $\cos n\phi$ durch Potenzen von $\sin\phi$ bzw. $\cos\phi$ ausdrücken, können leicht für beliebige Werte von n aufgestellt werden.

Übungen: 1. Man leite die entsprechenden Formeln für $\sin 4\phi$ und $\cos 4\phi$ ab.

2. Man beweise, daß für einen Punkt $z = \cos\phi + i\sin\phi$ auf dem Einheitskreis $1/z = \cos\phi - i\sin\phi$ ist.

3. Man beweise ohne Rechnung, daß $(a+bi)/(a-bi)$ stets den absoluten Wert 1 hat.

4. Wenn z_1 und z_2 zwei komplexe Zahlen sind, soll bewiesen werden, daß der Winkel von $z_1 - z_2$ gleich dem Winkel zwischen der reellen Achse und dem Vektor ist, der von z_2 nach z_1 führt.

5. Man deute den Winkel der komplexen Zahl $(z_1 - z_2)/(z_1 - z_3)$ in dem Dreieck aus den Punkten z_1, z_2 und z_3.

6. Man beweise, daß der Quotient zweier komplexer Zahlen mit demselben Winkel reell ist.

7. Man beweise: Wenn für vier komplexe Zahlen z_1, z_2, z_3, z_4 die Winkel von $\dfrac{z_3 - z_1}{z_3 - z_2}$ und $\dfrac{z_4 - z_1}{z_4 - z_2}$ gleich sind, dann liegen die 4 Zahlen auf einem Kreis oder einer Geraden und umgekehrt.

8. Man beweise, daß vier Punkte z_1, z_2, z_3, z_4 dann und nur dann auf einem Kreis oder einer Geraden liegen, wenn

$$\frac{z_3 - z_1}{z_3 - z_2} \Big/ \frac{z_4 - z_1}{z_4 - z_2}$$

reell ist.

3. Die Moivresche Formel und die Einheitswurzeln

Unter einer n-ten Wurzel einer Zahl a verstehen wir eine Zahl b von der Art, daß $b^n = a$. Insbesondere hat die Zahl 1 zwei Quadratwurzeln, 1 und -1, da $1^2 = (-1)^2 = 1$ ist. Die Zahl 1 hat nur eine reelle Kubikwurzel, 1, aber vier vierte Wurzeln: die reellen Zahlen 1 und -1 und die imaginären Zahlen i und $-i$. Diese Tatsachen lassen vermuten, daß es im komplexen Bereich noch zwei weitere Kubikwurzeln gibt, so daß im ganzen drei herauskommen. Daß dies wirklich der Fall ist, kann sofort mit Hilfe der De Moivreschen Formel gezeigt werden.

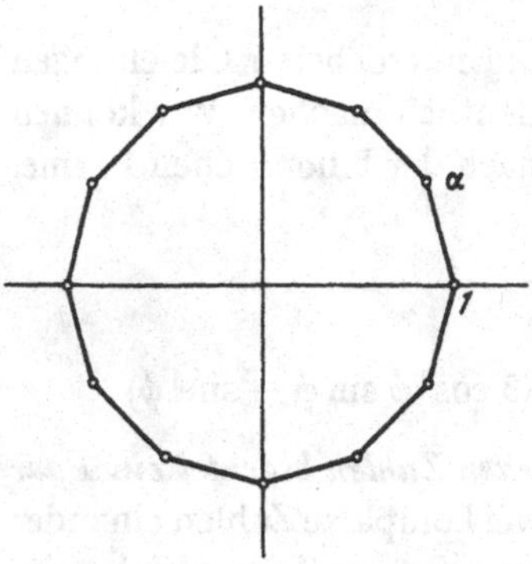

Fig. 25. Die zwölf zwölften Wurzeln von 1

Wir werden sehen, daß es *im Körper der komplexen Zahlen genau n verschiedene n-te Wurzeln von* 1 *gibt. Es sind die Ecken des dem Einheitskreis eingeschriebenen regulären n-Ecks, dessen eine Ecke im Punkte $z = 1$ liegt.* Dies wird fast unmittelbar klar aus Fig. 25 (die für den Fall $n = 12$ gezeichnet ist). Die erste Ecke des Polygons ist 1. Die nächste ist

$$\alpha = \cos\frac{360°}{n} + i\sin\frac{360°}{n}, \tag{12}$$

da ihr Winkel der n-te Teil des Vollwinkels 360° sein muß. Die nächste Ecke ist $\alpha \cdot \alpha = \alpha^2$; denn wir erhalten sie, indem wir den Vektor α um den Winkel $\frac{360°}{n}$ drehen. Die folgende Ecke ist α^3, usw., und nach n Schritten sind wir wieder bei der Ecke 1 angelangt, d. h. wir haben

$$\alpha^n = 1,$$

was auch aus der Formel (11) hervorgeht, da

$$\left[\cos\frac{360°}{n} + i\sin\frac{360°}{n}\right]^n = \cos 360° + i\sin 360° = 1 + 0i.$$

Folglich ist $\alpha^1 = \alpha$ eine Wurzel der Gleichung $x^n = 1$. Dasselbe gilt von der nächsten Ecke $\alpha^2 = \cos\left(\frac{720°}{n}\right) + i\sin\left(\frac{720°}{n}\right)$. Wir sehen das ein, indem wir schreiben

$$(\alpha^2)^n = \alpha^{2n} = (\alpha^n)^2 = (1)^2 = 1$$

oder nach der Moivreschen Formel

$$(\alpha^2)^n = \cos\left(n\frac{720°}{n}\right) + i\sin\left(n\frac{720°}{n}\right) = \cos 720° + i\sin 720° = 1 + 0i = 1.$$

In derselben Weise sehen wir, daß alle n Zahlen

$$1, \alpha, \alpha^2, \alpha^3, \ldots, \alpha^{n-1}$$

n-te Wurzeln von 1 sind. Wenn wir in der Folge der Exponenten noch weiter gehen oder auch negative Exponenten benutzen, erhalten wir keine neuen Wurzeln. Denn $\alpha^{-1} = 1/\alpha = \alpha^n/\alpha = \alpha^{n-1}$ und $\alpha^n = 1$, $\alpha^{n+1} = (\alpha)^n\alpha = 1 \cdot \alpha = \alpha$, usw., so daß sich die schon erhaltenen Werte bloß wiederholen würden. Es sei dem Leser überlassen zu zeigen, daß es keine weiteren n-ten Wurzeln gibt.

Wenn n gerade ist, liegt eine von den Ecken des n-Ecks im Punkte -1, in Übereinstimmung mit der algebraischen Tatsache, daß in diesem Fall -1 eine n-te Wurzel von 1 ist.

Die Gleichung, der die n-ten Einheitswurzeln genügen,

$$x^n - 1 = 0, \tag{13}$$

ist n-ten Grades, kann aber leicht auf eine Gleichung $(n-1)$-ten Grades zurückgeführt werden. Wir benutzen die algebraische Formel

$$x^n - 1 = (x-1)(x^{n-1} + x^{n-2} + x^{n-3} + \cdots + 1)\,. \tag{14}$$

Da das Produkt zweier Zahlen dann *und nur dann* 0 ist, wenn mindestens eine der beiden Zahlen 0 ist, so kann die linke Seite von (14) nur verschwinden, wenn einer der beiden Faktoren auf der rechten Seite Null ist, d. h. wenn entweder $x = 1$ oder die Gleichung

$$x^{n-1} + x^{n-2} + x^{n-3} + \cdots + x + 1 = 0 \tag{15}$$

erfüllt ist. Dies ist demnach die Gleichung, der die Wurzeln $\alpha, \alpha^2, \ldots, \alpha^{n-1}$ genügen müssen. Sie wird die *Kreisteilungsgleichung* genannt. Zum Beispiel sind die komplexen Kubikwurzeln von 1,

$$\alpha = \cos 120° + i \sin 120° = \frac{1}{2}\left(-1 + i\sqrt{3}\right),$$

$$\alpha^2 = \cos 240° + i \sin 240° = \frac{1}{2}\left(-1 - i\sqrt{3}\right),$$

die Wurzeln der Gleichung

$$x^2 + x + 1 = 0\,,$$

wie der Leser durch Einsetzen leicht erkennen kann. Ebenso genügen die 5ten Einheitswurzeln, ausgenommen 1 selbst, der Gleichung

$$x^4 + x^3 + x^2 + x + 1 = 0\,. \tag{16}$$

Um ein regelmäßiges Fünfeck zu konstruieren, haben wir diese Gleichung vierten Grades zu lösen. Durch einen einfachen algebraischen Kunstgriff kann man sie auf eine quadratische Gleichung für die Größe $w = x + 1/x$ zurückzuführen. Wir dividieren (16) durch x^2 und ordnen die Glieder:

$$x^2 + \frac{1}{x^2} + x + \frac{1}{x} + 1 = 0,$$

und da $(x + 1/x)^2 = x^2 + 1/x^2 + 2$, erhalten wir

$$w^2 + w - 1 = 0\,.$$

Nach Formel (7) in Abschnitt 1 hat diese Gleichung die Wurzeln

$$w_1 = \frac{-1+\sqrt{5}}{2}, \qquad w_2 = \frac{-1-\sqrt{5}}{2}\,;$$

daher sind die komplexen 5ten Wurzeln von 1 die Wurzeln der beiden quadratischen Gleichungen

$$x + \frac{1}{x} = w_1 \qquad \text{oder} \qquad x^2 - \frac{1}{2}\left(\sqrt{5} - 1\right)x + 1 = 0$$

und

$$x + \frac{1}{x} = w_2 \quad \text{oder} \quad x^2 + \frac{1}{2}\left(\sqrt{5} + 1\right) x + 1 = 0,$$

die der Leser mit Hilfe der bereits benutzten Formel lösen möge.

Übungen: 1. Man bestimme die 6ten Wurzeln von 1.

2. $(1 + i)^{11}$ ist zu berechnen.

3. Man bestimme alle Werte von $\sqrt{1+i}$, $\sqrt[3]{7-4i}$, $\sqrt[3]{i}$, $\sqrt[5]{-i}$.

4. $\frac{1}{2i}(i^7 - i^{-7})$ ist zu berechnen.

*4. Der Fundamentalsatz der Algebra

Nicht nur jede Gleichung der Form $ax^2 + bx + c = 0$ oder der Form $x^n - 1 = 0$ ist im Körper der komplexen Zahlen lösbar. Es gilt viel allgemeiner der folgende Satz: *Jede algebraische Gleichung von beliebigem Grad n mit reellen oder komplexen Koeffizienten*

(17) $$f(x) = x^n + a_{n-1}x^{n-1} + a_{n-2}x^{n-2} + \cdots + a_1 x + a_0 = 0$$

hat im Körper der komplexen Zahlen Lösungen. Für die Gleichungen 3. und 4. Grades stellten dies im 16. Jahrhundert TARTAGLIA, CARDANUS und andere fest, indem sie solche Gleichungen durch Formeln lösten, welche der für die quadratische Gleichung im wesentlichen gleichartig, aber sehr viel komplizierter sind. Fast zweihundert Jahre lang wurde dann um die allgemeinen Gleichungen 5ten und höheren Grades gerungen, aber alle Bemühungen, sie auf ähnliche Weise zu lösen, blieben erfolglos. Es war eine große Leistung, daß es dem jungen GAUSS in seiner Doktorarbeit (1799) gelang, den ersten vollständigen Beweis dafür zu geben, daß Lösungen *existieren;* jedoch die Frage nach der Verallgemeinerung der klassischen Formeln, die die Lösungen von Gleichungen niedrigeren als 5ten Grades durch rationale Operationen und Wurzelziehungen ausdrücken, blieb noch unbeantwortet. (Siehe S. 94.)

Der Satz von GAUSS besagt, *daß es für jede algebraische Gleichung der Form* (17), *worin n eine positive ganze Zahl ist und* $a_0, a_1, \ldots, a_{n-1}$ *beliebige reelle oder sogar komplexe Zahlen sind, mindestens eine komplexe Zahl* $\alpha = c + di$ *gibt, so daß*

$$f(\alpha) = 0.$$

Diese Zahl α nennt man eine *Wurzel* der Gleichung (17). Einen Beweis dieses Satzes werden wir auf S. 205 geben. Nehmen wir ihn vorläufig als richtig an, so können wir den sogenannten *Fundamentalsatz der Algebra* beweisen (er müßte passender der Fundamentalsatz des komplexen Zahlensystems heißen): *Jedes Polynom n-*ten *Grades,*

(18) $$f(x) = x^n + a_{n-1}x^{n-1} + \cdots + a_1 x + a_0,$$

kann in ein Produkt von genau n Faktoren zerlegt werden,

(19) $$f(x) = (x - \alpha_1)(x - \alpha_2)\ldots(x - \alpha_n),$$

worin $\alpha_1, \alpha_2, \alpha_3, \ldots, \alpha_n$ *komplexe Zahlen sind, die Wurzeln der Gleichung* $f(x) = 0$. Als Beispiel zur Erläuterung dieses Satzes diene das Polynom

$$f(x) = x^4 - 1,$$

das in die Form

$$f(x) = (x-1)(x-i)(x+i)(x+1)$$

zerlegt werden kann.

Daß die α Wurzeln der Gleichung $f(x) = 0$ sind, ist aus der Faktorzerlegung (19) klar, da für $x = \alpha_n$ einer der Faktoren von $f(x)$ und daher $f(x)$ selbst gleich 0 ist.

In manchen Fällen werden die Faktoren $(x-\alpha_1), (x-\alpha_2), \ldots, (x-\alpha_n)$ eines Polynoms vom Grade n nicht alle verschieden sein, wie zum Beispiel in dem Polynom

$$f(x) = x^2 - 2x + 1 = (x-1)(x-1),$$

das nur eine Wurzel, $x = 1$, hat, die aber „zweimal gezählt" wird oder von der „Vielfachheit 2" ist. Auf jeden Fall kann ein Polynom vom Grade n nicht mehr als n verschiedene Faktoren $(x-\alpha)$ haben und die zugehörige Gleichung nicht mehr als n Wurzeln.

Um den Satz über die Faktorzerlegung zu beweisen, benutzen wir wieder die algebraische Identität

$$x^k - \alpha^k = (x-\alpha)(x^{k-1} + \alpha x^{k-2} + \alpha^2 x^{k-3} + \cdots + \alpha^{k-2} x + \alpha^{k-1}), \tag{20}$$

die für $\alpha = 1$ einfach die Formel für die geometrische Reihe ist. Da wir die Gültigkeit des Gaußschen Theorems voraussetzen, dürfen wir annehmen, daß es wenigstens eine Wurzel α_1 der Gleichung (17) gibt, so daß

$$f(\alpha_1) = \alpha_1^n + a_{n-1}\alpha_1^{n-1} + a_{n-2}\alpha_1^{n-2} + \cdots + a_1\alpha_1 + a_0 = 0.$$

Ziehen wir dies von $f(x)$ ab und ordnen die Glieder um, so erhalten wir die Identität

$$f(x) = f(x) - f(\alpha_1) = (x^n - \alpha_1^n) + a_{n-1}(x^{n-1} - \alpha_1^{n-1}) + \cdots + a_1(x - \alpha_1). \tag{21}$$

Nun können wir wegen (20) aus jedem Glied von (21) den Faktor $(x-\alpha_1)$ ausklammern, so daß der Grad des anderen Faktors in jedem Gliede um 1 herabgesetzt wird. Indem wir daher die Glieder nochmals umordnen, finden wir, daß

$$f(x) = (x-\alpha_1)\,g(x),$$

wobei $g(x)$ ein Polynom vom Grade $n-1$ ist:

$$g(x) = x^{n-1} + b_{n-2}x^{n-2} + \cdots + b_1 x + b_0.$$

(Für unsere Zwecke ist es ganz unnötig, die Koeffizienten b_n auszurechnen.) Jetzt können wir das gleiche Verfahren auf $g(x)$ anwenden. Nach dem Gaußschen Satz gibt es eine Wurzel α_2 der Gleichung $g(x) = 0$, so daß

$$g(x) = (x-\alpha_2)\,h(x),$$

worin $h(x)$ ein Polynom vom Grade $n-2$ ist. Indem wir insgesamt $(n-1)$-mal in derselben Weise verfahren (diese Redewendung ist natürlich nur ein Ersatz für eine Begründung durch mathematische Induktion), erhalten wir schließlich die vollständige Zerlegung

$$f(x) = (x-\alpha_1)(x-\alpha_2)(x-\alpha_3)\ldots(x-\alpha_n). \tag{22}$$

Aus (22) folgt nicht nur, daß die komplexen Zahlen $\alpha_1, \alpha_2, \ldots, \alpha_n$ Wurzeln der Gleichung (17) sind, sondern auch, daß sie die *einzigen* Wurzeln sind. Denn wenn y eine Wurzel von (17) wäre, dann müßte nach (22)

$$f(y) = (y-\alpha_1)(y-\alpha_2)\ldots(y-\alpha_n) = 0$$

sein. Wir haben auf S. 75 gesehen, daß ein Produkt komplexer Zahlen dann *und nur dann* gleich Null ist, wenn einer der Faktoren gleich Null ist. Daher muß einer der Faktoren $(y - \alpha_r)$ Null sein und y muß gleich α_r sein, was zu beweisen war.

*§ 6. Algebraische und transzendente Zahlen

1. Definition und Existenz

Eine *algebraische Zahl* ist jede reelle oder komplexe Zahl, die irgendeiner algebraischen Gleichung von der Form

$$(1) \qquad a_n x^n + a_{n-1} x^{n-1} + \cdots + a_1 x + a_0 = 0 \qquad (n \geqq 1,\ a_n \neq 0)$$

genügt, worin die a_n *ganze Zahlen* sind. Zum Beispiel ist $\sqrt{2}$ eine algebraische Zahl, weil sie der Gleichung

$$x^2 - 2 = 0$$

genügt. Ebenso ist jede Wurzel einer Gleichung dritten, vierten, fünften oder höheren Grades mit ganzen Koeffizienten eine algebraische Zahl, einerlei ob sie sich mit Hilfe von Wurzelzeichen darstellen läßt oder nicht. Der Begriff der algebraischen Zahl ist eine natürliche Verallgemeinerung der rationalen Zahl, die den speziellen Fall $n = 1$ darstellt.

Nicht jede reelle Zahl ist algebraisch. Dies läßt sich durch einen von CANTOR stammenden Beweis zeigen, nach dem die Gesamtheit der algebraischen Zahlen *abzählbar* ist. Da die Menge aller reellen Zahlen nicht abzählbar ist, muß es reelle Zahlen geben, die nicht algebraisch sind.

Eine Methode, die Menge der algebraischen Zahlen abzuzählen, ist folgende: Jeder Gleichung der Form (1) wird die positive ganze Zahl

$$h = |a_n| + |a_{n-1}| + \cdots + |a_1| + |a_0| + n$$

als ihre „Höhe" zugeordnet. Für jeden *festen* Wert von h gibt es nur eine *endliche* Anzahl von Gleichungen (1) mit der Höhe h. Jede dieser Gleichungen kann höchstens n verschiedene Wurzeln haben. Daher kann es nur eine endliche Anzahl von algebraischen Zahlen geben, deren Gleichungen die Höhe h haben, und wir können alle algebraischen Zahlen in eine fortlaufende Folge ordnen, indem wir mit denen von der Höhe 1 beginnen, dann die von der Höhe 2 nehmen und so fort.

Dieser Beweis, daß die Menge der algebraischen Zahlen abzählbar ist, gewährleistet die Existenz reeller Zahlen, die nicht algebraisch sind; solche Zahlen werden *transzendente* Zahlen genannt; denn wie EULER sagte, „überschreiten (transzendieren) sie die Wirksamkeit algebraischer Methoden".

CANTORs Beweis für die Existenz transzendenter Zahlen kann wohl kaum konstruktiv genannt werden. Theoretisch könnte man eine transzendente Zahl konstruieren, indem man CANTORs Diagonalverfahren auf eine abgezählte Tabelle von Dezimalbrüchen für die Wurzeln aller algebraischen Gleichungen anwendet; aber diese Methode wäre sehr unpraktisch und würde nicht zu einer Zahl führen, die sich im Dezimal- oder einem sonstigen System tatsächlich in Ziffern niederschreiben ließe. Überdies liegen die interessantesten Probleme bei den transzendenten Zahlen in dem Nachweis, daß gewisse bestimmte Zahlen wie π und e tatsächlich transzendent sind (diese Zahlen werden auf S. 226 und 227 definiert).

**2. Der Liouvillesche Satz und die Konstruktion transzendenter Zahlen

Ein Beweis für die Existenz transzendenter Zahlen, der dem Cantorschen schon vorausging, wurde von J. LIOUVILLE (1809–1882) gegeben. Der Liouvillesche Beweis erlaubt, Beispiele solcher Zahlen zu *konstruieren*. Er ist etwas schwieriger als der Cantorsche Beweis, wie es meistens bei konstruktiven Beweisen im Vergleich zu bloßen Existenzbeweisen der Fall ist. Der Beweis wird hier nur für den fortgeschritteneren Leser mitgeteilt, obwohl er nicht mehr als die mathematischen Kenntnisse der höheren Schule voraussetzt.

LIOUVILLE zeigte, daß die irrationalen algebraischen Zahlen solche sind, die nur dann mit hoher Genauigkeit durch rationale Zahlen approximiert werden können, wenn die Nenner der approximierenden Brüche sehr groß sind.

Angenommen, die Zahl z genüge der algebraischen Gleichung mit ganzen Koeffizienten

$$f(x) = a_0 + a_1 x + a_2 x^2 + \cdots + a_n x^n = 0 \qquad (a_n \neq 0), \tag{2}$$

aber keiner derartigen Gleichung geringeren Grades. Dann nennt man z eine algebraische Zahl *vom Grade n*. Zum Beispiel ist $z = \sqrt{2}$ eine algebraische Zahl 2ten Grades, da sie der Gleichung $x^2 - 2 = 0$ genügt, aber keiner Gleichung ersten Grades. $z = \sqrt[3]{2}$ ist vom Grade 3, da sie die Gleichung $x^3 - 2 = 0$ erfüllt und, wie wir in Kapitel III sehen werden, keine Gleichung geringeren Grades. Eine algebraische Zahl vom Grade $n > 1$ kann nicht rational sein, da eine rationale Zahl $z = p/q$ der Gleichung $qx - p = 0$ vom Grade 1 genügt. Nun läßt sich jede irrationale Zahl z mit jeder gewünschten Genauigkeit durch eine rationale Zahl approximieren; das bedeutet, daß wir eine Folge

$$\frac{p_1}{q_1}, \frac{p_2}{q_2}, \ldots$$

von rationalen Zahlen mit immer größeren Nennern finden können, so daß

$$\frac{p_r}{q_r} \to z.$$

Der Liouvillesche Satz behauptet: Für jede algebraische Zahl z vom Grade $n > 1$ ist die Ungenauigkeit einer solchen Approximation größer als $1/q^{n+1}$; d. h. für hinreichend große Nenner q muß die Ungleichung gelten

$$\left| z - \frac{p}{q} \right| > \frac{1}{q^{n+1}}. \tag{3}$$

Wir werden diesen Satz sogleich beweisen; vorher wollen wir jedoch zeigen, daß er die Konstruktion transzendenter Zahlen erlaubt. Nehmen wir die folgende Zahl (wegen der Definition des Symbols $n!$ vgl. S. 14)

$$z = a_1 \cdot 10^{-1!} + a_2 \cdot 10^{-2!} + a_3 \cdot 10^{-3!} + \cdots + a_m \cdot 10^{-m!} + a_{m+1} \cdot 10^{-(m+1)!} + \ldots$$
$$= 0{,}a_1 a_2 000 a_3 00000000000000000 a_4 000000\ldots,$$

worin die a_i beliebige Ziffern von 1 bis 9 sind (wir könnten zum Beispiel alle a_i gleich 1 wählen). Eine solche Zahl ist gekennzeichnet durch rapide anwachsende Abschnitte von Nullen, die von einzelnen von Null verschiedenen Ziffern unterbrochen werden. Unter z_m wollen wir den endlichen Dezimalbruch verstehen, den man erhält, wenn man von z nur die Glieder bis einschließlich $a_m \cdot 10^{-m!}$ nimmt. Dann ist

(4) $$|z - z_m| < 10 \cdot 10^{-(m+1)!}.$$

Angenommen, z sei algebraisch vom Grade n. Dann wollen wir in (3) $p/q = z_m = p/10^{m!}$ setzen, so daß wir

$$|z - z_m| > \frac{1}{10^{(n+1)m!}}$$

für genügend große m erhalten. Zusammen mit (4) würde dies

$$\frac{1}{10^{(n+1)m!}} < \frac{10}{10^{(m+1)!}} = \frac{1}{10^{(m+1)!-1}}$$

ergeben, so daß $(n+1)m! > (m+1)! - 1$ für alle genügend großen m. Aber das ist für jeden Wert von $m > n$ falsch (der Leser möge diesen Beweis im einzelnen durchführen), so daß wir einen Widerspruch erhalten haben. Folglich ist z transzendent.

Nun bleibt noch der Liouvillesche Satz zu beweisen. Angenommen, z sei eine algebraische Zahl vom Grade $n > 1$, die (1) befriedigt, so daß

(5) $$f(z) = 0.$$

Es sei nun $z_m = p_m/q_m$ eine Folge von rationalen Zahlen mit der Eigenschaft $z_m \to z$. Dann ist

$$f(z_m) = f(z_m) - f(z) = a_1(z_m - z) + a_2(z_m^2 - z^2) + \cdots + a_n(z_m^n - z^n).$$

Teilen wir beide Seiten dieser Gleichung durch $z_m - z$ und benutzen wir die algebraische Formel

$$\frac{u^n - v^n}{u - v} = u^{n-1} + u^{n-2}v + u^{n-3}v^2 + \cdots + uv^{n-2} + v^{n-1},$$

so erhalten wir

(6) $$\frac{f(z_m)}{z_m - z} = a_1 + a_2(z_m + z) + a_3(z_m^2 + z_m z + z^2) + \cdots + a_n(z_m^{n-1} + \cdots + z^{n-1}).$$

Da z_m gegen den Grenzwert z strebt, wird es sich für genügend große m sicher um weniger als 1 von z unterscheiden. Wir können daher für genügend große m die folgende grobe Abschätzung hinschreiben:

(7) $$\left|\frac{f(z_m)}{z_m - z}\right| < |a_1| + 2|a_2|(|z| + 1) + 3|a_3|(|z| + 1)^2 + \cdots + n|a_n|(|z| + 1)^{n-1} = M.$$

M ist eine feste Zahl, da z in unserer Überlegung eine feste Zahl ist. Wenn wir nun m so groß wählen, daß in $z_m = \frac{p_m}{q_m}$ der Nenner q_m größer ist als M, so ist

(8) $$|z - z_m| > \frac{|f(z_m)|}{M} > \frac{|f(z_m)|}{q_m}.$$

Zur Abkürzung werde jetzt p für p_m und q für q_m geschrieben. Dann ist

(9) $$|f(z_m)| = \left|\frac{a_0 q^n + a_1 q^{n-1} p + \cdots + a_n p^n}{q^n}\right|.$$

Nun kann die rationale Zahl $z_m = p/q$ keine Wurzel von $f(x) = 0$ sein; denn sonst könnte man $(x - z_m)$ aus $f(x)$ ausklammern, und z würde dann einer Gleichung genügen, deren Grad $< n$ wäre. Daher ist $f(z_m) \neq 0$. Aber der Zähler der rechten Seite von (9) ist eine ganze Zahl und muß daher mindestens gleich 1 sein. Somit erhalten wir aus (8) und (9)

$$|z - z_m| > \frac{1}{q} \cdot \frac{1}{q^n} = \frac{1}{q^{n+1}}, \tag{10}$$

und der Satz ist bewiesen.

Während der letzten Jahrzehnte sind die Untersuchungen über die Approximierbarkeit algebraischer Zahlen durch Rationalzahlen noch weiter getrieben worden. Zum Beispiel hat der norwegische Mathematiker A. THUE (1863–1922) bewiesen, daß in LIOUVILLEs Ungleichung (3) der Exponent $n+1$ durch $(n/2)+1+\varepsilon$ (mit positivem, aber beliebig kleinem ε) ersetzt werden kann. C. L. SIEGEL zeigte später, daß die schärfere Aussage (schärfer für große n) mit dem Exponenten $2\sqrt{n}$ gilt, und neuerdings wurde von K. F. ROTH sogar bewiesen, daß – unabhängig von dem Grad n der algebraischen Zahl z – jede Zahl $2+\varepsilon$ ein zulässiger Exponent in der Ungleichung (3) ist, während der Exponent 2 selbst nicht mehr zulässig ist.

Die transzendenten Zahlen haben von jeher die Mathematiker fasziniert. Aber bis in die jüngste Vergangenheit sind nur wenige Beispiele von wirklich interessanten Zahlen bekannt geworden, deren Transzendenz nachgewiesen werden konnte. (In Kapitel III werden wir die Transzendenz von π erörtern, aus der die Unmöglichkeit der Quadratur des Kreises mit Zirkel und Lineal folgt.) In einem berühmten Vortrag auf dem internationalen Mathematikerkongreß zu Paris im Jahre 1900 hat DAVID HILBERT dreißig mathematische Probleme genannt, die leicht zu formulieren waren, zum Teil sogar in elementarer und populärer Form, von denen aber keines bis dahin gelöst war oder durch die damals existierende mathematische Technik unmittelbar angreifbar erschien. Diese „Hilbertschen Probleme" waren eine Herausforderung für die folgende mathematische Entwicklung. Fast alle Probleme sind inzwischen gelöst worden, und häufig bedeutete die Lösung einen entscheidenden Fortschritt für die mathematische Erkenntnis und die allgemeinen Methoden. Eins der völlig aussichtslos erscheinenden Probleme war, zu zeigen, daß

$$2^{\sqrt{2}}$$

eine transzendente, oder auch nur, daß es eine irrationale Zahl ist. Fast dreißig Jahre lang bestand keine Hoffnung, daß man einen Weg zur Bewältigung dieses Problems finden würde. Schließlich entdeckten unabhängig voneinander und etwa gleichzeitig C. L. SIEGEL und der Russe A. GELFOND, sowie dann SIEGELs Schüler TH. SCHNEIDER überraschende neue Methoden, um die Transzendenz vieler in der Mathematik bedeutsamer Zahlen zu beweisen, darunter die der Hilbertschen Zahl $2^{\sqrt{2}}$ und allgemeiner aller Zahlen a^b, wobei a eine algebraische Zahl $\neq 0$ oder 1 und b eine beliebige irrationale algebraische Zahl ist.

Ergänzung zu Kapitel II

Mengenalgebra (Boolesche Algebra)

1. Allgemeine Theorie

Der Begriff einer *Klasse* oder *Menge* von Dingen ist einer der ganz fundamentalen Begriffe der Mathematik. Eine Menge wird definiert durch irgendeine Eigenschaft oder ein Attribut $\mathfrak{A}$, das jedes der betrachteten Objekte entweder besitzen muß oder nicht besitzen darf; diejenigen Objekte, die die fragliche Eigenschaft besitzen, bilden die zugehörige Menge A. Wenn wir also etwa die natürlichen Zahlen betrachten und als Eigenschaft $\mathfrak{A}$ diejenige nehmen, eine Primzahl zu sein, so ist die zugehörige Menge A die Menge aller Primzahlen 2, 3, 5, 7, ... Das mathematische Studium der Mengen beruht auf der Tatsache, daß Mengen durch gewisse Operationen verknüpft werden können, so daß andere Mengen entstehen, ebenso wie Zahlen durch Addition und Multiplikation verknüpft werden können, so daß andere Zahlen entstehen. Das Studium der auf Mengen anwendbaren Operationen umfaßt die „Mengenalgebra", die viele formale Ähnlichkeiten mit der Zahlenalgebra aber auch Unterschiede von ihr aufweist. Der Umstand, daß algebraische Methoden auf das Studium nicht-numerischer Objekte, wie Mengen, angewendet werden können, zeigt die große Allgemeinheit der Begriffe der modernen Mathematik. In den letzten Jahren ist deutlich geworden, daß die Mengenalgebra viele Gebiete der Mathematik, z. B. die Maßtheorie und die Wahrscheinlichkeitstheorie, durchsichtiger werden läßt. Zugleich ist sie für die systematische Zurückführung mathematischer Begriffe auf ihre logische Grundlage wertvoll.

Im folgenden soll I eine feste Menge von Objekten irgendwelcher Art bedeuten, die wir die Grundmenge nennen, und A, B, C sollen willkürlich gewählte Teilmengen von I bedeuten. Wenn I die Menge aller natürlichen Zahlen bezeichnet, so kann etwa A die Menge aller geraden, B die Menge aller ungeraden Zahlen, C die Menge aller Primzahlen bedeuten. Oder I könnte die Menge aller Punkte einer bestimmten Ebene bezeichnen, A die Menge aller Punkte innerhalb eines gewissen Kreises dieser Ebene, B die Menge aller Punkte innerhalb eines gewissen anderen Kreises, usw. Zur Vereinfachung rechnen wir zu den „Teilmengen" von I auch die Menge I selbst und die „leere Menge" 0, die keine Elemente enthält. Der Zweck dieser künstlichen Begriffserweiterung ist, die Regel beizubehalten, daß jeder Eigenschaft $\mathfrak{A}$ die Teilmenge A aller Elemente von I entspricht, die diese Eigenschaft besitzen. Wenn $\mathfrak{A}$ eine allgemein geltende Eigenschaft ist, z. B. die durch die triviale Gleichung $x = x$ gekennzeichnete, dann ist die entsprechende Teilmenge von I die Menge I selbst, da jedes Objekt dieser Gleichung genügt; wenn dagegen $\mathfrak{A}$ eine sich selbst widersprechende Eigenschaft ist, wie $x \neq x$, so wird die entsprechende Teilmenge keine Objekte enthalten und kann durch das Symbol O bezeichnet werden.

Die Menge A wird eine *Teilmenge* oder *Untermenge* der Menge B genannt, wenn es kein Objekt in A gibt, das nicht auch zu B gehört. Wenn dies der Fall ist, schreiben wir

$$A \subset B \quad \text{oder} \quad B \supset A .$$

Zum Beispiel ist die Menge A aller ganzen Zahlen, die Vielfache von 10 sind, eine Untermenge der Menge B aller ganzen Zahlen, die Vielfache von 5 sind, da jedes Vielfache von 10 auch ein Vielfaches von 5 ist. Die Aussage $A \subset B$ schließt nicht die Möglichkeit aus, daß auch $B \subset A$. Wenn beide Relationen gelten, so sagen wir, daß A und B gleich sind, und schreiben

$$A = B .$$

Damit dies zutrifft, muß jedes Element von A ein Element von B sein und umgekehrt, so daß die Mengen A und B genau dieselben Elemente enthalten.

Die Relation $A \subset B$ hat viel Ähnlichkeit mit der Ordnungsrelation $a \leqq b$ bei reellen Zahlen. Insbesondere gilt:

1) $A \subset A$.
2) Wenn $A \subset B$ und $B \subset A$, so $A = B$.
3) Wenn $A \subset B$ und $B \subset C$, so $A \subset C$.

Aus diesem Grunde nennen wir auch die Relation $A \subset B$ eine „Ordnungsrelation".

Der Hauptunterschied zu der Relation $a \leqq b$ bei Zahlen ist der folgende: während für *jedes* Zahlenpaar a, b mindestens eine der Relationen $a \leqq b$ oder $b \leqq a$ gilt, trifft dies für Mengen nicht zu. Wenn zum Beispiel A die Menge ist, die aus den Zahlen 1, 2, 3 besteht, und B die Menge, die aus 2, 3, 4 besteht, so ist weder $A \subset B$ noch $B \subset A$. Aus diesem Grunde sagt man, daß die Relation $A \subset B$ zwischen Mengen nur eine partielle Ordnung bestimmt, während die Relation $a \leqq b$ bei Zahlen eine totale Ordnung herstellt.

Wir bemerken noch, daß aus der Definition der Relation $A \subset B$ folgt:

4) $O \subset A$ für jede Menge A, und
5) $A \subset I$,

wenn A eine beliebige Teilmenge der Grundmenge I ist. Die Relation 4) könnte paradox erscheinen, sie ist aber in Einklang mit einer genauen Auslegung der Definition des Zeichens $\subset$; denn die Behauptung $O \subset A$ wäre nur dann falsch, wenn die leere Menge ein Element enthielte, das nicht zu A gehört, und da die leere Menge überhaupt keine Elemente enthält, so ist das unmöglich, einerlei welche Menge A darstellt.

Wir werden jetzt zwei Mengenoperationen definieren, die viele von den algebraischen Eigenschaften der Addition und Multiplikation von Zahlen haben, obwohl sie begrifflich durchaus von diesen Operationen verschieden sind. Zu diesem Zweck betrachten wir irgend zwei Mengen A und B. Unter der *Vereinigung* oder der *logischen Summe* von A und B verstehen wir die Menge aller Objekte, die zu A *oder* zu B gehören (einschließlich aller, die etwa in beiden enthalten sind). Diese Menge bezeichnen wir durch das Symbol $A \cup B$. Unter dem *Durchschnitt* oder dem *logischen Produkt* von A und B verstehen wir die Menge aller Elemente, welche zugleich zu A *und* zu B gehören. Diese Menge bezeichnen wir durch das Symbol $A \cap B$. Um diese Operationen zu verdeutlichen, wollen wir wieder als A und B die Mengen

$$A = \{1, 2, 3\}, \qquad B = \{2, 3, 4\}$$

wählen. Dann ist

$$A \cup B = \{1, 2, 3, 4\}, \qquad A \cap B = \{2, 3\}.$$

Von den wichtigsten algebraischen Eigenschaften der Operationen $A \cup B$ und $A \cap B$ zählen wir die folgenden auf, die der Leser auf Grund der gegebenen Definitionen nachprüfen möge:

6) $A \cup B = B \cup A$ 7) $A \cap B = B \cap A$
8) $A \cup (B \cup C) = (A \cup B) \cup C$ 9) $A \cap (B \cap C) = (A \cap B) \cap C$
10) $A \cup A = A$ 11) $A \cap A = A$
12) $A \cap (B \cup C) = (A \cap B) \cup (A \cap C)$ 13) $A \cup (B \cap C) = (A \cup B) \cap (A \cup C)$
14) $A \cup O = A$ 15) $A \cap I = A$
16) $A \cup I = I$ 17) $A \cap O = O$
18) die Relation $A \subset B$ ist mit jeder der beiden Relationen $A \cup B = B$ und $A \cap B = A$ äquivalent.

Die Bestätigung dieser Gesetze ist eine Sache der elementaren Logik. Zum Beispiel besagt 10), daß die Menge, die aus den Objekten besteht, die zu A oder zu A gehören, genau die Menge A selbst ist, und 12) besagt, daß die Menge der Objekte die zu A gehören und zugleich zu B oder zu C, dieselbe ist wie die Menge der Objekte, die zugleich zu A und zu B oder aber zugleich zu A und zu C gehören. Die logischen Begründungen für diese und ähnliche Gesetze lassen sich veranschaulichen, wenn man die Mengen A, B, C als Flächenstücke in einer Ebene darstellt; man muß dabei nur darauf achten, daß für jedes Paar von Mengen sowohl gemeinsame als auch nicht gemeinsame Elemente vorhanden sind.

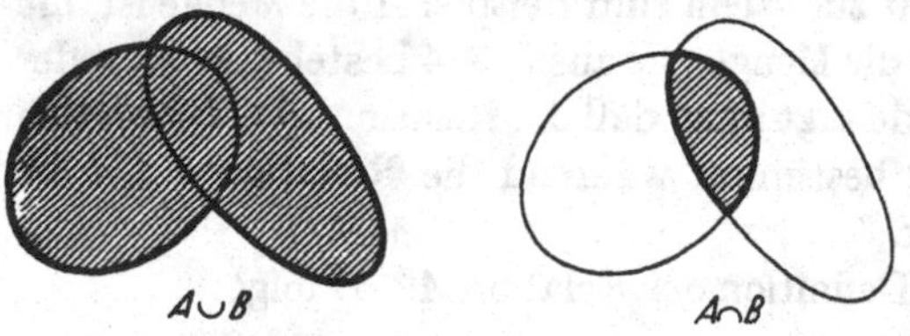

Fig. 26. Vereinigung und Durchschnitt von Mengen

Der Leser wird bemerkt haben, daß die Gesetze 6, 7, 8 und 9 bis auf die Verknüpfungszeichen mit den gewohnten kommutativen und assoziativen Gesetzen der Algebra übereinstimmen. Das Gesetz 12 nimmt die Gestalt des bekannten distributiven Gesetzes an, wenn man – wie dies mitunter auch gebräuchlich ist – die Vereinigung zweier Mengen mit $A + B$ und den Durchschnitt mit AB bezeichnet. Die Gesetze 10 und 11 und das (ganz gleichartig wie Gesetz 12 gebaute) Gesetz 13 haben dagegen keine numerischen Analoga und geben der Mengenalgebra im Vergleich zur Zahlenalgebra eine einfachere Struktur. Zum Beispiel tritt an die Stelle des binomischen Satzes der gewöhnlichen Algebra die folgende Formel der Mengenalgebra:

$$(A \cup B)^n = (A \cup B) \cap (A \cup B) \cap \cdots \cap (A \cup B) = A \cup B,$$

die aus 11) folgt. Die Gesetze 14, 15 und 17 zeigen, daß die Eigenschaften von O und I hinsichtlich Vereinigung und Durchschnitt weitgehend den Eigenschaften der Zahlen 0 und 1 hinsichtlich der gewöhnlichen Addition und Multiplikation gleichen. Das Gesetz 16 hat kein Analogon in der Zahlenalgebra.

Eine weitere Operation der Mengenalgebra muß noch definiert werden. Es sei A irgendeine Untermenge der Grundmenge I. Dann verstehen wir unter dem *Komplement* von A die Menge aller Objekte von I, die *nicht* zu A gehören. Diese Menge bezeichnen wir durch das Symbol A'. Wenn also I die Menge aller natürlichen Zahlen und A die Menge der Primzahlen ist, so besteht A' aus der 1 und den zerlegbaren Zahlen. Die Operation, die Menge A' zu bilden, hat in der Zahlenalgebra kein genaues Analogon. Sie besitzt folgende Eigenschaften:

19) $A \cup A' = I$ 20) $A \cap A' = 0$

21) $O' = I$ 22) $I' = O$

23) $A'' = A$

24) Die Relation $A \subset B$ ist äquivalent der Relation $B' \subset A'$.

25) $(A \cup B)' = A' \cap B'$ 26) $(A \cap B)' = A' \cup B'$.

Die Nachprüfung dieser Gesetze überlassen wir wiederum dem Leser.

Die Gesetze 1 bis 26 bilden die Grundlage der Mengenalgebra. Sie besitzen die merkwürdige Eigenschaft der „Dualität" in folgendem Sinne:

Wenn in irgendeinem der Gesetze 1 bis 26 die Symbole

$\subset$ *und* $\supset$

O *and* I

$\cup$ *und* $\cap$

überall da, wo sie auftreten, vertauscht werden, so ergibt sich wieder eines dieser Gesetze.

Zum Beispiel wird das Gesetz 6 zu 7, 12 zu 13, 17 zu 16 usw. Daraus folgt, daß *jedem Satz, der auf Grund der Gesetze 1 bis 26 bewiesen werden kann, ein anderer, „dualer" Satz entspricht, den man durch die angegebenen Vertauschungen erhält.* Da der Beweis irgendeines Satzes aus der sukzessiven Anwendung von einigen der Gesetze 1 bis 26 bestehen wird, so liefert die Anwendung der jeweils dual entsprechenden Gesetze einen Beweis des dualen Satzes. (Eine ähnliche Dualität in der Geometrie werden wir in Kapitel IV kennenlernen.)

2. Anwendung auf die mathematische Logik

Die Verifikation der Gesetze der Mengenalgebra beruhte auf der Untersuchung der logischen Bedeutung der Relation $A \subset B$ und der Operationen $A \cup B$, $A \cap B$ und A'. Wir können nun diesen Prozeß umkehren und die Gesetze 1 bis 26 als Grundlage für eine „Algebra der Logik" benutzen. Genauer gesagt: Der Teil der Logik, der sich auf Mengen bezieht oder, was damit gleichwertig ist, auf Eigenschaften oder *Attribute* von Dingen, kann auf ein formales algebraisches System mit den Grundgesetzen 1 bis 26 zurückgeführt werden. Die logische Universalmenge tritt an die Stelle der Menge I; *jede Eigenschaft, d. h. jedes Attribut* $\mathfrak{A}$ *definiert eine Menge A, die aus allen Dingen in I besteht, denen dieses Attribut zukommt.* Die Regeln für die Übertragung der üblichen logischen Terminologie in die Sprache der Mengenlehre seien durch die folgenden Beispiele verdeutlicht:

„A oder B"	$A \cup B$
„A und B"	$A \cap B$
„Nicht A"	A'
„Weder A noch B"	$(A \cup B)'$, oder gleichbedeutend $A' \cap B'$
„Nicht A und B zugleich"	$(A \cap B)'$, oder gleichbedeutend $A' \cup B'$

„Alle A sind B" oder „wenn A, dann B" oder „A impliziert B"	$A \subset B$
„Einige A sind B"	$A \cap B \neq 0$
„Kein A ist B"	$A \cap B = 0$
„Einige A sind nicht B"	$A \cap B' \neq 0$
„Es gibt keine A"	$A = 0$

Der Syllogismus „Barbara", der besagt „Wenn gilt: alle A sind B und alle B sind C, dann gilt: alle A sind C", lautet in der Sprache der Mengenalgebra einfach

3) Wenn $A \subset B$ und $B \subset C$, dann $A \subset C$.

Der „Satz vom Widerspruch", der besagt: „Ein Ding kann nicht eine Eigenschaft zugleich besitzen und nicht besitzen", wird hier zu der Formel

20) $A \cap A' = 0$,

während der „Satz vom ausgeschlossenen Dritten", der besagt: „Ein Ding muß eine gegebene Eigenschaft entweder besitzen oder nicht besitzen", die folgende Form erhält:

19) $A \cup A' = I$.

Also kann der Teil der Logik, der sich mittels der Symbole $\subset$, $\cup$, $\cap$ und $'$ ausdrücken läßt, als ein formales algebraisches System behandelt werden, das den Gesetzen 1 bis 26 gehorcht.

Aus dieser Verschmelzung der logischen Untersuchung der Mathematik mit der mathematischen Untersuchung der Logik hat sich eine neue Disziplin, die *mathematische Logik*, ergeben, die sich zur Zeit in lebhafter Entwicklung befindet.

Vom Standpunkt der Axiomatik ist es bemerkenswert, daß die Aussagen 1 bis 26 gemeinsam mit allen anderen Sätzen der Mengenalgebra sich aus den folgenden drei Gleichungen ableiten lassen:

$$
\text{27)}\qquad
\begin{aligned}
&A \cup B = B \cup A\\
&(A \cup B) \cup C = A \cup (B \cup C)\\
&(A' \cup B')' \cup (A' \cup B)' = A\,.
\end{aligned}
$$

Daraus folgt, daß die Mengenalgebra als rein deduktive Theorie wie die euklidische Geometrie aufgebaut werden kann, indem man diese drei Aussagen als Axiome annimmt. Wenn man das tut, so werden die Operation $A \cap B$ und die Ordnungsrelation $A \subset B$ mittels der Ausdrücke $A \cup B$ und A' definiert:

$A \cap B$ bedeutet die Menge $(A' \cup B')'$

$A \subset B$ bedeutet, daß $A \cup B = B$.

Ein ganz anderes Beispiel eines mathematischen Systems, das allen formalen Gesetzen der Mengenalgebra genügt, besteht aus den acht Zahlen 1, 2, 3, 5, 6, 10, 15, 30, wo $a \cup b$ als das kleinste gemeinsame Vielfache von a und b, $a \cap b$ als der größte gemeinsame Teiler von a und b, $a \subset b$ als die Aussage „a ist Teiler von b" und a' als die Zahl $30/a$ definiert sind. Die Existenz solcher Beispiele führte zum Studium allgemeiner algebraischer Systeme, die den Gesetzen (27) genügen. Diese Systeme werden Boolesche Algebren genannt, zu Ehren von George Boole (1815–1864), einem englischen Mathematiker und Logiker, dessen originelles und grundlegendes Buch *An Investigation of the Laws of Thought* im Jahre 1854 erschienen ist.

3. Eine Anwendung auf die Wahrscheinlichkeitsrechnung

Die Mengenalgebra ist auch für die Wahrscheinlichkeitsrechnung von Nutzen. Um nur den einfachsten Fall zu behandeln, wollen wir uns einen Versuch mit einer endlichen Anzahl von möglichen Ergebnissen denken, die alle als „gleich wahrscheinlich" angenommen werden. Das Experiment kann zum Beispiel darin bestehen, daß aufs Geratewohl eine Karte aus einem gut gemischten Spiel von 52 Karten gezogen wird. Wenn die Menge der möglichen Ergebnisse des Experiments mit I bezeichnet wird und A irgendeine Teilmenge von I bedeutet, dann ist die Wahrscheinlichkeit, daß das Ergebnis des Versuchs zu A gehören wird, durch das Verhältnis

$$p(A) = \frac{\text{Anzahl der Elemente von } A}{\text{Anzahl der Elemente von } I}$$

definiert. Wenn wir die Anzahl der Elemente in einer beliebigen Menge A mit $n(A)$ bezeichnen, so können wir diese Definition in der Form

$$p(A) = \frac{n(A)}{n(I)} \tag{1}$$

schreiben. Wenn in unserem Beispiel A die Untermenge „Cœur" bedeutet, dann ist $n(A) = 13$, $n(I) = 52$ und $p(A) = \frac{13}{52} = \frac{1}{4}$.

Die Begriffe der Mengenalgebra gehen in die Wahrscheinlichkeitsrechnung ein, wenn die Wahrscheinlichkeiten gewisser Mengen bekannt sind und die Wahrscheinlichkeit anderer Mengen gesucht wird. Zum Beispiel können wir aus der Kenntnis von $p(A)$, $p(B)$ und $p(A \cap B)$ die Wahrscheinlichkeit von $A \cup B$ berechnen:

$$p(A \cup B) = p(A) + p(B) - p(A \cap B). \tag{2}$$

Der Beweis ist einfach. Wir haben

$$n(A \cup B) = n(A) + n(B) - n(A \cap B),$$

da die Elemente, die A und B gemeinsam sind, d. h. die Elemente von $A \cap B$, in der Summe $n(A) + n(B)$ doppelt gezählt werden, und wir deshalb $n(A \cap B)$ von dieser Summe abziehen müssen, um die richtige Anzahl $n(A \cup B)$ zu erhalten. Teilen wir jedes Glied dieser Gleichung durch $n(I)$, so erhalten wir die Gleichung (2).

Eine interessante Formel entsteht, wenn wir drei Teilmengen A, B, C von I betrachten. Nach (2) haben wir

$$p(A \cup B \cup C) = p[(A \cup B) \cup C] = p(A \cup B) + p(C) - p[(A \cup B) \cap C].$$

Nach Formel (12) des vorigen Abschnitts wissen wir, daß $(A \cup B) \cap C = (A \cap C) \cup (B \cap C)$. Folglich gilt

$$p[(A \cup B) \cap C] = p[(A \cap C) \cup (B \cap C)] = p(A \cap C) + p(B \cap C) - p(A \cap B \cap C).$$

Indem wir diesen Wert von $p[(A \cup B) \cap C]$ und den durch (2) gegebenen Wert von $p(A \cup B)$ in die vorige Gleichung einsetzen, erhalten wir die gewünschte Formel

$$p(A \cup B \cup C) = p(A) + p(B) + p(C) - p(A \cap B) - p(A \cap C) - p(B \cap C) + p(A \cap B \cap C). \tag{3}$$

Als Beispiel wollen wir das folgende Experiment betrachten. Die drei Ziffern 1, 2, 3 werden in beliebiger Reihenfolge niedergeschrieben. Wie groß ist die Wahrscheinlichkeit, daß mindestens eine Ziffer auf ihrem richtigen Platz steht? Es sei A die Menge aller Anordnungen, bei denen die 1 zuerst kommt, B die Menge aller Anordnungen, in denen die 2 den zweiten Platz hat, und C die Menge aller Anordnungen, in denen die Ziffer 3 als dritte auftritt. Dann ist $p(A \cup B \cup C)$ zu berechnen. Offenbar ist

$$p(A) = p(B) = p(C) = \frac{2}{6} = \frac{1}{3},$$

denn, wenn eine Ziffer ihren richtigen Platz innehat, so gibt es noch zwei mögliche Anordnungen für die beiden anderen Ziffern in der Gesamtheit von $3 \cdot 2 \cdot 1 = 6$ möglichen Anordnungen aller drei Ziffern. Ferner ist

$$p(A \cap B) = p(A \cap C) = p(B \cap C) = \frac{1}{6}$$

und

$$p(A \cap B \cap C) = \frac{1}{6},$$

da es nur jeweils eine Möglichkeit gibt, in der einer dieser Fälle eintreten kann. Aus (3) folgt

$$p(A \cup B \cup C) = 3 \cdot \frac{1}{3} - 3 \cdot \frac{1}{6} + \frac{1}{6} = 1 - \frac{1}{2} + \frac{1}{6} = \frac{2}{3} = 0{,}6666\ldots.$$

Übung: Man stelle die entsprechende Formel für $p(A \cup B \cup C \cup D)$ auf und wende sie auf den Fall mit vier Ziffern an. Die entsprechende Wahrscheinlichkeit ist $5/8 = 0{,}6250$.

Die allgemeine Formel für die Vereinigung von n Teilmengen ist

$$(4) \qquad p(A_1 \cup A_2 \cup \cdots \cup A_n) = \sum_1 p(A_i) - \sum_2 p(A_i \cap A_j) + \sum_3 p(A_i \cap A_j \cap A_k) - \cdots \pm p(A_1 \cap A_2 \cap \cdots \cap A_n),$$

worin die Symbole $\sum\limits_1, \sum\limits_2, \sum\limits_3, \ldots, \sum\limits_{n-1}$ die Summierung über alle möglichen Kombinationen von einer, von zweien, von dreien, ..., von $(n-1)$ der gegebenen Mengen $A_1, A_2, \ldots, A_n$ bedeuten. Diese Formel kann durch mathematische Induktion auf genau dieselbe Weise abgeleitet werden, wie wir (3) aus (2) abgeleitet haben. Nach (4) ist es leicht zu zeigen: Wenn die n Ziffern $1, 2, 3, \ldots, n$ in beliebiger Reihenfolge niedergeschrieben werden, hat die Wahrscheinlichkeit, daß mindestens eine Ziffer an ihrer richtigen Stelle stehen wird, den Wert

$$(5) \qquad p_n = 1 - \frac{1}{2!} + \frac{1}{3!} - \frac{1}{4!} + \cdots \pm \frac{1}{n!},$$

worin das letzte Glied mit dem Plus- oder Minus-Zeichen zu nehmen ist, je nachdem, ob n ungerade oder gerade ist. Insbesondere ist für $n = 5$ die Wahrscheinlichkeit

$$p_5 = 1 - \frac{1}{2!} + \frac{1}{3!} - \frac{1}{4!} + \frac{1}{5!} = 0{,}6333\ldots.$$

Wir werden in Kapitel VIII sehen, daß, wenn n gegen unendlich strebt, der Ausdruck

$$S_n = \frac{1}{2!} - \frac{1}{3!} + \frac{1}{4!} - \cdots \pm \frac{1}{n!}$$

gegen eine Grenze $1/e$ strebt, deren Wert auf fünf Dezimalstellen 0,36788 ist. Nach (5) ist $p_n = 1 - S_n$, daraus ergibt sich, wenn n gegen unendlich strebt,

$$p_n \to 1 - 1/e = 0{,}63212\ldots.$$

Drittes Kapitel

Geometrische Konstruktionen. Die Algebra der Zahlkörper

Einleitung

Konstruktionsprobleme sind immer ein beliebter Gegenstand der Geometrie gewesen. Wie sich der Leser aus seiner Schulzeit erinnern wird, läßt sich allein mit Zirkel und Lineal eine große Mannigfaltigkeit von Konstruktionen ausführen. Strecken oder Winkel können halbiert werden, von einem Punkt aus kann ein Lot auf eine gegebene Gerade gefällt werden, ein reguläres Sechseck kann einem Kreis einbeschrieben werden u. a. m. Bei all diesen Aufgaben wird das Lineal nur als geradlinige Kante benutzt, als Instrument zum Ziehen gerader Linien, nicht zum Messen oder Abtragen von Entfernungen. Die traditionelle Beschränkung auf Zirkel und Lineal allein geht schon auf das Altertum zurück, obwohl die Griechen selber sich nicht scheuten, auch andere Hilfsmittel zu benutzen.

Eines der berühmten klassischen Konstruktionsprobleme ist das sogenannte Berührungsproblem des APOLLONIUS (etwa 200 v. Chr.), bei dem drei beliebige Kreise in einer Ebene gegeben sind und ein vierter gesucht wird, der alle drei berühren soll. Insbesondere ist es zulässig, daß einer oder mehrere der gegebenen Kreise in einen Punkt oder eine Gerade (einen „Kreis" mit dem Radius Null bzw. „unendlich") entartet sind. Zum Beispiel kann die Aufgabe gestellt sein, einen Kreis zu konstruieren, der zwei gegebene Geraden berührt und durch einen gegebenen Punkt geht. Während solche Spezialfälle ziemlich leicht zu behandeln sind, ist das allgemeine Problem erheblich schwieriger.

Unter allen Konstruktionsproblemen ist vielleicht am reizvollsten die Aufgabe, ein regelmäßiges n-Eck allein mit Zirkel und Lineal zu konstruieren. Für gewisse Werte von n, z. B. für $n = 3, 4, 5, 6$ ist die Lösung bekannt und bildet einen beliebten Gegenstand der Schulgeometrie. Für das regelmäßige Siebeneck ($n = 7$) jedoch hat man lange vergeblich nach einer solchen Konstruktion gesucht. Auch für drei andere klassische Probleme gilt dasselbe: Die Dreiteilung (Trisektion) eines beliebig gegebenen Winkels, die Verdoppelung eines gegebenen Würfels (d. h. die Konstruktion der Kante eines Würfels, dessen Rauminhalt doppelt so groß wie der eines Würfels von gegebener Kantenlänge ist) und die Quadratur des Kreises (d. h. die Konstruktion eines Quadrats, das denselben Flächeninhalt hat wie ein gegebener Kreis). Bei all diesen Problemen sind Zirkel und Lineal die einzigen zulässigen Hilfsmittel.

Ungelöste Probleme dieser Art regten eine bemerkenswerte Entwicklung in der Mathematik an: Nach Jahrhunderten vergeblichen Suchens entstand die Vermutung, daß diese Probleme vielleicht prinzipiell unlösbar sein könnten. So sahen sich die Mathematiker veranlaßt, die Frage zu untersuchen: *Wie kann man beweisen, daß gewisse Probleme nicht gelöst werden können?*

In der Algebra war es das Problem der Auflösung von Gleichungen 5ten und höheren Grades, das zu dieser neuen Art der Fragestellung führte. Während des 16. Jahrhunderts hatte man gelernt, algebraische Gleichungen dritten und vierten Grades durch Verfahren zu lösen, die der elementaren Methode zur Auflösung quadratischer Gleichungen ähnlich sind. Alle diese Methoden haben folgendes gemeinsam: Die Lösungen oder „Wurzeln" der Gleichung können als algebraische Ausdrücke geschrieben werden, die man aus den Koeffizienten der Gleichung durch eine Folge von Operationen erhält, wovon jede entweder eine rationale Operation ist – Addition, Subtraktion, Multiplikation oder Division – oder die Ausziehung einer Quadratwurzel, Kubikwurzel oder vierten Wurzel. Man sagt, daß algebraische Gleichungen bis zum vierten Grade „durch Radikale" gelöst werden können (radix ist das lateinische Wort für Wurzel). Nichts schien natürlicher, als dieses Verfahren auf Gleichungen 5ten und höheren Grades auszudehnen, indem man Wurzeln höherer Ordnung benutzte. Aber alle solchen Versuche mißlangen. Selbst bedeutende Mathematiker des 18. Jahrhunderts täuschten sich in dem Glauben, die Lösungen gefunden zu haben. Erst zu Anfang des 19. Jahrhunderts kamen der Italiener RUFFINI (1765–1822) und der Norweger N. H. ABEL (1802–1829) auf die damals revolutionäre Idee, die *Unmöglichkeit der Lösung der allgemeinen algebraischen Gleichung n-ten Grades durch Radikale* zu beweisen. Man beachte, daß es nicht um die Frage geht, ob eine beliebige algebraische Gleichung Lösungen *besitzt*. Diese Tatsache wurde zuerst von GAUSS in seiner Doktorarbeit 1799 bewiesen. Es besteht also kein Zweifel an der *Existenz* der Wurzeln einer Gleichung; diese Wurzeln können sogar durch geeignete Rechenverfahren bis zu jeder gewünschten Genauigkeit bestimmt werden. Die wichtige Technik der numerischen Auflösung von Gleichungen ist seit alters her entwickelt. Das Problem von ABEL und RUFFINI ist jedoch ein ganz anderes: Läßt sich die Lösung *allein durch rationale Operationen und Radikale* bewerkstelligen? Der Wunsch, über diese Frage volle Klarheit zu gewinnen, inspirierte die großartige Entwicklung der modernen Algebra und Gruppentheorie, die von RUFFINI, ABEL und GALOIS (1811–1832) eingeleitet wurde.

Die Frage nach dem Beweis der Unmöglichkeit gewisser geometrischer Konstruktionen führt zu einem der einfachsten Beispiele für diese Fragestellung in der Algebra. Mit Hilfe von algebraischen Begriffen werden wir in diesem Kapitel imstande sein, die Unmöglichkeit der Dreiteilung des Winkels, der Konstruktion des regulären Siebenecks und der Verdoppelung des Würfels zu beweisen. (Das Problem der Quadratur des Kreises ist sehr viel schwieriger zu bewältigen; siehe S. 112f.) Unser Ausgangspunkt wird nicht so sehr die negative Frage der Unmöglichkeit gewisser Konstruktionen sein, als vielmehr die positive Frage: Wie können alle konstruierbaren Probleme vollständig charakterisiert werden? Nachdem wir diese Frage beantwortet haben, werden wir leicht zeigen können, daß die oben genannten Probleme außerhalb dieser Kategorie liegen.

Im Alter von 19 Jahren untersuchte GAUSS die Konstruierbarkeit der regelmäßigen p-Ecke, wenn p eine Primzahl ist. Die Konstruktion war damals nur für $p = 3$ und $p = 5$ bekannt. GAUSS entdeckte, daß das regelmäßige p-Eck dann und nur dann konstruierbar ist, wenn p eine „Fermatsche" Primzahl

$$p = 2^{2^n} + 1$$

ist. Die ersten Fermatschen Zahlen sind 3, 5, 17, 257, 65537 (siehe S. 21). Von dieser Entdeckung war der junge GAUSS so überwältigt, daß er seine Absicht, Philologe zu werden, aufgab und beschloß, sein Leben der Mathematik und ihren Anwendungen zu widmen. Er hat auf diese erste seiner großen Leistungen immer mit besonderem Stolz zurückgeblickt. Nach seinem Tode wurde in Braunschweig ein Bronzestandbild von ihm errichtet, und es hätte keine passendere Ehrung ersonnen werden können, als dem Sockel die Form eines regelmäßigen 17-Ecks zu geben.

Bei der Beschäftigung mit geometrischen Konstruktionen darf man nie vergessen, daß das Problem nicht darin besteht, Figuren praktisch mit einem gewissen Genauigkeitsgrad zu zeichnen, sondern darin, ob die genaue Lösung theoretisch mit Zirkel und Lineal allein gefunden werden kann. Was GAUSS bewies, ist, daß seine Konstruktionen im Prinzip durchführbar sind. Die Theorie betrifft nicht den einfachsten Weg, solche Konstruktionen tatsächlich auszuführen, oder die Kunstgriffe, mit denen sie vereinfacht und die Zahl der nötigen Schritte verrringert werden kann. Das ist eine Frage von sehr viel geringerer theoretischer Bedeutung. Vom praktischen Standpunkt aus würde keine solche Konstruktion ein ebenso befriedigendes Ergebnis liefern, wie man es mit Hilfe eines guten Winkelmessers erzielen könnte.

Trotzdem tauchen immer wieder „Winkeldreiteiler" und „Kreisquadrierer" auf, die den theoretischen Charakter der Konstruierbarkeitsfragen nicht verstehen und sich weigern, längst geklärte wissenschaftliche Tatsachen zur Kenntnis zu nehmen. Diejenigen Leser, die in der Lage sind, elementare Mathematik zu verstehen, dürften von der Lektüre des vorliegenden Kapitels einigen Nutzen ziehen.

Es soll nochmals betont werden, daß in mancher Hinsicht unser Begriff der geometrischen Konstruktion etwas künstlich ist. Zirkel und Lineal sind gewiß die einfachsten Hilfsmittel zum Zeichnen, aber die Beschränkung auf diese Instrumente gehört keineswegs zum Wesen der Geometrie. Wie die griechischen Mathematiker schon vor langer Zeit erkannten, können gewisse Probleme – z. B. das der Verdoppelung des Würfels – gelöst werden, wenn z. B. die Benutzung eines Lineals in Form eines rechten Winkels zugelassen wird; ebenso leicht ist es, andere Instrumente als den Zirkel zu erfinden, mit denen Ellipsen, Hyperbeln und noch kompliziertere Kurven gezeichnet werden können und deren Benutzung das Gebiet der konstruierbaren Figuren wesentlich erweitert. In den folgenden Abschnitten werden wir jedoch an der Tradition geometrischer Konstruktionen nur mit Zirkel und Lineal festhalten.

I. Teil

Unmöglichkeitsbeweise und Algebra

§ 1. Grundlegende geometrische Konstruktionen

1. Rationale Operationen und Quadratwurzeln

Um unsere allgemeinen Vorstellungen zu klären, wollen wir mit der Untersuchung einiger klassischer Konstruktionen beginnen. Der Schlüssel zu einem tieferen Verständnis liegt in der Übersetzung der geometrischen Probleme in die Sprache der Algebra. Jedes geometrische Konstruktionsproblem ist von folgendem Typus: Eine Reihe von Strecken $a, b, c, \ldots$ ist gegeben und eine oder mehrere andere Strecken $x, y, \ldots$ sind gesucht. Es ist stets möglich, Probleme in dieser Weise zu formulieren, wenn sie auch auf den ersten Blick ein ganz anderes Aussehen haben. Die gesuchten Strecken können als Seiten eines zu konstruierenden Dreiecks auftreten oder als Radien von Kreisen oder als die rechtwinkligen Koordinaten gewisser Punkte (siehe z. B. S. 110). Der Einfachheit halber wollen wir annehmen, daß nur eine Strecke x gesucht ist. Die geometrische Konstruktion läuft dann darauf hinaus, ein algebraisches Problem zu lösen: Zuerst müssen wir eine Beziehung (eine Gleichung) zwischen der gesuchten Größe x und den gegebenen Größen $a, b, c, \ldots$ herstellen; dann müssen wir die unbekannte Größe x bestimmen, indem wir diese Gleichung lösen, und schließlich müssen wir untersuchen, ob sich diese Lösung durch solche algebraischen Operationen gewinnen läßt, die Konstruktionen mit Zirkel und Lineal entsprechen. Der ganzen Theorie liegt das Prinzip der analytischen Geometrie zugrunde, nämlich die quantitative Kennzeichnung geometrischer Objekte durch reelle Zahlen, gestützt auf die Einführung des reellen Zahlenkontinuums.

Zuerst bemerken wir, daß einige der einfachsten algebraischen Operationen elementaren geometrischen Konstruktionen entsprechen. Sind zwei Strecken mit den Längen a und b (gemessen durch eine gegebene „Einheitsstrecke") gegeben, so ist es sehr leicht, $a+b$, $a-b$, ra (worin r eine beliebige rationale Zahl ist), a/b und ab zu konstruieren.

Um $a+b$ zu konstruieren (Fig. 27), ziehen wir eine gerade Linie und tragen darauf mit dem Zirkel die Entfernung $OA = a$ und $AB = b$ ab. Dann ist $OB = a+b$. Für $a-b$ tragen wir ebenso $OA = a$ und $AB = b$ ab, aber jetzt AB in der OA entgegengesetzten Richtung. Dann ist $OB = a-b$. Um 3a zu konstruieren, addieren wir einfach $a+a+a$; wir können ebenso pa konstruieren, wenn p eine ganze Zahl ist. $a/3$ konstruieren wir nach folgender Methode (Fig. 28): wir

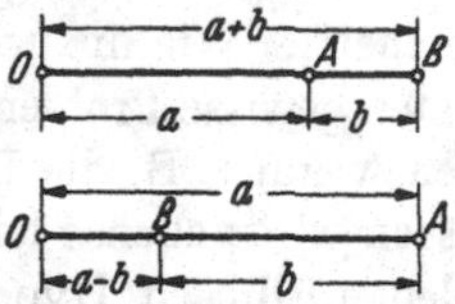

Fig. 27. Konstruktion von $a+b$ und $a-b$

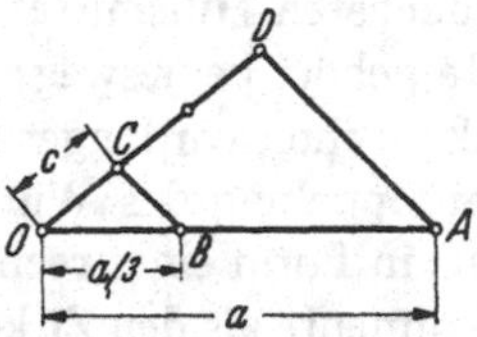

Fig. 28. Konstruktion von $a/3$

tragen $OA = a$ auf einer Geraden ab und ziehen eine beliebige zweite Gerade durch O. Auf dieser Geraden tragen wir eine beliebige Strecke $OC = c$ ab und konstruieren $OD = 3c$. Wir verbinden A und D und ziehen durch C eine Parallele zu AD, die OA in B schneidet. Die Dreiecke OBC und OAD sind ähnlich; daher ist $OB/a = OB/OA = OC/OD = 1/3$ und $OB = a/3$. In derselben Weise können wir a/q konstruieren, wenn q eine natürliche Zahl ist. Indem wir dieses Verfahren auf die Strecke pa anwenden, können wir demnach ra konstruieren, worin $r = p/q$ eine beliebige rationale Zahl ist.

Um a/b zu konstruieren (Fig. 29), tragen wir $OB = b$ und $OA = a$ auf den Schenkeln eines Winkels in O ab und außerdem auf OB die Strecke $OD = 1$. Durch D ziehen wir dann eine Parallele zu AB, die OA in C trifft. Dann hat OC die Länge a/b. Die Konstruktion von ab geht aus Fig. 30 hervor, in der AD eine Parallele zu BC durch A ist.

Aus diesen Überlegungen folgt, daß *die „rationalen" algebraischen Operationen* — Addition, Subtraktion, Multiplikation und Division bekannter Größen — *durch geometrische Konstruktionen ausgeführt werden können.* Aus beliebigen gegebenen Strecken, die durch reelle Zahlen $a, b, c, \ldots$ gemessen werden, können wir durch sukzessive Anwendung dieser einfachen Konstruktionen jede beliebige Größe konstruieren, die sich rational durch die $a, b, c, \ldots$ ausdrücken läßt, d. h. also durch

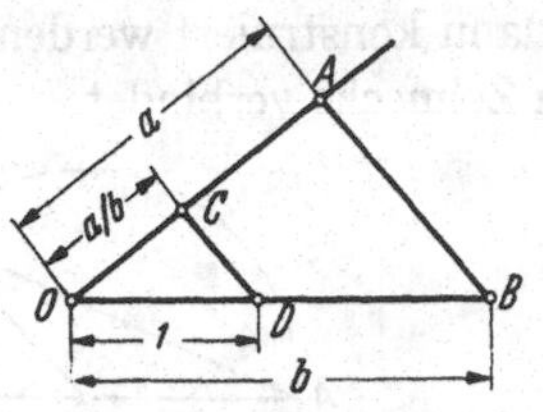

Fig. 29. Konstruktion von a/b

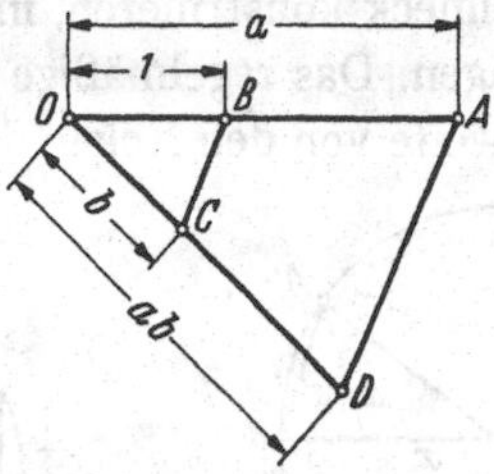

Fig. 30. Konstruktion von ab

wiederholte Anwendung von Addition, Subtraktion, Multiplikation und Division. Die Gesamtheit aller Größen, die auf diese Weise aus $a, b, c, \ldots$ gewonnen werden können, bilden einen sogenannten *Zahlkörper*, d. h. eine Menge von Zahlen mit der Eigenschaft, daß beliebige rationale Operationen, auf zwei oder mehrere Elemente der Menge angewandt, wieder eine zur Menge gehörige Zahl liefern. Wir erinnern uns, daß die rationalen Zahlen, die reellen Zahlen und die komplexen Zahlen solche Körper bilden. Im vorliegenden Fall sagt man, daß der Körper durch die gegebenen Zahlen $a, b, c, \ldots$ *erzeugt* wird.

Die entscheidende neue Konstruktion, die uns über den erhaltenen Körper hinausführt, ist das Ausziehen der Quadratwurzel: Wenn eine Strecke a gegeben ist, so kann $\sqrt{a}$ ebenfalls mit Zirkel und Lineal allein konstruiert werden. Auf einer Geraden tragen wir $OA = a$ und $AB = 1$ ab (Fig. 31). Wir schlagen einen Kreis mit OB als Durchmesser und errichten im Punkte A das Lot auf OB, das den Kreis in C schneidet. Das Dreieck OBC hat bei C einen rechten Winkel, nach dem Satz der elementaren Geometrie, der besagt, daß der einem Halbkreis einbeschriebene Winkel ein rechter Winkel ist. Folglich ist $\angle OCA = \angle ABC$, die rechtwinkligen Dreiecke OAC und CAB sind ähnlich, und für $x = AC$ haben wir

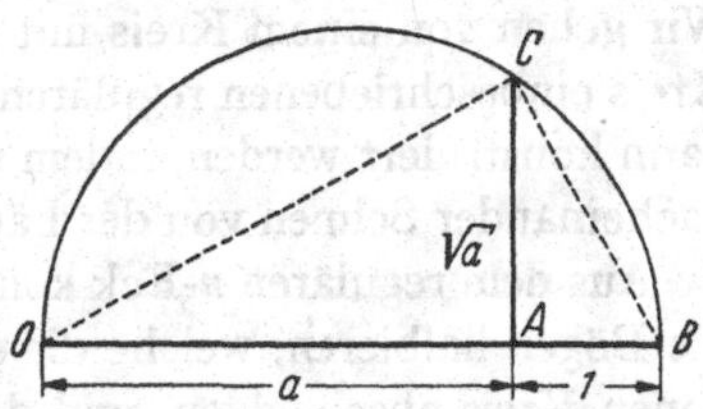

Fig. 31. Konstruktion von $\sqrt{a}$

$$\frac{a}{x} = \frac{x}{1}, \quad x^2 = a, \quad x = \sqrt{a}.$$

2. Regelmäßige Vielecke

Wir wollen nun einige etwas kompliziertere Konstruktionsprobleme betrachten. Wir beginnen mit dem regulären Zehneck. Nehmen wir an, ein reguläres Zehneck sei einem Kreis mit dem Radius 1 einbeschrieben (Fig. 32), und nennen wir seine Seite x. Da x einem Winkel von 36° im Kreismittelpunkt gegenüberliegt, werden die beiden anderen Winkel des Dreiecks OAB jeder gleich 72° sein, und daher zerlegt die punktierte Linie, die den Winkel A halbiert, das Dreieck OAB

in zwei gleichschenklige Dreiecke, beide mit der Schenkellänge x. Demnach wird der Radius des Kreises in zwei Abschnitte x und $1 - x$ geteilt. Da OAB dem kleineren gleichschenkligen Dreieck ähnlich ist, haben wir $1/x = x/(1-x)$. Aus dieser Proportion ergibt sich die quadratische Gleichung $x^2 + x - 1 = 0$ mit der Lösung $x = (\sqrt{5} - 1)/2$ ist. (Die zweite Lösung der Gleichung ist negativ.) Hieraus ist klar, daß x geometrisch konstruierbar ist. Haben wir die Länge x, so können wir das reguläre Zehneck konstruieren, indem wir die Länge zehnmal als Sehne auf dem Kreis abtragen. Das regelmäßige Fünfeck kann dann konstruiert werden, indem man jede zweite von den Ecken des regelmäßigen Zehnecks verbindet.

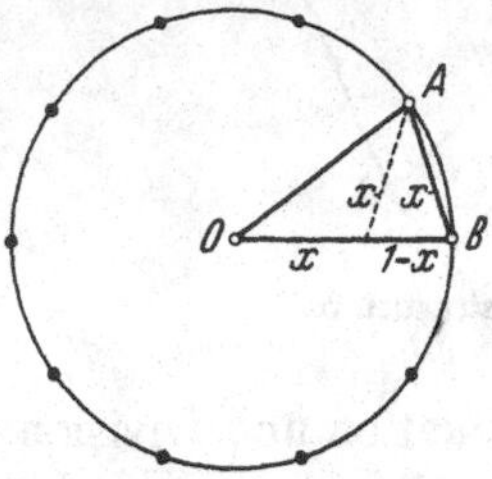

Fig. 32. Das reguläre Zehneck

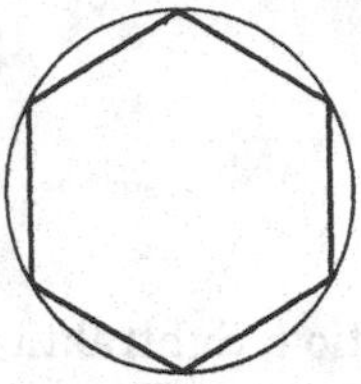

Fig. 33. Das reguläre Sechseck

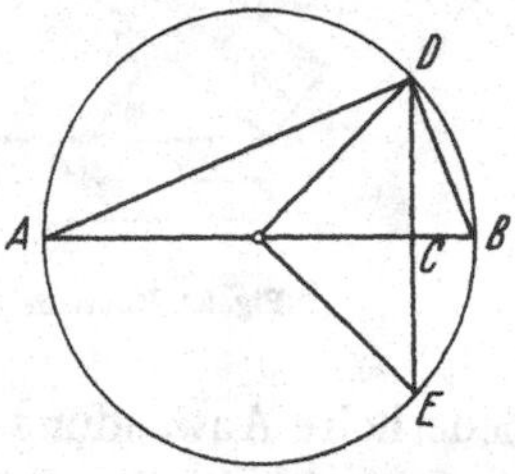

Fig. 34

Anstatt $\sqrt{5}$ nach der Methode der Fig. 31 zu konstruieren, können wir $\sqrt{5}$ auch als Hypotenuse eines rechtwinkligen Dreiecks mit den Katheten 1 und 2 erhalten. Wir bekommen dann x, indem wir von $\sqrt{5}$ die Einheitslänge subtrahieren und den Rest halbieren.

Das Verhältnis $OB : AB$ des eben behandelten Problems wird der „goldene Schnitt" genannt, weil die griechischen Mathematiker ein Rechteck, dessen Seiten in diesem Verhältnis stehen, ästhetisch für besonders gefällig hielten. Der Wert des Verhältnisses ist etwa 1,62.

Von allen regulären Vielecken ist das Sechseck am leichtesten zu konstruieren. Wir gehen von einem Kreis mit dem Radius r aus; die Seitenlänge eines diesem Kreis einbeschriebenen regulären Sechsecks ist dann gleich r. Das Sechseck selbst kann konstruiert werden, indem man von einem beliebigen Punkt des Kreises aus nacheinander Sehnen von der Länge r abträgt, bis alle sechs Ecken gefunden sind.

Aus dem regulären n-Eck können wir das reguläre $2n$-Eck erhalten, indem wir die Bögen halbieren, welche die einzelnen Seiten des n-Ecks auf dem umbeschriebenen Kreis abschneiden, und die so gefundenen zusätzlichen Punkte zusammen mit den ursprünglichen Ecken zu Ecken des $2n$-Ecks machen. Ausgehend von dem Durchmesser eines Kreises (einem „2-Eck") können wir demnach das 4-, 8-, 16-, ..., 2^n-Eck konstruieren. Ebenso können wir das 12-, 24-, 48-Eck usw. aus dem Sechseck und das 20-, 40-Eck usw. aus dem Zehneck erhalten.

Wenn s_n die Seitenlänge des dem Einheitskreis (Kreis mit dem Radius 1) einbeschriebenen n-Ecks bedeutet, dann hat die Seite des $2n$-Ecks die Länge

$$s_{2n} = \sqrt{2 - \sqrt{4 - s_n^2}}\,.$$

Dies läßt sich wie folgt beweisen: In Fig. 34 ist s_n gleich $DE = 2DC$, s_{2n} gleich DB und AB gleich 2. Der Flächeninhalt des rechtwinkligen Dreiecks ABD ist $1/2\, BD \cdot AD$ und zugleich $1/2\, AB \cdot CD$. Da nun $AD = \sqrt{AB^2 - DB^2}$, so finden wir durch Einsetzen von $AB = 2$, $BD = s_{2n}$, $CD = {}^1/_2\, s_n$ und Gleichsetzen der beiden Ausdrücke für den Flächeninhalt:

$$s_n = s_{2n}\sqrt{4 - s_{2n}^2} \quad \text{oder} \quad s_n^2 = s_{2n}^2(4 - s_{2n}^2)\,.$$

Löst man diese quadratische Gleichung für $x = s_{2n}^2$ und beachtet, daß x kleiner als 2 sein muß, so findet man leicht die oben angegebene Formel.

Aus dieser Formel und der Tatsache, daß s_4 (die Seite des Quadrats) gleich $\sqrt{2}$ ist, folgt

$$s_8 = \sqrt{2-\sqrt{2}}, \qquad s_{16} = \sqrt{2-\sqrt{2+\sqrt{2}}},$$

$$s_{32} = \sqrt{2-\sqrt{2+\sqrt{2+\sqrt{2}}}}, \text{ usw.}$$

Als allgemeine Formel erhalten wir für $n > 2$

$$s_{2^n} = \sqrt{2-\sqrt{2+\sqrt{2+\cdots+\sqrt{2}}}}$$

mit $n - 1$ ineinandergeschachtelten Quadratwurzeln. Der Umfang des 2^n-Ecks im Einheitskreis ist $2^n s_{2^n}$. Wenn n gegen unendlich strebt, strebt das 2^n-Eck gegen den Kreis. Daher nähert sich $2^n s_{2^n}$ dem Umfang des Einheitskreises, der nach Definition gleich 2π ist. So erhalten wir, indem wir m für $n - 1$ schreiben und einen Faktor 2 herausheben, eine Grenzwertformel für π:

$$2^m \underbrace{\sqrt{2-\sqrt{2+\sqrt{2+\cdots+\sqrt{2}}}}}_{m \text{ Quadratwurzeln}} \to \pi, \qquad \text{wenn } m \to \infty,$$

Übung: Als Folgerung beweise man (mit Hilfe von $2^m \to \infty$), daß

$$\underbrace{\sqrt{2+\sqrt{2+\cdots+\sqrt{2}}}}_{n \text{ Quadratwurzeln}} \to 2, \qquad \text{wenn } n \to \infty.$$

Die gefundenen Resultate zeigen die folgende charakteristische Tatsache: *Die Seiten des 2^n-Ecks, des $5 \cdot 2^n$-Ecks und des $3 \cdot 2^n$-Ecks können alle durch bloße Addition, Subtraktion, Multiplikation, Division und Ausziehen von Quadratwurzeln gefunden werden.*

*3. Das Problem des APOLLONIUS

Ein weiteres Konstruktionsproblem, das in algebraischer Betrachtungsweise ganz einfach wird, ist das schon erwähnte berühmte Berührungsproblem des APOLLONIUS. Im vorliegenden Zusammenhang brauchen wir uns nicht darum zu bemühen, eine besonders elegante Konstruktion zu finden. Es kommt hier darauf an, daß das Problem prinzipiell mit Zirkel und Lineal allein lösbar ist. Wir werden eine kurze Andeutung des Beweises geben und die Frage nach einer eleganteren Konstruktionsmethode auf S. 127 verschieben.

Die drei gegebenen Kreise mögen die Mittelpunkte (x_1, y_1), (x_2, y_2), (x_3, y_3) und die Radien r_1, r_2, bzw. r_3 haben. Wir bezeichnen Mittelpunkt und Radius des gesuchten Kreises mit (x, y) und r. Dann erhält man die Bedingung dafür, daß der gesuchte Kreis die drei gegebenen Kreise berührt, indem man beachtet, daß der Abstand zwischen den Mittelpunkten zweier sich berührender Kreise gleich der Summe oder Differenz ihrer Radien ist, je nachdem, ob sich die Kreise von außen oder von innen berühren. Dies liefert die Gleichungen

$$(x - x_1)^2 + (y - y_1)^2 - (r \pm r_1)^2 = 0, \tag{1}$$

$$(x - x_2)^2 + (y - y_2)^2 - (r \pm r_2)^2 = 0, \tag{2}$$

$$(x - x_3)^2 + (y - y_3)^2 - (r \pm r_3)^2 = 0 \tag{3}$$

oder

$$x^2 + y^2 - r^2 - 2xx_1 - 2yy_1 \mp 2rr_1 + x_1^2 + y_1^2 - r_1^2 = 0, \tag{1a}$$

usw. In jeder dieser Gleichungen ist das obere oder untere Zeichen zu wählen, je nachdem, ob die Kreise sich äußerlich oder innerlich berühren sollen (siehe Fig. 35). Die Gleichungen (1), (2), (3) sind drei quadratische Gleichungen in den drei Unbekannten x, y, r mit der besonderen Eigenschaft, daß die Glieder zweiten Grades in allen drei Gleichungen dieselben sind, wie man an der ausmultiplizierten Form

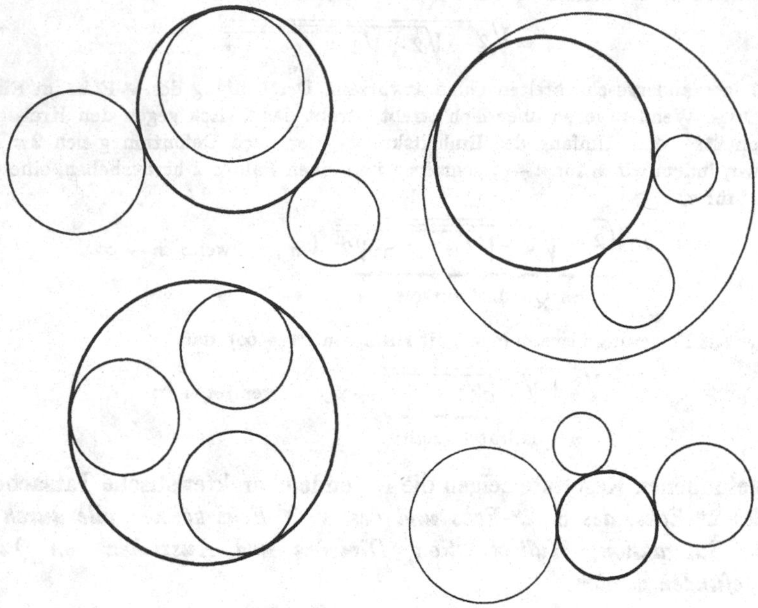

Fig. 35. Apollonische Kreise

(1a) sieht. Durch Subtraktion der Gleichung (2) von (1) erhalten wir daher eine lineare Gleichung in x, y, r:

$$ax + by + cr = d\,, \tag{4}$$

worin $a = 2(x_2 - x_1)$, usw. Subtraktion der Gleichung (3) von (1) ergibt ebenso eine zweite lineare Gleichung

$$a'x + b'y + c'r = d'\,. \tag{5}$$

Löst man (4) und (5) nach x und y, ausgedrückt durch r, auf und setzt man das Ergebnis in (1) ein, so erhält man eine quadratische Gleichung für r, die sich durch rationale Operationen und Ausziehen von Quadratwurzeln lösen läßt (siehe S. 73). Im allgemeinen wird es zwei Lösungen dieser Gleichung geben, von denen nur eine positiv sein wird. Haben wir r aus dieser Gleichung gefunden, so erhalten wir x und y aus den beiden linearen Gleichungen (4) und (5). Der Kreis um den Punkt (x, y) mit dem Radius r wird dann die drei gegebenen Kreise berühren. Für das ganze Verfahren sind nur rationale Operationen und Quadratwurzeln benutzt worden. Daraus folgt, daß r, x und y allein mit Zirkel und Lineal konstruiert werden können.

Im allgemeinen wird es acht Lösungen des Problems von APOLLONIUS geben, entsprechend den $2 \cdot 2 \cdot 2 = 8$ möglichen Kombinationen der $+$ und $-$ Zeichen in den Gleichungen (1), (2) und (3). Diese Möglichkeiten entsprechen der Bedingung, daß die gesuchten Kreise jeden der drei gegebenen Kreise von außen oder von innen berühren dürfen. Es kann vorkommen, daß unser algebraisches Verfahren keine reellen Werte für x, y und r liefert. Das wird zum Beispiel zutreffen, wenn die drei gegebenen Kreise konzentrisch sind, so daß es keine Lösung für das geometrische Problem gibt. Andrerseits können wir „Entartungen" der Lösung erwarten, wenn zum Beispiel die drei gegebenen Kreise in drei Punkte auf einer Geraden entarten. Dann entartet der Kreis des APOLLONIUS in diese Gerade. Wir wollen diese Möglichkeiten nicht im einzelnen diskutieren; der Leser mit einiger Übung in algebraischen Problemen wird in der Lage sein, die Untersuchung selbst durchzuführen.

*§ 2. Konstruierbare Zahlen und Zahlkörper

1. Allgemeine Theorie

Die bisherige Diskussion beleuchtet die allgemeine algebraische Grundlage geometrischer Konstruktionen. Jede Konstruktion mit Zirkel und Lineal besteht aus einer Aufeinanderfolge von Schritten, deren jeder von einer der folgenden vier Arten ist: 1. Verbinden zweier Punkte durch eine Gerade, 2. Bestimmen des Schnittpunktes zweier Geraden, 3. Schlagen eines Kreises mit gegebenem Radius um einen Punkt, 4. Bestimmen des Schnittpunktes eines Kreises mit einem anderen Kreis oder einer Geraden. Jedes Element (Punkt, Gerade oder Kreis) gilt als bekannt, wenn es entweder von vornherein gegeben war oder in einem vorangegangenen Schritt konstruiert worden ist. Für die theoretische Untersuchung beziehen wir die ganze Konstruktion auf ein Koordinatensystem x, y (siehe S. 59). Die gegebenen Elemente sind dann Punkte oder Strecken in der x, y-Ebene. Wenn zu Beginn nur eine Strecke gegeben ist, können wir ihre Länge als Einheitslänge wählen, womit der Punkt $x = 1, y = 0$ festgelegt ist. Zuweilen kommen „willkürliche" oder „beliebige" Elemente vor: beliebige Geraden werden gezogen, beliebige Punkte oder Radien gewählt. (Ein Beispiel eines solchen willkürlichen Elements kommt bei der Konstruktion des Mittelpunktes einer Strecke vor: Wir schlagen zwei Kreise von gleichem aber beliebigem Radius von jedem Endpunkt der Strecke aus und verbinden ihre beiden Schnittpunkte.) In solchen Fällen können wir das betreffende Element rational wählen, d. h. willkürliche Punkte können mit rationalen Koordinaten x, y, willkürliche Geraden $ax + by + c = 0$ mit rationalen Koeffizienten a, b, c, willkürliche Kreise mit rationalen Mittelpunkten und rationalen Radien gewählt werden. Wir werden durchweg die willkürlichen Elemente in dieser Weise rational wählen; wenn die Elemente wirklich „willkürlich" sind, kann diese Beschränkung das Ergebnis einer Konstruktion nicht beeinflussen.

Der Einfachheit halber werden wir im folgenden annehmen, daß zu Anfang nur ein Element, die Einheitslänge, gegeben ist. Dann können wir nach § 1 mit Zirkel und Lineal alle Zahlen konstruieren, die aus der Einheit durch die rationalen Prozesse der Addition, Subtraktion, Multiplikation und Division gewonnen werden können, d. h. alle rationalen Zahlen r/s, wobei r und s ganze Zahlen sind. Das System der rationalen Zahlen ist „abgeschlossen" in bezug auf die rationalen Operationen, daß heißt: Summe, Differenz, Produkt und Quotient zweier beliebiger rationaler Zahlen – wobei die Division durch Null wie immer ausgeschlossen ist – sind wieder rationale Zahlen. Jede Menge von Zahlen, die diese Eigenschaft der Abgeschlossenheit in bezug auf die vier rationalen Operationen besitzt, wird ein *Zahlkörper* genannt.

Übung: Es soll gezeigt werden, daß jeder Körper mindestens alle rationalen Zahlen enthält. (Anleitung: Wenn $a \neq 0$ eine Zahl des Körpers F ist, so gehört auch $a/a = 1$ zu F, und aus 1 läßt sich jede rationale Zahl durch rationale Operationen erhalten.)

Von der Einheit ausgehend, können wir also den ganzen rationalen Zahlkörper konstruieren und daher alle rationalen Punkte der x, y-Ebene (d. h. Punkte, deren Koordinaten beide rational sind). Wir können neue, irrationale Zahlen erhalten, wenn wir mit Hilfe des Zirkels z. B. die Zahl $\sqrt{2}$ konstruieren, die nach Kapitel II, § 2 nicht zum Körper der rationalen Zahlen gehört. Haben wir $\sqrt{2}$ konstruiert, so können wir mit Hilfe der „rationalen" Konstruktionen des § 1 alle Zahlen der Form

$$a + b\sqrt{2} \tag{1}$$

finden, worin a und b rational und daher selbst konstruierbar sind. Wir können ferner alle Zahlen der Form

$$\frac{a+b\sqrt{2}}{c+d\sqrt{2}} \quad \text{oder} \quad (a+b\sqrt{2})\,(c+d\sqrt{2})$$

konstruieren, worin a, b, c, d rational sind. Diese Zahlen lassen sich indessen alle in der Form (1) schreiben. Denn wir haben

$$\frac{a+b\sqrt{2}}{c+d\sqrt{2}} = \frac{a+b\sqrt{2}}{c+d\sqrt{2}} \cdot \frac{c-d\sqrt{2}}{c-d\sqrt{2}} = \frac{ac-2bd}{c^2-2d^2} + \frac{bc-ad}{c^2-2d^2}\sqrt{2} = p + q\sqrt{2},$$

worin p und q rational sind. (Der Nenner $c^2 - 2d^2$ kann nicht Null sein, denn wäre $c^2 - 2d^2 = 0$, so müßte $\sqrt{2} = c/d$ sein, im Widerspruch zu der Tatsache, daß $\sqrt{2}$ irrational ist.) Ebenso ist

$$(a+b\sqrt{2})\,(c+d\sqrt{2}) = (ac+2bd) + (bc+ad)\sqrt{2} = r + s\sqrt{2},$$

worin r und s rational sind. Demnach gehört alles, was wir durch die Konstruktion von $\sqrt{2}$ erhalten können, zu der Menge der Zahlen von der Form (1) mit beliebigen rationalen Zahlen a, b.

Übung: Die Zahlen

$$\frac{p}{q},\ p + p^2,\ (p - p^2)\,\frac{q}{r},\ \frac{pqr}{1+r^2},\ \frac{p+qr}{q+pr^2}$$

mit $p = 1 + \sqrt{2}$, $q = 2 - \sqrt{2}$, $r = -3 + \sqrt{2}$ sind in der Form (1) darzustellen.

Diese Zahlen (1) bilden wieder einen Körper, wie die vorstehende Erörterung zeigt. (Daß Summe und Differenz zweier Zahlen der Form (1) ebenfalls von der Form (1) sind, ist klar.) Dieser Körper ist größer als der Körper der rationalen Zahlen, der ein Teil oder ein *Unterkörper* von ihm ist. Aber er ist natürlich kleiner als der Körper *aller* reellen Zahlen. Wir wollen den rationalen Zahlkörper K_0 und den neuen Körper der Zahlen von der Form (1) K_1 nennen. Die Konstruierbarkeit aller Zahlen des erweiterten Körpers K_1 haben wir schon festgestellt. Wir können nun die „Reichweite" unserer Konstruktion weiter ausdehnen, indem wir z. B. eine Zahl von K_1, sagen wir $k = 1 + \sqrt{2}$, nehmen und daraus die Quadratwurzel ziehen, so daß wir die konstruierbare Zahl

$$\sqrt{1+\sqrt{2}} = \sqrt{k}$$

erhalten. So kommen wir gemäß § 1 zu dem Körper, der aus allen Zahlen

$$p + q\sqrt{k} \tag{2}$$

besteht, worin p und q jetzt beliebige Zahlen von K_1, d. h. von der Form $a + b\sqrt{2}$ sind, und a, b zu K_0 gehören, d. h. rational sind.

Übungen: Man stelle

$$(\sqrt{k})^3,\ \frac{1+(\sqrt{k})^2}{1+\sqrt{k}},\ \frac{\sqrt{2}\sqrt{k}+\frac{1}{\sqrt{2}}}{(\sqrt{k})^2-3},\ \frac{(1+\sqrt{k})(2-\sqrt{k})\left(\sqrt{2}+\frac{1}{\sqrt{k}}\right)}{1+\sqrt{2}\,k}$$

in der Form (2) dar.

Alle diese Zahlen sind unter der Annahme konstruiert, daß zu Beginn nur eine Strecke gegeben ist. Wenn zwei Strecken gegeben sind, können wir eine davon als Einheitslänge wählen. In dieser Einheit gemessen, möge die Länge der anderen Strecke α sein. Dann können wir den Körper L konstruieren, der aus allen Zahlen der Form

$$\frac{a_m\alpha^m + a_{m-1}\alpha^{m-1} + \cdots + a_1\alpha + a_0}{b_n\alpha^n + b_{n-1}\alpha^{n-1} + \cdots + b_1\alpha + b_0}$$

besteht, worin die Zahlen $a_0, \ldots, a_m$ und $b_0, \ldots, b_n$ rational sind und m, n beliebige positive ganze Zahlen.

Übung: Wenn zwei Strecken von den Längen 1 und α gegeben sind, sollen geometrische Konstruktionen für $1 + \alpha + \alpha^2$, $(1 + \alpha)/(1 - \alpha)$, α^3 angegeben werden.

Nun wollen wir die etwas allgemeinere Annahme machen, daß wir alle Zahlen eines gewissen Zahlkörpers K konstruieren können. Wir werden zeigen, daß wir *mit dem Lineal allein niemals über den Körper K hinaus kommen können.* Die Gleichung der Geraden durch zwei Punkte, deren Koordinaten a_1, b_1 und a_2, b_2 zu K gehören, ist $(b_1 - b_2)x + (a_2 - a_1)y + (a_1b_2 - a_2b_1) = 0$ (siehe S. 337). Ihre Koeffizienten sind rationale Ausdrücke aus Zahlen von K und gehören daher, nach der Definition eines Körpers, selbst zu K. Haben wir ferner zwei Geraden, $\alpha x + \beta y - \gamma = 0$ und $\alpha' x + \beta' y - \gamma' = 0$, deren Koeffizienten zu K gehören, so sind die Koordinaten ihres Schnittpunktes, die man durch Lösen dieser beiden simultanen Gleichungen findet, $x = \frac{\gamma\beta' - \beta\gamma'}{\alpha\beta' - \beta\alpha'}$, $y = \frac{\alpha\gamma' - \gamma\alpha'}{\alpha\beta' - \beta\alpha'}$. Da diese ebenfalls Zahlen aus K sind, so ist klar, daß die Benutzung des Lineals allein uns nicht aus dem Zahlkörper K hinausführen kann.

Übungen: Die Geraden $x + \sqrt{2}\,y - 1 = 0$, $2x - y + \sqrt{2} = 0$ haben Koeffizienten im Körper (1). Man berechne die Koordinaten ihres Schnittpunktes und bestätige, daß sie die Form (1) haben. — Man verbinde die Punkte $(1, \sqrt{2})$ und $(2, 1 - \sqrt{2})$ durch eine Gerade $ax + by + c = 0$ und bestätige, daß deren Koeffizienten von der Form (1) sind. Man zeige dasselbe in bezug auf den Körper (2) für die Geraden $\sqrt{1 + \sqrt{2}}\,x + \sqrt{2}\,y = 1$, $(1 + \sqrt{2})\,x - y = 1 - \sqrt{1 + \sqrt{2}}$ und die Punkte $(\sqrt{2}, -1)$, $\left(1 + \sqrt{2}, \sqrt{1 + \sqrt{2}}\right)$.

Wir können aus dem Körper K nur hinausgelangen, wenn wir den Zirkel benutzen. Zu diesem Zweck wählen wir ein Element k von K derart, daß $\sqrt{k}$ nicht zu K gehört. Dann können wir $\sqrt{k}$ konstruieren und damit alle Zahlen

$$a + b\sqrt{k}, \tag{3}$$

worin a und b rationale oder auch nur beliebige Elemente von K sind. Die Summe und die Differenz zweier Zahlen $a + b\sqrt{k}$ und $c + d\sqrt{k}$, ihr Produkt $(a + b\sqrt{k})(c + d\sqrt{k}) = (ac + kbd) + (ad + bc)\sqrt{k}$ und ihr Quotient

$$\frac{a + b\sqrt{k}}{c + d\sqrt{k}} = \frac{(a + b\sqrt{k})(c - d\sqrt{k})}{c^2 - kd^2} = \frac{ac - kbd}{c^2 - kd^2} + \frac{bc - ad}{c^2 - kd^2}\sqrt{k}$$

sind wieder von der Form $p + q\sqrt{k}$ mit p und q aus K. (Der Nenner $c^2 - kd^2$ kann nicht verschwinden, außer wenn c und d beide Null sind; denn sonst wäre $\sqrt{k} = c/d$ eine Zahl aus K, im Widerspruch zu der Annahme, daß $\sqrt{k}$ nicht zu K gehört.) Daher bildet die Menge der Zahlen von der Form $a + b\sqrt{k}$ einen Zahlkörper K'. Der Körper K' enthält den ursprünglichen Körper K, denn wir können insbesondere $b = 0$ wählen. K' wird ein *Erweiterungskörper* von K und K ein *Unterkörper* von K' genannt.

Zum Beispiel sei K der Körper der Zahlen der Form $a + b\sqrt{2}$ mit rationalem a und b, und wir nehmen $k = \sqrt{2}$. Dann werden die Zahlen des erweiterten Körpers K' durch $p + q\sqrt[4]{2}$ dargestellt, wobei p und q zu K gehören, $p = a + b\sqrt{2}$, $q = a' + b'\sqrt{2}$, mit rationalen a, b, a', b'. Jede Zahl aus K' kann auf diese Form zurückgeführt werden; zum Beispiel

$$\frac{1}{\sqrt{2}+\sqrt[4]{2}} = \frac{\sqrt{2}-\sqrt[4]{2}}{(\sqrt{2}+\sqrt[4]{2})(\sqrt{2}-\sqrt[4]{2})} = \frac{\sqrt{2}-\sqrt[4]{2}}{2-\sqrt{2}}$$

$$= \frac{\sqrt{2}}{2-\sqrt{2}} - \frac{\sqrt[4]{2}}{2-\sqrt{2}} = \frac{\sqrt{2}(2+\sqrt{2})}{4-2} - \frac{(2+\sqrt{2})}{4-2}\sqrt[4]{2}$$

$$= (1+\sqrt{2}) - \left(1+\frac{1}{2}\sqrt{2}\right)\sqrt[4]{2}.$$

Übung: Es sei K der Körper $p + q\sqrt{2+\sqrt{2}}$, worin p und q von der Form $a + b\sqrt{2}$ und a, b rational sind. Man bringe $\dfrac{1+\sqrt{2+\sqrt{2}}}{2-3\sqrt{2+\sqrt{2}}}$ auf diese Form.

Wir haben gesehen: wenn wir von irgendeinem Körper K konstruierbarer Zahlen ausgehen, der die Zahl k enthält, dann können wir stets durch Benutzung des Lineals und einer einzigen Anwendung des Zirkels die Zahl $\sqrt{k}$ konstruieren und folglich auch jede Zahl der Form $a + b\sqrt{k}$, worin a und b zu K gehören.

Wir zeigen jetzt umgekehrt, daß wir durch eine einzige Anwendung des Zirkels *nur* Zahlen von dieser Form erhalten können. Denn die Leistung des Zirkels bei einer Konstruktion ist, Punkte (oder ihre Koordinaten) als Schnittpunkte eines Kreises mit einer Geraden oder von zwei Kreisen zu bestimmen. Ein Kreis mit dem Mittelpunkt ξ, η und dem Radius r hat die Gleichung $(x-\xi)^2 + (y-\eta)^2 = r^2$; daher kann, wenn ξ, η und r zu K gehören, die Gleichung des Kreises in der Form

$$x^2 + y^2 + 2\alpha x + 2\beta y + \gamma = 0$$

geschrieben werden, mit Koeffizienten α, β, γ aus K. Eine Gerade

$$ax + by + c = 0,$$

die zwei Punkte mit Koordinaten aus K verbindet, hat Koeffizienten a, b, c, die ebenfalls zu K gehören, wie wir auf S. 103 sahen. Indem wir y aus diesen simultanen Gleichungen eliminieren, erhalten wir für die x-Koordinate eines Schnittpunktes von Kreis und Gerade eine quadratische Gleichung der Form

$$Ax^2 + Bx + C = 0$$

mit Koeffizienten A, B, C aus K (ausführlich: $A = a^2 + b^2$, $B = 2(ac + b^2\alpha - ab\beta)$ $C = c^2 - 2bc\beta + b^2\gamma$). Die Lösung ist durch die Formel

$$x = \frac{-B \pm \sqrt{B^2 - 4AC}}{2A}$$

gegeben, also von der Form $p + q\sqrt{k}$, wobei p, q, k zu K gehören. Eine entsprechende Formel ergibt sich für die y-Koordinate des Schnittpunktes.

Haben wir zwei Kreise:

$$x^2 + y^2 + 2\alpha x + 2\beta y + \gamma = 0\,,$$
$$x^2 + y^2 + 2\alpha' x + 2\beta' y + \gamma' = 0\,,$$

so erhalten wir durch Subtraktion der zweiten Gleichung von der ersten die lineare Gleichung

$$2(\alpha - \alpha')x + 2(\beta - \beta')y + (\gamma - \gamma') = 0\,,$$

die man zusammen mit der Gleichung des ersten Kreises wie oben lösen kann. In beiden Fällen liefert die Konstruktion die x- und y-Koordinaten entweder eines oder zweier neuer Punkte, und diese neuen Größen sind von der Form $p + q\sqrt{k}$ mit p, q, k aus K. Insbesondere kann natürlich $\sqrt{k}$ zu K gehören, z. B. wenn $k = 4$. Dann liefert die Konstruktion nichts wesentlich Neues, und wir bleiben in K. Im allgemeinen wird dies aber nicht der Fall sein.

Übungen: Gegeben ist der Kreis mit dem Radius $2\sqrt{2}$ um den Ursprung und die Gerade, die die Punkte $(1/2, 0)$ und $(4\sqrt{2}, \sqrt{2})$ verbindet. Es soll der Körper K' ermittelt werden, der durch die Koordinaten der Schnittpunkte von Kreis und Gerade bestimmt ist. Dasselbe für die Schnittpunkte des gegebenen Kreises mit dem Kreise vom Radius $\sqrt{2}/2$ um den Punkt $(0, 2\sqrt{2})$.

Fassen wir zusammen: Wenn zu Anfang gewisse Größen gegeben sind, so können wir mit dem Lineal allein alle Größen eines Körpers K konstruieren, der durch rationale Operationen aus den gegebenen Größen entsteht. Es wird dabei allerdings angenommen, daß man mit dem Lineal auch beliebige Strecken abmessen und auf anderen Geraden abtragen, also die Konstruktionen Fig. 27–30 ausführen kann. Benutzen wir den Zirkel, so können wir von dem Körper K der konstruierbaren Größen zu einem erweiterten Körper gelangen, indem wir eine beliebige Zahl k aus K wählen, aus ihr die Quadratwurzel ziehen und den Körper K' konstruieren, der aus den Zahlen $a + b\sqrt{k}$ besteht, worin a, b und k zu K gehören. K heißt ein Unterkörper von K'; alle Größen von K sind auch in K' enthalten, da wir in dem Ausdruck $a + b\sqrt{k}$ die Größe $b = 0$ wählen können. (Dabei wird angenommen, daß $\sqrt{k}$ eine neue Zahl ist, die nicht in K enthalten ist, da andernfalls das Hinzufügen von $\sqrt{k}$ zu nichts Neuem führen würde und K' mit K identisch wäre.) Wir haben gezeigt, daß jeder Schritt einer geometrischen Konstruktion (Verbinden zweier bekannter Punkte, Schlagen eines Kreises mit bekanntem Mittelpunkt und Radius oder Aufsuchen des Schnittpunktes zweier bekannter Geraden oder Kreise) entweder nur Größen des Körpers liefert, von dem wir schon wissen, daß er aus konstruierbaren Zahlen besteht oder durch Konstruktion einer Quadratwurzel auf einen neuen erweiterten Körper konstruierbarer Zahlen führt.

Die Gesamtheit aller konstruierbaren Zahlen kann jetzt exakt definiert werden. Wir gehen von einem gegebenen Körper K_0 aus, der durch die jeweils zu Beginn gegebenen Größen bestimmt ist, d. h. von dem Körper der rationalen Zahlen, falls nur eine einzige Strecke gegeben ist, die wir als Einheit wählen. Sodann konstruieren wir durch Hinzufügen von $\sqrt{k_0}$, wobei k_0, aber nicht $\sqrt{k_0}$ zu K_0 gehört, einen Erweiterungskörper K_1 von konstruierbaren Zahlen, der aus allen Zahlen von der

Form $a_0 + b_0\sqrt{k_0}$ besteht, wobei a_0 und b_0 beliebige Zahlen aus K_0 sind. Jetzt wird ein neuer Körper K_2, Erweiterungskörper von K_1, durch die Zahlen $a_1 + b_1\sqrt{k_1}$ definiert, wobei a_1 und b_1 beliebige Zahlen aus K_1 sind und k_1 eine Zahl aus K_1, deren Quadratwurzel nicht zu K_1 gehört. Indem wir dieses Verfahren wiederholen, kommen wir nach n Adjunktionen von Quadratwurzeln zu einem Körper K_n. *Konstruierbare Zahlen sind solche und nur solche, die durch eine derartige Folge von Erweiterungskörpern „erreicht" werden können, das heißt, die zu einem Körper K_n der beschriebenen Art gehören.* Die Anzahl n der notwendigen Erweiterungen spielt dabei keine Rolle; in gewissem Sinne ist sie ein Maß für die Kompliziertheit des Problems.

Das folgende Beispiel möge das Verfahren verdeutlichen. Wir wünschen die Zahl

$$\sqrt{6} + \sqrt{\sqrt{\sqrt{1+\sqrt{2}} + \sqrt{3}} + 5}$$

zu erreichen. K_0 möge den rationalen Körper bedeuten. Setzen wir $k_0 = 2$, so erhalten wir den Körper K_1, der die Zahl $1 + \sqrt{2}$ enthält. Wir nehmen nun $k_1 = 1 + \sqrt{2}$ und $k_2 = 3$. Tatsächlich gehört 3 zu dem ursprünglichen Körper K_0, also erst recht zu K_2, so daß es also durchaus zulässig ist, $k_2 = 3$ zu wählen. Wir setzen dann $k_3 = \sqrt{1+\sqrt{2}} + \sqrt{3}$, und endlich $k_4 = \sqrt{\sqrt{1+\sqrt{2}} + \sqrt{3}} + 5$. Der so konstruierte Körper K_5 enthält die gewünschte Zahl, denn $\sqrt{6}$ gehört auch zu K_5, da $\sqrt{2}$ und $\sqrt{3}$ — und demnach auch ihr Produkt — zu K_3 und also auch zu K_5 gehören.

Übungen: Man beweise: Wenn vom rationalen Körper ausgegangen wird, ist die Seite des regulären 2^m-Ecks (siehe S. 98) eine konstruierbare Zahl mit $n = m - 1$. Man bestimme die aufeinanderfolgenden Erweiterungskörper. Dasselbe für die Zahlen

$$\sqrt{1+\sqrt{2}+\sqrt{3}+\sqrt{5}}, \qquad (\sqrt{5}+\sqrt{11})/(1+\sqrt{7-\sqrt{3}}),$$
$$(\sqrt{2+\sqrt{3}})\left(\sqrt[8]{2} + \sqrt{1+\sqrt{2+\sqrt{5}}} + \sqrt{3-\sqrt{7}}\right).$$

2. Alle konstruierbaren Zahlen sind algebraisch

Wenn der Ausgangskörper K_0 der rationale Körper ist, der von einer einzigen Strecke erzeugt wird, dann sind alle konstruierbaren Zahlen algebraisch. (Definition der algebraischen Zahlen siehe S. 82.) Die Zahlen des Körpers K_1 sind Wurzeln von quadratischen Gleichungen, die von K_2 sind Wurzeln von Gleichungen vierten Grades, und allgemein sind die Zahlen von K_k Wurzeln von Gleichungen 2^k-ten Grades mit rationalen Koeffizienten. Um dies für einen Körper K_2 zu zeigen, wollen wir zuerst das Beispiel $x = \sqrt{2} + \sqrt{3+\sqrt{2}}$ betrachten. Wir haben dann $(x-\sqrt{2})^2 = 3 + \sqrt{2}$, $x^2 + 2 - 2\sqrt{2}x = 3 + \sqrt{2}$ oder $x^2 - 1 = \sqrt{2}(2x+1)$, eine quadratische Gleichung, deren Koeffizienten zu einem Körper K_1 gehören. Durch Quadrieren erhalten wir schließlich

$$(x^2-1)^2 = 2(2x+1)^2,$$

eine Gleichung vierten Grades mit rationalen Koeffizienten.

Im allgemeinen Fall hat jede Zahl eines Körpers K_2 die Form

$$x = p + q\sqrt{w}, \tag{4}$$

darin gehören p, q, w zu einem Körper K_1 und haben daher die Form $p = a + b\sqrt{s}$, $q = c + d\sqrt{s}$, $w = e + f\sqrt{s}$, worin a, b, c, d, e, f, s rational sind. Aus (4) ergibt sich

$$x^2 - 2px + p^2 = q^2 w,$$

worin alle Koeffizienten zum Körper K_1 gehören, der durch $\sqrt{s}$ erzeugt wird. Daher kann man diese Gleichung in die Form

$$x^2 + ux + v = \sqrt{s}\,(rx + t)$$

überführen, worin r, s, t, u, v rational sind. Quadriert man beide Seiten, so erhält man eine Gleichung vierten Grades

$$(5) \qquad (x^2 + ux + v)^2 = s\,(rx + t)^2$$

mit rationalen Koeffizienten, wie behauptet wurde.

Übungen: 1. Man ermittle die Gleichungen mit rationalen Koeffizienten für a) $= \sqrt{2 + \sqrt{3}}$; b) $x = \sqrt{2} + \sqrt{3}$; c) $x = 1/\sqrt{5 + \sqrt{3}}$.

2. Man ermittle auf ähnliche Weise Gleichungen achten Grades für a) $x = \sqrt{2 + \sqrt{2 + \sqrt{2}}}$; b) $x = \sqrt{2} + \sqrt{1 + \sqrt{3}}$; c) $x = 1 + \sqrt{5 + \sqrt{3 + \sqrt{2}}}$.

Um den Satz allgemein für x in einem Körper K_k mit beliebigem k zu beweisen, zeigen wir durch das obige Verfahren, daß x einer quadratischen Gleichung mit Koeffizienten aus einem Körper K_{k-1} genügt. Durch Wiederholung des Verfahrens finden wir, daß x einer Gleichung vom Grade $2^2 = 4$ mit Koeffizienten in einem Körper K_{k-2} genügt, usw.

Übung: Man vervollständige den allgemeinen Beweis, indem man durch mathematische Induktion zeigt, daß x einer Gleichung vom Grade 2^l mit Koeffizienten aus einem Körper K_{k-l} genügt, wobei $0 < l \leqq k$. Diese Behauptung stellt für $l = k$ den verlangten Satz dar.

*§ 3. Die Unlösbarkeit der drei griechischen Probleme

1. Verdoppelung des Würfels

Jetzt sind wir vorbereitet, um die Probleme der Dreiteilung des Winkels, der Verdoppelung des Würfels und der Konstruktion des regelmäßigen Siebenecks zu untersuchen. Betrachten wir zuerst das Problem der Würfelverdoppelung. Wenn der gegebene Würfel eine Kante von der Länge 1 hat, so ist sein Volumen gleich der Volumeneinheit; gesucht ist die Kante x eines Würfels von genau dem doppelten Volumen. Die gesuchte Kantenlänge x muß daher der einfachen kubischen Gleichung genügen

$$(1) \qquad x^3 - 2 = 0\,.$$

Unser Beweis, daß diese Zahl x nicht mit Zirkel und Lineal konstruiert werden kann, ist indirekt. Wir nehmen versuchsweise an, daß eine Konstruktion möglich ist. Nach den Überlegungen des vorigen Abschnitts bedeutet dies, daß x zu einem Körper K_k gehört, den man wie oben aus dem rationalen Körper durch sukzessive Erweiterung mittels Adjunktion von Quadratwurzeln erhält. Wir werden zeigen, daß diese Annahme zu einem Widerspruch führt.

Wir wissen schon, daß x nicht im rationalen Körper K_0 liegen kann, denn $\sqrt[3]{2}$ ist eine irrationale Zahl. (Siehe Übung 1, S. 49.) Daher kann x nur in einem Erweiterungskörper K_k liegen, worin k eine positive ganze Zahl ist. Wir dürfen annehmen, daß k die *kleinste* positive ganze Zahl ist von der Art, daß x in einem Körper K_k liegt. Es folgt daraus, daß x in der Form

$$x = p + q\sqrt{w}$$

geschrieben werden kann, wobei p, q und w zu einem Körper K_{k-1} gehören, aber $\sqrt{w}$ nicht. Nun können wir mit Hilfe einer einfachen, aber wichtigen algebraischen Schlußweise zeigen, daß, wenn $x = p + q\sqrt{w}$ eine Lösung der kubischen Gleichung (1) ist, auch $y = p - q\sqrt{w}$ eine solche Lösung sein muß. Da x zum Körper K_k

gehört, so liegen auch x^3 und $x^3 - 2$ in K_k, und wir haben

(2) $$x^3 - 2 = a + b\sqrt{w},$$

wobei a und b in K_{k-1} liegen. Durch einfache Rechnung läßt sich zeigen, daß $a = p^3 + 3pq^2w - 2$, $b = 3p^2q + q^3w$ ist. Setzen wir

$$y = p - q\sqrt{w},$$

dann ergibt sich durch Einsetzen von $-q$ anstelle von q in den Ausdrücken für a und b, daß

(2') $$y^3 - 2 = a - b\sqrt{w}.$$

Nun war aber x als Wurzel von $x^3 - 2 = 0$ angenommen, daher muß

(3) $$a + b\sqrt{w} = 0$$

sein. Dies bedingt — und das ist der springende Punkt —, daß a und b beide Null sein müssen. Wäre b nicht Null, so könnten wir aus (3) schließen, daß $\sqrt{w} = -a/b$ wäre. Aber dann wäre $\sqrt{w}$ eine Zahl des Körpers K_{k-1}, in dem a und b liegen, im Widerspruch zu unserer Annahme. Folglich ist $b = 0$, und dann folgt sofort aus (3), daß auch $a = 0$ ist.

Da wir nun gezeigt haben, daß $a = b = 0$, so schließen wir sofort aus (2'), daß $y = p - q\sqrt{w}$ ebenfalls eine Lösung der kubischen Gleichung (1) ist, da $y^3 - 2$ gleich Null ist. Ferner ist $y \neq x$, d. h. $x - y \neq 0$; denn $x - y = 2q\sqrt{w}$ kann nur verschwinden, wenn $q = 0$, und wenn das der Fall wäre, so läge $x = p$ in K_{k-1}, im Widerspruch zu unserer Annahme.

Wir haben demnach gezeigt: Wenn $x = p + q\sqrt{w}$ eine Wurzel der kubischen Gleichung (1) ist, dann muß auch $y = p - q\sqrt{w}$ eine davon verschiedene Wurzel dieser Gleichung sein. Dies führt sofort zu einem Widerspruch. Denn es gibt nur eine reelle Zahl x, die eine Kubikwurzel von 2 ist, da die anderen Kubikwurzeln von 2 komplex sind (siehe S. 78); $y = p - q\sqrt{w}$ ist aber offenbar reell, da p, q und $\sqrt{w}$ reell waren.

Daher hat unsere anfängliche Annahme zu einem Widerspruch geführt und ist damit als falsch erwiesen; eine Lösung von (1) kann nicht in einem Körper K_k liegen, d. h. die Verdoppelung des Würfels mit Zirkel und Lineal ist unmöglich.

2. Ein Satz über kubische Gleichungen

Unsere letzte algebraische Überlegung war auf das vorliegende spezielle Problem zugeschnitten. Für die beiden anderen klassischen Probleme empfiehlt sich ein etwas allgemeinerer Ausgangspunkt. Alle drei Probleme führen algebraisch auf kubische Gleichungen. Eine grundlegende Tatsache für die kubische Gleichung

(4) $$z^3 + az^2 + bz + c = 0$$

ist: Wenn x_1, x_2, x_3 die drei Wurzeln dieser Gleichung sind, dann gilt

(5) $$x_1 + x_2 + x_3 = -a.*$$

* Das Polynom $z^3 + az^2 + bz + c$ kann in das Produkt $(z - x_1)(z - x_2)(z - x_3)$ zerlegt werden, worin x_1, x_2, x_3 die drei Wurzeln der Gleichung (4) sind. (Siehe S. 80.) Folglich ist

$$z^3 + az^2 + bz + c = z^3 - (x_1 + x_2 + x_3)z^2 + (x_1x_2 + x_1x_3 + x_2x_3)z - x_1x_2x_3,$$

also, da der Koeffizient jeder Potenz von z auf beiden Seiten der gleiche sein muß,

$$-a = x_1 + x_2 + x_3, \quad b = x_1x_2 + x_1x_3 + x_2x_3, \quad -c = x_1x_2x_3.$$

Betrachten wir eine beliebige kubische Gleichung (4), deren Koeffizienten a, b, c rationale Zahlen sind. Es kann sein, daß eine der Wurzeln der Gleichung rational ist; zum Beispiel hat die Gleichung $x^3 - 1 = 0$ die rationale Wurzel 1, während die beiden anderen Wurzeln, die durch die quadratische Gleichung $x^2 + x + 1 = 0$ gegeben sind, notwendig imaginär sein müssen. Wir können aber leicht den allgemeinen Satz beweisen: *Hat eine kubische Gleichung mit rationalen Koeffizienten keine rationale Wurzel, so ist keine ihrer Wurzeln konstruierbar, wenn man von dem rationalen Körper K_0 ausgeht.*

Den Beweis führen wir wieder auf indirektem Wege. Angenommen, x sei eine konstruierbare Wurzel von (4). Dann läge x in dem letzten Körper K_k einer Kette von Erweiterungskörpern $K_0, K_1, \ldots, K_k$, wie oben. Wir können annehmen, daß k die *kleinste* Zahl von der Art ist, daß eine Wurzel der kubischen Gleichung (4) in einem Erweiterungskörper K_k liegt. k muß jedenfalls größer als 0 sein, da schon in der Formulierung des Satzes die Annahme enthalten ist, daß keine der Wurzeln in dem rationalen Körper K_0 liegt. Folglich kann x in der Form

$$x = p + q\sqrt{w}$$

geschrieben werden, worin p, q, w zu dem vorhergehenden Körper K_{k-1} gehören, aber $\sqrt{w}$ nicht. Daraus folgt genau wie bei der speziellen Gleichung $z^3 - 2 = 0$ des vorigen Abschnitts, daß eine andere Zahl aus K_k, nämlich

$$y = p - q\sqrt{w},$$

ebenfalls Wurzel der Gleichung (4) ist. Wir sehen wieder, daß $q \neq 0$ und daher $x \neq y$ ist.

Aus (5) wissen wir, daß die dritte Wurzel u der Gleichung (4) durch $u = -a - x - y$ gegeben ist. Da aber $x + y = 2p$ ist, so bedeutet dies

$$u = -a - 2p,$$

worin $\sqrt{w}$ nicht mehr vorkommt, so daß u eine Zahl des Körpers K_{k-1} sein muß. Das widerspricht der Annahme, daß k die *kleinste* Zahl ist, bei der K_k eine Wurzel von (4) enthält. Damit ist die Annahme ad absurdum geführt, und keine Wurzel von (4) kann in einem solchen Körper K_k liegen: der allgemeine Satz ist damit bewiesen. Auf Grund dieses Satzes ist eine Konstruktion allein mit Zirkel und Lineal unmöglich, wenn das algebraische Äquivalent des Problems die Lösung einer kubischen Gleichung ohne rationale Wurzeln ist. Diese Äquivalenz war bei dem Problem der Verdoppelung des Würfels sogleich offenbar; sie soll jetzt für die beiden anderen griechischen Probleme nachgewiesen werden.

3. Winkeldreiteilung

Wir wollen nun beweisen, daß die Dreiteilung eines Winkels allein mit Zirkel und Lineal *im allgemeinen Fall* unmöglich ist. Natürlich gibt es Winkel, z. B. 90° und 180°, die dreigeteilt werden können. Wir werden aber zeigen, daß die Dreiteilung sich nicht durch ein für *alle* Winkel gültiges Verfahren durchführen läßt. Für den Beweis ist es vollkommen ausreichend, nur einen einzigen Winkel aufzuweisen, der nicht dreigeteilt werden kann; denn eine gültige *allgemeine Methode* müßte jedes einzelne Beispiel umfassen. Daher wird die Nichtexistenz einer allgemeinen Methode bewiesen sein, wenn wir zeigen können, daß zum Beispiel der Winkel von 60° nicht mit Zirkel und Lineal allein dreigeteilt werden kann.

Für dieses Problem können wir ein algebraisches Äquivalent auf verschiedene Weise erhalten; die einfachste ist, einen Winkel als durch seinen Cosinus gegeben anzusehen: $\cos\theta = g$. Dann ist das Problem äquivalent der Aufgabe, die Größe $x = \cos(\theta/3)$ zu finden. Nach einer einfachen trigonometrischen Formel (s. S. 77) ist der Cosinus von $\theta/3$ mit dem von θ durch die Gleichung

$$\cos\theta = g = 4\cos^3(\theta/3) - 3\cos(\theta/3)$$

verknüpft. Mit anderen Worten: Das Problem, den Winkel θ, für den $\cos\theta = g$ ist, in drei Teile zu teilen, bedeutet die Konstruktion einer Lösung der kubischen Gleichung

$$4z^3 - 3z - g = 0. \tag{6}$$

Um zu zeigen, daß dies nicht allgemein möglich ist, nehmen wir $\theta = 60°$, so daß $g = \cos 60° = 1/2$. Gleichung (6) wird dann zu

$$8z^3 - 6z = 1. \tag{7}$$

Auf Grund des im vorigen Abschnitt bewiesenen Satzes brauchen wir nur zu beweisen, daß diese Gleichung keine rationale Wurzel hat. Wir setzen $v = 2z$. Dann geht die Gleichung über in

$$v^3 - 3v = 1. \tag{8}$$

Wenn es eine rationale Zahl $v = r/s$ gäbe, die dieser Gleichung genügt, wobei r und s ganze Zahlen ohne gemeinsamen Teiler > 1 sind, dann wäre $r^3 - 3rs^2 = s^3$. Hieraus folgt, daß $s^3 = r(r^2 - 3s^2)$ durch r teilbar ist, also r und s einen gemeinsamen Teiler haben, außer wenn $r = \pm 1$ ist. Ebenso ist s^2 ein Teiler von $r^3 = s^2(s + 3r)$, so daß r und s einen gemeinsamen Teiler haben, außer wenn $s = \pm 1$ ist. Da wir angenommen hatten, daß r und s keinen gemeinsamen Teiler haben, so ergibt sich, daß die einzigen rationalen Zahlen, die möglicherweise der Gleichung (8) genügen könnten, die Zahlen $+1$ oder -1 sind. Indem wir $+1$ und -1 für v einsetzen, sehen wir, daß keine dieser Zahlen die Gleichung (8) erfüllt. Daher hat (8) und folglich auch (7) keine rationale Wurzel, und die Unmöglichkeit der Winkeldreiteilung ist bewiesen.

Das Theorem, daß der allgemeine Winkel nicht mit Zirkel und Lineal allein dreigeteilt werden kann, gilt nur unter der Voraussetzung, daß das Lineal als Instrument zum Ziehen einer geraden Verbindungslinie durch zwei gegebene Punkte und für *nichts anderes* benutzt wird. Unsere allgemeine Definition der konstruierbaren Zahlen beschränkte die Benutzung des Lineals auf diese Operation. Läßt man andere Verwendungen des Lineals zu, so kann die Gesamtheit der möglichen Konstruktionen noch stark erweitert werden. Die folgende Methode für die Dreiteilung des Winkels, die sich schon in den Werken von ARCHIMEDES findet, ist ein gutes Beispiel hierfür.

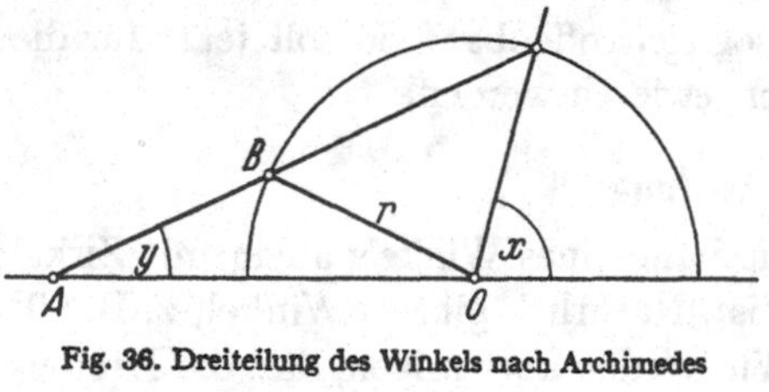

Fig. 36. Dreiteilung des Winkels nach Archimedes

Es sei ein beliebiger Winkel x gegeben wie in Fig. 36. Man verlängere den einen Schenkel des Winkels nach links und schlage einen Halbkreis um O mit beliebigem Radius r. Man markiere auf der Kante des Lineals zwei Punkte A und B, so daß $AB = r$ ist. Indem man B auf dem Halbkreis hält, verschiebe man das Lineal in die Lage, in der A auf der Verlängerung des Schenkels von x liegt, während die Kante des Lineals durch den Schnittpunkt des anderen Schenkels von x mit dem Halbkreis um O geht. Längs des Lineals in dieser Lage ziehe man eine gerade Linie, die den Winkel y mit der Verlängerung des Schenkels des ursprünglichen Winkels x bildet.

Übung: Man zeige, daß diese Konstruktion wirklich $y = x/3$ liefert.

4. Das regelmäßige Siebeneck

Betrachten wir nun das Problem, die Seite x des dem Einheitskreis einbeschriebenen regulären Siebenecks zu finden. Dieses Problem bewältigt man am einfachsten mit Hilfe komplexer Zahlen (siehe Kap. II, § 5). Wir wissen, daß die Ecken des Siebenecks durch die Wurzeln der Gleichung

$$z^7 - 1 = 0 \tag{9}$$

gegeben sind, und die Koordinaten x, y der Eckpunkte werden als Real- bzw. Imaginärteil der komplexen Zahlen $z = x + yi$ betrachtet. Eine Wurzel dieser Gleichung ist $z = 1$, und die übrigen sind die Wurzeln der Gleichung

$$\frac{z^7 - 1}{z - 1} = z^6 + z^5 + z^4 + z^3 + z^2 + z + 1 = 0\,, \tag{10}$$

die man aus (9) erhält, indem man den Faktor $z - 1$ abspaltet (siehe S. 79). Teilt man (10) durch z^3, so ergibt sich die Gleichung

$$z^3 + 1/z^3 + z^2 + 1/z^2 + z + 1/z + 1 = 0\,. \tag{11}$$

Durch eine einfache algebraische Umformung erhält man hieraus

$$(z + 1/z)^3 - 3(z + 1/z) + (z + 1/z)^2 - 2 + (z + 1/z) + 1 = 0\,. \tag{12}$$

Bezeichnen wir die Größe $(z + 1/z)$ mit y, so liefert (12) die Gleichung

$$y^3 + y^2 - 2y - 1 = 0\,. \tag{13}$$

Wir wissen, daß z, die siebente Einheitswurzel, durch

$$z = \cos\phi + i\sin\phi \tag{14}$$

gegeben ist, wobei $\phi = 360°/7$ der Winkel ist, der im Mittelpunkt des Kreises der Seite des regulären Siebenecks gegenüberliegt; ebenso wissen wir aus Übung 2 auf S. 77, daß $1/z = \cos\phi - i\sin\phi$, so daß $y = z + 1/z = 2\cos\phi$ ist. Wenn wir y konstruieren können, so können wir auch $\cos\phi$ konstruieren und umgekehrt. Können wir beweisen, daß y nicht konstruierbar ist, so haben wir damit gezeigt, daß z, und also das Siebeneck, nicht konstruierbar ist. Wegen des Satzes von Abschnitt 2 brauchen wir nur zu zeigen, daß die Gleichung (13) keine rationalen Wurzeln hat. Der Beweis ist wiederum indirekt: wir nehmen an, daß (13) eine rationale Wurzel r/s hat, worin r und s ganze Zahlen ohne gemeinsamen Teiler sind. Dann haben wir

$$r^3 + r^2 s - 2rs^2 - s^3 = 0\,, \tag{15}$$

woraus man, wie oben gezeigt, sieht, daß r^3 den Teiler s und s^3 den Teiler r besitzt. Da r und s keinen gemeinsamen Teiler haben, so müssen beide ± 1 sein; daher kann y, wenn es rational sein soll, nur die Werte $+1$ oder -1 haben. Setzt man diese Zahlen in (13) ein, so sieht man, daß keine von beiden die Gleichung erfüllt. Folglich ist y, und damit die Seite des regulären Siebenecks, nicht konstruierbar.

5. Bemerkungen zum Problem der Quadratur des Kreises

Die Probleme der Verdoppelung des Würfels, der Dreiteilung des Winkels und der Konstruktion des regelmäßigen Siebenecks haben wir mit verhältnismäßig elementaren Methoden bewältigen können. Das Problem der Quadratur des Kreises ist sehr viel schwieriger und setzt die Kenntnis der höheren mathematischen Analysis voraus. Da ein Kreis mit dem Radius r den Flächeninhalt $r^2\pi$ hat, so bedeutet die Konstruktion eines Quadrats mit demselben Flächeninhalt wie ein Kreis mit dem Radius 1, daß wir eine Strecke von der Länge $\sqrt{\pi}$ konstruieren können. Diese Strecke ist dann und nur dann konstruierbar, wenn die Zahl π konstruierbar ist. Mit Hilfe unserer allgemeinen Definition der konstruierbaren Zahlen können wir die Unmöglichkeit der Quadratur des Kreises zeigen, wenn wir zeigen können, daß die Zahl π in keinem Körper K_k enthalten sein kann, der sich durch sukzessive Adjunktion von Quadratwurzeln aus dem rationalen Körper K_0 erreichen läßt. Da alle Elemente eines solchen Körpers algebraische Zahlen sind, d. h. Zahlen, die algebraischen Gleichungen mit ganzen Koeffizienten genügen, so ist es hinreichend zu zeigen, daß π nicht algebraisch, also transzendent ist (siehe S. 82).

Die erforderliche Technik für den Beweis, daß π eine transzendente Zahl ist, wurde von CHARLES HERMITE (1822–1901) geschaffen, der bewies, daß die Zahl e transzendent ist. Durch eine geringfügige Erweiterung der Hermiteschen Methode gelang es F. LINDEMANN (1882), die Transzendenz von π zu beweisen und damit das uralte Problem der Quadratur des Kreises endgültig zu „erledigen". Der Beweis ist jedem, der mit der höheren Analysis vertraut ist, zugänglich; er überschreitet aber den Rahmen dieses Buches.

II. Teil

Verschiedene Konstruktionsmethoden

§ 4. Geometrische Abbildungen. Die Inversion

1. Allgemeine Bemerkungen

Im zweiten Teil dieses Kapitels wollen wir einige allgemeine Prinzipien systematisch besprechen, die sich auf Konstruktionsprobleme anwenden lassen. Viele dieser Probleme lassen sich vom allgemeinen Standpunkt der „geometrischen Transformationen" klarer überschauen; anstatt eine einzelne Konstruktion zu untersuchen, werden wir eine ganze Klasse von Problemen zugleich betrachten, die durch gewisse Umformungsverfahren miteinander verknüpft sind. Diese Betrachtungsweise fördert nicht nur das Verständnis bei Konstruktionsproblemen, sondern bewährt sich fast überall in der Geometrie. In den Kapiteln IV und V werden wir die allgemeine Bedeutung der geometrischen Transformationen erörtern. Hier wollen wir einen speziellen Typus von Transformationen betrachten, die Inversion (Spiegelung) einer Ebene an einem Kreis, eine Verallgemeinerung der gewöhnlichen Spiegelung an einer Geraden.

Unter einer *Transformation* oder *Abbildung* einer Ebene auf sich selbst verstehen wir eine Vorschrift, die jedem Punkt P der Ebene einen Punkt P' zuordnet, das „*Bild* von P" bei dieser Transformation; der Punkt P heißt das *Urbild* von

P'. Ein einfaches Beispiel einer solchen Transformation ist die *Spiegelung* der Ebene an einer gegebenen Geraden L: Ein Punkt P auf einer Seite von L hat als Bild den Punkt P' auf der anderen Seite von L, wenn L die Mittelsenkrechte der Strecke PP' ist. Eine Transformation kann gewisse Punkte, „Fixpunkte", der Ebene ungeändert lassen; im Fall der Spiegelung gilt dies von den Punkten auf L selbst.

Weitere Beispiele für Transformationen sind die *Drehungen* der Ebene um einen festen Punkt O, die *Parallelverschiebungen*, die jeden Punkt um einen festen Betrag d in einer gegebenen Richtung verschieben (eine solche Transformation läßt keinen Punkt fest), und noch allgemeiner *alle starren Bewegungen* der Ebene, die man sich aus Drehungen und Parallelverschiebungen zusammengesetzt denken kann.

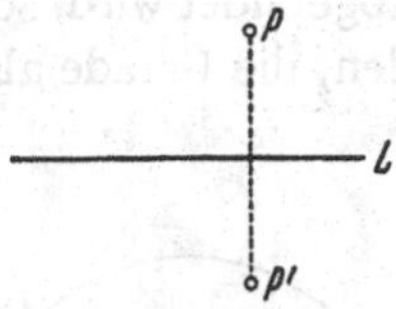

Fig. 37. Spiegelung eines Punktes an einer Geraden

Die besondere Klasse von Transformationen, die uns hier interessiert, sind die *Inversionen* in bezug auf Kreise. (Diese werden zuweilen als Spiegelungen an Kreisen bezeichnet, weil sie angenähert die Beziehung zwischen Gegenstand und Bild bei der Reflexion an einem spiegelnden Kreis darstellen.) In einer bestimmten Ebene sei C ein gegebener Kreis um den Mittelpunkt O (der das Zentrum der Inversion genannt wird) mit dem Radius r. Das Bild des Punktes P wird definiert als der Punkt P' auf der Geraden OP, der auf derselben Seite von O gelegen ist wie P und der Bedingung

$$OP \cdot OP' = r^2 \tag{1}$$

genügt. Die Punkte P und P' heißen *inverse Punkte* in bezug auf C. Aus dieser Definition folgt, daß wenn P' der inverse Punkt zu P ist, ebenso auch P invers zu P' ist. Eine Inversion vertauscht das Innere des Kreises C mit dem Äußeren, da wir für $OP < r$ stets $OP' > r$ und entsprechend für $OP > r$ stets $OP' < r$ erhalten. Die einzigen Punkte, die bei der Inversion ungeändert bleiben, sind die Punkte auf dem Kreis C selbst.

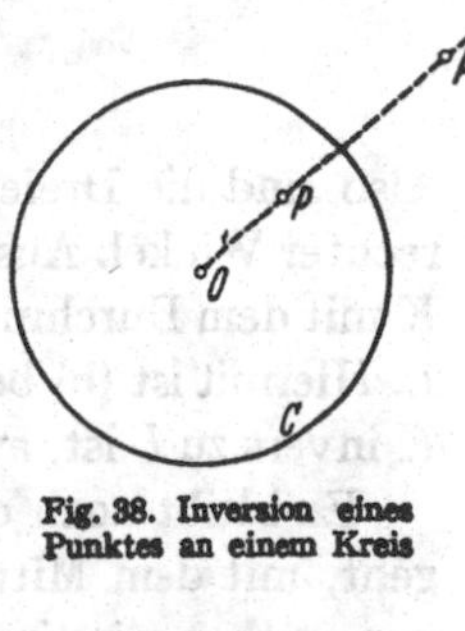

Fig. 38. Inversion eines Punktes an einem Kreis

Die Regel (1) definiert keinen Bildpunkt für den Mittelpunkt O. Wenn ein beweglicher Punkt P sich O nähert, dann rückt der Bildpunkt P' auf der Ebene weiter und weiter nach außen. Aus diesem Grunde sagt man zuweilen, daß O bei der Inversion dem *unendlich fernen Punkt* entspricht. Der Vorteil dieser Ausdrucksweise liegt darin, daß sie die Aussage erlaubt, eine Inversion stelle eine Beziehung zwischen den Punkten einer Ebene und ihren Bildern her, die ohne Ausnahme umkehrbar eindeutig ist: Jeder Punkt der Ebene hat einen und nur einen Bildpunkt und ist selbst das Bild eines und nur eines Urpunktes. Diese Eigenschaft hat sie mit allen bereits betrachteten Transformationen gemeinsam.

2. Eigenschaften der Inversion

Die wichtigste Eigenschaft einer Inversion ist, daß sie Geraden und Kreise in Geraden und Kreise überführt. Genauer gesagt: wir werden zeigen, daß durch eine Inversion

(a)	eine Gerade durch O	in eine Gerade durch O
(b)	eine Gerade, die nicht durch O geht,	in einen Kreis durch O
(c)	ein Kreis durch O	in eine Gerade, die nicht durch O geht,
(d)	ein Kreis der nicht durch O geht,	in einen Kreis, der nicht durch O geht,

übergeführt wird.

Die Behauptung (a) ist selbstverständlich, da nach der Definition der Inversion jeder Punkt auf der Geraden durch O in einen anderen Punkt derselben Geraden abgebildet wird, so daß, wenn auch die Punkte auf der Geraden ausgetauscht werden, die Gerade als Ganzes in sich transformiert wird.

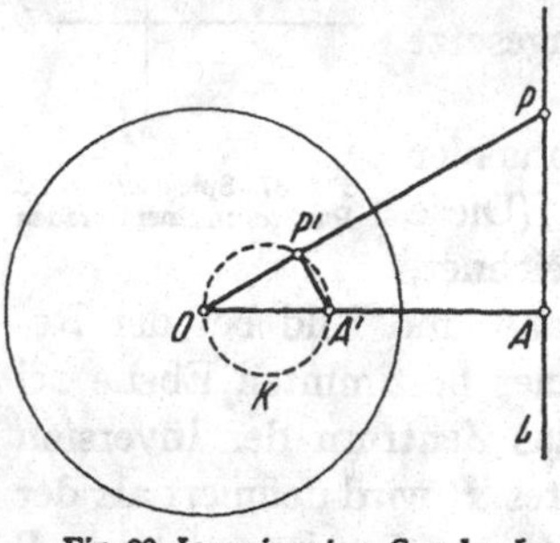

Fig. 39. Inversion einer Geraden L an einem Kreis

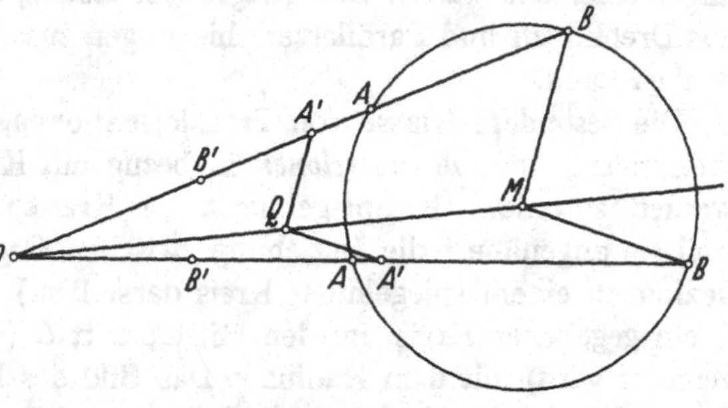

Fig. 40. Inversion eines Kreises

Um die Behauptung (b) zu beweisen, fällen wir ein Lot von O auf die Gerade L (Fig. 39). Es sei A der Fußpunkt des Lotes auf L und A' der inverse Punkt zu A. Wir wählen einen Punkt P auf L, und es sei P' der zugehörige inverse Punkt. Da $OA' \cdot OA = OP' \cdot OP = r^2$, so folgt

$$\frac{OA'}{OP'} = \frac{OP}{OA} \,.$$

Also sind die Dreiecke $OP'A'$ und OAP ähnlich, und der Winkel $OP'A'$ ist ein rechter Winkel. Aus der elementaren Geometrie folgt dann, daß P' auf dem Kreis K mit dem Durchmesser OA' liegt, und daher ist dieser Kreis das inverse Bild von L. Hiermit ist (b) bewiesen. Die Behauptung (c) folgt aus der Tatsache, daß, wenn K invers zu L ist, auch L invers zu K sein muß.

Es bleibt noch die Behauptung (d). Sei K irgendein Kreis, der nicht durch O geht, mit dem Mittelpunkt M und dem Radius k (Fig. 40). Um sein Bild zu finden, ziehen wir eine Gerade durch O, die K in A und B schneidet, und untersuchen, wie sich die Bilder A', B' ändern, wenn die Gerade durch O den Kreis K in allen möglichen Lagen schneidet. Bezeichnen wir die Abstände OA, OB, OA', OB', OM mit a, b, a', b', m und die Länge der Tangente von O an K mit t. Dann gilt $aa' = bb' = r^2$ nach der Definition der Inversion und $ab = t^2$ nach einer elementargeometrischen Eigenschaft des Kreises. Dividieren wir die erste Beziehung durch die zweite, so erhalten wir

$$a'/b = b'/a = r^2/t^2 = c^2 \,,$$

wobei c^2 eine Konstante ist, die nur von r und t abhängt und für alle Lagen A und B denselben Wert hat. Wir ziehen nun durch A' eine Parallele zu BM, die OM

in Q schneidet. Es sei $OQ = q$ und $A'Q = \varrho$. Dann ist $q/m = a'/b = \varrho/k$ oder

$$q = ma'/b = mc^2, \qquad \varrho = ka'/b = kc^2.$$

Das bedeutet, daß für jede Lage von A und B der Punkt Q stets derselbe Punkt auf OM ist und der Abstand $A'Q$ immer denselben Wert hat. Ebenso ist auch $B'Q = \varrho$, da $a'/b = b'/a$. Daher sind die Bilder aller Punkte A, B auf K lauter Punkte, deren Abstand von $Q = \varrho$ ist, d. h. das Bild von K ist ein Kreis. Hiermit ist (d) bewiesen.

3. Geometrische Konstruktion inverser Punkte

Der folgende Satz wird in Abschnitt 4 dieses Paragraphen von Nutzen sein: *Der Punkt P', der zu einem gegebenen Punkt P in bezug auf einen Kreis C invers ist, läßt sich geometrisch allein mit Hilfe des Zirkels konstruieren.* Wir betrachten zuerst den Fall, daß der gegebene Punkt P außerhalb von C liegt (Fig. 41). Mit OP als Radius beschreiben wir um P als Mittelpunkt einen Kreisbogen, der C in R und S schneidet. Um diese beiden Punkte schlagen wir Kreisbögen mit dem Radius r, welche sich im Punkte O und in einem Punkt P' auf der Geraden OP schneiden. Für die gleichschenkligen Dreiecke ORP und ORP' gilt

$$\sphericalangle ORP = \sphericalangle POR = \sphericalangle OP'R,$$

so daß die Dreiecke ähnlich sind und daher

$$\frac{OP}{OR} = \frac{OR}{OP'}, \text{ d. h. } OP \cdot OP' = r^2$$

ist. Folglich ist P' der gesuchte inverse Punkt zu P.

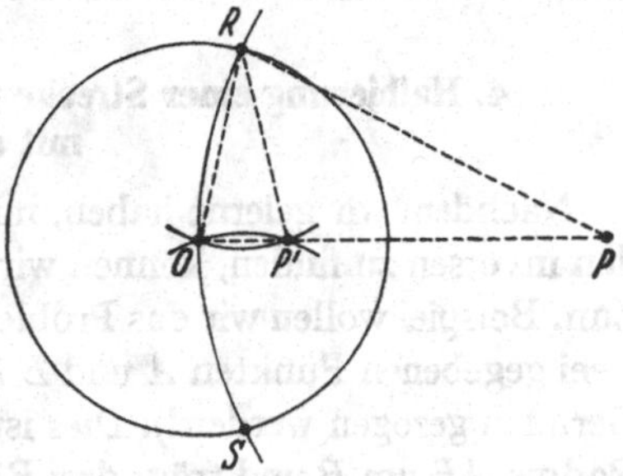

Fig. 41. Inversion eines außerhalb des Kreises gelegenen Punktes

Wenn der gegebene Punkt P innerhalb von C liegt, gelten dieselbe Konstruktion und derselbe Beweis, sofern der Kreis um P mit dem Radius OP den Kreis C in zwei Punkten schneidet. Wenn nicht, dann können wir die Konstruktion des inversen Punktes P' durch den folgenden einfachen Kunstgriff auf den vorigen Fall zurückführen.

Zunächst bemerken wir, daß wir mit dem Zirkel allein einen Punkt C auf der Verbindungslinie zweier gegebener Punkte A, O finden können, so daß $AO = OC$

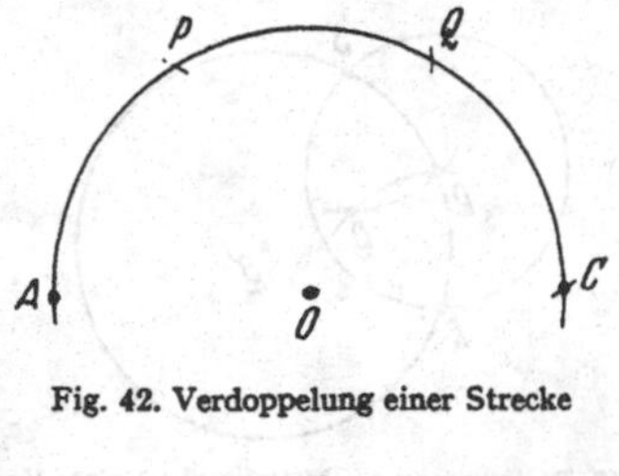

Fig. 42. Verdoppelung einer Strecke

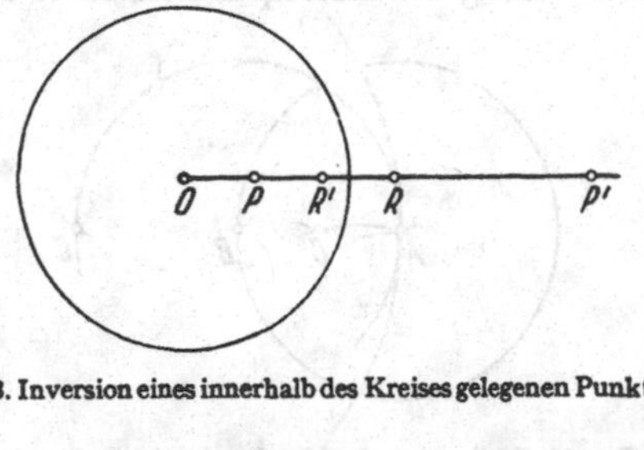

Fig. 43. Inversion eines innerhalb des Kreises gelegenen Punktes

ist. Zu diesem Zweck schlagen wir einen Kreis um O mit dem Radius $r = AO$ und tragen auf diesem Kreis, ausgehend von A, die Punkte P, Q, C ab, derart, daß $AP = PQ = QC = r$ ist (Fig. 42). Dann ist C der gesuchte Punkt, da die Dreiecke AOP, OPQ, OQC gleichseitig sind, so daß OA und OC einen Winkel von 180°

bilden und $OC = OQ = AO$ ist. Wenn wir dieses Verfahren wiederholen, können wir leicht die Strecke OA beliebig oft vervielfachen. Hiermit haben wir, da die Länge der Strecke AQ gleich $r\sqrt{3}$ ist (wie der Leser leicht nachprüfen kann), zugleich $\sqrt{3}$ aus der Einheit konstruiert, ohne ein Lineal zu benutzen.

Jetzt können wir den inversen Punkt zu einem beliebigen Punkt P innerhalb des Kreises finden (Fig. 43). Wir suchen zuerst einen Punkt R auf der Geraden OP auf, dessen Abstand von O ein ganzes Vielfaches von OP ist und der außerhalb von C liegt,

$$OR = n \cdot OP.$$

Wir führen das durch, indem wir die Strecke OP mit dem Zirkel so oft abtragen, bis wir außerhalb C angelangt sind. Jetzt bestimmen wir den zu R inversen Punkt R' durch die oben angegebene Konstruktion. Dann ist

$$r^2 = OR' \cdot OR = OR' \cdot (n \cdot OP) = (n \cdot OR') \cdot OP.$$

Daher ist der Punkt P', für den $OP' = n \cdot OR'$, der gesuchte inverse Punkt.

4. Halbierung einer Strecke und Bestimmung des Kreismittelpunktes mit dem Zirkel allein

Nachdem wir gelernt haben, mit dem Zirkel allein zu einem gegebenen Punkt den inversen zu finden, können wir einige interessante Konstruktionen ausführen. Zum Beispiel wollen wir das Problem betrachten, den Punkt in der Mitte zwischen zwei gegebenen Punkten A und B mit dem Zirkel allein zu finden (es dürfen keine Geraden gezogen werden!). Dies ist die Lösung: Man zeichnet den Kreis mit dem Radius AB um B und trägt drei Bögen mit dem Radius AB von A aus darauf ab. Der letzte Punkt C liegt dann auf der Verlängerung von AB, und es ist $AB = BC$. Nun zeichnet man den Kreis mit dem Radius AB um A und konstruiert den Punkt C', der in bezug auf diesen Kreis invers zu C ist. Dann ist.

$$AC' \cdot AC = AB^2$$
$$AC' \cdot 2AB = AB^2$$
$$2AC' = AB.$$

Also ist C' der gesuchte Mittelpunkt zwischen A und B.

Eine weitere Zirkelkonstruktion unter Verwendung inverser Punkte ist die Bestimmung des Mittelpunktes eines Kreises, von dem nur die Peripherie gegeben

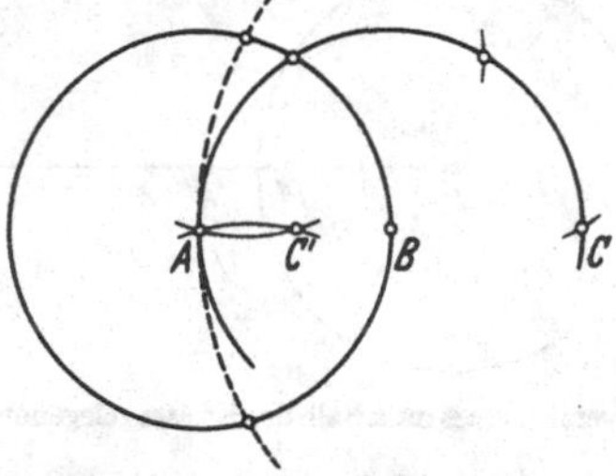

Fig. 44. Bestimmung des Mittelpunktes einer Strecke

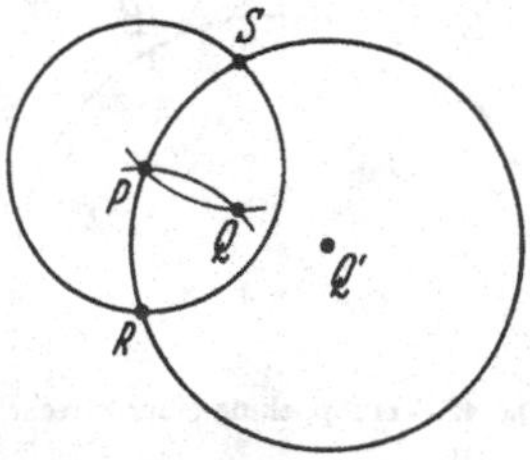

Fig. 45. Bestimmung des Mittelpunktes eines Kreises

ist, dessen Mittelpunkt aber unbekannt ist. Man wählt einen beliebigen Punkt P auf der Peripherie und schlägt einen Kreis um P, der den gegebenen Kreis in R und S schneidet. Um R und S als Mittelpunkte schlägt man Bögen vom Radius

$RP = SP$, die sich im Punkt Q schneiden. Ein Vergleich mit Fig. 41 zeigt, daß der unbekannte Keismittelpunkt Q' in bezug auf den Kreis um P invers zu Q ist, so daß sich also Q' mit dem Zirkel allein konstruieren läßt.

§ 5. Konstruktionen mit anderen Hilfsmitteln Mascheroni-Konstruktionen mit dem Zirkel allein

*1. Eine klassische Konstruktuion zur Verdoppelung des Würfels

Bis jetzt haben wir nur geometrische Konstruktionsprobleme besprochen, bei denen Zirkel und Lineal allein benutzt werden. Wenn andere Hilfsmittel zugelassen werden, so wird natürlich die Mannigfaltigkeit der möglichen Konstruktionen größer. Zum Beispiel lösten die Griechen das Problem der Verdoppelung des Würfels auf folgende Weise: wir betrachten (wie in Fig. 46) einen starren rechten Winkel MZN und ein bewegliches rechtwinkliges Kreuz B, VW, PQ. Zwei weitere Kanten RS und TU können senkrecht zu den Schenkeln des rechten Winkels gleiten. Auf dem Kreuz seien zwei feste Punkte E und G so gewählt, daß $GB = a$ und $BE = f$ vorgeschriebene Längen haben. Indem wir das Kreuz so legen, daß die Punkte E und G auf NZ bzw. MZ liegen, und die Kanten TU und RS geeignet verschieben, können wir den ganzen Apparat in eine solche Lage bringen, daß ein Rechteck $ADEZ$ entsteht, durch dessen Ecken A, D, E die Arme BW, BQ, BV des Kreuzes hindurchgehen. Eine solche Lage läßt sich immer finden, wenn $f > a$. Wir sehen sofort, daß $a : x = x : y = y : f$ ist, und folglich erhält man, wenn zu Anfang $f = 2a$ gemacht wird, $x^3 = 2a^3$. Daher ist x die Kante eines Würfels, dessen Volumen das Doppelte des Würfels mit der Kante a ist. Genau das wird bei der Verdoppelung des Würfels verlangt.

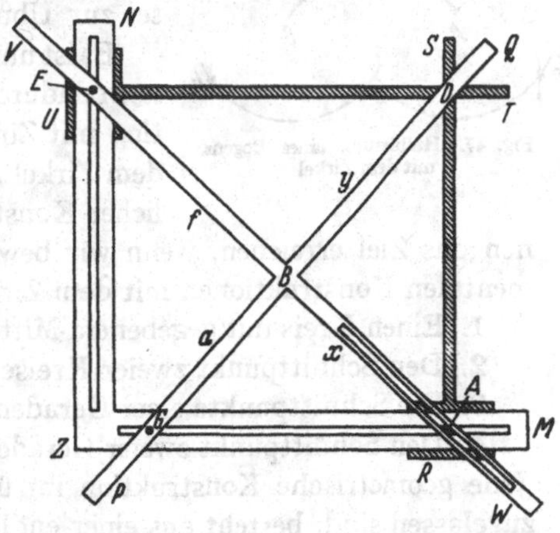

Fig. 46. Ein Apparat zur Verdoppelung des Würfels

2. Beschränkung auf die Benutzung des Zirkels allein

Da es selbstverständlich ist, daß bei Zulassung einer größeren Anzahl von Hilfsmitteln auch eine größere Zahl von Konstruktionsproblemen gelöst werden kann, so sollte man denken, daß bei stärkeren Beschränkungen des zulässigen Handwerkszeugs auch die Klasse der möglichen Konstruktionen eingeengt wird. Daher war man sehr überrascht von der Entdeckung des Italieners Mascheroni (1750–1800), daß *alle geometrischen Konstruktionen, die mittels Zirkel und Lineal ausführbar sind, auch mit dem Zirkel allein möglich sind.* Natürlich können wir keine gerade Verbindungslinie zweier Punkte ohne Lineal ziehen, so daß diese fundamentale Konstruktion allerdings nicht von der Mascheronischen Theorie umfaßt wird. Stattdessen muß man sich eine gerade Linie stets durch irgend zwei ihrer Punkte gegeben denken. Mit Hilfe des Zirkels allein kann man den Schnittpunkt von zwei auf diese Weise gegebenen Geraden finden und ebenso die Schnittpunkte eines gegebenen Kreises mit einer Geraden.

Vielleicht das einfachste Beispiel einer Mascheronischen Konstruktion ist die Verdoppelung einer gegebenen Strecke. Die Lösung wurde schon auf S. 115 angegeben. Jetzt wollen wir die Aufgabe lösen, einen gegebenen Kreisbogen AB eines Kreises mit gegebenem Mittelpunkt O zu halbieren. Die Konstruktion ist die folgende: Um die Punkte A und B schlage man zwei Kreisbögen mit dem Radius OA. Von O aus trage man darauf die Bögen OP und OQ mit dem Radius AB ab. Dann schlage man um P und Q zwei Bögen mit PB und QA als Radien, die sich in R schneiden. Endlich schlage man um P oder um Q einen Bogen mit dem Radius OR, der den Bogen AB schneidet. Dieser Schnittpunkt ist der gesuchte Halbierungspunkt des Bogens AB (Fig. 47). Der Beweis sei zur Übung dem Leser überlassen.

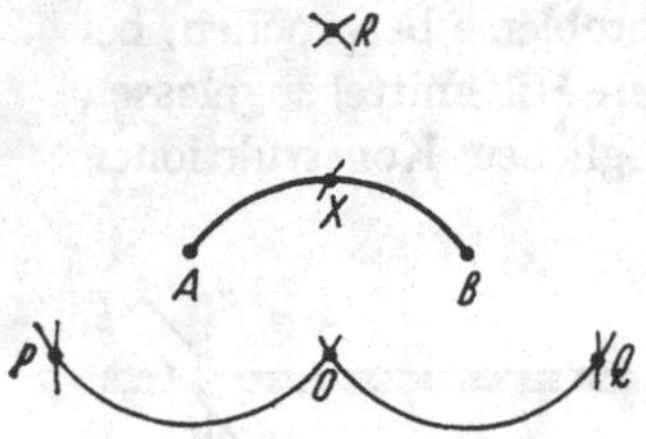

Fig. 47. Halbierung eines Bogens mit dem Zirkel

Es ist unmöglich, den allgemeinen Satz von MASCHERONI dadurch zu beweisen, daß man für jede Konstruktion mit Zirkel und Lineal eine andere angibt, die mit dem Zirkel allein ausführbar ist; denn die Anzahl möglicher Konstruktionen ist nicht endlich. Aber wir können das Ziel erreichen, wenn wir beweisen, daß jede der folgenden vier fundamentalen Konstruktionen mit dem Zirkel allein möglich ist:

1. Einen Kreis mit gegebenem Mittelpunkt und Radius zu zeichnen,
2. Den Schnittpunkt zweier Kreise zu finden,
3. Die Schnittpunkte einer Geraden und eines Kreises zu finden,
4. Den Schnittpunkt zweier Geraden zu finden.

Jede geometrische Konstruktion im üblichen Sinne, bei der Zirkel und Lineal zugelassen sind, besteht aus einer endlichen Aufeinanderfolge dieser elementaren Konstruktionen. Die beiden ersten sind offenbar mit dem Zirkel allein möglich. Die Lösungen der etwas schwierigeren Probleme 3 und 4 beruhen auf den Eigenschaften der Inversion, die wir im vorangegangenen Abschnitt entwickelt haben.

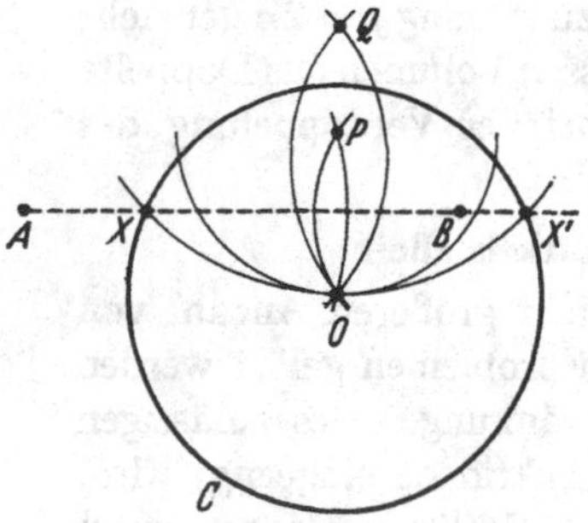

Fig. 48. Schnitt eines Kreises mit einer Geraden, die nicht durch den Mittelpunkt geht

Nehmen wir das Problem 3, die Bestimmung der Schnittpunkte eines Kreises C um O und einer Geraden, die durch die beiden Punkte A und B gegeben ist (Fig. 48). Um die Punkte A und B schlagen wir zwei Kreisbögen mit den Radien OA bzw. BO, die sich in P nochmals schneiden. Nun bestimmen wir den Punkt Q, der in bezug auf den Kreis C zu P invers ist, mit Hilfe der Konstruktion mit dem Zirkel allein, die auf S. 115 angegeben wurde. Jetzt zeichnen wir den Kreis um Q mit dem Radius OQ (dieser Kreis schneidet C); die Schnittpunkte X und X' dieses Kreises mit dem gegebenen Kreis C sind die gesuchten Punkte. Zum Beweis brauchen wir nur zu zeigen, daß X und X' von O und P gleich weit entfernt sind, da von A und B nach Konstruktion dasselbe gilt. Dies folgt aus der Tatsache, daß der inverse Punkt zu Q ein Punkt ist, dessen Abstände von X und X' dem Radius von C gleich sind (S. 115). Man beachte, daß der Kreis durch X, X' und O invers zu der Geraden AB ist, da dieser Kreis und die Gerade AB den Kreis C in denselben Punkten schneiden (Punkte auf dem Umfang des Kreises sind zu sich selbst invers).

Die Konstruktion versagt nur dann, wenn die Gerade AB durch den Mittelpunkt von C geht. In diesem Falle können die Schnittpunkte durch die auf S. 118 gegebene Konstruktion gefunden werden, nämlich als die Halbierungspunkte von Bögen des Kreises C, die man erhält, wenn man um B einen beliebigen Kreis schlägt, der C in B_1 und B_2 schneidet (Fig. 49).

Das Verfahren zur Bestimmung des Kreises, der zu der Verbindungslinie zweier gegebener Punkte invers ist, erlaubt unmittelbar eine Lösung des Problems 4. Die beiden Geraden seien gegeben durch AB und $A'B'$ (Fig. 50). Man schlage einen beliebigen Kreis in der Ebene und bestimme nach dem obigen Verfahren die Kreise, die zu AB und $A'B'$ invers sind. Diese Kreise schneiden sich in O und einem Punkt Y. Der Punkt X, der zu Y invers ist, ist der gesuchte Schnittpunkt und kann nach der schon benutzten Methode konstruiert werden. Daß X der gesuchte Punkt ist, geht daraus hervor, daß Y der einzige Punkt ist, der invers zu einem gemeinsamen Punkt von AB und $A'B'$ ist. Daher muß der zu Y inverse Punkt zugleich auf AB und $A'B'$ liegen.

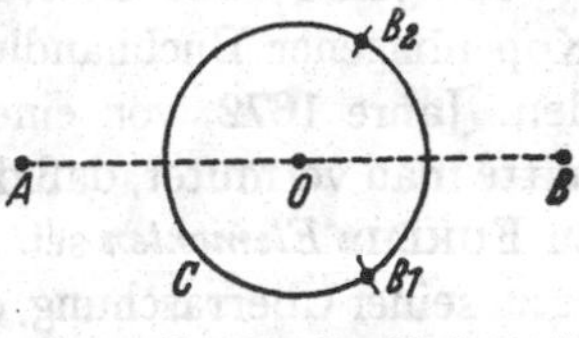

Fig. 49. Schnitt eines Kreises mit einer Geraden durch den Mittelpunkt

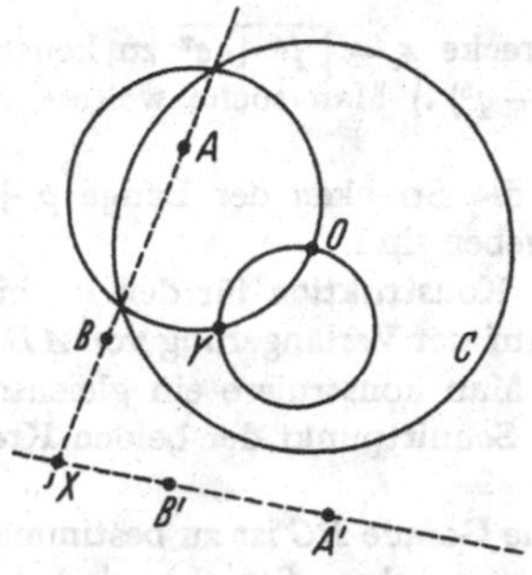

Fig. 50. Schnittpunkt zweier Geraden

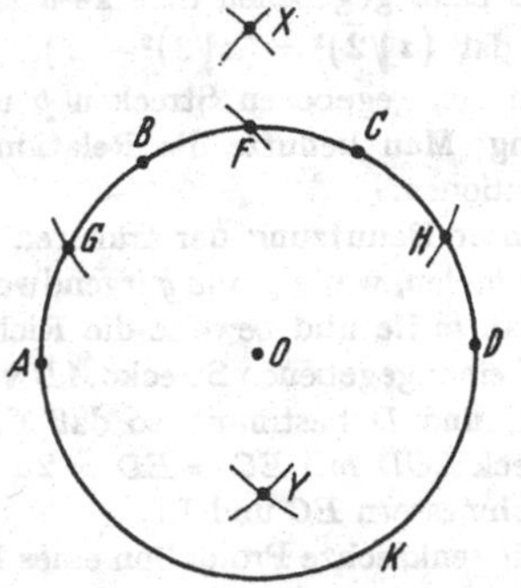

Fig. 51. Konstruktion des regulären Fünfecks

Diese beiden Konstruktionen vervollständigen den Beweis, daß die Mascheronischen Konstruktionen mit dem Zirkel allein den gewöhnlichen geometrischen Konstruktionen mit Zirkel und Lineal äquivalent sind. Wir haben uns dabei keine Mühe gegeben, elegante Lösungen für spezielle Probleme zu liefern, da es uns vielmehr darauf ankam, einen gewissen Einblick in die allgemeine Leistungsfähigkeit der Mascheronischen Konstruktionen zu vermitteln. Wir wollen jedoch als Beispiel die Konstruktion des regulären Fünfecks angeben. Genauer gesagt: wir werden fünf Punkte auf einem Kreis bestimmen, die die Ecken eines eingeschriebenen regulären Fünfecks bilden.

Es sei A ein beliebiger Punkt auf dem gegebenen Kreis K. Die Seite des eingeschriebenen regulären Sechsecks ist gleich dem Radius von K. Daher können wir die Punkte B, C, D auf K finden, so daß $\widehat{AB} = \widehat{BC} = \widehat{CD} = 60°$ (Fig. 51). Um A und D schlagen wir Kreisbögen mit dem Radius AC, die sich in X schneiden. Ist O der Mittelpunkt von K, so wird ein Kreisbogen um A mit dem Radius OX den Kreis K im Halbierungspunkt F von $\widehat{BC}$ treffen (siehe S. 118). Jetzt schlagen wir mit dem Radius von K Kreisbögen um F, die K in G und H treffen. Es sei Y

ein Punkt, dessen Abstände von G und H gleich OX sind, und zwar so, daß O zwischen X und Y liegt. Dann ist AY gleich der Seite des gesuchten Fünfecks. Der Beweis sei als Übung dem Leser überlassen. Man beachte, daß in der Konstruktion nur drei verschiedene Radien vorkommen.

Im Jahre 1928 entdeckte der dänische Mathematiker HJELMSLEV in einer Kopenhagener Buchhandlung ein Exemplar eines Buches, *Euclides Danicus*, aus dem Jahre 1672, von einem unbekannten Verfasser, G. MOHR. Nach dem Titel hätte man vermutet, daß dies Werk einfach eine Neufassung oder ein Kommentar zu EUKLIDs *Elementen* sei. Als aber HJELMSLEV das Buch genauer durchsah, fand er zu seiner Überraschung, daß es im wesentlichen das Mascheronische Problem und dessen vollständige Lösung enthielt, lange vor der Zeit MASCHERONIs.

Übungen: Es folgt eine Beschreibung der Mohrschen Konstruktionen. Man prüfe ihre Richtigkeit. Inwiefern lösen sie das Mascheronische Problem?

1. Auf einer Strecke AB von der Länge p ist eine Senkrechte BC zu errichten. (Anleitung: Man verlängere AB bis zu einem Punkt D, für den $AB = BD$ gilt. Man schlage beliebige Kreise vom gleichen Radius um A und D und bestimme so C.)

2. Zwei Strecken von den Längen p und q, wobei $p > q$, sind irgendwo in der Ebene gegeben. Unter Benutzung von 1. ist eine Strecke von der Länge $x = \sqrt{p^2 - q^2}$ zu konstruieren.

3. Zu einer gegebenen Strecke a ist die Strecke $a\sqrt{2}$ zu konstruieren. (Anleitung: Man beachte, daß $(a\sqrt{2})^2 = (a\sqrt{3})^2 - a^2$).

4. Zu den gegebenen Strecken p und q ist eine Strecke $x = \sqrt{p^2 + q^2}$ zu konstruieren. (Anleitung: Man benutze die Relation $x^2 = 2p^2 - (p^2 - q^2)$.) Man suche weitere ähnliche Konstruktionen.

5. Unter Benutzung der früheren Ergebnisse sind die Strecken der Länge $p + q$ und $p - q$ zu finden, wenn p und q irgendwo in der Ebene gegeben sind.

6. Man prüfe und beweise die Richtigkeit folgender Konstruktion für den Halbierungspunkt M einer gegebenen Strecke AB von der Länge a. Auf der Verlängerung von AB werden Punkte C und D bestimmt, so daß $CA = AB = BD$. Man konstruiere ein gleichschenkliges Dreieck ECD mit $EC = ED = 2a$ und finde M als Schnittpunkt der beiden Kreise mit den Durchmessern EC und ED.

7. Die senkrechte Projektion eines Punktes A auf eine Gerade BC ist bestimmen.

8. Man bestimme x, so daß $x : a = p : q$ ist, wenn a, p, q gegebene Strecken sind.

9. Man bestimme $x = ab$, wenn a und b gegebene Strecken sind.

Angeregt durch MASCHERONI, versuchte JAKOB STEINER (1796–1863) das Lineal anstelle des Zirkels als einziges Hilfsmittel auszuzeichnen. Natürlich kann das Lineal allein nicht über einen gegebenen Zahlkörper hinausführen und kann also nicht für alle geometrischen Konstruktionen im klassischen Sinne ausreichen. Um so bemerkenswerter ist es, daß STEINER die Benutzung des Zirkels auf eine einmalige Anwendung zu beschränken vermochte. Er bewies, daß alle Konstruktionen in der Ebene, die mit Zirkel und Lineal ausführbar sind, auch mit dem Lineal allein ausgeführt werden können, sofern nur ein einziger fester Kreis und sein Mittelpunkt* gegeben sind. Diese Konstruktionen erfordern projektive Methoden und sollen später besprochen werden (siehe S. 152).

*Auf diesen Kreis und seinen Mittelpunkt kann nicht verzichtet werden. Wenn zum Beispiel ein Kreis, aber nicht sein Mittelpunkt gegeben ist, so ist es unmöglich, diesen mit dem Lineal allein zu konstruieren. Um das zu beweisen, benutzen wir eine Tatsache, die später erörtert werden soll (S. 169). Es gibt eine Transformation der Ebene in sich selbst, die die folgenden Eigenschaften hat: a) der gegebene Kreis bleibt bei der Transformation fest, b) jede Gerade geht wieder in eine Gerade über, c) der Mittelpunkt des Kreises geht in einen anderen Punkt über. Allein die Existenz einer solchen Transformation zeigt die Unmöglichkeit, den Mittelpunkt des gegebenen Kreises mit dem Lineal allein zu konstruieren. Denn wie man die

3. Das Zeichnen mit mechanischen Geräten. Mechanische Kurven. Zykloiden

Ersinnt man Mechanismen, mit denen andere Kurven als Kreis und Gerade gezeichnet werden können, so läßt sich der Bereich der konstruierbaren Figuren noch beträchtlich erweitern. Wenn wir zum Beispiel ein Gerät zum Zeichnen der Hyperbeln $xy = k$ besitzen und ein weiteres zum Zeichnen von Parabeln $y = ax^2 + bx + c$, dann kann jedes Problem, das auf eine kubische Gleichung

$$ax^3 + bx^2 + cx = k \tag{1}$$

führt, durch Konstruktion gelöst werden, indem nur diese Geräte benutzt werden. Denn setzen wir

$$xy = k, \qquad y = ax^2 + bx + c, \tag{2}$$

so bedeutet die Auflösung der Gleichung (1) die Auflösung der simultanen Gleichungen (2) durch Eliminieren von y; d. h. die Wurzeln von (1) sind die x-Koordinaten der Schnittpunkte der Hyperbel und Parabel (2). Daher können die Lösungen von (1) konstruiert werden, wenn man Geräte besitzt, mit denen die Hyperbel und Parabel der Gleichungen (2) gezeichnet werden können.

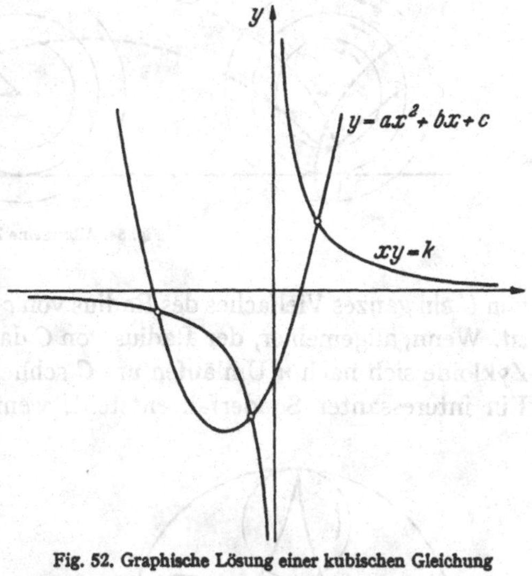

Fig. 52. Graphische Lösung einer kubischen Gleichung

Seit dem Altertum war den Mathematikern bekannt, daß mancherlei interessante Kurven mit einfachen mechanischen Geräten definiert und gezeichnet werden können. Unter diesen „mechanischen Kurven" zählen die Zykloiden mit zu den merkwürdigsten. PTOLEMÄUS (etwa 200 n. Chr.) benutzte sie in sehr geistvoller Weise zur Darstellung der Planetenbewegung am Himmel.

Die einfachste Zykloide ist diejenige Kurve, die ein bestimmter Punkt auf dem Umfang eines Kreises beschreibt, wenn dieser, ohne zu gleiten, auf einer geraden Linie rollt. Fig. 53 zeigt vier Lagen des Punktes P auf dem rollenden Kreis. Im ganzen genommen, bietet die Zykloide den Anblick einer Reihe von Bögen, die auf der Geraden ruhen.

Abänderungen dieser Kurve erhält man, wenn man den Punkt P entweder im Innern des Kreises (wie auf den Speichen eines Rades) oder auf einer Verlängerung seines Radius (wie auf dem Flansch eines Eisenbahnrades) wählt. Fig. 54 veranschaulicht diese beiden Kurven.

Konstruktion auch durchführen würde, man müßte eine Anzahl von Geraden ziehen und ihre Schnittpunkte miteinander und mit dem gegebenen Kreis aufsuchen. Wenn nun die ganze Figur, die aus dem gegebenen Kreis und allen Punkten und Geraden der Konstruktion besteht, dieser Transformation, deren Existenz wir angenommen haben, unterworfen wird, so wird die transformierte Figur alle Bedingungen der Konstruktion erfüllen, aber als Ergebnis einen anderen Punkt als den Mittelpunkt des gegebenen Kreises liefern. Daher ist eine solche Konstruktion unmöglich.

Eine weitere Variation der Zykloide ergibt sich, wenn man den Kreis nicht auf einer Geraden rollen läßt, sondern auf einem zweiten Kreis. Wenn der rollende Kreis c mit dem Radius r den größeren Kreis C mit dem Radius R dauernd von

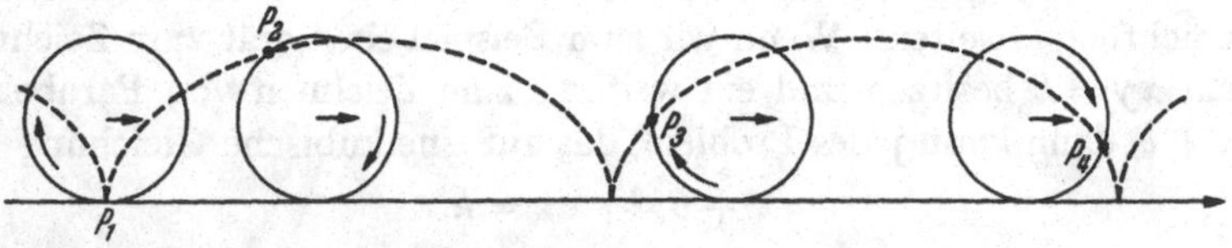

Fig. 53. Die Zykloide

innen berührt, so heißt der Ort, den ein auf dem Umfang von c gelegener Punkt durchläuft, eine *Hypozykloide*.

Wenn der Kreis c den ganzen Umfang von C genau einmal durchläuft, so wird der Punkt P nur dann in seine ursprüngliche Lage zurückkehren, wenn der Radius

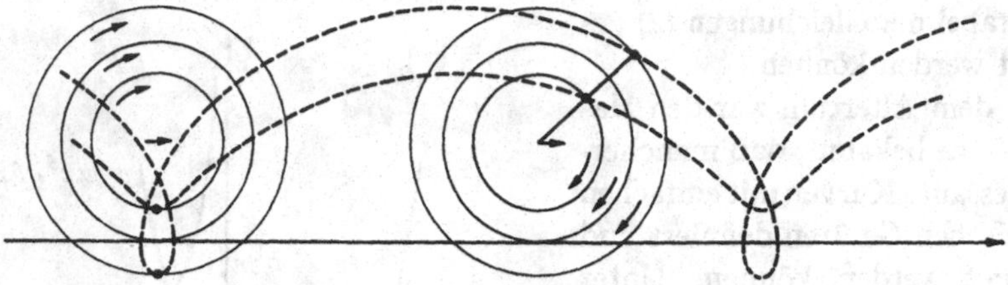

Fig. 54. Allgemeine Zykloiden

von C ein ganzes Vielfaches des Radius von c ist. Fig. 55 zeigt den Fall, daß $R = 3r$ ist. Wenn, allgemeiner, der Radius von C das m/n-fache dessen von c ist, wird die Zykloide sich nach n Umläufen um C schließen und wird aus m Bögen bestehen. Ein interessanter Sonderfall entsteht, wenn $R = 2r$. Jeder Punkt des inneren

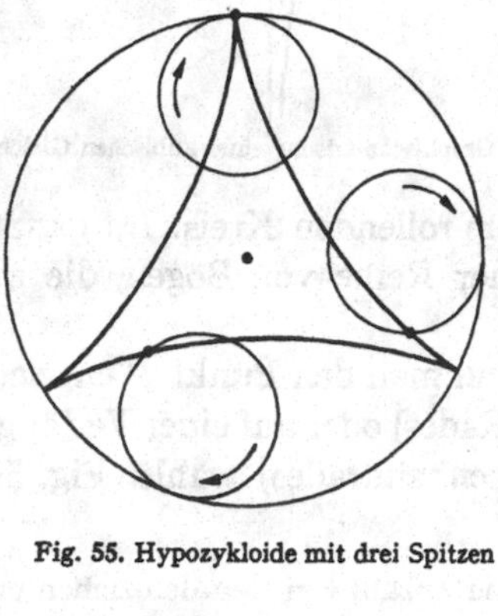

Fig. 55. Hypozykloide mit drei Spitzen

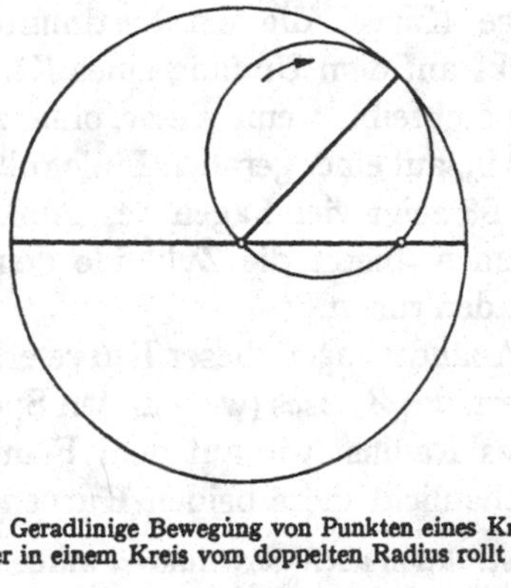

Fig. 56. Geradlinige Bewegung von Punkten eines Kreises, der in einem Kreis vom doppelten Radius rollt

Kreises beschreibt dann einen Durchmesser des größeren Kreises (Fig. 56). Wir überlassen den Beweis dieser Tatsache dem Leser als Übungsaufgabe.

Ein weiterer Zykloidentyp wird durch einen rollenden Kreis erzeugt, der einen festen Kreis dauernd von außen berührt. Diese Kurve wird *Epizykloide* genannt.

*4. Gelenkmechanismen. PEAUCELLIERs und HARTs Inversoren

Wir wollen uns vorläufig von den Zykloiden abwenden (sie werden an einer unerwarteten Stelle wieder auftauchen), um andere Methoden der Kurvenerzeugung kennenzulernen. Die einfachsten mechanischen Instrumente zum Kurvenzeichnen sind die *Gelenkmechanismen*. Ein Gelenkmechanismus besteht aus einer Anzahl starrer Stäbe, die in bestimmter Weise gelenkig verbunden sind, und zwar so, daß das ganze System gerade genug Bewegungsfreiheit hat, um einen seiner

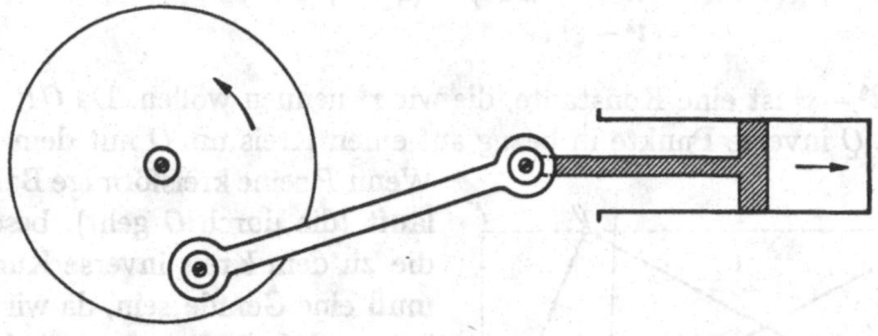

Fig. 57. Umformung einer geradlinigen Bewegung in eine Drehbewegung

Punkte eine gewisse Kurve beschreiben zu lassen. Genau genommen, ist der Zirkel ein einfacher Gelenkmechanismus, da er im Prinzip aus einem einzigen Stab besteht, der an einem Punkt festgehalten wird.

Gelenkmechanismen sind seit langem beim Bau von Maschinen benutzt worden. Eines der berühmten historischen Beispiele, das „Wattsche Parallelogramm", wurde von JAMES WATT erfunden, um das Problem zu lösen, den Kolben seiner Dampfmaschine mit einem Punkt des Schwungrades in solcher Weise zu verbinden, daß die Drehung des Schwungrades den Kolben längs einer geraden Linie bewegt. WATTs Lösung war nur angenähert, und trotz der Bemühungen vieler angesehener Mathematiker blieb das Problem der Konstruktion eines Gelenkmechanismus, der einen Punkt *genau* auf einer Geraden bewegt, ungelöst. In einer Zeit, in der Beweise für die Unlösbarkeit gewisser Probleme eine große Rolle spielten und einen besonderen Anreiz ausübten, entstand sogar die Vermutung, daß die Konstruktion eines solchen Mechanismus unmöglich wäre. Es gab eine große Überraschung, als im Jahre 1864 der französische Marineoffizier PEAUCELLIER einen einfachen Gelenkmechanismus erfand, der das Problem löste. Durch die Einführung wirksamer Schmiermittel hatte allerdings inzwischen das technische Problem für die Dampfmaschine an Bedeutung verloren.

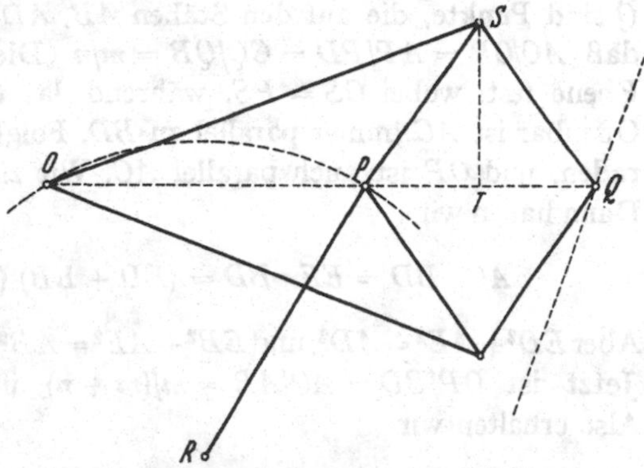

Fig. 58. PEAUCELLIERs Umformung einer Drehbewegung in eine exakt geradlinige Bewegung

Der Zweck des Gelenkmechanismus von PEAUCELLIER ist die Umwandlung einer Drehbewegung in eine geradlinige. Er beruht auf der in § 4 behandelten Theorie der Inversion. Wie Fig. 58 zeigt, besteht der Mechanismus aus sieben starren Stäben, zwei sind von der Länge t, vier von der Länge s, und ein siebenter ist von beliebiger Länge. O und R sind zwei feste Punkte, die so angeordnet sind, daß $OR = PR$. Das ganze Gerät ist innerhalb der gegebenen Bedingungen frei beweglich. Wir werden beweisen, daß *Q ein Stück einer geraden Linie beschreibt, wenn P einen Kreisbogen mit dem Radius PR beschreibt.* Bezeichnen wir den Fußpunkt des Lotes von S auf OQ mit T, so bemerken wir, daß

$$\begin{aligned} OP \cdot OQ &= (OT - PT)(OT + PT) = OT^2 - PT^2 \\ &= (OT^2 + ST^2) - (PT^2 + ST^2) \\ &= t^2 - s^2 . \end{aligned}$$

Die Größe $t^2 - s^2$ ist eine Konstante, die wir r^2 nennen wollen. Da $OP \cdot OQ = r^2$, sind P und Q inverse Punkte in bezug auf einen Kreis um O mit dem Radius r. Wenn P seine kreisförmige Bahn durchläuft (die durch O geht), beschreibt Q die zu dem Kreis inverse Kurve. Diese muß eine Gerade sein, da wir bewiesen haben, daß die Inverse zu jedem Kreis, der durch O geht, eine Gerade ist. Folglich ist die Bahn von Q eine gerade Linie, die ohne Benutzung eines Lineals gezeichnet wird.

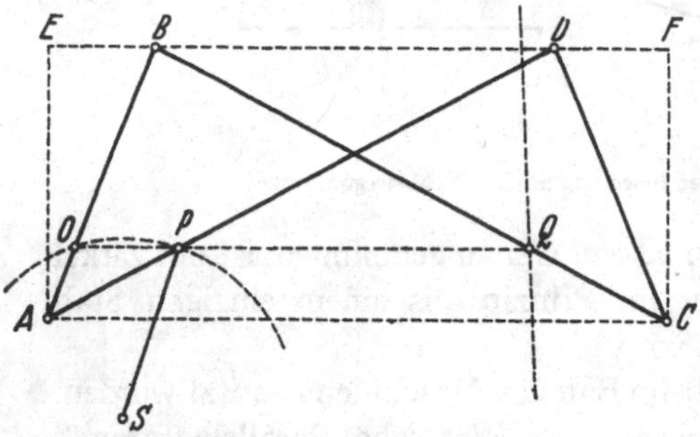

Fig. 59. Der Hartsche Inversor

Ein anderer Gelenkmechanismus, der dasselbe Problem löst, ist der Hartsche Inversor. Dieser besteht aus fünf Stäben, die gemäß Fig. 59 verbunden sind. Hier ist $AB = CD$, $BC = AD$. O, P und Q sind Punkte, die auf den Stäben AB, AD bzw. CB festliegen, und zwar so, daß $AO/OB = AP/PD = CQ/QB = m/n$. Die Punkte O und S liegen in der Ebene fest, wobei $OS = PS$, während das übrige Gestänge frei beweglich ist. Offenbar ist AC immer parallel zu BD. Folglich liegen O, P und Q auf einer Geraden, und OP ist auch parallel AC. Wir ziehen AE und CF senkrecht zu BD. Dann haben wir

$$AC \cdot BD = EF \cdot BD = (ED + EB)(ED - EB) = ED^2 - EB^2 .$$

Aber $ED^2 + AE^2 = AD^2$, und $EB^2 + AE^2 = AB^2$. Daher ist $ED^2 - EB^2 = AD^2 - AB^2$. Jetzt ist $OP/BD = AO/AB = m/(m+n)$ und $OQ/AC = OB/AB = n/(m+n)$. Also erhalten wir

$$OP \cdot OQ = [mn/(m+n)^2]\, BD \cdot AC = [mn/(m+n)^2]\,(AD^2 - AB^2) .$$

Diese Größe ist dieselbe für alle möglichen Stellungen des Gestänges. Daher sind P und Q inverse Punkte in bezug auf einen gewissen Kreis um O. Wird der Mechanismus bewegt, so beschreibt P einen Kreis um S, der durch O geht, während der inverse Punkt Q eine gerade Linie beschreibt.

Man kann weitere Gelenkmechanismen (wenigstens im Prinzip) konstruieren, mit denen Ellipsen, Hyperbeln und sogar beliebige Kurven, die algebraischen Gleichungen $f(x, y) = 0$ von beliebigem Grade befriedigen, gezeichnet werden können.

§ 6. Weiteres über die Inversion und ihre Anwendungen

1. Invarianz der Winkel. Kreisscharen

Obwohl die Inversion an einem Kreis das Aussehen geometrischer Figuren stark verändert, besteht die merkwürdige Tatsache, daß viele Eigenschaften der Figuren bei der Transformation unverändert oder „invariant" bleiben. Wie wir bereits wissen, verwandelt die Inversion Kreise und gerade Linien in Kreise und gerade Linien. Wir fügen dieser Kenntnis jetzt eine weitere bedeutsame Eigenschaft hinzu: *Der Winkel zwischen zwei Geraden oder Kurven ist bei der Inversion invariant.* Darunter verstehen wir, daß irgend zwei sich schneidende Kurven durch die Inversion in zwei andere Kurven übergehen, die sich unter demselben Winkel schneiden. Unter dem Winkel zwischen zwei Kurven verstehen wir natürlich den Winkel zwischen ihren Tangenten.

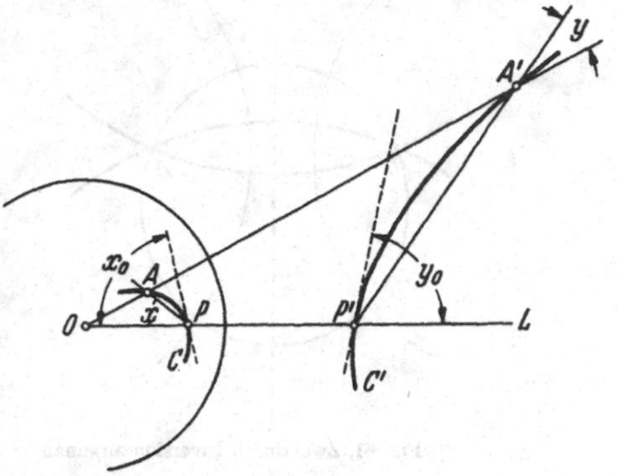

Fig. 60. Invarianz der Winkel bei der Inversion

Der Beweis wird anhand von Fig. 60 verständlich; sie stellt den Spezialfall dar, daß eine Kurve C eine Gerade OL in einem Punkt P schneidet. Die Inverse C' von C trifft OL in dem inversen Punkt P', der auf OL liegt, da OL zu sich selbst invers ist. Wir werden nun zeigen, daß der Winkel x_0 zwischen OL und der Tangente an C in P der Größe nach dem entsprechenden Winkel y_0 gleicht. Zu diesem Zweck wählen wir einen Punkt A auf der Kurve C in der Nähe von P und ziehen die Sekante AP. Der inverse Punkt zu A ist A', der sowohl auf der Geraden OA wie auf der Kurve C' liegen muß, und daher deren Schnittpunkt bildet. Wir ziehen die Sekante $A'P'$. Nach der Definition der Inversion ist

$$r^2 = OP \cdot OP' = OA \cdot OA'$$

oder

$$\frac{OP}{OA} = \frac{OA'}{OP'},$$

d. h. die Dreiecke OAP und $OA'P'$ sind ähnlich. Folglich ist der Winkel x dem Winkel $OA'P'$ gleich, den wir y nennen wollen. Unser letzter Schritt besteht darin, den Punkt A längs C gegen P wandern zu lassen. Dadurch dreht sich die Sekante AP in die Lage der Tangente an C in P, während der Winkel x in x_0 übergeht. Zugleich nähert sich A' dem Punkt P', und $A'P'$ dreht sich in die Lage der Tangente in P'. Der Winkel y nähert sich y_0. Da in jeder Lage von A x gleich y ist, so muß in der Grenze $x_0 = y_0$ sein.

Unser Beweis ist jedoch noch unvollständig, da wir nur den Fall des Schnitts einer Kurve mit einer Geraden durch O betrachtet haben. Aber der allgemeine Fall zweier Kurven C, C^*, die bei P einen Winkel z bilden, läßt sich nun rasch erledigen. Denn es ist klar, daß die Gerade OPP' den Winkel z in zwei Winkel zerlegt, die beide, wie wir wissen, bei der Inversion erhalten bleiben.

Es ist zu beachten, daß die Inversion, obwohl sie die *Größe* der Winkel unverändert läßt, deren *Drehsinn* umkehrt, d. h. wenn ein Strahl durch P den Winkel x_0 entgegen dem Uhrzeigersinn überstreicht, so überstreicht sein Bild den Winkel y_0 im Uhrzeigersinn.

Eine besondere Konsequenz der Invarianz der Winkel bei der Inversion ist es, daß zwei Kreise oder Geraden, die orthogonal sind, d. h. sich im rechten Winkel schneiden, auch nach der Inversion orthogonal bleiben, und daß zwei Kreise, die sich berühren, d. h. sich unter dem Winkel Null schneiden, dies auch nach der Inversion tun.

Betrachten wir nun die Schar aller Kreise, die durch das Zentrum O der Inversion und durch einen anderen festen Punkt A der Ebene gehen. Aus § 4, Abschnitt 2 wissen wir, daß diese Kreisschar in eine Schar von Geraden transformiert wird, die alle durch A', den Bildpunkt von A, gehen. Die Kreisschar, die zu der ursprünglichen Schar orthogonal ist, geht in eine Schar von Kreisen über, die zu den Geraden durch A' orthogonal sind, wie Fig. 61 zeigt. (Die orthogonalen Kreise sind gestrichelt gezeichnet.) Die einfache Figur des Geradenbündels scheint von der des Kreisbündels ganz verschieden zu sein, aber wir sehen, daß beide eng miteinander verwandt sind — vom Standpunkt der Theorie der Inversion sind sie sogar vollkommen äquivalent.

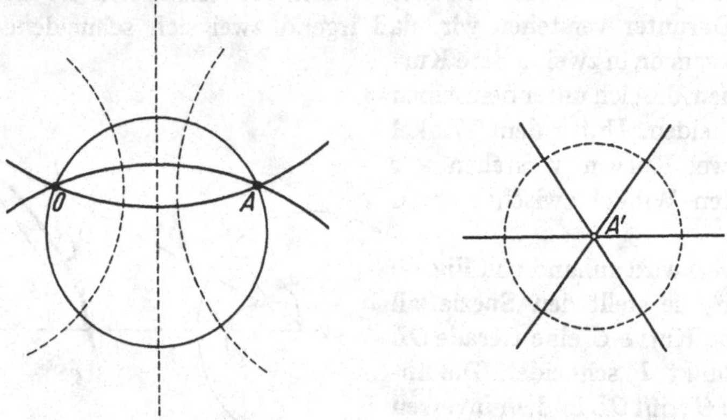

Fig. 61. Zwei durch Inversion aufeinander bezogene Systeme orthogonaler Kreise

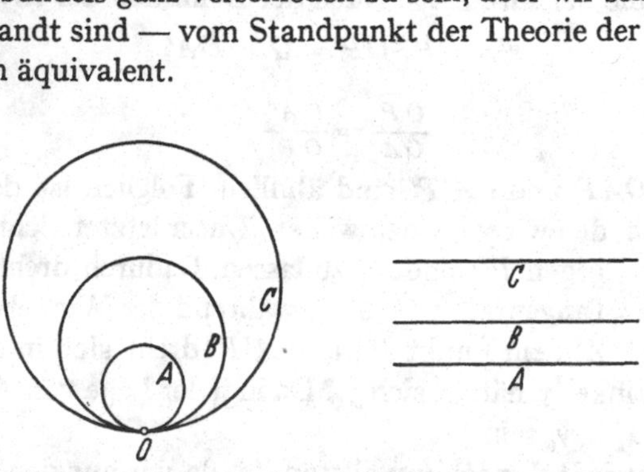

Fig. 62. Sich berührende Kreise, die in parallele Geraden transformiert werden

Ein weiteres Beispiel für die Wirkung der Inversion liefert eine Schar von Kreisen, die sich im Zentrum der Inversion berühren (Fig. 62). Durch die Inversion verwandeln sie sich in ein System paralleler Geraden. Denn die Bilder der Kreise sind gerade Linien, und diese Geraden können sich nicht schneiden, da die ursprünglichen Kreise sich nur in O treffen.

2. Anwendung auf das Problem des Apollonius

Ein gutes Beispiel für die Brauchbarkeit der Inversion ist die folgende einfache geometrische Lösung des apollonischen Problems. Durch Inversion in bezug auf einen beliebigen Mittelpunkt kann das apollonische Problem für drei gegebene Kreise in das entsprechende Problem für drei andere Kreise transformiert werden. Wenn wir also das Problem für irgendein Tripel von Kreisen lösen können, so ist es zugleich für jedes andere Tripel gelöst, das man aus dem ersten durch Inversion

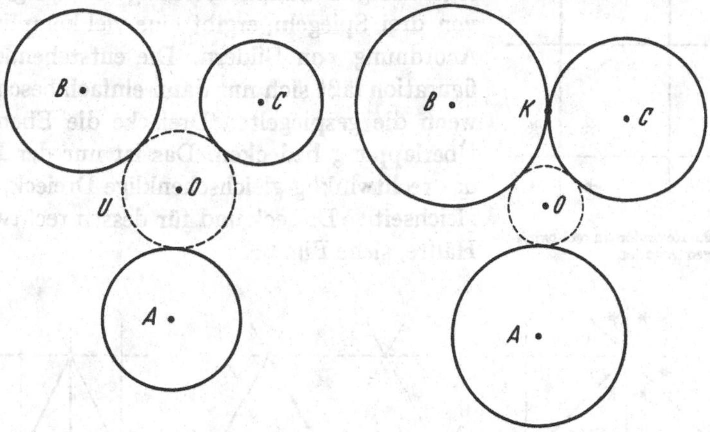

Fig. 63. Vorbereitung für die Lösung des Apollonischen Problems

erhalten kann. Wir werden diese Tatsache ausnützen, indem wir aus all diesen äquivalenten Tripeln eines aussuchen, für welches das Problem von fast trivialer Einfachheit ist.

Wir gehen von drei Kreisen mit den Mittelpunkten A, B, C aus und wollen annehmen, daß der gesuchte Kreis U mit dem Mittelpunkt O und dem Radius ϱ die drei gegebenen Kreise von außen berühren soll. Wenn wir die Radien der drei gegebenen Kreise um denselben Betrag d vergrößern, so wird offenbar der Kreis um denselben Punkt O mit dem Radius $\varrho - d$ das neue Problem lösen.

Wir benutzen zunächst diese Tatsache, um die drei gegebenen Kreise durch drei andere zu ersetzen, von denen zwei sich im Punkt K berühren (Fig. 63). Dann unterwerfen wir das Ganze einer Inversion an einem Kreis mit dem Mittelpunkt K. Die Kreise B und C werden dabei zu parallelen Geraden b und c, während der dritte Kreis in einen anderen Kreis a übergeht (Fig. 64). a, b, c sind mit Zirkel und Lineal konstruierbar. Der unbekannte Kreis wird in einen Kreis u transformiert, der a, b und c berührt. Sein Radius r muß offenbar der halbe Abstand zwischen b und c sein. Sein Mittelpunkt O' ist einer der beiden Schnittpunkte der Mittelparallelen von b und c mit dem Kreis um A' (dem Mittelpunkt von a), vom Radius $r + s$ (wobei s der Radius von a ist). Endlich finden wir den Mittelpunkt des gesuchten apollonischen Kreises U, indem wir den inversen Kreis zu u konstruieren. (Dessen Mittelpunkt O ist in bezug auf den Inversionskreis invers zu dem Punkt, der in bezug auf u invers zu K ist.)

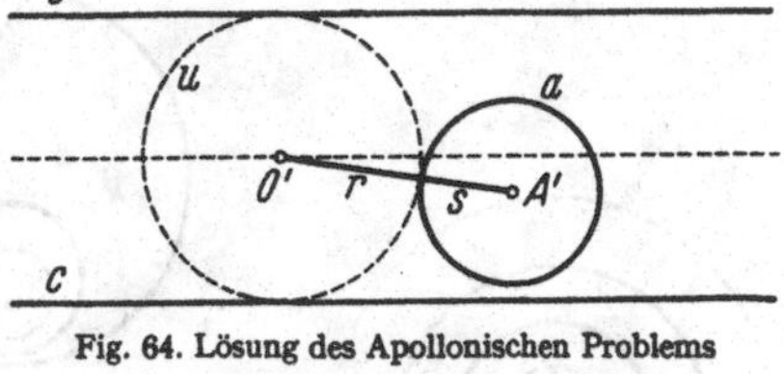

Fig. 64. Lösung des Apollonischen Problems

*3. Mehrfache Reflexionen

Jeder kennt die eigenartigen Spiegelungserscheinungen, die sich ergeben, wenn man mehrere Spiegel benutzt. Wenn die vier Wände eines rechteckigen Zimmers mit idealen, nicht-absorbierenden Spiegeln bedeckt wären, so hätte ein Lichtpunkt unendlich viele Spiegelbilder, je eins für jedes der kongruenten gespiegelten Zimmer (Fig. 65). Eine weniger regelmäßige Zusammenstellung von Spiegeln, z.B. von drei Spiegeln, ergibt eine viel kompliziertere Anordnung von Bildern. Die entstehende Konfiguration läßt sich nur dann einfach beschreiben, wenn die gespiegelten Dreiecke die Ebene ohne Überlappung bedecken. Das ist nur der Fall für das rechtwinklig-gleichschenklige Dreieck, für das gleichseitige Dreieck und für dessen rechtwinklige Hälfte, siehe Fig. 66.

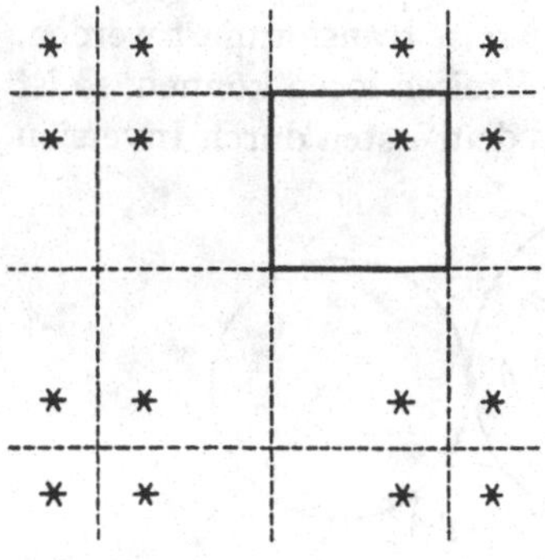

Fig. 65. Mehrfache Reflexion an rechtwinkligen Wänden

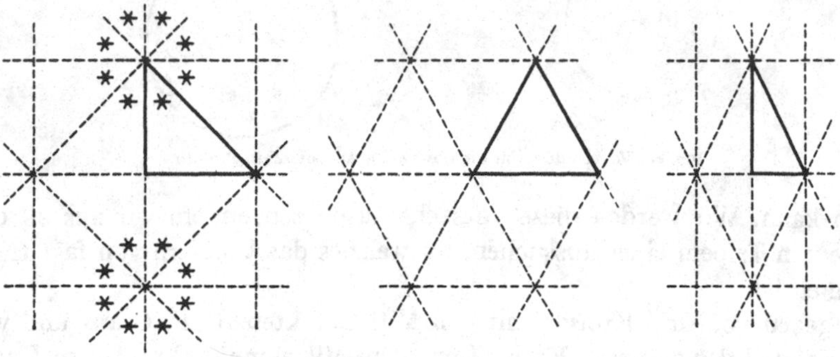

Fig. 66. Regelmäßige Anordnungen von Spiegeln in Dreiecken

Die Situation wird viel interessanter, wenn wir mehrfache Inversionen an zwei Kreisen betrachten. Stünde man zwischen zwei konzentrischen kreisförmigen Spiegeln, so sähe man unendlich viele weitere konzentrische Kreise. Die eine Folge dieser Kreise strebt ins Unendliche, während die andere sich um den Mittelpunkt zusammenzieht. Der Fall zweier außerhalb voneinander gelegener Kreise ist etwas komplizierter, vgl. Fig. 67. Hier spiegeln sich die Kreise und ihre Spiegelbilder gegenseitig ineinander, indem sie mit jeder Reflexion kleiner werden, bis sie sich zuletzt auf zwei Punkte zusammenziehen, einem in jedem Kreis. (Diese Punkte haben die

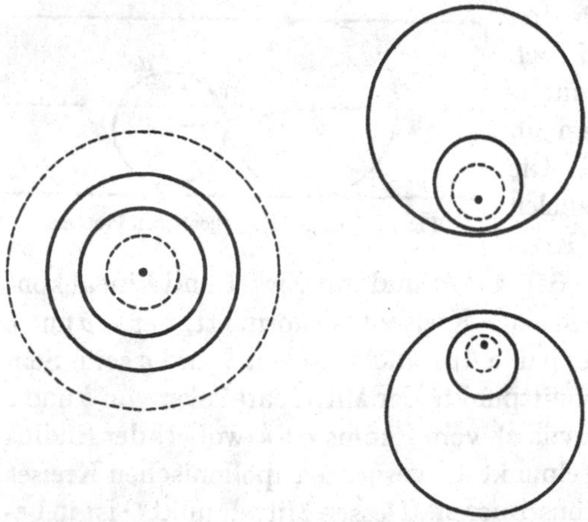

Fig. 67. Mehrfache Reflexionen in Systemen von zwei Kreisen

Eigenschaft, zu einander invers in bezug auf jeden der beiden Kreise zu sein.) Betrachtet man drei Kreise, so ergibt sich das schöne Muster von Fig. 68.

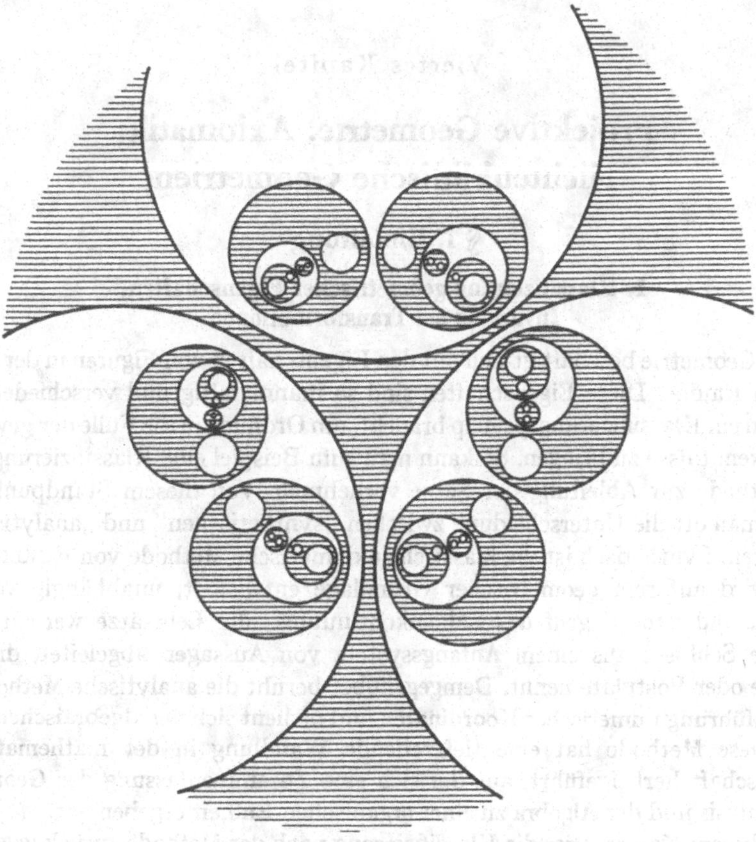

Fig. 68. Reflexion in einem System von drei Kreisen

Viertes Kapitel

Projektive Geometrie. Axiomatik. Nichteuklidische Geometrien

§ 1. Einleitung

1. Klassifizierung geometrischer Eigenschaften. Invarianz bei Transformationen

Die Geometrie beschäftigt sich mit den Eigenschaften von Figuren in der Ebene oder im Raume. Diese Eigenschaften sind so mannigfaltig und verschiedenartig, daß man ein Klassifizierungsprinzip braucht, um Ordnung in die Fülle der gewonnenen Erkenntnisse zu bringen. So kann man zum Beispiel eine Klassifizierung nach der Methode zur Ableitung der Sätze vornehmen. Von diesem Standpunkt aus macht man oft die Unterscheidung zwischen „synthetischen" und „analytischen" Verfahren. Synthetisch ist die klassische axiomatische Methode von EUKLID: Der Stoff wird auf rein geometrischer Grundlage entwickelt, unabhängig von der Algebra und dem Begriff des Zahlenkontinuums; die Lehrsätze werden durch logische Schlüsse aus einem Anfangssystem von Aussagen abgeleitet, die man Axiome oder Postulate nennt. Demgegenüber beruht die analytische Methode auf der Einführung numerischer Koordinaten und bedient sich der algebraischen Technik. Diese Methode hat eine tiefgreifende Wandlung in der mathematischen Wissenschaft herbeigeführt, aus der sich eine Zusammenfassung der Geometrie, der Analysis und der Algebra zu einer organischen Einheit ergeben hat.

In diesem Kapitel tritt die Klassifizierung nach der Methode zurück gegenüber einer Klassifizierung nach dem *Inhalt*, die sich auf den Charakter der Sätze selbst gründet, unabhängig von den Methoden, mit deren Hilfe sie bewiesen werden. In der elementaren Geometrie unterscheidet man zwischen den Sätzen, die die Kongruenz der Figuren betreffen, wobei die Begriffe Länge und Winkel auftreten, und den Sätzen, welche die Ähnlichkeit von Figuren betreffen, wobei nur der Winkelbegriff auftritt. Diese spezielle Unterscheidung ist nicht sehr bedeutsam, da Längen und Winkel so eng miteinander zusammenhängen, daß es einigermaßen gekünstelt erscheint, sie zu trennen. (Das Studium dieses Zusammenhanges bildet den Hauptinhalt der Trigonometrie.) Wir können sagen, daß die Sätze der elementaren Geometrie *Größen* betreffen – Längen, Winkel und Flächen. Zwei Figuren sind von diesem Standpunkt aus äquivalent, wenn sie *kongruent* sind, das heißt, wenn die eine aus der anderen durch eine *starre Bewegung* hervorgeht, wobei sich nur die Lage, aber keine Größe ändert. Es entsteht nun die Frage, ob der Begriff der Größe und die damit zusammenhängenden Begriffe der Kongruenz und Ähnlichkeit für die Geometrie unentbehrlich sind, oder ob geometrische Figuren noch tiefere Eigenschaften haben können, die selbst bei drastischeren Transformationen als den starren Bewegungen nicht zerstört werden. Dies ist in der Tat der Fall.

Angenommen, wir zeichnen einen Kreis und zwei seiner zueinander senkrechten Durchmesser auf einen rechteckigen Klotz aus weichem Holz, wie in Fig. 69. Wenn dieser Klotz zwischen den Backen eines Schraubstocks auf die Hälfte seiner ursprünglichen Höhe zusammengestaucht wird, so geht der Kreis in eine Ellipse über, und die Durchmesser der Ellipse bilden nicht mehr rechte Winkel. Alle Punkte des Kreises sind vom Mittelpunkt gleich weit entfernt, während dies für die Ellipse nicht mehr zutrifft. Es könnte demnach scheinen, daß alle geometrischen Eigenschaften der ursprünglichen Figur durch die Kompression zerstört werden. Aber dies ist durchaus nicht der Fall; zum Beispiel gilt die Aussage, daß der Mittelpunkt jeden Durchmesser halbiert, sowohl von dem Kreis wie von der Ellipse. Hier haben wir eine Eigenschaft, die selbst nach einer ziemlich drastischen Änderung in den Größen der ursprünglichen Figur bestehen bleibt. Diese Bemerkung deutet auf die Möglichkeit hin, die Sätze über geometrische Figuren danach zu klassifizieren, ob sie erhalten bleiben oder falsch werden, wenn die Figur einer gleichmäßigen Kompression unterworfen wird. Allgemeiner ausgedrückt: wenn irgendeine bestimmte Klasse von Transformationen einer Figur gegeben ist (wie etwa die Klasse aller starren Bewegungen oder Kompressionen oder Inversionen an Kreisen, usw.), so können wir fragen, welche Eigenschaften der Figur bei dieser Klasse von Transformationen ungeändert bleiben. Das System der Sätze über diese Eigenschaften ist dann die *Geometrie, die dieser Klasse von Transformationen zugeordnet ist*. Der Gedanke, die verschiedenen Zweige der Geometrie nach Klassen von Transformationen einzuteilen, wurde von Felix Klein (1849–1925) in einem berühmten, 1872 gehaltenen Vortrag (dem „Erlanger Programm") vorgeschlagen. Seitdem hat er das geometrische Denken stark beeinflußt.

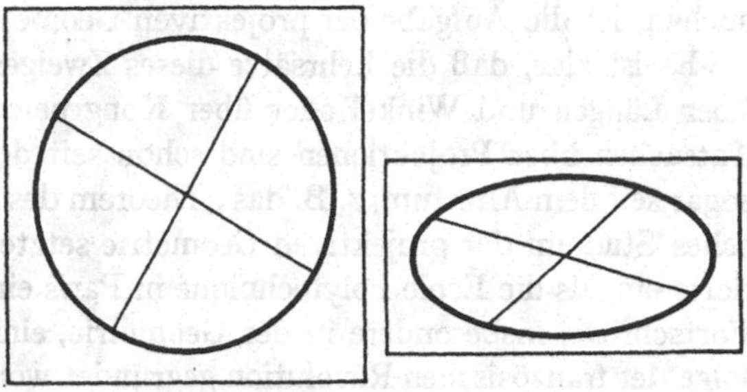

Fig. 69. Kompression eines Kreises

Im Kapitel V werden wir die überraschende Tatsache kennenlernen, daß gewisse Eigenschaften geometrischer Figuren sogar dann unzerstörbar bleiben, wenn die Figuren ganz willkürlichen Deformationen unterworfen werden. Figuren, die auf einem Stück Gummi aufgezeichnet sind, das in beliebiger Weise gedehnt oder komprimiert wird, behalten immer noch einen Teil ihrer ursprünglichen Eigenschaften bei. In diesem Kapitel wollen wir uns jedoch mit den Eigenschaften beschäftigen, die unverändert oder „invariant" bleiben bei einer speziellen Klasse von Transformationen, die zwischen der sehr beschränkten Klasse der starren Bewegungen einerseits und der allgemeinsten Klasse willkürlicher Deformationen andererseits liegt. Dies ist die Klasse der „projektiven Transformationen".

2. Projektive Transformationen

Zum Studium dieser geometrischen Eigenschaften wurden die Mathematiker schon vor langer Zeit angeregt durch die Probleme der *Perspektive*, die von Künstlern, wie Leonardo da Vinci und Albrecht Dürer, untersucht wurden.

Das Bild, das ein Maler herstellt, kann betrachtet werden als Projektion des Originals auf die Leinwand mit dem Projektionszentrum im Auge des Malers. Bei diesem Vorgang werden Längen und Winkel notwendigerweise verzerrt, in einer Weise, die von der relativen Stellung der verschiedenen dargestellten Objekte abhängt. Dennoch kann die geometrische Struktur des Originals gewöhnlich auf der Leinwand recht gut erkannt werden. Wie ist das möglich? Es muß daran liegen, daß es geometrische Eigenschaften gibt, die „invariant gegenüber Projektionen" sind, also Eigenschaften, die im Bilde unverändert erscheinen und daher die Identifizierung ermöglichen. Diese Eigenschaften aufzufinden und zu untersuchen, ist die Aufgabe der projektiven Geometrie.

Es ist klar, daß die Lehrsätze dieses Zweiges der Geometrie keine Aussagen über Längen und Winkel oder über Kongruenzen sein können. Einige isolierte Tatsachen über Projektionen sind schon seit dem 17. Jahrhundert bekannt, ja sogar seit dem Altertum, z. B. das „Theorem des MENELAOS". Aber ein systematisches Studium der projektiven Geometrie setzte erst am Ende des 18. Jahrhunderts ein, als die École Polytechnique in Paris eine neue Periode mathematischen Fortschritts, insbesondere in der Geometrie, einleitete. Diese Schule war im Gefolge der französischen Revolution gegründet worden, um eine Elite von Beamten und Offizieren für die Republik auszubilden. Einer der Schüler war J. V. PONCELET (1788–1867), der seinen berühmten *Traité des propriétés projectives des figures* im Jahre 1813 in russischer Kriegsgefangenschaft schrieb. Im 19. Jahrhundert wurde die projektive Geometrie unter dem Einfluß von STEINER, von STAUDT, CHASLES und anderen einer der Hauptgegenstände der mathematischen Forschung. Ihre Beliebtheit beruhte zum Teil auf ihrem großen ästhetischen Reiz und zum Teil auf ihrer Bedeutung für ein tieferes Verständnis der Geometrie als Ganzes sowie auf ihrer engen Verknüpfung mit der nichteuklidischen Geometrie und der Algebra.

§ 2. Grundlegende Begriffe

1. Die Gruppe der projektiven Transformationen

Wir definieren zunächst die Klasse oder „Gruppe"[1] der projektiven Transformationen. Angenommen, wir haben zwei Ebenen ε und ε' im Raume, die nicht notwendig einander parallel zu sein brauchen. Von einem gegebenen Zentrum O aus, das nicht in ε oder ε' liegt, können wir dann eine *Zentralprojektion* von ε auf ε' durchführen, indem wir als Bild jedes Punktes P von ε den Punkt P' von ε' definieren, der mit P auf derselben Geraden durch O liegt. Wir können ferner eine *Parallelprojektion* definieren, bei welcher die projizierenden Geraden alle parallel genommen werden. In derselben Weise können wir auch die Projektion einer Geraden g in der Ebene ε auf eine andere Gerade g' in ε' von einem Punkt O in ε aus oder durch eine Parallelprojektion definieren. Jede Abbildung einer Figur auf eine andere durch eine Zentral- oder Parallelprojektion oder durch eine endliche

---

[1] Der Ausdruck „Gruppe", auf eine Klasse von Transformationen angewendet, bedeutet, daß die sukzessive Anwendung zweier Transformationen der Klasse wieder eine Transformation derselben Klasse ergibt, und daß die „Inverse" einer Transformation der Klasse wiederum zur Klasse gehört. Gruppeneigenschaften mathematischer Operationen haben auf vielen Gebieten eine sehr große Rolle gespielt und spielen sie noch, obwohl in der Geometrie die Bedeutung des Gruppenbegriffs vielleicht ein wenig übertrieben worden ist.

Folge solcher Projektionen heißt eine *projektive Transformation*[1]. Die *projektive Geometrie* der Ebene oder der Geraden besteht aus der Gesamtheit derjenigen geometrischen Sätze, die bei willkürlichen projektiven Transformationen der Figuren, auf die sie sich beziehen, ungeändert gültig bleiben. Demgegenüber nennen wir *metrische Geometrie* die Gesamtheit derjenigen Sätze, die sich auf die Größen von Figuren beziehen, und die nur gegenüber der Klasse der starren Bewegungen invariant sind.

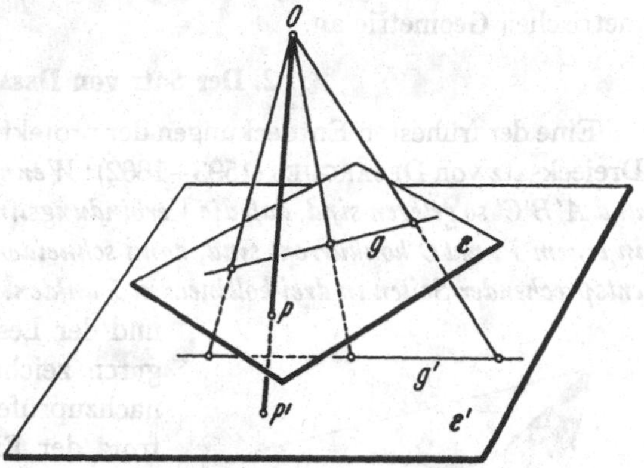

Fig. 70. Projektion von einem Punkt aus

Manche projektiven Eigenschaften kann man unmittelbar erkennen. Ein Punkt wird natürlich bei der Projektion wieder ein Punkt. Aber auch *eine Gerade wird bei der Projektion in eine Gerade übergeführt*; denn wenn die Gerade g in ε auf die Ebene ε' projiziert wird, so ist die Schnittlinie von ε' mit der Ebene durch O und g die Gerade g'[2]. Wenn ein Punkt A und eine Gerade g inzident sind[3], dann sind nach der Projektion auch der entsprechende Punkt A' und die Gerade g' inzident. Also ist *die Inzidenz eines Punktes und einer Geraden invariant gegenüber der projektiven Gruppe.* Aus dieser Tatsache ergeben sich viele einfache aber bedeutsame Konsequenzen. Wenn drei oder mehr Punkte *kollinear* sind, d. h. inzident mit derselben Geraden, dann sind ihre Bilder ebenfalls kollinear. Ebenso gilt: wenn in der Ebene ε drei oder mehr Geraden *konkurrent* sind, d. h. inzident mit demselben Punkte, dann sind ihre Bilder ebenfalls konkurrente Geraden. Während diese einfachen Eigenschaften — Inzidenz, Kollinearität und Konkurrenz — *projektive Eigenschaften* sind (d. h. Eigenschaften, die bei Projektion invariant bleiben), so

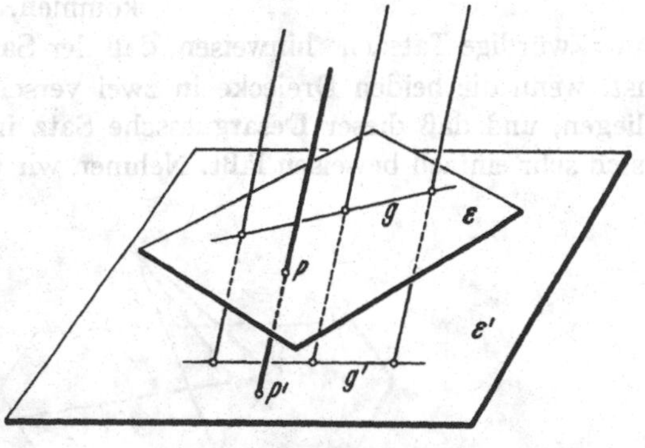

Fig. 71. Parallelprojektion

[1] Zwei Figuren, die durch eine *einzige* Projektion aus einander entstehen, liegen, wie man gewöhnlich sagt, in *Perspektive*. Also ist eine Figur F dann durch eine projektive Transformation auf eine Figur F' bezogen, wenn entweder F und F' in Perspektive sind oder wenn sich eine Folge von Figuren $F, F_1, F_2, \ldots, F_n, F'$ finden läßt, von denen jede mit der folgenden in Perspektive ist.

[2] Es gibt Ausnahmen, wenn die Gerade OP (oder die Ebene durch O und g) der Ebene ε' parallel ist. Diese Ausnahmen werden in § 4 beseitigt.

[3] Ein Punkt und eine Gerade heißen *inzident*, wenn die Gerade durch den Punkt geht oder der Punkt auf der Geraden liegt. Das neutrale Wort „inzident" läßt offen, ob die Gerade oder der Punkt als wichtiger angesehen wird.

werden die Maße von Längen und Winkeln und die Verhältnisse solcher Größen im allgemeinen durch Projektion verändert. Gleichschenklige oder gleichseitige Dreiecke können durch Projektion in Dreiecke mit lauter verschiedenen Seiten übergehen. Während also „Dreieck" ein Begriff der projektiven Geometrie ist, trifft das für den Begriff „gleichseitiges Dreieck" nicht zu; dieser gehört nur der metrischen Geometrie an.

2. Der Satz von Desargues

Eine der frühesten Entdeckungen der projektiven Geometrie war der berühmte Dreiecksatz von Desargues (1593–1662): *Wenn in einer Ebene zwei Dreiecke ABC und $A'B'C'$ so gelegen sind, daß die Verbindungslinien einander entsprechender Ecken in einem Punkt O konkurrent sind, dann schneiden sich die Verlängerungen einander entsprechender Seiten in drei kollinearen Punkten.* Fig. 72 veranschaulicht den Satz, und der Leser sollte selbst weitere solche Figuren zeichnen, um den Satz experimentell nachzuprüfen. Der Beweis ist nicht trivial, trotz der Einfachheit der Figur, in der nur gerade Linien vorkommen. Der Satz gehört offenbar der projektiven Geometrie an, denn wenn wir die ganze Figur auf eine andere Ebene projizieren, so bleiben alle Eigenschaften, die in dem Satz vorkommen, erhalten. Wir werden auf diesen Satz auf S. 145 zurückkommen. Vorderhand wollen wir nur auf die merkwürdige Tatsache hinweisen, daß der Satz des Desargues auch noch richtig ist, wenn die beiden Dreiecke in zwei verschiedenen (nicht parallelen) Ebenen liegen, und daß dieser Desarguessche Satz in der dreidimensionalen Geometrie sich sehr einfach beweisen läßt. Nehmen wir an, daß die Geraden AA', BB' und CC' sich in O schneiden (Fig. 73), wie vorausgesetzt. Dann liegt AB in derselben Ebene wie $A'B'$, so daß sich diese beiden Geraden in einem gewissen Punkt Q schneiden; ebenso schneiden sich AC und $A'C'$ in R und BC und $B'C'$ in P. Da nun P, Q und R auf Verlängerungen der Seiten von ABC und $A'B'C'$ liegen, müssen sie mit jedem der beiden Dreiecke in derselben Ebene liegen und folglich auf der Schnittlinie dieser beiden Ebenen. Daher sind P, Q und R kollinear, was zu beweisen war.

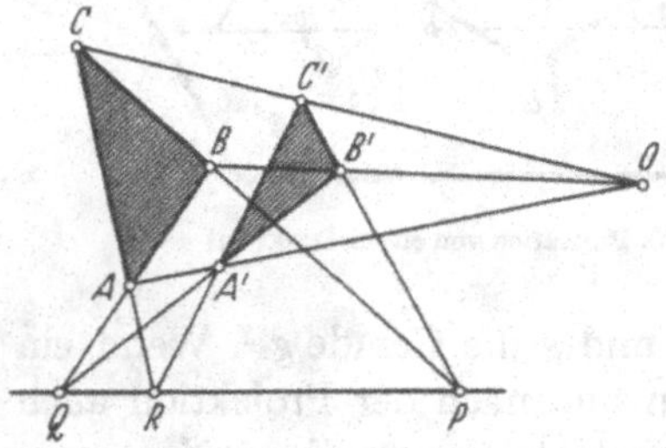

Fig. 72. Die Konfiguration des Desargues in der Ebene

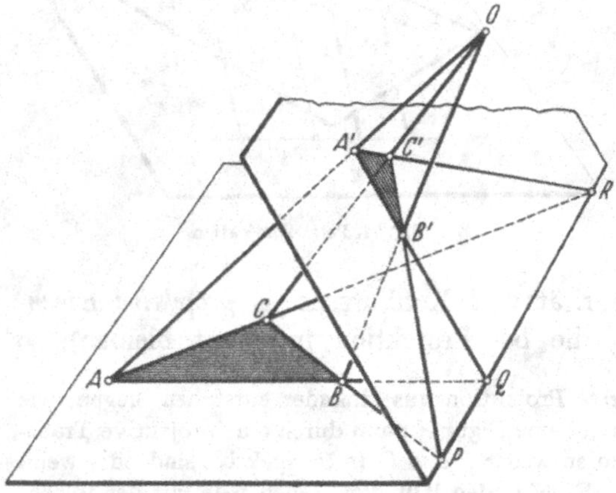

Fig. 73. Die Konfiguration des Desargues im Raum

Dieser einfache Beweis legt nahe, daß wir den Satz für zwei Dimensionen sozusagen durch einen Grenzübergang beweisen könnten, indem wir die ganze Figur immer flacher werden lassen, bis schließlich die beiden Ebenen zusammenfallen und der Punkt O ebenso wie alle anderen auch in diese Ebene fällt. Es liegt jedoch eine gewisse Schwierigkeit in der Ausführung eines solchen Grenzüberganges, da die Schnittgerade PQR nicht mehr eindeutig bestimmt ist, wenn die Ebenen zusammenfallen. Indessen kann die Konfiguration der Fig. 72 als eine perspektivische Darstellung der räumlichen Konfiguration der Fig. 73 angesehen werden, und dieser Umstand kann benutzt werden, um den Satz für den ebenen Fall zu beweisen.

Es besteht tatsächlich ein fundamentaler Unterschied zwischen dem Desarguesschen Satz in der Ebene und im Raum. Unser räumlicher Beweis benutzte geometrische Überlegungen, die nur auf den Begriffen der Inzidenz und des Schnitts von Punkten, Geraden und Ebenen beruhten. Es läßt sich zeigen, daß der Beweis des zweidimensionalen Satzes, *wenn er vollkommen innerhalb der Ebene geführt werden soll*, notwendigerweise die Benutzung des Begriffs der Ähnlichkeit von Figuren erfordert, der jedoch auf der metrischen Vorstellung der Länge beruht und daher kein projektiver Begriff mehr ist.

Der Desarguessche Satz läßt sich umkehren: Wenn ABC und $A'B'C'$ zwei Dreiecke sind, die so gelegen sind, daß die Schnittpunkte entsprechender Seiten kollinear sind, so sind die Verbindungslinien entsprechender Ecken konkurrent. Der Beweis für den Fall, daß die beiden Dreiecke in zwei nicht parallelen Ebenen liegen, sei zur Übung dem Leser überlassen.

§ 3. Das Doppelverhältnis

1. Definition und Beweis der Invarianz

Ebenso wie die Länge einer Strecke der Schlüssel zur metrischen Geometrie ist, so gibt es einen fundamentalen Begriff der projektiven Geometrie, mit dessen Hilfe alle spezifisch projektiven Eigenschaften von Figuren ausgedrückt werden können.

Wenn drei Punkte A, B, C auf einer Geraden liegen, so wird eine Projektion im allgemeinen nicht nur die Entfernungen AB und BC verändern, sondern auch das Verhältnis AB/BC. Tatsächlich lassen sich drei *beliebige* Punkte A, B, C auf einer Geraden l immer drei beliebigen anderen A', B', C' auf einer anderen Geraden l' durch nur zwei aufeinanderfolgende Projektionen zuordnen. Zu diesem Zweck können wir die Gerade l' um den Punkt C' drehen, bis sie die Lage l'' parallel zu l einnimmt (siehe Fig. 74). Dann projizieren wir l auf l'' durch eine Projektion parallel der Verbindungslinie CC', womit drei Punkte A'', B'' und C'' ($= C'$) bestimmt werden. Die Verbindungslinien $A'A''$ und $B'B''$ schneiden sich in einem Punkt O, den wir als Zentrum einer zweiten Projektion wählen. Diese beiden Projektionen liefern das gewünschte Ergebnis[1].

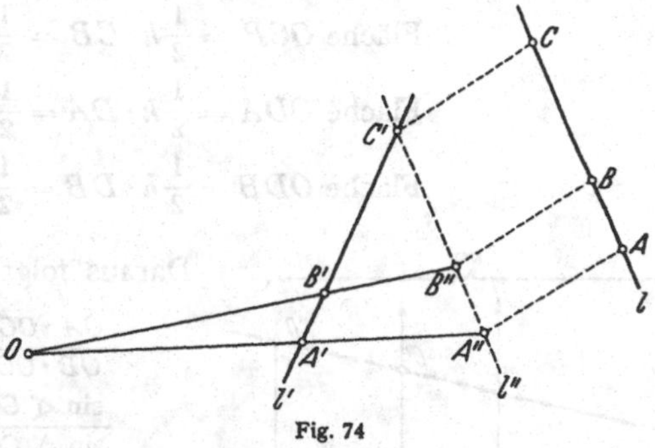

Fig. 74

Wie wir eben gesehen haben, kann keine Größe, in der nur drei Punkte einer Geraden vorkommen, gegenüber Projektionen invariant sein. Aber – und dies ist die entscheidende Entdeckung der projektiven Geometrie – wenn wir *vier* Punkte A, B, C, D auf einer Geraden haben und diese in die Punkte A', B', C', D' einer

[1] Wie ist es, wenn die Verbindungslinien $A'A''$ und $B'B''$ parallel sind?

anderen Geraden projizieren, dann gibt es eine gewisse Größe – nämlich das sogenannte *Doppelverhältnis* der vier Punkte –, die ihren Wert bei der Projektion beibehält. Hier haben wir eine mathematische Eigenschaft einer Menge von vier Punkten einer Geraden, die bei einer Projektion nicht zerstört wird und in jedem Bild der Geraden wiedererkannt werden kann. Das Doppelverhältnis ist weder eine Länge noch das Verhältnis zweier Längen, sondern *das Verhältnis zweier solcher Verhältnisse*: Wenn wir die Verhältnisse CA/CB und DA/DB betrachten, dann heißt ihr Verhältnis

$$x = \frac{CA}{CB} \Big/ \frac{DA}{DB},$$

das Doppelverhältnis der vier Punkte A, B, C, D, in dieser Reihenfolge genommen.

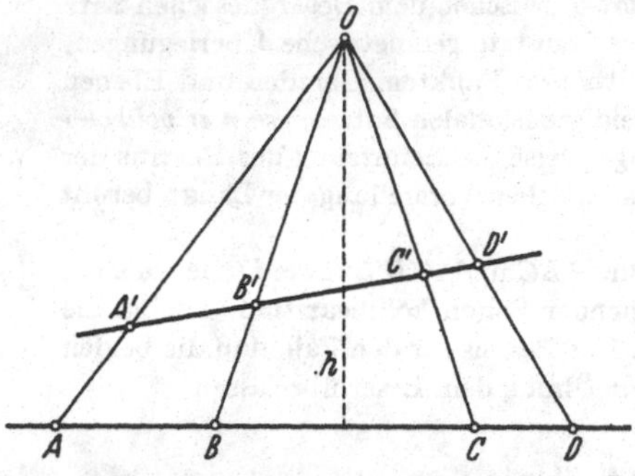

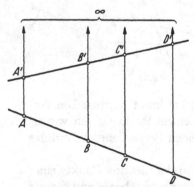

Fig. 75. Invarianz des Doppelverhältnisses bei Zentralprojektion

Wir wollen nun zeigen: ***das Doppelverhältnis von vier Punkten ist gegenüber Projektionen invariant***, d. h. wenn A, B, C, D und A', B', C', D' entsprechende Punkte auf zwei durch eine Projektion aufeinander abgebildete Geraden sind, gilt die Beziehung

$$\frac{CA}{CB} \Big/ \frac{DA}{DB} = \frac{C'A'}{C'B'} \Big/ \frac{D'A'}{D'B'}.$$

Der Beweis läßt sich ganz elementar führen. Wir erinnern uns, daß die Fläche eines Dreiecks gleich 1/2 (Grundlinie · Höhe) ist und zugleich durch das halbe Produkt zweier beliebiger Seiten, multipliziert mit dem Sinus des eingeschlossenen Winkels, gegeben ist. Wir haben dann in Fig. 75

$$\text{Fläche } OCA = \frac{1}{2} h \cdot CA = \frac{1}{2} OA \cdot OC \sin \sphericalangle COA$$

$$\text{Fläche } OCB = \frac{1}{2} h \cdot CB = \frac{1}{2} OB \cdot OC \sin \sphericalangle COB$$

$$\text{Fläche } ODA = \frac{1}{2} h \cdot DA = \frac{1}{2} OA \cdot OD \sin \sphericalangle DOA$$

$$\text{Fläche } ODB = \frac{1}{2} h \cdot DB = \frac{1}{2} OB \cdot OD \sin \sphericalangle DOB .$$

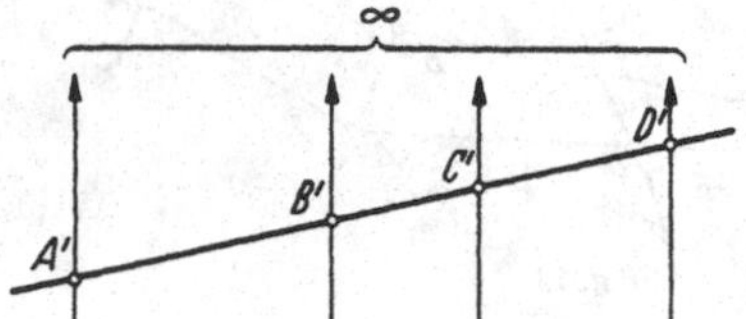

Fig. 76. Invarianz des Doppelverhältnisses bei Parallelprojektion

Daraus folgt

$$\frac{CA}{CB} \Big/ \frac{DA}{DB} = \frac{CA}{CB} \cdot \frac{DB}{DA} = \frac{OA \cdot OC \cdot \sin \sphericalangle COA}{OB \cdot OC \cdot \sin \sphericalangle COB} \cdot \frac{OB \cdot OD \cdot \sin \sphericalangle DOB}{OA \cdot OD \cdot \sin \sphericalangle DOA} = \frac{\sin \sphericalangle COA}{\sin \sphericalangle COB} \cdot \frac{\sin \sphericalangle DOB}{\sin \sphericalangle DOA} .$$

Daher hängt das Doppelverhältnis von A, B, C, D nur von den Winkeln ab, die in O von den Verbindungen mit A, B, C, D gebildet werden. Da diese Winkel dieselben sind für irgend vier Punkte A', B', C', D', in die A, B, C, D von O aus projiziert werden können, so folgt, daß das Doppelverhältnis bei der Projektion unverändert bleibt.

Auch bei *Parallelprojektion* bleibt das Doppelverhältnis von vier Punkten unverändert, wie aus den elementaren Eigenschaften ähnlicher Dreiecke folgt. Der Beweis sei zur Übung dem Leser überlassen.

Bis hierher haben wir das Doppelverhältnis von vier Punkten A, B, C, D auf einer Geraden l als ein Verhältnis positiver Längen aufgefaßt. Es ist vorteilhaft, diese Definition folgendermaßen abzuändern. Wir wählen eine Richtung auf l als positiv und verabreden, daß Längen, die in dieser Richtung gemessen werden, positiv sein sollen, während Längen, die in der entgegengesetzten Richtung gemessen werden, negativ sein sollen. Wir definieren nun das Doppelverhältnis von A, B, C, D in dieser Reihenfolge als die Größe

$$(ABCD) = \frac{CA}{CB} \Big/ \frac{DA}{DB}, \tag{1}$$

wobei die Zahlen CA, CB, DA, DB mit den richtigen Vorzeichen zu versehen sind. Da eine Umkehrung der gewählten positiven Richtung auf l nur das Zeichen jedes

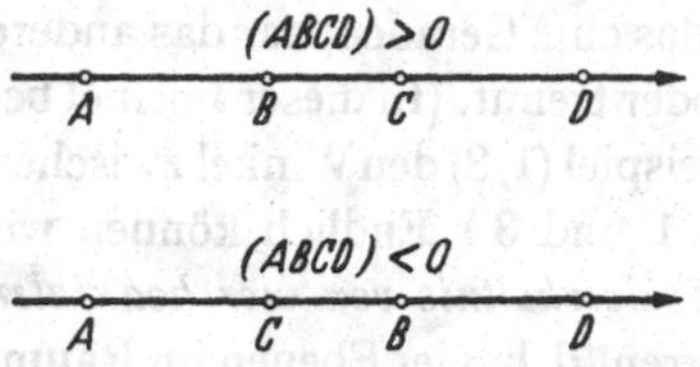

Fig. 77. Vorzeichen des Doppelverhältnisses

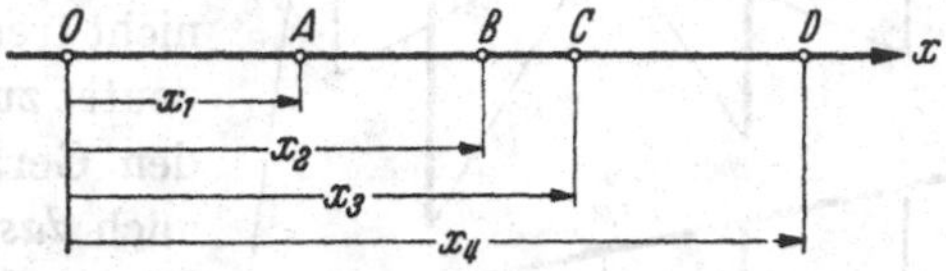

Fig. 78. Doppelverhältnis durch Koordinaten ausgedrückt

Gliedes dieses Verhältnisses umkehrt, hängt der Wert von $(ABCD)$ nicht von der gewählten Richtung ab. Man sieht leicht ein, daß $(ABCD)$ negativ oder positiv sein wird, je nachdem, ob die Punktpaare A, B und C, D sich gegenseitig trennen oder nicht. Da diese Trennungseigenschaft bei der Projektion invariant ist, ist auch das Doppelverhältnis mit Vorzeichen invariant. Wenn wir einen festen Punkt O auf l als Ursprung wählen und als Koordinate x jedes Punktes auf l dessen gerichteten Abstand von O nehmen, so daß die Koordinaten von A, B, C, D gleich x_1 bzw. x_2, x_3, x_4 sind, dann ergibt sich

$$(ABCD) = \frac{CA}{CB} \Big/ \frac{DA}{DB} = \frac{x_3 - x_1}{x_3 - x_2} \Big/ \frac{x_4 - x_1}{x_4 - x_2} = \frac{x_3 - x_1}{x_3 - x_2} \cdot \frac{x_4 - x_2}{x_4 - x_1}.$$

Wenn $(ABCD) = -1$, so daß $\frac{CA}{CB} = -\frac{DA}{DB}$, dann teilen C und D die Strecke AB innerlich und äußerlich in demselben Verhältnis. In diesem Fall sagt man, daß C und D die Strecke AB *harmonisch* teilen, und jeder der beiden Punkte C, D heißt *harmonisch konjugiert* zu dem andern in bezug auf das Paar A, B. Wenn $(ABCD) = 1$ ist, so fallen die Punkte C und D (oder A und B) zusammen.

Man muß beachten, daß die *Reihenfolge*, in der A, B, C, D genommen werden, für die Definition des Doppelverhältnisses $(ABCD)$ wesentlich ist. Ist zum Beispiel $(ABCD) = \lambda$, so ist das Doppelverhältnis $(BACD) = 1/\lambda$, während $(ACBD) = 1 - \lambda$ ist, wie der Leser leicht nachrechnen kann. Vier Punkte A, B, C, D können auf $4 \cdot 3 \cdot 2 \cdot 1 = 24$ verschiedene Arten angeordnet werden, und jede Anordnung gibt dem Doppelverhältnis einen gewissen Wert. Einige dieser Anordnungen geben denselben Wert für das Doppelverhältnis wie die ursprüngliche Anordnung A, B, C, D; zum Beispiel ist $(ABCD) = (BADC)$. Zur Übung möge der Leser zeigen, daß es nur sechs verschiedene Werte des Doppelverhältnisses für diese 24 verschiedenen „Permutationen" der Punkte gibt, nämlich

$$\lambda, \quad 1 - \lambda, \quad \frac{1}{\lambda}, \quad \frac{\lambda - 1}{\lambda}, \quad \frac{1}{1 - \lambda}, \quad \frac{\lambda}{\lambda - 1}.$$

Diese sechs Größen sind im allgemeinen verschieden, aber zwei von ihnen können zusammenfallen, z. B. im Fall der harmonischen Teilung, in dem $\lambda = -1$ ist.

Auch *das Doppelverhältnis von vier koplanaren* (d.h. in einer Ebene gelegenen) *und konkurrenten Geraden* 1, 2, 3, 4 können wir definieren, und zwar als das Doppelverhältnis der vier Schnittpunkte dieser Geraden mit einer anderen Geraden derselben Ebene. Die Lage dieser fünften Geraden ist wegen der Invarianz des Doppelverhältnisses bei Projektion unwesentlich. Äquivalent hiermit ist die Definition

$$(1\,2\,3\,4) = \frac{\sin(1,3)}{\sin(2,3)} \Big/ \frac{\sin(1,4)}{\sin(2,4)}$$

mit positivem oder negativem Vorzeichen, je nachdem, ob das eine Geradenpaar das andere nicht trennt oder trennt. (In dieser Formel bedeutet zum Beispiel (1, 3) den Winkel zwischen den Geraden 1 und 3.) Endlich können wir auch *das Doppelverhältnis von vier koaxialen Ebenen* definieren (d. h. vier Ebenen im Raum, die sich in einer Geraden l, ihrer Achse, schneiden). Wenn eine Gerade die Ebenen in vier Punkten schneidet, so haben diese Punkte unabhängig von der Lage der Geraden stets dasselbe Doppelverhältnis. (Der Beweis bleibe dem Leser überlassen.) Daher können wir diesen Wert als das Doppelverhältnis der vier Ebenen bezeichnen. Eine äquivalente Definition ist es, das Doppelverhältnis der vier Ebenen dem Doppelverhältnis der vier Geraden gleichzusetzen, in denen die vier Ebenen von einer beliebigen fünften Ebene geschnitten werden (siehe Fig. 79).

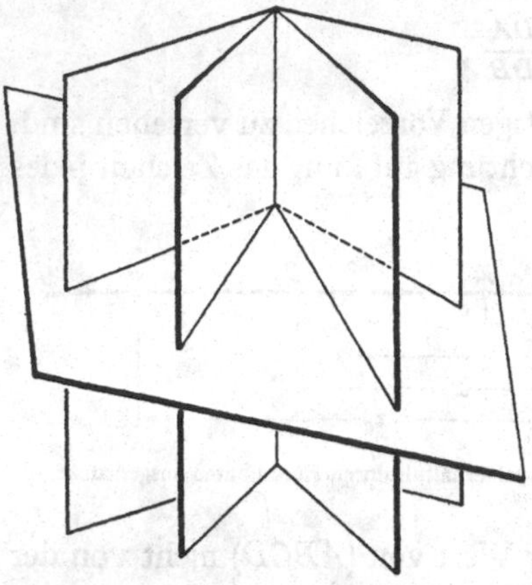

Fig. 79. Doppelverhältnis koaxialer Ebenen

Die Begriffsbildung des Doppelverhältnisses von vier Ebenen führt naturgemäß zu der Frage, ob sich eine projektive Transformation des *dreidimensionalen* Raumes auf sich selbst definieren läßt. Die Definition durch Zentralprojektion läßt sich nicht ohne weiteres von zwei auf drei Dimensionen erweitern. Aber es läßt sich beweisen, daß jede stetige Transformation einer Ebene auf sich selbst, die umkehrbar eindeutig Punkte auf Punkte und Geraden auf Geraden abbildet, eine projektive Transformation ist. Dieser Satz legt die folgende Definition für drei Dimensionen nahe: Eine projektive Transformation des Raumes ist eine stetige umkehrbar eindeutige Transformation, bei der gerade Linien als solche erhalten bleiben. Es läßt sich zeigen, daß diese Transformationen das Doppelverhältnis invariant lassen.

Die vorstehenden Behauptungen seien noch durch einige Bemerkungen ergänzt. Angenommen, wir haben auf einer Geraden drei verschiedene Punkte A, B, C mit den Koordinaten x_1, x_2, x_3. Gesucht sei ein vierter Punkt D, so daß das Doppelverhältnis $(ABCD) = \lambda$, wobei λ vorgegeben ist. (Der spezielle Fall $\lambda = -1$, der der Konstruktion des vierten harmonischen Punktes entspricht, soll im nächsten Abschnitt noch im einzelnen besprochen werden.) Im allgemeinen hat das Problem eine und nur eine Lösung; denn ist x die Koordinate des gesuchten Punktes D, so hat die Gleichung

$$\text{(2)} \qquad \frac{x_3 - x_1}{x_3 - x_2} \cdot \frac{x - x_2}{x - x_1} = \lambda$$

genau eine Lösung x. Wenn x_1, x_2, x_3 gegeben sind, und wenn wir Gleichung (2) abkürzen, indem wir $\frac{(x_3 - x_1)}{(x_3 - x_2)} = k$ setzen, so finden wir durch Auflösung dieser Gleichung, daß $x = \frac{(k x_2 - \lambda x_1)}{(k - \lambda)}$. Wenn zum Beispiel die drei Punkte A, B, C äquidistant sind mit den Koordinaten $x_1 = 0$, $x_2 = d$, $x_3 = 2d$, so ist $k = \frac{2d}{d} = 2$ und $x = \frac{2d}{2 - \lambda}$.

Wenn wir dieselbe Gerade l von zwei verschiedenen Zentren O' und O'' aus auf zwei verschiedene Geraden l', l'' projizieren, so erhalten wir eine Zuordnung $P \leftrightarrow P'$ zwischen den Punkten von l und l' und eine Zuordnung $P \leftrightarrow P''$ zwischen denen von l und l''. Dadurch wird eine Zuordnung $P' \leftrightarrow P''$ zwischen den Punkten von l' und denen von l'' geschaffen, welche die Eigenschaft besitzt, daß je vier Punkte A', B', C', D' auf l' dasselbe Doppelverhältnis haben wie die entsprechenden Punkte A'', B'', C'', D'' auf l''. Jede eineindeutige Zuordnung zwischen den Punkten zweier Geraden, die diese Eigenschaft besitzt, heißt eine *projektive Zuordnung*, unabhängig von der speziellen Definition der Zuordnung.

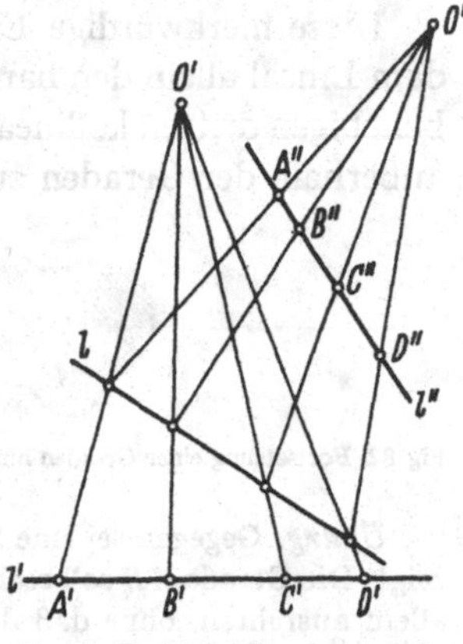

Fig. 80. Projektive Zuordnung zwischen den Punkten zweier Geraden

Übungen: 1. Man beweise: Wenn zwei Geraden und eine projektive Zuordnung zwischen ihren Punkten gegeben sind, kann die eine Gerade durch Parallelverschiebung in eine solche Lage gebracht werden, daß sich die gegebene Zuordnung aus einer einfachen Projektion ergibt. (Anleitung: Man bringe zwei einander entsprechende Punkte der Geraden zur Deckung.)

2. Auf Grund des vorstehenden Resultats ist zu zeigen: Wenn die Punkte zweier Geraden l und l' einander durch eine endliche Folge von Projektionen auf verschiedene zwischengeschaltete Geraden, von beliebigen Projektionszentren aus, zugeordnet sind, kann man dasselbe Ergebnis durch nur *zwei* Projektionen erzielen.

2. Anwendung auf das vollständige Vierseit

Als eine interessante Anwendung der Invarianz des Doppelverhältnisses wollen wir einen einfachen, aber wichtigen Satz der projektiven Geometrie aufstellen. Er betrifft das *vollständige Vierseit*, eine Figur, die aus vier beliebigen Geraden besteht, von denen keine drei konkurrent sind, und aus den sechs Punkten, in denen sie sich schneiden. In Fig. 81 sind diese vier Geraden AE, BE, BI, AF. Die Geraden durch AB, EG und IF heißen die *Diagonalen* des Vierseits. Wir nehmen irgendeine der Diagonalen, z. B. AB, und markieren darauf die Punkte C und D, in denen sie die beiden anderen Diagonalen trifft. Dann haben wir den Satz: $(ABCD) = -1$, in Worten: *Die Schnittpunkte einer Diagonalen mit den zwei anderen teilen die Ecken auf der ersten Diagonalen harmonisch.* Um dies zu beweisen, stellen wir einfach

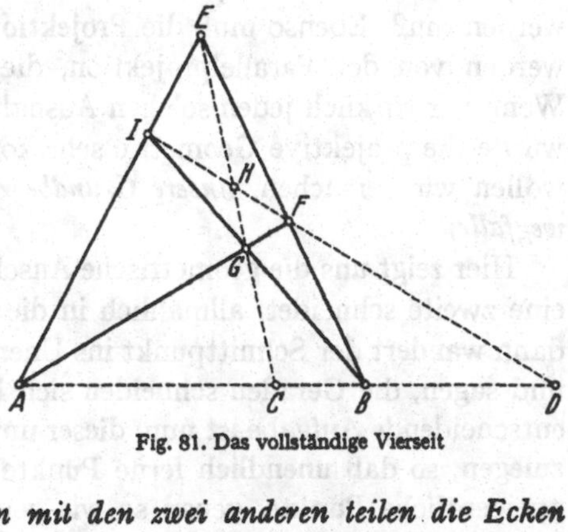

Fig. 81. Das vollständige Vierseit

fest, daß

$$x = (ABCD) = (IFHD) \quad \text{durch Projektion von } E \text{ aus,}$$
$$(IFHD) = (BACD) \quad \text{durch Projektion von } G \text{ aus.}$$

Wir wissen aber, daß $(BACD) = 1/(ABCD)$; also ist $x = 1/x$, $x^2 = 1$, $x = \pm 1$. Da das Paar C, D das Paar A, B trennt, ist das Doppelverhältnis negativ und muß daher $= -1$ sein, was zu beweisen war.

Diese merkwürdige Eigenschaft des vollständigen Vierseits erlaubt uns, mit dem Lineal allein den harmonisch konjugierten Punkt in bezug auf A, B für einen beliebigen dritten kollinearen Punkt C zu finden. Wir brauchen nur einen Punkt E außerhalb der Geraden zu wählen, EA, EB, EC zu zeichnen, einen Punkt G auf EC zu markieren, AG und BG zu ziehen, die EB und EA in F bzw. I schneiden, und dann die Gerade IF zu ziehen, deren Schnittpunkt mit der Geraden durch A, B, C der gesuchte vierte harmonische Punkt ist.

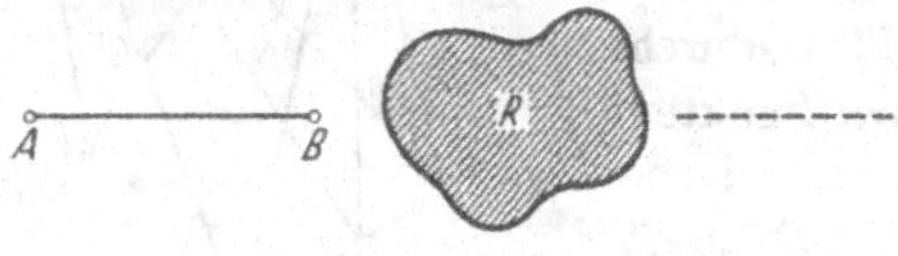

Fig. 82. Fortsetzung einer Geraden hinter einem Hindernis

Übung: Gegegen sei eine Strecke AB in der Ebene und ein gewisses Gebiet R, wie Fig. 82 zeigt. Die Gerade AB soll rechts von R fortgesetzt werden. Wie kann man dies mit dem Lineal allein ausführen, ohne daß das Lineal während der Konstruktion das Gebiet R überquert? (Anleitung: Man wähle zwei beliebige Punkte C, C' auf der Strecke AB und suche deren harmonisch konjugierte Punkte D bzw. D' mit Hilfe von jeweils zwei Vierseiten, die A, B als Ecken haben.)

§ 4. Parallelität und Unendlichkeit

1. Unendlich ferne Punkte als „uneigentliche Punkte"

Eine genauere Durchsicht des vorigen Abschnitts zeigt, daß manche unserer Argumente versagen, wenn zwei Geraden, die im Verlauf der Konstruktion bis zum Schnittpunkt verlängert werden sollen, in Wirklichkeit parallel sind. Bei der obigen Konstruktion zum Beispiel ist der vierte harmonische Punkt D nicht vorhanden, wenn die Gerade IF der Geraden AB parallel ist. Geometrische Überlegungen werden ständig behindert durch die Tatsache, daß parallele Geraden sich nicht schneiden; so daß immer, wenn Schnittpunkte von Geraden diskutiert werden, der Ausnahmefall paralleler Geraden besonders betrachtet und formuliert werden muß. Ebenso muß die Projektion von einem Zentrum aus unterschieden werden von der Parallelprojektion, die eine gesonderte Behandlung erfordert. Wenn wir wirklich jeden solchen Ausnahmefall im einzelnen diskutieren müßten, würde die projektive Geometrie sehr kompliziert werden. Um dem zu entgehen, wollen wir versuchen, *unsere Grundbegriffe so zu erweitern, daß die Ausnahmen wegfallen.*

Hier zeigt uns die geometrische Anschauung den Weg: Wenn eine Gerade, die eine zweite schneidet, allmählich in die Lage parallel zur zweiten gedreht wird, dann wandert der Schnittpunkt ins Unendliche. Wir können uns naiv ausdrücken und sagen, die Geraden schneiden sich in einem „unendlich fernen Punkt". Die entscheidende Aufgabe ist nun, dieser unpräzisen Aussage einen exakten Sinn beizulegen, so daß unendlich ferne Punkte oder, wie sie zuweilen genannt werden, uneigentliche Punkte, genau so wie gewöhnliche Punkte in der Ebene oder im Raum behandelt werden können. Mit anderen Worten: Wir verlangen, daß alle

Regeln über das Verhalten von Punkten, Geraden, Ebenen usw. weiterbestehen, auch wenn diese geometrischen Elemente uneigentlich sind. Zu diesem Zweck können wir entweder anschaulich oder formal vorgehen, ebenso wie bei der Erweiterung des Zahlensystems, bei der man sich entweder von der anschaulichen Vorstellung des Messens oder von den formalen Regeln der arithmetischen Operationen leiten läßt.

Machen wir uns zunächst klar, daß in der synthetischen Geometrie selbst die grundlegenden Begriffe des „gewöhnlichen" Punkts und der Geraden nicht definiert sind. Die sogenannten Definitionen dieser Begriffe, die sich häufig in Lehrbüchern der elementaren Geometrie finden, sind nur erläuternde Beschreibungen. Im Fall der gewöhnlichen geometrischen Elemente gibt uns die Anschauung hinreichende Gewißheit über deren „Existenz". Aber alles, was wir wirklich brauchen in der Geometrie, als mathematisches System betrachtet, ist die Gültigkeit gewisser Regeln, nach denen wir mit diesen Begriffen umgehen können, indem wir etwa Punkte verbinden, Geraden zum Schnitt bringen usw. Logisch betrachtet, ist ein „Punkt" kein „Ding an sich", ist aber vollkommen umschrieben durch die Gesamtheit der Aussagen, die ihn mit anderen Objekten verknüpfen. Die mathematische Existenz von „unendlich fernen Punkten" ist gesichert, sobald wir auf klare und widerspruchsfreie Weise die mathematischen *Eigenschaften* dieser neuen Objekte formuliert haben, d. h. ihre Beziehungen zueinander und zu „gewöhnlichen "Punkten. Die gewöhnlichen Axiome der Geometrie (d. h. die euklidischen) sind Abstraktionen aus der physikalischen Welt der Bleistift- und Kreidestriche, der gespannten Saiten, der Lichtstrahlen, der starren Stäbe usw. Die axiomatisch formulierten Eigenschaften der mathematischen Punkte und Geraden sind stark vereinfachte und idealisierte Beschreibungen des Verhaltens ihrer physikalischen Gegenstücke. Durch zwei mit dem Bleistift gezeichnete Punkte kann man nicht eine, sondern sehr viele Bleistiftgeraden ziehen. Werden die Punkte kleiner und kleiner im Durchmesser, so werden alle diese Geraden angenähert zusammenfallen. Das ist es, was wir meinen, wenn wir sagen, daß sich „durch zwei Punkte *eine und nur eine* Gerade ziehen läßt"; wir sprechen dabei nicht von physikalischen Punkten und Geraden, sondern von den abstrakten, begrifflichen Punkten und Geraden der Geometrie. Geometrische Punkte und Geraden haben wesentlich einfachere Eigenschaften als irgendwelche physikalischen Objekte, und diese Vereinfachung liefert die wesentliche Vorbedingung für die Entwicklung der Geometrie als deduktiver Wissenschaft.

Wir haben aber bemerkt, daß die gewöhnliche Geometrie von Punkten und Geraden noch dadurch stark kompliziert wird, daß ein Paar paralleler Geraden sich nicht in einem Punkt schneidet. So sind wir darauf geführt worden, die Struktur der Geometrie noch weiter zu vereinfachen, indem wir den Begriff des geometrischen Punktes derart erweitern, daß diese Ausnahme verschwindet, ebenso wie wir den Begriff der Zahl erweiterten, um die Beschränkungen hinsichtlich der Subtraktion und Division zu beseitigen. Auch in der Geometrie lassen wir uns von dem Prinzip leiten, in dem erweiterten Gebiet dieselben Gesetze beizubehalten, die in dem ursprünglichen Gebiet galten.

Wir werden daher vereinbaren, daß zu den gewöhnlichen Punkten jeder Geraden ein einziger „uneigentlicher" Punkt hinzugefügt werden soll. Dieser Punkt soll allen zu der gegebenen Geraden parallelen Geraden gemeinsam sein und keiner anderen

Geraden angehören. Nach dieser Festsetzung hat *jedes* Paar von Geraden in der Ebene einen Schnittpunkt: sind die Geraden nicht parallel, so schneiden sie sich in einem gewöhnlichen Punkt; sind sie dagegen parallel, so schneiden sie sich in dem uneigentlichen Punkt, der den beiden Geraden gemeinsam ist. Geometrische Intuition suggeriert für den uneigentlichen Punkt einer Geraden den Namen *unendlich ferner Punkt* der Geraden.

Die anschauliche Vorstellung eines Punktes, der auf einer Geraden ins Unendliche rückt, könnte nahelegen, daß wir jeder Geraden zwei unendlich ferne Punkte zuschreiben sollten, einen für jede Richtung längs der Geraden. Der Grund, warum wir ihr nur einen zuschreiben, ist, daß wir das Gesetz beibehalten wollen: Durch irgend zwei Punkte kann man eine und nur eine Gerade ziehen. Wenn eine Gerade zwei unendlich ferne Punkte besäße, die allen parallelen Geraden gemeinsam wären, dann würden durch diese beiden „Punkte" unendlich viele parallele Geraden gehen.

Wir wollen ferner verabreden, daß zu den gewöhnlichen Geraden einer Ebene eine einzige „uneigentliche" Gerade hinzukommen soll (auch unendlich ferne Gerade der Ebene genannt), *die alle uneigentlichen Punkte der Ebene und keine anderen Punkte enthalten soll.* Zu dieser Festsetzung sind wir gezwungen, wenn wir das ursprüngliche Gesetz beibehalten wollen, daß durch je zwei Punkte eine Gerade gezogen werden kann, und das neu gewonnene Gesetz, daß zwei beliebige Geraden sich in einem Punkte schneiden. Um dies einzusehen, wählen wir zwei beliebige uneigentliche Punkte. Dann kann die einzige Gerade, die sich durch diese Punkte ziehen lassen muß, keine gewöhnliche Gerade sein, da nach unserer Festsetzung jede gewöhnliche Gerade nur einen uneigentlichen Punkt enthält. Ferner kann diese Gerade keinen gewöhnlichen Punkt enthalten, da ein gewöhnlicher Punkt zusammen mit einem uneigentlichen Punkt eine gewöhnliche Gerade bestimmt. Endlich muß diese Gerade *sämtliche* uneigentlichen Punkte enthalten, da wir verlangen, daß sie mit jeder gewöhnlichen Geraden einen Punkt gemeinsam haben soll. Daher muß diese Gerade genau die Eigenschaften haben, die wir der uneigentlichen Geraden in der Ebene zugeschrieben haben.

Gemäß unseren Festsetzungen ist ein unendlich ferner Punkt bestimmt oder dargestellt durch eine Schar paralleler Geraden, ebenso wie eine irrationale Zahl durch eine Folge von ineinandergeschachtelten rationalen Intervallen bestimmt ist. Die Aussage, daß der Schnittpunkt zweier paralleler Geraden ein unendlich ferner Punkt ist, hat keinerlei mysteriöse Bedeutung, sondern ist einfach eine bequeme Ausdrucksweise dafür, daß die Geraden parallel sind, und der Hinweis auf einen unendlich fernen Schnittpunkt ist lediglich eine Ausdrucksweise zu dem Zweck, die Aufzählung von Ausnahmefällen überflüssig zu machen. Diese Fälle sind dann von selbst durch die gleichen sprachlichen Ausdrücke oder Symbole, die für die „gewöhnlichen" Fälle gelten, mit erfaßt.

Zusammengefaßt: Unsere Vereinbarungen über unendlich ferne Punkte sind so gewählt, daß die Gesetze, die die Inzidenzbeziehungen zwischen gewöhnlichen Punkten und Geraden beherrschen, auch für den erweiterten Begriff des Punktes gültig bleiben, während die Operation des Schneidens zweier Geraden, die bisher nur für nichtparallele Geraden möglich war, jetzt ohne Einschränkung durchführbar ist. Die Überlegungen, die zu dieser formalen Vereinfachung der Inzidenzbeziehungen führten, mögen etwas abstrakt erscheinen. Aber sie werden durch den Erfolg voll gerechtfertigt, wie der Leser in den folgenden Abschnitten sehen wird.

2. Uneigentliche Elemente und Projektion

Die Einführung unendlich ferner Punkte und der unendlich fernen Geraden einer Ebene gestattet uns, die Projektion einer Ebene auf eine andere in einer vollkommeneren Weise zu behandeln. Betrachten wir die Projektion einer Ebene ε auf eine Ebene ε' von einem Zentrum O aus (Fig. 83). Diese Projektion stellt eine Zuordnung zwischen den Punkten und Geraden von ε und denen von ε' her. Jedem Punkt A von ε entspricht ein einziger Punkt A' von ε' mit den folgenden Ausnahmen: Wenn der projizierende Strahl durch O der Ebene ε' *parallel* ist, so schneidet er ε in einem Punkt A, dem in ε' kein gewöhnlicher Punkt entspricht. Diese auszunehmenden Punkte von ε liegen auf einer Geraden l, der keine gewöhnliche Gerade von ε' entspricht. Aber diese Ausnahmen werden beseitigt, wenn wir die Vereinbarung treffen, daß A dem unendlich fernen Punkt von ε' in der Richtung der Geraden OA entspricht, und daß der Geraden l die unendlich ferne Gerade von ε' entspricht. In derselben Weise ordnen wir einen unendlich fernen Punkt von ε jedem Punkt B' auf der Geraden m' in ε' zu, durch die alle Strahlen von O aus gehen, die der Ebene ε parallel sind. Der Geraden m' entspricht die unendlich ferne Gerade von ε. Infolge der Einführung von unendlich fernen Punkten und Geraden einer Ebene *stellt demnach die Projektion einer Ebene auf eine andere eine Zuordnung zwischen den Punkten und Geraden der beiden Ebenen her, die ohne Ausnahme eineindeutig ist.* (Hiermit sind die Ausnahmen, die in der Anmerkung auf S. 133 erwähnt wurden, beseitigt.) Es ist ferner leicht zu sehen, daß infolge unserer Vereinbarung *ein Punkt dann und nur dann auf einer Geraden liegt, wenn seine Projektion auf der Projektion der Geraden liegt.* Folglich sind alle Aussagen über kollineare Punkte, konkurrente Geraden usw., in denen nur Punkte, Geraden und die Inzidenzbeziehungen vorkommen, als invariant bei Projektion im erweiterten Sinne zu erkennen. Dies erlaubt uns, mit den unendlich fernen Punkten einer Ebene ε zu operieren, indem wir einfach mit den entsprechenden gewöhnlichen Punkten einer Ebene ε' operieren, die der Ebene ε durch eine Projektion zugeordnet ist.

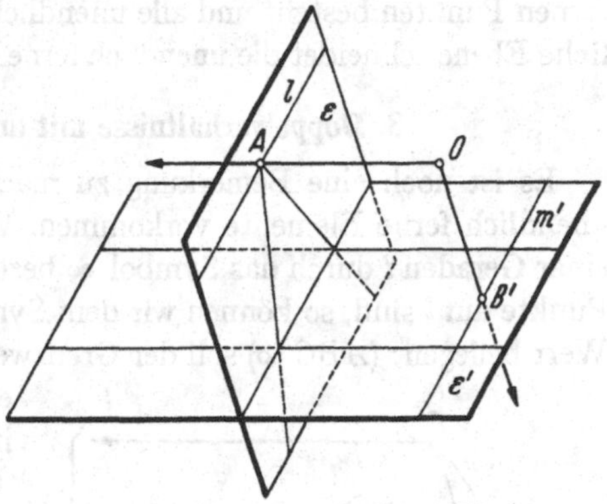

Fig. 83. Projektion in unendlich ferne Elemente

*Die Deutung der unendlich fernen Punkte einer Ebene ε mit Hilfe einer Projektion von einem außerhalb gelegenen Punkt O auf gewöhnliche Punkte einer anderen Ebene ε' kann benutzt werden, um ein konkretes euklidisches „Modell" der erweiterten Ebene zu liefern. Zu diesem Zweck sehen wir einfach von der Ebene ε' ab und beschränken unsere Aufmerksamkeit auf die Ebene ε und die Geraden durch O. Jedem gewöhnlichen Punkt von ε entspricht eine Gerade durch O, die nicht parallel zu ε ist; jedem unendlich fernen Punkt von ε entspricht eine zu ε parallele Gerade durch O. Daher entspricht die Gesamtheit aller Punkte von ε, der gewöhnlichen und der uneigentlichen, der Gesamtheit aller Geraden durch den Punkt O, und diese Zuordnung ist eineindeutig ohne Ausnahme. Die *Punkte* auf einer *Geraden* von ε entsprechen den *Geraden* in einer *Ebene* durch O. Ein Punkt und eine Gerade sind inzident dann und nur dann, wenn die entsprechende Gerade und Ebene inzident sind. Daher ist die Geometrie der Inzidenz von Punkten und Geraden der erweiterten Ebene vollkommen äquivalent der Geometrie der Inzidenz der gewöhnlichen Geraden und Ebenen durch einen festen Punkt im Raume.

*In drei Dimensionen besteht eine ähnliche Situation, obwohl wir diese hier nicht mehr durch Projektion anschaulich machen können. Wir führen wieder zu jeder Schar von parallelen Geraden einen zugeordneten unendlich fernen Punkt ein. In jeder Ebene haben wir eine unendlich ferne Gerade. Sodann müssen wir ein neues Element einführen, die ***unendlich ferne Ebene***, die aus allen unendlich fernen Punkten besteht und alle unendlich fernen Geraden enthält. Jede gewöhnliche Ebene schneidet die unendlich ferne Ebene in ihrer unendlich fernen Geraden.

3. Doppelverhältnisse mit unendlich fernen Elementen

Es ist noch eine Bemerkung zu machen über Doppelverhältnisse, in denen unendlich ferne Elemente vorkommen. Wir wollen den unendlich fernen Punkt einer Geraden l durch das Symbol ∞ bezeichnen. Wenn A, B, C drei gewöhnliche Punkte auf l sind, so können wir dem Symbol $(ABC\infty)$ auf folgende Weise einen Wert beilegen: $(ABC\infty)$ soll der Grenzwert sein, dem $(ABCP)$ sich nähert, wenn ein gewöhnlicher Punkt P auf l längs l ins Unendliche wandert. Nun ist

$$(ABCP) = \frac{CA}{CB} \Big/ \frac{PA}{PB},$$

und wenn P ins Unendliche rückt, nähert sich PA/PB dem Wert 1. Daher definieren wir

$$(ABC\infty) = CA/CB.$$

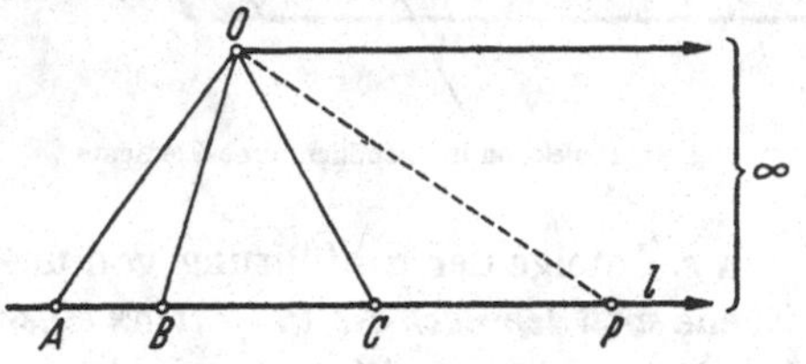

Fig. 84.
Doppelverhältnis mit einem unendlich fernen Punkt

Ist insbesondere $(ABC\infty) = -1$, so ist C der Halbierungspunkt der Strecke AB: *Der Halbierungspunkt und der unendlich ferne Punkt in der Richtung einer Strecke teilen die Strecke harmonisch.*

Übungen: Was ist das Doppelverhältnis von vier Geraden l_1, l_2, l_3, l_4, wenn sie parallel sind? Was ist das Doppelverhältnis, wenn l_4 die unendlich ferne Gerade ist?

§ 5. Anwendungen

1. Vorbereitende Bemerkungen

Nach Einführung der unendlich fernen Elemente ist es nicht mehr notwendig, die Ausnahmefälle, die in Konstruktionen und Sätzen auftreten, wenn zwei oder mehr Geraden parallel sind, ausdrücklich anzuführen. Wir brauchen uns nur zu merken, daß alle Geraden durch einen unendlich fernen Punkt parallel sind. Zwischen Zentral- und Parallelprojektion braucht nicht mehr unterschieden zu werden, da die letzte einfach eine Projektion von einem unendlich fernen Punkt aus bedeutet. In Fig. 72 kann der Punkt O oder die Gerade PQR unendlich fern sein (Fig. 85 zeigt den ersten Fall); es sei dem Leser zur Übung empfohlen, die entsprechende Aussage des Desarguesschen Satzes in „endlicher“ Ausdrucksweise zu formulieren.

Nicht nur die *Formulierung*, sondern sogar der *Beweis* eines projektiven Satzes wird oft vereinfacht, wenn man sich unendlich ferner Elemente bedient. Das allgemeine Prinzip ist folgendes: Unter der „projektiven Klasse" einer geometrischen Figur F verstehen wir die Klasse aller Figuren, in die F durch projektive Transformationen verwandelt werden kann. Die projektiven Eigenschaften von F werden mit denen jedes Mitgliedes seiner projektiven Klasse identisch sein, da projektive Eigenschaften nach Definition bei Projektion invariant sind. Daher wird jeder für F geltende projektive Satz (d. h. ein solcher, der nur projektive Eigenschaften betrifft) auch für jedes Mitglied der projektiven Klasse von F gelten, und umgekehrt. Um also irgendeinen solchen Satz für F zu beweisen, genügt es, wenn man ihn für ein beliebiges Mitglied der projektiven Klasse von F beweist. Wir können dies häufig mit Vorteil benutzen, indem wir ein spezielles Glied der Klasse von F aufsuchen, für das sich der Satz einfacher beweisen läßt als für F selber. Zum Beispiel können zwei beliebige Punkte A, B einer Ebene ε ins Unendliche projiziert werden, wenn man von einem Zentrum O aus auf eine zu der Ebene OAB parallele Ebene ε' projiziert. Die Geraden durch A und die durch B werden dann in zwei Scharen paralleler Geraden umgewandelt. Für die projektiven Sätze, die in diesem Abschnitt bewiesen werden sollen, werden wir eine solche vorbereitende Transformation vornehmen.

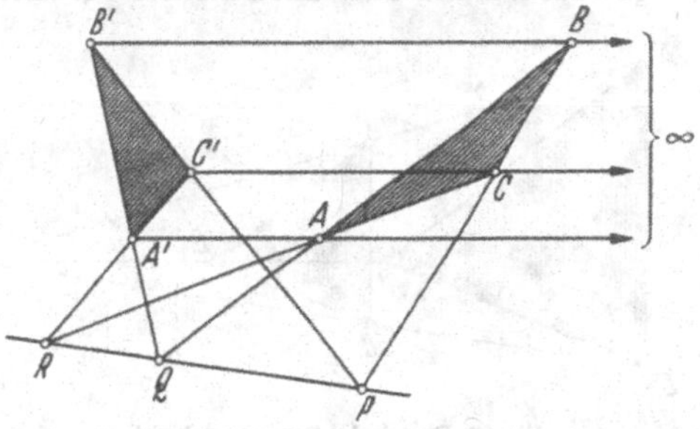

Fig. 85. Die Desarguessche Konfiguration mit unendlich fernem Projektionszentrum

Die folgende elementare Tatsache über parallele Geraden wird sich als nützlich erweisen. Zwei Geraden, die sich in O schneiden, mögen durch ein Geradenpaar l_1 und l_2 in den Punkten A, B, C, D geschnitten werden, wie Fig. 86 zeigt. Wenn l_1 und l_2 parallel sind, so gilt

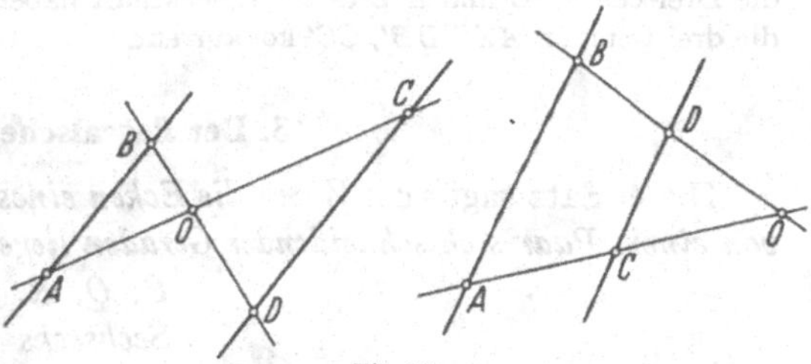

Fig. 86

$$\frac{OA}{OC} = \frac{OB}{OD}$$

und umgekehrt, wenn $\frac{OA}{OC} = \frac{OB}{OD}$ ist, so sind l_1 und l_2 parallel. Der Beweis folgt aus elementaren Eigenschaften ähnlicher Dreiecke und bleibe dem Leser überlassen.

2. Beweis des Desarguesschen Satzes in der Ebene

Wir liefern jetzt den Beweis, daß für zwei Dreiecke ABC und $A'B'C'$, die in einer Ebene liegen, wie Fig. 72 zeigt, und bei denen sich die Verbindungslinien entsprechender Eckpunkte in einem Punkte schneiden, die Schnittpunkte P, Q, R der entsprechenden Seiten auf einer Geraden liegen. Zu diesem Zweck projizieren wir zunächst die Figur so, daß Q und R ins Unendliche rücken. Nach dieser Transformation wird AB parallel $A'B'$ und AC parallel $A'C'$ sein, und die Figur wird erscheinen, wie Fig. 87 zeigt. Wie wir im Abschnitt 1 dieses Paragraphen auseinandergesetzt haben, genügt es zum Beweis des allgemeinen Desarguesschen Satzes, wenn wir ihn für diese spezielle Form der Figur beweisen. Hierzu brauchen wir nur zu zeigen, daß auch der Schnittpunkt von BC und $B'C'$ ins Unendliche rückt, so daß BC parallel $B'C'$ ist; dann sind nämlich P, Q, R tatsächlich kollinear (da sie auf der unendlich fernen Geraden liegen). Nun folgt aus

$$AB \parallel A'B' \qquad \frac{u}{v} = \frac{r}{s}$$

und aus

$$AC \parallel A'C' \qquad \frac{x}{y} = \frac{r}{s}.$$

Daher ist $\frac{u}{v} = \frac{x}{y}$, und hieraus folgt $BC \parallel B'C'$, was zu beweisen war.

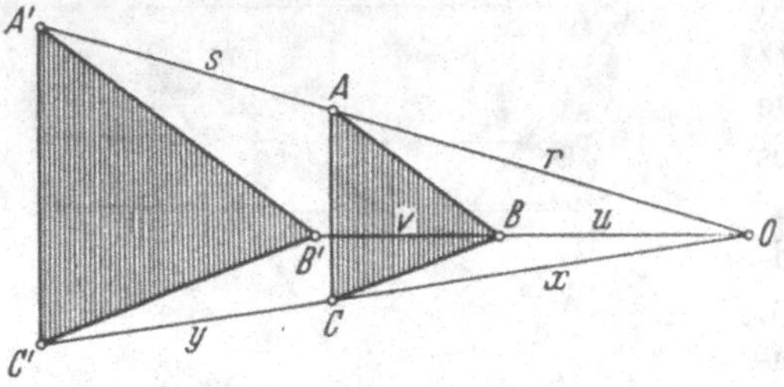

Fig. 87. Beweis des Desarguesschen Satzes

Man beachte, daß dieser Beweis des Desarguesschen Satzes den metrischen Begriff der Länge einer Strecke benutzt. Wir haben also einen projektiven Satz mit metrischen Hilfsmitteln bewiesen. Wenn überdies projektive Transformationen als ebene Transformationen definiert werden, bei denen das Doppelverhältnis erhalten bleibt (siehe S. 138), so bewegt sich dieser Beweis vollständig innerhalb der Ebene.

Übung: Man beweise in ähnlicher Weise die Umkehrung des Desarguesschen Satzes: Wenn die Dreiecke ABC und $A'B'C'$ die Eigenschaft haben, daß P, Q, R kollinear sind, dann sind die drei Geraden AA', BB', CC' konkurrent.

3. Der Pascalsche Satz[1]

Dieser Satz sagt aus: *Wenn die Ecken eines Sechsecks abwechselnd auf je einer von einem Paar sich schneidender Geraden liegen, dann sind die drei Schnittpunkte P, Q, R von gegenüberliegenden Seiten des Sechsecks kollinear* (Fig. 88). (Das Sechseck kann sich auch selbst schneiden. Die „gegenüberliegenden" Seiten sind aus dem schematischen Diagramm der Fig. 89 zu erkennen.)

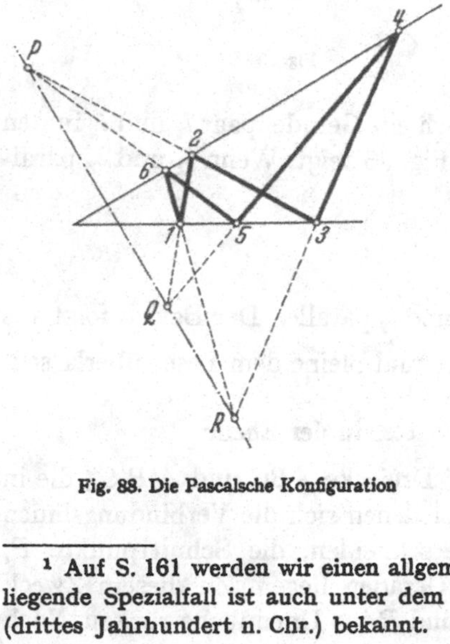

Fig. 88. Die Pascalsche Konfiguration

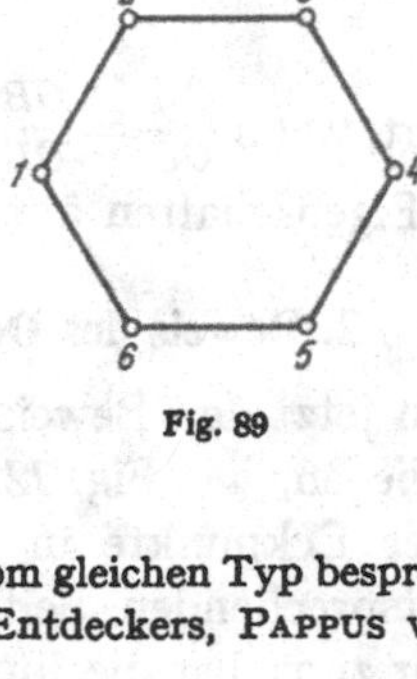

Fig. 89

[1] Auf S. 161 werden wir einen allgemeineren Satz vom gleichen Typ besprechen. Der vorliegende Spezialfall ist auch unter dem Namen seines Entdeckers, Pappus von Alexandria (drittes Jahrhundert n. Chr.) bekannt.

Durch Projektion können wir erreichen, daß P und Q unendlich ferne Punkte sind. Dann brauchen wir nur zu beweisen, daß auch R unendlich fern ist. Die Situation ist in Fig. 90 dargestellt, in der $23 \parallel 56$ und $12 \parallel 45$. Wir haben zu zeigen, daß $16 \parallel 34$.
Es gilt

$$\frac{a}{a+x} = \frac{b+y}{b+y+s}, \quad \frac{b}{b+y} = \frac{a+x}{a+x+r}.$$

Daher ist

$$\frac{a}{b} = \frac{a+x+r}{b+y+s},$$

also ist $16 \parallel 34$, was zu beweisen war.

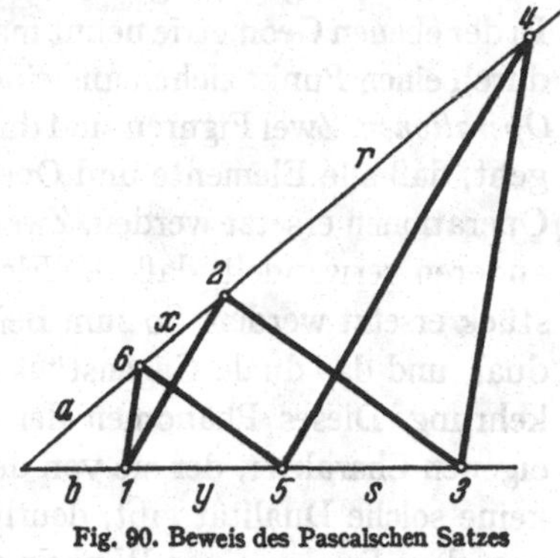

Fig. 90. Beweis des Pascalschen Satzes

4. Der Satz von Brianchon

Dieser Satz sagt aus: *Wenn die Seiten eines Sechsecks abwechselnd durch zwei feste Punkte P und Q gehen, dann sind die drei Diagonalen, welche gegenüberliegende Ecken des Sechsecks verbinden, konkurrent.* (siehe Fig. 91). Mittels einer Projektion können wir den Punkt P und den Schnittpunkt von zwei der Diagonalen, etwa 14

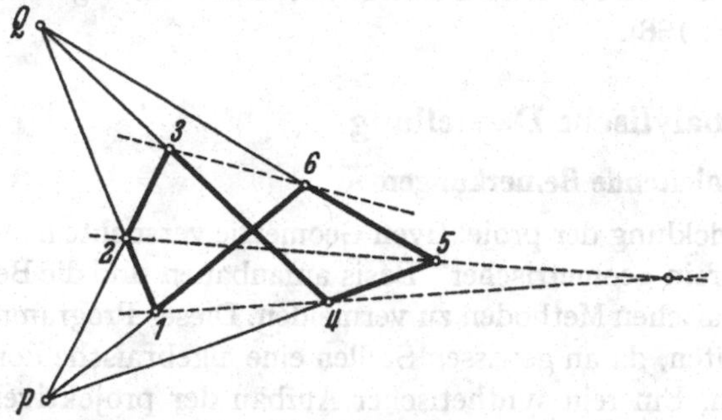

Fig. 91. Die Brianchonsche Konfiguration

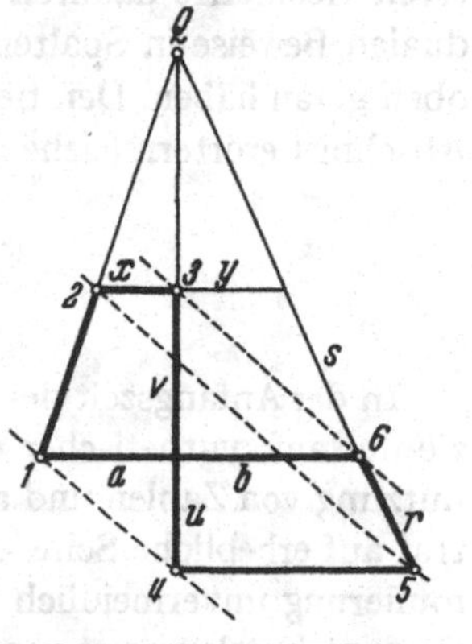

Fig. 92. Beweis des Satzes von Brianchon

und 36, ins Unendliche rücken lassen, siehe Fig. 92. Da $14 \parallel 36$ ist, haben wir $a/b = u/v$. Aber es ist $x/y = a/b$ und $u/v = r/s$. Daher ist $x/y = r/s$ und folglich $36 \parallel 25$, so daß alle drei Diagonalen parallel und somit konkurrent sind. Damit ist der Satz auch im allgemeinen Fall bewiesen.

5. Das Dualitätsprinzip

Der Leser hat vielleicht schon die merkwürdige Ähnlichkeit zwischen den Sätzen von PASCAL (1623–1662) und BRIANCHON (1785–1864) bemerkt. Diese Ähnlichkeit wird besonders auffallend, wenn wir die beiden Sätze nebeneinanderschreiben.

Satz von PASCAL	*Satz von* BRIANCHON
Wenn die *Ecken* eines Sechsecks *abwechselnd auf zwei Geraden liegen*, sind die *Schnittpunkte gegenüberliegender Seiten kollinear.*	Wenn die *Seiten* eines Sechsecks *abwechselnd durch zwei Punkte gehen*, sind die *Verbindungslinien gegenüberliegender Ecken konkurrent.*

Nicht nur die Sätze von PASCAL und BRIANCHON, sondern alle Sätze der projektiven Geometrie treten paarweise auf, wobei jeweils der eine dem anderen ähnlich und sozusagen von gleicher Struktur ist. Diese Beziehung nennt man *Dualität.* In der ebenen Geometrie nennt man Punkt und Gerade *duale Elemente.* Eine Gerade durch einen Punkt ziehen und einen Punkt auf einer Geraden markieren, sind *duale Operationen.* Zwei Figuren sind dual, wenn die eine aus der anderen dadurch hervorgeht, daß alle Elemente und Operationen durch die jeweils dualen Elemente und Operationen ersetzt werden. Zwei Sätze sind dual, wenn sich einer dadurch in den anderen verwandelt, daß alle Elemente und Operationen durch ihr duales Gegenstück ersetzt werden. So zum Beispiel sind die Sätze von PASCAL und BRIANCHON dual, und das duale Gegenstück zum Satz von DESARGUES ist seine eigene Umkehrung. Dieses Phänomen der Dualität gibt der projektiven Geometrie einen eigenen Charakter, der sie von der elementaren (metrischen) Geometrie, in der es keine solche Dualität gibt, deutlich unterscheidet. (Zum Beispiel wäre es sinnlos, von dem Dualen eines Winkels von 37° oder einer Strecke von der Länge 2 zu sprechen.) Die Tatsache, daß *das duale Gegenstück jedes wahren Satzes der projektiven Geometrie ebenfalls ein wahrer Satz der projektiven Geometrie ist,* bezeichnet man als das „*Dualitätsprinzip*". Dieses wird in manchen Lehrbüchern der Projektiven Geometrie dadurch veranschaulicht, daß man die dualen Sätze sowie ihre dualen Beweise in Spalten nebeneinander auf einer Seite abdruckt, so wie wir es oben getan haben. Den tieferen Grund für diese Dualität werden wir im folgenden Abschnitt erörtern (siehe auch S. 166).

§ 6. Analytische Darstellung

1. Einleitende Bemerkungen

In der Anfangszeit der Entwicklung der projektiven Geometrie versuchte man, sie nur auf synthetischer und „rein geometrischer" Basis aufzubauen und die Benutzung von Zahlen und algebraischen Methoden zu vermeiden. Dieses Programm traf auf erhebliche Schwierigkeiten, da an gewissen Stellen eine algebraische Formulierung unvermeidlich schien. Ein rein synthetischer Aufbau der projektiven Geometrie gelang erst gegen Ende des 19. Jahrhunderts, und nur um den Preis erheblicher Komplikationen. In dieser Hinsicht sind die Methoden der analytischen Geometrie viel erfolgreicher gewesen. Die allgemeine Tendenz der modernen Mathematik ist, alles auf den Zahlbegriff zu gründen, und in der Geometrie hat diese Tendenz, die bei FERMAT und DESCARTES begann, entscheidende Triumphe gefeiert. Die analytische Geometrie hat sich aus einem bloßen Werkzeug für geometrische Überlegungen zu einer Disziplin entwickelt, in der die anschauliche geometrische Deutung der Operationen und Resultate nicht mehr das letzte und ausschließliche Ziel ist, sondern eher die Rolle eines Leitprinzips spielt, das die Anregung zu den analytischen Resultaten gibt und ihr Verständnis fördert. Dieser Wandel in der Auffassung der Geometrie ist das Ergebnis einer allmählichen historischen Entwicklung, die den Bereich der klassischen Geometrie wesentlich erweitert und zugleich eine fast organische Einheit von Geometrie und Analysis, oder eigentlich „linearer Algebra", herbeigeführt hat.

In der analytischen Geometrie sind die „Koordinaten" eines geometrischen Objekts irgendeine Menge von Zahlen, die das Objekt eindeutig kennzeichnen. So wird ein Punkt definiert durch Angabe seiner rechtwinkligen Koordinaten x, y oder seiner Polarkoordinaten ϱ, θ, während ein Dreieck durch Angabe der Koordinaten seiner drei Ecken definiert werden kann, wozu im ganzen 6 Koordinaten erforderlich sind. Wir wissen, daß eine Gerade in der x, y-Ebene der geometrische Ort aller Punkte $P(x, y)$ ist (siehe S. 60 wegen dieser Schreibweise), deren Koordinaten eine gewisse lineare Gleichung

$$ax + by + c = 0 \tag{1}$$

befriedigen. Wir können daher a, b, c die „Koordinaten" dieser Geraden nennen. Zum Beispiel definiert $a = 0$, $b = 1$, $c = 0$ die Gerade $y = 0$, also die x-Achse; $a = 1$, $b = -1$, $c = 0$ definiert die Gerade $x = y$, die Winkelhalbierende zwischen der positiven x-Achse und der positiven y-Achse. In derselben Weise definieren quadratische Gleichungen „Kegelschnitte":

$x^2 + y^2 = r^2$ einen Kreis um den Ursprung mit dem Radius r

$(x - a)^2 + (y - b)^2 = r^2$ einen Kreis um (a, b) mit dem Radius r

$\dfrac{x^2}{a^2} + \dfrac{y^2}{b^2} = 1$ eine Ellipse

usw.

In naiver Weise gelangt man zur analytischen Geometrie, wenn man von rein „geometrischen" Begriffen ausgeht – Punkten, Geraden usw. – und diese dann in die Sprache der Zahlen übersetzt. Die moderne Mathematik verfährt genau umgekehrt. Wir gehen von der *Menge aller Zahlenpaare* x, y aus und *nennen* jedes solche Paar einen Punkt, da wir, wenn wir wollen, ein solches Zahlenpaar durch das wohlbekannte Bild eines geometrischen Punktes *deuten* oder *veranschaulichen* können. Ebenso sagen wir von einer linearen Gleichung zwischen x und y, daß sie eine Gerade definiert. Eine solche Verschiebung des Nachdrucks von der anschaulichen auf die analytische Betrachtungsweise der Geometrie erlaubt eine einfache und doch strenge Behandlung der unendlich fernen Punkte in der projektiven Geometrie und ist unentbehrlich für ein tieferes Verständnis des ganzen Fragenkomplexes. Für diejenigen Leser, die einige Vorkenntnisse besitzen, wollen wir diese Auffassung kurz skizzieren.

*2. Homogene Koordinaten. Die algebraische Grundlage der Dualität

In der gewöhnlichen analytischen Geometrie sind die rechtwinkligen Koordinaten eines Punktes in der Ebene die gerichteten Abstände des Punktes von einem Paar aufeinander senkrechter Achsen. Dieses System versagt für die unendlich fernen Punkte in der erweiterten Ebene der projektiven Geometrie. Wenn wir also analytische Methoden auf die projektive Geometrie anwenden wollen, so müssen wir ein Koordinatensystem suchen, das sowohl die uneigentlichen wie die gewöhnlichen Punkte umfaßt. Die Einführung eines solchen Koordinatensystems läßt sich am besten beschreiben, wenn wir annehmen, daß die gegebene X, Y-Ebene ε im dreidimensionalen Raum eingebettet ist, wo die rechtwinkligen Koordinaten x, y, z (die gerichteten Abstände eines Punktes von den drei Koordinatenebenen, die durch die x, y und z-Achse bestimmt sind) bereits eingeführt worden sind. Wir legen ε parallel zu der x, y-Ebene in der Entfernung 1 darüber, so daß ein beliebiger Punkt P von ε die dreidimensionalen Koordinaten $(X, Y, 1)$ hat. Nehmen wir den

Ursprung O des Koordinatensystems als Projektionszentrum, so sehen wir, daß *jeder Punkt P eine einzige Gerade durch O bestimmt und umgekehrt.* (Siehe S. 143). Die Geraden durch O parallel zu ε entsprechen den unendlich fernen Punkten von ε.

Wir werden jetzt ein System „homogener Koordinaten" für die Punkte von ε beschreiben. Um die homogenen Koordinaten eines beliebigen gewöhnlichen Punktes P von ε zu finden, nehmen wir die Gerade durch O und P und wählen einen beliebigen von O verschiedenen Punkt Q auf dieser Geraden (siehe Fig. 93). Dann werden die gewöhnlichen dreidimensionalen Koordinaten x, y, z von Q *homogene Koordinaten* von P genannt. Insbesondere sind die Koordinaten $(X, Y, 1)$ von P selbst auch ein System homogener Koordinaten für P. Ja, irgendein System von drei Zahlen (tX, tY, t) mit $t \neq 0$ bildet gleichfalls ein System homogener Koordinaten für P, da die Koordinaten jedes Punktes auf der Geraden OP, außer P selbst, diese Form haben. (Wir haben den Punkt $(0, 0, 0)$ ausgeschlossen, da er auf allen Geraden durch O liegt und also nicht dazu dienen kann, die Geraden voneinander zu unterscheiden.)

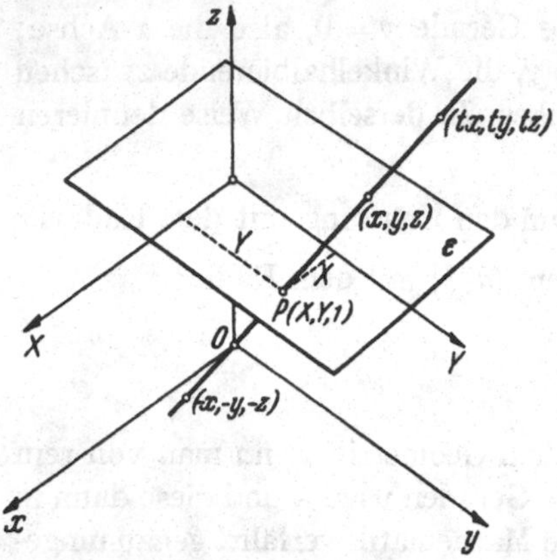

Fig. 93. Homogene Koordinaten

Diese Methode, Koordinaten für die Ebene einzuführen, erfordert drei statt zwei Zahlen, um die Lage eines Punktes festzulegen und hat noch den weiteren Nachteil, daß die Koordinaten eines Punktes nicht eindeutig bestimmt sind, sondern nur bis auf einen willkürlichen Faktor t. Aber sie hat den großen Vorteil, daß die unendlich fernen Punkte von ε jetzt von der Koordinatendarstellung auch erfaßt werden. Ein unendlich ferner Punkt von ε ist bestimmt durch eine Gerade durch O parallel zu ε. Jeder Punkt Q auf dieser Geraden hat Koordinaten von der Form $(x, y, 0)$. *Also haben die homogenen Koordinaten eines unendlich fernen Punktes von ε die Form $(x, y, 0)$.*

Die Gleichung einer Geraden von ε in homogenen Koordinaten ist leicht zu finden, wenn man beachtet, daß alle Geraden, die O mit den Punkten dieser Geraden verbinden, auf einer Ebene durch O liegen. In der analytischen Geometrie wird gezeigt, daß die Gleichung einer solchen Ebene die folgende Form hat

$$ax + by + cz = 0.$$

Daher ist dies die Gleichung einer Geraden von ε in homogenen Koordinaten.

Nachdem jetzt das geometrische Modell der Punkte von ε als Geraden durch O seinen Zweck erfüllt hat, können wir es beiseite lassen und die folgende rein analytische Definition der erweiterten Ebene aufstellen.

Ein *Punkt* ist ein geordnetes Tripel reeller Zahlen (x, y, z), die nicht alle 0 sind. Zwei solcher Tripel (x_1, y_1, z_1) und (x_2, y_2, z_2) stellen denselben Punkt dar, wenn für geeignetes $t \neq 0$

$$x_2 = t x_1,$$
$$y_2 = t y_1,$$
$$z_2 = t z_1.$$

Mit anderen Worten: die Koordinaten jedes Punktes dürfen mit einem beliebigen, von 0 verschiedenen Faktor multipliziert werden, ohne daß sich der Punkt ändert. (Aus diesem Grunde heißen sie *homogene* Koordinaten.) Ein Punkt (x, y, z) ist ein *gewöhnlicher* Punkt, wenn $z \neq 0$ ist; ist $z = 0$, so ist er ein *unendlich ferner Punkt.*

Eine *Gerade* in ε besteht aus allen Punkten (x, y, z), die einer linearen Gleichung von der Form

$$ax + by + cz = 0 \tag{1'}$$

genügen, wo a, b, c drei Konstante sind, die nicht alle Null sind. Insbesondere befriedigen die unendlich fernen Punkte von ε sämtlich die Gleichung

$$z = 0. \tag{2}$$

Dies ist nach Definition eine Gerade und heißt die *unendlich ferne Gerade* von ε. Da eine Gerade durch eine Gleichung der Form (1') bestimmt wird, nennen wir das Zahlentripel a, b, c die *homogenen Koordinaten der Geraden* (1'). Daraus folgt, daß (ta, tb, tc) für jedes $t \neq 0$ ebenfalls Koordinaten der Geraden (1') sind, da die Gleichung

$$(ta)x + (tb)y + (tc)z = 0 \tag{3}$$

durch dieselben Koordinatentripel (x, y, z) befriedigt wird wie (1').

Bei diesen Definitionen bemerken wir die vollkommene Symmetrie zwischen Punkt und Gerade. Beide werden durch je drei homogene Koordinaten (u, v, w) gekennzeichnet. Die Bedingung, daß der Punkt (x, y, z) auf der Geraden (a, b, c) liegt, lautet

$$ax + by + cz = 0,$$

und dies ist zugleich die Bedingung dafür, daß der Punkt mit den Koordinaten (a, b, c) auf der Geraden mit den Koordinaten (x, y, z) liegt. Zum Beispiel kann man die arithmetische Identität

$$2 \cdot 3 + 1 \cdot 4 - 5 \cdot 2 = 0$$

so deuten, daß der Punkt (3, 4, 2) auf der Geraden (2, 1, −5) liegt, oder auch so, daß der Punkt (2, 1, −5) auf der Geraden (3, 4, 2) liegt. Diese Symmetrie ist die Grundlage für die Dualität zwischen Punkt und Gerade in der projektiven Geometrie; denn jede Beziehung zwischen Geraden und Punkten wird zu einer Beziehung zwischen Punkten und Geraden, wenn man die Koordinaten entsprechend umdeutet. In der neuen Deutung werden die bisherigen Koordinaten von Punkten und Geraden jetzt als Koordinaten von Geraden bzw. Punkten aufgefaßt. Alle algebraischen Operationen und Resultate bleiben gleich, nur ihre Deutung liefert das duale Gegenstück zu dem ursprünglichen Satz. Es ist zu bemerken, daß diese Dualität nicht für die gewöhnliche Ebene von zwei Koordinaten X, Y gilt, da die Gleichung einer Geraden in gewöhnlichen Koordinaten

$$aX + bY + c = 0$$

nicht symmetrisch in X, Y und a, b, c ist. Nur wenn man die unendlich fernen Punkte und Geraden einbezieht, ist das Dualitätsprinzip gültig.

Um von den homogenen Koordinaten x, y, z eines gewöhnlichen Punktes P in der Ebene ε zu den gewöhnlichen rechtwinkligen Koordinaten überzugehen, setzen wir einfach $X = x/z$, $Y = y/z$. Dann stellen X, Y die Abstände des Punktes P von zwei zueinander senkrechten Achsen in ε dar, die den x- und y-Achsen parallel sind, wie Fig. 93 zeigt. Wir wissen, daß eine

Gleichung der Form

$$aX + bY + c = 0$$

eine Gerade in ε darstellt. Setzen wir $X = x/z$, $Y = y/z$ ein und erweitern mit z, so finden wir, daß die Gleichung derselben Geraden in homogenen Koordinaten (wie schon auf S. 151 festgestellt)

$$ax + by + cz = 0$$

lautet. So wird die Gleichung der Geraden $2x - 3y + z = 0$ in gewöhnlichen rechtwinkligen Koordinaten X, Y zu $2X - 3Y + 1 = 0$. Natürlich versagt die letzte Gleichung für den unendlich fernen Punkt der Geraden, dessen homogene Koordinaten beispielsweise gleich (3, 2, 0) sein können.

Noch eins muß gesagt werden. Es ist uns gelungen, eine rein analytische Definition von Punkt und Gerade zu geben; aber wie steht es mit dem ebenso wichtigen Begriff der projektiven Transformation? Es läßt sich beweisen, daß eine projektive Transformation einer Ebene auf eine andere, wie auf S. 133 definiert, analytisch durch ein System linearer Gleichungen

$$\begin{aligned} x' &= a_1 x + b_1 y + c_1 z \\ y' &= a_2 x + b_2 y + c_2 z \\ z' &= a_3 x + b_3 y + c_3 z \end{aligned} \tag{4}$$

gegeben ist, welche die homogenen Koordinaten x', y', z' der Punkte in der Ebene ε' mit den homogenen Koordinaten x, y, z der Punkte in der Ebene ε verknüpfen. Von unserem gegenwärtigen Standpunkt aus können wir dann eine projektive Transformation *definieren* als eine solche, die durch ein beliebiges System linearer Gleichungen der Form (4) gegeben ist. Die Sätze der projektiven Geometrie werden dann zu Sätzen über das Verhalten von Zahlentripeln (x, y, z) bei solchen Transformationen. Zum Beispiel ist der Beweis, daß das Doppelverhältnis von vier Punkten einer Geraden bei solchen Transformationen ungeändert bleibt, einfach eine Übungsaufgabe aus der Algebra linearer Transformationen. Wir können nicht weiter auf die Einzelheiten dieser analytischen Verfahren eingehen. Statt dessen wollen wir zu der anschaulicheren Betrachtungsweise der projektiven Geometrie zurückkehren.

§ 7. Aufgaben über Konstruktionen mit dem Lineal allein

In den folgenden Konstruktionen soll nur die Benutzung des Lineals zugelassen sein.

Die Aufgaben 1 bis 18 sind in einer Abhandlung von J. Steiner enthalten, in der er beweist, daß man bei geometrischen Konstruktionen auf die Benutzung des Zirkels verzichten kann, wenn ein fester Kreis mit seinem Mittelpunkt gegeben ist (siehe Kap. III, S. 120). Es wird dem Leser empfohlen, die Aufgaben in der hier angegebenen Reihenfolge zu lösen.

Ein Bündel von vier Geraden a, b, c, d durch einen Punkt P heißt *harmonisch*, wenn das Doppelverhältnis $(abcd)$ gleich -1 ist. a und b heißen *konjugiert* in bezug auf c und d und umgekehrt.

1. Man beweise: Wenn in einem harmonischen Bündel a, b, c, d der Strahl a den Winkel zwischen b und c halbiert, so steht b senkrecht auf a.

2. Man konstruiere die vierte harmonische Gerade zu drei gegebenen Geraden durch einen Punkt. (Anleitung: Man benutze den Satz vom vollständigen Vierseit.)

3. Man konstruiere den vierten harmonischen Punkt zu drei gegebenen Punkten auf einer Geraden.

4. Wenn ein gegebener rechter Winkel und ein gegebener beliebiger Winkel ihren Scheitel und einen Schenkel gemeinsam haben, soll der gegebene beliebige Winkel verdoppelt werden.

5. Gegeben sei ein Winkel und seine Winkelhalbierende b. Es ist eine Senkrechte auf b durch den Scheitel P des Winkels zu konstruieren.

6. Man beweise: Wenn die Geraden $l_1, l_2, l_3, \ldots, l_n$ durch einen Punkt P die Gerade a in den Punkten $A_1, A_2, \ldots, A_n$ und die Gerade b in den Punkten $B_1, B_2, \ldots, B_n$ schneiden, dann liegen alle Schnittpunkte der Geradenpaare A_iB_k und A_kB_i $(i \neq k;\ i, k = 1, 2, \ldots, n)$ auf einer Geraden.

7. Man beweise: Wenn eine Parallele zu der Seite BC eines Dreiecks ABC die Seite AB in B' und AC in C' schneidet, dann halbiert die Verbindungslinie von A mit dem Schnittpunkt D von $B'C$ und $C'B$ die Seite BC.

7a. Man formuliere und beweise die Umkehrung von 7.

8. Auf einer Geraden l sind drei Punkte P, Q, R gegeben, so daß Q die Strecke PR halbiert. Es ist eine Parallele zu l durch einen gegebenen Punkt S zu konstruieren.

9. Gegeben seien zwei Parallelen l_1 und l_2. Eine auf l_1 gegebene Strecke ist zu halbieren.

10. Durch einen gegebenen Punkt P ist eine Parallele zu zwei gegebenen parallelen Geraden l_1 und l_2 zu ziehen. (Anleitung: Man führe 9. mit Hilfe von 8. auf 7. zurück.)

11. Steiner gibt die folgende Lösung für die Aufgabe der Verdoppelung einer gegebenen Strecke AB, wenn eine Parallele l zu AB gegeben ist: Durch einen Punkt C, der weder auf l noch auf der Geraden AB liegt, ziehe man die Gerade CA, die l in A_1 und die Gerade CB, die l in B_1 schneidet. Dann konstruiere man eine Parallele zu l durch C (siehe 10), die BA_1 in D schneidet. Wenn DB_1 die Gerade AB in E schneidet, so ist $AE = 2 \cdot AB$.
Man beweise die letzte Behauptung.

12. Man teile die Strecke AB in n gleiche Teile, wenn eine Parallele l zu AB gegeben ist. (Anleitung: Man konstruiere zuerst das n-fache einer beliebigen Strecke auf l mit Hilfe von 11.)

13. Gegeben sei ein Parallelogramm $ABCD$; es ist eine Parallele durch einen Punkt P zu einer Geraden l zu ziehen. (Anleitung: Man wende 10. auf den Mittelpunkt des Parallelogramms an und benutze 8.)

14. Gegeben sei ein Parallelogramm; man konstruiere das n-fache einer gegebenen Strecke. (Anleitung: Man benutze 13. und 11.)

15. Gegeben sei ein Parallelogramm; man teile eine gegebene Strecke in n gleiche Teile.

16. Wenn ein fester Kreis und sein Mittelpunkt gegeben sind, ziehe man eine Parallele zu einer gegebenen Geraden durch einen gegebenen Punkt. (Anleitung: Man benutze 13.)

17. Wenn ein fester Kreis und sein Mittelpunkt gegeben sind, konstruiere man das n-fache und den n-ten Teil einer gegebenen Strecke. (Anleitung: Man benutze 13.)

18. Gegeben sei ein fester Kreis und sein Mittelpunkt; es ist eine Senkrechte zu einer gegebenen Geraden durch einen gegebenen Punkt zu zeichnen. (Anleitung: Mit Hilfe eines in den festen Kreis eingeschriebenen Rechtecks, von dem zwei Seiten der gegebenen Geraden parallel sind, führe man die Aufgabe auf die vorige zurück.)

19. Welche grundlegenden Konstruktionsprobleme lassen sich mit Hilfe der Resultate der Aufgaben 1—18 lösen, wenn ein Lineal mit zwei parallelen Kanten zur Verfügung steht?

20. Zwei gegebene Geraden l_1 und l_2 schneiden sich in einem Punkt P *außerhalb* des gegebenen Papierblatts. Es soll eine Gerade konstruiert werden, die einen gegebenen Punkt Q mit P verbindet. (Anleitung: Man vervollständige die gegebenen Elemente zu der Figur des Desarguesschen Satzes in der Ebene auf solche Weise, daß P und Q die Schnittpunkte entsprechender Seiten der beiden Dreiecke des Desarguesschen Satzes werden.)

21. Man konstruiere die Verbindungslinie zweier gegebener Punkte, deren Abstand größer ist als die Länge des benutzten Lineals. (Anleitung: Man benutze 20.)

22. Zwei Punkte P und Q außerhalb des gegebenen Papierblattes sind durch zwei Paare von Geraden l_1, l_2 und m_1, m_2, die durch P bzw. Q gehen, gegeben. Es soll der Teil der Geraden PQ konstruiert werden, der auf dem gegebenen Papierblatt liegt. (Anleitung: Um einen Punkt von PQ zu erhalten, vervollständige man die gegebenen Elemente zu der Figur des Desarguesschen Satzes in der Weise, daß das eine Dreieck zwei Seiten auf l_1 und m_1 und das andere entsprechende Seiten auf l_2 und m_2 hat.)

23. Man löse 20 mit Hilfe des Pascalschen Satzes (S. 146). (Anleitung: Man vervollständige die gegebenen Elemente zu der Figur des Pascalschen Satzes und verwende l_1, l_2 als ein Paar gegenüberliegender Seiten des Sechsecks und Q als Schnittpunkt eines weiteren Paares gegenüberliegender Seiten.)

*24. Zwei Geraden, die ganz außerhalb des gegebenen Papierblattes liegen, sind jede durch zwei Geradenpaare gegeben, die sich in Punkten außerhalb des Papiers schneiden. Man bestimme ihren Schnittpunkt durch Konstruktion eines Paares von Geraden, die durch ihn gehen.

§ 8. Kegelschnitte und Flächen zweiter Ordnung

1. Elementare metrische Geometrie der Kegelschnitte

Bis hierher haben wir uns nur mit Punkten, Geraden, Ebenen und den Figuren, die aus solchen gebildet werden, beschäftigt. Wenn die projektive Geometrie sich ausschließlich mit der Untersuchung solcher „linearer“ Figuren beschäftigte, so wäre sie von relativ geringem Interesse. Es ist eine Tatsache von fundamentaler Bedeutung, daß die projektive Geometrie sich *nicht* auf das Studium linearer Figuren beschränkt, sondern auch das ganze Gebiet der Kegelschnitte und ihrer Verallgemeinerungen in höheren Dimensionen umfaßt. APOLLONIUS' metrische Behandlung der Kegelschnitte – Ellipsen, Hyperbeln und Parabeln – war eine der großen mathematischen Leistungen des Altertums. Die Bedeutung der Kegelschnitte für die reine und angewandte Mathematik (die Bahnen der Planeten und die der Elektronen im Wasserstoffatom sind beispielsweise Kegelschnitte) kann kaum überschätzt werden. Es ist kein Wunder, daß die klassische griechische Theorie der Kegelschnitte noch immer ein unentbehrlicher Teil unseres mathematischen Unterrichts ist. Aber die griechische Geometrie war keineswegs endgültig. Zweitausend Jahre später wurden die wichtigen projektiven Eigenschaften der Kegelschnitte entdeckt. Ihrer Einfachheit und Schönheit zum Trotz sind diese aber bis heute noch kaum in die Lehrpläne der höheren Schulen eingedrungen.

Wir wollen zu Beginn an die metrischen Definitionen der Kegelschnitte erinnern. Es gibt mehrere solche Definitionen, deren Äquivalenz in der elementaren Geometrie gezeigt wird. Die bekannteste bezieht sich auf die *Brennpunkte*. Eine *Ellipse* wird definiert als geometrischer Ort der (d. h. als die Menge aller) Punkte P in einer Ebene, deren Abstände r_1, r_2 von zwei festen Punkten F_1, F_2, den Brennpunkten, eine konstante Summe haben. (Wenn die beiden Brennpunkte zusammenfallen, ist die Figur ein Kreis.) Die *Hyperbel* ist definiert als geometrischer Ort aller Punkte P in der Ebene, für die der absolute Betrag der Differenz $r_1 - r_2$ gleich einer festen Konstanten ist. Die Parabel ist definiert als geometrischer Ort aller Punkte P, für die der Abstand r von einem festen Punkt F dem Abstand von einer gegebenen Geraden gleich ist.

In der Sprache der analytischen Geometrie können alle diese Kurven durch Gleichungen zweiten Grades in den Koordinaten x, y ausgedrückt werden. Umgekehrt ist es nicht schwer nachzuweisen, daß jede Kurve, die analytisch durch eine Gleichung zweiten Grades:

$$a x^2 + b y^2 + c x y + d x + e y + f = 0$$

definiert wird, entweder einer von den drei Kegelschnitten oder eine Gerade, ein Paar von Geraden, ein Punkt oder imaginär ist. Dies wird gewöhnlich durch Einführung eines geeigneten neuen Koordinatensystems bewiesen, wie in jeder Vorlesung über analytische Geometrie gelehrt wird.

Diese Definition der Kegelschnitte ist ihrem Wesen nach metrisch, da sie den Begriff des Abstandes benutzt. Aber es gibt eine andere Definition, die den Kegelschnitten einen Platz in der projektiven Geometrie zuweist: *Die Kegelschnitte sind einfach die Projektionen eines Kreises auf eine Ebene.* Wenn wir einen Kreis C von einem Punkt O aus projizieren, so bilden die Projektionsstrahlen einen unendlichen Doppelkegel, und die Schnittlinie dieses Kegels mit einer Ebene ε ist die Projektion von C auf ε. Diese Schnittlinie ist eine Ellipse oder eine Hyperbel, je nachdem ob die Ebene nur den einen oder beide Teile des Doppelkegels schneidet. Eine Parabel liegt vor, wenn ε einer der Geraden durch O parallel ist (siehe Fig. 94).

Der projizierende Kegel braucht kein gerader Kreiskegel mit der Spitze O senkrecht über dem Mittelpunkt des Kreises C zu sein; er kann auch schief sein. In allen Fällen ist, was wir hier ohne Beweis annehmen wollen, die Schnittlinie des

Kegels mit der Ebene eine Kurve, deren Gleichung vom zweiten Grade ist, und umgekehrt kann jede Kurve zweiten Grades aus einem Kreis durch eine solche Projektion erhalten werden. Aus diesem Grunde werden Kurven zweiten Grades Kegelschnitte genannt.

Wenn die Ebene nur den einen Teil eines geraden Kreiskegels schneidet, haben wir behauptet, daß die Schnittkurve E eine Ellipse ist. Mit Hilfe eines einfachen, aber eleganten Kunstgriffs, der 1822 von dem belgischen Mathematiker G. P. DANDELIN erfunden wurde, können wir beweisen, daß E die oben angegebene

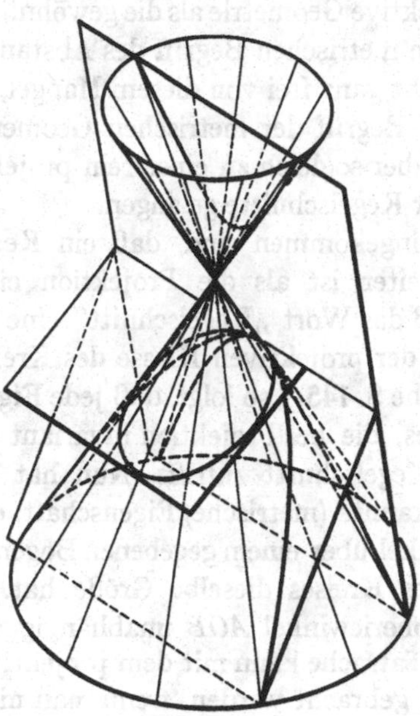

Fig. 94. Kegelschnitte

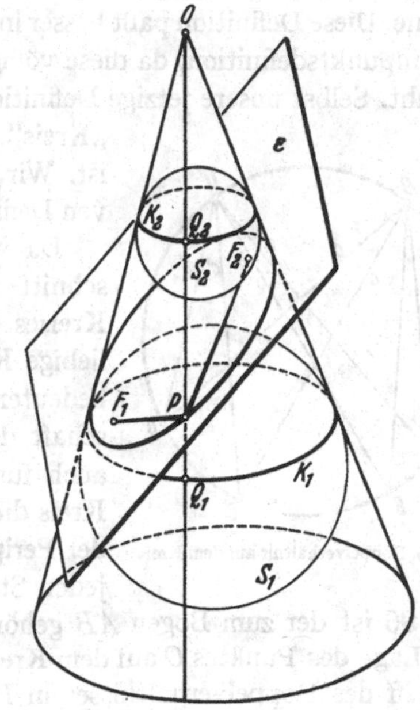

Fig. 95. Die Dandelinschen Kugeln

gewöhnliche Brennpunktsdefinition der Ellipse befriedigt. Der Beweis beruht auf der Einführung von zwei Kugeln S_1 und S_2 (Fig. 95), die die Ebene ε in den Punkten F_1 bzw. F_2 und den Kegel längs der parallelen Kreise K_1 bzw. K_2 berühren. Wir verbinden einen beliebigen Punkt P von E mit F_1 und F_2 und ziehen die Verbindungslinie von P mit der Spitze O des Kegels. Diese Gerade liegt ganz in der Kegelfläche und schneidet die Kreise K_1 und K_2 in den Punkten Q_1 bzw. Q_2. Nun sind PF_1 und PQ_1 zwei Tangenten von P an S_1, so daß

$$PF_1 = PQ_1 .$$

Ebenso ist

$$PF_2 = PQ_2 .$$

Addiert man diese beiden Gleichungen, so erhält man

$$PF_1 + PF_2 = PQ_1 + PQ_2 .$$

Nun ist aber $PQ_1 + PQ_2 = Q_1Q_2$ gerade der Abstand längs der Kegelfläche zwischen den parallelen Kreisen K_1 und K_2 und daher unabhängig von der besonderen Wahl des Punktes P auf E. Die entstandene Gleichung

$$PF_1 + PF_2 = \text{const}$$

für alle Punkte P auf E ist genau die Brennpunktsdefinition der Ellipse. E ist demnach eine Ellipse, und F_1, F_2 sind ihre Brennpunkte.

Übung: Wenn eine Ebene beide Teile des Doppelkegels schneidet, ist die Schnittlinie eine Hyperbel. Man beweise dies, indem man je eine Kugel in jedem Teil des Kegels benutzt.

2. Projektive Eigenschaften der Kegelschnitte

Auf Grund der im vorigen Abschnitt dargestellten Tatsachen wollen wir versuchsweise definieren: Ein Kegelschnitt ist die Projektion eines Kreises auf eine Ebene. Diese Definition paßt besser in die projektive Geometrie als die gewöhnliche Brennpunktsdefinition, da diese völlig auf dem metrischen Begriff des Abstandes beruht. Selbst unsere jetzige Definition ist nicht ganz frei von diesem Mangel, da „Kreis" auch ein Begriff der metrischen Geometrie ist. Wir werden aber sogleich zu einer rein projektiven Definition der Kegelschnitte gelangen.

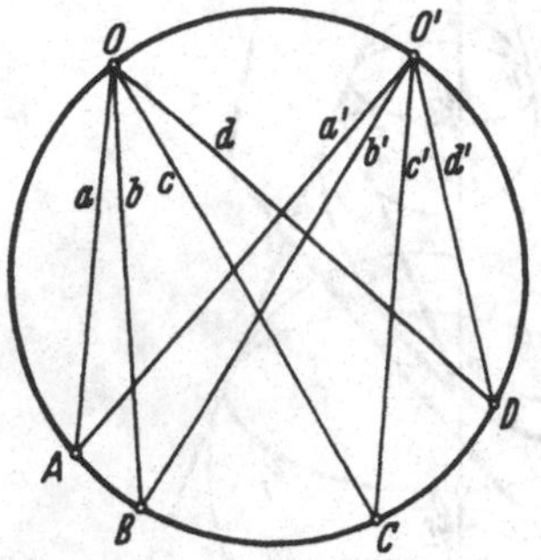

Fig. 96. Doppelverhältnis auf dem Kreis

Da wir übereingekommen sind, daß ein Kegelschnitt nichts weiter ist als die Projektion eines Kreises [d. h. daß das Wort „Kegelschnitt" eine beliebige Kurve in der projektiven Klasse des Kreises bedeuten soll (siehe S. 145)], so folgt, daß jede Eigenschaft des Kreises, die bei Projektion invariant ist, auch für jeden Kegelschnitt zutrifft. Nun hat der Kreis die wohlbekannte (metrische) Eigenschaft, daß der Peripheriewinkel über einem gegebenen Bogen an jeder Stelle O des Kreises dieselbe Größe hat. In Fig. 96 ist der zum Bogen AB gehörige Peripheriewinkel AOB unabhängig von der Lage des Punktes O auf dem Kreis. Diese Tatsache kann mit dem projektiven Begriff des Doppelverhältnisses in Beziehung gebracht werden, wenn man nicht zwei Punkte AB, sondern vier Punkte A, B, C, D betrachtet. Die vier Geraden a, b, c, d, die sie mit einem fünften Punkt O auf dem Kreise verbinden, haben ein Doppelverhältnis $(abcd)$, das nur von den Winkeln abhängt, die den Bögen CA, CB, DA, DB gegenüberliegen. Wenn wir A, B, C, D mit einem anderen Punkt O' auf dem Kreis verbinden, so erhalten wir vier Strahlen a', b', c', d'. Wegen der eben erwähnten Eigenschaft des Kreises sind die beiden Quadrupel von Strahlen „kongruent"[1]. Daher müssen sie dasselbe Doppelverhältnis haben: $(a'b'c'd') = (abcd)$. Wenn wir jetzt den Kreis in irgendeinen Kegelschnitt K projizieren, so erhalten wir auf K vier Punkte, die wir wieder A, B, C, D nennen, zwei andere Punkte O, O' und zwei Quadrupel von Geraden a, b, c, d und a', b', c', d'. Diese Quadrupel werden nicht kongruent sein, da die Gleichheit von Winkeln im allgemeinen bei der Projektion verlorengeht. Da aber Doppelverhältnisse bei der Projektion invariant sind, bleibt die Gleichheit $(abcd) = (a'b'c'd')$ bestehen. Dies führt zu einem fundamentalen Satz: *Wenn vier beliebige Punkte A, B, C, D auf einem Kegelschnitt K mit einem fünften Punkt O auf K durch vier Geraden*

[1] Ein Bündel von vier konkurrenten Geraden a, b, c, d heißt einem anderen Bündel a', b', c', d' kongruent, wenn die Winkel zwischen jedem Geradenpaar des ersten Bündels mit den Winkeln zwischen den entsprechenden Geraden des zweiten Bündels gleich und gleichsinnig sind.

a, b, c, d verbunden werden, dann ist der Wert des Doppelverhältnisses (*abcd*) *unabhängig von der Lage von O auf K* (Fig. 97).

Dies ist ein bemerkenswertes Ergebnis. Wir wissen schon, daß vier beliebige Punkte auf einer Geraden von einem beliebigen fünften Punkt *O* aus immer unter demselben Doppelverhältnis erscheinen. Dieser Satz über Doppelverhältnisse ist eine der Grundlagen der projektiven Geometrie. Jetzt erkennen wir, daß dasselbe für vier Punkte auf einem Kegelschnitt gilt, aber mit einer wichtigen Einschränkung: Der fünfte Punkt ist nicht mehr vollkommen frei in der Ebene, sondern nur noch frei beweglich auf dem gegebenen Kegelschnitt.

Es ist nicht schwer, eine Umkehrung dieses Resultats von der folgenden Form zu beweisen: Wenn es auf einer Kurve *K* zwei Punkte *O*, *O'* gibt, so daß jedes Quadrupel von vier Punkten *A*, *B*, *C*, *D* auf *K* von *O* und *O'* aus unter demselben Doppelverhältnis erscheint, so ist *K* ein Kegelschnitt (und daher erscheinen *A*, *B*, *C*, *D* auch von einem beliebigen dritten Punkt *O''* von *K* aus unter demselben Doppelverhältnis). Den Beweis übergehen wir hier.

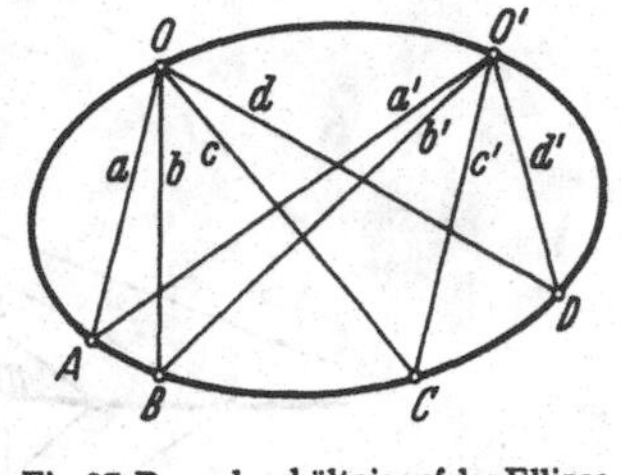

Fig. 97. Doppelverhältnis auf der Ellipse

Diese projektiven Eigenschaften der Kegelschnitte weisen auf eine allgemeine Methode für die Konstruktion solcher Kurven hin. Unter einem *Geradenbündel* wollen wir die Gesamtheit aller Geraden einer Ebene verstehen, die durch einen gegebenen Punkt *O* gehen. Betrachten wir nun die Bündel durch zwei Punkte *O* und *O'*, die auf einem Kegelschnitt *K* liegen. Zwischen den Geraden des Bündels *O* und denen des Bündels *O'* können wir eine eineindeutige Beziehung herstellen, indem wir eine Gerade *a* von *O* mit einer Geraden *a'* von *O'* immer dann paaren, wenn *a* und *a'* sich in einem Punkt des Kegelschnitts *K* treffen. Dann müssen beliebige vier Geraden *a*, *b*, *c*, *d* des Bündels *O* dasselbe Doppelverhältnis haben wie die vier entsprechenden Geraden *a'*, *b'*, *c'*, *d'* von *O'*. Jede eineindeutige Zuordnung zwischen zwei Geradenbündeln, die diese Eigenschaft hat, heißt eine *projektive Zuordnung*. (Diese Definition ist offenbar das duale Gegenstück zu der auf S. 139 gegebenen Definition einer projektiven Zuordnung zwischen den Punkten auf zwei Geraden.) Bündel, zwischen denen eine projektive Zuordnung besteht, heißen projektiv aufeinander bezogen oder kurz „projektiv verwandt". Mit dieser Definition können wir nun sagen: Der Kegelschnitt *K* ist der geometrische Ort der Schnittpunkte entsprechender Geraden von zwei projektiv verwandten Bündeln. Dieser Satz liefert die Grundlage für eine rein projektive Definition der Kegelschnitte: *Ein Kegelschnitt ist der Ort der Schnittpunkte entsprechender Geraden zweier projektiv verwandter Bündel*[1]. Es wäre verlockend, den durch diese Definition eröffneten Zugang zur Theorie der Kegelschnitte zu verfolgen; aber wir müssen uns auf einige wenige Bemerkungen beschränken.

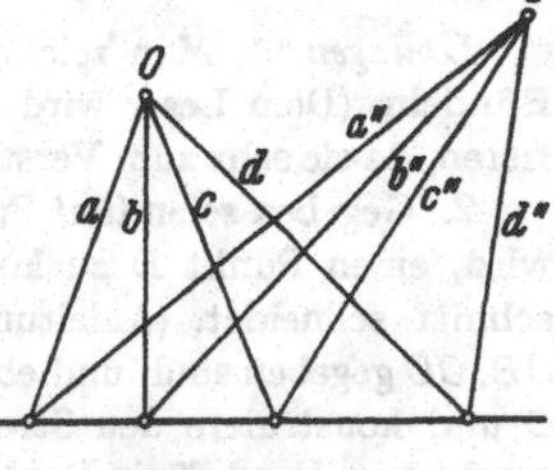

Fig. 98. Vorbereitung zur Konstruktion projektiv verwandter Bündel

Paare projektiv verwandter Bündel kann man in folgender Weise erhalten. Man projiziere alle Punkte einer Geraden *l* von zwei verschiedenen Zentren *O* und

[1] Dieser Ort kann unter Umständen zu einer geraden Linie entarten, siehe Fig. 98.

O'' aus; in den projizierenden Bündeln sollen die Geraden a und a'', die sich auf l schneiden, einander zugeordnet sein. Dann sind diese beiden Bündel projektiv verwandt. Nun nehme man das Bündel O'' und verschiebe es starr an eine beliebige Stelle O'. Das entstehende Bündel O' ist gleichfalls projektiv verwandt mit O, und zwar kann jede projektive Zuordnung zwischen zwei Bündeln auf diese Weise erhalten werden. (Diese Tatsache ist das duale Gegenstück der Übungsaufgabe 1 auf S. 139.) Wenn die Bündel O und O' kongruent sind, ergibt sich ein Kreis. Sind die Winkel gleich, aber von entgegengesetztem Sinn, so ist der Kegelschnitt eine gleichseitige Hyperbel (siehe Fig. 99).

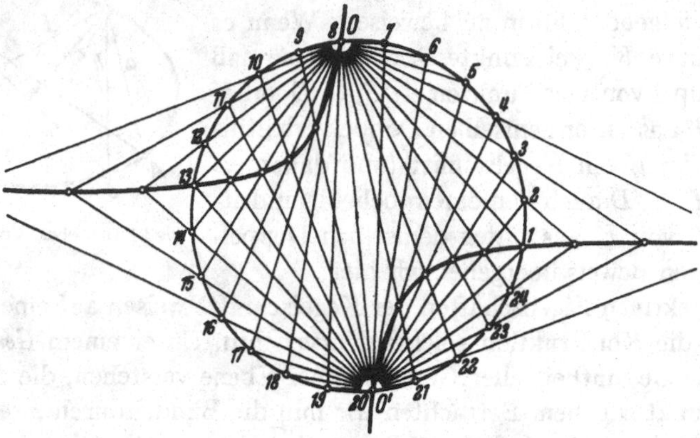

Fig. 99. Kreis und gleichseitige Hyperbel, durch projektive Bündel erzeugt

Man beachte, daß diese Definition des Kegelschnitts eine Punktmenge liefern kann, die eine gerade Linie ist, wie in Fig. 98. In diesem Fall entspricht die Gerade $O\,O''$ sich selbst, und all ihre Punkte müssen als zu dem „Kegelschnitt" gehörig angesehen werden. Daher entartet der Kegelschnitt hier in ein Paar von Geraden, entsprechend der Tatsache, daß es Schnitte mit einem Kegel gibt, die aus zwei Geraden bestehen (nämlich die, welche man erhält, wenn die schneidende Ebene durch die Kegelspitze geht).

Übungen: 1. Man zeichne Ellipsen, Hyperbeln und Parabeln mit Hilfe von projektiven Bündeln. (Dem Leser wird dringend empfohlen, mit solchen Konstruktionen zu experimentieren, da sie sehr zum Verständnis beitragen.)

2. Gegeben seien fünf Punkte O, O', A, B, C eines unbekannten Kegelschnitts K. Verlangt wird, einen Punkt D zu konstruieren, in dem eine gegebene Gerade d durch O den Kegelschnitt schneidet. (Anleitung: Man betrachte die Strahlen a, b, c durch O, die durch OA, OB, OC gegeben sind, und ebenso die Strahlen a', b', c' durch O'. Man ziehe den Strahl d durch O und konstruiere den Strahl d' durch O', so daß $(abcd) = (a'b'c'd')$. Dann muß der Schnittpunkt von d und d' ein Punkt von K sein.)

3. Kegelschnitte als Hüllkurven

Der Begriff der Tangente an einen Kegelschnitt gehört zur projektiven Geometrie; denn eine Tangente an einen Kegelschnitt ist eine Gerade, die mit dem Kegelschnitt nur einen Punkt gemein hat, und diese Eigenschaft bleibt bei Projektion ungeändert. Die projektiven Eigenschaften von Tangenten an Kegelschnitte beruhen auf dem folgenden fundamentalen Satz: *Das Doppelverhältnis der Schnittpunkte von vier beliebigen festen Tangenten an einen Kegelschnitt mit einer fünften Tangente ist dasselbe für jede Lage der fünften Tangente.*

Der Beweis dieses Satzes ist sehr einfach. Da der Kegelschnitt projektives Bild eines Kreises ist und da der Satz nur Eigenschaften betrifft, die bei Projektion invariant sind, so genügt ein Beweis für den Fall des Kreises, um den Satz allgemein zu begründen.

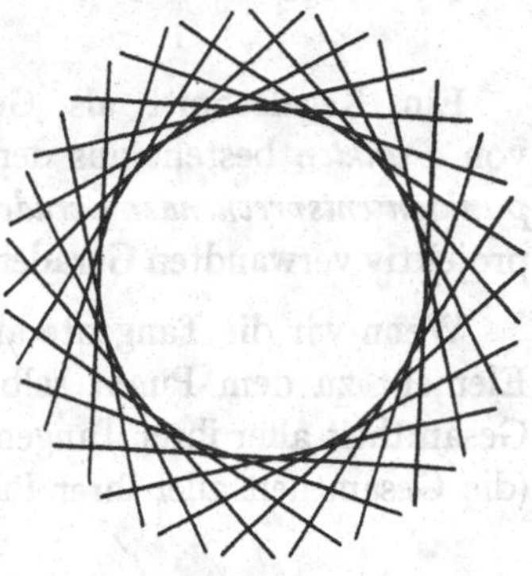

Fig. 100. Ein Kreis als eine Menge von Tangenten

Für den Kreis ergibt sich der Satz aus der elementaren Geometrie. Es seien P, Q, R, S vier Punkte eines Kreises K mit den Tangenten a, b, c, d; T sei ein fünfter Punkt mit der Tangente o, die von a, b, c, d in A, B, C, D geschnitten wird. Wenn M der Mittelpunkt des Kreises ist, so ist offenbar $\sphericalangle\, TMA = \frac{1}{2} \sphericalangle\, TMP$, und $\frac{1}{2} \sphericalangle\, TMP$ ist gleich dem Peripheriewinkel des Bogens TP. Ebenso ist $\sphericalangle\, TMB$ gleich dem Peripheriewinkel des Bogens TQ. Daher ist $\sphericalangle\, AMB = \frac{1}{2}\, \widehat{PQ}$, wobei $\frac{1}{2}\, \widehat{PQ}$ der Peripheriewinkel des Bogens PQ ist. Daher werden die Punkte A, B, C, D von M aus durch vier Strahlen projiziert, deren Winkel durch die festen Lagen der Punkte P, Q, R, S bestimmt sind. Hieraus folgt, daß das Doppelverhältnis $(ABCD)$ nur von den vier Tangenten a, b, c, d abhängt und nicht von der speziellen Lage der fünften Tangente o. Das ist genau der Satz, der bewiesen werden sollte.

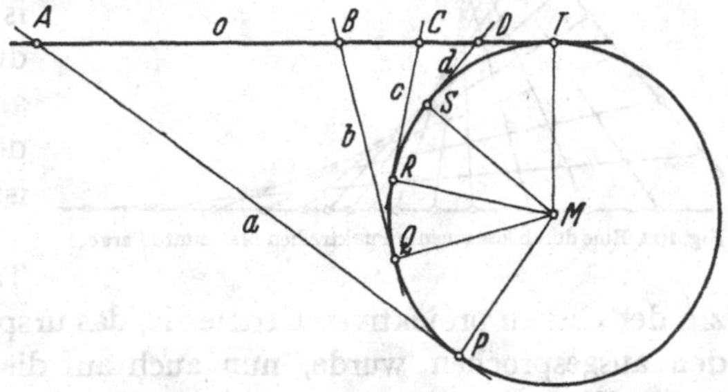

Fig. 101. Die Tangenteneigenschaft des Kreises

Im vorigen Abschnitt haben wir gesehen, daß ein Kegelschnitt konstruiert werden kann, indem man die Schnittpunkte entsprechender Geraden in zwei projektiv verwandten Bündeln aufsucht. Der eben bewiesene Satz erlaubt uns, diese Konstruktion zu dualisieren. Nehmen wir zwei Tangenten a und a' eines Kegelschnittes K. Eine dritte Tangente t schneidet a und a' in zwei Punkten A bzw. A'. Wenn wir t längs des Kegelschnitts wandern lassen, so entsteht dadurch eine Zuordnung

$$A \leftrightarrow A'$$

zwischen den Punkten von a und denen von a'. Diese Zuordnung zwischen den Punkten von a und denen von a' ist projektiv; denn nach unserem Satz haben irgend vier Punkte von a dasselbe Doppelverhältnis wie die entsprechenden vier Punkte von a'. Also ergibt sich, daß *ein Kegelschnitt K, als Gesamtheit seiner Tangenten betrachtet, aus den Verbindungs-*

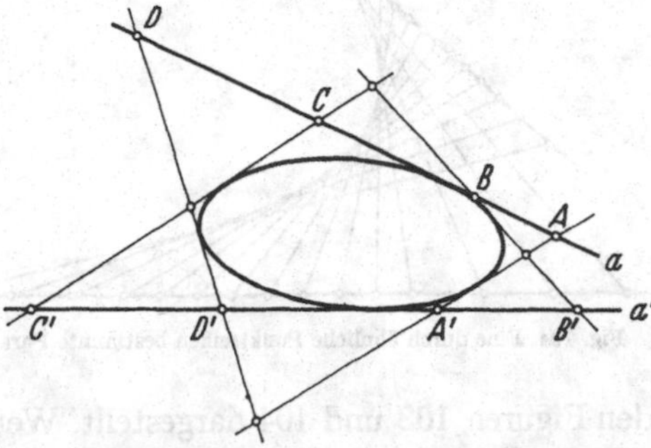

Fig. 102. Projektive Punktreihen auf zwei Tangenten einer Ellipse

linien entsprechender Punkte zweier projektiv verwandter Punktreihen[1] auf a und a' besteht.

Diese Tatsache kann benutzt werden, um eine projektive Definition eines Kegelschnitts als „Hüllkurve" aufzustellen. Vergleichen wir sie mit der im vorigen Abschnitt gegebenen projektiven Definition des Kegelschnitts.

I	II
Ein Kegelschnitt als Gesamtheit von *Punkten* besteht aus den *Schnittpunkten entsprechender Geraden* in zwei projektiv verwandten Geradenbündeln.	Ein Kegelschnitt als Gesamtheit von *Geraden* besteht aus den *Verbindungslinien entsprechender Punkte* auf zwei projektiv verwandten Punktreihen.

Wenn wir die Tangente an einen Kegelschnitt in einem Punkt als das duale Element zu dem Punkt selbst ansehen, und wenn wir eine „Hüllkurve" (die Gesamtheit aller ihrer Tangenten) als das duale Gegenstück einer „Punktkurve" (die Gesamtheit aller ihrer Punkte) ansehen, dann ist die vollkommene Dualität dieser beiden Aussagen offenbar. Bei dem Übergang von der einen Aussage zu der anderen, wobei man jeden Begriff durch sein duales Gegenstück ersetzt, bleibt das Wort „Kegelschnitt" dasselbe: In einem Fall ist es ein „Punkt-Kegelschnitt", der durch seine Punkte bestimmt ist, im anderen ein „Geraden-Kegelschnitt", der durch seine Tangenten bestimmt ist. (Siehe Fig. 100, S. 159.)

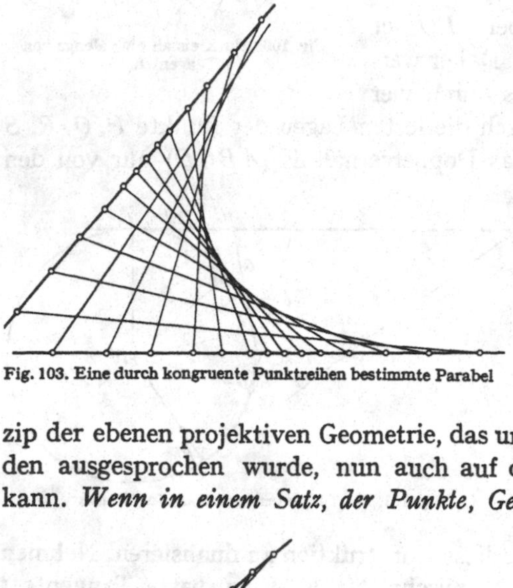

Fig. 103. Eine durch kongruente Punktreihen bestimmte Parabel

Eine wichtige Konsequenz dieser Tatsache ist, daß das Dualitätsprinzip der ebenen projektiven Geometrie, das ursprünglich nur für Punkte und Geraden ausgesprochen wurde, nun auch auf die Kegelschnitte ausgedehnt werden kann. *Wenn in einem Satz, der Punkte, Geraden und Kegelschnitte betrifft, jedes Element durch sein duales Gegenstück ersetzt wird* (wobei zu beachten ist, daß das Duale eines Punktes auf einem Kegelschnitt eine Tangente an den Kegelschnitt ist), *so ist das Ergebnis wieder ein wahrer Satz.* Ein Beispiel für die Anwendung dieses Prinzips wird in Nummer 4 dieses Abschnitts gegeben werden.

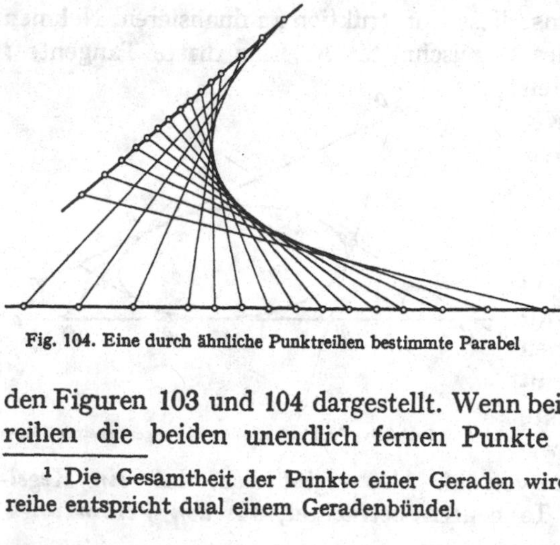

Fig. 104. Eine durch ähnliche Punktreihen bestimmte Parabel

Die Konstruktion von Kegelschnitten als Hüllkurven ist in den Figuren 103 und 104 dargestellt. Wenn bei zwei projektiv verwandten Punktreihen die beiden unendlich fernen Punkte einander entsprechen, wie es bei

[1] Die Gesamtheit der Punkte einer Geraden wird eine *Punktreihe* genannt. Die Punktreihe entspricht dual einem Geradenbündel.

kongruenten oder ähnlichen[1] Punktreihen der Fall sein muß, so ist der Kegelschnitt eine Parabel. Die Umkehrung hiervon ist gleichfalls richtig.

Übung: Man beweise die Umkehrung in der Form: Auf zwei beliebigen festen Tangenten einer Parabel bilden die Schnittpunkte mit einer beweglichen Tangente einander ähnliche Punktreihen.

4. Pascals und Brianchons allgemeine Sätze für Kegelschnitte

Eines der schönsten Beispiele für das Dualitätsprinzip bei Kegelschnitten ist die Beziehung zwischen den allgemeinen Sätzen von PASCAL und BRIANCHON. Der erste wurde 1640 entdeckt, der zweite erst 1806. Und doch ist der zweite eine unmittelbare Konsequenz des ersten, da jeder Satz, der sich nur auf Kegelschnitte, Geraden und Punkte bezieht, richtig bleibt, wenn er durch die duale Aussage ersetzt wird.

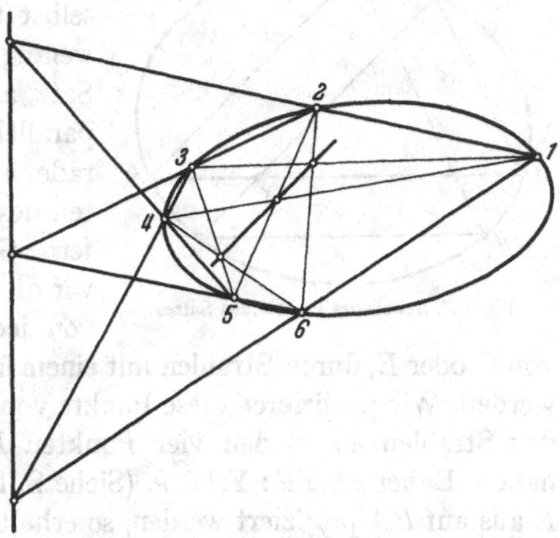

Fig. 105. Pascals allgemeine Konfiguration. Es sind zwei Fälle dargestellt, der eine für das Sechseck 1, 2, 3, 4, 5, 6, der andere für das Sechseck 1, 3, 5, 2, 6, 4

Die in § 5 unter denselben Namen aufgestellten Sätze sind entartete Fälle der folgenden allgemeinen Sätze:

Satz von PASCAL: Die gegenüberliegenden Seiten eines einem Kegelschnitt einbeschriebenen Sechsecks schneiden sich in drei kollinearen Punkten.

Satz von BRIANCHON: Die drei Diagonalen, welche gegenüberliegende Ecken eines einem Kegelschnitt umbeschriebenen Sechsecks verbinden, sind konkurrent.

Beide Sätze haben offenbar projektiven Charakter. Ihre duale Natur wird deutlich, wenn sie wie folgt formuliert werden:

Satz von PASCAL: Gegeben seien sechs Punkte 1, 2, 3, 4, 5, 6 auf einem Kegelschnitt. Man verbinde aufeinanderfolgende Punkte durch die Geraden (1, 2), (2, 3), (3, 4), (4, 5), (5, 6), (6, 1). Man suche die Schnittpunkte von (1, 2) mit (4, 5), (2, 3) mit (5, 6) und (3, 4) mit (6, 1). Dann liegen diese drei Schnittpunkte auf einer geraden Linie.

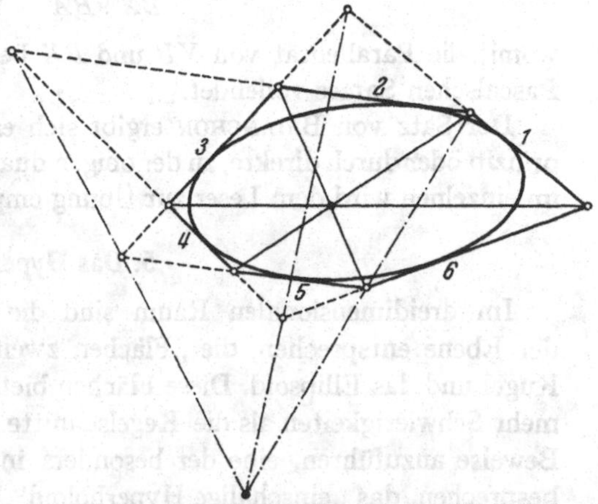

Fig. 106. Brianchons allgemeine Konfiguration. Wieder sind zwei Fälle dargestellt

Satz von BRIANCHON: Gegeben seien sechs Tangenten an einen Kegelschnitt, 1, 2, 3, 4, 5, 6. Aufeinanderfolgende Tangenten schneiden sich in den Punkten (1, 2), (2, 3), (3, 4), (4, 5), (5, 6), (6, 1). Man ziehe die Verbindungslinien von (1, 2)

[1] Es ist offensichtlich, was mit „kongruenter" oder „ähnlicher" Zuordnung zweier Punktreihen gemeint ist.

mit (4, 5), (2, 3) mit (5, 6) und (3, 4) mit (6, 1). Dann gehen diese drei Geraden durch einen Punkt.

Die Beweise erhält man durch eine ähnliche Spezialisierung, wie sie für die entarteten Fälle benutzt wurde. Um den Pascalschen Satz zu beweisen, bezeichnen wir mit A, B, C, D, E, F die Ecken eines dem Kegelschnitt K einbeschriebenen Sechsecks. Durch Projektion können wir AB parallel ED und FA parallel CD machen, so daß wir die Konfiguration von Fig. 107 erhalten. (Um der bequemeren Darstellung willen ist angenommen, daß sich das Sechseck selbst überschneidet, obwohl dies nicht notwendig ist.) Damit reduziert sich der Pascalsche Satz auf die einfache Behauptung, daß CB parallel FE ist; mit anderen Worten: die Gerade, auf der sich die gegenüberliegenden Seiten des Sechsecks schneiden, ist die unendlich ferne Gerade. Um dies zu beweisen, betrachten wir die Punkte F, A, B, D, die, wie wir wissen, von jedem anderen Punkt von K aus, z. B. von C oder E, durch Strahlen mit einem konstanten Doppelverhältnis k projiziert werden. Wir projizieren diese Punkte von C aus; dann schneiden die projizierenden Strahlen AF in den vier Punkten F, A, Y, ∞, die das Doppelverhältnis k haben. Daher ist $YF : YA = k$. (Siehe S. 144). Wenn dieselben Punkte jetzt von E aus auf BA projiziert werden, so erhalten wir

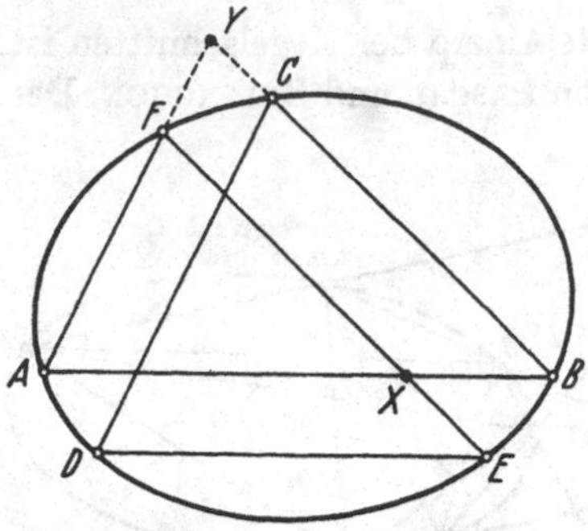

Fig. 107. Beweis des Pascalschen Satzes

$$k = (XAB\ \infty) = BX : BA .$$

Folglich ist

$$BX : BA = YF : YA ,$$

womit die Parallelität von YB und FX bewiesen ist. Damit ist der Beweis des Pascalschen Satzes vollendet.

Der Satz von Brianchon ergibt sich entweder hieraus nach dem Dualitätsprinzip oder durch direkte, zu der obigen dualen Beweisführung. Die Durchführung im einzelnen wird dem Leser zur Übung empfohlen.

5. Das Hyperboloid

Im dreidimensionalen Raum sind die Figuren, die den Kegelschnitten in der Ebene entsprechen, die „Flächen zweiter Ordnung"; spezielle Fälle sind die Kugel und das Ellipsoid. Diese Flächen bieten eine größere Vielfalt und erheblich mehr Schwierigkeiten als die Kegelschnitte. Hier wollen wir nur kurz und ohne Beweise anzuführen, eine der besonders interessanten Flächen zweiten Grades besprechen, das „einschalige Hyperboloid".

Diese Fläche läßt sich folgendermaßen definieren: Man wähle drei beliebige Geraden l_1, l_2, l_3 in allgemeiner räumlicher Lage. Damit ist gemeint, daß keine zwei von den Geraden in derselben Ebene liegen sollen und daß sie auch nicht alle drei ein und derselben Ebene parallel sein sollen. Es ist nun recht überraschend, daß es unendlich viele Geraden im Raum gibt, die alle diese drei gegebenen Geraden schneiden. Um dies einzusehen, nehmen wir eine beliebige Ebene ε durch l_1. Dann schneidet ε die Geraden l_2 und l_3 in zwei Punkten, und die Gerade m, die diese beiden Punkte verbindet, schneidet l_1, l_2 und l_3. Läßt man die Ebene ε sich um l_1 drehen, so bewegt sich die Gerade m, indem sie immer l_1, l_2, l_3 schneidet und erzeugt eine unendlich ausgedehnte Fläche. Diese Fläche ist das einschalige Hyperboloid. Es enthält eine unendliche Schar von Geraden vom Typus m. Drei beliebige Geraden m_1, m_2, m_3 aus dieser Schar sind ebenfalls in allgemeiner Lage, und alle Geraden im Raume, die diese drei Geraden schneiden, liegen ebenfalls in der Fläche des Hyperboloids. Die fundamentale Eigenschaft des Hyperboloids ist

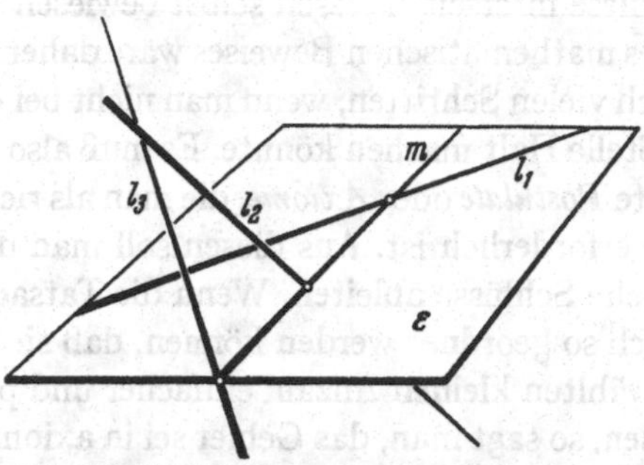

Fig. 108. Konstruktion von Geraden, die drei feste Geraden in allgemeiner Lage schneiden

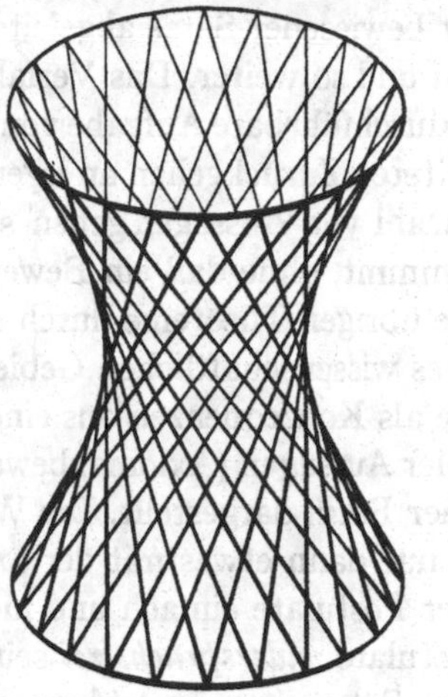

Fig. 109. Das Hyperboloid

also: Es wird von zwei verschiedenen Geradenscharen gebildet, derart, daß drei beliebige Geraden derselben Schar in allgemeiner Lage sind und jede Gerade der einen Schar alle Geraden der anderen Schar schneidet.

Eine wichtige projektive Eigenschaft des Hyperboloids ist: das Doppelverhältnis der vier Punkte, in denen vier gegebene Geraden der einen Schar eine gegebene Gerade der anderen Schar schneiden, ist unabhängig von der speziellen Lage der letzten Geraden. Dies folgt unmittelbar aus der Konstruktionsmethode des Hyperboloids durch eine rotierende Ebene, wie der Leser zur Übung beweisen möge.

Wir erwähnen noch eine besonders merkwürdige Eigenschaft des Hyperboloids: obwohl die Fläche zwei Scharen sich schneidender Geraden enthält, ist sie nicht etwa starr. Wenn ein Modell der Fläche aus Stäben so hergestellt wird, daß diese sich an jedem Schnittpunkt gegeneinander drehen können, dann läßt sich die ganze Figur stetig in eine Reihe verschiedener Gestalten deformieren.

§ 9. Axiomatik und nichteuklidische Geometrie

1. Die axiomatische Methode

Die axiomatische Methode geht bis auf EUKLID zurück. Es ist zwar keineswegs so, daß im griechischen Altertum die Mathematik vorwiegend in der axiomatischen Form der *Elemente* dargeboten wurde. Aber der Eindruck, den EUKLIDs Werk auf die nachfolgenden Generationen machte, war so groß, daß es allgemein zum Vorbild für strenge Beweisführung wurde. Zuweilen versuchten sogar Philosophen, z. B. SPINOZA in seiner *Ethica more geometrico demonstrata*, die

Darstellungsform mit Definitionen, Axiomen und abgeleiteten Lehrsätzen nachzuahmen. In der modernen Mathematik ist die axiomatische Methode, nachdem man sich im 17. und 18. Jahrhundert von der euklidischen Tradition abgewendet hatte, in steigendem Maße wieder in alle Gebiete eingedrungen. Einer der jüngsten Fortschritte war die Schaffung einer neuen Disziplin, der mathematischen Logik.

Allgemein läßt sich der axiomatische Standpunkt folgendermaßen beschreiben: der Beweis eines Satzes oder „Theorems" in einem deduktiven System besteht darin, daß das Theorem als eine notwendige logische Konsequenz gewisser schon vorher bewiesener Sätze abgeleitet wird; diese ihrerseits müssen selbst bewiesen werden und so weiter. Das Verfahren eines mathematischen Beweises wäre daher eine undurchführbare Aufgabe von unendlich vielen Schritten, wenn man nicht bei dem weiteren Zurückgehen an irgendeiner Stelle Halt machen könnte. Es muß also eine Anzahl von Aussagen geben, sogenannte *Postulate* oder *Axiome*, die man als richtig annimmt, ohne daß ein Beweis für sie erforderlich ist. Aus diesen soll man dann alle übrigen Theoreme durch rein logische Schlüsse ableiten. Wenn die Tatsachen eines wissenschaftlichen Gebietes logisch so geordnet werden können, daß sie sich alle als Konsequenzen aus einer ausgewählten kleinen Anzahl einfacher und plausibler Aussagen (Axiome) beweisen lassen, so sagt man, das Gebiet sei in axiomatischer Form dargestellt. Die Wahl der Axiome ist weitgehend willkürlich. Aber es ist nur dann etwas mit der axiomatischen Methode gewonnen, wenn die Axiome oder Postulate einfach und nicht allzu zahlreich sind. Vor allem aber müssen die Postulate *widerspruchsfrei* sein, in dem Sinn, daß niemals zwei aus ihnen ableitbare Sätze einander widersprechen können; ferner müssen sie *vollständig* sein, so daß jeder Satz des betreffenden Systems aus ihnen ableitbar ist. Aus „ökonomischen" Gründen ist es erwünscht, daß die Postulate voneinander *unabhängig* sind, in dem Sinne, daß keins von ihnen eine logische Folge der übrigen ist.

Die Widerspruchsfreiheit und die Vollständigkeit eines Axiomensystems ist viel umstritten worden. Die verschiedenen philosophischen Ansichten über die Wurzeln menschlicher Erkenntnis haben zu anscheinend unvereinbaren Meinungen über die Grundlagen der Mathematik geführt. Wenn die mathematischen Objekte als wirkliche Dinge in einem Reich der „reinen Anschauung", unabhängig von Definitionen und individuellen Leistungen des menschlichen Geistes angesehen werden, dann kann es natürlich keine Widersprüche geben, da dann mathematische Tatsachen objektiv wahre Aussagen über vorhandene Realitäten sind. Von diesem „Kantschen" Standpunkt aus kann es kein Problem der Widerspruchsfreiheit geben. Leider läßt sich jedoch die Gesamtheit der mathematischen Erkenntnisse nicht in einen solchen einfachen philosophischen Rahmen zwängen. Die modernen mathematischen Intuitionisten verlassen sich nicht auf die reine Anschauung („Intuition") im Kantschen Sinne. Sie nehmen das abzählbar Unendliche als rechtmäßiges Kind der Anschauung an und lassen nur rein konstruktive Verfahren zu; aber sie verwerfen so grundlegende Begriffe wie das Zahlenkontinuum, sie schließen wichtige Teile der lebendigen Mathematik aus und behalten nur einen fast hoffnungslos komplizierten Rest übrig.

Ganz anders ist die Auffassung der „Formalisten". Sie schreiben den mathematischen Objekten keine anschauliche Realität zu und behaupten auch nicht, daß die Axiome evidente Wahrheiten über die Gegenstände der reinen Anschauung aussprechen; sie konzentrieren sich auf den formal-logischen Prozeß der Schlußfolgerung auf der Basis der Postulate. Diese Haltung hat einen entschiedenen Vorzug vor der Berufung auf die Anschauung, da sie den Mathematikern alle Freiheit gewährt, die sie für Theorie und Anwendungen brauchen. Aber für ein formalistisch-axiomatisches System besteht die Notwendigkeit, zu beweisen, daß die Axiome, die jetzt als freie Schöpfungen des menschlichen Geistes erscheinen, nie zu einem Widerspruch führen können. Es sind große Anstrengungen unternommen worden, solche Widerspruchsfreiheitsbeweise zu finden, wenigstens für die Axiome der Arithmetik und Algebra und für den Begriff des Zahlenkontinuums. Die Ergebnisse sind bedeutsam, aber ein voller Erfolg ist noch lange nicht erreicht. Neuere Resultate deuten sogar darauf hin, daß diese Bestrebungen gar nicht erfolgreich sein können, in dem Sinne, daß Beweise für Widerspruchsfreiheit und Vollständigkeit in einem streng geschlossenen System von Begriffen nicht möglich sind. Charakteristischerweise arbeiten alle diese Überlegungen über die Grundlagen mit Methoden, die ihrerseits durchaus konstruktiv und von anschaulichen Gesichtspunkten bestimmt sind.

Durch die Paradoxien der Mengenlehre angefacht (siehe S. 69), ist der Streit zwischen Intuitionisten und Formalisten von leidenschaftlichen Anhängern der beiden Schulen stark in die Öffentlichkeit gezogen worden. Die mathematische Welt wurde aufgeschreckt durch das Geschrei über die „Grundlagenkrise". Aber der Alarm wurde mit Recht nicht allzu ernst genommen. Bei aller Achtung für die Leistungen, die im Kampf um die Klärung der Grundlagen erzielt wurden, wäre doch der Schluß ungerechtfertigt, daß die lebendige Mathematik im mindesten bedroht ist durch solche Meinungsverschiedenheiten oder durch die Paradoxa, die sich aus der Tendenz zu schrankenloser Allgemeinheit der Begriffsbildungen ergeben.

Ganz abgesehen von philosophischen Überlegungen und von dem Interesse für die Grundlagen ist der axiomatische Zugang zu einem mathematischen Gebiet der natürliche Weg, um das Geflecht der gegenseitigen Abhängigkeiten der verschiedenen Tatsachen zu entwirren und die eigentliche logische Struktur sichtbar zu machen. Eine solche Konzentration auf die formale Struktur statt auf die anschauliche Bedeutung der Begriffe erleichtert es, Verallgemeinerungen und Anwendungen zu finden, die bei einer anschaulicheren Methode hätten übersehen werden können. Aber eine bedeutsame Entdeckung oder eine tiefere Einsicht wird doch nur selten durch ein ausschließlich axiomatisches Vorgehen gewonnen. Konstruktives Denken, durch Anschauung geleitet, ist die wahre Quelle der mathematischen Dynamik. Obwohl die axiomatische Form ein Ideal ist, wäre es ein Irrtum zu glauben, daß die Axiomatik *das* Wesen der Mathematik bildet. Die konstruktive Anschauung des Mathematikers ist ein nicht-deduktives, nichtrationales Element, das für die Mathematik ebenso lebensnotwendig ist wie die schöpferische Phantasie für die bildende Kunst und die Musik.

Seit den Tagen EUKLIDs ist die Geometrie das Muster für eine axiomatische Disziplin. Jahrhundertelang war EUKLIDs Axiomensystem Gegenstand eingehender Untersuchungen. Aber erst in neuerer Zeit ist es deutlich geworden, daß EUKLIDs Postulate abgeändert und vervollständigt werden müssen, wenn die ganze Elementargeometrie aus ihnen ableitbar sein soll. Erst spät im 19. Jahrhundert entdeckte zum Beispiel PASCH, daß die Anordnung der Punkte auf einer Geraden, die Vorstellung des „Dazwischenseins", ein besonderes Axiom erfordert. (Die Nichtbeachtung solcher Details führt zu manchen scheinbaren Paradoxien; unsinnige Folgerungen – z. B. der bekannte Beweis, daß jedes Dreieck gleichschenklig ist – können scheinbar streng aus EUKLIDs Axiomen abgeleitet werden. Das geschieht gewöhnlich auf Grund einer ungenau gezeichneten Figur, deren Geraden sich innerhalb oder außerhalb gewisser Dreiecke oder Kreise zu schneiden scheinen, während sie das in Wirklichkeit nicht tun.)

In seinem berühmten Buch *Grundlagen der Geometrie* stellte HILBERT (1901) für die Geometrie ein brauchbares System von Axiomen auf und untersuchte zugleich in erschöpfender Weise ihre gegenseitige Unabhängigkeit, Widerspruchsfreiheit und Vollständigkeit.

In jedes System von Axiomen gehen immer gewisse nicht definierte Begriffe ein, wie etwa „Punkt" und „Gerade" in der Geometrie. Ihre „Bedeutung" oder ihre Beziehung zu Dingen der physikalischen Welt ist *mathematisch* unwesentlich. Man kann sie als rein abstrakte Symbole betrachten, deren mathematische Eigenschaften in einem deduktiven System ausschließlich durch die Relationen gegeben sind, die gemäß den Axiomen zwischen ihnen bestehen. In der projektiven Geometrie könnten wir beginnen mit den nicht definierten Begriffen „Punkt", „Gerade" und „Inzidenz" und mit den beiden dualen Axiomen: „Je zwei verschiedene Punkte sind inzident mit einer einzigen Geraden," und „je zwei verschiedene Geraden sind inzident mit einem einzigen Punkt". Vom Standpunkt der Axiomatik ist die duale Form solcher Axiome der eigentliche Grund des Dualitätsprinzips in der projektiven Geometrie. Jeder Satz, in dessen Formulierung und Beweis nur Elemente enthalten sind, die durch duale Axiome verknüpft sind, muß die Dualisierung zulassen; denn der Beweis des ursprünglichen Satzes besteht aus einer Folge von Anwendungen gewisser Axiome, und die Anwendung der dualen Axiome in derselben Reihenfolge liefert dann einen Beweis für den dualen Satz.

Die Gesamtheit der Axiome der Geometrie liefert die *implizite Definition* aller „nichtdefinierten" geometrischen Ausdrücke, wie „Punkt", „Gerade", „Inzidenz" usw. Für die Anwendungen ist es wichtig, daß die Begriffe und Axiome der Geometrie mit physikalisch nachprüfbaren Aussagen über „wirkliche", greifbare Dinge harmonieren. Die physikalische Realität, die dem Begriff des „Punktes" entspricht, ist die eines sehr kleinen Dinges, wie etwa einer Bleistiftmarke, während eine „Gerade" eine Abstraktion von einem gespannten Faden oder einem Lichtstrahl ist. Die Eigenschaften dieser physikalischen Punkte und Geraden stimmen, wie die Erfahrung zeigt, mehr oder weniger mit den formalen Axiomen der Geometrie überein. Es ist durchaus denkbar, daß genauere Experimente Abänderungen dieser Axiome notwendig machen könnten, wenn sie die physikalischen Erscheinungen zutreffend beschreiben sollen. Wenn dies nicht der Fall wäre, d. h. wenn die formalen Axiome nicht mehr oder weniger mit den Eigenschaften der physikalischen Dinge harmonierten, dann würde die Geometrie von geringem Interesse sein. Selbst für den Formalisten gibt es also eine Autorität, die nicht dem menschlichen Geist entstammt und dennoch die Richtung des mathematischen Denkens beeinflußt.

2. Hyperbolische nichteuklidische Geometrie

Es gibt ein Axiom der euklidischen Geometrie, dessen „Wahrheit", d. h. dessen Übereinstimmung mit den Erfahrungstatsachen über gespannte Fäden oder Lichtstrahlen, keineswegs evident ist. Das ist das berühmte *Parallelenaxiom*, welches behauptet, daß durch jeden Punkt außerhalb einer gegebenen Geraden *eine und nur eine* Parallele zu der gegebenen Geraden gezogen werden kann. Die merkwürdige Eigenart dieses Axioms ist, daß es etwas über die *ganze* Länge einer Geraden aussagt, die man sich als unendlich ausgedehnt in beiden Richtungen vorstellen muß; denn die Behauptung, daß zwei Geraden parallel sind, besagt, daß sie sich niemals schneiden, so weit sie auch fortgesetzt werden. Es versteht sich von selbst, daß es viele Geraden gibt, die eine gegebene Gerade *innerhalb einer bestimmten endlichen Entfernung*, sei sie noch so groß, nicht schneiden. Da die maximale mögliche Länge eines wirklichen Lineals, Fadens oder selbst eines im Fernrohr sichtbaren Lichtstrahls zweifellos endlich ist und da es innerhalb eines jeden endlichen Kreises unendlich viele Geraden durch einen gegebenen Punkt gibt, die eine gegebene Gerade nicht innerhalb des Kreises schneiden, so folgt, daß dieses Axiom niemals experimentell verifiziert werden kann. Alle anderen Axiome der euklidischen Geometrie haben endlichen Charakter, insofern sie nur endliche Stücken von Geraden und ebene Figuren von endlicher Ausdehnung betreffen. Die Tatsache, daß das Parallelenaxiom nicht experimentell nachprüfbar ist, wirft die Frage auf, ob es von den übrigen Axiomen *unabhängig* ist oder nicht. Wenn es eine notwendige logische Folge der übrigen wäre, dann müßte es möglich sein, daß man es aus der Liste der Axiome streicht und es mittels der anderen euklidischen Axiome beweist. Jahrhundertelang haben die Mathematiker nach einem solchen Beweis gesucht, da unter denen, die sich mit Geometrie beschäftigten, die Empfindung weit verbreitet war, daß das Parallelenaxiom sich in seinem ganzen Charakter wesentlich von den anderen unterscheidet, indem ihm gewissermaßen die zwingende Plausibilität fehlt, welche ein geometrisches Axiom besitzen müßte. Einer der ersten Versuche dieser Art wurde von PROCLUS (4. Jahrhundert n. Chr.), einem Kommentator EUKLIDs unternommen, der ein besonderes Parallelenaxiom entbehrlich zu machen versuchte, indem er die Parallele zu einer gegebenen Geraden als Ort aller Punkte mit gegebenem festen Abstand von der Geraden definierte. Hierbei beachtete er nicht, daß damit die Schwierigkeit nur an eine andere Stelle verschoben wurde, denn es müßte dann bewiesen werden, daß der Ort solcher Punkte tatsächlich eine Gerade ist. Da PROCLUS dies nicht beweisen konnte, hätte er diese Aussage anstelle des Parallelenaxioms als Postulat annehmen müssen, und damit wäre nichts gewonnen, denn die beiden Aussagen sind leicht als äquivalent zu erkennen. Der Jesuit SACCHERI (1667–1733) und später LAMBERT (1728–1777) suchten das Parallelenaxiom durch die indirekte Methode zu beweisen, d. h. das Gegenteil anzunehmen und daraus unsinnige Konsequenzen abzuleiten. Aber ihre Folgerungen, die durchaus nicht unsinnig waren, liefen in Wirklichkeit auf Sätze der später entwickelten nichteuklidischen Geometrie hinaus. Hätten sie diese nicht als Absurditäten, sondern vielmehr als in sich widerspruchsfreie Aussagen betrachtet, so wären sie die Entdecker der nichteuklidischen Geometrie geworden.

Damals wurde jedes geometrische System, das nicht mit dem euklidischen vollständig übereinstimmte, für offenbaren Unsinn gehalten. KANT, der einflußreichste Philosoph der damaligen Zeit, formulierte diese Auffassung in der Behauptung, daß die Axiome EUKLIDs dem menschlichen Geist inhärent seien und daher objektive Gültigkeit für den „wirklichen" Raum hätten. Dieser Glaube an die euklidischen Axiome als unumstößliche Wahrheiten, die dem Reich der reinen Anschauung angehören, war eine der grundlegenden Annahmen der Kantschen Philosophie. Aber auf die Dauer konnten weder alte Denkgewohnheiten noch philosophische Autorität die Überzeugung unterdrücken, daß die endlose Reihe der mißlungenen Versuche, das Parallelenaxiom zu beweisen, nicht auf ein Versagen der Mathematiker zurückzuführen war, sondern vielmehr auf die Tatsache, daß das Parallelenaxiom eben wirklich *unabhängig* von den übrigen ist. (In fast derselben Weise hatte der ausbleibende Erfolg bei dem Beweis, daß die allgemeine Gleichung fünften Grades durch Radikale lösbar sei, zu der Vermutung geführt – die sich später bestätigte –, daß eine solche Lösung unmöglich ist.) Der Ungar BOLYAI (1802–1860) und der Russe LOBATSCHEWSKY (1793–1856) „erledigten" die Frage, indem sie in allen Einzelheiten eine Geometrie aufbauten, in der das Parallelenaxiom nicht gilt. Als der geniale junge BOLYAI in seiner Begeisterung seine Arbeit an GAUSS, den „princeps mathematicorum", sandte, erhielt er statt der Anerkennung, die er gespannt erwartete, die Auskunft, daß seine Ergebnisse schon früher von GAUSS selbst gefunden worden waren, aber daß dieser keinen Wert darauf gelegt hatte, sie zu veröffentlichen, weil er aufsehenerregende Publizität scheute.

Was bedeutet die Unabhängigkeit des Parallelenaxioms? Einfach, daß es möglich ist, ein widerspruchsfreies System von „geometrischen" Aussagen über Punkte, Geraden usw. aufzubauen, das sich auf ein Axiomensystem gründet, in dem das Parallelenaxiom durch ein entgegengesetztes Postulat ersetzt ist. Ein solches System von Aussagen nennt man eine nichteuklidische Geometrie. Es gehörte der intellektuelle Mut eines GAUSS, BOLYAI und LOBATSCHEWSKY dazu, um einzusehen, daß eine solche Geometrie, die auf einem nichteuklidischen Axiomensystem beruht, in sich vollkommen widerspruchsfrei sein kann.

Um die Widerspruchsfreiheit der neuen Geometrie zu zeigen, genügt es nicht, eine große Anzahl nichteuklidischer Sätze abzuleiten, wie es BOLYAI und LOBATSCHEWSKY taten. Statt dessen haben wir gelernt, „Modelle" einer solchen Geometrie zu konstruieren, die alle Axiome EUKLIDs mit Ausnahme des Parallelenaxioms befriedigen. Das einfachste derartige Modell wurde von FELIX KLEIN angegeben, dessen Arbeiten auf diesem Gebiet durch die Ideen des englischen Geometers CAYLEY (1821–1895) befruchtet worden waren. In diesem Modell können unendlich viele „Geraden" „parallel" zu einer gegebenen Geraden durch einen Punkt außerhalb gezogen werden. Eine solche Geometrie heißt eine Bolyai-Lobatschewskysche oder „hyperbolische" Geometrie. (Der Grund für die letzte Bezeichnung wird auf S. 173 angegeben.)

KLEINs Modell wird konstruiert, indem man zuerst Objekte der gewöhnlichen euklidischen Geometrie betrachtet und dann einige dieser Objekte und die Beziehungen zwischen ihnen *umbenennt*, so daß eine nichteuklidische Geometrie entsteht. Diese muß dann, *eo ipso*, ebenso widerspruchsfrei sein wie die ursprüngliche euklidische Geometrie, da sie nur von einem anderen Gesichtspunkt aus betrachtet und in anderen Worten beschrieben, aus einer Gruppe von Tatsachen der gewöhnlichen euklidischen Geometrie besteht. Dieses Modell kann leicht mit Hilfe einiger Begriffe der projektiven Geometrie verstanden werden.

Wenn wir eine Ebene projektiv auf eine andere Ebene abbilden oder besser auf sich selbst (indem wir die Bildebene nachträglich mit der ursprünglichen

Ebene zusammenfallen lassen), dann wird im allgemeinen ein Kreis in einen Kegelschnitt verwandelt. Man kann aber leicht zeigen (der Beweis wird hier übergangen), daß es unendlich viele projektive Abbildungen der Ebene auf sich selbst gibt, bei denen ein gegebener Kreis und sein Inneres in sich selbst transformiert werden. Bei solchen Transformationen werden Punkte im Innern oder auf der Randlinie gewöhnlich in andere Lagen verschoben, bleiben aber im Innern bzw. auf der Randlinie des Kreises. (Insbesondere kann man den Mittelpunkt in jeden anderen inneren Punkt rücken lassen.) Betrachten wir die Gesamtheit aller dieser Transformationen. Natürlich werden sie die Gestalt der Figuren verändern und sind daher keine starren Bewegungen im gewöhnlichen Sinne. Aber jetzt tun wir den entscheidenden Schritt, indem wir sie „nichteuklidische Bewegungen" in bezug auf die zu konstruierende Geometrie *nennen*. Mit Hilfe dieser „Bewegungen" können wir die Kongruenz definieren; zwei Figuren werden nämlich kongruent *genannt*, wenn es eine nichteuklidische Bewegung gibt, welche die eine in die andere überführt.

Das Kleinsche Modell der hyperbolischen Geometrie ist nun das folgende: Die „Ebene" besteht nur aus den Punkten innerhalb eines Kreises; von den Punkten auf dem Rand und außerhalb wird abgesehen. Jeder Punkt innerhalb des Kreises wird ein nichteuklidischer „Punkt" *genannt*; jede Sehne des Kreises wird eine nichteuklidische Gerade *genannt*; „Bewegung" und „Kongruenz" werden wie oben definiert; „Punkte" verbinden und den Schnittpunkt von „Geraden" aufsuchen, bleibt in der nichteuklidischen Geometrie dasselbe wie in der euklidischen. Es ist leicht zu zeigen, daß das neue System allen Postulaten der euklidischen Geometrie, mit der einzigen Ausnahme des Parallelenaxioms, genügt. Daß das Parallelenaxiom in dem neuen System nicht gilt, ergibt sich aus der Tatsache: durch jeden „Punkt", der nicht auf einer gegebenen „Geraden" liegt, können unendlich viele Geraden gezogen werden, die mit der gegebenen „Geraden" keinen „Punkt" gemeinsam haben. Die erste Gerade ist eine euklidische Sehne des Kreises, während die zweite „Gerade" irgendeine von den Sehnen des Kreises sein kann, die durch den gegebenen „Punkt" gehen und die gegebene „Gerade" nicht innerhalb des Kreises schneiden. Dieses einfache Modell reicht vollkommen aus, um die fundamentale Frage zu entscheiden, die zur nichteuklidischen Geometrie führte; es beweist nämlich, daß das Parallelenaxiom nicht aus den übrigen Axiomen der euklidischen Geometrie abgeleitet werden kann. Denn könnte es aus ihnen abgeleitet werden, so müßte es auch in der Geometrie des Kleinschen Modells gelten, und wir haben eben gesehen, daß das nicht der Fall ist.

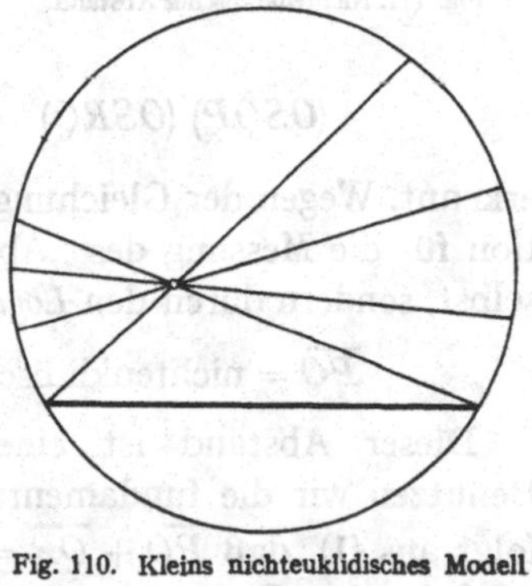

Fig. 110. Kleins nichteuklidisches Modell

Genau genommen beruht diese Beweisführung auf der Annahme, daß die Geometrie des Kleinschen Modells in sich widerspruchsfrei ist, so daß niemals ein Satz und zugleich sein Gegenteil bewiesen werden kann. Aber die Geometrie des Kleinschen Modells ist sicherlich ebenso widerspruchsfrei wie die gewöhnliche euklidische Geometrie, da die Aussagen über „Punkte", „Geraden" usw. in Kleins Modell nur andere Ausdrucksweisen für gewisse Sätze der euklidischen Geometrie sind. Ein befriedigender Beweis für die Widerspruchsfreiheit der

Axiome der euklidischen Geometrie ist nie gegeben worden, es sei denn durch Rückgriff auf die Begriffe der analytischen Geometrie und damit letzten Endes auf das Zahlenkontinuum, dessen Widerspruchsfreiheit wiederum eine offene Frage ist.

*Eine spezielle Frage, die allerdings über unser unmittelbares Ziel hinausgeht, soll hier doch noch erwähnt werden, nämlich, wie man den nichteuklidischen „Abstand" in KLEINs Modell zu definieren hat. Dieser „Abstand" muß bei jeder nichteuklidischen „Bewegung" invariant sein; denn eine Bewegung muß ja Abstände invariant lassen. Wir wissen, daß Doppelverhältnisse bei Projektion invariant sind. Ein Doppelverhältnis, in dem zwei willkürliche Punkte P, Q innerhalb des Kreises vorkommen, bietet sich sofort, wenn die Strecke PQ bis zum Schnitt mit dem Kreis bei O und S verlängert wird. Das Doppelverhältnis $(OSQP)$ dieser vier Punkte ist eine (positive) Zahl, von der man erwarten könnte, daß sie sich als Definition des „Abstandes" PQ zwischen P und Q eignet. Aber diese Definition muß etwas abgeändert werden, um sie brauchbar zu machen. Denn wenn die drei Punkte P, Q, R auf einer Geraden liegen, so müßte $\overline{PQ} + \overline{QR} = \overline{PR}$ gelten. Nun ist im allgemeinen

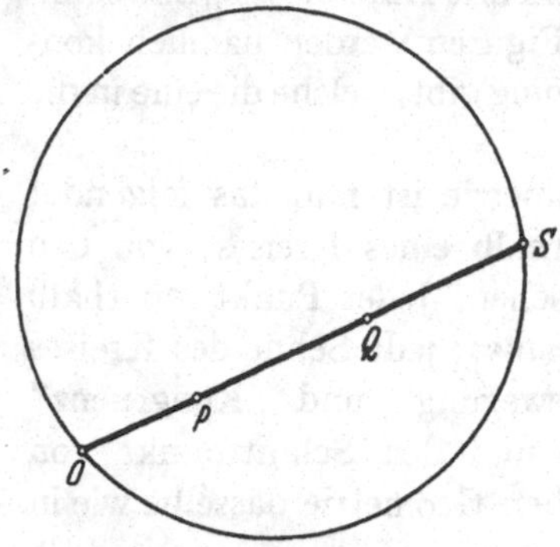

Fig. 111. Nichteuklidischer Abstand

$$(OSQP) + (OSRQ) \neq (OSRP) .$$

Statt dessen gilt die Relation

$$(1) \qquad (OSQP) \cdot (OSRQ) = (OSRP) ,$$

wie man aus den Gleichungen

$$(OSQP)\,(OSRQ) = \frac{QO/QS}{PO/PS} \cdot \frac{RO/RS}{QO/QS} = \frac{RO/RS}{PO/PS} = (OSRP)$$

erkennt. Wegen der Gleichung (1) können wir eine befriedigende additive Definition für die Messung des „Abstandes" geben, nicht durch das Doppelverhältnis selbst, sondern durch den *Logarithmus des Doppelverhältnisses*:

$$\overline{PQ} = \text{nichteuklidischer Abstand von } P \text{ und } Q = \log (OSQP).$$

Dieser Abstand ist eine positive Zahl, da $(OSQP) > 1$, wenn $P \neq Q$. Benutzen wir die fundamentale Eigenschaft des Logarithmus (siehe S. 338), so folgt aus (1), daß $\overline{PQ} + \overline{QR} = \overline{PR}$. Die Basis, die für den Logarithmus gewählt wird, ist ohne Bedeutung, da eine Änderung der Basis nur die Maßeinheit ändert. Nebenbei bemerkt, wächst der nichteuklidische Abstand $\overline{PQ}$ ins Unendliche, wenn einer der Punkte, z. B. Q, sich dem Kreise nähert. Dies zeigt, daß die Gerade unserer nichteuklidischen Geometrie von unendlicher nichteuklidischer Länge ist, obwohl sie im gewöhnlichen euklidischen Sinne nur ein endlicher Abschnitt einer Geraden ist.

3. Geometrie und Wirklichkeit

Das Kleinsche Modell zeigt, daß die hyperbolische Geometrie, als formales deduktives System betrachtet, ebenso widerspruchsfrei ist wie die klassische euklidische Geometrie. Es erhebt sich dann die Frage, welche von beiden als Beschreibung der Geometrie der physikalischen Welt den Vorzug hat. Wie wir schon gesehen haben, kann das Experiment nie entscheiden, ob es nur eine oder unendlich viele Parallelen zu einer gegebenen Geraden durch einen Punkt gibt. In der euklidischen Geometrie indessen ist die Winkelsumme jedes Dreiecks 180°, während es sich zeigen läßt, daß in der hyperbolischen Geometrie die Winkelsumme weniger als 180° beträgt. GAUSS stellte daher ein Experiment an, um diese Frage zu entscheiden. Er maß genau die Winkel in einem Dreieck, das von drei ziemlich weit entfernten Bergspitzen gebildet wird, und fand, daß die Summe innerhalb der Beobachtungsfehler 180° war. Wäre das Resultat merkbar weniger als 180° gewesen, so hätte man schließen müssen, daß die hyperbolische Geometrie für die Beschreibung der physikalischen Wirklichkeit vorzuziehen ist. So aber war durch das Experiment nichts entschieden; denn für „kleine" Dreiecke, deren Seiten nur einige Kilometer lang sind, könnte die Abweichung von 180° in der hyperbolischen Geometrie so klein sein, daß sie mit GAUSS' Instrumenten nicht zu erkennen war. Obwohl also durch das Experiment nichts entschieden wurde, bestätigt es, daß die euklidische und die hyperbolische Geometrie, die sich *im Großen* sehr erheblich unterscheiden, für relativ kleine Figuren so nahe zusammenfallen, daß sie experimentell äquivalent sind. Solange also nur *lokale* Eigenschaften des Raumes betrachtet werden, darf die Wahl zwischen den beiden Geometrien unbedenklich nach dem Gesichtspunkt der Einfachheit und Bequemlichkeit getroffen werden. Da sich mit dem euklidischen System einfacher umgehen läßt, sind wir berechtigt, es ausschließlich zu benutzen, solange einigermaßen kleine Entfernungen (bis zu einigen Millionen Kilometern!) betrachtet werden. Aber wir sollten nicht erwarten, daß es notwendigerweise zu einer angemessenen Beschreibung des Weltalls im ganzen, in seiner weitesten Ausdehnung, tauglich sein muß. Die Situation ist hier genau analog zu der in der Physik, wo die Systeme von NEWTON und EINSTEIN für kleine Entfernungen und Geschwindigkeiten die gleichen Resultate geben, aber voneinander abweichen, wenn es sich um sehr beträchtliche Größen handelt.

Die geradezu revolutionäre Bedeutung der Entdeckung der nichteuklidischen Geometrie lag in der Zerstörung der Vorstellung, daß die Axiome EUKLIDs einen unveränderlichen mathematischen Rahmen bilden, in den unsere Erfahrungen über die physikalische Realität eingepaßt werden müssen.

4. POINCARÉs Modell

Der Mathematiker hat das Recht, eine „Geometrie" durch irgendein widerspruchsfreies System von Axiomen über „Punkte", „Geraden" usw. zu definieren; seine Untersuchungen werden aber nur dann für den Physiker von Nutzen sein, wenn diese Axiome dem physikalischen Verhalten der Dinge der wirklichen Welt entsprechen. Von diesem Standpunkt aus wollen wir die Bedeutung der Aussage untersuchen, daß „das Licht sich geradlinig fortpflanzt". Wenn dies als die physikalische Definition der „geraden Linie" angesehen wird, dann müssen die Axiome der Geometrie so gewählt werden, daß sie dem Verhalten der Lichtstrahlen entsprechen. Stellen wir uns mit POINCARÉ eine Welt vor, die aus dem Innern eines Kreises C besteht, und so, daß die Lichtgeschwindigkeit in jedem Punkt innerhalb des Kreises dem Abstand des Punktes vom Umfang gleich ist. Es läßt sich beweisen[1],

[1] Dabei wird die Annahme zugrunde gelegt, daß ein Lichtstrahl zwischen zwei Punkten jeweils den Weg kürzester Laufzeit einschlägt.

daß die Lichtstrahlen dann die Form von Kreisbögen annehmen, die an ihren Enden senkrecht auf dem Umfang des Kreises C stehen. In einer solchen Welt unterscheiden sich die geometrischen Eigenschaften von „Geraden" (definiert als Lichtstrahlen) von den euklidischen Eigenschaften von Geraden. Insbesondere gilt das Parallelenaxiom nicht, da es durch jeden Punkt unendlich viele „Geraden" gibt, die eine gegebene „Gerade" nicht schneiden. Tatsächlich haben die „Punkte" und „Geraden" dieser Welt genau dieselben geometrischen Eigenschaften wie die „Punkte" und „Geraden" des Kleinschen Modells. Mit anderen Worten, wir haben ein anderes Modell einer hyperbolischen Geometrie. Aber die euklidische Geometrie ist auch auf diese Welt anwendbar; anstatt nichteuklidische „Geraden" zu sein, würden die Lichtstrahlen euklidische Kreisbögen senkrecht auf C sein. Wir sehen also, daß verschiedene geometrische Systeme dieselbe physikalische Situation beschreiben können, sofern nur die physikalischen Objekte (in diesem Fall die Lichtstrahlen) mit verschiedenen Begriffen der beiden Systeme in Beziehung gesetzt werden:

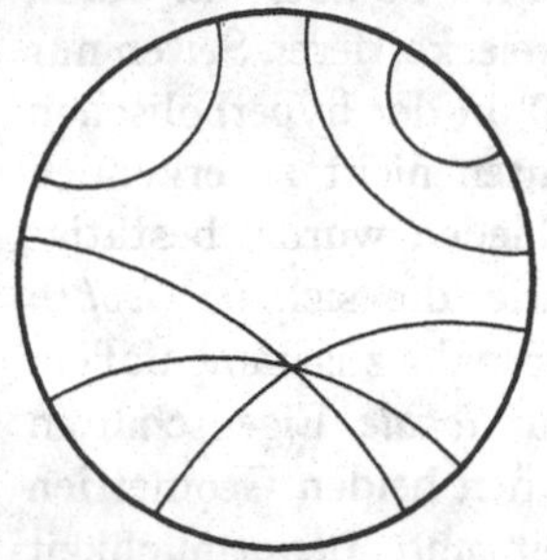

Fig. 112. Poincarés nichteuklidisches Modell

Lichtstrahl → „Gerade" – hyperbolische Geometrie,
Lichtstrahl → „Kreisbogen" – euklidische Geometrie.

Da der Begriff der Geraden in der euklidischen Geometrie dem Verhalten der Lichtstrahlen in einem homogenen Medium entspricht, so könnten wir sagen, daß die Geometrie im (nicht homogenen) Innern des Kreises C hyperbolisch ist, womit nur gemeint ist, daß die physikalischen Eigenschaften der Lichtstrahlen in dieser Welt den Eigenschaften der „Geraden" der hyperbolischen Geometrie entsprechen.

5. Elliptische oder Riemannsche Geometrie

In der euklidischen Geometrie, ebenso wie in der hyperbolischen oder Bolyai-Lobatschewskyschen Geometrie, wird stillschweigend vorausgesetzt, daß eine Gerade unendlich ist (die unendliche Ausdehnung der Geraden ist wesentlich verknüpft mit dem Begriff und den Axiomen des „Dazwischenseins"). Aber nachdem die hyperbolische Geometrie die freie Konstruktion von Geometrien eingeleitet hatte, war es nur natürlich zu fragen, ob nicht auch noch andere nichteuklidische Geometrien konstruiert werden können, in denen gerade Linien nicht unendlich, sondern endlich und geschlossen sind. Natürlich müssen in solchen Geometrien außer dem Parallelenaxiom auch die Axiome des „Dazwischenseins" aufgegeben werden. Die moderne Entwicklung hat die physikalische Bedeutung dieser Geometrien gezeigt. Sie wurden zum erstenmal in der Antrittsvorlesung betrachtet, die RIEMANN 1851 bei seiner Habilitation als Privatdozent an der Universität Göttingen hielt. Geometrien mit geschlossenen endlichen Geraden lassen sich in völlig widerspruchsfreier Weise konstruieren. Stellen wir uns eine zweidimensionale Welt vor, die aus der Oberfläche S einer Kugel besteht und in der wir die „Geraden" als Großkreise der Kugel definieren. Dies wäre die natürlichste Art, die Welt eines Seefahrers zu beschreiben, da die Bögen der Großkreise die kürzesten Verbindungslinien zwischen zwei Punkten der Kugel sind und dies die charakteristische Eigenschaft der Geraden in der Ebene ist. In einer solchen Welt schneiden sich *je zwei* beliebige „Geraden", so daß von einem Punkt außerhalb einer gegebenen Geraden *keine* Gerade gezogen werden kann, die der gegebenen Geraden parallel ist (d. h. sie nicht schneidet). Die Geometrie der „Geraden" in einer solchen Welt wird *elliptische Geometrie* genannt. In dieser Geometrie wird der Abstand zweier Punkte einfach durch die Entfernung längs des kleineren Bogens des Großkreises, der die Punkte verbindet, gemessen. Winkel werden wie in der euklidischen Geometrie gemessen. Als typisch für eine elliptische Geometrie sieht man gewöhnlich die Tatsache an, daß es zu einer Geraden keine Parallele gibt.

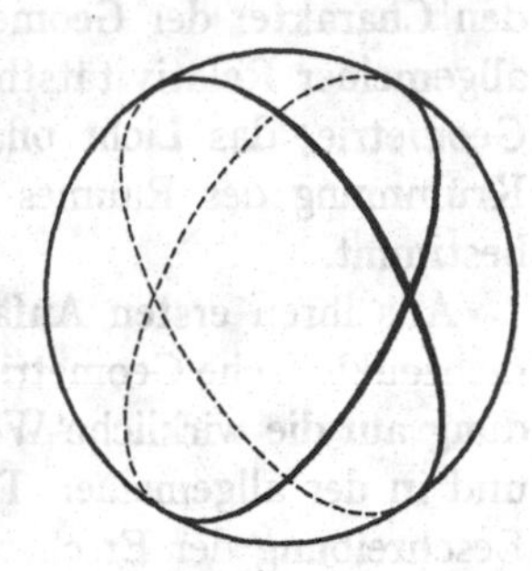

Fig. 113. „Geraden" in einer Riemannschen Geometrie

Nach RIEMANN können wir diese Geometrie wie folgt erweitern. Betrachten wir eine Welt, die aus einer gekrümmten Fläche im Raum besteht, welche nicht notwendig eine Kugel zu sein braucht, und definieren wir als „gerade" Verbindungslinien zweier Punkte die Kurve geringster Länge, die sogenannte „geodätische Linie" zwischen den Punkten. Die Punkte der Fläche können in zwei Klassen eingeteilt werden: 1. Punkte, in deren Umgebung die Fläche insofern kugelähnlich ist, als sie ganz auf einer Seite der Berührungsebene in dem Punkt liegt. 2. Punkte, in deren Umgebung die Fläche sattelförmig ist und daher auf beiden Seiten der Berührungsebene in dem Punkt liegt. Punkte der ersten Art heißen elliptische Punkte der Fläche, da die Tangentialebene, wenn sie ein wenig parallel zu sich selbst verschoben wird, die Fläche in einer elliptischen Kurve schneidet; dagegen heißen die Punkte der zweiten Art hyperbolisch, da die Tangentialebene bei geringer Parallelverschiebung die Fläche in einer hyperbelähnlichen Kurve schneidet. Die Geometrie der geodätischen „Geraden" in der Umgebung eines Punktes der Fläche ist elliptisch oder hyperbolisch, je nachdem ob der Punkt ein elliptischer oder hyperbolischer Punkt ist. In diesem Modell einer nichteuklidischen Geometrie werden Winkel durch ihren gewöhnlichen euklidischen Wert gemessen.

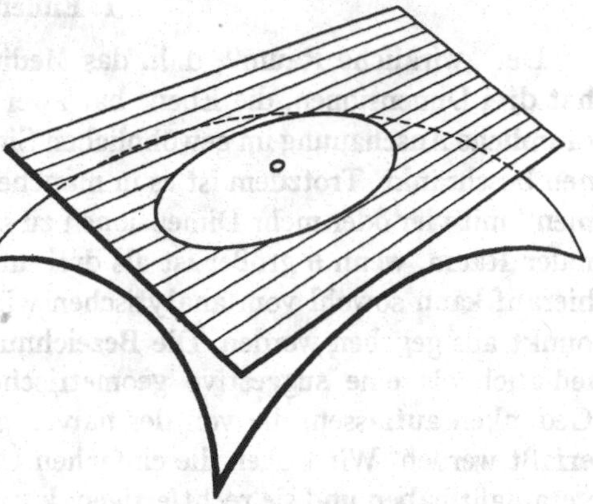

Fig. 114. Ein elliptischer Punkt

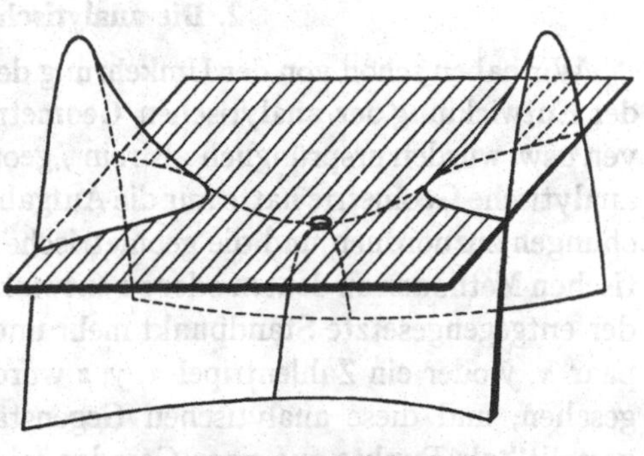

Fig. 115. Ein hyperbolischer Punkt

Diese Idee wurde von RIEMANN entwickelt, der eine räumliche Geometrie analog dieser Flächengeometrie betrachtete, wobei die „Krümmung" des Raumes den Charakter der Geometrie von Punkt zu Punkt ändern kann. In EINSTEINs allgemeiner Relativitätstheorie ist die Geometrie des Raumes eine Riemannsche Geometrie; das Licht pflanzt sich längs der geodätischen Linien fort, und die Krümmung des Raumes wird durch die Natur der darin enthaltenen Materie bestimmt.

Aus ihren ersten Anfängen als ein Gegenstand der Axiomatik hat sich die nichteuklidische Geometrie zu einem sehr brauchbaren Instrument für die Anwendung auf die wirkliche Welt entwickelt. In der Relativitätstheorie, in der Optik und in der allgemeinen Theorie der Wellenausbreitung ist eine nichteuklidische Beschreibung der Erscheinungen oft angemessener als eine euklidische.

Anhang

*Geometrie in mehr als drei Dimensionen

1. Einleitung

Der „wirkliche Raum", d. h. das Medium unserer physikalischen Erfahrung, hat drei Dimensionen, die Ebene hat zwei Dimensionen, die Gerade eine. Unsere räumliche Anschauung im gewöhnlichen Sinne ist unzweifelhaft auf drei Dimensionen beschränkt. Trotzdem ist es in manchen Fällen ganz zweckmäßig, von „Räumen" mit vier oder mehr Dimensionen zu sprechen. Was bedeutet ein n-dimensionaler Raum, wenn n größer ist als drei, und wozu kann er dienen? Die Antwort hierauf kann sowohl vom analytischen wie auch vom rein geometrischen Standpunkt aus gegeben werden. Die Bezeichnung „n-dimensionaler Raum" darf man lediglich als eine suggestive geometrische Ausdrucksweise für mathematische Gedanken auffassen, die von der naiven geometrischen Anschauung nicht mehr erfaßt werden. Wir wollen die einfachen Überlegungen, die diese Ausdrucksweise veranlaßt haben und sie rechtfertigen, kurz andeuten.

2. Die analytische Definition

Wir haben schon von der Umkehrung der Auffassungen gesprochen, die sich bei der Entwicklung der analytischen Geometrie ergeben hat. Punkte, Gerade, Kurven usw. wurden ursprünglich als rein „geometrische" Objekte betrachtet, und die analytische Geometrie hatte nur die Aufgabe, ihnen Systeme von Zahlen oder Gleichungen zuzuordnen und die geometrische Theorie mit algebraischen oder analytischen Methoden zu deuten oder zu entwickeln. Im Laufe der Zeit aber setzte sich der entgegengesetzte Standpunkt mehr und mehr durch. Eine Zahl x, ein Zahlenpaar x, y oder ein Zahlentripel x, y, z wurden als die grundlegenden Objekte angesehen, und diese analytischen Gegenstände wurden dann „anschaulich dargestellt" als Punkte auf einer Geraden, einer Ebene oder im Raum. Von diesem Standpunkt aus dient die geometrische Ausdrucksweise nur dazu, Beziehungen zwischen Zahlen suggestiv auszusprechen. Wir können von dem primären oder überhaupt dem selbständigen Charakter der geometrischen Objekte ganz absehen und sagen, daß ein Zahlenpaar x, y ein Punkt auf einer Ebene *ist*, daß die Menge aller Zahlenpaare x, y, die eine lineare Gleichung $L(x, y) = ax + by + c = 0$

mit festen Zahlen befriedigen, eine Gerade *ist*, usw. Entsprechende Definitionen können im Raum von drei Dimensionen aufgestellt werden.

Selbst wenn wir uns in erster Linie für ein algebraisches Problem interessieren, kann es sein, daß die Sprache der Geometrie für eine angemessene kurze Darlegung des Problems die einfachste ist und daß die geometrische Anschauung den Weg zu der geeigneten algebraischen Lösungsmethode zeigt. Wenn wir zum Beispiel drei simultane lineare Gleichungen für drei Unbekannte x, y, z

$$L(x, y, z) = ax + by + cz + d = 0$$
$$L'(x, y, z) = a'x + b'y + c'z + d' = 0$$
$$L''(x, y, z) = a''x + b''y + c''z + d'' = 0$$

lösen wollen, so können wir das Problem anschaulich so auffassen, daß der Schnittpunkt dreier Ebenen im dreidimensionalen Raum R_3, die durch die Gleichungen $L = 0$, $L' = 0$, $L'' = 0$ definiert sind, gesucht ist. Oder wenn wir die Zahlenpaare x, y mit der Eigenschaft $x > 0$ zu betrachten haben, so können wir sie uns als die Halbebene zur Rechten der y-Achse vorstellen. Allgemeiner kann man sich die Gesamtheit der Zahlenpaare x, y mit der Eigenschaft

$$L(x, y) = ax + by + d > 0$$

als eine Halbebene auf einer Seite der Geraden $L = 0$ vorstellen und die Gesamtheit der Zahlentripel x, y, z mit der Eigenschaft

$$L(x, y, z) = ax + by + cz + d > 0$$

als „Halbraum" auf einer Seite der Ebene $L(x, y, z) = 0$.

Die Einführung eines „vierdimensionalen Raumes" oder sogar eines „n-dimensionalen Raumes" erscheint nun ganz natürlich. Betrachten wir etwa ein Zahlenquadrupel x, y, z, t. Von einem solchen Quadrupel sagen wir, es sei dargestellt durch einen Punkt oder, einfacher, es *sei* ein Punkt im vierdimensionalen Raum R_4. Allgemeiner ist ein Punkt im n-dimensionalen Raum R_n nach Definition einfach eine geordnete Menge von n reellen Zahlen $x_1, x_2, \ldots, x_n$. Es schadet nichts, daß wir uns einen solchen Punkt nicht vorstellen können. Die geometrische Ausdrucksweise bleibt ebenso suggestiv für algebraische Eigenschaften, die vier oder n Variable betreffen. Der Grund dafür ist, daß viele der algebraischen Eigenschaften linearer Gleichungen usw. ihrem Wesen nach unabhängig sind von der Anzahl der vorkommenden Variablen oder, wie wir auch sagen können, von der Dimension des Raumes dieser Variabeln. Zum Beispiel nennen wir die Gesamtheit aller Punkte $x_1, x_2, \ldots, x_n$ im n-dimensionalen Raum R_n, die einer linearen Gleichung

$$L(x_1, x_2, \ldots, x_n) = a_1 x_1 + a_2 x_2 + \cdots + a_n x_n + b = 0$$

genügen, eine „Hyperebene".

Dann läßt sich das fundamentale algebraische Problem der Auflösung eines Systems von n linearen Gleichungen in n Unbekannten

$$L_1(x_1, x_2, \ldots, x_n) = 0$$
$$L_2(x_1, x_2, \ldots, x_n) = 0$$
$$\ldots\ldots\ldots\ldots\ldots\ldots$$
$$L_n(x_1, x_2, \ldots, x_n) = 0$$

in geometrischer Sprache ausdrücken als das Problem, den Schnittpunkt der n Hyperebenen $L_1 = 0, L_2 = 0, \ldots, L_n = 0$ zu bestimmen.

Der Vorzug dieser geometrischen Ausdrucksweise ist nur, daß sie gewisse algebraische Eigenheiten betont, die unabhängig von n sind und die sich für $n \leqq 3$ anschaulich deuten lassen. In vielen Fällen hat die Anwendung einer solchen Terminologie den Vorteil, die eigentlich analytischen Überlegungen abzukürzen, zu erleichtern und zu lenken. Die Relativitätstheorie ist ein Beispiel dafür, daß ein wichtiger Fortschritt erzielt wurde, als die Raumkoordinaten x, y, z und die Zeitkoordinate t eines „Ereignisses" in eine vierdimensionale Raum-Zeit-Mannigfaltigkeit von Zahlenquadrupeln x, y, z, t zusammengefaßt wurden. Durch Einführung einer nichteuklidischen hyperbolischen Geometrie in diesem analytischen Rahmen wurde es möglich, viele sonst sehr komplizierte Sachverhalte in bemerkenswert einfacher Weise darzustellen. Ähnliche Vorteile haben sich in der Mechanik und in der physikalischen Statistik sowie auf rein mathematischen Gebieten gezeigt.

Hier erwähnen wir noch einige Beispiele aus der Mathematik. Die Gesamtheit aller Kreise in der Ebene bildet eine dreidimensionale Mannigfaltigkeit, da ein Kreis mit dem Mittelpunkt x, y und dem Radius t durch einen Punkt mit den Koordinaten x, y, t dargestellt werden kann. Da der Radius des Kreises eine positive Zahl ist, erfüllt die Gesamtheit der Punkte, die Kreise darstellen, einen Halbraum. In derselben Weise bildet die Gesamtheit aller Kugeln im dreidimensionalen Raum eine vierdimensionale Mannigfaltigkeit, da jede Kugel mit dem Mittelpunkt x, y, z und dem Radius t durch einen Punkt mit den Koordinaten x, y, z, t dargestellt werden kann. Ein Würfel im dreidimensionalen Raum mit der Kantenlänge 2, mit Seitenflächen parallel zu den Koordinatenebenen und dem Mittelpunkt im Ursprung besteht aus der Gesamtheit aller Punkte x_1, x_2, x_3, für die $|x_1| \leqq 1, |x_2| \leqq 1, |x_3| \leqq 1$. In derselben Weise ist ein „Würfel" im n-dimensionalen Raum mit der Kante 2, mit den Seiten parallel zu den Koordinatenebenen und dem Mittelpunkt im Ursprung, definiert als die Gesamtheit der Punkte $x_1, x_2, \ldots, x_n$, für die zugleich

$$|x_1| \leqq 1\,,\ |x_2| \leqq 1, \ldots, |x_n| \leqq 1$$

ist. Die „Oberfläche" dieses Würfels besteht aus allen Punkten, für die mindestens ein Gleichheitszeichen gilt. Die Oberflächenelemente von der Dimension $n-2$ bestehen aus den Punkten, für die mindestens *zwei* Gleichheitszeichen gelten, usw.

Übung: Man beschreibe die Oberfläche eines solchen Würfels im drei-, vier- und n-dimensionalen Fall.

*3. Die geometrische oder kombinatorische Definition

Obwohl der analytische Zugang zur n-dimensionalen Geometrie einfach und für die meisten Anwendungen am geeignetsten ist, verdient noch ein anderes, rein geometrisches Verfahren erwähnt zu werden. Es beruht auf der Reduktion von n- auf $(n-1)$-dimensionale Daten, wodurch wir die Geometrie höherer Dimensionen durch mathematische Induktion definieren können. Beginnen wir mit der Begrenzung eines Dreiecks ABC in zwei Dimensionen. Schneiden wir das geschlossene Polygon im Punkte C auf und drehen AC und BC in die Gerade AB, so erhalten wir die einfache gestreckte Linie der Fig. 116, in welcher der Punkt C zweimal vorkommt. Diese eindimensionale Figur gibt eine vollständige Darstellung der

Begrenzungslinie des zweidimensionalen Dreiecks. Biegen wir die Strecken AC und BC in der Ebene zusammen, so können wir die beiden Punkte C wieder zusammenfallen lassen. Aber – und dies ist der springende Punkt — wir brauchen das Zusammenbiegen nicht vorzunehmen. Wir brauchen nur zu vereinbaren, daß wir die zwei Punkte C in Fig. 116 „identifizieren" wollen, d. h.

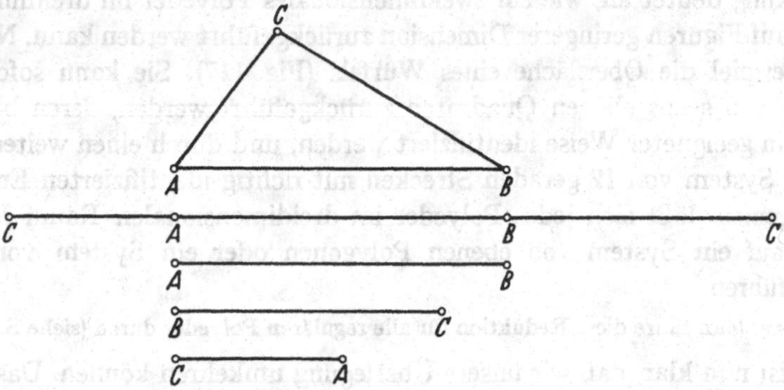

Fig. 116. Dreieck, definiert durch Strecken mit einander zugeordneten Endpunkten

keinen Unterschied zwischen ihnen machen, wenn sie auch nicht wirklich als geometrische Objekte im gewöhnlichen Sinn zusammenfallen. Wir können sogar noch einen Schritt weitergehen und die drei Strecken auch noch an den Punkten A und B auseinandernehmen, so daß wir drei einzelne Strecken CA, AB, BC

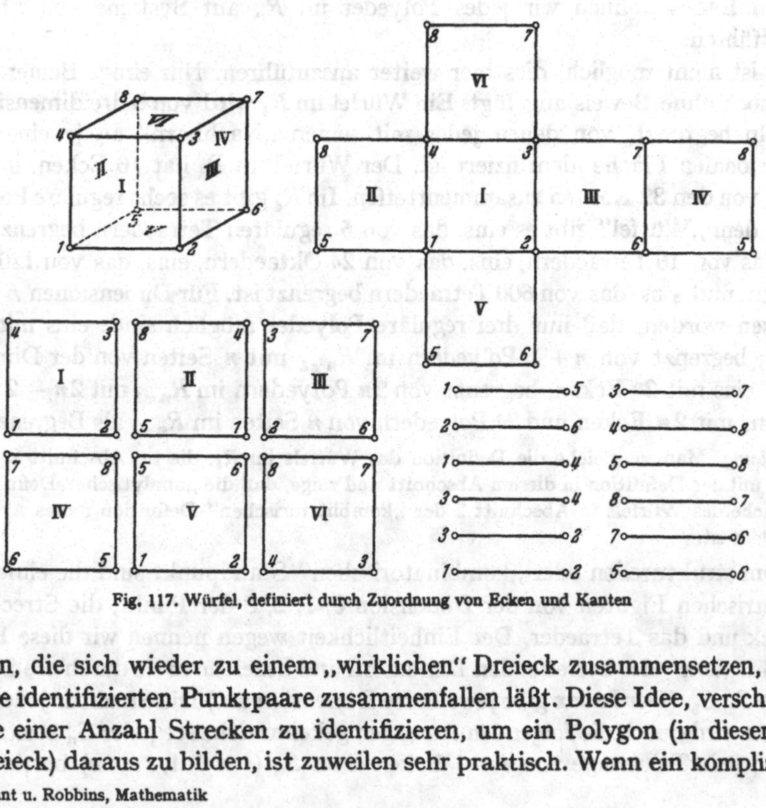

Fig. 117. Würfel, definiert durch Zuordnung von Ecken und Kanten

erhalten, die sich wieder zu einem „wirklichen" Dreieck zusammensetzen, indem man die identifizierten Punktpaare zusammenfallen läßt. Diese Idee, verschiedene Punkte einer Anzahl Strecken zu identifizieren, um ein Polygon (in diesem Fall ein Dreieck) daraus zu bilden, ist zuweilen sehr praktisch. Wenn ein kompliziertes

Gitterwerk aus Stahlträgern, wie die Trägerkonstruktion einer Brücke, transportiert werden soll, so verladen wir die einzelnen Träger und bezeichnen mit gleichen Zeichen diejenigen Endpunkte, die zusammengehören, wenn das Gitterwerk räumlich zusammengefügt werden soll. Das System der Träger mit bezeichneten Endpunkten ist ein vollständiges Äquivalent des räumlichen Gitterwerks. Diese Bemerkung deutet an, wie ein zweidimensionales Polyeder im dreidimensionalen Raum auf Figuren geringerer Dimension zurückgeführt werden kann. Nehmen wir zum Beispiel die Oberfläche eines Würfels (Fig. 117). Sie kann sofort auf ein System von sechs ebenen Quadraten zurückgeführt werden, deren begrenzende Seiten in geeigneter Weise identifiziert werden, und durch einen weiteren Schritt auf ein System von 12 geraden Strecken mit richtig identifizierten Endpunkten.

Allgemein läßt sich jedes Polyeder im dreidimensionalen Raum R_3 in dieser Weise auf ein System von ebenen Polygonen oder ein System von Strecken zurückführen.

Übung: Man führe diese Reduktion für alle regulären Polyeder durch (siehe S. 181).

Es ist nun klar, daß wir unsere Überlegung umkehren können. Das heißt, wir können ein Polygon in der Ebene definieren durch ein System von Strecken und ebenso ein Polyeder im R_3 durch ein System von Polygonen im R_2 oder auch mit einer weiteren Reduktion durch ein System von Strecken. Daher ist es natürlich, ein „Polyeder" im vierdimensionalen Raum R_4 zu definieren durch ein System von Polyedern im R_3 mit geeigneter Identifizierung ihrer zweidimensionalen Seitenflächen, ein Polyeder im R_5 durch Systeme von Polyedern im R_4 und so weiter. Letzten Endes können wir jedes Polyeder im R_n auf Systeme von Strecken zurückführen.

Es ist nicht möglich, dies hier weiter auszuführen. Nur einige Bemerkungen seien noch ohne Beweis angefügt. Ein Würfel im R_4 wird von 8 dreidimensionalen Würfeln begrenzt, von denen jeder mit seinen „Nachbarn" an je einer zweidimensionalen Fläche identifiziert ist. Der Würfel im R_4 hat 16 Ecken, in denen stets 4 von den 32 Kanten zusammentreffen. Im R_4 gibt es sechs reguläre Polyeder. Außer dem „Würfel" gibt es eins, das von 5 regulären Tetraedern begrenzt wird, eins, das von 16 Tetraedern, eins, das von 24 Oktaedern, eins, das von 120 Dodekaedern, und eins, das von 600 Tetraedern begrenzt ist. Für Dimensionen $n > 4$ ist bewiesen worden, daß nur drei reguläre Polyeder möglich sind: eins mit $n+1$ Ecken, begrenzt von $n+1$ Polyedern im R_{n-1} mit n Seiten von der Dimension $n-2$, eins mit 2^n Ecken, begrenzt von $2n$ Polyedern im R_{n-1} mit $2n-2$ Seiten, und eins mit $2n$ Ecken und 2^n Polyedern von n Seiten im R_{n-1} als Begrenzungen.

**Übung:* Man vergleiche die Definition des Würfels im R_4, die im Abschnitt 2 gegeben wurde, mit der Definition in diesem Abschnitt und zeige, daß die „analytische" Definition der Oberfläche des Würfels in Abschnitt 2 der „kombinatorischen" Definition dieses Abschnitts äquivalent ist.

Vom strukturellen oder „kombinatorischen" Standpunkt sind die einfachsten geometrischen Figuren von der Dimension 0, 1, 2, 3 der Punkt, die Strecke, das Dreieck und das Tetraeder. Der Einheitlichkeit wegen nennen wir diese Figuren die „Simplexe" der betreffenden Dimension und bezeichnen sie durch die Symbole S_0, S_1, S_2, S_3. (Der Index gibt jeweils die Dimension an.) Die Struktur jeder dieser Figuren wird durch die folgenden Aussagen gekennzeichnet: jedes S_n besitzt $n+1$ Ecken; jede Teilmenge von $i+1$ Ecken eines S_n $(i = 0, 1, \ldots, n)$ bestimmt ein

S_i. Das dreidimensionale Simplex S_3 (das Tetraeder) enthält z. B. 4 Ecken, 6 Strecken (oder Kanten) und 4 Dreiecke.

Es ist nun klar, wie wir fortzufahren haben. Wir definieren ein vierdimensionales Simplex S_4 als eine Menge von 5 Ecken derart, daß jede Teilmenge von vier Ecken ein S_3 bestimmt, jede Teilmenge von drei Ecken ein S_2 und so weiter. Das schematische Diagramm eines S_4 zeigt Fig. 118. S_4 enthält offenbar 5 Ecken, 10 Strecken, 10 Dreiecke und 5 Tetraeder.

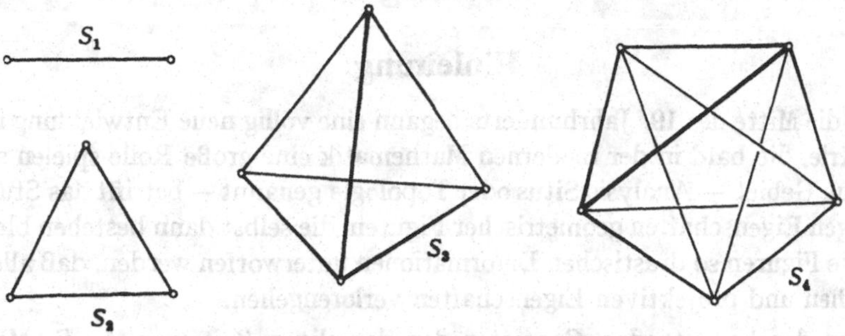

Fig. 118. Die Simplexe in 1, 2, 3, 4 Dimensionen

Die Verallgemeinerung auf n Dimensionen ergibt sich sofort. Aus der Theorie der Kombinationen ist bekannt, daß es genau $\binom{r}{i} = \frac{r!}{i!(r-i)!}$ verschiedene Teilmengen zu je i Elementen gibt, die sich aus einer gegebenen Menge von r Elementen bilden lassen (vgl. S. 14). Daher enthält ein n-dimensionales Simplex

$$\binom{n+1}{1} = n+1 \quad \text{Simplexe } S_0 \text{ (Ecken)},$$
$$\binom{n+1}{2} = \frac{(n+1)!}{2!(n-1)!} \quad \text{Simplexe } S_1 \text{ (Strecken)},$$
$$\binom{n+1}{3} = \frac{(n+1)!}{3!(n-2)!} \quad \text{Simplexe } S_2 \text{ (Dreiecke)},$$
$$\binom{n+1}{4} = \frac{(n+1)!}{4!(n-3)!} \quad \text{Simplexe } S_3 \text{ (Tetraeder)},$$
$$\cdots\cdots\cdots\cdots\cdots\cdots$$
$$\binom{n+1}{n+1} = 1 \quad \text{Simplex } S_n.$$

Übung: Man zeichne ein Diagramm des S_5 und bestimme die Anzahl der verschiedenen S_i, die es für $i = 0, 1, \ldots, 5$ enthält.

Fünftes Kapitel

Topologie

Einleitung

Um die Mitte des 19. Jahrhunderts begann eine völlig neue Entwicklung in der Geometrie, die bald in der modernen Mathematik eine große Rolle spielen sollte. Das neue Gebiet – Analysis Situs oder Topologie genannt – betrifft das Studium derjenigen Eigenschaften geometrischer Figuren, die selbst dann bestehen bleiben, wenn die Figuren so drastischen Deformationen unterworfen werden, daß alle ihre metrischen und projektiven Eigenschaften verlorengehen.

Einer der bedeutenden Geometer der damaligen Zeit war A. F. MÖBIUS (1790–1868), ein Mann, dessen geringe Selbsteinschätzung ihn dazu verurteilte, sein Leben lang ein unbekannter Astronom an einer zweitrangigen deutschen Sternwarte zu bleiben. Im Alter von 68 Jahren legte er der Pariser Akademie eine Arbeit über „einseitige" Flächen vor, die einige der erstaunlichsten Tatsachen dieser neuartigen Geometrie enthielt. Wie so manche frühere bedeutende Arbeit lag diese Abhandlung jahrelang in den Schubfächern der Akademie begraben, bis sie schließlich von MÖBIUS selbst veröffentlicht wurde. Unabhängig von ihm hatte der Astronom J. B. LISTING (1808–1882) in Göttingen ähnliche Entdeckungen gemacht und auf Anraten von GAUSS im Jahre 1847 ein kleines Buch „*Vorstudien zur Topologie*" veröffentlicht. Als der Student BERNHARD RIEMANN (1826–1866) nach Göttingen kam, fand er die Atmosphäre dieser Universität erfüllt von lebhaftem Interesse für diese seltsamen neuen geometrischen Ideen. Bald war ihm klar, daß hier der Schlüssel zum Verständnis der tiefsten Eigenschaften der analytischen Funktionen einer komplexen Veränderlichen lag. Der großartige Bau der Funktionentheorie, den RIEMANNs Genius in den folgenden Jahren errichtete und für den topologische Begriffe grundlegend sind, ist für die spätere Entwicklung dieses neuen Zweiges der Geometrie von entscheidender Bedeutung gewesen.

Anfangs ließ die Neuheit der Methoden auf diesem Gebiet den Mathematikern keine Zeit, ihre Resultate in der axiomatischen Form der elementaren Geometrie darzustellen. Statt dessen verließen sich die Pioniere, z. B. POINCARÉ, hauptsächlich auf die geometrische Anschauung. Auch heute noch kann man beim Studium der Topologie bemerken, daß durch starres Festhalten an einer „strengen" Darstellungsform leicht der wesentliche geometrische Gehalt unter einem Berg formaler Einzelheiten verdeckt wird. Um so höher ist die Leistung zu bewerten, daß die Topologie in den Rahmen der strengen Mathematik eingegliedert werden konnte, wo die Anschauung die Quelle, aber nicht das letzte Beweismittel der Wahrheit ist. Im Laufe dieser Entwicklung, für die L. E. J. BROUWER entscheidend war, hat die Bedeutung der Topologie für die gesamte Mathematik ständig zugenommen.

Während die systematische Entwicklung der Topologie kaum hundert Jahre alt ist, hat es schon früher Einzelentdeckungen gegeben, die später in dem modernen systematischen Ausbau ihren Platz gefunden haben. Bei weitem die wichtigste unter diesen ist eine Formel, die die Anzahlen der Ecken, Kanten und Flächen eines einfachen Polyeders miteinander in Beziehung setzt, und die bereits 1640 von DESCARTES gefunden und 1752 von EULER wiederentdeckt und benutzt wurde. Der typische Charakter dieser Beziehung als topologisches Theorem wurde erst viel später klar, als POINCARÉ die „Eulersche Formel" und ihre Verallgemeinerungen als einen der zentralen Sätze der Topologie erkannte. Daher wollen wir sowohl aus historischen wie aus sachlichen Gründen unsere Diskussion der Topologie mit der Eulerschen Formel beginnen. Da das Ideal vollkommener Strenge bei den ersten Schritten in ein ungewohntes Gebiet weder notwendig noch erwünscht ist, werden wir uns nicht scheuen, von Zeit zu Zeit an die geometrische Anschauung zu appellieren.

§ 1. Die Eulersche Polyederformel

Obwohl das Studium der Polyeder in der griechischen Mathematik einen zentralen Platz einnahm, blieb es DESCARTES und EULER vorbehalten, die folgende Tatsache zu entdecken: In einem einfachen Polyeder möge E die Anzahl der Ecken, K die Anzahl der Kanten und F die Anzahl der Flächen bedeuten. Dann ist immer

$$E - K + F = 2\,. \tag{1}$$

Unter einem *Polyeder* wird ein Körper verstanden, dessen Oberfläche aus einer Anzahl polygonaler Flächen besteht. Im Falle eines regulären Körpers sind die Polygone alle kongruent, und an jeder Ecke des Körpers stoßen gleich viele Kanten zusammen. Ein Polyeder heißt *einfach*, wenn es keine „Löcher" hat, so daß also seine Oberfläche sich stetig in eine Kugelfläche deformieren läßt. Fig. 120 zeigt ein einfaches Polyeder, das nicht regulär ist, und Fig. 121 ein Polyeder, das nicht einfach ist.

Der Leser möge nachprüfen, daß die Eulersche Formel für die einfachen Polyeder der Figuren 119 und 120, nicht aber für das Polyeder der Fig. 121 zutrifft.

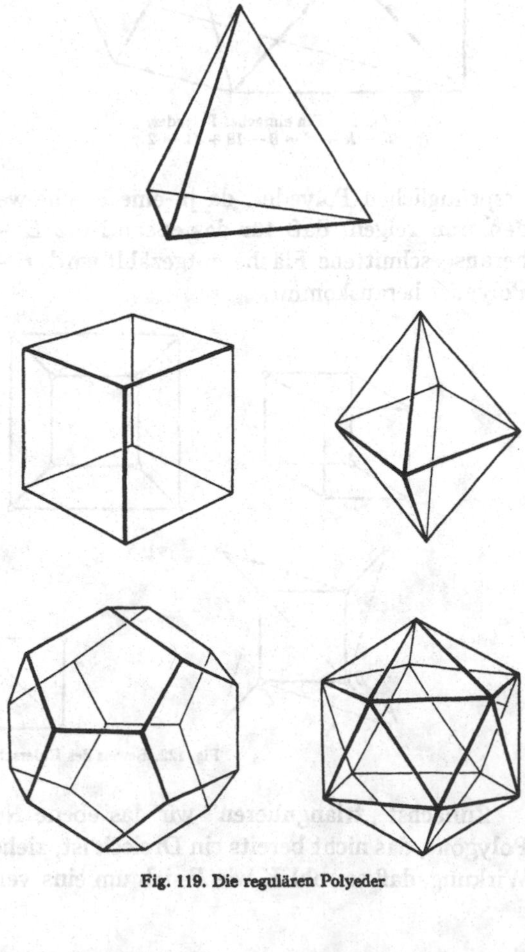

Fig. 119. Die regulären Polyeder

Um die Eulersche Formel zu beweisen, stellen wir uns vor, daß das gegebene einfache Polyeder hohl ist, mit einer Oberfläche aus Gummihaut. Wenn wir dann eine der Flächen des hohlen Polyeders herausschneiden, können wir die übrige Oberfläche so stark deformieren, daß sie schließlich flach in einer Ebene liegt. Natürlich haben sich dabei die Flächen und die Winkel zwischen den Kanten des Polyeders verändert. Aber das Netz der Ecken und Kanten in der Ebene wird genau dieselbe Anzahl von Ecken und Kanten enthalten wie das ursprüngliche Polyeder, während die Zahl der Polygone um eins kleiner ist als bei dem ursprünglichen Polyeder, da ja eine Fläche weggeschnitten worden ist. Wir werden nun zeigen, daß für das ebene Netz $E - K + F = 1$ ist, so daß, wenn die herausgeschnittene Fläche mitgezählt wird, $E - K + F = 2$ für das ursprüngliche Polyeder herauskommt.

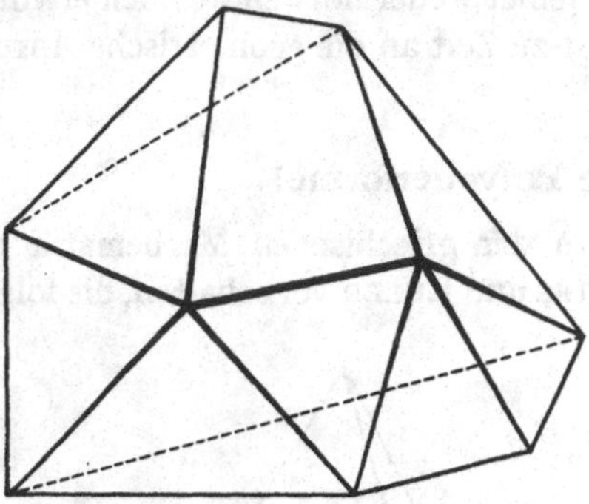

Fig. 120. Ein einfaches Polyeder.
$E - K + F = 9 - 18 + 11 = 2$

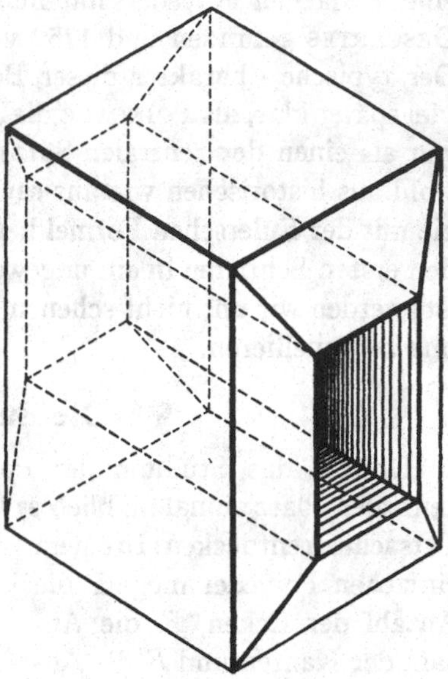

Fig. 121. Ein nicht-einfaches Polyeder.
$E - K + F = 16 - 32 + 16 = 0$

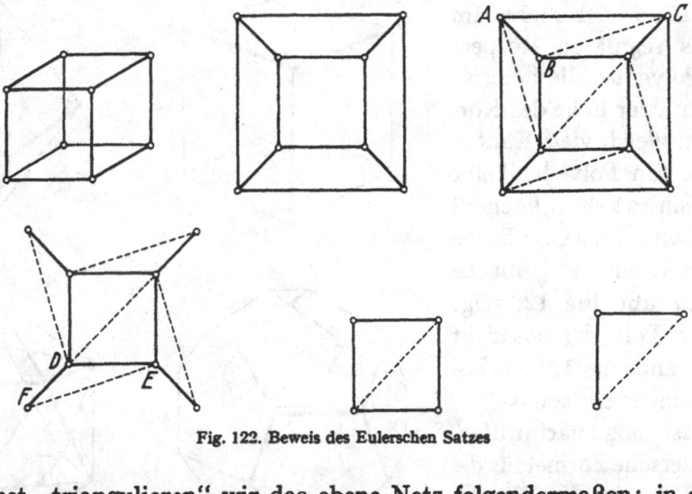

Fig. 122. Beweis des Eulerschen Satzes

Zunächst „triangulieren" wir das ebene Netz folgendermaßen: in einem der Polygone, das nicht bereits ein Dreieck ist, ziehen wir eine Diagonale. Dies hat die Wirkung, daß sowohl K wie F sich um eins vermehren, so daß also der Wert von

$E - K + F$ erhalten bleibt. Wir fahren fort, Diagonalen zu ziehen, die jedesmal zwei Punkte verbinden (Fig. 122), bis die Figur aus lauter Dreiecken besteht, was ja schließlich einmal eintreten muß. In dem triangulierten Netz hat $E - K + F$ denselben Wert wie zu Anfang, da das Ziehen der Diagonalen ihn nicht ändert.

Einige der Dreiecke haben Kanten auf der Randlinie des ebenen Netzes. Von diesen haben einige, wie ABC, nur eine Kante auf der Randlinie, während andre Dreiecke zwei Kanten auf ihr haben können. Wir wählen irgendein Randdreieck und entfernen von ihm alles, was nicht zugleich zu anderen Dreiecken gehört. Also nehmen wir von ABC die Kante AC und die Fläche weg, lassen also die Ecken A, B, C und die beiden Kanten AB und BC übrig. Von DEF dagegen nehmen wir die Fläche, die beiden Kanten FD und FE sowie die Ecke F weg. Das Entfernen des Dreiecks ABC vermindert K und F je um 1, während E nicht geändert wird, so daß $E - K + F$ gleich bleibt. Das Entfernen eines Dreiecks vom Typus DEF vermindert E um 1, K um 2 und F um 1, so daß $E - K + F$ wiederum gleich bleibt. In einer passend gewählten Folge solcher Operationen entfernen wir stets Dreiecke mit Kanten auf der Randlinie (die sich bei jeder Operation verändert), bis zuletzt nur noch ein Dreieck mit drei Kanten, drei Ecken und einer Fläche übrig ist. Für dieses einfachste Netz ist $E - K + F = 3 - 3 + 1 = 1$. Wir sahen aber, daß durch das Fortnehmen von Dreiecken die Größe $E - K + F$ sich nicht ändert. Daher muß auch in dem ursprünglichen, ebenen Netz $E - K + F = 1$ gewesen sein, und das gleiche gilt für das Polyeder mit einer herausgeschnittenen Fläche. Wir erkennen so, daß für das vollständige Polyeder $E - K + F = 2$ gilt. Damit ist der Beweis für die Eulersche Formel erbracht [siehe (56) (57) S. 381].

Auf Grund der Eulerschen Formel beweist man leicht, daß es nicht mehr als fünf reguläre Polyeder gibt. Dazu nehmen wir an, ein reguläres Polyeder habe F Flächen, deren jede ein reguläres n-Eck ist, und an jeder Ecke treffen r Kanten zusammen. Zählen wir dann die Kanten einmal nach den Flächen und einmal nach den Ecken ab, so sehen wir, daß einerseits

$$nF = 2K, \tag{2}$$

da jede Kante zu zwei Flächen gehört (und daher in dem Produkt nF doppelt gezählt wird), und andererseits

$$rE = 2K, \tag{3}$$

da jede Kante zu 2 Ecken gehört. Also erhalten wir aus (1) die Gleichung

$$\frac{2K}{r} + \frac{2K}{n} - K = 2$$

oder

$$\frac{1}{r} + \frac{1}{n} = \frac{1}{2} + \frac{1}{K}. \tag{4}$$

Wir wissen von vornherein, daß $n \geq 3$ und $r \geq 3$, da ein Polygon mindestens drei Seiten haben muß und an jedem Polyedereckpunkt mindestens 3 Flächen zusammentreffen müssen. Aber n und r können nicht *beide größer* als drei sein, denn dann könnte die linke Seite von (4) nicht größer als $\frac{1}{2}$ sein, was jedoch bei jedem positiven Wert von K der Fall sein muß. Wir brauchen also nur zu untersuchen, welche Werte r haben kann, wenn $n = 3$ ist, und welche Werte n haben kann, wenn $r = 3$ ist.

Für $n = 3$ geht Gleichung (4) über in

$$\frac{1}{r} - \frac{1}{6} = \frac{1}{K};$$

r kann also gleich 3, 4 oder 5 sein. (6 oder jede größere Zahl ist offenbar ausgeschlossen, da

$1/K$ immer positiv sein muß.) Für diese Werte erhalten wir $K = 6$, 12 oder 30, was dem Tetraeder bzw. Oktaeder oder Ikosaeder entspricht.

Ebenso erhalten wir für $r = 3$ die Gleichung

$$\frac{1}{n} - \frac{1}{6} = \frac{1}{K},$$

woraus sich ergibt, daß $n = 3$, 4 oder 5 und $K = 6$, 12 oder 30 sein kann. Diese Werte entsprechen dem Tetraeder bzw. dem Würfel oder dem Dodekaeder. Setzen wir die gefundenen Werte für n, r und K in die Gleichungen (2) und (3) ein, so erhalten wir die Anzahl der Ecken und Flächen der entsprechenden Polyeder.

§ 2. Topologische Eigenschaften von Figuren

1. Topologische Eigenschaften

Wir haben bewiesen, daß die Eulersche Formel für alle einfachen Polyeder gilt. Aber der Gültigkeitsbereich dieser Formel umfaßt viel mehr als nur die Polyeder der elementaren Geometrie mit ihren ebenen Flächen und geraden Kanten. Der eben vorgetragene Beweis läßt sich genauso gut auf einfache Polyeder mit gekrümmten Flächen und Kanten anwenden oder auf beliebige Unterteilungen der Oberfläche einer Kugel in Bereiche, die von beliebigen Kurvenbögen begrenzt werden. Ja, die Eulersche Formel gilt sogar noch, wenn wir uns die Oberfläche des Polyeders oder der Kugel aus dünner Gummihaut hergestellt denken und diese in beliebiger Weise deformieren, solange nur der Gummi nicht eingerissen wird. Denn die Formel bezieht sich nur auf die *Anzahlen* der Ecken, Kanten und Flächen, aber nicht auf Längen, Flächeninhalte, Geradlinigkeit, Doppelverhältnisse oder andere Begriffe der elementaren oder projektiven Geometrie.

Wir erinnern uns, daß die elementare Geometrie sich mit Größen (Längen, Winkeln, Flächeninhalten) beschäftigt, die bei starren Bewegungen ungeändert bleiben, und daß die projektive Geometrie mit Begriffen zu tun hat (Punkt, Gerade, Inzidenz, Doppelverhältnis), die durch die umfassendere Gruppe der projektiven Transformationen nicht verändert werden. Aber sowohl die starren Bewegungen als auch die Projektionen sind sehr spezielle Fälle von dem, was man *topologische Transformationen* nennt: Eine topologische Transformation einer geometrischen Figur A in eine andre Figur A' (auch „topologische Abbildung von A auf A'“ genannt) ist bestimmt durch eine beliebige Zuordnung

$$p \leftrightarrow p'$$

zwischen den Punkten p von A und den Punkten p' von A', die die folgenden beiden Eigenschaften hat:

1. *Die Zuordnung ist eineindeutig.* Das bedeutet, daß jedem Punkt p von A genau ein Punkt p' von A' entspricht und umgekehrt.

2. *Die Zuordnung ist stetig in beiden Richtungen.* Das bedeutet: Wenn wir zwei beliebige Punkte p, q von A wählen und p so bewegen, daß sein Abstand von q gegen Null strebt, dann strebt der Abstand zwischen den entsprechenden Punkten p', q' von A' ebenfalls gegen Null und umgekehrt.

Jede Eigenschaft einer geometrischen Figur A, die zugleich jeder Figur A' zukommt, in die A durch eine topologische Transformation übergeführt werden kann, heißt eine *topologische Eigenschaft von* A, und die *Topologie* ist der Zweig der Geometrie, der sich nur mit den topologischen Eigenschaften der Figuren befaßt.

Man stelle sich vor, daß eine Figur „freihändig" von einem gewissenhaften, aber ungeübten Zeichner kopiert wird, der gerade Linien krumm zeichnet und Winkel, Abstände und Flächen verändert; dann würden zwar die metrischen und projektiven Eigenschaften der ursprünglichen Figur verlorengehen, aber ihre topologischen Eigenschaften blieben erhalten.

Die anschaulichsten Beispiele topologischer Transformationen sind die Deformationen. Man stelle sich eine Figur, etwa eine Kugel oder ein Dreieck, aus einer dünnen Gummihaut gefertigt oder auf einer solchen gezeichnet, vor, und nun verzerre oder verbiege man sie in beliebiger Weise, ohne sie zu zerreißen und

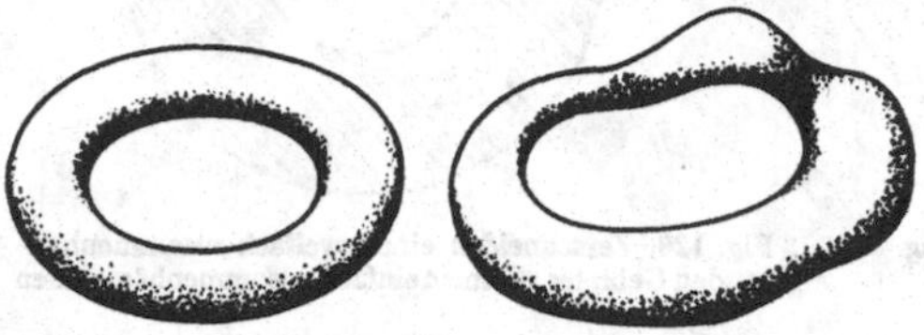

Fig. 123. Topologisch äquivalente Flächen

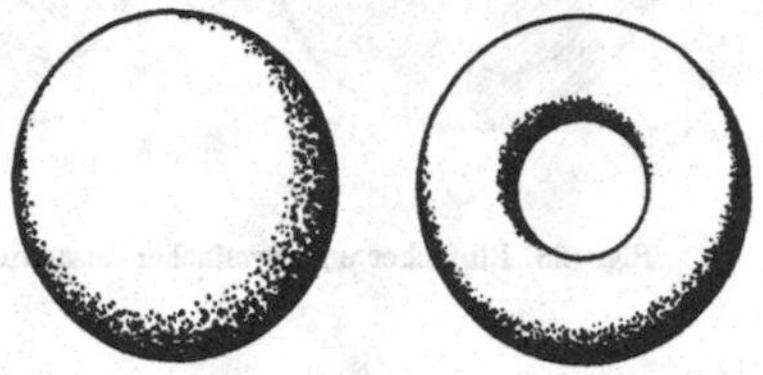

Fig. 124. Topologisch nicht-äquivalente Flächen

ohne verschiedene Punkte zusammenfallen zu lassen. (Das Zusammenfallen verschiedener Punkte würde die Bedingung 1 verletzen. Das Zerreißen der Gummihaut würde Bedingung 2 verletzen, da dann zwei Punkte der ursprünglichen Figur, die von entgegengesetzten Seiten der Zerreißlinie gegeneinander streben, in der zerrissenen Figur nicht mehr gegeneinander streben würden.) Die Endlage der Figur ist dann ein topologisches Abbild der ursprünglichen. Ein Dreieck kann in ein beliebiges anderes Dreieck oder in einen Kreis oder eine Ellipse deformiert werden, also haben alle diese Figuren dieselben topologischen Eigenschaften. Aber man kann nicht einen Kreis in eine Strecke deformieren oder die Oberfläche einer Kugel in die Oberfläche eines Fahrradschlauchs.

Der allgemeine Begriff der topologischen Transformation ist umfassender als der Begriff der Deformation. Wenn zum Beispiel eine Figur während der Deformation zerschnitten wird und die Ränder des Schnitts nach der Deformation in genau der ursprünglichen Weise zusammengeheftet werden, so erhalten wir noch immer eine topologische Transformation der ursprünglichen Figur, obwohl sie keine Deformation ist. So sind die beiden Kurven der Fig. 134 (S. 195) topologisch einander und auch einem Kreise äquivalent, da man sie aufschneiden, „entknoten" und an den Schnittstellen wieder zusammenfügen kann. Aber es ist unmöglich, die eine Kurve in die andere oder in einen Kreis zu deformieren, ohne sie vorher zu zerschneiden.

Topologische Eigenschaften von Figuren (wie etwa die durch den Eulerschen Satz gegebene Eigenschaft oder andere, die in diesem Abschnitt besprochen werden) sind von größter Bedeutung für viele mathematische Untersuchungen. In gewissem Sinne sind sie die tiefsten geometrischen Eigenschaften, da sie noch bei den radikalsten Gestaltänderungen erhalten bleiben.

2. Zusammenhang

Als ein weiteres Beispiel zweier Figuren, die nicht topologisch äquivalent sind, können wir die beiden ebenen Gebiete der Fig. 125 betrachten. Das erste von ihnen besteht aus allen Punkten im Innern eines Kreises, während das zweite aus allen Punkten zwischen zwei konzentrischen Kreisen besteht. Jede geschlossene Kurve, die im Gebiet *a* liegt, kann *innerhalb des Gebietes* stetig auf einen Punkt zusammengezogen werden. Ein Gebiet von dieser Eigenschaft heißt *einfach zusammen-*

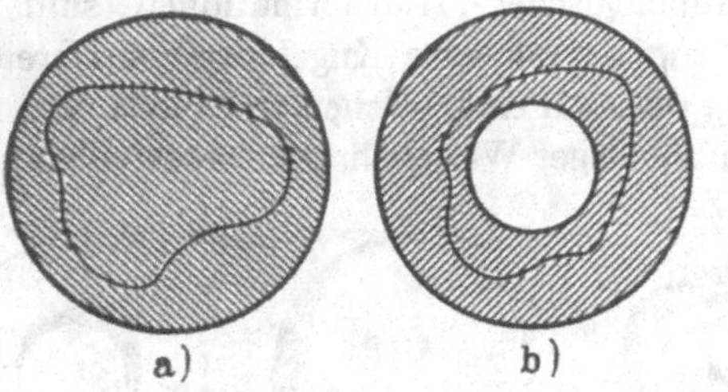

Fig. 125. Einfacher und zweifacher Zusammenhang

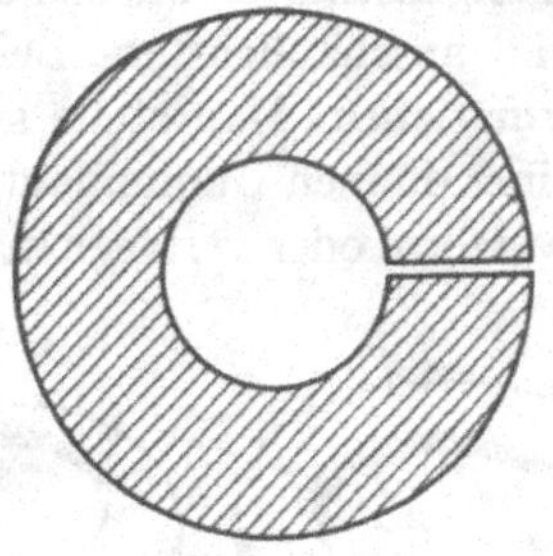

Fig. 126. Zerschneiden eines zweifach zusammenhängenden Gebietes zu einem einfach zusammenhängenden

hängend. Das Gebiet *b* ist nicht einfach zusammenhängend. Zum Beispiel kann ein Kreis, der konzentrisch mit den beiden Grenzkreisen ist und zwischen ihnen liegt, nicht innerhalb des Gebietes auf einen Punkt zusammengezogen werden, da während des Vorgangs die Kurve notwendig den Mittelpunkt der Kreise überstreichen müßte, einen Punkt also, der nicht zum Gebiet gehört. Ein Gebiet, das nicht einfach zusammenhängt, wird *mehrfach zusammenhängend* genannt. Wird das mehrfach zusammenhängende Gebiet *b* längs eines Radius aufgeschnitten, wie Fig. 126 zeigt, so ist das entstehende Gebiet einfach zusammenhängend.

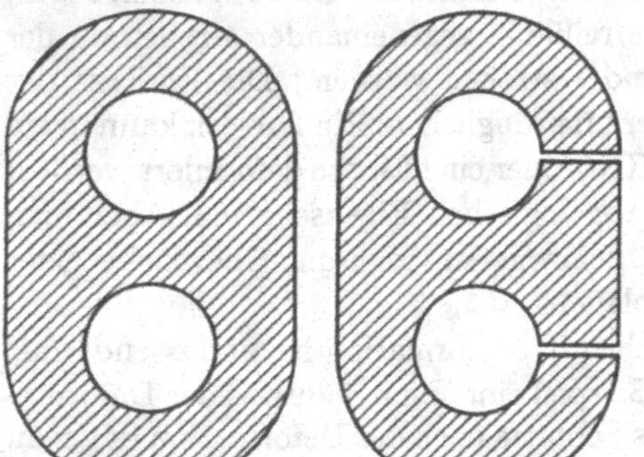

Fig. 127. Reduzierung eines dreifach zusammenhängenden Gebietes

Allgemeiner können wir Gebiete herstellen mit zwei, drei oder noch mehr „Löchern", wie etwa das Gebiet der Fig. 127. Um dieses Gebiet in ein einfach zusammenhängendes zu verwandeln, sind zwei Schnitte notwendig. Wenn $n-1$ Schnitte von Rand zu Rand, die sich nicht gegenseitig treffen, notwendig sind, um ein gegebenes mehrfach zusammenhängendes Gebiet D in ein einfach zusammenhängendes zu verwandeln, so wird das Gebiet D als n-fach zusammenhängend bezeichnet. Der Zusammenhangsgrad eines ebenen Gebietes ist eine wichtige topologische Invariante des Gebiets.

§ 3. Andere Beispiele topologischer Sätze

1. Der Jordansche Kurvensatz

Eine einfache geschlossene Kurve (d. h. eine geschlossene Kurve, die sich nicht selbst schneidet) werde in der Ebene gezeichnet. Welche Eigenschaften dieser Figur bleiben erhalten, wenn die Ebene als eine Gummihaut gedacht und beliebig deformiert wird? Die Länge der Kurve und der eingeschlossene Flächeninhalt können durch eine Deformation verändert werden. Es gibt aber eine topologische Eigenschaft der Figur, die so einfach ist, daß sie fast trivial erscheint: *Eine einfache geschlossene Kurve C in der Ebene teilt die Ebene in genau zwei Gebiete, ein inneres und ein äußeres.* Hiermit ist gemeint, daß die Punkte der Ebene in zwei Klassen – das Äußere A der Kurve und das Innere B – so zerfallen, daß folgendes gilt: Jedes Punktepaar derselben Klasse kann durch eine Kurve verbunden werden, welche die Kurve C nicht schneidet, während jede Kurve, die zwei Punkte aus verschiedenen Klassen verbindet, C schneiden muß. Diese Behauptung trifft für einen Kreis oder eine Ellipse offenbar zu; wenn man aber eine komplizierte Kurve wie das Polygon in Fig. 128 betrachtet, so verliert sie doch etwas an selbstverständlicher Evidenz.

Fig. 128. Welche Punkte der Ebene liegen innerhalb dieses Polygons?

Dieser Satz wurde zuerst von CAMILLE JORDAN (1838–1922) ausgesprochen in seinem berühmten *Cours d'Analyse*, aus dem eine ganze Generation von Mathematikern den modernen Begriff der Strenge in der Analysis gelernt hat. Erstaunlicherweise war JORDANs Beweis weder kurz noch einfach, und die Überraschung wuchs noch, als sich herausstellte, daß er nicht einmal stichhaltig war, und daß es noch beträchtliche Bemühungen kostete, die Lücken der Beweisführung auszufüllen. Die ersten strengen Beweise des Satzes waren höchst kompliziert und selbst für geübte Mathematiker schwer zu verstehen. Erst in jüngerer Zeit sind verhältnismäßig einfache Beweise gefunden worden. Eine Ursache für die Schwierigkeiten liegt in der Allgemeinheit des Begriffs „einfache geschlossene Kurve", der sich nicht auf die Klasse der Polygone oder auf die der „glatten" Kurven beschränkt, sondern alle Kurven umfaßt, die topologische Bilder eines Kreises sind. Andrerseits müssen manche Begriffe, wie z. B. „innerhalb", „außerhalb" usw., die für die Anschauung klar sind, erst präzisiert werden, ehe ein strenger Beweis möglich wird. Es ist von höchster theoretischer Bedeutung, solche Begriffe in voller Allgemeinheit zu analysieren, und ein großer Teil der modernen Topologie ist dieser Aufgabe gewidmet. Aber man sollte nie vergessen, daß es in der großen Mehrzahl der Fälle, die sich aus dem Studium konkreter geometrischer Erscheinungen ergeben, wenig Zweck hat, mit Begriffen zu arbeiten, deren extreme Allgemeinheit unnötige Schwierigkeiten bereitet. Tatsächlich läßt sich der Jordansche Kurvensatz ganz einfach beweisen, solange es sich um einigermaßen „wohlgesittete" Kurven handelt, etwa um Polygone oder Kurven mit stetig sich drehender Tangente, wie sie in den meisten wichtigeren Problemen auftreten. Wir werden den Satz für Polygone im Anhang zu diesem Kapitel beweisen.

2. Das Vierfarbenproblem

Nach dem Beispiel des Jordanschen Kurvensatzes könnte man glauben, daß die Topologie sich nur damit befaßt, strenge Beweise für evidente Behauptungen zu liefern, die kein vernünftiger Mensch anzweifelt. Aber es gibt im Gegenteil viele topologische Fragen, einige sogar von ganz einfacher Form, die durch die Anschauung keineswegs befriedigend beantwortet werden. Das berühmte „Vierfarbenproblem“ gehört zu diesen.

Will man eine Landkarte farbig markieren, dann muß man zwei Gebiete mit einer gemeinsamen Grenzlinie durch verschiedene Farben unterscheiden. Man hat empirisch festgestellt, daß jede Landkarte, ganz gleich wie viele Länder sie auch darstellen möge und wie diese zueinander liegen, nur *vier* verschiedene Farben erfordert. Man kann leicht sehen, daß eine kleinere Zahl für alle möglichen Fälle nicht ausreicht. Fig. 129 zeigt eine Insel im Meer, die zweifellos vier Farben zur Markierung ihrer Länder benötigt, da sie vier Länder umfaßt, von denen jedes die drei anderen berührt.

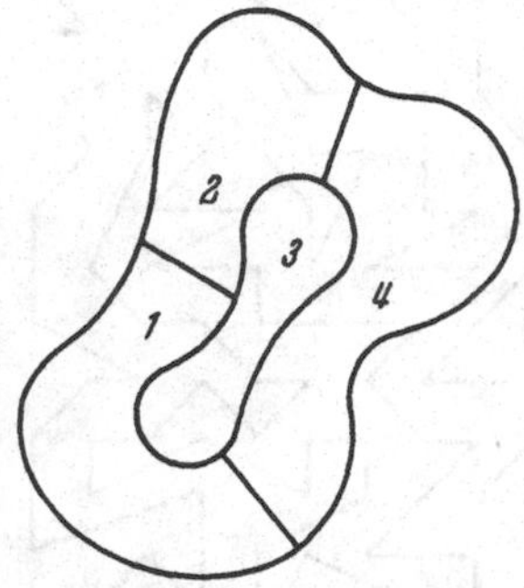

Fig. 129. Färbung einer Landkarte

Da bisher keine Landkarte bekannt ist, die mehr als vier Farben erfordert, ist der folgende mathematische Satz höchst naheliegend: *Bei jeder Unterteilung der Ebene in nicht überlappende Gebiete ist es stets möglich, den Gebieten je eine der Zahlen 1, 2, 3 und 4 zuzuordnen, so daß nie zwei benachbarte Gebiete dieselbe Zahl erhalten.* Unter „benachbarten“ Gebieten sind solche zu verstehen, die eine Teilstrecke der Grenzlinie gemeinsam haben; zwei Gebiete, die nur in einem einzigen Punkt oder in einer endlichen Anzahl von Punkten zusammentreffen (wie zwei weiße Felder eines Schachbretts), sollen nicht als benachbart angesehen werden.

Der Beweis für diesen Satz scheint zuerst 1840 von MOEBIUS angeregt worden zu sein, später von DEMORGAN im Jahre 1850 und nochmals von CAYLEY 1878. Ein „Beweis“ wurde 1879 von KEMPE veröffentlicht, aber 1890 fand HEAWOOD einen Fehler in KEMPEs Gedankengang. Durch eine Korrektur des Kempeschen Beweises gelang es HEAWOOD zu zeigen, daß *fünf* Farben jedenfalls stets ausreichen (einen Beweis des Fünffarbensatzes geben wir im Anhang zu diesem Kapitel). Trotz der Bemühungen vieler berühmter Mathematiker liegt z. Z. nur dieses bescheidenere Ergebnis vor: Es ist *bewiesen*, daß fünf Farben für alle Karten ausreichen, und es wird *vermutet*, daß auch schon vier ausreichen. Aber wie im Fall des Fermatschen Satzes (siehe S. 34) ist weder ein Beweis dieser Vermutung noch ein Gegenbeispiel geliefert worden, und der Vierfarbensatz bleibt eines der faszinierenden ungelösten Probleme der Mathematik. Der Vierfarbensatz ist allerdings für alle Landkarten mit weniger als achtunddreißig Gebieten bewiesen worden. Diese Tatsache zeigt: Selbst wenn der allgemeine Satz falsch sein sollte, kann der Gegenbeweis jedenfalls nicht durch ein sehr einfaches Beispiel geliefert werden.

Bei dem Vierfarbenproblem können die Karten entweder in der Ebene oder auf der Oberfläche einer Kugel gezeichnet werden. Die beiden Fälle sind äquivalent: denn jede Karte auf der Kugel kann auf der Ebene dargestellt werden, indem man sich im Innern eines der Gebiete A ein kleines Loch gebohrt denkt und die verbleibende Oberfläche so deformiert, daß sie eben wird, wie beim Beweis des Eulerschen Satzes. Die entstehende ebene Karte ist dann die einer „Insel", die aus den übrigen Gebieten besteht, umgeben von einem „Meer", das aus dem Gebiet A besteht. Umgekehrt kann man, indem man diesen Vorgang rückgängig macht, jede derartige ebene Karte auch auf der Kugel darstellen. Wir können uns daher auf Karten auf der Kugel beschränken. Da ferner Deformationen der Gebiete und ihrer Grenzen auf das Problem keinen Einfluß haben, können wir annehmen, daß die Begrenzung jedes Gebietes ein einfaches geschlossenes Polygon aus Kreisbögen ist. Auch in dieser „regularisierten" Form ist das Problem ungelöst; die Schwierigkeiten liegen hier nicht wie beim Jordanschen Kurvensatz in der Allgemeinheit der Begriffe von Gebiet und Kurve.

Eine merkwürdige Tatsache im Zusammenhang mit dem Vierfarbenproblem ist, daß für kompliziertere Oberflächen als Ebene und Kugel die entsprechenden Theoreme in der Tat bewiesen worden sind, so daß paradoxerweise die Analyse komplizierterer geometrischer Flächen in dieser Hinsicht leichter ist als die der einfachsten Fälle. Für die Oberfläche eines Torus (siehe Fig. 123) zum Beispiel, etwa eines aufgepumpten Fahrradschlauchs, konnte gezeigt werden, daß jede Karte mit Hilfe von sieben Farben gefärbt werden kann, während sich Karten konstruieren lassen, die sieben Gebiete enthalten, von denen jedes an die sechs anderen grenzt.

*3. Der Begriff der Dimension

Der Begriff der Dimension bereitet keine Schwierigkeit, solange es sich nur um einfache geometrische Figuren, wie Punkte, Geraden, Dreiecke und Polyeder handelt. Ein einzelner Punkt oder irgendeine *endliche* Menge von Punkten hat die Dimension Null, eine Strecke ist eindimensional und die Fläche eines Dreiecks oder einer Kugel zweidimensional. Die Menge der Punkte in einem massiven Würfel ist dreidimensional. Wenn man aber versucht, diesen Begriff auf allgemeinere Punktmengen auszudehnen, so benötigt man eine exakte Definition. Welche Dimension sollen wir der Punktmenge R zuschreiben, die aus allen Punkten der x-Achse *mit rationalen* Koordinaten besteht? Die Menge der rationalen Punkte ist überall dicht auf der Geraden und könnte daher als eindimensional, wie die Gerade selbst, angesehen werden. Andererseits gibt es zwischen irgendzwei Punkten aus R stets irrationale Punkte, die also nicht zu R gehören, genau wie bei einer endlichen Punktmenge. Man könnte die Menge R also auch als nulldimensional ansehen.

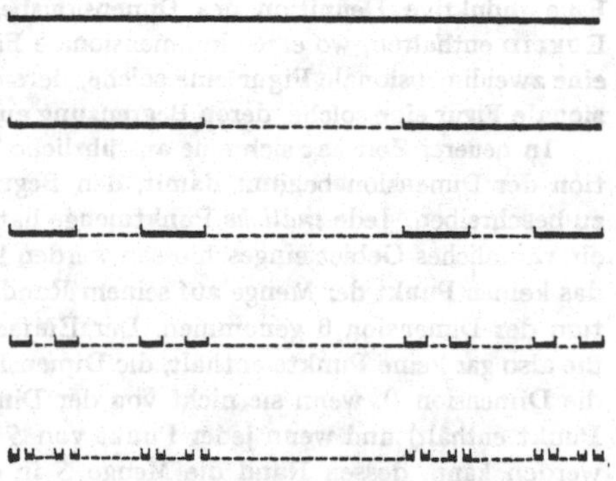

Fig. 130. Cantors Punktmenge

Ein noch verwickelteres Problem entsteht, wenn man versucht, der folgenden merkwürdigen Punktmenge, die zuerst von Cantor betrachtet wurde, eine Dimension zuzuschreiben. Aus der Einheitsstrecke entferne man das mittlere Drittel, das aus allen Punkten x besteht, für die $1/3 < x < 2/3$. Nennen wir die Menge der verbleibenden Punkte C_1. Nun entferne man die mittleren Drittel der beiden Abschnitte von C_1 und nenne die restliche Menge C_2. Man wiederhole dieses Verfahren, indem man wieder die mittleren Drittel aus jedem der vier Intervalle von C_2 entfernt, wobei die Menge C_3 übrig bleibt, und fahre in dieser Weise fort, indem man die Mengen $C_4, C_5, C_6, \ldots$ bildet. Jetzt benenne man mit C die Punktmenge auf der Einheitsstrecke, die übrigbleibt, nachdem alle diese Teilintervalle entfernt worden sind; d. h. C sei die Menge der Punkte, die allen Mengen der unendlichen Folge $C_1, C_2, \ldots$ gemeinsam ist. Da ein Intervall von der Länge 1/3 beim ersten Schritt entfernt wurde, zwei Intervalle von je der Länge $1/3^2$ beim zweiten Schritt, usw., so ist die Gesamtlänge der entfernten Strecken

$$1 \cdot \frac{1}{3} + 2 \cdot \frac{1}{3^2} + 2^2 \cdot \frac{1}{3^3} + \cdots = \frac{1}{3}\left(1 + \left(\frac{2}{3}\right) + \left(\frac{2}{3}\right)^2 + \cdots\right).$$

Die unendliche Reihe in der Klammer ist eine geometrische Reihe, deren Summe $1/(1 - 2/3) = 3$ ist; daher ist die Gesamtlänge der fortgenommenen Strecken $= 1$. Dennoch sind in C noch Punkte enthalten, zum Beispiel die Punkte 1/3, 2/3, 1/9, 2/9, 7/9, 8/9, ..., durch welche die einzelnen Teilabschnitte dreigeteilt werden. Tatsächlich ist es leicht zu zeigen, daß C genau aus all den Punkten x besteht, deren Entwicklung in unendliche triadische Brüche wie folgt geschrieben werden kann:

$$x = \frac{a_1}{3} + \frac{a_2}{3^2} + \frac{a_3}{3^3} + \cdots + \frac{a_n}{3^n} + \cdots,$$

worin jedes a_i entweder 0 oder 2 ist, dagegen ist in der triadischen Entwicklung jedes fortgenommenen Punktes bei mindestens einem der Glieder $a_i = 1$.

Was ist nun die Dimension der Menge C? Das Diagonalverfahren, das benutzt wurde, um die Nichtabzählbarkeit der Menge aller reellen Zahlen zu beweisen, kann so abgeändert werden, daß es für die Menge C dasselbe Ergebnis liefert. Danach sollte man meinen, daß die Menge C eindimensional sein müßte. Aber C enthält kein noch so kleines vollständiges Intervall, so daß man C auch für nulldimensional halten könnte, wie eine endliche Punktmenge. Ebenso könnten wir auch fragen, ob die Menge der Punkte einer Ebene, die man erhält, wenn man auf jedem rationalen Punkt oder auf jedem Punkt der Cantorschen Menge C eine Strecke von der Länge eins errichtet, als eindimensional oder als zweidimensional angesehen werden soll.

Es war POINCARÉ, der (im Jahre 1912) zuerst darauf aufmerksam machte, daß eine tiefere Analyse und genaue Definition des Dimensionsbegriffs notwendig ist. POINCARÉ wies darauf hin, daß die Gerade deshalb eindimensional ist, weil wir zwei beliebige Punkte auf ihr trennen können, indem wir die Gerade in einem Punkt (von der Dimension null) zerschneiden, während eine Ebene zweidimensional ist, weil wir eine ganze geschlossene Kurve (von der Dimension 1) herausschneiden müssen, um ein Punktpaar zu trennen. Dies deutet auf den induktiven Charakter des Dimensionsbegriffs: Ein Raum ist n-dimensional, wenn ein beliebiges Punktpaar getrennt werden kann, indem man eine geeignete $(n - 1)$-dimensionale Untermenge entfernt, und wenn eine niedriger-dimensionale Untermenge nicht in allen Fällen genügt. Eine induktive Definition des Dimensionsbegriffs ist auch implizit in den *Elementen* des EUKLID enthalten, wo eine eindimensionale Figur etwas ist, was durch Punkte begrenzt wird, eine zweidimensionale Figur eine solche, deren Begrenzung aus Kurven, und eine dreidimensionale Figur eine solche, deren Begrenzung aus Flächen besteht.

In neuerer Zeit hat sich eine ausführliche Theorie der Dimension entwickelt. Eine Definition der Dimension beginnt damit, den Begriff „Punktmenge von der Dimension 0" exakt zu beschreiben. Jede *endliche* Punktmenge hat die Eigenschaft, daß jeder Punkt der Menge in ein räumliches Gebiet eingeschlossen werden kann, das wir beliebig klein wählen können und das keinen Punkt der Menge auf seinem Rand enthält. Diese Eigenschaft wird nun als Definition der Dimension 0 genommen. Der Einfachheit halber sagen wir, daß eine leere Menge, die also gar keine Punkte enthält, die Dimension -1 haben soll. Dann hat eine Punktmenge S die Dimension 0, wenn sie nicht von der Dimension -1 ist (d. h. wenn S mindestens einen Punkt enthält) und wenn jeder Punkt von S von einem beliebig kleinen Gebiet umschlossen werden kann, dessen Rand die Menge S in einer Menge von der Dimension -1 schneidet (d. h. dessen Rand keinen Punkt von S enthält.) Zum Beispiel ist die Menge der rationalen Punkte einer Geraden von der Dimension 0, da jeder rationale Punkt zum Mittelpunkt eines beliebig kleinen Intervalls mit irrationalen Endpunkten gemacht werden kann. Die Cantorsche Menge C erweist sich ebenfalls als nulldimensional, da sie, wie die Menge der rationalen Punkte, durch Entfernung einer dichten Punktmenge aus der Geraden entsteht.

Bis hierher haben wir nur die Begriffe der Dimension -1 und der Dimension 0 definiert. Die Definition der Dimension 1 bietet sich sogleich dar: Eine Punktmenge S ist von der Dimension 1, wenn sie weder von der Dimension -1 noch 0 ist und wenn jeder Punkt von S in ein beliebig kleines Gebiet eingeschlossen werden kann, dessen Begrenzung S in einer Menge von der Dimension 0 schneidet. Ein Geradenstück hat diese Eigenschaft, da jedes Intervall durch ein Paar von Punkten begrenzt ist, wodurch nach der obigen Definition eine Menge von der Dimension 1 gekennzeichnet ist. Gehen wir in derselben Weise weiter, so können wir nacheinander die Begriffe der Dimension 2, 3, 4, 5, ... definieren, wobei jede Definition auf den vorhergehenden beruht. So wird eine Menge S die Dimension n haben, wenn sie von keiner geringeren Dimension ist, und wenn jeder Punkt von S in ein beliebig kleines Gebiet eingeschlossen werden kann, dessen Rand die Menge S in einer Menge von der Dimension $n-1$ schneidet. Zum Beispiel ist die Ebene von der Dimension 2, da jeder Punkt der Ebene in einen beliebig kleinen Kreis eingeschlossen werden kann, dessen Peripherie von der Dimension 1 ist. Diese Aussage beansprucht nicht, ein strenger Beweis dafür zu sein, daß die Ebene nach unserer Definition von der Dimension 2 ist, da als bekannt vorausgesetzt wird, daß die Peripherie eines Kreises von der Dimension 1, und die Ebene nicht von der Dimension 0 oder 1 ist. Aber diese Tatsachen und ihre Analoga in höheren Dimensionen lassen sich *beweisen*. Der Beweis zeigt, daß die Definition der Dimension von allgemeinen Punktmengen der naiven Anschauung bei einfachen Mengen keineswegs widerspricht. Keine Punktmenge im gewöhnlichen Raum kann eine höhere Dimension haben als 3, da jeder Punkt des Raumes zum Mittelpunkt einer beliebig kleinen Kugel gemacht werden kann, deren Oberfläche die Dimension 2 hat. Aber in der modernen Mathematik wird das Wort „Raum" auch für jedes System von Objekten gebraucht, für das der Begriff des „Abstandes" oder der „Nachbarschaft" definiert ist, und diese abstrakten „Räume" können auch höhere Dimensionen als 3 haben (siehe S. 240). Ein einfaches Beispiel ist der n-dimensionale Zahlenraum, dessen „Punkte" geordnete Zahlen-n-tupel sind:

$$P = (x_1, x_2, x_3, \ldots, x_n)\,, \qquad Q = (y_1, y_2, y_3, \ldots, y_n)\,,$$

wobei der „Abstand" zwischen den Punkten P und Q als

$$d(P, Q) = \sqrt{(x_1 - y_1)^2 + (x_2 - y_2)^2 + \cdots + (x_n - y_n)^2}$$

definiert ist. Von diesem Raum läßt sich zeigen, daß er die Dimension n hat. Bei einem Raum, der für keine ganze Zahl n die Dimension n hat, spricht man von der Dimension unendlich. Es sind viele Beispiele solcher Räume bekannt.

Eine der interessantesten Tatsachen der Dimensionstheorie ist die folgende charakteristische Eigenschaft von zwei-, drei-, oder allgemein n-dimensionalen Figuren. Betrachten wir zuerst den zweidimensionalen Fall. Wenn irgendeine einfache zweidimensionale Figur in hinreichend kleine Teilgebiete unterteilt wird, (von denen jedes seine Randlinie mit enthalten soll) so wird es notwendigerweise Punkte geben, in denen *drei oder mehr* solcher Gebiete zusammentreffen, *einerlei wie die Gebiete gestaltet sind*. Ferner *wird es Unterteilungen der Figur* geben, in denen jeder Punkt zu *höchstens* drei Teilgebieten gehört. Wenn also beispielsweise die zweidimensionale Figur ein Quadrat ist, wie in Fig. 131, dann gibt es einen Punkt, der zu den drei Gebieten 1, 2, und 3 gehört, und für diese spezielle Unterteilung gehört kein Punkt zu mehr als drei Gebieten.

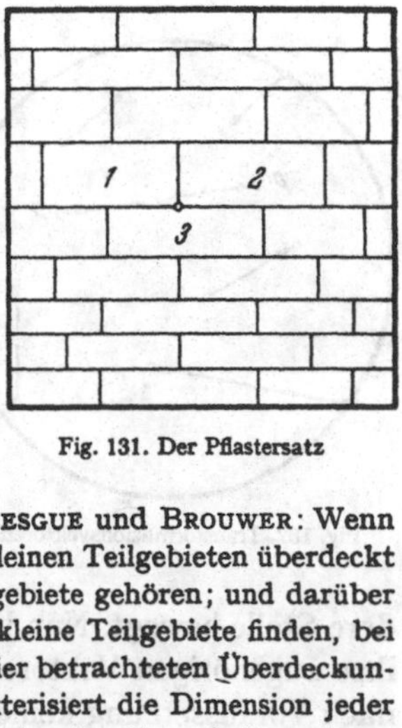

Fig. 131. Der Pflastersatz

Im dreidimensionalen Fall kann man ebenso zeigen: Wenn ein räumliches Gebiet von hinreichend kleinen Teilgebieten überdeckt wird, gibt es immer Punkte, die zu mindestens vier Teilgebieten gehören, und bei passend gewählter Unterteilung haben nicht mehr als vier einen Punkt gemeinsam.

Diese Beobachtungen führen zu dem folgenden Satz von Lebesgue und Brouwer: Wenn eine n-dimensionale Figur auf beliebige Weise von hinreichend kleinen Teilgebieten überdeckt wird, dann gibt es Punkte, die zu mindestens $n + 1$ dieser Teilgebiete gehören; und darüber hinaus kann man immer eine Überdeckung durch hinreichend kleine Teilgebiete finden, bei der kein Punkt zu mehr als $n + 1$ Gebieten gehört. Wegen der hier betrachteten Überdeckungen wird dieses Theorem der „Pflastersatz" genannt. Er charakterisiert die Dimension jeder geometrischen Figur: Figuren, für die der Satz gilt, sind n-dimensional, während alle anderen eine andere Dimension haben. Deshalb kann er auch als *Definition* der Dimension angesehen werden, was gelegentlich geschieht.

Die Dimension einer Menge ist eine topologische Eigenschaft dieser Menge; zwei Figuren von verschiedener Dimension können nie topologisch äquivalent sein. Dies ist der berühmte topologische Satz von der „Invarianz der Dimension", welcher an Bedeutung gewinnt durch den Vergleich mit der auf S. 68 angegebenen Tatsache, daß die Menge der Punkte eines Quadrates dieselbe Kardinalzahl hat wie die Menge der Punkte einer Strecke. Die dort definierte Zuordnung ist nicht topologisch, weil die Stetigkeitsbedingungen verletzt sind.

*4. Ein Fixpunktsatz

Bei der Anwendung der Topologie auf andere Zweige der Mathematik spielen Sätze über „Fixpunkte" eine wichtige Rolle. Ein typisches Beispiel ist der folgende Satz von BROUWER. Es ist sehr viel weniger evident als die meisten anderen topologischen Tatsachen.

Wir betrachten eine Kreisscheibe in der Ebene. Darunter verstehen wir das Gebiet, das aus dem Innern eines Kreises und dessen Peripherie besteht. Wir nehmen an, daß die Punkte dieser Scheibe einer beliebigen stetigen Transformation (die noch nicht einmal eineindeutig zu sein braucht) unterworfen werden, wobei jeder Punkt innerhalb des Kreises bleibt, aber im allgemeinen seine Lage ändert. Zum Beispiel könnte eine dünne kreisförmige Gummihaut verzerrt, verdreht, gefaltet, gestreckt oder sonst irgendwie deformiert werden; nur muß die Endlage jedes Punktes der Haut innerhalb des ursprünglichen Kreisumfanges liegen. Oder, rührt man die Flüssigkeit in einem Glase in der Weise um, daß die Teilchen der Oberfläche an der Oberfläche bleiben, aber auf ihr eine andere Lage einnehmen, dann bestimmt diese Lage der Oberflächenteilchen in jedem gegebenen Augenblick eine stetige Transformation der ursprünglichen Verteilung der Teilchen. Der Satz von BROUWER besagt nun: *Bei jeder solchen Transformation bleibt mindestens ein Punkt fest*; m. a. W. es existiert mindestens ein Fixpunkt, d. h. ein Punkt, dessen Lage nach der Transformation dieselbe ist wie vorher. (In dem Beispiel der Flüssigkeitsoberfläche wird ein solcher Fixpunkt im allgemeinen mit der Zeit wechseln, bei einer einfachen Drehbewegung jedoch ist es der Mittelpunkt, der seine Lage beibehält.) Der Beweis für die Existenz eines Fixpunktes ist typisch für die Art der Beweisführung bei vielen topologischen Sätzen.

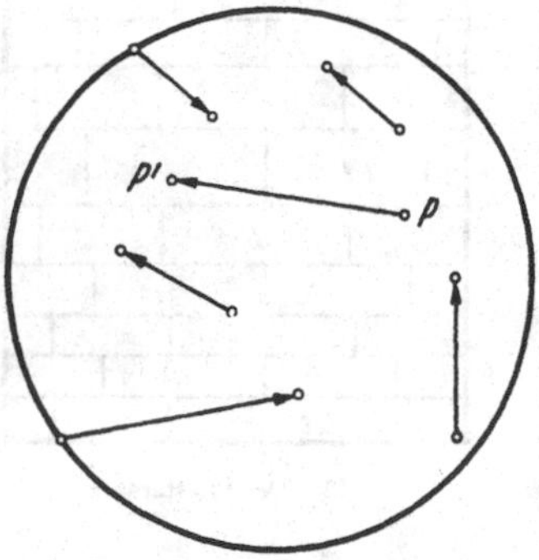

Fig. 132. Transformationsvektoren

Betrachten wir die Scheibe vor und nach der Transformation und nehmen wir im Gegensatz zu der Behauptung unseres Satzes an, daß *kein* Punkt fest bleibt, daß vielmehr infolge der Transformation jeder Punkt in einen andern Punkt in oder auf dem Kreise übergeht. Wir bringen an jedem Punkt P der ursprünglichen Scheibe einen Pfeil oder „Vektor" an, der von P nach P' weist, wenn P' das Bild von P bei der Transformation ist. An jedem Punkt der Scheibe befindet sich ein solcher Pfeil, weil jeder Punkt sich nach unserer Voraussetzung an eine andere Stelle bewegt. Nun betrachten wir die Punkte auf dem Rand des Kreises und ihre zugehörigen Vektoren. Alle diese Vektoren weisen ins Innere des Kreises, da nach Voraussetzung keine Punkte in Punkte außerhalb des Kreises transformiert werden. (Auch wenn der Bildpunkt wieder auf dem Rand liegt, ist der betreffende Vektor ins Innere gerichtet!) Beginnen wir mit einem Punkt P_1 auf der Randlinie und wandern wir entgegen dem Uhrzeigersinn um den Kreis. Währenddessen wird sich die Richtung des Vektors ändern, denn den Punkten der Randlinie sind verschieden gerichtete Vektoren zugeordnet. Die Richtungen dieser Vektoren können besser veranschaulicht werden, indem man von einem festen Punkt der Ebene aus zu jedem von ihnen einen parallelen Pfeil zeichnet. Wenn wir die Kreislinie einmal von P_1 bis zurück zu P_1 durchlaufen, stellen wir fest, daß der Vektor sich dreht und zu seiner ursprünglichen Lage zurückkehrt. Wir wollen die Anzahl der vollständigen Umdrehungen, die der Vektor dabei macht, den „Index" der Vektoren auf dem

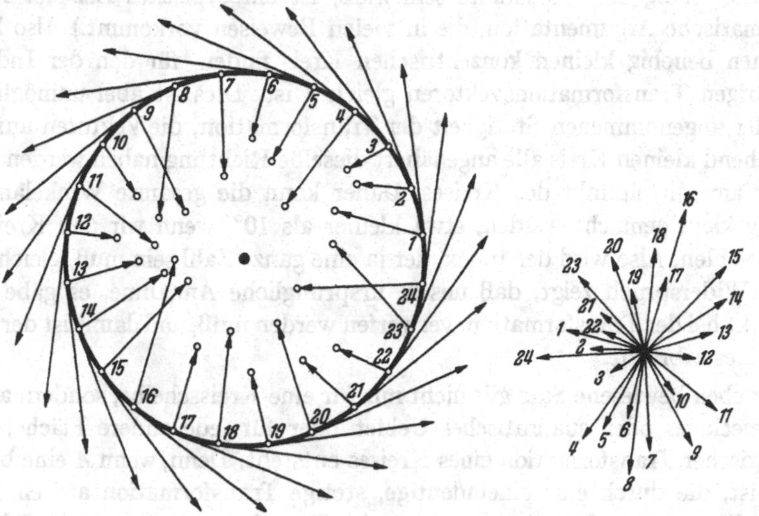

Fig. 133

Kreis nennen; genauer gesagt: wir definieren den Index als die *algebraische Summe* der verschiedenen Winkeländerungen der Vektoren, wobei jede Teildrehung im Uhrzeigersinn negativ, jede Teildrehung entgegen dem Uhrzeiger positiv gerechnet wird. Der Index muß dann *a priori* irgendeine der Zahlen $0, \pm 1, \pm 2, \pm 3, \ldots$ sein, entsprechend einer Gesamtwinkeländerung von $0, \pm 360°, \pm 720°, \ldots$ Wir behaupten nun, daß *der Index gleich* 1 ist, d. h. die Gesamtrichtungsänderung beträgt genau eine positive Umdrehung. Um dies zu beweisen, erinnern wir uns, daß der Transformationsvektor an jedem Punkt P auf der Kreislinie immer nach innen gerichtet ist und nie in Tangentialrichtung. Wenn nun dieser Transformationsvektor sich um einen Gesamtwinkel drehen würde, der verschieden ist von dem Gesamtwinkel 360°, um den sich offenbar die *Tangente* dreht, dann müßte die Differenz zwischen diesen beiden Gesamtwinkeln ein von Null verschiedenes Vielfaches von 360° sein, da jeder von ihnen eine ganze Zahl von Umdrehungen macht. Folglich müßte der Transformationsvektor während des ganzen Umlaufs von P_1 zurück zu P_1 sich mindestens einmal ganz um die Tangente herumdrehen und da die Tangente und der Transformationsvektor sich stetig drehen, müßte der Transformationsvektor an einem gewissen Punkt des Umlaufs genau in Richtung der Tangente zeigen. Das ist aber, wie wir gesehen haben, unmöglich.

Wenn wir nun einen beliebigen, zur Randlinie konzentrischen Kreis im Innern der Scheibe mit den Transformationsvektoren der darauf liegenden Punkte betrachten, dann muß der Index dieser Transformationsvektoren ebenfalls gleich 1 sein. Denn, wenn wir von der Randlinie stetig zu einem konzentrischen Kreise übergehen, so muß sich auch der Index stetig ändern, da die Richtungen der Transformationsvektoren innerhalb der Scheibe von Punkt zu Punkt stetig variieren. Aber der Index kann nur ganzzahlige Werte annehmen und muß daher ständig seinem ursprünglichen Wert 1 gleich sein, da ein Sprung von 1 auf eine andere ganze Zahl eine Unstetigkeit im Verhalten des Index bedeuten würde. (Der Schluß, daß eine stetig veränderliche Größe, die nur ganzzahlige Werte annehmen kann, notwendig eine Konstante sein muß, ist ein typisches Beispiel für eine mathematische Argumentation, die in vielen Beweisen vorkommt.) Also können wir einen beliebig kleinen konzentrischen Kreis finden, für den der Index der zugehörigen Transformationsvektoren gleich 1 ist. Dies ist aber unmöglich, da, nach der angenommenen Stetigkeit der Transformation, die Vektoren auf einem hinreichend kleinen Kreis alle angenähert dieselbe Richtung haben werden wie der Vektor am Mittelpunkt des Kreises. Daher kann die gesamte Winkeländerung beliebig klein gemacht werden, etwa kleiner als 10°, wenn wir den Kreis klein genug wählen. Also wird der Index, der ja eine ganze Zahl sein muß, gleich 0 sein. Dieser Widerspruch zeigt, daß unsere ursprüngliche Annahme, es gäbe keinen Fixpunkt bei der Transformation, verworfen werden muß, und damit ist der Beweis des Satzes erbracht.

Der eben bewiesene Satz gilt nicht nur für eine Kreisscheibe, sondern auch für ein dreieckiges oder quadratisches Gebiet oder für jede andere Fläche, die bei topologischer Transformation eines Kreises entsteht. Denn, wenn A eine beliebige Figur ist, die durch eine eineindeutige, stetige Transformation auf eine Kreisscheibe bezogen ist, dann würde eine stetige Transformation von A in sich selbst, die keinen Fixpunkt enthielte, eine stetige Transformation der Kreisscheibe in sich selbst definieren, die auch keinen Fixpunkt enthielte, und das ist, wie wir gezeigt haben, unmöglich. Der Satz gilt auch in drei Dimensionen für Vollkugeln und Würfel; aber der Beweis ist nicht so einfach.

Obwohl der Brouwersche Fixpunktsatz für die Scheibe nicht unmittelbar anschaulich ist, läßt sich leicht zeigen, daß er eine direkte Konsequenz der folgenden anschaulich einleuchtenden Tatsache ist: Es ist unmöglich, eine Kreisscheibe stetig in ihre Randlinie allein zu transformieren, derart daß jeder Punkt der Randlinie fest bleibt. Wir werden zeigen, daß die Existenz einer fixpunktfreien Transformation der Scheibe in sich einen Widerspruch zu dieser Tatsache bilden würde. Nehmen wir nämlich an, $P \to P'$ wäre eine solche Transformation, dann könnte man für jeden Punkt P der Scheibe einen Pfeil zeichnen, der von P' ausgeht und durch P bis zur Randlinie verläuft, die er in einem Punkt P^* schneiden möge. Dann wäre die Transformation $P \to P^*$ eine stetige Transformation der ganzen Scheibe in ihre Randlinie allein und ließe jeden Punkt der Randlinie unverändert, im Widerspruch zu der Annahme, daß eine solche Transformation unmöglich ist. Eine ähnliche Betrachtung kann dazu dienen, den Brouwerschen Satz in drei Dimensionen für Kugeln oder Würfel zu beweisen.

Man kann leicht erkennen, daß für gewisse geometrische Figuren stetige Transformationen ohne Fixpunkt existieren. Zum Beispiel läßt das ringförmige Gebiet zwischen zwei konzentrischen Kreisen eine stetige Transformation ohne Fixpunkt zu, nämlich eine Drehung um einen beliebigen Winkel, der kein Vielfaches von 360° ist, um den Mittelpunkt. Die Oberfläche einer Kugel läßt die fixpunktfreie stetige Transformation zu, die jeden Punkt in seinen diametral entgegengesetzten Punkt überführt. Aber es läßt sich beweisen, und zwar durch ähnliche Überlegungen, wie wir sie für die Scheibe benutzt haben, daß jede stetige Transformation, die keinen Punkt in seinen diametral entgegengesetzten überführt (also z. B. jede kleine Deformation) einen Fixpunkt enthalten muß.

Derartige Fixpunktsätze liefern eine leistungsfähige Methode zum Beweis vieler mathematischer „Existenzsätze", die auf den ersten Blick gar nicht von geometrischer Natur zu sein scheinen. Ein berühmtes Beispiel hierfür ist ein Fixpunktsatz, den POINCARÉ 1912, kurz vor seinem Tode, als Vermutung ausgesprochen hat. Dieser Satz führt als direkte Konsequenz auf die Existenz einer unendlichen Anzahl periodischer Bahnen in dem restringierten Dreikörperproblem. (Das restringierte Dreikörperproblem bezieht sich auf die Bewegung dreier Körper unter dem Einfluß der Gravitation, wenn zwei der Körper als sehr klein gegen den dritten angenommen werden.) POINCARÉ vermochte seine Vermutung nicht zu beweisen, und es war eine großartige Leistung, als es im folgenden Jahr dem amerikanischen Mathematiker G. D. BIRKHOFF gelang, den Beweis zu liefern. Seitdem sind topologische Methoden mit großem Erfolg auf das Studium des qualitativen Verhaltens dynamischer Systeme angewandt worden.

5. Knoten

Als letztes Beispiel möge noch angeführt werden, daß das Studium der Knoten ein schwieriges mathematisches Problem von topologischem Charakter darstellt. Ein Knoten entsteht, wenn ein Stück Bindfaden beliebig verschlungen wird und dann die Enden zusammengefügt werden. Die entstandene geschlossene Kurve stellt eine geometrische Figur dar, die sich im wesentlichen gleichbleibt, wenn sie irgendwie, etwa durch Ziehen, deformiert wird, sofern nur der Bindfaden nicht reißt. Wie kann man nun eine das Wesen der Sache treffende Kennzeichnung angeben, die eine verknotete geschlossene Kurve im Raum von einer unverknoteten, wie etwa dem Kreis, unterscheidet? Die Antwort ist keineswegs einfach, und noch schwieriger ist die vollständige mathematische Analyse der verschiedenen Arten von Knoten und ihrer Unterscheidung. Selbst für den einfachsten Fall ist diese Aufgabe recht kompliziert. Man betrachte die beiden „dreiblättrigen" Knoten der Fig. 134. Diese beiden Knoten sind vollkommen symmetrische „Spiegelbilder" voneinander und sind topologisch äquivalent; sie sind aber nicht kongruent. Es entsteht die Frage, ob es möglich ist, einen dieser Knoten durch stetige Deformation in den andern überzuführen. Die Antwort ist negativ, aber der Beweis dieser Tatsache erfordert erheblich mehr Hilfsmittel aus der Topologie und Gruppentheorie als sich hier darstellen lassen.

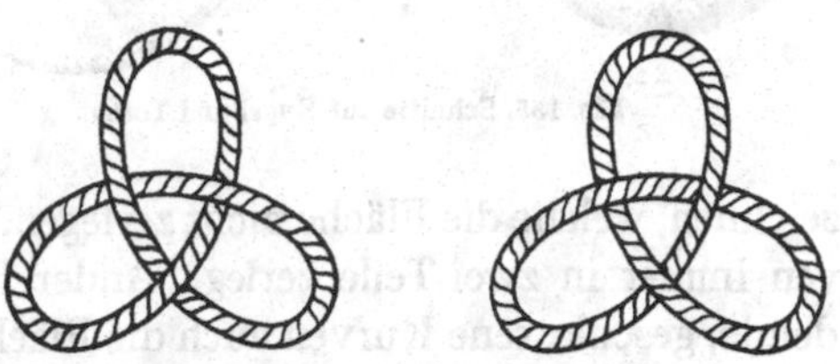

Fig. 134. Topologisch äquivalente Knoten, die sich nicht durch Deformation ineinander überführen lassen

§ 4. Topologische Klassifikation der Flächen

1. Das Geschlecht einer Fläche

Viele einfache, aber wichtige topologische Tatsachen ergeben sich aus dem Studium der zweidimensionalen Flächen. Vergleichen wir zum Beispiel die Oberfläche einer Kugel mit der eines Torus. Aus Fig. 135 erkennt man, daß die beiden Oberflächen sich in grundlegender Weise unterscheiden: Auf der Kugel gilt wie in der Ebene, daß jede einfache geschlossene Kurve, wie C, die Fläche in zwei Teile zerlegt. Aber auf dem Torus gibt es geschlossene Kurven, wie C', welche die Fläche nicht in zwei Teile zerlegen. Sagt man, daß C die Kugelfläche in zwei Teile zerlegt, so heißt das, daß die Fläche, wenn sie längs C aufgeschnitten wird, in zwei verschiedene und getrennte Stücke auseinanderfällt, oder, was auf dasselbe hinauskommt, daß jede Kurve auf der Fläche, welche die Stücke verbindet, C schneiden muß. Wird dagegen der Torus längs der geschlossenen Kurve C' aufgeschnitten, so hängt die entstehende Fläche immer noch zusammen, d. h. jeder Punkt der Fläche kann mit jedem andern durch eine Kurve verbunden werden, die C' nicht schneidet. Dieser Unterschied zwischen der Kugel und dem Torus zeigt, daß die beiden Flächentypen topologisch verschieden sind und daß es unmöglich ist, sie stetig in einander zu deformieren.

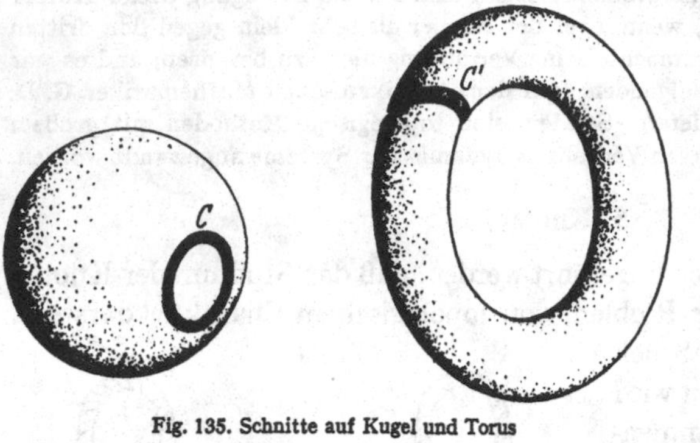

Fig. 135. Schnitte auf Kugel und Torus

Jetzt wollen wir die in Fig. 136 dargestellte Fläche mit zwei Löchern betrachten. Auf dieser Fläche kann man *zwei* sich nicht schneidende, geschlossene Kurven A und B zeichnen, welche die Fläche nicht zerlegen. Der Torus wird durch zwei solche Kurven immer in zwei Teile zerlegt. Andererseits wird durch *drei* sich nicht schneidende, geschlossene Kurven auch die Fläche mit zwei Löchern zerlegt.

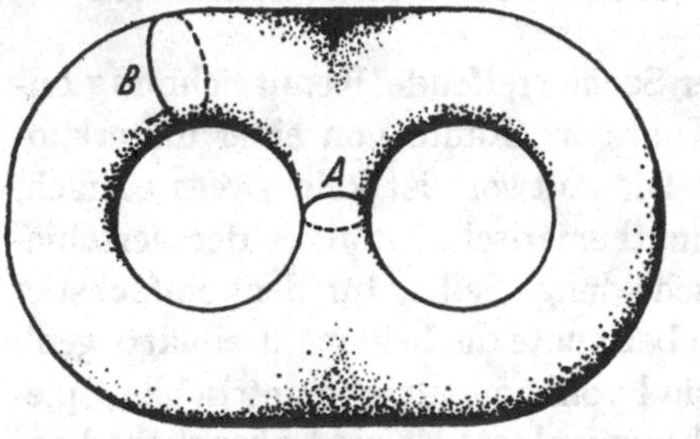

Fig. 136. Eine Fläche vom Geschlecht 2

Diese Tatsachen regen dazu an, das *Geschlecht* einer Fläche als die größte Anzahl von sich nicht schneidenden, einfachen geschlossenen Kurven zu definieren, die man auf der Fläche zeichnen kann, ohne sie zu zerlegen. Danach ist das Geschlecht der Kugel 0, das des Torus 1, während die Fläche der Fig. 136 das Geschlecht 2 hat. Eine ähnliche Fläche mit p Löchern hat das Geschlecht p. Das Geschlecht ist eine topologische Eigenschaft und bleibt bei Deformation ungeändert. Umgekehrt läßt sich zeigen (wir übergehen den Beweis), daß irgend zwei geschlossene Flächen von demselben Geschlecht stets ineinander deformiert werden können, so daß das Geschlecht $p = 0, 1, 2, \ldots$ einer geschlossenen Fläche sie vom

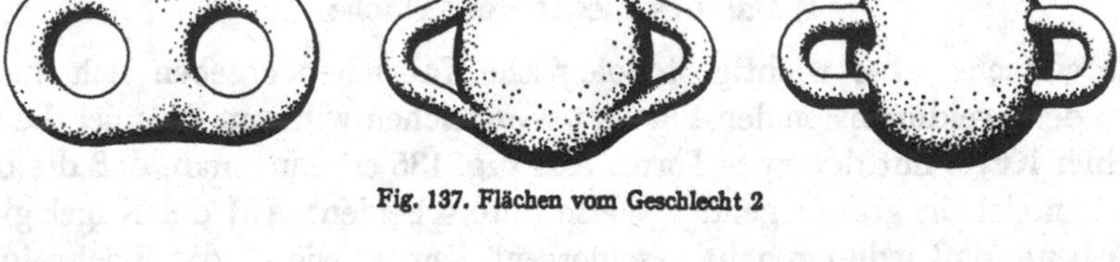
Fig. 137. Flächen vom Geschlecht 2

topologischen Gesichtspunkt aus vollständig charakterisiert. (Wir nehmen dabei an, daß die betrachteten Flächen gewöhnliche „zweiseitige", geschlossene Flächen sind. Im Abschnitt 3 dieses Paragraphen werden wir „einseitige" Flächen betrachten.) Zum Beispiel sind die zweilöchrige Brezel und die Kugel mit zwei

„Henkeln" der Fig. 137 zwei geschlossene Flächen vom Geschlecht 2, und es ist klar, daß jede dieser beiden durch stetige Deformation in die andere übergeführt werden kann. Da die Brezel mit p Löchern oder ihr Äquivalent, die Kugel mit p Henkeln, vom Geschlecht p ist, können wir jede dieser Flächen als den topologischen Repräsentanten aller geschlossenen Flächen vom Geschlecht p nehmen.

*2. Die Eulersche Charakteristik einer Fläche

Wir denken uns eine geschlossene Fläche S vom Geschlecht p in eine Anzahl Gebiete aufgeteilt, indem wir auf S eine Anzahl Eckpunkte markieren und diese durch irgendwelche Kurvenbögen verbinden. Wir wollen zeigen, daß

$$E - K + F = 2 - 2p, \tag{1}$$

worin E die Zahl der Ecken, K die der Bögen und F die der Gebiete ist. Die Zahl $2 - 2p$ heißt die *Eulersche Charakteristik* der Fläche. Wir haben schon früher gesehen, daß für die Kugel $E - K + F = 2$ ist, was mit (1) übereinstimmt, da für die Kugel $p = 0$ ist.

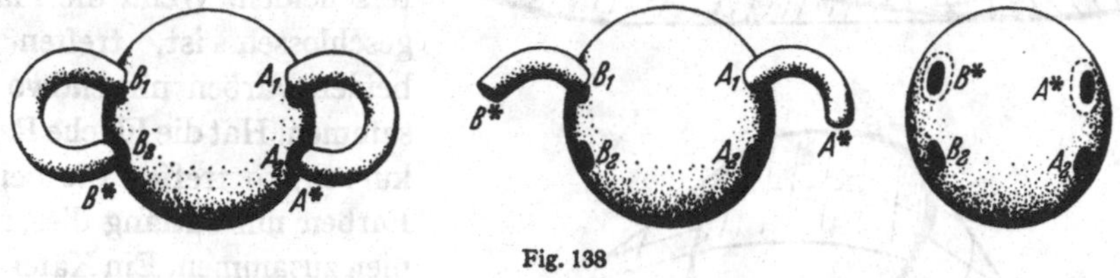

Fig. 138

Um die allgemeine Formel (1) zu beweisen, dürfen wir annehmen, daß S eine Kugel mit p Henkeln ist. Wie bereits gesagt, läßt sich jede Fläche vom Geschlecht p in eine solche Fläche stetig deformieren, und während dieser Deformation ändern sich $E - K + F$ und $2 - 2p$ nicht. Wir wählen die Deformation so, daß die geschlossenen Kurven $A_1, A_2, B_1, B_2, \ldots$, in denen die Henkeloberflächen die Kugel schneiden, zu den Kurvenbögen der gegebenen Unterteilung gehören. (Fig. 138 veranschaulicht den Beweis für den Fall $p = 2$.)

Nun schneiden wir die Fläche S längs der Kurven $A_2, B_2, \ldots$ auf und biegen die Henkel gerade. Jeder Henkel hat dann einen freien Rand, den eine neue Kurve $A^*, B^*, \ldots$ mit der gleichen Anzahl von Ecken und Bögen wie in den entsprechenden Kurven $A_2, B_2, \ldots$ begrenzt. Daher ändert sich $E - K + F$ nicht, denn die zusätzlichen Ecken werden genau durch die zusätzlichen Bögen ausgeglichen, während keine neuen Gebiete entstehen. Nun deformieren wir die Fläche, indem wir die herausragenden Henkel soweit glätten, daß die entstehende Fläche einfach eine Kugel wird, aus der $2p$ Gebiete herausgeschnitten sind. Da wir wissen, daß für eine beliebige Unterteilung der vollständigen Kugel $E - K + F$ gleich 2 ist, so haben wir für die Kugel, aus der $2p$ Gebiete entfernt worden sind,

$$E - K + F = 2 - 2p,$$

und dies gilt dann auch für die ursprüngliche Kugel mit $2p$ Henkeln, was zu beweisen war.

Fig. 121 veranschaulicht die Anwendung der Formel (1) auf eine Fläche S, die aus ebenen Polygonen besteht. Diese Fläche läßt sich stetig in einen Torus deformieren, so daß ihr Geschlecht p gleich 1 ist und somit $2 - 2p = 2 - 2 = 0$. Wie die Formel (1) angibt, ist wirklich

$$E - K + F = 16 - 32 + 16 = 0 .$$

Übung: Man unterteile die Brezel mit zwei Löchern der Fig. 137 in Gebiete und zeige, daß $E - K + F = -2$.

3. Einseitige Flächen

Eine gewöhnliche Fläche hat zwei Seiten. Das gilt sowohl von geschlossenen Flächen, wie Kugel und Torus, als auch von Flächen mit Randkurven, wie von der Scheibe oder einem Torus, aus dem ein Stück herausgeschnitten ist. Man könnte die beiden Seiten einer solchen Fläche mit verschiedenen Farben bemalen, um sie zu unterscheiden. Wenn die Fläche geschlossen ist, treffen die beiden Farben nirgendwo zusammen. Hat die Fläche Randkurven, so treffen die beiden Farben nur entlang dieser Linien zusammen. Ein Käfer, der auf einer solchen Fläche kröche und die Randkurven, wenn solche vorhanden sind, nicht überschreiten könnte, würde immer auf derselben Seite bleiben.

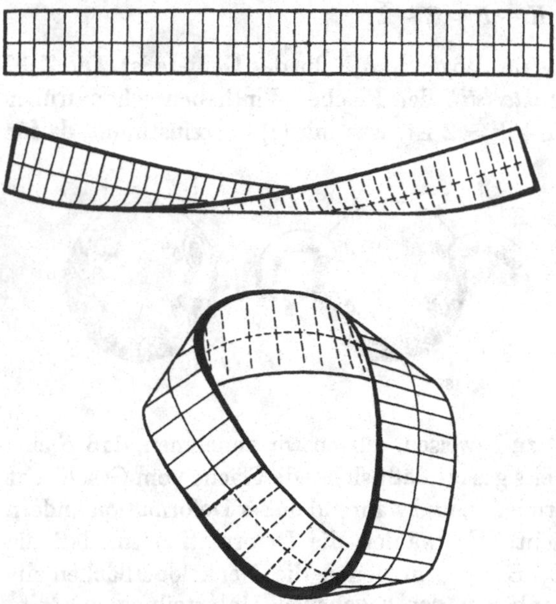

Fig. 139. Entstehung eines Möbiusschen Bandes

MÖBIUS machte die überraschende Entdeckung, daß es Flächen mit nur *einer* Seite gibt. Die einfachste solche Fläche ist das sogenannte Möbiussche Band, das man erhält, wenn man einen langen rechteckigen Streifen Papier nimmt und seine beiden Enden zusammenklebt, nachdem man das eine um 180° gedreht hat, wie Fig. 139 zeigt. Wenn ein Käfer auf dieser Fläche kriecht und immer in der Mitte des Streifens bleibt, kommt er an seine Ausgangsstelle zurück, aber mit den Beinen nach oben. Das Möbiussche Band hat nur eine Kante, denn sein Rand besteht aus einer einzigen geschlossenen Kurve. Die gewöhnliche zweiseitige Fläche, die man erhält, wenn man die beiden Enden eines Rechtecks zusammenklebt, ohne das eine zu verdrehen, hat zwei getrennte Randkurven. Wenn ein solcher Streifen entlang der Mittellinie aufgeschnitten wird, fällt er in zwei getrennte Ringe derselben Art auseinander. Wenn aber das Möbiussche Band längs dieser Linie aufgeschnitten wird (in Fig. 139 angedeutet), so bleibt es in einem Stück. Jemand, dem das Möbiussche Band nicht bekannt ist, wird dieses Verhalten schwerlich voraussehen können. Wenn die Fläche, die durch Zerschneiden des Möbiusschen Bandes entsteht, erneut in der Mitte zerschnitten wird, so entstehen zwei getrennte, aber verkettete Ringstreifen.

Es ist reizvoll, mit solchen Streifen zu spielen, indem man sie parallel zur Randlinie in Abständen von 1/2, 1/3 usw. der Bandbreite aufschneidet.

Der Rand eines Möbiusschen Bandes ist eine nicht verknotete, geschlossene Kurve, die sich in eine ebene Kurve, z. B. in einen Kreis, deformieren läßt. Während der Deformation kann man den Streifen sich selbst schneiden lassen, so daß eine einseitige, sich selbst schneidende Fläche entsteht, die als Kreuzhaube bezeichnet wird, (siehe Fig. 140). Die Linie, in der sich die Fläche selbst schneidet, muß als aus zwei verschiedenen Linien bestehend angesehen werden, von denen je eine zu einem der beiden sich schneidenden Flächenteile gehört. Die Einseitigkeit des Möbiusschen Bandes bleibt erhalten, da diese Eigenschaft topologisch ist; eine einseitige Fläche läßt sich nicht stetig in eine zweiseitige deformieren. Überraschenderweise ist es sogar möglich, die Deformation so durchzuführen, daß die Begrenzungslinie des Möbiusschen Bandes wieder eben wird, z. B. dreieckig, daß aber der Streifen sich nicht selbst schneidet. Fig. 141 deutet ein solches Modell an, das von B. Tuckerman stammt: die Begrenzungslinie ist ein Dreieck, das die Hälfte eines Diagonalquadrats eines regulären Oktaeders bildet; das Band selbst besteht aus sechs Flächen des Oktaeders und vier rechtwinkligen Dreiecken, die je ein Viertel von einer Diagonalebene einnehmen.

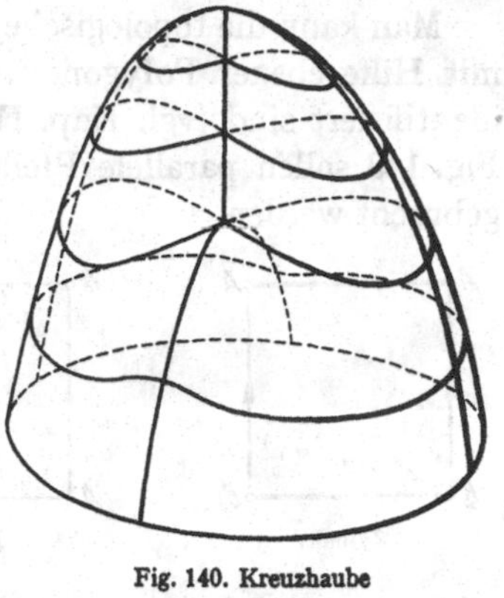

Fig. 140. Kreuzhaube

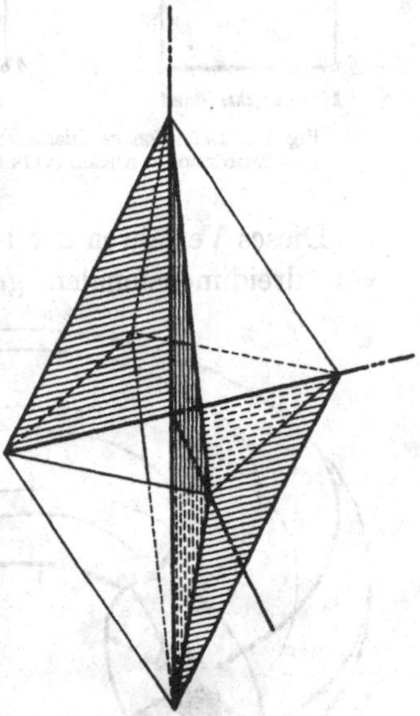

Fig. 141. Möbiussches Band mit ebener Begrenzungslinie

Eine weitere interessante einseitige Fläche ist die „Kleinsche Flasche". Diese Fläche ist geschlossen, hat aber kein Innen oder Außen. Sie ist topologisch äquivalent einem Paar von Kreuzhauben, deren Begrenzungslinien zusammenfallen.

Es läßt sich zeigen, daß jede geschlossene *einseitige* Fläche vom Geschlecht $p = 1, 2, \ldots$ topologisch äquivalent einer Kugel ist, aus der p Scheiben entfernt und durch Kreuzhauben ersetzt worden sind. Hieraus läßt sich leicht ableiten, daß die Eulersche Charakteristik $E - K + F$ einer solchen Fläche durch die Gleichung

$$E - K + F = 2 - p$$

mit p zusammenhängt.

Fig. 142. Die Kleinsche Flasche

Der Beweis ist analog dem für zweiseitige Flächen. Man zeigt zuerst, daß die Eulersche Charakteristik einer Kreuzhaube oder eines Möbiusschen Bandes 0 ist. Zu diesem Zweck betrachten wir ein Möbiussches Band, das in eine Anzahl von Gebieten unterteilt ist. Zerschneidet man ein solches Band, dann entsteht ein Rechteck, das zwei weitere Ecken, eine weitere Kante und dieselbe Anzahl von Gebieten enthält wie das Möbiussche Band. Für das Rechteck ist $E - K + F = 1$, wie wir auf S. 183 zeigten. Daher gilt für das Möbiussche Band $E - K + F = 0$. Zur Übung möge der Leser den Beweis vervollständigen.

Man kann die topologische Natur von Flächen dieser Art wesentlich einfacher mit Hilfe ebener Polygone untersuchen, bei denen gewisse Paare von Kanten identifiziert sind (vgl. Kap. IV, Anhang, Abschnitt 3). In den Diagrammen der Fig. 143 sollen parallele Pfeile nach Lage und Richtung zum Zusammenfallen gebracht werden.

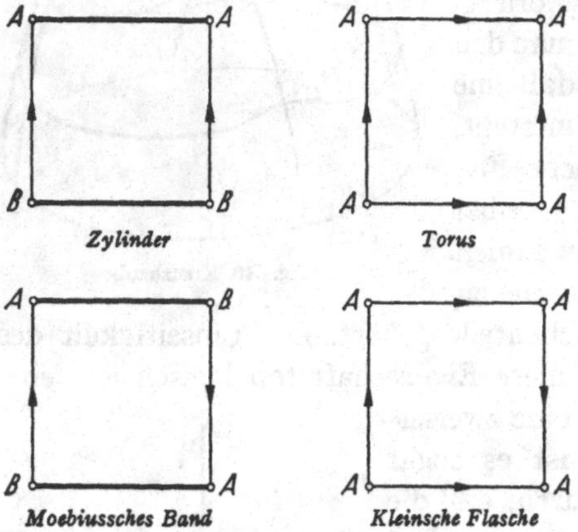

Fig. 143. Definition geschlossener Flächen durch Zuordnung von Kanten ebener Figuren

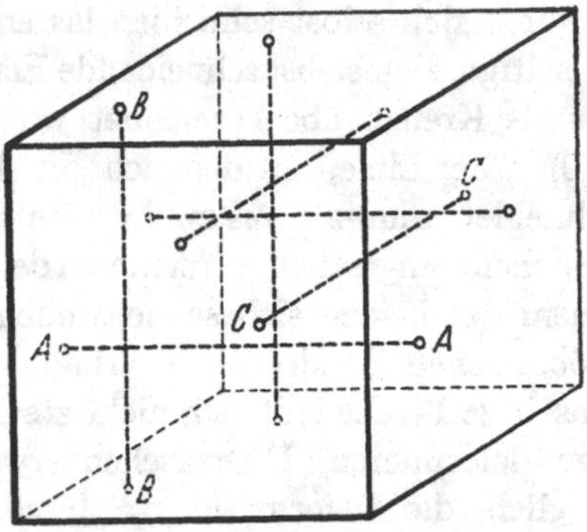

Fig. 144. Definition des dreidimensionalen Torus durch Identifizierung von Randflächen

Dieses Verfahren der Identifikation kann ganz analog auch für die Definition von dreidimensionalen geschlossenen Mannigfaltigkeiten angewendet werden. Wenn wir zum Beispiel die entsprechenden Punkte auf den gegenüberliegenden Seiten eines Würfels (Fig. 144) identifizieren, so erhalten wir eine geschlossene dreidimensionale Mannigfaltigkeit, die als dreidimensionaler Torus bezeichnet wird. Diese Mannigfaltigkeit ist topologisch äquivalent dem Raum zwischen zwei konzentrischen Torusflächen, von denen eine die andere enthält und deren entsprechende Punkte identifiziert sind (Fig. 145); denn diese Mannigfaltigkeit wird aus dem Würfel gewonnen, wenn zwei Paare von identifizierten Seitenflächen zusammengebracht werden.

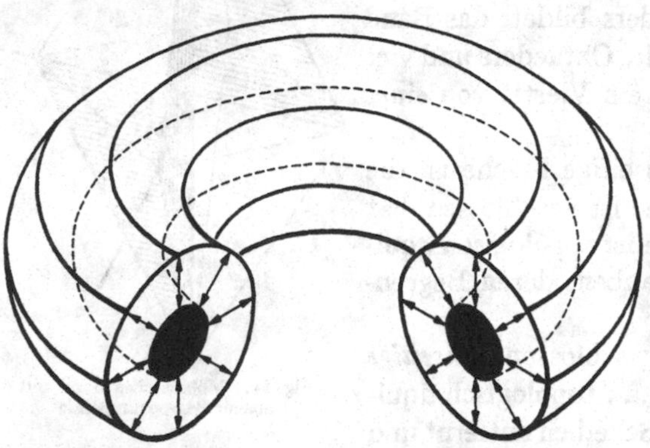

Fig. 145. Eine andere Darstellung des dreidimensionalen Torus (zur Sichtbarmachung der Identifizierung aufgeschnitten)

Anhang

*1. Der Fünffarbensatz

Mit Hilfe der Eulerschen Formel können wir beweisen, daß jede Landkarte auf einer Kugelfläche mit höchstens fünf verschiedenen Farben richtig gefärbt werden kann. (Gemäß S. 188 soll eine Karte als richtig gefärbt gelten, wenn keine zwei benachbarten Gebiete die gleiche Farbe haben.) Wir wollen uns auf Karten beschränken, deren Gebiete durch einfache geschlossene Polygone aus Kreisbögen begrenzt werden. Wir dürfen außerdem annehmen, daß an jeder Ecke genau drei Bögen zusammentreffen; eine solche Karte soll *regulär* heißen. Wenn wir jede Ecke, an der mehr als drei Bögen zusammentreffen, durch einen kleinen Kreis ersetzen und das Innere jedes dieser Kreise mit einem der an der Ecke zusammentreffenden Gebiete vereinigen, dann erhalten wir eine neue Karte, in der alle mehrfachen Ecken durch eine Anzahl von dreifachen Ecken ersetzt sind. Die neue Karte enthält die gleiche Anzahl von Gebieten wie die ursprüngliche. Wenn diese neue Karte, die regulär ist, mit fünf Farben richtig gefärbt werden kann, dann erhalten wir die gewünschte Farbverteilung auf der ursprünglichen Karte, wenn wir die Kreise wieder zu Punkten zusammenschrumpfen lassen. Es genügt also zu beweisen, daß jede reguläre Karte auf der Kugel mit fünf Farben gefärbt werden kann.

Wir zeigen zuerst, daß jede reguläre Karte mindestens ein Polygon mit weniger als sechs Seiten enthalten muß. Bezeichnen wir mit F_n die Zahl der n-seitigen Gebiete in einer regulären Karte, so ist, wenn F die Gesamtzahl der Gebiete bedeutet,

$$F = F_2 + F_3 + F_4 + \cdots. \tag{1}$$

Jeder Bogen hat zwei Enden, und an jeder Ecke enden drei Bögen. Wenn also K die Zahl der Bögen in der ganzen Karte und E die Zahl der Ecken ist, so ist

$$2K = 3E. \tag{2}$$

Ferner hat ein Gebiet, das von n Bögen begrenzt ist, auch n Ecken, und jede Ecke gehört zu drei Gebieten, so daß

$$2K = 3E = 2F_2 + 3F_3 + 4F_4 + \cdots. \tag{3}$$

Nun ist nach der Eulerschen Formel

$$E - K + F = 2 \quad \text{oder} \quad 6E - 6K + 6F = 12\,.$$

Aus (2) sehen wir, daß $6E = 4K$, so daß $6F - 2K = 12$.
Daher ist nach (1) und (3)

$$6(F_2 + F_3 + F_4 + \cdots) - (2F_2 + 3F_3 + 4F_4 + \cdots) = 12$$

oder

$$(6-2)F_2 + (6-3)F_3 + (6-4)F_4 + (6-5)F_5 + (6-6)F_6 + (6-7)F_7 + \cdots = 12.$$

Da nun mindestens ein Glied auf der linken Seite positiv sein muß, so muß mindestens eine der Zahlen F_2, F_3, F_4, F_5 von Null verschieden sein, was wir beweisen wollten.

Nun der Beweis des Fünffarbensatzes. Es sei M eine reguläre Landkarte auf der Kugel mit insgesamt n Gebieten. Wir wissen, daß mindestens eines weniger als 6 Seiten hat.

1. Fall. M enthält ein Gebiet A mit zwei, drei oder vier Seiten. In diesem Fall entfernen wir die Grenzlinie zwischen A und einem der Nachbargebiete. (Wenn A vier Seiten hat, kann ein einziges Gebiet zwei nicht benachbarte Seiten von A von außen berühren. Wenn das der Fall ist, müssen die Gebiete, welche an die beiden anderen Seiten von A grenzen, nach dem Jordanschen Kurvensatz von einander getrennt sein, und wir entfernen dann die Grenzlinie zwischen A und einem dieser Gebiete.) Die entstandene Karte M' ist dann eine reguläre Karte mit nur $n-1$ Gebieten. *Wenn M' mit 5 Farben richtig gefärbt werden kann, so gilt dasselbe für M*; denn da höchstens vier Gebiete an A grenzen, läßt sich stets eine fünfte Farbe füi A finden.

2. Fall. M enthält ein Gebiet A mit fünf Seiten. Wir betrachten die fünf Nachbargebiete von A und nennen sie B, C, D, E und F (Fig. 147). Wir können darunter immer ein Paar finden, das einander nicht berührt. Denn berühren sich B und D, dann wird verhindert, daß C das Gebiet E oder F berührt, da jede Verbindungslinie, die von C nach E oder F führt, mindestens eines der Gebiete A, B und D passieren muß. (Auch diese Tatsache beruht wesentlich auf dem Jordanschen Kurvensatz, der für die Ebene und für die Kugel gilt. Sie trifft zum Beispiel

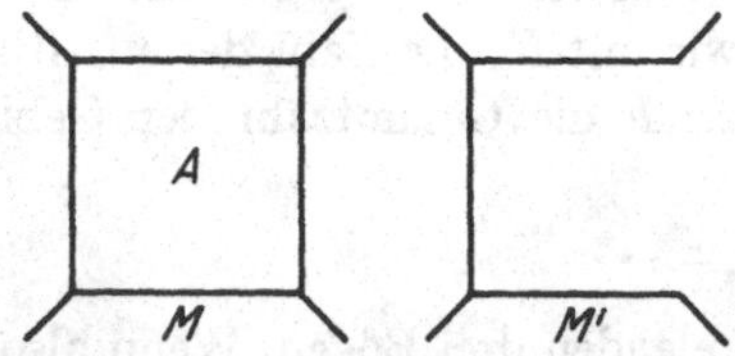

Fig. 146

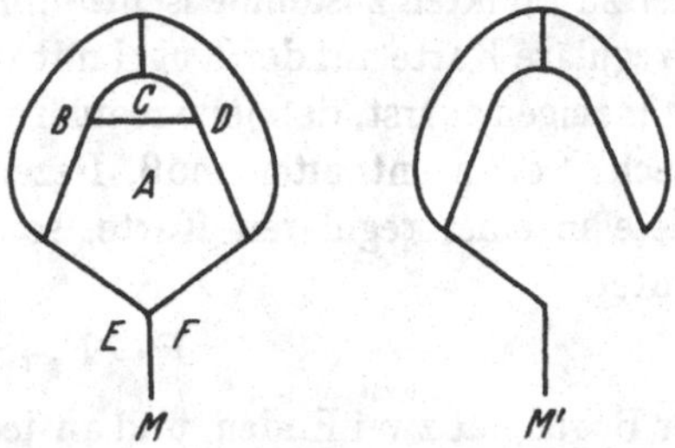

Fig. 147

nicht für den Torus zu.) Wir können daher annehmen, daß C und F sich nicht berühren. Wir entfernen die Seiten von A, die an C und F grenzen, und bilden dadurch eine neue Karte mit nur $n-2$ Gebieten, die ebenfalls regulär ist. *Wenn die neue Karte mit fünf Farben richtig gefärbt werden kann, so gilt dasselbe für die ursprüngliche Karte M*. Denn fügt man die Grenzlinien wieder hinzu, so ist A mit höchstens vier verschiedenen Farben in Berührung, da C und F dieselbe Farbe haben, und wir können also für A die fünfte Farbe wählen.

Daher läßt sich also in beiden Fällen, wenn M eine reguläre Karte mit n Gebieten ist, eine neue reguläre Karte M' mit $n-1$ oder $n-2$ Gebieten konstruieren, für die gilt: Kann M' mit fünf Farben richtig gefärbt werden, so ist dies auch für M möglich. Dasselbe Verfahren kann nun auf M' angewandt werden und so weiter; es ergibt sich eine Folge von abgeleiteten Landkarten

$$M, M', M'', \ldots.$$

Da die Anzahl der Gebiete auf den Karten dieser Folge ständig abnimmt, müssen wir schließlich eine Karte mit fünf oder noch weniger Gebieten erhalten. Eine solche Karte kann aber stets mit höchstens fünf Farben richtig gefärbt werden. Kehren wir dann Schritt für Schritt zu M zurück, so sehen wir, daß M selbst mit fünf Farben richtig gefärbt werden kann. Hiermit ist der Beweis erbracht. Man beachte, daß dies ein konstruktiver Beweis ist, da er eine vollkommen durchführbare, wenn auch umständliche Methode angibt, wie man tatsächlich für eine Karte mit n Gebieten in einer endlichen Anzahl von Schritten eine richtige Farbverteilung finden kann.

2. Der Jordansche Kurvensatz für Polygone

Der Jordansche Kurvensatz sagt aus, daß jede einfache geschlossene Kurve C die Punkte der Ebene, die nicht zu C gehören, in zwei getrennte Gebiete (ohne gemeinsame Punkte) einteilt, deren gemeinsamer Rand C ist. Wir wollen einen Beweis dieses Satzes für den Fall angeben, daß C ein geschlossenes *Polygon* P ist.

Wir werden zeigen, daß die nicht auf P gelegenen Punkte der Ebene in zwei Klassen A und B zerfallen, derart, daß je zwei Punkte derselben Klasse durch einen Streckenzug verbunden werden können, der P nicht schneidet, während jeder Streckenzug, der einen Punkt von A mit einem Punkt von B verbindet, P schneiden muß. Die Klasse A bildet das „Äußere" des Polygons und die Klasse B das „Innere".

Wir beginnen damit, daß wir eine feste Richtung in der Ebene wählen, die zu keiner der Seiten von P parallel ist. Da P nur eine endliche Anzahl von Seiten hat, ist dies immer möglich. Nun definieren wir die Klassen A und B in der folgenden Weise:

Der Punkt p gehört zu A, wenn der von p in der gewählten Richtung ausgehende Strahl das Polygon P in einer *geraden* Anzahl, 0, 2, 4, 6, . . ., von Punkten schneidet. Der Punkt p gehört zu B, wenn der betreffende Strahl P in einer *ungeraden* Anzahl, 1, 3, 5, . . ., von Punkten schneidet.

Die Strahlen, die durch die Ecken von P gehen, werden wie folgt behandelt: Wir zählen den Schnitt an einer Ecke nicht mit, wenn die beiden Seiten von P, die sich an der Ecke treffen, auf derselben Seite des Strahls liegen, aber wir zählen den Schnitt an einer Ecke mit, wenn die beiden Seiten auf verschiedenen Seiten des Strahls liegen. Wir sagen, daß zwei Punkte p und q dieselbe „Parität" haben, wenn sie zur gleichen Klasse, A oder B, gehören.

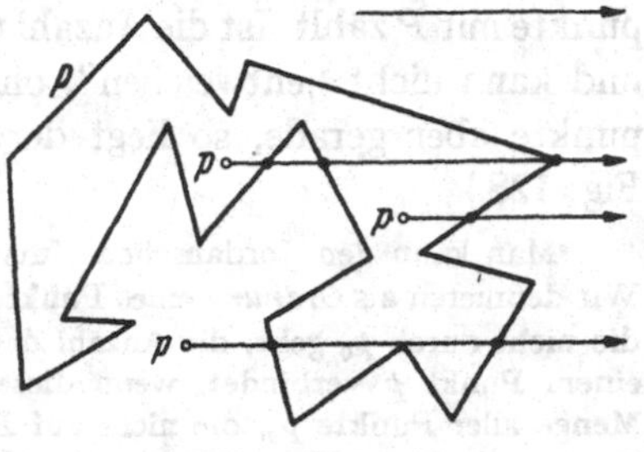

Fig. 148. Zählung der Schnittpunkte

Wir bemerken zuerst, daß alle Punkte auf einer beliebigen Strecke, die P nicht schneidet, dieselbe Parität haben. Denn die Parität eines Punktes p, der sich längs einer solchen Strecke bewegt, könnte sich nur ändern, wenn der von p in der gewählten Richtung ausgehende Strahl eine Ecke von P überstreicht, und in keinem der beiden möglichen Fälle wird sich die Parität wirklich ändern, wegen der im vorigen Absatz getroffenen Abmachung. Hieraus folgt: *Wenn ein beliebiger Punkt p_1 von A mit einem Punkt p_2 von B durch einen Streckenzug verbunden ist, muß dieser notwendig P schneiden.* Denn schnitte er P nicht, so wäre die Parität aller Punkte dieser Linie, also insbesondere die der Punkte p_1 und p_2, dieselbe. Weiter können wir zeigen, daß *zwei beliebige Punkte derselben Klasse, A oder B, durch einen Streckenzug, der P nicht schneidet, verbunden werden können.* Nennen wir die beiden Punkte p und q. Wenn die gerade Verbindungslinie von p und q das Polygon P nicht schneidet, so ist sie die verlangte Linie. Wenn sie aber P schneidet, möge p' der erste Schnittpunkt und q' der letzte Schnittpunkt mit P sein (Fig. 149). Wir konstruieren den Polygonzug, der von p ausgeht und entlang der Strecke pp' verläuft, kurz vor p' abbiegt

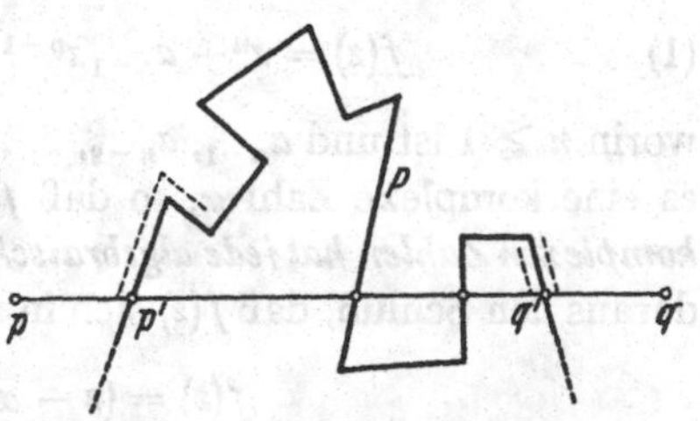

Fig. 149

und neben P herläuft, bis P bei q' zur Strecke pq zurückkehrt. Wenn wir beweisen können, daß dieser Polygonzug die Strecke pq zwischen q' und q trifft und nicht zwischen p' und q', dann kann der Polygonzug längs $q'q$ weitergehen, ohne P zu schneiden. Offensichtlich haben zwei Punkte r und s, die nahe genug beieinander, aber auf verschiedenen Seiten einer Strecke von P liegen, verschiedene Parität; denn der von r ausgehende Strahl wird P in einem Punkt mehr schneiden als der von s ausgehende. Daher sehen wir, daß die Parität wechselt, wenn wir auf der Linie pq den Punkt q' überschreiten. Daraus folgt, daß die punktierte Linie pq zwischen q' und q schneidet, da p und q (und folglich jeder Punkt der punktierten Linie) dieselbe Parität haben.

Damit ist der Beweis des Jordanschen Kurventheorems für den Fall eines Polygons P erbracht. Das „Äußere" von P kann jetzt mit der Klasse A identifiziert werden, denn wenn wir auf einem der Strahlen in der festen Richtung nur weit genug gehen, so kommen wir einmal zu einem Punkt, jenseits dessen keine Schnittpunkte mit P mehr vorkommen, so daß von hier ab alle weiteren Punkte die Parität 0 haben und folglich zu A gehören. Dann muß das „Innere" von P mit der Klasse B identifiziert werden. Wie verwickelt auch immer das einfache geschlossene Polygon P sein mag, man kann stets feststellen, ob ein gegebener Punkt p innerhalb oder außerhalb von P ist, indem man einen Strahl zeichnet und dessen Schnittpunkte mit P zählt. Ist die Anzahl ungerade, so ist der Punkt p in P eingeschlossen und kann nicht „entweichen", ohne P zu kreuzen. Ist die Anzahl der Schnittpunkte aber gerade, so liegt der Punkt p außerhalb. (Man bestätige dies an Fig. 128.)

*Man kann den Jordanschen Kurvensatz für Polygone auch folgendermaßen beweisen: Wir definieren als *Ordnung* eines Punktes p_0 mit Bezug auf eine beliebige geschlossene Kurve, die nicht durch p_0 geht, die Anzahl der vollständigen Umdrehungen eines Pfeils, der p_0 mit einem Punkt p verbindet, wenn dieser die ganze Kurve einmal durchläuft. Es sei A die Menge aller Punkte p_0, die nicht auf P liegen und von gerader Ordnung, B die Menge aller Punkte p_0, die nicht auf P liegen und von ungerader Ordnung in bezug auf P sind. Dann bilden die so definierten Klassen A und B das Äußere bzw. Innere von P. Die Durchführung dieses Beweises im einzelnen bleibe dem Leser überlassen.

**3. Der Fundamentalsatz der Algebra

Der sogenannte „Fundamentalsatz der Algebra" sagt aus: Ist

$$f(z) = z^n + a_{n-1}z^{n-1} + a_{n-2}z^{n-2} + \cdots + a_1 z + a_0, \tag{1}$$

worin $n \geqq 1$ ist und $a_{n-1}, a_{n-2}, \ldots, a_0$ beliebige komplexe Zahlen sind, dann gibt es eine komplexe Zahl α, so daß $f(\alpha) = 0$. Mit anderen Worten: *im Körper der komplexen Zahlen hat jede algebraische Gleichung eine Wurzel.* (Auf S. 81 zogen wir daraus den Schluß, daß $f(z)$ sich in n Linearfaktoren zerlegen läßt:

$$f(z) = (z - \alpha_1)(z - \alpha_2) \ldots (z - \alpha_n),$$

worin $\alpha_1, \alpha_2, \ldots, \alpha_n$ die Nullstellen von $f(z)$ sind.) Es ist merkwürdig, daß sich dieser Satz durch topologische Überlegungen beweisen läßt, die ähnlich denjenigen sind, die wir zum Beweis des Brouwerschen Fixpunktsatzes benutzt haben.

Der Leser wird sich erinnern, daß eine komplexe Zahl ein Symbol $x + yi$ ist, worin x und y reelle Zahlen sind, und i die Eigenschaft $i^2 = -1$ hat. Die komplexe

Zahl $x + yi$ kann in einer Ebene durch den Punkt mit den kartesischen Koordinaten x, y veranschaulicht werden. Wenn wir in dieser Ebene Polarkoordinaten einführen, indem wir den Ursprung und die positive Richtung der x-Achse als Pol bzw. Anfangsrichtung wählen, so können wir schreiben

$$z = x + yi = r(\cos\theta + i\sin\theta),$$

worin $r = \sqrt{x^2 + y^2}$ ist. Aus der de Moivreschen Formel folgt, daß

$$z^n = r^n(\cos n\theta + i\sin n\theta).$$

(Vgl. S. 77.) Lassen wir daher die komplexe Zahl z einen Kreis vom Radius r um den Ursprung beschreiben, so wird z^n einen Kreis vom Radius r^n genau n-mal durchlaufen, während z seinen Kreis einmal durchläuft. Wir erinnern uns weiter, daß r, der Modul von z, geschrieben $|z|$, den Abstand zwischen z und 0 angibt und daß $|z - z'|$ den Abstand zwischen z und z' bedeutet, wenn $z' = x' + y'i$ eine andere komplexe Zahl ist. Nach diesen Vorbereitungen können wir nun an den Beweis des Satzes gehen.

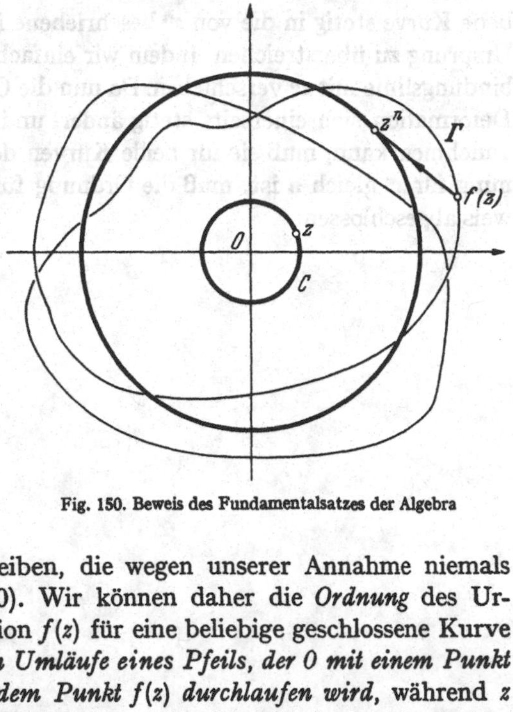

Fig. 150. Beweis des Fundamentalsatzes der Algebra

Nehmen wir an, das Polynom (1) hätte keine Wurzel, so daß für jede komplexe Zahl z

$$f(z) \neq 0.$$

Lassen wir jetzt z eine beliebige geschlossene Kurve in der x, y-Ebene beschreiben, dann wird $f(z)$ eine geschlossene Kurve Γ beschreiben, die wegen unserer Annahme niemals durch den Ursprung geht (Fig. 150). Wir können daher die *Ordnung* des Ursprungs 0 mit Bezug auf die Funktion $f(z)$ für eine beliebige geschlossene Kurve C definieren als *die Anzahl der vollen Umläufe eines Pfeils, der 0 mit einem Punkt auf der Kurve Γ verbindet, die von dem Punkt $f(z)$ durchlaufen wird*, während z die Kurve C durchläuft. Als Kurve C wählen wir einen Kreis um 0 mit dem Radius t, und wir definieren die Funktion $\phi(t)$ als die Ordnung von 0 mit Bezug auf die Funktion $f(z)$ für den Kreis um 0 mit dem Radius t. Offenbar ist $\phi(0) = 0$, da ein Kreis mit dem Radius 0 ein einzelner Punkt ist und die Kurve Γ dann nur aus dem Punkt $f(0) \neq 0$ besteht. Im nächsten Absatz werden wir zeigen, daß $\phi(t) = n$ ist für große Werte von t. Aber die Ordnung $\phi(t)$ hängt stetig von t ab, da $f(z)$ eine stetige Funktion von z ist. Also haben wir einen Widerspruch; denn die Funktion $\phi(t)$ kann nur ganzzahlige Werte annehmen und demnach nicht stetig von dem Wert 0 in den Wert n übergehen.

Es bleibt noch zu zeigen, daß $\phi(t) = n$ für große Werte von t. Auf einem Kreis mit dem Radius $|z| = t$, der so groß ist, daß

$$t > 1 \quad \text{und} \quad t > |a_0| + |a_1| + \cdots + |a_{n-1}|,$$

besteht offenbar die Ungleichung

$$\begin{aligned}|f(z) - z^n| &= |a_{n-1}z^{n-1} + \cdots + a_0| \\ &\leqq |a_{n-1}| \cdot |z|^{n-1} + \cdots + |a_0| \\ &= t^{n-1}\left[|a_{n-1}| + \cdots + \frac{|a_0|}{t^{n-1}}\right] \\ &\leqq t^{n-1}[|a_{n-1}| + \cdots + |a_0|] < t^n = |z^n|\,.\end{aligned}$$

Da der Ausdruck auf der linken Seite der Abstand zwischen den beiden Punkten z^n und $f(z)$ ist, während der letzte Ausdruck auf der rechten Seite der Abstand des Punktes z^n vom Ursprung ist, so sehen wir, daß die geradlinige Verbindung der Punkte $f(z)$ und z^n nicht durch den Ursprung gehen kann, solange z auf dem Kreis mit dem Radius t um den Ursprung liegt. Daher können wir die von $f(z)$ beschriebene Kurve stetig in die von z^n beschriebene Kurve deformieren, ohne jemals den Ursprung zu überstreichen, indem wir einfach jeden Punkt $f(z)$ längs seiner Verbindungslinie mit z^n verschieben. Da nun die Ordnung des Ursprungs während der Deformation sich einerseits stetig ändert und andererseits nur ganzzahlige Werte annehmen kann, muß sie für beide Kurven denselben Wert haben. Weil die Ordnung für z^n gleich n ist, muß die Ordnung für $f(z)$ auch n sein. Damit ist der Beweis abgeschlossen.

Sechstes Kapitel

Funktionen und Grenzwerte

Einleitung

Für die gesamte moderne Mathematik stehen die Begriffe der Funktion und des Grenzwertes oder „Limes" im Mittelpunkt. Sie sollen in diesem Kapitel systematisch diskutiert werden. Ein Ausdruck wie:

$$x^2 + 2x - 3$$

hat erst dann einen bestimmten numerischen Wert, wenn dem Symbol x ein Wert zugeschrieben wird. Wir sagen, daß der Wert dieses Ausdrucks eine Funktion des Wertes von x ist und schreiben

$$x^2 + 2x - 3 = f(x).$$

Für $x = 2$ zum Beispiel ist $2^2 + 2 \cdot 2 - 3 = 5$, also $f(2) = 5$. In derselben Weise können wir durch direktes Einsetzen den Wert von $f(x)$ für jede ganze, gebrochene, irrationale oder auch komplexe Zahl x finden.

Die Anzahl der Primzahlen, die kleiner sind als n, ist eine Funktion $\pi(n)$ der natürlichen Zahl n. Wenn der Wert von n gegeben ist, so ist der Wert $\pi(n)$ bestimmt, obwohl kein algebraischer Ausdruck für seine Berechnung bekannt ist. Der Flächeninhalt eines Dreiecks ist eine Funktion der Längen seiner drei Seiten; er variiert, wenn die Längen der Seiten variieren, und ist bestimmt, wenn man diesen Längen bestimmte Werte erteilt. Wenn eine Ebene einer projektiven oder topologischen Transformation unterworfen wird, so hängen die Koordinaten eines Punktes nach der Transformation von den ursprünglichen Koordinaten des Punktes ab, d. h. sie sind Funktionen von ihnen. Der Begriff der Funktion tritt immer auf, wenn Größen durch eine bestimmte physikalische Beziehung miteinander verknüpft sind. Das Volumen einer in einem Zylinder eingeschlossenen Gasmenge ist eine Funktion der Temperatur und des Druckes auf den Kolben. Der atmosphärische Druck in einem Luftballon ist eine Funktion der Höhe über dem Meeresspiegel. Das ganze Gebiet der periodischen Erscheinungen – die Gezeitenbewegung, die Schwingungen einer gezupften Saite, die Ausstrahlung von Lichtwellen durch einen Glühdraht – wird durch die einfachen trigonometrischen Funktionen $\sin x$ und $\cos x$ beherrscht.

Für Leibniz (1646–1716), der das Wort „Funktion" zuerst gebrauchte, und für die Mathematiker des achtzehnten Jahrhunderts bedeutete der Gedanke der funktionalen Abhängigkeit mehr oder weniger die Existenz einer einfachen mathematischen Formel, welche die Natur der Abhängigkeit exakt ausdrückte. Diese Auffassung erwies sich aber als zu eng für die Bedürfnisse der mathematischen Physik, und so wurden der Funktionsbegriff und der damit zusammenhängende

Begriff des Grenzwerts einem langen Prozeß der Verallgemeinerung und Klärung unterworfen, über den wir in diesem Kapitel berichten.

§ 1. Variable und Funktion

1. Definitionen und Beispiele

Häufig treten mathematische Objekte auf, die wir aus einer gewissen Grundmenge S von Objekten nach Belieben auswählen können. Dann nennen wir ein solches Objekt eine *Veränderliche oder Variable* innerhalb des *Bereiches oder Gebietes* S. Es ist gebräuchlich, für Variable Buchstaben aus dem Ende des Alphabets zu benutzen. Wenn also S z. B. die Menge aller ganzen Zahlen bedeutet, so bedeutet die Variable X im Gebiet S eine beliebige ganze Zahl. Wir sagen dann „die Veränderliche X variiert im Bereich S“, womit wir meinen, daß wir das Symbol X mit jedem beliebigen Element der Menge S identifizieren dürfen. Die Benutzung von Variablen ist bequem, wenn wir Aussagen machen wollen, die nach Belieben ausgewählte Objekte einer größeren Menge betreffen. Wenn zum Beispiel S wieder die Menge der ganzen Zahlen bedeutet, und X und Y zwei Variablen im Bereich S sind, so ist die Aussage

$$X + Y = Y + X$$

ein bequemer symbolischer Ausdruck für die Tatsache, daß die Summe zweier beliebiger ganzer Zahlen unabhängig ist von der Reihenfolge, in der sie genommen werden. Ein spezieller Fall wird durch die Gleichung $2 + 3 = 3 + 2$ ausgedrückt, die sich auf Konstanten bezieht; um aber das allgemeine Gesetz auszudrücken, das für jedes Zahlenpaar gültig ist, braucht man Symbole für variable Größen.

Es ist keineswegs notwendig, daß der Bereich S einer Variablen X eine Menge von Zahlen ist. Zum Beispiel könnte S die Menge aller Kreise in der Ebene sein; dann würde X irgendeinen einzelnen Kreis bedeuten. Oder S könnte die Menge aller geschlossenen Polygone in der Ebene und X ein einzelnes Polygon sein. Es ist auch nicht notwendig, daß der Bereich einer Variablen eine unendliche Anzahl von Elementen enthält. Zum Beispiel könnte X irgendein Mitglied der Einwohnerschaft einer Stadt zu einer gegebenen Zeit sein. Oder X könnte ein beliebiger der möglichen Reste bei der Division einer ganzen Zahl durch 5 sein; in diesem Fall bestünde der Bereich S nur aus den fünf Zahlen 0, 1, 2, 3, 4.

Der wichtigste Fall einer numerischen Variablen – in diesem Falle benutzen wir den kleinen Buchstaben x – ist der, daß der Variabilitätsbereich S ein Intervall $a \leqq x \leqq b$ der reellen Zahlenachse ist. Wir nennen dann x eine *stetige Variable* in dem Intervall. Der Variabilitätsbereich einer stetigen Variablen kann sich bis ins Unendliche erstrecken. So kann etwa S die Menge aller positiven reellen Zahlen sein, $x > 0$, oder sogar die Menge aller reellen Zahlen ohne Ausnahme. In ähnlicher Weise können wir auch eine Variable X betrachten, deren Werte die Punkte in einer Ebene oder in einem gegebenen Gebiet der Ebene sind, zum Beispiel im Innern eines Rechtecks oder eines Kreises. Da jeder Punkt der Ebene durch seine beiden Koordinaten x, y in bezug auf ein festes Achsenpaar bestimmt ist, so sagen wir in diesem Fall oft, daß wir ein *Paar von stetigen Variablen* x und y haben.

Es kann sein, daß jedem Wert einer Variablen X ein bestimmter Wert einer andern Variablen U zugeordnet ist. Dann nennt man U eine *Funktion* von X. Die

Art der Zuordnung wird durch ein Symbol ausgedrückt, z. B. durch

$$U = F(X) \qquad \text{(sprich „}F\text{ von }X\text{“)}.$$

Wenn X in dem Bereich S variiert, dann variiert der Funktionswert U in einem andern Bereich, etwa T. Ist zum Beispiel S die Menge aller Dreiecke X in der Ebene, so läßt sich eine Funktion $F(X)$ dadurch definieren, daß man jedem Dreieck X die Länge seines Umfanges $U = F(X)$ zuordnet. Dann ist T die Menge aller positiven Zahlen. Wir setzen hinzu, daß zwei verschiedene Dreiecke X_1 und X_2 denselben Umfang haben können, so daß die Gleichung $F(X_1) = F(X_2)$ möglich ist, auch wenn $X_1 \neq X_2$. Eine projektive Transformation einer Ebene S auf eine andere Ebene T ordnet nach einer bestimmten Regel, die wir durch das Funktionssymbol $U = F(X)$ ausdrücken können, jedem Punkt X von S einen einzigen Punkt U von T zu. In diesem Falle ist $F(X_1) \neq F(X_2)$, sobald $X_1 \neq X_2$, und wir sagen, daß die Abbildung von S auf T *eineindeutig* ist (siehe S. 62).

Funktionen von stetigen Veränderlichen werden häufig durch algebraische Ausdrücke gegeben. Beispiele dafür sind die Funktionen

$$u = x^2, \quad u = \frac{1}{x}, \quad u = \frac{1}{1+x^2}.$$

In dem ersten und letzten dieser Ausdrücke kann x in der ganzen Menge der reellen Zahlen variieren; im zweiten dagegen kann x nur in der Menge der reellen Zahlen mit Ausnahme der 0 variieren; der Wert 0 ist ausgeschlossen, da 1/0 keine Zahl ist.

Die Anzahl $B(n)$ der Primfaktoren von n ist eine Funktion von n, wobei n über dem Gebiet aller natürlichen Zahlen variiert. Allgemeiner kann eine beliebige Zahlenfolge $a_1, a_2, a_3, \ldots$ als die Menge der Werte einer Funktion $u = F(n)$ angesehen werden, wobei der Bereich der unabhängigen Variablen die Menge der natürlichen Zahlen ist. Nur der Kürze wegen schreiben wir a_n für das n-te Glied der Folge statt der ausführlicheren funktionalen Schreibweise $F(n)$. Die in Kapitel I besprochenen Ausdrücke

$$S_1(n) = 1 + 2 + \cdots + n = \frac{n(n+1)}{2},$$

$$S_2(n) = 1^2 + 2^2 + \cdots + n^2 = \frac{n(n+1)(2n+1)}{6},$$

$$S_3(n) = 1^3 + 2^3 + \cdots + n^3 = \frac{n^2(n+1)^2}{4}$$

sind Funktionen der positiv-ganzzahligen Variablen n.

In $U = F(X)$ nennen wir gewöhnlich X die ***unabhängige Variable*** und U die ***abhängige Variable***, da ihr Wert von dem für X gewählten Wert abhängt.

Es kann vorkommen, daß derselbe Wert U zu allen Werten von X gehört, so daß die Menge T nur aus einem einzigen Element besteht. Dann „variiert“ der Wert U der Funktion nicht wirklich; das heißt U ist *konstant*. Dieser Fall ist in dem allgemeinen Begriff einer Funktion eingeschlossen, auch wenn es dem Anfänger vielleicht merkwürdig erscheint, daß eine Konstante als Funktion aufgefaßt werden kann. Aber es schadet nichts und ist im Gegenteil sogar nützlich, wenn man eine Konstante als den Sonderfall einer Variablen ansieht, deren „Variationsbereich“ aus einem einzigen Element besteht.

Der Funktionsbegriff ist von der größten Bedeutung nicht nur für die reine Mathematik, sondern auch für die praktischen Anwendungen. Physikalische Gesetze sind nichts anderes als Aussagen über die Art, wie gewisse Größen von anderen abhängen, wenn man einige von diesen variieren läßt. So hängt die Höhe des Tones einer gezupften Saite von der Länge, dem Gewicht und der Spannung der Saite ab, der Druck der Atmosphäre hängt von der Höhe, die Energie eines Geschosses von seiner Masse und Geschwindigkeit ab. Die Aufgabe des Physikers besteht darin, die genaue oder angenähert genaue Natur dieser funktionalen Abhängigkeiten zu ermitteln.

Der Funktionsbegriff erlaubt eine exakte mathematische Kennzeichnung der Bewegung. Wenn ein bewegtes Teilchen sich in einem Punkt im Raum mit den rechtwinkligen Koordinaten x, y, z befindet und wenn t die Zeit mißt, so wird die Bewegung des Teilchens vollständig beschrieben, wenn man seine Koordinaten x, y, z als Funktionen von t angibt:

$$x = f(t), \qquad y = g(t), \qquad z = h(t).$$

Wenn z. B. ein Teilchen entlang der vertikalen z-Achse unter dem Einfluß der Schwerkraft allein frei fällt, so ist

$$x = 0, \qquad y = 0, \qquad z = -\frac{1}{2} g t^2,$$

worin g die Erdbeschleunigung ist. Wenn ein Teilchen auf einem Kreise mit dem Radius 1 in der x, y-Ebene gleichförmig umläuft, so ist seine Bewegung gekennzeichnet durch die Funktionen

$$x = \cos \omega t, \qquad y = \sin \omega t,$$

wobei ω eine Konstante ist, die sogenannte Winkelgeschwindigkeit der Bewegung.

Eine mathematische Funktion ist nichts anderes als ein Gesetz, das die Abhängigkeit veränderlicher Größen beschreibt. Damit ist nichts darüber ausgesagt, ob sie in dem Verhältnis von „Ursache und Wirkung" stehen. Während im gewöhnlichen Sprachgebrauch das Wort „Funktion" oft in dieser Bedeutung benutzt wird, vermeiden wir hier alle solchen philosophischen Deutungen. Zum Beispiel besagt das Boylesche Gesetz für ein Gas, welches in einem Gefäß bei konstanter Temperatur eingeschlossen ist, daß das Produkt vom Druck p und Volumen v eine Konstante c ist (die ihrerseits von der Temperatur abhängt):

$$pv = c.$$

Diese Relation kann sowohl nach p wie nach v, jeweils als Funktion der anderen Variablen, aufgelöst werden:

$$p = \frac{c}{v} \quad \text{oder} \quad v = \frac{c}{p},$$

ohne daß dadurch impliziert wird, daß eine Änderung des Volumens die „Ursache" der Änderung des Druckes bzw. daß die Druckänderung die „Ursache" der Volumenänderung ist. Es ist nur die Form der *Beziehung* zwischen den beiden Variablen, die den Mathematiker interessiert.

Mathematiker und Physiker unterscheiden sich manchmal darin, auf welche Auffassung des Funktionsbegriffs sie den Nachdruck legen. Die ersten betonen gewöhnlich das *Gesetz der Zuordnung*, die mathematische Operation, die auf die unabhängige Variable x anzuwenden ist, um den Wert der abhängigen Variablen u zu erhalten. In diesem Sinne ist $f(\ )$ ein Symbol für eine *mathematische Operation*; der Wert $u = f(x)$ ist das Ergebnis der Anwendung der Operation $f(\ )$ auf die Zahl x. Der Physiker andererseits interessiert sich oft mehr für die Größe u als solche, als für das mathematische Verfahren, mit dessen Hilfe die Werte von u aus denen von x berechnet werden können. So hängt der Luftwiderstand u eines bewegten Körpers von dessen Geschwindigkeit v ab und kann experimentell gefunden werden, einerlei ob eine mathematische Formel zur Berechnung von $u = f(v)$ bekannt ist oder nicht. Es ist der wirkliche Widerstand, der den Physiker in erster Linie interessiert, und nicht irgendeine spezielle mathematische Formel $f(v)$; es sei denn, daß das Studium einer solchen Formel dazu dienen kann, das Verhalten der Größe u zu analysieren. Bei komplizierteren Berechnungen mit Funktionen kann eine Verwirrung häufig nur dadurch vermieden werden, daß man genau klarstellt, ob man die Operation $f(\ )$ meint, die jedem x eine Größe $u = f(x)$ zuordnet, oder die Größe u selbst, die möglicherweise auch noch in ganz anderer Weise durch eine andere unabhängige Variable z dargestellt werden kann. Zum Beispiel ist der Flächeninhalt eines Kreises durch die Funktion $u = f(x) = \pi x^2$ gegeben, worin x der Radius ist, zugleich aber auch durch die Funktion $u = g(z) = z^2/4\pi$, worin z der Umfang ist.

Die wohl einfachsten Typen mathematischer Funktionen von einer Veränderlichen sind die *Polynome* von der Form

$$u = f(x) = a_0 + a_1 x + a_2 x^2 + \cdots + a_n x^n$$

mit konstanten „Koeffizienten" $a_0, a_1, \ldots, a_n$. Dann folgen die *rationalen* Funktionen, wie etwa

$$u = \frac{1}{x}, \quad u = \frac{1}{1+x^2}, \quad u = \frac{2x+1}{x^4+3x^2+5},$$

welche Quotienten von Polynomen sind, und ferner die *trigonometrischen Funktionen* $\cos x$, $\sin x$ und $\tan x = \sin x/\cos x$, die sich am einfachsten definieren lassen durch Bezugnahme auf den Einheitskreis in der ξ, η-Ebene, $\xi^2 + \eta^2 = 1$. Wenn der Punkt $P(\xi, \eta)$ sich auf der Peripherie dieses Kreises bewegt und wenn x der in bestimmtem Drehsinn genommene Winkel ist, um den die positive ξ-Achse gedreht werden muß, um mit OP zusammenzufallen, dann sind $\cos x$ und $\sin x$ die Koordinaten von P: $\cos x = \xi$, $\sin x = \eta$.

2. Das Bogenmaß eines Winkels

Für alle praktischen Zwecke mißt man Winkel in Einheiten, die sich durch Unterteilung des rechten Winkels in eine Anzahl gleicher Teile ergeben. Wenn diese Anzahl 90 ist, dann haben wir als Einheit den gewöhnlichen „Grad". Eine Unterteilung in 100 Teile wäre eigentlich unserem Dezimalsystem besser angepaßt; sie würde aber schließlich dasselbe Meßprinzip darstellen. Für theoretische Zwecke ist es dagegen vorteilhaft, eine wesentlich andere Methode zur Kennzeichnung einer Winkelgröße zu verwenden: das sogenannte Bogenmaß. Viele wichtige Formeln, die trigonometrische Funktionen von Winkeln enthalten, haben in diesem System eine einfachere Form, als wenn die Winkel in Grad gemessen werden.

Um das Bogenmaß eines Winkels zu finden, schlagen wir einen Kreis mit dem Radius 1 um den Scheitel des Winkels. Der Winkel schneidet einen Bogen s aus dem Umfang dieses Kreises heraus, und die Länge dieses Bogens definieren wir als das *Bogenmaß* des Winkels. Da der ganze Umfang eines Kreises mit dem Radius 1 die Länge 2π hat, besitzt der volle Winkel von 360° das Bogenmaß 2π. Wenn also x das Bogenmaß eines Winkels und y sein Gradmaß ist, so folgt, daß x und y durch die Beziehung $y/360 = x/2\pi$ verknüpft sind oder

$$\pi y = 180 x.$$

Demnach hat ein Winkel von 90° ($y = 90$) das Bogenmaß $x = 90\pi/180 = \pi/2$ usw. Andererseits ist der Winkel vom Bogenmaß 1 der Winkel, der aus einem beliebigen Kreis einen Bogen von der Länge des Radius ausschneidet; in Grad gemessen ist dies der Winkel $y = 180/\pi = 57{,}2957\ldots$ Grad. Um aus dem Bogenmaß x eines Winkels sein Gradmaß y zu erhalten, muß x immer mit dem Faktor $180/\pi$ multipliziert werden.

Das Bogenmaß x eines Winkels ist ferner gleich dem doppelten Flächeninhalt A des von dem Winkel ausgeschnittenen Sektors des Einheitskreises; denn dieser Sektor verhält sich zur Fläche des ganzen Kreises wie die Bogenlänge auf dem Umfang zum ganzen Umfang: $A/\pi = x/2\pi$, $x = 2A$.

Im folgenden soll der Winkel x den Winkel mit dem Bogenmaß x bedeuten. Einen Winkel von x Grad werden wir in der Form $x°$ schreiben, um Mißverständnisse auszuschließen.

Es wird sich zeigen, daß das Bogenmaß für analytische Operationen sehr bequem ist. Für praktische Zwecke würde es dagegen einigermaßen unbequem sein. Da π irrational ist, kommt man niemals zum selben Punkt des Kreises zurück, wenn man den Einheitswinkel, d. h. den Winkel vom Bogenmaß 1, mehrmals hintereinander auf dem Kreis abträgt. Das gewöhnliche Winkelmaß ist so eingerichtet, daß man zum Ausgangspunkt zurückkommt, wenn man 360 mal 1 Grad oder 4 mal 90 Grad abträgt.

3. Graphische Darstellung einer Funktion. Inverse Funktionen

Der Charakter einer Funktion wird oft am deutlichsten erkennbar aus einer einfachen geometrischen Darstellung. Wenn x, u die Koordinaten in einer Ebene sind, bezogen auf ein kartesisches Achsenkreuz, dann werden lineare Funktionen

$$u = ax + b$$

durch gerade Linien dargestellt; quadratische Funktionen

$$u = ax^2 + bx + c$$

durch Parabeln; die Funktion

$$u = \frac{1}{x}$$

durch eine Hyperbel, usw. Nach Definition besteht die graphische Darstellung oder der „*Graph*" einer beliebigen Funktion $u = f(x)$ aus allen Punkten der Ebene,

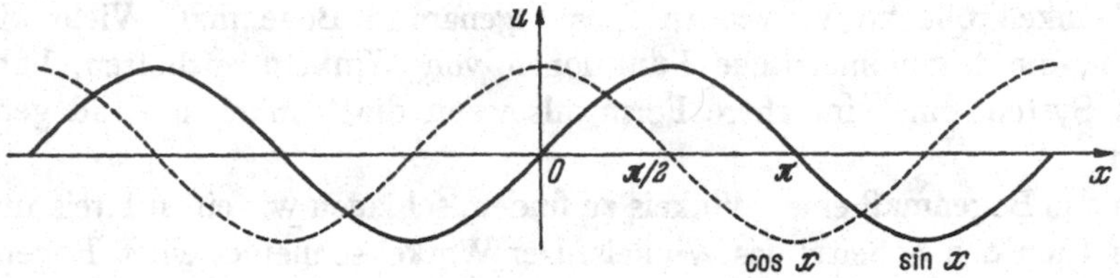

Fig. 151. Graphen von $u = \sin x$ und $u = \cos x$

deren Koordinaten x, u in der Beziehung $u = f(x)$ stehen. Die Funktionen $\sin x$, $\cos x$ und $\tan x$ werden durch die Kurven der Figuren 151 und 152 dargestellt. Diese graphischen Darstellungen zeigen deutlich, wie die Werte der Funktionen zu- und abnehmen, wenn x variiert.

Eine wichtige Methode zur Einführung neuer Funktionen ist die folgende: Ausgehend von einer bekannten Funktion $F(X)$ können wir versuchen, die Gleichung $U = F(X)$ nach X aufzulösen, so daß X als Funktion von U erscheint:

$$X = G(U).$$

Die Funktion $G(U)$ heißt dann die *inverse Funktion* oder *Umkehrfunktion* von $F(X)$. Dieses Verfahren führt nur dann zu einem eindeutigen Ergebnis, wenn die Funktion $U = F(X)$ eine eineindeutige Abbildung des Bereichs von X auf den von U definiert, d. h. wenn die Ungleichheit $X_1 \neq X_2$ immer auch die Ungleichheit $F(X_1) \neq F(X_2)$ zur Folge hat, denn nur dann wird ein eindeutig bestimmtes X zu jedem U gehören. Unser früheres Beispiel, in dem X ein beliebiges Dreieck in der Ebene und $U = F(X)$ dessen Umfang bedeutete, gehört hierher: Offenbar ist die Abbildung der Menge S der Dreiecke auf die Menge T der positiven reellen Zahlen nicht eineindeutig, da es unendlich viele verschiedene Dreiecke mit demselben Umfang gibt. Daher kann in diesem Fall die Relation $U = F(X)$ nicht dazu dienen, eine eindeutige Umkehrfunktion zu definieren. Die Funktion $m = 2n$ andererseits, wo n über die Menge S der ganzen Zahlen und m über die Menge T der geraden Zahlen variiert, gibt durchaus eine eineindeutige Zuordnung zwischen den beiden Mengen, und die Umkehrfunktion $n = m/2$ ist eindeutig definiert. Ein anderes Beispiel einer eineindeutigen Abbildung liefert die Funktion

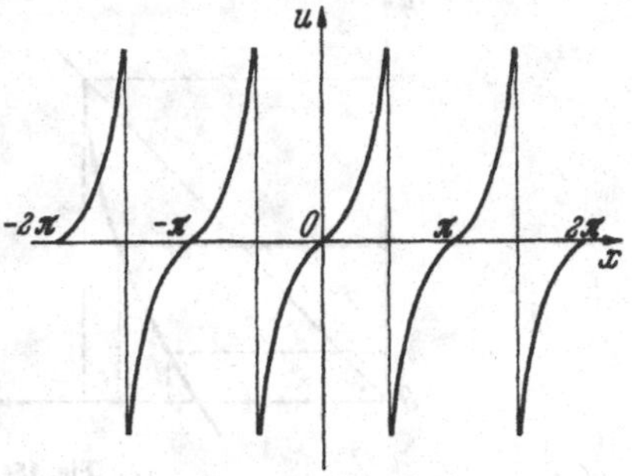

Fig. 152. $u = \tan x$

$$u = x^3.$$

Wenn x über der Menge aller reellen Zahlen variiert, so gilt dasselbe für u, und jeder Wert u wird einmal und nur einmal angenommen. Die eindeutig definierte Umkehrfunktion ist

$$x = \sqrt[3]{u}.$$

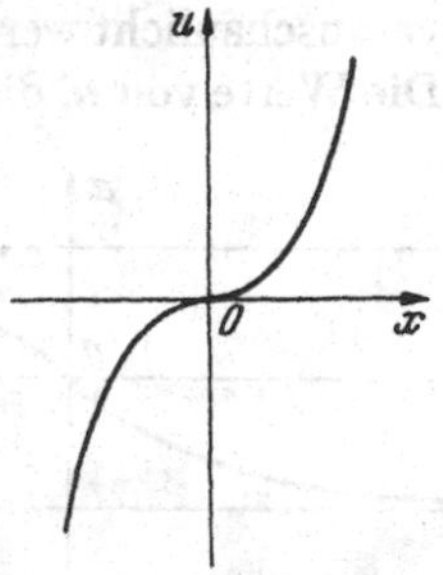

Fig. 153. $u = x^3$

Für die Funktion $u = x^2$ ist die Umkehrfunktion nicht eindeutig definiert. Denn da $u = x^2 = (-x)^2$, hat jeder positive Wert von u *zwei* zugehörige Werte von x. Wenn wir aber x und u auf *positive* Werte (einschließlich Null) einschränken, dann gibt es die Umkehrfunktion

$$x = \sqrt{u}.$$

Hierbei ist, wie üblich, das Symbol $\sqrt{u}$ als die *nichtnegative* Zahl definiert, deren Quadrat u ist.

Die Existenz einer eindeutigen Umkehrung einer Funktion $u = f(x)$ von einer Veränderlichen läßt sich aus der graphischen Darstellung der Funktion erkennen. Die inverse Funktion ist eindeutig definiert, wenn jedem Wert von u nur ein Wert von x entspricht. Für die graphische Darstellung bedeutet dies, daß keine Parallele zur x-Achse die Kurve in mehr als einem Punkt schneidet. Dies wird sicher der

Fall sein, wenn die Funktion $u = f(x)$ *monoton* ist, d. h. wenn sie bei zunehmendem x dauernd zu- oder dauernd abnimmt. Wenn zum Beispiel $u = f(x)$ dauernd zunimmt, dann haben wir für $x_1 < x_2$ stets $u_1 = f(x_1) < u_2 = f(x_2)$. Daher kann es für einen gegebenen Wert von u höchstens ein x geben, für das $f(x) = u$ ist, und die Umkehrfunktion ist also eindeutig definiert. Der Graph der Umkehrfunktion $x = g(u)$ ergibt sich einfach, indem man die ursprüngliche Kurve an der gestrichelten Linie (Fig. 154) spiegelt, so daß die Lage der x- und der u-Achse vertauscht werden.

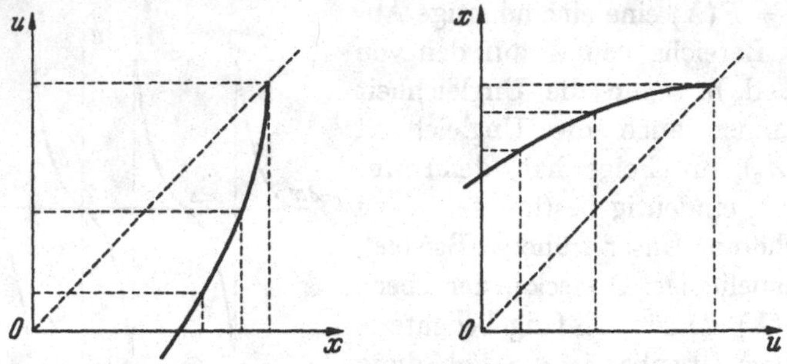

Fig. 154. Inverse Funktionen

Die neue Kurve stellt dann x als Funktion von u dar. In der ursprünglichen Lage stellt die Kurve u als Höhe über der horizontalen x-Achse dar; nach der Spiegelung dagegen stellt die gleiche Kurve x als Höhe über der horizontalen u-Achse dar.

Die Betrachtungen des vorigen Absatzes mögen noch für den Fall der Funktion

$$u = \tan x$$

veranschaulicht werden. Diese Funktion ist monoton für $-\pi/2 < x < \pi/2$ (Fig. 152). Die Werte von u, die mit x dauernd zunehmen, variieren von $-\infty$ bis $+\infty$; daher ist die inverse Funktion

$$x = g(u)$$

für alle Werte von u definiert. Diese Funktion wird mit $\tan^{-1} u$ oder $\operatorname{arc}\tan u$ bezeichnet. Also ist $\operatorname{arc}\tan(1) = \pi/4$, weil $\tan(\pi/4) = 1$ ist. Fig. 155 zeigt den Graphen dieser Funktion.

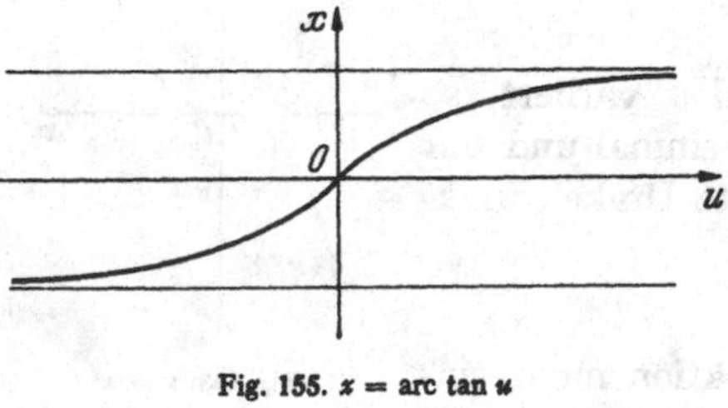

Fig. 155. $x = \operatorname{arc}\tan u$

4. Zusammengesetzte Funktionen

Eine zweite wichtige Methode zur Herstellung neuer Funktionen aus zwei oder mehr gegebenen ist das *Zusammensetzen* von Funktionen. Zum Beispiel ist die Funktion

$$u = f(x) = \sqrt{1 + x^2}$$

„zusammengesetzt" aus den beiden einfacheren Funktionen

$$z = g(x) = 1 + x^2, \quad u = h(z) = \sqrt{z}$$

und kann geschrieben werden als

$$u = f(x) = h(g[x]) \qquad \text{(sprich „}h\text{ von }g\text{ von }x\text{")}.$$

Ebenso ist

$$u = f(x) = \frac{1}{\sqrt{1-x^2}}$$

zusammengesetzt aus den drei Funktionen

$$z = g(x) = 1 - x^2, \quad w = h(z) = \sqrt{z}, \quad u = k(w) = \frac{1}{w},$$

so daß

$$u = f(x) = k(h[g(x)]).$$

Die Funktion

$$u = f(x) = \sin\frac{1}{x}$$

ist zusammengesetzt aus den beiden Funktionen

$$z = g(x) = \frac{1}{x}, \quad u = h(z) = \sin z.$$

Die Funktion $f(x)$ ist nicht definiert für $x = 0$, da der Ausdruck $1/x$ für $x = 0$ keinen Sinn hat. Die Kurve dieser merkwürdigen Funktion ergibt sich aus der Sinuskurve. Wir wissen, daß $\sin z = 0$ für $z = k\pi$ ist, wenn k irgendeine positive oder negative ganze Zahl ist. Ferner ist

$$\sin z = \begin{cases} 1 & \text{für } z = (4k+1)\frac{\pi}{2}, \\ -1 & \text{für } z = (4k-1)\frac{\pi}{2}, \end{cases}$$

wenn k irgendeine ganze Zahl ist. Daher ist

$$\sin\frac{1}{x} = \begin{cases} 0 & \text{für } x = \frac{1}{k\pi}, \\ 1 & \text{für } x = \frac{2}{(4k+1)\pi}, \\ -1 & \text{für } x = \frac{2}{(4k-1)\pi}. \end{cases}$$

Setzen wir der Reihe nach

$$k = 1, 2, 3, 4, \ldots,$$

so werden, da die Nenner dieser Brüche über alle Grenzen wachsen, die Werte von x, für welche die Funktion $\sin(1/x)$ die Werte 1, -1, 0 hat, sich immer enger an den Punkt 0 herandrängen. Zwischen jedem solchen Punkt und dem Ursprung werden immer noch unendlich viele Oszillationen der Funktion liegen. Der Graph dieser Funktion ist in Fig. 156 dargestellt.

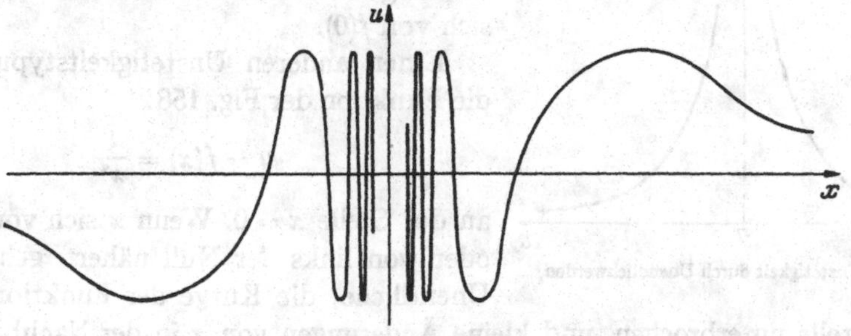

Fig. 156. $u = \sin\frac{1}{x}$

5. Stetigkeit

Die Graphen der bisher betrachteten Funktionen veranschaulichen die Eigenschaft der Stetigkeit. Wir werden diesen Begriff in § 4 genau analysieren, nachdem wir den Grenzbegriff streng definiert haben. Ganz grob können wir aber schon jetzt sagen, daß eine Funktion stetig ist, wenn ihr Graph eine ununterbrochene Kurve ist (siehe S. 236). Eine gegebene Funktion $u = f(x)$ kann auf ihre Stetigkeit geprüft werden, indem wir die unabhängige Variable x stetig von der rechten und von der linken Seite her auf irgendeinen speziellen Wert x_1 rücken lassen. Wenn die Funktion $u = f(x)$ in der Umgebung von x_1 nicht konstant ist, wird sich dabei ihr Wert ebenfalls ändern. Wenn der Wert von $f(x)$ sich dem Wert $f(x_1)$ der Funktion an der betreffenden Stelle x_1 als Grenzwert nähert, *einerlei ob wir uns von der einen oder der anderen Seite her x_1 nähern*, dann wird die Funktion als *stetig in* x_1 bezeichnet. Wenn dies für jeden Punkt x_1 eines gewissen Intervalls gilt, dann nennt man die Funktion *stetig in diesem Intervall.*

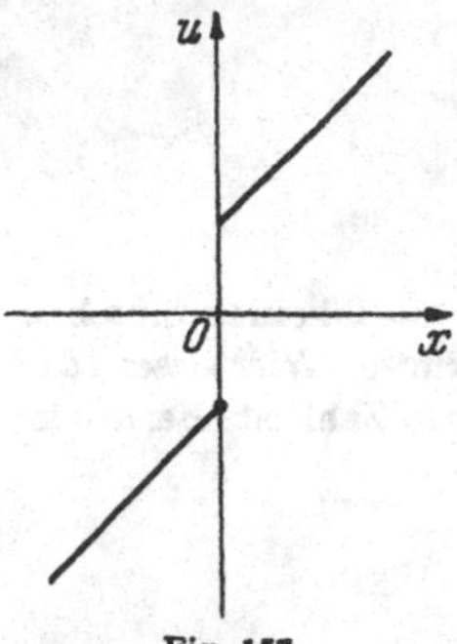

Fig. 157. Sprunghafte Unstetigkeit

Während jede Funktion, die durch eine ununterbrochene Kurve dargestellt wird, stetig ist, kann man leicht Funktionen definieren, die nicht überall stetig sind. Zum Beispiel ist die Funktion der Fig. 157, die für alle Werte von x durch

$$f(x) = 1 + x \qquad \text{für } x > 0$$

$$f(x) = -1 + x \qquad \text{für } x \leqq 0$$

definiert ist, unstetig im Punkte $x_1 = 0$ ist, wo sie den Wert -1 hat. Wenn wir den Graphen dieser Funktion zeichnen wollen, müssen wir an diesem Punkt den Bleistift abheben. Wenn wir uns dem Wert $x_1 = 0$ von der rechten Seite her nähern, so nähert sich $f(x)$ dem Werte $+1$. Dieser Wert ist aber verschieden von dem an dieser Stelle geltenden Wert -1. Der Umstand, daß $f(x)$ sich dem Wert -1 nähert, wenn x von der *linken* Seite her gegen Null geht, genügt nicht für die Stetigkeit.

Die Funktion $f(x)$, die für alle x definiert wird, indem man

$$f(x) = 0 \quad \text{für} \quad x \neq 0, \qquad f(0) = 1$$

setzt, zeigt eine Unstetigkeit anderer Art an der Stelle $x_1 = 0$. Hier existieren sowohl der rechtsseitige wie der linksseitige Grenzwert, und beide stimmen auch überein, wenn x sich der Null nähert, aber dieser gemeinsame Grenzwert unterscheidet sich von $f(0)$.

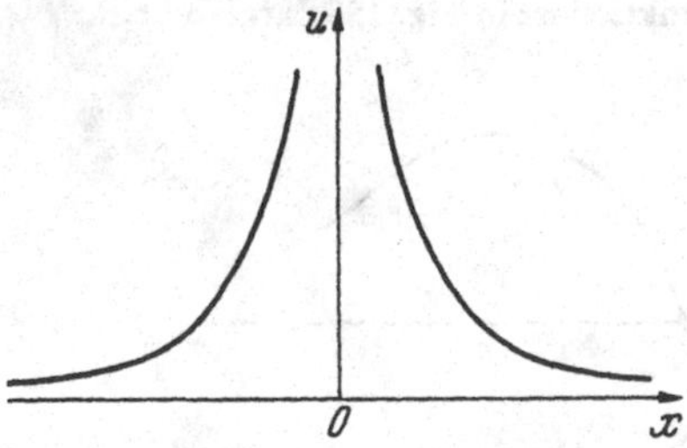

Fig. 158. Unstetigkeit durch Unendlichwerden

Einen anderen Unstetigkeitstypus zeigt die Funktion der Fig. 158:

$$u = f(x) = \frac{1}{x^2}$$

an der Stelle $x = 0$. Wenn x sich von rechts oder von links der Null nähert, geht u ins Unendliche; die Kurve der Funktion ist an dieser Stelle unterbrochen, und kleine Änderungen von x in der Nachbarschaft von $x = 0$ können sehr große Änderungen von u bewirken. Streng genommen ist der Wert der Funktion für $x = 0$ gar nicht definiert, da wir das Unendliche nicht als Zahl zulassen können und deshalb auch nicht sagen können, daß $f(x)$ unendlich *ist*, wenn $x = 0$ ist. Folglich sagen wir besser, daß $f(x)$ „gegen unendlich strebt", wenn x sich dem Nullwert nähert.

Eine Unstetigkeit von noch anderer Art tritt in der Funktion $u = \sin 1/x$ an der Stelle $x = 0$ auf, wie der Graph dieser Funktion zeigt (Fig. 156).

Die angegebenen Beispiele zeigen also verschiedene Möglichkeiten für die Unstetigkeit einer Funktion an einer Stelle $x = x_1$:

1. Es kann möglich sein, die Funktion in $x = x_1$ stetig zu machen, indem man ihren Wert für $x = x_1$ in geeigneter Weise definiert oder umdefiniert. Zum Beispiel ist die Funktion $u = x/x$ stets gleich 1, solange $x \neq 0$; sie ist nicht definiert für $x = 0$, da 0/0 ein sinnloses Symbol ist. Wenn wir aber vereinbaren, daß der Wert $u = 1$ in diesem Fall auch bei $x = 0$ gelten soll, so wird die so erweiterte Funktion stetig für alle Werte von x, ohne Ausnahme. Dasselbe wird erreicht, wenn wir bei der Funktion auf S. 216 ($f(x) = 0$ für $x \neq 0, f(0) = 1$) den Wert in $x = 0$ umdefinieren zu $f(0) = 0$. Eine Unstetigkeit dieser Art nennt man *hebbar*.

2. Die Funktion kann verschiedenen Grenzwerten zustreben, wenn sich x von rechts oder links dem Wert x_1 nähert, wie in Fig. 157.

3. Es können selbst einseitige Grenzwerte nicht existieren, wie in Fig. 156.

4. Die Funktion kann gegen unendlich streben, wenn x sich x_1 nähert, wie in Fig. 158.

Unstetigkeiten der letzten drei Arten heißen *wesentlich*. Sie lassen sich nicht durch geeignete Definition oder Abänderung des Funktionswertes an der Stelle $x = x_1$ allein beseitigen.

Übungen: 1. Man zeichne die Kurven der Funktionen $\frac{x-1}{x^2}, \frac{x^2-1}{x^2+1}, \frac{x}{(x^2-1)(x^2+1)}$ und bestimme ihre Unstetigkeiten.

2. Man zeichne die Kurven der Funktionen $x \sin \frac{1}{x}$ und $x^2 \sin \frac{1}{x}$ und beweise, daß sie bei $x = 0$ stetig sind, wenn man in beiden Fällen $u = 0$ für $x = 0$ definiert.

*3. Man zeige, daß die Funktion $\arctan \frac{1}{x}$ eine Unstetigkeit der zweiten Art (Sprung) bei $x = 0$ besitzt.

*6. Funktionen von mehreren Veränderlichen

Wir kehren zu unserer systematischen Diskussion des Funktionsbegriffs zurück. Wenn die unabhängige Variable P ein Punkt in der Ebene mit den Koordinaten x, y ist und wenn jedem solchen Punkt P eine einzige Zahl u entspricht – zum Beispiel könnte u der Abstand des Punktes P vom Ursprung sein –, dann schreiben wir gewöhnlich

$$u = f(x, y) .$$

Diese Bezeichnung wird auch angewendet, wenn, wie es häufig der Fall ist, von vornherein zwei Größen x und y als unabhängige Variablen auftreten. Zum Beispiel ist der Druck u eines Gases eine Funktion des Volumens x und der Temperatur y, und der Flächeninhalt u eines Dreiecks ist eine Funktion $f(x, y, z)$ der Längen x, y und z seiner drei Seiten.

In derselben Weise, in der ein Graph die geometrische Darstellung einer Funktion von einer Veränderlichen ist, erhält man eine geometrische Darstellung einer Funktion $u = f(x, y)$ von zwei Variablen durch eine Fläche im dreidimensionalen Raum mit den Koordinaten x, y, u. Jedem Punkt x, y in der x, y-Ebene ordnen wir den Punkt im Raum zu, dessen Koordinaten x, y und $u = f(x, y)$ sind. So wird die Funktion $u = \sqrt{1 - x^2 - y^2}$ durch eine Kugelfläche mit der Gleichung

$u^2 + x^2 + y^2 = 1$ (Fig. 159) dargestellt, die lineare Funktion $u = ax + by + c$ durch eine Ebene, die Funktion $u = xy$ durch ein hyperbolisches Paraboloid (Fig. 160) usw.

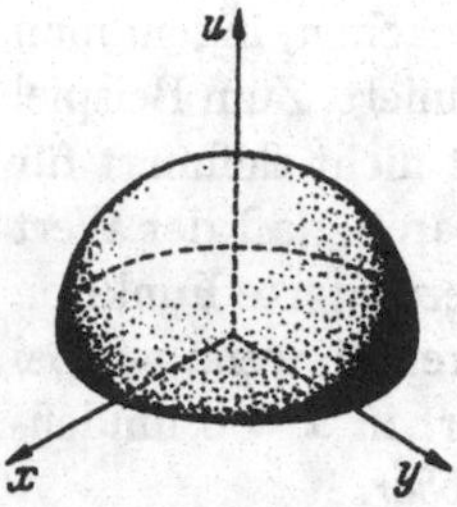

Fig. 159. Halbkugel

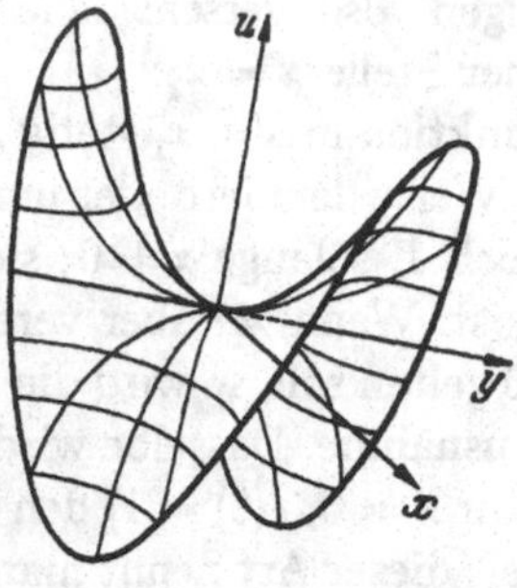

Fig. 160. Hyperbolisches Paraboloid

Eine andere Darstellung der Funktion $u = f(x, y)$ läßt sich allein in der x, y-Ebene mit Hilfe von *Höhenlinien* geben. Anstatt die dreidimensionale „Hügellandschaft" $u = f(x, y)$ zu betrachten, zeichnen wir, wie auf einer Geländekarte, die Höhenlinien der Funktion, die aus den Projektionen aller Punkte von gleicher Höhe u auf die x, y-Ebene bestehen. Diese horizontalen Kurven sind einfach die Kurven $f(x, y) = c$ (Fig. 161 und 162), wobei c für jede Kurve konstant bleibt und von

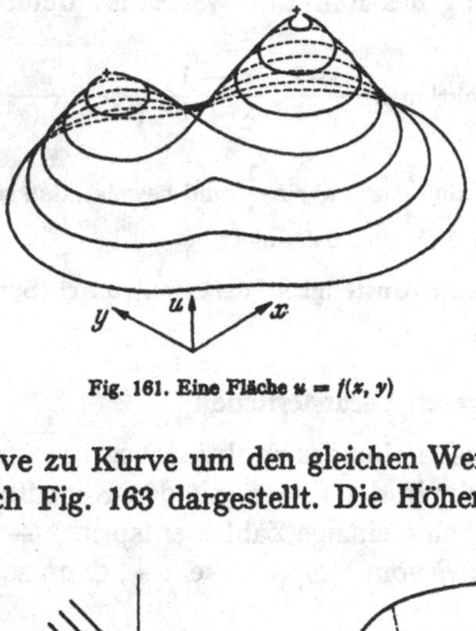

Fig. 161. Eine Fläche $u = f(x, y)$

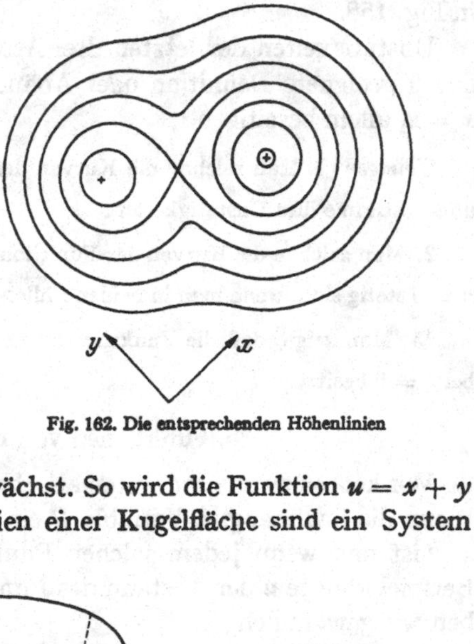

Fig. 162. Die entsprechenden Höhenlinien

Kurve zu Kurve um den gleichen Wert wächst. So wird die Funktion $u = x + y$ durch Fig. 163 dargestellt. Die Höhenlinien einer Kugelfläche sind ein System

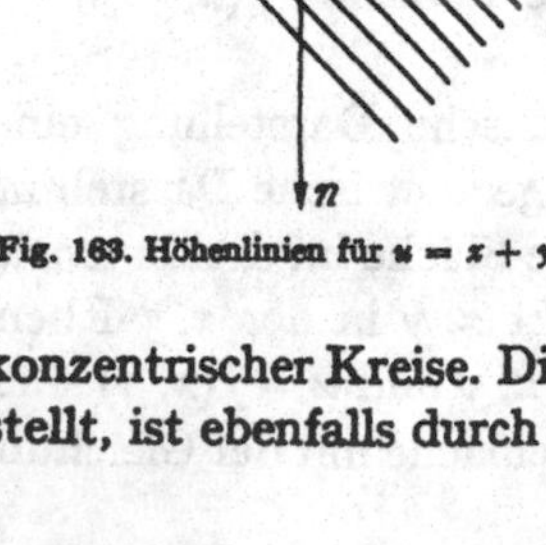

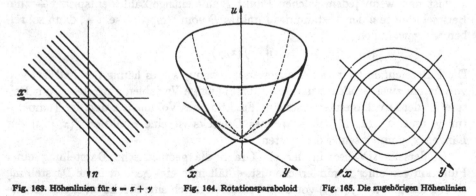

Fig. 163. Höhenlinien für $u = x + y$

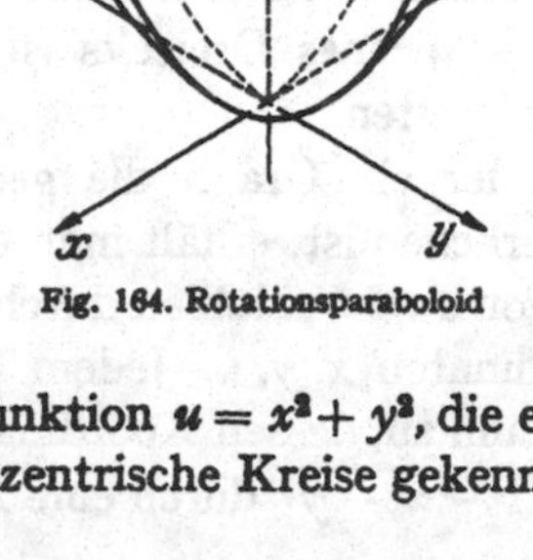

Fig. 164. Rotationsparaboloid

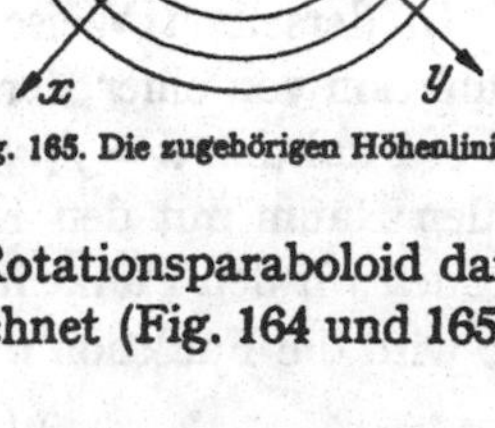

Fig. 165. Die zugehörigen Höhenlinien

konzentrischer Kreise. Die Funktion $u = x^2 + y^2$, die ein Rotationsparaboloid darstellt, ist ebenfalls durch konzentrische Kreise gekennzeichnet (Fig. 164 und 165).

Durch Zahlen, die an die verschiedenen Kurven geschrieben werden, kann man die jeweilige Höhe $u = c$ angeben.

Funktionen von mehreren Variablen kommen in der Physik vor, wenn die Bewegung nicht-starrer Körper beschrieben werden soll. Denken wir uns zum Beispiel eine Saite zwischen zwei Punkten der x-Achse ausgespannt und dann so deformiert, daß das Teilchen mit der Koordinate x um eine gewisse Strecke senkrecht zur Achse bewegt wird. Wenn die Saite dann freigegeben wird, so wird sie in der Weise Schwingungen ausführen, daß das Teilchen mit der Koordinate x zur Zeit t einen Abstand $u = f(x, t)$ von der x-Achse hat. Die Bewegung ist vollständig beschrieben, sobald die Funktion $u = f(x, t)$ bekannt ist.

Die Definition der Stetigkeit, die wir für Funktionen von einer Variabeln gaben, läßt sich direkt auf Funktionen mehrerer Variablen übertragen. Eine Funktion $u = f(x, y)$ heißt stetig im Punkt $x = x_1$, $y = y_1$, wenn $f(x, y)$ sich immer dem Wert $f(x_1, y_1)$ nähert, sobald der Punkt x, y sich in irgendeiner Weise dem Punkt x_1, y_1 nähert.

Es besteht jedoch ein wesentlicher Unterschied zwischen Funktionen von einer und solchen von mehreren Veränderlichen. Im zweiten Falle verliert der Begriff der Umkehrfunktion seinen Sinn, da wir eine Gleichung $u = f(x, y)$, zum Beispiel $u = x + y$, nicht in der Weise auflösen können, daß jede der Größen x und y sich durch die *eine* Größe u ausdrücken läßt. Aber dieser Unterschied im Verhalten der Funktionen von einer und von mehreren Variabeln verschwindet, wenn wir das Wesen einer Funktion darin sehen, daß sie eine Abbildung oder Transformation definiert.

*7. Funktionen und Transformationen

Eine Zuordnung zwischen den Punkten einer Geraden l, die durch eine Koordinate x längs der Geraden gekennzeichnet seien, und den Punkten einer anderen Geraden l mit Koordinaten x' ist einfach eine Funktion $x' = f(x)$. Sofern die Zuordnung eineindeutig ist, haben wir auch eine inverse Funktion $x = g(x')$. Das einfachste Beispiel ist eine Transformation durch Projektion; diese wird — wir behaupten das hier ohne Beweis — im allgemeinen durch eine Funktion der Form $x' = f(x) = (ax + b)/(cx + d)$ dargestellt, worin a, b, c, d Konstante sind.

Abbildungen in zwei Dimensionen von einer Ebene ε mit den Koordinaten x, y auf eine Ebene ε' mit den Koordinaten x', y' können nicht durch eine einzige Funktion $x' = f(x)$ dargestellt werden, sondern erfordern zwei Funktionen von zwei Variabeln:

$$x' = f(x, y),$$
$$y' = g(x, y).$$

Zum Beispiel wird eine projektive Transformation durch ein Funktionensystem

$$x' = \frac{ax + by + c}{gx + hy + k},$$
$$y' = \frac{dx + ey + f}{gx + hy + k},$$

gegeben, worin $a, b, \ldots, k$ Konstanten sind und x, y bzw. x', y' die Koordinaten in den beiden Ebenen ε und ε'. Von diesem Gesichtspunkt aus ist die Idee der Umkehrfunktion durchaus sinnvoll. Wir müssen einfach *dieses Gleichungssystem* *nach x und y auflösen*. Geometrisch bedeutet dies, daß die inverse Abbildung von ε' auf ε gefunden werden muß. Diese ist eindeutig definiert, sofern die Zuordnung zwischen den Punkten der beiden Ebenen eineindeutig ist.

Die in der Topologie untersuchten Transformationen der Ebene sind nicht durch einfache algebraische Gleichungen gegeben, sondern durch ein beliebiges System von Funktionen

$$x' = f(x, y),$$
$$y' = g(x, y),$$

das eine eineindeutige und beiderseits stetige Transformation definiert.

Übungen: *1. Man zeige, daß die Transformation der Inversion (Kapitel III, S. 113.) am Einheitskreis analytisch durch die Gleichungen $x' = x/(x^2 + y^2)$, $y' = y/(x^2 + y^2)$ gegeben ist. Man bestimme die inverse Transformation. Man beweise analytisch, daß die Inversion die Gesamtheit der Geraden und Kreise in Geraden und Kreise transformiert.

2. Man beweise, daß durch eine Transformation $x' = (ax + b)/(cx + d)$ vier Punkte der x-Achse in vier Punkte der x'-Achse mit demselben Doppelverhältnis transformiert werden (Vgl. S. 137).

§ 2. Grenzwerte

1. Der Grenzwert einer Folge a_n

Wie wir in § 1 gesehen haben, beruht die Beschreibung der Stetigkeit einer Funktion auf dem Grenzbegriff. Bisher haben wir diesen Begriff in mehr oder weniger anschaulicher Form benutzt. In diesem und den folgenden Abschnitten wollen wir ihn etwas systematischer behandeln. Da Zahlenfolgen einfacher sind als Funktionen von stetigen Veränderlichen, beginnen wir mit dem Studium von Zahlenfolgen.

Im Kapitel II untersuchten wir für Folgen a_n von Zahlen den Grenzwert oder „Limes“, wenn n unbegrenzt zunimmt oder „gegen unendlich strebt“.

Zum Beispiel hat die Folge, deren n-tes Glied $a_n = 1/n$ ist,

$$(1) \qquad 1, \frac{1}{2}, \frac{1}{3}, \ldots, \frac{1}{n}, \ldots,$$

bei wachsendem n den Grenzwert 0:

$$(2) \qquad \frac{1}{n} \to 0, \quad \text{wenn} \quad n \to \infty.$$

Wir wollen versuchen, exakt auszudrücken, was hiermit gemeint ist. Wenn wir diese Folge weiter und weiter fortsetzen, dann werden die Glieder kleiner und kleiner. Nach dem 100sten Gliede sind alle Glieder kleiner als 1/100, nach dem 1000sten alle kleiner als 1/1000 und so weiter. Keines der Glieder ist jemals genau gleich 0. Aber wenn wir nur *genügend weit* in der Folge (1) gehen, können wir sicher sein, daß die einzelnen Glieder sich von 0 um *beliebig wenig* unterscheiden.

Der einzige Mangel an dieser Erklärung ist, daß die Bedeutung der kursiv gedruckten Ausdrücke nicht vollkommen klar ist. Wie weit ist „genügend weit“ und wie wenig ist „beliebig wenig“? Erst wenn wir diesen Ausdrücken einen präzisen Sinn beilegen können, dann erhält auch die Limesrelation (2) einen präzisen Sinn.

Eine geometrische Deutung ist hier von Nutzen. Wenn wir die Glieder der Folge (1) durch die entsprechenden Punkte auf der Zahlenachse darstellen, so bemerken wir, daß die Glieder der Folge sich um den Punkt 0 zusammendrängen.

Wählen wir ein beliebiges Intervall I auf der Zahlenachse, mit dem Mittelpunkt 0 und einer Gesamtbreite 2ε, so daß das Intervall sich zu beiden Seiten von 0 bis zum Abstand ε erstreckt. Wenn wir $\varepsilon = 10$ wählen, so liegen natürlich *alle* Glieder $a_n = 1/n$ der Folge innerhalb des Intervalls I. Nehmen wir $\varepsilon = 1/10$, so liegen die ersten Glieder außerhalb I; aber alle Glieder von a_{11} an,

$$\frac{1}{11}, \frac{1}{12}, \frac{1}{13}, \frac{1}{14}, \ldots,$$

liegen innerhalb I. Selbst wenn wir $\varepsilon = 1/1000$ wählen, liegen nur die ersten tausend Glieder nicht innerhalb I, während von dem Glied a_{1001} an alle die unendlich vielen Glieder

$$a_{1001}, a_{1002}, a_{1003}, \ldots$$

innerhalb I liegen. Diese Überlegung gilt offenbar für jede positive Zahl ε: sobald man ein positives ε gewählt hat, wie klein es auch immer sein mag, kann man auch eine ganze Zahl N finden, die so groß ist, daß

$$\frac{1}{N} < \varepsilon.$$

Daraus folgt, daß alle Glieder a_n der Folge, bei denen $n \geqq N$ ist, innerhalb I liegen; nur die endlich vielen Glieder $a_1, a_2, \ldots, a_{N-1}$ können außerhalb liegen. Wichtig ist: *Zuerst* wird dem Intervall I durch die Wahl von ε eine beliebige Breite zuerteilt; *dann* kann eine passende Zahl N gefunden werden. Dieses Verfahren, zuerst eine Zahl ε zu wählen und dann eine passende ganze Zahl N zu bestimmen, kann für jede positive Zahl ε, so klein sie auch sei, durchgeführt werden und gibt der Aussage, daß alle Glieder der Folge (1) sich beliebig wenig von 0 unterscheiden, wenn wir die Folge nur genügend weit fortsetzen, einen präzisen Sinn.

Wir fassen zusammen: Es sei ε eine beliebig gewählte positive Zahl. Dann können wir eine natürliche Zahl N finden, derart daß alle Glieder a_n der Folge (1), für die $n \geqq N$ ist, innerhalb eines Intervalls von der Breite 2ε liegen, dessen Mittelpunkt der Punkt 0 ist. Dies ist der präzise Sinn der Limesrelation (2).

Auf Grund dieses Beispiels sind wir nun in der Lage, eine exakte Definition für die allgemeine Aussage zu geben: „Die reelle Zahlenfolge $a_1, a_2, a_3, \ldots$ hat den Grenzwert a". Wir schließen a in ein Intervall I auf der Zahlenachse ein: wenn das Intervall klein ist, können einige der Zahlen a_n außerhalb des Intervalls liegen, aber sobald n genügend groß wird, etwa größer oder gleich einer gewissen ganzen Zahl N, dann müssen alle Zahlen a_n, für die $n \geqq N$ ist, innerhalb des Intervalls I liegen. Natürlich muß die Zahl N möglicherweise sehr groß genommen werden, falls man ein sehr kleines Intervall gewählt hat; aber wie klein das Intervall I auch sei, es muß eine solche Zahl N geben, wenn die Folge den Grenzwert a haben soll.

Die Tatsache, daß eine Folge a_n den Grenzwert oder Limes a hat, wird symbolisch ausgedrückt, indem man schreibt

$$\lim a_n = a, \quad \text{wenn } n \to \infty$$

oder einfach

$$a_n \to a, \quad \text{wenn } n \to \infty$$

(sprich: *a_n strebt gegen a*, oder *konvergiert gegen a*). Die Definition der Konvergenz einer Folge a_n gegen a läßt sich kurz wie folgt formulieren: *Die Folge $a_1, a_2, a_3, \ldots$ hat für $n \to \infty$ den Limes a, falls man zu jeder noch so kleinen positiven Zahl ε eine* *(von ε abhängige) natürliche Zahl N finden kann, so daß*

(3) $$|a - a_n| < \varepsilon$$

für alle

$$n \geqq N.$$

Dies ist eine abstrakte Formulierung des Grenzwertbegriffs bei einer Folge. Es ist kein Wunder, daß man sie, wenn man ihr zum ersten Mal begegnet, nicht sofort vollständig erfassen kann. Manche Lehrbuchverfasser haben bedauerlicherweise die beinahe snobistische Ansicht, man könne dem Leser diese Definition ohne Vorbereitung vorsetzen – als ob eine nähere Erklärung unter der Würde eines Mathematikers läge.

Diese Definition läßt sich illustrieren durch einen „Wettstreit" zwischen zwei Personen A und B. A stellt die Forderung auf, daß die a_n sich dem festen Wert a mit einem Genauigkeitsgrad annähern sollen, der besser ist als eine gewählte Fehlergröße $\varepsilon = \varepsilon_1$; B erfüllt die Forderung, indem er eine ganze Zahl $N = N_1$ angibt, derart daß alle a_n, die hinter dem Element a_{N_1} kommen, die ε_1-Forderung erfüllen. Nun wird A anspruchsvoller und stellt eine neue, kleinere Fehlergrenze $\varepsilon = \varepsilon_2$ auf. B entspricht wieder der Forderung von A, indem er eine (vielleicht viel größere) ganze Zahl $N = N_2$ aufzeigt. *Wenn A durch B zufriedengestellt werden kann, wie klein auch immer A die Fehlergrenze wählt, so haben wir die Situation, die durch $a_n \to a$ ausgedrückt wird.*

Es besteht eine bestimmte psychologische Schwierigkeit beim Erfassen dieser genauen Definition des Limes. Unsere Anschauung suggeriert eine „dynamische" Idee des Grenzwerts als Ergebnis eines „Bewegungsvorganges"; wir bewegen uns durch die Folge der natürlichen Zahlen $1, 2, 3, \ldots, n, \ldots$ und beobachten dabei, wie sich die Folge a_n zum Grenzwert a hin bewegt. Aber diese „natürliche" Auffassung entzieht sich einer klaren mathematischen Formulierung. Um zu einer präzisen Definition zu gelangen, müssen wir die Reihenfolge der Schritte *umkehren*; anstatt zuerst auf die unabhängige Variable n und dann erst auf die abhängige Variable a_n zu blicken, müssen wir die Definition auf das Verfahren gründen, das wir zu befolgen haben, wenn wir die Behauptung $a_n \to a$ tatsächlich nachprüfen wollen. Dazu müssen wir zuerst eine beliebig kleine Umgebung von a wählen und dann prüfen, ob wir die Bedingung, daß die a_n in der Umgebung liegen, erfüllen können, indem wir *nach* der Wahl der Genauigkeitsgrenze die unabhängige Variable n hinreichend groß wählen. Geben wir dann den Ausdrücken „beliebig kleine Umgebung" und „hinreichend großes n" die symbolischen Namen ε und N, so haben wir die präzise Definition des Limes.

Als weiteres Beispiel betrachten wir die Folge

$$\frac{1}{2}, \frac{2}{3}, \frac{3}{4}, \frac{4}{5}, \ldots, \frac{n}{n+1}, \ldots,$$

worin $a_n = \dfrac{n}{n+1}$ ist. Denken wir wieder an die Partner A und B. B behauptet, daß $\lim a_n = 1$ ist. Wenn A ein Intervall wählt, dessen Mittelpunkt beim Punkt 1 liegt und für das $\varepsilon = 1/10$, so kann B die Forderung (3) von A erfüllen, indem er $N = 10$ wählt; denn es gilt

$$0 < 1 - \frac{n}{n+1} = \frac{n+1-n}{n+1} = \frac{1}{n+1} < \frac{1}{10},$$

sobald $n \geqq 10$. Wenn A seine Forderung verschärft, indem er $\varepsilon = 1/1000$ verlangt, so kann B dem wiederum begegnen, indem er $N = 1000$ wählt, und dasselbe gilt für jede noch so kleine Zahl ε, die A wählt; wie man sieht, braucht B nur eine ganze Zahl größer als $1/\varepsilon$ zu wählen. Dieses Verfahren, eine beliebig kleine ε-Umgebung der Zahl a anzugeben und dann zu beweisen, daß die Glieder der Reihe a_n alle um weniger als ε von a entfernt sind, wenn wir in der Reihe weit genug gehen, ist die ausführliche Beschreibung der Tatsache, daß $\lim a_n = a$.

Wenn die Glieder der Folge $a_1, a_2, a_3, \ldots$ als unendliche Dezimalbrüche ausgedrückt sind, so bedeutet die Behauptung $\lim a_n = a$ einfach, daß für eine beliebige natürliche Zahl m die ersten m Ziffern von a_n mit den ersten m Ziffern der Dezimalbruchentwicklung der festen Zahl a übereinstimmen, vorausgesetzt daß n genügend groß gewählt wird, etwa größer oder gleich einer Zahl N (die von m abhängt). Das entspricht einfach der Wahl eines ε in der Form 10^{-m}.

Es gibt noch einen anderen, recht suggestiven Weg, den Grenzwertbegriff auszudrücken. Wenn $\lim a_n = a$ ist und wenn wir a in ein Intervall I einschließen, dann werden, so klein I auch sein mag, alle Zahlen a_n, deren n größer oder gleich einer gewissen Zahl N ist, innerhalb von I liegen, so daß also höchstens *eine endliche Anzahl N—1 von Gliedern* am Anfang der Folge,

$$a_1, a_2, a_3, \ldots, a_{N-1},$$

außerhalb I liegen kann. Wenn I sehr klein ist, kann N sehr groß sein, vielleicht hundert oder gar tausend Milliarden; es wird doch nur eine endliche Anzahl von Gliedern der Folge außerhalb I liegen, während die unendlich vielen übrigen Glieder innerhalb I liegen.

Man sagt von den Gliedern einer unendlichen Folge, daß „fast alle" eine gewisse Eigenschaft haben, wenn nur eine endliche Anzahl von Gliedern, so groß sie auch sei, die Eigenschaft nicht hat. Zum Beispiel sind „fast alle" positiven ganzen Zahlen größer als 1000000000000. Benutzen wir diese Terminologie, so ist die Aussage $\lim a_n = a$ äquivalent mit der Aussage: *Wenn I ein beliebiges Intervall mit dem Mittelpunkt in a ist, so liegen fast alle Zahlen a_n innerhalb I.*

Nebenbei sei bemerkt, daß nicht notwendigerweise angenommen werden muß, daß alle Glieder a_n der Folge verschiedene Werte haben. Es ist zulässig, daß einige, unendlich viele oder sogar *alle* Zahlen a_n dem Grenzwert a gleich sind. Zum Beispiel ist die Folge $a_1 = 0, a_2 = 0, \ldots, a_n = 0, \ldots$ eine durchaus zulässige Folge, und ihr Limes ist natürlich 0.

Eine Folge a_n, die einen Grenzwert a besitzt, heißt *konvergent*. Eine Folge a_n, die keinen Grenzwert hat, heißt *divergent*.

Übungen: Man beweise:

1. Die Folge $a_n = \dfrac{n}{n^2+1}$ hat den Limes 0. $\left(\text{Anleitung: } a_n = \dfrac{1}{n + \frac{1}{n}} \text{ ist kleiner als } \dfrac{1}{n} \text{ und größer als } 0.\right)$

2. Die Folge $a_n = \dfrac{n^2+1}{n^3+1}$ hat den Limes 0. $\left(\text{Anleitung: } a_n = \dfrac{1 + \frac{1}{n^2}}{n + \frac{1}{n^2}} \text{ liegt zwischen 0 und } \dfrac{2}{n}\right)$

3. Die Folge 1, 2, 3, 4, ... und die oszillierenden Folgen

$$1, 2, 1, 2, 1, 2, \ldots,$$

$$-1, 1, -1, 1, -1, \ldots \text{ (d. h. } a_n = (-1)^n,$$

und
$$1, \frac{1}{2}, 1, \frac{1}{3}, 1, \frac{1}{4}, 1, \frac{1}{5}, \ldots$$

haben keinen Grenzwert.

Wenn in einer Folge a_n die Glieder so groß werden, daß schließlich a_n größer ist als jede vorgegebene Zahl K, dann sagen wir, daß a_n *gegen unendlich strebt*, und schreiben $\lim a_n = \infty$ oder $a_n \to \infty$. Zum Beispiel gilt $n^2 \to \infty$ und $2^n \to \infty$. Diese Terminologie ist nützlich, aber vielleicht nicht ganz konsequent, da ∞ ja nicht als Zahl a betrachtet werden kann. *Eine Folge, die gegen unendlich strebt, heißt jedenfalls immernoch divergent.*

Übung: Man zeige, daß die Folge $a_n = \frac{n^2+1}{n}$ gegen unendlich strebt; ebenso die Folgen $a_n = \frac{n^2+1}{n+1}$, $a_n = \frac{n^3+1}{n+1}$ und $a_n = \frac{n^n}{n^2+1}$.

Anfänger denken zuweilen, daß man den Übergang zur Grenze bei $n \to \infty$ einfach dadurch bewerkstelligen könnte, daß man $n = \infty$ in den Ausdruck für a_n einsetzt. Zum Beispiel: $1/n \to 0$, weil „$1/\infty = 0$". Aber das Symbol ∞ ist keine Zahl, und seine Verwendung in dem Ausdruck $1/\infty$ ist unzulässig. Versucht man, sich den Grenzwert einer Folge als das „letzte" Glied a_n vorzustellen, mit $n = \infty$, so verkennt man das Wesentliche und verdunkelt den wahren Sachverhalt.

2. Monotone Folgen

In der allgemeinen Definition auf S. 221 f. wurde keine spezielle Art der Annäherung der konvergenten Folge $a_1, a_2, a_3, \ldots$ an ihren Grenzwert a gefordert. Den einfachsten Typ bildet eine sogenannte monotone Folge, wie zum Beispiel die Folge

$$\frac{1}{2}, \frac{2}{3}, \frac{3}{4}, \ldots, \frac{n}{n+1}, \ldots.$$

Jedes Glied dieser Folge ist größer als das vorhergehende. Denn $a_{n+1} = \frac{n+1}{n+2} = 1 - \frac{1}{n+2} > 1 - \frac{1}{n+1} = \frac{n}{n+1} = a_n$. Von einer Folge dieser Art, bei der $a_{n+1} > a_n$, sagt man, daß sie *monoton zunimmt* oder *monoton wächst*. Entsprechend sagt man von einer Folge, für die $a_n > a_{n+1}$, also etwa von der Folge $1, 1/2, 1/3, \ldots$, daß sie *monoton abnimmt*. Solche Folgen nähern sich ihrem Grenzwert nur von einer Seite. Im Gegensatz zu ihnen gibt es Folgen, die oszillieren, wie zum Beispiel die Folge $-1, +1/2, -1/3, +1/4, \ldots$. Diese Folge nähert sich dem Grenzwert 0 von beiden Seiten (siehe Fig. 11, S. 56).

Das Verhalten einer monotonen Folge ist besonders leicht zu bestimmen. Eine solche Folge kann ohne Grenzwert sein und unbegrenzt zunehmen, wie die Folge

$$1, 2, 3, 4, \ldots,$$

bei der $a_n = n$ ist, oder wie

$$2, 3, 5, 7, 11, 13, \ldots,$$

wo a_n gleich der n-ten Primzahl p_n ist. In diesem Falle strebt die Folge gegen ∞. Wenn aber die Glieder einer monoton wachsenden Folge beschränkt bleiben —

das heißt, wenn jedes Glied kleiner ist als eine obere Schranke S, die man von vornherein kennt —, dann ist es anschaulich klar, daß die Folge sich einem gewissen Grenzwert a nähern muß, der kleiner als der Wert S oder höchstens gleich S ist. Wir formulieren dies als das *Prinzip der monotonen Folgen: jede monoton zunehmende Folge, die eine obere Schranke hat, konvergiert gegen einen Grenzwert.* (Ein analoger Satz gilt für jede *monoton abnehmende* Folge, die eine *untere* Schranke hat.) Es ist bemerkenswert, daß der Wert des Limes a nicht gegeben oder im voraus bekannt zu sein braucht; der Satz besagt, daß unter den angegebenen Bedingungen der Limes *existiert*. Natürlich hängt dieser Satz von der Einführung irrationaler Zahlen ab und würde ohne diese nicht immer zutreffen; denn wie wir in Kapitel II gesehen haben, ist jede irrationale Zahl (wie z. B. $\sqrt{2}$) der Grenzwert einer monoton wachsenden, beschränkten Folge von rationalen Dezimalbrüchen, die man erhält, wenn man einen gewissen unendlichen Dezimalbruch hinter der n-ten Ziffer abbricht.

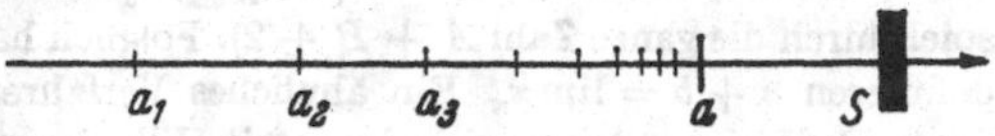

Fig. 166. Eine monotone beschränkte Folge

*Obwohl das Prinzip der monotonen Folgen unmittelbar einleuchtet, ist es doch lehrreich, einen strengen Beweis in moderner Fassung dafür zu geben. Zu diesem Zweck müssen wir zeigen, daß das Prinzip eine logische Konsequenz aus der Definition der reellen Zahlen und des Grenzbegriffs ist.

Nehmen wir an, daß die Zahlen $a_1, a_2, a_3, \ldots$ eine monoton wachsende, aber beschränkte Folge bilden. Wir können die Glieder dieser Folge als unendliche Dezimalbrüche ausdrücken,

$$\begin{aligned} a_1 &= A_1, p_1 p_2 p_3 \ldots, \\ a_2 &= A_2, q_1 q_2 q_3 \ldots, \\ a_3 &= A_3, r_1 r_2 r_3 \ldots, \\ &\ldots\ldots\ldots\ldots, \end{aligned}$$

in denen die A_i ganze Zahlen sind und die p_i, q_i, usw. Ziffern von 0 bis 9. Nun verfolgen wir die Spalte der ganzen Zahlen $A_1, A_2, A_3, \ldots$ abwärts. Da die Folge $a_1, a_2, a_3 \ldots$ *beschränkt* ist, können diese ganzen Zahlen nicht immer weiter zunehmen, und da die Folge *monoton wächst*, müssen die ganzen Zahlen $A_1, A_2, A_3, \ldots$ *nach Erreichung eines Höchstwertes konstant bleiben*. Nennen wir diesen Höchstwert A und nehmen wir an, daß er in der N_0-ten Zeile erreicht wird. Nun verfolgen wir die zweite Spalte $p_1, q_1, r_1, \ldots$ abwärts, indem wir uns auf die Glieder der N_0-ten und der folgenden Zeilen beschränken. Wenn x_1 die größte Ziffer ist, die nach der N_0-ten Zeile in dieser Spalte vorkommt, dann muß x_1 nach seinem ersten Erscheinen dauernd wieder auftreten; dies möge von der N_1-ten Zeile an der Fall sein, wobei $N_1 \geqq N_0$. Denn wenn die Ziffer dieser Spalte irgendwann später wieder abnähme, dann könnte die Folge $a_1, a_2, a_3, \ldots$ nicht monoton zunehmen. Sodann betrachten wir die Ziffern $p_2, q_2, r_2, \ldots$ der dritten Spalte. Die gleiche Überlegung zeigt, daß nach einer gewissen ganzen Zahl $N_2 \geqq N_1$ die Ziffern dieser Spalte konstant gleich einer Ziffer x_2 sind. Wenn wir diese Betrachtung für die 4te, 5te, ... Spalte wiederholen, erhalten wir die Ziffern $x_3, x_4, x_5, \ldots$ und die entsprechenden ganzen Zahlen $N_3, N_4, N_5, \ldots$. Man sieht leicht ein, daß die Zahl

$$a = A, x_1 x_2 x_3 x_4 \ldots$$

der Limes der Folge $a_1, a_2, a_3, \ldots$ ist. Denn ist das gewählte $\varepsilon \geqq 10^{-m}$, dann stimmen für alle $n \geqq N_m$ der ganzzahlige Anteil und die ersten m Ziffern nach dem Komma von a_n mit denen von a überein, so daß die Differenz $|a - a_n|$ nicht größer sein kann als 10^{-m}. Da man dies für jedes positive, noch so kleine ε durchführen kann, indem man m genügend groß wählt, so ist der Satz bewiesen.

Auch mit Hilfe jeder der anderen, in Kapitel II gegebenen Definitionen der reellen Zahlen kann der Satz bewiesen werden; z. B. mit Hilfe der Definition durch Intervallschachtelungen oder durch Dedekindsche Schnitte. Solche Beweise sind in den meisten Lehrbüchern der höheren Mathematik zu finden.

Das Prinzip der monotonen Folgen hätte in Kapitel II benutzt werden können, um Summe und Produkt zweier positiver unendlicher Dezimalbrüche zu definieren

$$a = A, a_1 a_2 a_3 \ldots,$$
$$b = B, b_1 b_2 b_3 \ldots.$$

Zwei solche Ausdrücke können nicht auf die gewöhnliche Art addiert oder multipliziert werden, indem man am rechten Ende anfängt, denn ein solches Ende gibt es nicht. (Der Leser möge einmal versuchen, die beiden unendlichen Dezimalbrüche 0,333333... und 0,989898... zu addieren.) Wenn aber x_n den *endlichen* Dezimalbruch bezeichnet, den man erhält, indem man die Ausdrücke für a und b an der n-ten Stelle abbricht und dann in der gewöhnlichen Weise addiert, so nimmt die Folge $x_1, x_2, x_3, \ldots$ monoton zu und ist beschränkt (zum Beispiel durch die ganze Zahl $A + B + 2$). Folglich hat diese Folge einen Limes, und wir können definieren $a + b = \lim x_n$. Ein ähnliches Verfahren dient zur Definition des Produktes ab. Diese Definitionen lassen sich dann mit Hilfe der gewöhnlichen Regeln der Arithmetik erweitern, so daß sie alle Fälle umfassen, in denen a und b positiv oder negativ sind.

Übung: Man zeige auf diese Weise, daß die Summe der oben genannten beiden unendlichen Dezimalbrüche gleich der reellen Zahl 1,323232... = 131/99 ist.

Die Bedeutung des Grenzbegriffs in der Mathematik liegt in der Tatsache, daß *viele Zahlen nur als Grenzwerte definiert sind* – häufig als Grenzwerte monotoner, beschränkter Folgen. Das ist der Grund, weshalb der Körper der rationalen Zahlen, in dem ein solcher Grenzwert nicht immer existiert, für die Bedürfnisse der Mathematik nicht ausreicht.

3. Die Eulersche Zahl e

Seit dem Erscheinen von EULERs *Introductio in Analysin Infinitorum* im Jahre 1748 nimmt die Zahl e neben der archimedischen Zahl π einen zentralen Platz in der Mathematik ein. Sie illustriert in glänzender Weise, wie das Prinzip der monotonen Folgen dazu dienen kann, eine neue reelle Zahl zu definieren. Unter Verwendung der Abkürzung.

$$n! = 1 \cdot 2 \cdot 3 \cdot 4 \cdots n$$

für das Produkt der ersten n natürlichen Zahlen, betrachten wir die Folge $a_1, a_2, a_3, \ldots$, mit

(4) $$a_n = 1 + \frac{1}{1!} + \frac{1}{2!} + \cdots + \frac{1}{n!}.$$

Die Glieder a_n bilden eine monoton wachsende Folge, da a_{n+1} aus a_n durch Addition des positiven Wertes $\frac{1}{(n+1)!}$ entsteht. Ferner sind die Werte der a_n nach oben beschränkt:

(5) $$a_n < S = 3.$$

Denn wir haben

$$\frac{1}{s!} = \frac{1}{2}\,\frac{1}{3} \cdots \frac{1}{s} < \frac{1}{2}\,\frac{1}{2} \cdots \frac{1}{2} = \frac{1}{2^{s-1}}$$

und folglich

$$a_n < 1 + 1 + \frac{1}{2} + \frac{1}{2^2} + \frac{1}{2^3} + \cdots + \frac{1}{2^{n-1}} = 1 + \frac{1 - \left(\frac{1}{2}\right)^n}{1 - \frac{1}{2}}$$

$$= 1 + 2\left(1 - \left(\frac{1}{2}\right)^n\right) < 3,$$

wenn wir die auf S. 11 angegebene Formel für die Summe der ersten n Glieder einer geometrischen Folge benutzen. Daher muß nach dem Prinzip der monotonen Folgen a_n sich einem Grenzwert nähern, wenn n gegen unendlich strebt, und *diesen Grenzwert nennen wir e*. Um die Tatsache auszudrücken, daß $e = \lim a_n$ ist, können wir e als „unendliche Reihe" schreiben

$$e = 1 + \frac{1}{1!} + \frac{1}{2!} + \frac{1}{3!} + \cdots + \frac{1}{n!} + \cdots. \tag{6}$$

Diese „Gleichung", mit einer Anzahl von Punkten am Ende, ist nur eine andere Ausdrucksweise für den Inhalt der beiden Aussagen

$$a_n = 1 + \frac{1}{1!} + \frac{1}{2!} + \cdots + \frac{1}{n!}$$

und

$$a_n \to e\,, \quad \text{wenn} \quad n \to \infty\,.$$

Die Reihe (6) gestattet die Berechnung von e bis zu jeder gewünschten Genauigkeit. Zum Beispiel ist die Summe der Glieder von (6) bis zu $1/12!$ einschließlich (auf acht Stellen hinter dem Komma) $\Sigma = 2{,}71828183\ldots$. (Der Leser sollte dies nachprüfen.) Der „Fehler", d. h. die Differenz zwischen diesem Wert und dem wahren Wert von e, läßt sich leicht abschätzen. Wir haben für die Differenz $(e - \Sigma)$ den Ausdruck

$$\frac{1}{13!} + \frac{1}{14!} + \cdots < \frac{1}{13!}\left(1 + \frac{1}{13} + \frac{1}{13^2} + \cdots\right) = \frac{1}{13!} \cdot \frac{1}{1 - \frac{1}{13}} = \frac{1}{12 \cdot 12!}\,.$$

Dieser Wert ist so klein, daß er die achte Stelle von Σ nicht mehr beeinflußt. Wenn wir daher einen möglichen Fehler in der letzten Ziffer des obigen Wertes berücksichtigen, so haben wir den Wert von e mit 2,7182818 auf sieben Stellen genau.

***Die Zahl e ist irrational.** Wir beweisen diese wichtige Tatsache indirekt, indem wir annehmen, daß $e = p/q$, mit ganzen Zahlen p und q, und dann aus dieser Annahme einen Widerspruch ableiten. Wegen $2 < e < 3$ kann e keine ganze Zahl sein, und q muß demnach mindestens gleich 2 sein. Nun multiplizieren wir beide Seiten von (6) mit $q! = 2 \cdot 3 \cdots q$ und erhalten

$$\begin{aligned} e \cdot q! &= p \cdot 2 \cdot 3 \cdots (q-1) \\ &= [q! + q! + 3 \cdot 4 \cdots q + 4 \cdot 5 \cdots q + \cdots + (q-1)q + q + 1] \\ &\quad + \frac{1}{(q+1)} + \frac{1}{(q+1)(q+2)} + \cdots. \end{aligned} \tag{7}$$

Auf der linken Seite haben wir offenbar eine ganze Zahl. Auf der rechten Seite ist der eingeklammerte Ausdruck ebenfalls eine ganze Zahl. Der Rest ist jedoch eine positive Zahl kleiner als 1/2 und daher keine ganze Zahl. Denn q ist $\geqq 2$, und daher ist jedes Glied der Reihe $1/(q+1) + \cdots$ nicht größer als das entsprechende Glied der geometrischen Reihe $1/3 + 1/3^2 + 1/3^3 + \cdots$, deren Summe $1/3\,[1/(1 - 1/3)] = 1/2$ ist. Also stellt (7) einen Widerspruch dar; die ganze Zahl auf der linken Seite kann nicht gleich der Zahl auf der rechten Seite sein; denn die letzte ist die Summe aus einer ganzen Zahl und einer positiven Zahl kleiner als 1/2 und folglich keine ganze Zahl.

4. Die Zahl π

Wie aus der Schulmathematik bekannt ist, kann der Umfang eines Kreises vom Radius Eins als der Grenzwert einer Folge von Umfängen regulärer Polygone mit wachsender Seitenzahl definiert werden. Der definierte Umfang wird mit 2π bezeichnet. Genauer: Wenn p_n den Umfang des einbeschriebenen und q_n den des umbeschriebenen regulären n-Ecks bedeutet, dann ist $p_n < 2\pi < q_n$. Mit wachsendem n nähert sich nun jede der Folgen p_n, q_n monoton dem Werte 2π, und bei jedem Schritt wird der Fehler der Annäherung an 2π durch p_n oder q_n kleiner.

Auf Seite 99 fanden wir den Ausdruck

$$p_{2^m} = 2^m \sqrt{2-\sqrt{2+\sqrt{2+\cdots}}},$$

der $m-1$ ineinandergeschachtelte Quadratwurzeln enthält. Diese Formel läßt sich zur Berechnung des angenäherten Wertes von 2π benutzen.

Übungen: 1. Man bestimme den angenäherten Wert von π, der durch p_4, p_8 und p_{16} gegeben wird.

*2. Man stelle eine Formel für q_{2^m} auf.

*3. Man benutze diese Formel, um q_4, q_8 und q_{16} zu berechnen. Auf Grund von p_{16} und q_{16} sind Grenzen anzugeben, zwischen denen π liegen muß.

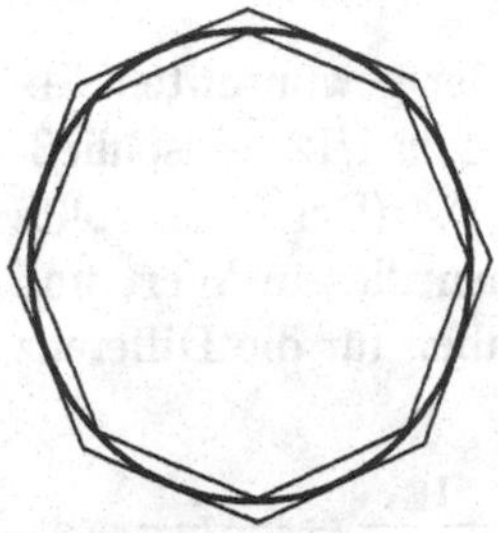

Fig. 167. Ein durch Polygone angenäherter Kreis

Was *ist* die Zahl π? Die Ungleichheit $p_n < 2\pi < q_n$ gibt die vollständige Antwort, da sie eine Intervallschachtelung definiert, die den Punkt 2π erfaßt. Indessen läßt diese Antwort noch etwas zu wünschen übrig, da sie keine Auskunft über die Natur von π als reeller Zahl gibt: ist sie rational oder irrational, algebraisch oder transzendent? Wie wir schon auf S. 112 bemerkten, ist π tatsächlich eine transzendente Zahl und somit irrational. Im Gegensatz zu dem Beweis für e ist der Beweis für die Irrationalität von π, der zuerst von J. H. LAMBERT (1728—1777) geliefert wurde, ziemlich schwierig und muß hier übergangen werden. Dagegen gibt es andere Eigenschaften von π, die uns leichter zugänglich sind. Es ist z. B. von prinzipiellem Interesse, die Zahl π in einfache Beziehungen zu den ganzen Zahlen zu bringen. Zwar läßt die Dezimalbruchentwicklung von π, obwohl sie bis zu mehreren hundert Stellen berechnet worden ist, keinerlei Regelmäßigkeit erkennen — das ist weiter nicht verwunderlich, da π und 10 nichts gemeinsam haben. Aber im 18. Jahrhundert haben EULER und andere in genialer Weise die Zahl π durch unendliche Reihen und Produkte mit den ganzen Zahlen in Verbindung gebracht.

Wir können uns heute kaum vorstellen, welches Gefühl der Erhebung diese faszinierenden Entdeckungen damals ausgelöst haben müssen. Vielleicht die einfachste solche Formel ist die folgende:

$$\frac{\pi}{4} = 1 - \frac{1}{3} + \frac{1}{5} - \frac{1}{7} + \cdots,$$

die $\pi/4$ als unendliche Reihe darstellt, d. h. als Grenzwert der Partialsummen

$$s_n = 1 - \frac{1}{3} + \frac{1}{5} - \cdots + (-1)^n \frac{1}{2n+1}$$

bei wachsendem n. Wir werden diese Formel im Kapitel VIII ableiten. Eine andere unendliche Reihe für π ist

$$\frac{\pi^2}{6} = \frac{1}{1^2} + \frac{1}{2^2} + \frac{1}{3^2} + \frac{1}{4^2} + \frac{1}{5^2} + \frac{1}{6^2} + \cdots.$$

Ein weiterer merkwürdiger Ausdruck für π wurde von dem englischen Mathematiker JOHN WALLIS (1616—1703) entdeckt. Seine Formel sagt aus, daß

$$\left\{\frac{2}{1}\cdot\frac{2}{3}\cdot\frac{4}{3}\cdot\frac{4}{5}\cdot\frac{6}{5}\cdot\frac{6}{7}\cdots\frac{2n}{2n-1}\cdot\frac{2n}{2n+1}\right\} \to \frac{\pi}{2}, \text{ wenn } n \to \infty.$$

Dies wird vielfach in der abgekürzten Form

$$\frac{\pi}{2}=\frac{2}{1}\cdot\frac{2}{3}\cdot\frac{4}{3}\cdot\frac{4}{5}\cdot\frac{6}{5}\cdot\frac{6}{7}\cdot\frac{8}{7}\cdot\frac{8}{9}\cdots$$

geschrieben, wobei man den Ausdruck auf der rechten Seite als ein *unendliches Produkt* bezeichnet.

Beweise für die letzten beiden Formeln findet man in jedem ausführlicheren Buch über Infinitesimalrechnung (siehe auch S. 369 und 391).

*5. Kettenbrüche

Andere interessante Grenzprozesse ergeben sich im Zusammenhang mit Kettenbrüchen. Ein endlicher Kettenbruch, z. B.

$$\frac{57}{17}=3+\cfrac{1}{2+\cfrac{1}{1+\cfrac{1}{5}}},$$

stellt eine rationale Zahl dar. Auf Seite 40 zeigten wir, daß jede rationale Zahl mit Hilfe des euklidischen Algorithmus in diese Form gebracht werden kann. Bei irrationalen Zahlen jedoch endigt der Kettenbruch-Algorithmus nicht nach einer endlichen Anzahl von Schritten. Statt dessen führt er auf eine Folge von Kettenbrüchen zunehmender Länge, von denen jeder eine rationale Zahl darstellt. Insbesondere können alle reellen algebraischen Zahlen (siehe S. 82) 2. Grades in dieser Form dargestellt werden. Betrachten wir zum Beispiel die Zahl $\sqrt{2}-1$, die eine Wurzel der quadratischen Gleichung

$$x^2+2x=1 \qquad \text{oder} \qquad x=\frac{1}{2+x}$$

ist. Wenn man auf der rechten Seite x wieder durch $1/(2+x)$ ersetzt, so ergibt sich der Ausdruck

$$x=\cfrac{1}{2+\cfrac{1}{2+x}}$$

und dann

$$x=\cfrac{1}{2+\cfrac{1}{2+\cfrac{1}{2+x}}}$$

und so weiter, so daß man nach n Schritten die Gleichung erhält:

$$x=\left.\cfrac{1}{2+\cfrac{1}{2+\cfrac{1}{2+\ddots\cfrac{1}{2+x}}}}\right\} n \text{ Schritte}.$$

Wenn n gegen ∞ strebt, erhalten wir den „unendlichen Kettenbruch"

$$\sqrt{2}=1+\cfrac{1}{2+\cfrac{1}{2+\cfrac{1}{2+\cfrac{1}{2+\ddots}}}}.$$

Diese eigenartige Formel verknüpft die Zahl $\sqrt{2}$ mit den ganzen Zahlen in einer treffenderen Weise als die Dezimalbruchentwicklung von $\sqrt{2}$, bei der keinerlei Regelmäßigkeit in der Aufeinanderfolge der Ziffern zu erkennen ist.

Für die positive Wurzel einer beliebigen quadratischen Gleichung von der Form

$$x^2 = ax + 1 \quad \text{oder} \quad x = a + \frac{1}{x}$$

ergibt sich die Entwicklung

$$x = a + \cfrac{1}{a + \cfrac{1}{a + \cfrac{1}{a + \cdots}}}.$$

Setzen wir zum Beispiel $a = 1$, so finden wir

$$x = \frac{1}{2}\left(1 + \sqrt{5}\right) = 1 + \cfrac{1}{1 + \cfrac{1}{1 + \cfrac{1}{1 + \cdots}}}$$

(vgl. S. 98). Diese Beispiele sind Spezialfälle eines allgemeinen Satzes, der aussagt, daß ***die reellen Wurzeln quadratischer Gleichungen mit ganzen Koeffizienten periodische Kettenbruchentwicklungen haben,*** ebenso wie rationale Zahlen periodische Dezimalbruchentwicklungen haben.

Es gelang EULER, fast ebenso einfache unendliche Kettenbrüche für e und π zu finden. Wir führen die folgenden ohne Beweis an:

$$e = 2 + \cfrac{1}{1 + \cfrac{1}{2 + \cfrac{1}{1 + \cfrac{1}{1 + \cfrac{1}{4 + \cfrac{1}{1 + \cfrac{1}{1 + \cfrac{1}{6 + \cdots}}}}}}}}$$

$$e = 2 + \cfrac{1}{1 + \cfrac{1}{2 + \cfrac{2}{3 + \cfrac{3}{4 + \cfrac{4}{5 + \cdots}}}}}$$

$$\frac{\pi}{4} = \cfrac{1}{1 + \cfrac{1^2}{2 + \cfrac{3^2}{2 + \cfrac{5^2}{2 + \cfrac{7^2}{2 + \cfrac{9^2}{2 + \cdots}}}}}}.$$

§ 3. Grenzwerte bei stetiger Annäherung

1. Einleitung. Allgemeine Definition

Im § 2 Abschnitt 1 gaben wir eine präzise Formulierung der Aussage „die Folge a_n (d. h. die Funktion $a_n = F(n)$ der positiv-ganzzahligen Variablen n) hat den Limes a, wenn n gegen unendlich strebt". Wir gehen jetzt an eine entsprechende Definition für die Aussage „die Funktion $u = f(x)$ der stetigen Variablen x hat den Limes a, wenn x gegen den Wert x_1 strebt". In anschaulicher Form wurde diese Vorstellung eines Grenzwertes bei stetiger Annäherung der unabhängigen Variablen x schon in § 1, Abschnitt 5 benutzt, um die Stetigkeit der Funktion $f(x)$ zu prüfen.

Beginnen wir wieder mit einem speziellen Beispiel. Die Funktion $f(x) = \frac{x + x^3}{x}$ ist definiert für alle Werte von x außer $x = 0$, weil dort der Nenner verschwindet. Wenn wir den Graphen der Funktion $u = f(x)$ für x-Werte in der Umgebung von 0 zeichnen, dann wird folgendes klar: „nähert" x sich von irgendeiner Seite dem Wert 0, dann „nähert" der entsprechende Wert $u = f(x)$ sich dem Grenzwert 1. Um eine präzise Beschreibung dieses Sachverhalts zu geben, suchen wir eine explizite Formel für die Differenz zwischen dem Wert $f(x)$ und dem festen Wert 1:

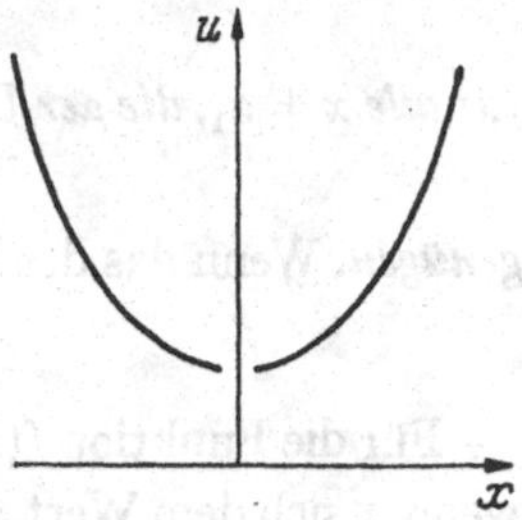

Fig. 168. $u = \frac{x + x^3}{x}$

$$f(x) - 1 = \frac{x + x^3}{x} - 1 = \frac{x + x^3 - x}{x} = \frac{x^3}{x}.$$

Wenn wir vereinbaren, nur Werte von x in der Nähe von 0, aber nicht den Wert $x = 0$ selbst zu betrachten (für den $f(x)$ gar nicht definiert ist), so können wir Zähler und Nenner auf der rechten Seite dieser Gleichung durch x dividieren und erhalten die einfachere Formel

$$f(x) - 1 = x^2.$$

Wir können also diese Differenz *beliebig klein* machen, wenn wir x auf eine *hinreichend kleine* Umgebung des Wertes 0 beschränken. So ist für $x = \pm\frac{1}{10}$ offenbar $f(x) - 1 = \frac{1}{100}$, für $x = \pm\frac{1}{100}$ ist $f(x) - 1 = \frac{1}{10000}$ und so weiter. Allgemeiner ausgedrückt: wenn ε eine beliebige, noch so kleine positive Zahl ist, so ist die Differenz zwischen $f(x)$ und 1 kleiner als ε, sofern wir nur den Abstand der Zahl x von 0 kleiner wählen als die Zahl $\delta = \sqrt{\varepsilon}$. Denn aus

$$|x| < \sqrt{\varepsilon}$$

folgt offenbar

$$|f(x) - 1| = |x^2| < \varepsilon.$$

Die Analogie mit unserer Definition des Grenzwerts einer Zahlenfolge ist somit vollkommen. Auf S. 221f. stellten wir die Definition auf: „Die Folge a_n hat den Grenzwert a, wenn n gegen unendlich strebt, falls sich zu jeder noch so kleinen positiven Zahl ε eine von ε abhängige natürliche Zahl N finden läßt, so daß

$$|a_n - a| < \varepsilon$$

für alle n, die der Ungleichung

$$n \geqq N$$

genügen".

Für die Funktion $f(x)$ einer stetigen Variablen x ersetzen wir, wenn x gegen einen endlichen Wert x_1 strebt, das „hinreichend große" n, das durch N gegeben ist, durch ein „hinreichend nahes" x_1, das durch die Zahl δ gegeben ist, und gelangen so zu der folgenden Definition des Grenzwerts bei stetiger Annäherung, die zuerst von Cauchy (um 1820) aufgestellt wurde: *Die Funktion $f(x)$ hat, wenn x gegen x_1 strebt, den Grenzwert a, wenn sich zu jeder noch so kleinen positiven Zahl ε eine (von ε abhängige) positive Zahl δ finden läßt, so daß*

$$|f(x) - a| < \varepsilon$$

für alle $x \neq x_1$, die der Ungleichung

$$|x - x_1| < \delta$$

genügen. Wenn das der Fall ist, schreiben wir

$$f(x) \to a \quad \text{für} \quad x \to x_1 .$$

Für die Funktion $f(x) = (x + x^3)/x$ zeigten wir oben, daß $f(x)$ den Limes 1 hat, wenn x sich dem Wert $x_1 = 0$ nähert. In diesem Fall genügte es, $\delta = \sqrt{\varepsilon}$ zu wählen.

2. Bemerkungen zum Begriff des Grenzwertes

Diese (ε, δ)-Definition des Limes ist das Ergebnis von mehr als hundertjährigen Bemühungen und enthält in wenigen Worten das Resultat unablässigen Ringens um eine präzise mathematische Formulierung. Nur durch Grenzprozesse können die Grundbegriffe der Infinitesimalrechnung – die Ableitung und das Integral – definiert werden; aber das volle Verständnis und eine präzise Definition von Grenzwerten wurden lange durch scheinbar unüberwindliche Schwierigkeiten blockiert.

Bei ihren Untersuchungen von Bewegungsabläufen gingen die Mathematiker des 17. und 18. Jahrhunderts von der anschaulichen Vorstellung einer Variablen x aus, die sich stetig verändert und sich stetig gegen einen Grenzwert x_1 bewegt. Zusammen mit dem stetigen Fließen der Zeit oder einer anderen unabhängigen Größe x betrachtete man eine zweite, davon abhängige Größe $u = f(x)$. Dabei entstand das Problem, in einer präzisen mathematischen Weise auszudrücken, was man mit der Aussage meint, daß $f(x)$ sich einem festen Wert a „nähert" oder „gegen ihn strebt", wenn x sich gegen x_1 bewegt.

Schon seit der Zeit des Zeno und seiner Paradoxien hat sich der anschauliche, physikalische oder metaphysische Begriff der kontinuierlichen Bewegung einer exakten mathematischen Formulierung entzogen. Es liegt keine Schwierigkeit darin, schrittweise eine diskrete Folge von Werten $a_1, a_2, a_3, \ldots$ zu durchlaufen. Hat man es aber mit einer stetigen Variablen x zu tun, die über ein volles Intervall der Zahlenachse variiert, so kann man nicht sagen, in welcher Weise x sich dem festen Wert x_1 „nähern" soll, derart daß x nacheinander und in der Reihenfolge ihrer Größe alle Werte des Intervalls annimmt; denn die Punkte der Geraden bilden eine dichte Menge, und es gibt keinen „nächsten" Punkt, der auf einen schon erreichten Punkt folgt. Gewiß hat die anschauliche Idee des Kontinuums für den menschlichen Geist eine psychologische Realität. Aber sie darf nicht in

Anspruch genommen werden, um eine mathematische Schwierigkeit zu beseitigen; es bleibt eine Diskrepanz zwischen der anschaulichen Idee und der mathematischen Formulierung, welche die naive Intuition in exakt logischer Ausdrucksweise einfangen soll. Die Paradoxien des ZENO beleuchten diese Diskrepanz.

Es war CAUCHYs große Leistung zu erkennen, daß für die Zwecke der Mathematik jeder Rückgriff auf eine a priori vorhandene anschauliche Idee der kontinuierlichen Bewegung vermieden werden kann und sogar muß. Wie so häufig, wurde auch hier dem wissenschaftlichen Fortschritt der Weg gebahnt durch die Abkehr von metaphysischen Bestrebungen und durch den Entschluß, nur mit Begriffen zu arbeiten, die grundsätzlich „beobachtbaren" Erscheinungen entsprechen. Wenn wir analysieren, was wir eigentlich mit den Worten „stetige Annäherung" meinen, wie wir vorgehen müssen, um sie in einem konkreten Fall nachzuweisen, dann sind wir gezwungen, eine Definition wie die von CAUCHY anzunehmen. Diese Definition ist *statisch*; sie stützt sich nicht auf die anschauliche Idee der Bewegung. Im Gegenteil, nur eine solche statische Definition macht eine genaue mathematische Analyse der kontinuierlichen Bewegung in der Zeit möglich und löst die Paradoxien des ZENO auf, soweit sie mathematischer Natur sind.

In der (ε, δ)-Definition ist die unabhängige Variable nicht in Bewegung; sie „strebt" nicht und „nähert" sich nicht im physikalischen Sinne einem Grenzwert x_1. Diese Sprechweise und das Symbol $\to$ bleiben bestehen und erinnern an die auch für den Mathematiker unentbehrlichen anschaulichen Vorstellungen. Handelt es sich aber darum, die Existenz eines Grenzwertes in wissenschaftlich einwandfreier Weise nachzuprüfen, dann kann nur die (ε, δ)-Definition angewendet werden. Ob diese Definition der anschaulichen „dynamischen" Vorstellung der Annäherung entspricht, ist eine Frage von derselben Art wie die, ob die Axiome der Geometrie eine befriedigende Beschreibung des anschaulichen Raumbegriffs liefern. Beide Formulierungen lassen etwas für die Anschauung Reales fort, aber sie liefern eine ausreichende Basis für die mathematische Behandlung der betreffenden Probleme.

Ebenso wie im Falle des Grenzwerts einer Zahlenfolge liegt der Schlüssel zu der Cauchyschen Definition in der Umkehrung der „natürlichen" Reihenfolge, in der die Variablen betrachtet werden. Wir richten zuerst unsere Aufmerksamkeit auf das Intervall ε für die abhängige Variable, und dann erst versuchen wir, ein passendes Intervall δ für die unabhängige Variable zu bestimmen. Die Aussage „$f(x) \to a$, wenn $x \to x_1$" ist nur eine abgekürzte Art zu sagen, daß dies für jede positive Zahl ε möglich ist. Insbesondere hat kein *Teil* dieser Aussage, z. B. „$x \to x_1$" für sich genommen, einen Sinn.

Wir müssen noch betonen: Wenn wir x „gegen x_1 streben" lassen, können wir x größer oder kleiner als x_1 sein lassen, aber wir schließen die Gleichheit ausdrücklich aus, indem wir fordern, daß $x \neq x_1$ ist: x strebt gegen x_1 aber es *nimmt* den Wert x_1 niemals *an*. Daher können wir unsere Definition auf Funktionen anwenden, die für $x = x_1$ nicht definiert sind, aber doch bestimmte Grenzwerte haben, wenn x gegen x_1 strebt, wie z. B. die Funktion $f(x) = \frac{x + x^3}{x}$, die auf S. 231 besprochen wurde. Die Ausschließung des Punktes $x = x_1$ entspricht der Tatsache, daß wir, um den Grenzwert einer Folge a_n für $n \to \infty$, z. B. $a_n = 1/n$, zu erhalten, niemals $n = \infty$ in die Formel einsetzen.

Jedoch darf $f(x)$ für $x \to x_1$ sich dem betreffenden Grenzwert a in solcher Weise nähern, daß es Werte $x \neq x_1$ gibt, für die $f(x) = a$ ist. Betrachten wir zum Beispiel die Funktion $f(x) = x/x$, wenn x gegen 0 strebt, so werden wir niemals $x = 0$ setzen, aber es ist $f(x) = 1$ für alle $x \neq 0$; der Limes a existiert und ist nach unserer Definition gleich 1.

3. Der Grenzwert von $\frac{\sin x}{x}$

Wenn x das Bogenmaß eines Winkels bedeutet, dann ist der Ausdruck $\frac{\sin x}{x}$ definiert für alle x außer $x = 0$, wo er in das sinnlose Symbol 0/0 übergeht. Der Leser, dem eine Tafel der trigonometrischen Funktionen zur Verfügung steht, kann die Werte von $\frac{\sin x}{x}$ für kleine Werte von x berechnen. Diese Tafeln werden gewöhnlich für Winkelgrade hergestellt; wir erinnern uns aus § 1, Abschnitt 2, daß das Gradmaß y mit dem Bogenmaß x durch die Relation $x = \frac{\pi}{180} y = 0{,}01745y$ (auf 5 Stellen genau) verknüpft ist. Aus einer vierstelligen Tafel entnehmen wir für

10°:	$x = 0{,}1745$	$\sin x = 0{,}1736$	$\frac{\sin x}{x} = 0{,}9948$
5°:	0,0873	0,0872	0,9988
2°:	0,0349	0,0349	1,0000
1°:	0,0175	0,0175	1,0000 .

Obwohl diese Zahlen nur auf vier Stellen genau sind, scheint daraus hervorzugehen, daß

(1) $$\frac{\sin x}{x} \to 1 \quad \text{für } x \to 0 .$$

Wir geben jetzt einen Beweis für diese Aussage.

Auf Grund der Definition der trigonometrischen Funktionen mittels des Einheitskreises haben wir, wenn x das Bogenmaß des Winkels BOC ist, für $0 < x < \frac{\pi}{2}$:

$$\text{Fläche des Dreiecks } OBC \quad = \frac{1}{2} \cdot 1 \cdot \sin x$$

$$\text{Fläche des Kreissektors } OBC = \frac{1}{2} x \text{ (siehe S. 212)}$$

$$\text{Fläche des Dreiecks } OBA \quad = \frac{1}{2} \cdot 1 \cdot \tan x .$$

Folglich ist

$$\sin x < x < \tan x .$$

Division durch $\sin x$ ergibt

$$1 < \frac{x}{\sin x} < \frac{1}{\cos x}$$

oder

(2) $$\cos x < \frac{\sin x}{x} < 1 .$$

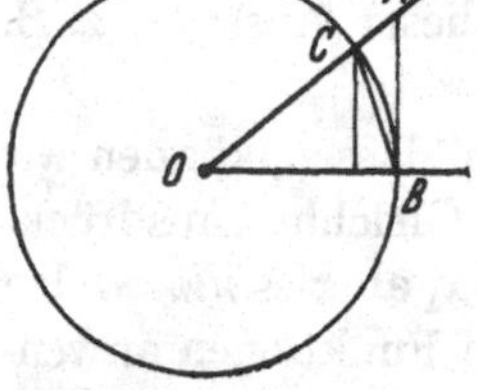

Fig. 169 Einheitskreis

Nun ist $1 - \cos x = (1 - \cos x)\,\frac{1 + \cos x}{1 + \cos x} = \frac{1 - \cos^2 x}{1 + \cos x} = \frac{\sin^2 x}{1 + \cos x} < \sin^2 x.$ Wegen $\sin x < x$ sieht man hieraus, daß

(3) $$1 - \cos x < x^2$$

oder

$$1 - x^2 < \cos x\,.$$

Zusammen mit (2) liefert dies schließlich die Ungleichung

$$1 - x^2 < \frac{\sin x}{x} < 1\,. \tag{4}$$

Obwohl wir angenommen hatten, daß $0 < x < \frac{\pi}{2}$, ist diese Ungleichung auch für $-\frac{\pi}{2} < x < 0$ richtig, da $\frac{\sin(-x)}{(-x)} = \frac{-\sin x}{-x} = \frac{\sin x}{x}$ und $(-x)^2 = x^2$.

Aus (4) folgt die Grenzwertbeziehung (1) als unmittelbare Konsequenz. Denn die Differenz zwischen $\frac{\sin x}{x}$ und 1 ist kleiner als x^2, und dies kann man kleiner als jede Zahl ε machen, indem man $|x| < \delta = \sqrt{\varepsilon}$ wählt.

Übungen: 1. Aus der Ungleichung (3) ist die Grenzwertbeziehung $\frac{1-\cos x}{x} \to 0$ für $x \to 0$ abzuleiten. Es sind die Limites für $x \to 0$ von folgenden Funktionen zu bestimmen:

2. $\frac{\sin^2 x}{x}$; 3. $\frac{\sin x}{x(x-1)}$; 4. $\frac{\tan x}{x}$; 5. $\frac{\sin ax}{x}$;

6. $\frac{\sin ax}{\sin bx}$; 7. $\frac{x \sin x}{1-\cos x}$; 8. $\frac{\sin x}{x}$, wenn x in Grad gemessen ist;

9. $\frac{1}{x} - \frac{1}{\tan x}$; 10. $\frac{1}{\sin x} - \frac{1}{\tan x}$.

4. Grenzwerte für $x \to \infty$

Wenn die Variable x hinreichend groß ist, wird die Funktion $f(x) = \frac{1}{x}$ beliebig klein oder „strebt gegen 0". Tatsächlich ist das Verhalten dieser Funktion bei wachsendem x im Grunde dasselbe wie das der Folge $1/n$, wenn n wächst. Wir stellen die allgemeine Definition auf: *Die Funktion $f(x)$ hat, wenn x gegen unendlich strebt, den Grenzwert a, geschrieben*

$$f(x) \to a\,, \quad \text{wenn } x \to \infty\,,$$

falls man zu jeder noch so kleinen positiven Zahl ε eine (von ε abhängige) positive Zahl K finden kann, so daß

$$|f(x) - a| < \varepsilon\,,$$

sofern nur $|x| > K$. (Vgl. die entsprechende Definition auf S. 232).

Im Fall der Funktion $f(x) = 1/x$ mit dem Grenzwert $a = 0$ genügt es, $K = 1/\varepsilon$ zu wählen, wie der Leser sofort nachprüfen kann.

Übungen: 1. Es ist zu zeigen, daß die vorstehende Definition der Aussage

$$f(x) \to a\,, \quad \text{wenn } x \to \infty\,,$$

äquivalent ist mit der Aussage

$$f(x) \to a\,, \quad \text{wenn } 1/x \to 0\,.$$

Die folgenden Grenzrelationen sind zu beweisen:

2. $\frac{x+1}{x-1} \to 1$, wenn $x \to \infty$. 3. $\frac{x^2+x+1}{x^2-x-1} \to 1$, wenn $x \to \infty$.

4. $\frac{\sin x}{x} \to 0$, wenn $x \to \infty$. 5. $\frac{x+1}{x^2+1} \to 0$, wenn $x \to \infty$,

6. $\frac{\sin x}{x + \cos x} \to 0$, wenn $x \to \infty$. 7. $\frac{\sin x}{\cos x}$ hat keinen Grenzwert, wenn $x \to \infty$.

8. Man definiere „$f(x) \to \infty$, wenn $x \to \infty$" und gebe ein Beispiel.

Es besteht ein gewisser Unterschied zwischen den Definitionen des Grenzwertes einer Funktion $f(x)$ und einer Folge a_n. Im Fall der Folge kann n nur gegen unendlich streben, indem es wächst, aber bei einer Funktion können wir x sowohl positiv wie negativ unendlich werden lassen. Wenn wir uns nur für das Verhalten von $f(x)$ für große *positive* Werte von x interessieren, so können wir die Bedingung $|x| > K$ durch die Bedingung $x > K$ ersetzen; für große negative Werte von x benutzen wir dagegen die Bedingung $x < -K$. Um diese beiden Arten des „einseitigen" Unendlichwerdens zu kennzeichnen, schreiben wir

$$x \to +\infty \quad \text{bzw.} \quad x \to -\infty .$$

§ 4. Genaue Definition der Stetigkeit

In § 1 Abschnitt 5 gaben wir das folgende vorläufige Kriterium für die Stetigkeit einer Funktion: „Eine Funktion $f(x)$ ist im Punkte $x = x_1$ stetig, falls, wenn x sich x_1 nähert, die Größe $f(x)$ sich dem Grenzwert $f(x_1)$ nähert." Betrachten wir diese Definition genauer, so erkennen wir, daß sie aus zwei verschiedenen Forderungen besteht:

a) es muß für $x \to x_1$ ein Grenzwert a von $f(x)$ existieren,

b) dieser Grenzwert a muß gleich dem Wert $f(x_1)$ sein.

Wenn wir in der Definition des Grenzwerts auf S. 232 $a = f(x_1)$ setzen, so nimmt die Stetigkeitsbedingung die folgende Form an: *Die Funktion $f(x)$ ist stetig für $x = x_1$, falls sich zu jeder noch so kleinen positiven Zahl ε eine von ε abhängige positive Zahl δ finden läßt, so daß*

$$|f(x) - f(x_1)| < \varepsilon$$

für alle x, die der Ungleichung

$$|x - x_1| < \delta$$

genügen. (Die Einschränkung $x \neq x_1$, die bei der Grenzwertdefinition verlangt wurde, ist hier unnötig, da die Bedingung $|f(x_1) - f(x_1)| < \varepsilon$ von selbst erfüllt ist.)

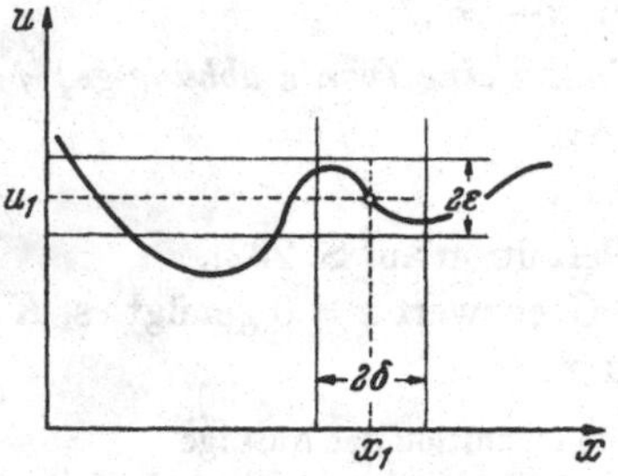

Fig. 170. Eine bei $x = x_1$ stetige Funktion

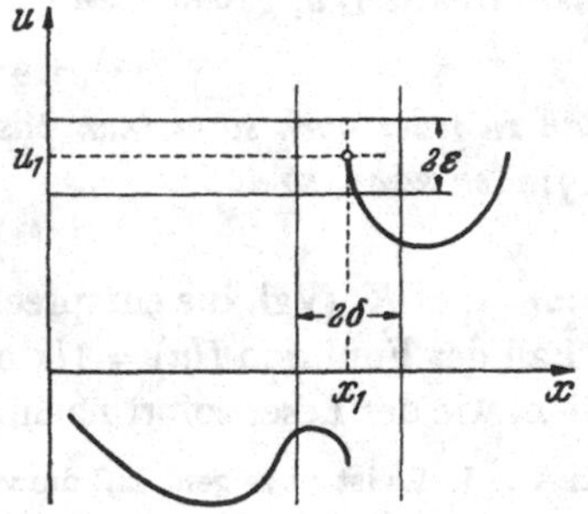

Fig. 171. Eine bei $x = x_1$ unstetige Funktion

Als Beispiel wollen wir die Stetigkeit der Funktion $f(x) = x^3$ an der Stelle $x_1 = 0$ nachprüfen. Wir haben

$$f(x_1) = 0^3 = 0 .$$

Nun geben wir ε einen beliebigen positiven Wert an, zum Beispiel $\varepsilon = \frac{1}{1000}$. Dann müssen wir zeigen: Wenn x auf Werte beschränkt wird, die hinreichend nahe an $x_1 = 0$ liegen, dann unterscheiden sich die entsprechenden Werte von $f(x)$ nicht mehr als $\frac{1}{1000}$ von 0, d. h. sie liegen zwischen $-\frac{1}{1000}$ und $\frac{1}{1000}$. Wir sehen sofort, daß diese Abweichung nicht überschritten wird, wenn wir x auf Werte beschränken, die sich von $x_1 = 0$ um weniger als $\delta = \sqrt[3]{\frac{1}{1000}} = \frac{1}{10}$ unterscheiden; denn wenn $|x| < \frac{1}{10}$, ist $|f(x)| = |x^3| < \frac{1}{1000}$. In derselben Weise können wir statt $\varepsilon = \frac{1}{1000}$ auch $\varepsilon = 10^{-4}$, 10^{-5} oder irgendeine gewünschte Abweichung wählen; $\delta = \sqrt[3]{\varepsilon}$ wird immer die Bedingung erfüllen, da $|f(x)| = x^3 < \varepsilon$ sein muß, wenn $|x| < \sqrt[3]{\varepsilon}$ ist.

Auf Grund der (ε, δ)-Definition der Stetigkeit kann man in derselben Weise zeigen, daß alle Polynome, rationalen Funktionen und trigonometrischen Funktionen stetig sind, abgesehen von einzelnen Werten von x, für welche die Funktionen unendlich werden können (so daß sie dort genau genommen gar nicht definiert sind).

Für den Graphen einer Funktion $u = f(x)$ nimmt die Definition der Stetigkeit die folgende geometrische Form an. Wir wählen eine beliebige positive Zahl ε und ziehen die Parallelen zur x-Achse in der Höhe $f(x_1) - \varepsilon$ und $f(x_1) + \varepsilon$. Dann muß es möglich sein, eine solche positive Zahl δ zu finden, für die das ganze Stück des Graphen, das innerhalb des vertikalen Streifens von der Breite 2δ um x_1 gelegen ist, auch innerhalb des horizontalen Streifens von der Breite 2ε um $f(x_1)$ enthalten ist. Fig. 170 zeigt eine Funktion, die in x_1 stetig ist, während Fig. 171 eine Funktion zeigt, die es nicht ist. Im letzten Fall wird der vertikale Streifen um x_1, so schmal wir ihn auch machen, immer ein Stück der Kurve enthalten, das außerhalb des horizontalen Streifens liegt, der dem gewählten ε entspricht.

Man möge an ein Streitgespräch zwischen A und B denken, in dem B behauptet, daß eine Funktion $u = f(x)$ an der Stelle $x = x_1$ stetig ist. Wenn dann A eine beliebig kleine positive Zahl ε wählt und fixiert, muß B in der Lage sein, eine positive Zahl δ anzugeben, so daß für $|x - x_1| < \delta$ immer $|f(x) - f(x_1)| < \varepsilon$ bleibt. Er verpflichtet sich *nicht*, von vornherein eine Zahl δ zu liefern, die der Bedingung genügt, einerlei, welches ε von A etwa nachträglich ausgewählt wird, vielmehr wird B seine Wahl von δ davon abhängig machen, wie A die Größe ε vorher gewählt hat. Wenn A nur einen einzigen Wert von ε findet, für den B kein passendes δ anzugeben vermag, so ist B's Behauptung widerlegt. Um sich dagegen zu sichern, wird B, wenn eine gegebene konkrete Funktion $u = f(x)$ vorliegt, gewöhnlich eine explizite positive Funktion konstruieren:

$$\delta = \varphi(\varepsilon),$$

die für jedes positive ε definiert ist und für welche die Ungleichung $|x - x_1| < \delta$ immer $|f(x) - f(x_1)| < \varepsilon$ zur Folge hat, z. B. im Fall der Funktion $u = f(x) = x^3$ an der Stelle $x_1 = 0$ die Funktion $\delta = \varphi(\varepsilon) = \sqrt[3]{\varepsilon}$.

Übungen: 1. Man beweise, daß $\sin x$, $\cos x$ stetige Funktionen sind.

2. Man beweise die Stetigkeit von $1/(1 + x^4)$ und von $\sqrt{1 + x^2}$.

Es dürfte nun klar sein, daß die (ε, δ)-Definition der Stetigkeit im Einklang ist mit dem, was man die beobachtbaren Tatsachen in bezug auf eine Funktion nennen könnte. Insofern ordnet sie sich dem allgemeinen Prinzip der modernen Wissenschaft unter, die als Kriterium für die Brauchbarkeit eines Begriffs oder die „wissenschaftliche Existenz" einer Erscheinung die prinzipielle Möglichkeit fordert, sie zu beobachten oder auf beobachtbare Tatsachen zurückzuführen.

§ 5. Zwei grundlegende Sätze über stetige Funktionen

1. Der Satz von BOLZANO

BERNARD BOLZANO (1781–1848), ein katholischer Priester und Kenner der scholastischen Philosophie, hat als einer der ersten den modernen Begriff der

Strenge in die mathematische Analysis eingeführt. Seine Schrift *Paradoxien des Unendlichen* erschien 1850. Hier wurde zum erstenmal erkannt, daß viele scheinbar selbstverständliche Behauptungen über stetige Funktionen bewiesen werden können und auch müssen, wenn sie in voller Allgemeinheit angewandt werden sollen. Der folgende grundlegende Satz über stetige Funktionen einer Variablen wurde von BOLZANO bereits 1817 veröffentlicht.

Eine in einem abgeschlossenen Intervall $a \leqq x \leqq b$ stetige Funktion einer Variablen x, welche für $x = a$ negativ und für $x = b$ positiv ist (oder umgekehrt), muß im Intervall mindestens einmal den Wert Null annehmen. Mit anderen Worten: Ist $f(x)$ stetig in $a \leqq x \leqq b$, und ist $f(a) > 0$, $f(b) < 0$, dann gibt es einen Wert α von x mit den Eigenschaften $a < \alpha < b$ und $f(\alpha) = 0$.

Der Satz von BOLZANO entspricht durchaus der anschaulichen Vorstellung von einer stetigen Kurve, welche notwendig irgendwo die Achse schneiden muß, wenn sie von einem Punkt unterhalb der x-Achse zu einem Punkt oberhalb gelangen soll. Daß dies bei unstetigen Kurven *nicht* der Fall zu sein braucht, zeigt Fig. 157 auf S. 216.

*2. Beweis des Bolzanoschen Satzes

Wir geben jetzt einen strengen Beweis dieses Satzes. (Man vergesse nie, daß GAUSS und andere große Mathematiker den Satz ohne Beweis als selbstverständlich akzeptiert und angewandt haben.) Unser Ziel ist, den Satz auf die grundlegenden Eigenschaften des reellen Zahlensystems zurückzuführen, insbesondere auf das Dedekind-Cantorsche Postulat über Intervallschachtelungen (S. 55). Zu diesem Zweck betrachten wir das Intervall I, $a \leqq x \leqq b$, in dem die Funktion $f(x)$ definiert ist, und halbieren es, indem wir seinen Mittelpunkt $x_1 = \frac{a+b}{2}$ markieren. Wenn wir finden, daß in diesem Mittelpunkt $f(x_1) = 0$ ist, so ist nichts mehr zu beweisen. Ist dagegen $f(x_1) \neq 0$, dann muß $f(x_1)$ entweder größer oder kleiner als Null sein. In beiden Fällen wird eine der beiden Hälften von I wiederum die Eigenschaft haben, daß das Vorzeichen von $f(x)$ an den beiden Enden verschieden ist. Nennen wir dieses Intervall I_1. Wir setzen das Verfahren fort, indem wir I_1 halbieren; dann ist im Mittelpunkt von I_1 entweder $f(x) = 0$, oder wir können ein Intervall I_2 wählen, das halb so groß ist wie I_1 und die Eigenschaft besitzt, daß das Vorzeichen von $f(x)$ an seinen beiden Enden verschieden ist. Wiederholen wir dieses Verfahren, so finden wir entweder nach einer endlichen Anzahl von Halbierungen einen Punkt, für den $f(x) = 0$, oder wir erhalten eine Folge von ineinandergeschachtelten Intervallen I_1, I_2, I_3, ... Im zweiten Fall garantiert das Dedekind-Cantorsche Postulat die Existenz eines Punktes α in I, der all diesen Intervallen angehört. Wir behaupten, daß $f(\alpha) = 0$ ist, so daß α der Punkt ist, dessen Existenz der Satz behauptet.

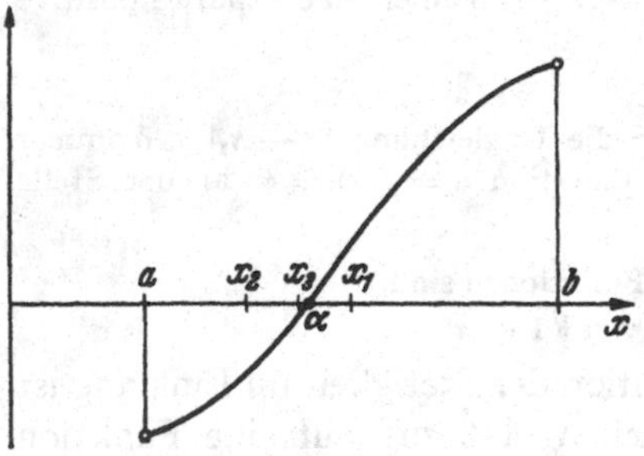

Fig. 172. Satz von BOLZANO

Bisher haben wir die Voraussetzung der Stetigkeit noch nicht benutzt. Jetzt wird sie den entscheidenden Beweisschritt ermöglichen. Wir werden indirekt beweisen, daß $f(\alpha) = 0$ ist, indem wir das Gegenteil annehmen und daraus einen Widerspruch ableiten. Angenommen also, es sei $f(\alpha) \neq 0$, z. B. sei $f(\alpha) = 2\varepsilon > 0$. Da $f(x)$ stetig ist, können wir ein (vielleicht sehr kleines) Intervall J von der Länge 2δ mit α als Mittelpunkt finden, innerhalb dessen der Wert von $f(x)$ überall um weniger als ε von $f(\alpha)$ abweicht. Da nun $f(\alpha) = 2\varepsilon$, so können wir sicher sein, daß in J überall $f(x) > \varepsilon$ und also $f(x) > 0$ ist. Aber das Intervall J ist fest, und wenn n hinreichend groß ist, so muß das kleine Intervall I_n notwendig ganz innerhalb J liegen, da die Längen der Intervalle I_n gegen Null streben. Darin liegt ein Widerspruch, denn aus der Art, wie I_n gewählt wurde, folgt, daß die Funktion $f(x)$ an den Endpunkten jedes Intervalls I_n

entgegengesetzte Vorzeichen hat, so daß $f(x)$ in einem Teil von J negative Werte haben muß. Also führt die Annahme $f(\alpha) > 0$ (und in der gleichen Weise auch $f(\alpha) < 0$) zu einem Widerspruch, und es ist bewiesen, daß $f(\alpha) = 0$ sein muß.

*3. Der Satz von WEIERSTRASS über Extremwerte

Ein zweiter wichtiger und anschaulich plausibler Satz über stetige Funktionen wurde von KARL WEIERSTRASS (1815–1897) formuliert, der das moderne Streben nach Strenge in der mathematischen Analysis wohl mehr als jeder andere beeinflußt hat. Der Satz sagt aus: *Wenn eine Funktion $f(x)$ in einem Intervall I, $a \leqq x \leqq b$, einschließlich der Endpunkte a und b des Intervalls stetig ist, dann muß es mindestens einen Punkt in I geben, an dem $f(x)$ einen größten Wert M annimmt und einen anderen Punkt, an dem $f(x)$ einen kleinsten Wert m annimmt.* Für die Anschauung bedeutet dies, daß der Graph einer stetigen Funktion mindestens einen höchsten und einen tiefsten Punkt haben muß.

Die Aussage des Satzes ist so einleuchtend, daß man das Bedürfnis nach einem Beweis als übertriebene Pedanterie empfinden könnte. Obwohl die größten Leistungen der Mathematik ohne ein derartiges Bedürfnis erzielt wurden, ist es in dem jetzigen Stadium der Entwicklung nicht mehr zulässig, beim systematischen Aufbau der Analysis den Weierstraßschen Satz als eine Trivialität anzusehen. Daß keine logische Trivialität vorliegt, sieht man schon aus der Tatsache, daß die Behauptung nicht immer zutrifft, wenn die Funktion $f(x)$ an den Endpunkten von I unstetig ist. So hat zum Beispiel die Funktion $\frac{1}{x}$ keinen größten Wert im „offenen" Intervall $0 < x < 1$, obwohl $f(x)$ überall im Innern dieses Intervall stetig ist. Selbst wenn sie beschränkt ist, braucht eine unstetige Funktion keinen größten und kleinsten Wert anzunehmen. Man betrachte zum Beispiel die gründlich unstetige Funktion, die definiert ist durch

$$f(x) = x \text{ für irrationale } x$$

$$\text{und } f(x) = \frac{1}{2} \text{ für rationale } x,$$

im Intervall $0 \leqq x \leqq 1$. Diese Funktion nimmt überall nur Werte zwischen 0 und 1 an, und zwar Werte beliebig nahe an 0 und 1, wenn x als irrationale Zahl genügend nahe an 0 oder 1 gewählt wird. Aber $f(x)$ kann niemals *gleich* 0 oder 1 sein, denn für rationale x haben wir $f(x) = \frac{1}{2}$ und für irrationale x haben wir $f(x) = x$. Daher werden 0 und 1 niemals angenommen.

Wir übergehen den Beweis des Weierstraßschen Satzes.

Der Satz gilt in ähnlicher Weise auch für stetige Funktionen von zwei oder mehr Variablen $x, y, \ldots$. Anstelle eines Intervalls mit seinen Endpunkten haben wir dann ein *abgeschlossenes* Gebiet, z. B. ein Rechteck in der x, y-Ebene einschließlich seines Randes, zu betrachten.

Die Beweise der Sätze von BOLZANO und WEIERSTRASS haben einen ausgesprochen nicht-konstruktiven Charakter. Sie liefern keine Methode, um die wirkliche Lage einer Nullstelle oder eines größten oder kleinsten Wertes einer Funktion mit einer vorgeschriebenen Genauigkeit in einer endlichen Anzahl von Schritten aufzufinden. Nur die bloße Existenz oder vielmehr die Unmöglichkeit der Nichtexistenz der gewünschten Werte wird bewiesen. Dies ist ein weiterer wichtiger Fall, in dem die Intuitionisten (siehe S. 69) Einwände erhoben haben;

einige sind so weit gegangen, die Ausschaltung solcher Sätze aus der Mathematik vorzuschlagen. Aber selbst die radikalsten intuitionistischen Kritiker haben oft in der Praxis ihre Einwendungen nicht konsequent befolgen können. Um lebensfähig zu sein, darf die Mathematik sich nicht durch intuitionistische Verbote fesseln lassen, sondern muß im Gegenteil versuchen, sich aus der Zwangsjacke zu befreien, welche ihr unter dem an sich nötigen Druck der Grundlagenkritik angelegt worden ist.

*4. Ein Satz über Zahlenfolgen. Kompakte Mengen

Es sei $x_1, x_2, x_3, \ldots$ eine unendliche Folge von Zahlen, die nicht voneinander verschieden zu sein brauchen und die alle in dem *abgeschlossenen Intervall I*, $a \leqq x \leqq b$, enthalten sind. Die Folge kann einen Grenzwert haben oder auch nicht. Aber *es ist immer möglich, aus einer solchen Folge durch Fortlassen gewisser ihrer Glieder eine unendliche Teilfolge $y_1, y_2, y_3, \ldots$ auszuwählen, die gegen einen im Intervall I enthaltenen Limes y strebt.*

Um diesen „Häufungsstellensatz" zu beweisen, teilen wir das Intervall I in zwei abgeschlossene Teilintervalle I' und I'', indem wir den Mittelpunkt $\frac{a+b}{2}$ von I markieren:

$$I': a \leqq x \leqq \frac{a+b}{2},$$
$$I'': \frac{a+b}{2} \leqq x \leqq b.$$

Mindestens in einem von diesen, es möge I_1 heißen, müssen unendlich viele Glieder x_n der urspünglichen Folge liegen. Wir wählen irgendeines dieser Glieder, etwa x_{n_1}, und nennen es y_1. Jetzt verfahren wir in derselben Weise mit dem Intervall I_1. Da unendlich viele Glieder x_n in I_1 enthalten sind, müssen unendlich viele Glieder in mindestens einer der beiden Hälften von I_1 liegen, diese heiße I_2. Also können wir gewiß ein Glied x_n in I_2 finden, für das $n > n_1$. Wählen wir irgendeines davon und nennen es y_2. Fahren wir in dieser Weise fort, so erhalten wir eine Intervallschachtelung $I_1, I_2, I_3, \ldots$ und eine Teilfolge $y_1, y_2, y_3, \ldots$ der ursprünglichen Folge, derart daß y_n für jedes n in I_n liegt. Diese Intervallschachtelung charakterisiert einen Punkt y in I, und es ist klar, daß die Folge $y_1, y_2, y_3, \ldots$ den Grenzwert y hat, wie behauptet wurde.

*Diese Betrachtungen lassen eine Verallgemeinerung zu, deren Charakter für die moderne Mathematik typisch ist. Betrachten wir eine beliebige Menge S, in der ein gewisser „Abstandsbegriff" definiert ist. S kann eine Punktmenge in der Ebene oder im Raume sein, aber das ist nicht notwendig, zum Beispiel kann S auch die Menge aller Dreiecke in der Ebene sein. Wenn X und Y zwei Dreiecke mit den Ecken A, B, C bzw. A', B', C' sind, dann können wir als „Abstand" zwischen den beiden Dreiecken die Zahl $d(X, Y) = AA' + BB' + CC'$ definieren, worin AA' usw. den gewöhnlichen Abstand zwischen den Punkten A und A' bedeutet. Immer wenn in einer Menge S ein solcher „Abstand" zwischen den Elementen erklärt ist, läßt sich der Begriff einer Folge von Elementen $X_1, X_2, X_3, \ldots$ definieren, die gegen ein zu S gehöriges Grenzelement X strebt. Damit ist gemeint, daß $d(X, X_n) \to 0$, wenn $n \to \infty$. Wir sagen nun, daß *die Menge S kompakt ist, wenn aus jeder Folge $X_1, X_2, X_3, \ldots$ von Elementen von S eine Teilfolge ausgewählt werden kann, die gegen ein Element X von S als Grenzwert strebt.* Wir haben im vorigen Absatz gezeigt, daß ein abgeschlossenes Intervall $a \leqq x \leqq b$ in diesem Sinne kompakt ist. Es kann daher der Begriff der kompakten Menge als eine Verallgemeinerung eines abgeschlossenen Intervalls der Zahlenachse gelten. Man beachte, daß die Zahlenachse *als Ganzes* nicht kompakt ist, da weder die Folge der natürlichen Zahlen 1, 2, 3, 4, 5, ... selbst, noch irgendeine ihrer Teilfolgen gegen einen Grenzwert strebt. Auch ein offenes Intervall, wie etwa $0 < x < 1$, das die Endpunkte nicht enthält, ist nicht kompakt, da die Folge $\frac{1}{2}, \frac{1}{3}, \frac{1}{4}, \ldots$ oder eine beliebige ihrer Teilfolgen gegen den Limes 0 strebt, der dem offenen Intervall nicht angehört. In derselben Weise kann gezeigt werden, daß das Gebiet der Ebene, das aus den inneren Punkten eines Quadrats oder Rechtecks besteht, nicht kompakt ist, jedoch kompakt wird, wenn die Punkte der Begrenzung hinzugenommen werden. Ferner ist die Menge aller Dreiecke, deren Ecken im Innern oder auf dem Rande eines gegebenen Kreises liegen, kompakt.

Wir können auch den Begriff der Stetigkeit auf den Fall verallgemeinern, daß die Variable X in einer beliebigen Menge variiert, in welcher der Begriff des Grenzwerts definiert ist. Die Funktion $u = F(X)$, wobei u eine reelle Zahl ist, heißt stetig in dem Element X, wenn für jede Folge von Elementen $X_1, X_2, X_3, \ldots$, die das Element X als Grenzwert hat, die entsprechende Folge $F(X_1), F(X_2), \ldots$ den Grenzwert $F(X)$ hat. (Eine äquivalente (ε, δ)-Definition läßt sich ebenfalls sofort formulieren.) Es ist nicht schwer zu zeigen, daß der Weierstraßsche Satz auch für den allgemeinen Fall einer stetigen Funktion gilt, die für die Elemente einer kompakten Menge definiert ist:

Wenn $u = F(X)$ eine beliebige stetige Funktion ist, die für die Elemente einer kompakten Menge S definiert ist, so gibt es immer ein Element von S, für das $F(X)$ seinen größten Wert und ein anderes, für das $F(X)$ seinen kleinsten Wert annimmt.

Der Beweis ist einfach, sobald man die betreffenden allgemeinen Begriffe erfaßt hat. Wir wollen aber nicht darauf eingehen. Im Kapitel VII wird sich zeigen, daß der allgemeine Satz von WEIERSTRASS für die Theorie der Maxima und Minima von der größten Bedeutung ist.

§ 6. Einige Anwendungen des Satzes von BOLZANO

1. Geometrische Anwendungen

Der einfache, aber sehr allgemeine Satz von BOLZANO kann zum Beweis vieler Aussagen dienen, die auf den ersten Blick durchaus nicht selbstverständlich erscheinen. Wir beginnen mit dem Beweis des folgenden Satzes: *Wenn A und B zwei beliebige Gebiete in der Ebene sind, dann gibt es eine gerade Linie, die zugleich A und B halbiert.* Unter einem „Gebiet" verstehen wir irgendein Stück der Ebene, das von einer einfachen geschlossenen Kurve begrenzt ist.

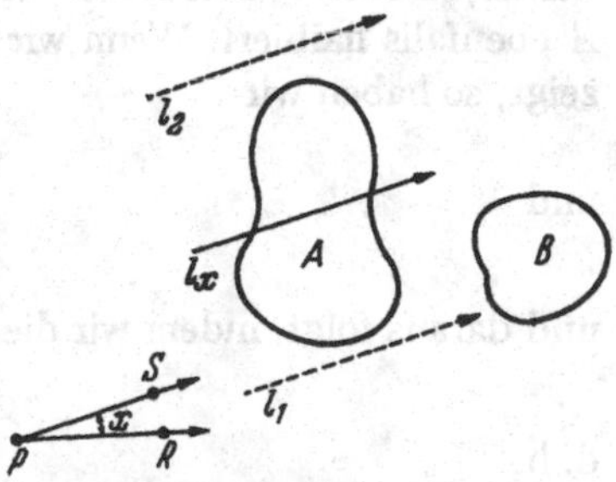

Fig. 173. Gleichzeitige Halbierung zweier Gebiete

Zum Beweis wählen wir einen festen Punkt P in der Ebene und ziehen von P aus einen Strahl PR, von dem aus wir die Richtungswinkel messen wollen. Dann wählen wir einen beliebigen Strahl PS, der mit PR den Winkel x bildet, und zeigen, daß es in der Ebene eine gerichtete Gerade geben muß, welche das *Gebiet A halbiert* und dieselbe Richtung hat wie der Strahl PS. In der Tat: Wenn wir eine gerichtete Gerade l_1 haben, die mit PS gleichgerichtet ist und ganz auf einer Seite von A liegt, und wenn wir diese Gerade parallel zu sich selbst verschieben, bis sie in der Lage l_2 ganz auf der anderen Seite von A liegt (siehe Fig. 173), dann ist die Funktion, deren Wert definiert ist als der Flächenteil von A rechts von der Geraden, vermindert um den Teil von A links von der Geraden, positiv für die Lage l_1 und negativ für die Lage l_2. Da diese Funktion offenbar stetig ist, muß sie nach dem Bolzanoschen Satz für eine geeignete Lage l_x zwischen beiden gleich Null sein, und l_x ist sogar eindeutig bestimmt. Für jeden x-Wert von 0° bis 360° erhalten wir so eine wohldefinierte Gerade l_x, die A halbiert.

Nun möge die Funktion $y = f(x)$ definiert sein als der Flächenanteil von B rechts von l_x vermindert um den Flächenanteil von B links von l_x. Nehmen wir an, daß die Gerade l_0, die A halbiert und die Richtung PR hat, auf ihrer rechten Seite einen größeren Flächenanteil von B hat als auf der linken; dann ist y für $x = 0°$ positiv. Lassen wir x bis 180° zunehmen, so ist die Gerade l_{180} mit der Richtung RP, die A halbiert, dieselbe wie l_0, nur mit entgegengesetzter Richtung, so daß rechts und links vertauscht sind. Daher ist der Wert von y für $x = 180°$ zahlenmäßig derselbe wie für $x = 0°$, aber mit entgegengesetztem Vorzeichen, also negativ. Da y eine stetige Funktion von x ist (man formuliere diese Aussage ausführlich!), muß zwischen 0° und 180° ein Wert α für x existieren, für den $y = 0$ ist. Das heißt, daß die Gerade l_α die beiden Gebiete A und B gleichzeitig halbiert. Damit ist der Beweis erbracht.

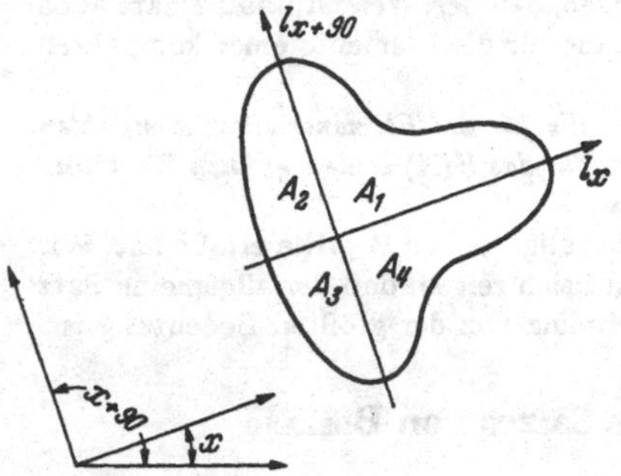

Fig. 174

Man beachte, daß mit dem Beweis für die *Existenz* einer Geraden von der verlangten Eigenschaft noch kein bestimmtes Verfahren zu ihrer *Konstruktion* angegeben worden ist; dies illustriert von neuem die besondere Eigenart mathematischer Existenzbeweise im Gegensatz zu Konstruktionen.

Ein verwandtes Problem ist das folgende: Gegeben sei ein einzelnes Gebiet A in der Ebene; es wird verlangt, A durch zwei *aufeinander senkrechte* Geraden in *vier* gleichgroße Stücke zu zerlegen. Um zu beweisen, daß dies immer möglich ist, kehren wir zu unserem vorigen Problem zurück und zwar zur Definition von l_x für jeden Winkel x (von dem Gebiet B sehen wir ab). Neben l_x betrachten wir die Gerade l_{x+90}, die auf l_x senkrecht steht und A ebenfalls halbiert. Wenn wir die vier Teile von A so numerieren, wie Fig. 174 zeigt, so haben wir

$$A_1 + A_2 = A_3 + A_4$$

und

$$A_2 + A_3 = A_1 + A_4,$$

und daraus folgt, indem wir die zweite Gleichung von der ersten subtrahieren,

$$A_1 - A_3 = A_3 - A_1,$$

d. h.

$$A_1 = A_3,$$

und folglich

$$A_2 = A_4.$$

Wenn wir daher die Existenz eines Winkels $x = \alpha$ beweisen können, bei dem

$$A_1(\alpha) = A_2(\alpha),$$

dann ist unser Satz bewiesen; denn für einen solchen Winkel sind alle vier Teile gleich groß. Zu diesem Zweck definieren wir eine Funktion $y = f(x)$, indem wir für jeden Winkel x den Strahl l_x gezeichnet denken und

$$f(x) = A_1(x) - A_2(x)$$

setzen. Für $x = 0°$ möge $f(0) = A_1(0) - A_2(0)$ positiv sein. In diesem Fall wird für

$x = 90°$, $A_1(90) - A_2(90) = A_2(0) - A_3(0) = A_2(0) - A_1(0)$ negativ sein. Da nun $f(x)$ stetig variiert, wenn x von 0° bis 90° wächst, so muß es einen Wert α zwischen 0° und 90° geben, für den $f(x) = A_1(\alpha) - A_2(\alpha) = 0$ ist. Dann teilen die Geraden l_α und $l_{\alpha+90}$ das Gebiet in vier gleiche Teile.

Es ist bemerkenswert, daß diese Probleme auf drei und mehr Dimensionen verallgemeinert werden können. Für drei Dimensionen lautet das erste Problem: Gegeben seien drei räumliche Gebiete; es ist eine Ebene zu bestimmen, die alle drei zugleich halbiert. Der Beweis, daß dies immer möglich ist, hängt wiederum von dem Bolzanoschen Theorem ab. Für mehr als drei Dimensionen ist der Satz immer noch richtig, aber der Beweis erfordert kompliziertere Methoden.

*2. Anwendung auf ein mechanisches Problem

Zum Abschluß dieses Abschnitts wollen wir ein scheinbar schwieriges mechanisches Problem besprechen, das mit Hilfe einer auf dem Stetigkeitsbegriff beruhenden Überlegung leicht beantwortet werden kann. (Das Problem wurde von H. Whitney angegeben.)

Angenommen, ein Zug fährt auf einer geradlinigen Strecke von einer Station A nach einer Station B. Die Fahrt braucht nicht mit gleichmäßiger Geschwindigkeit oder Beschleunigung zu geschehen. Der Zug darf in beliebiger Weise beschleunigt oder gebremst werden, ehe er B erreicht; aber wir nehmen an, daß die genaue Bewegung des Zuges im Voraus bekannt ist, das heißt, die Funktion $s = f(t)$ ist gegeben, wobei s die Entfernung des Zuges von der Station A und t die Zeit ist, gemessen vom Moment der Abfahrt an. Auf dem Boden eines Wagens ist ein Stab in einem Gelenk so angebracht, daß er sich ohne Reibung vorwärts oder rückwärts bewegen kann, bis er ganz am Boden liegt. Sobald er den Boden berührt,

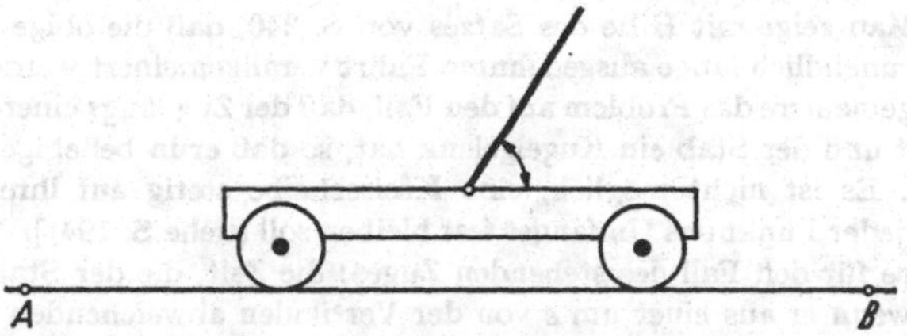

Fig. 175

nehmen wir an, daß er von da an liegen bleibt (das wird der Fall sein, wenn der Stab nicht elastisch reflektiert wird). Wir behaupten: Es ist möglich, den Stab in eine solche Anfangslage zu bringen, daß er, wenn er genau im Abfahrtsmoment losgelassen wird und sich nur unter dem Einfluß der Schwerkraft und der Bewegung des Zuges bewegt, während der ganzen Fahrt von A nach B nicht auf den Boden fällt.

Es mag höchst unwahrscheinlich erscheinen, daß für ein beliebig gegebenes Bewegungsgesetz des Zuges das Zusammenspiel der Schwerkraft und der Trägheitskräfte die dauernde Erhaltung des Gleichgewichts unter der einzigen Bedingung gestattet, daß die Anfangslage des Stabes passend gewählt wird.

So paradox diese Behauptung auch auf den ersten Blick erscheint, kann sie doch leicht bewiesen werden, sofern man ihren wesentlich topologischen Charakter ins Auge faßt. Es bedarf keinerlei genauerer Kenntnis der Gesetze der Dynamik; nur die folgende einfache physikalische Annahme ist nötig: *Die Bewegung des Stabes hängt stetig von seiner Anfangslage ab.* Wir wollen die Anfangslage des Stabes durch den Winkel x kennzeichnen, den er zu Anfang mit dem Boden des Wagens bildet, und die Endlage durch den Winkel y, den der Stab bei Beendigung der Fahrt am Punkte B mit dem Boden bildet. Wenn der Stab zu Boden gefallen ist, haben wir entweder $y = 0$ oder $y = \pi$. Für eine gegebene Anfangslage x ist die Endlage y nach unseren Voraussetzungen eindeutig bestimmt als Funktion $y = g(x)$, die stetig ist, und die Werte $y = 0$ für $x = 0$ und $y = \pi$ für $x = \pi$ hat (wobei die letzten Behauptungen die Tatsache ausdrücken, daß der Stab flach am Boden bleibt, wenn dies seine Ausgangslage war). Nun denken wir daran, daß $g(x)$ als stetige Funktion in dem Intervall $0 \leqq x \leqq \pi$ alle Werte zwischen $g(0) = 0$ und $g(\pi) = \pi$ annimmt; folglich gibt es für jeden Wert y, z. B. für den Wert $y = \frac{\pi}{2}$, einen speziellen Wert von x, so daß $g(x) = y$; insbesondere gibt es eine Anfangslage, für welche die Endlage des Stabes bei B senkrecht zum Boden ist. (Bei dieser Überlegung darf man nicht vergessen, daß die Bewegung des Zuges ein für allemal festliegt.)

Natürlich ist die Betrachtung völlig theoretisch. Wenn die Fahrt lange dauert, oder das Bewegungsgesetz des Zuges, das durch $s = f(t)$ ausgedrückt ist, sehr unregelmäßig schwankt, so kann der Bereich der Anfangslagen, für den die Endlage $g(x)$ sich von 0 oder π unterscheidet, außerordentlich klein sein – wie jeder weiß, der den Versuch gemacht hat, eine Nadel während eines merklichen Zeitraums senkrecht auf einem Teller zu balancieren. Immerhin dürfte unsere Überlegung sogar von praktischem Interesse sein, da sie zeigt, wie in der Dynamik qualitative Ergebnisse durch einfache Betrachtungen ohne detaillierte Rechnung erhalten werden können.

Übungen: 1. Man zeige mit Hilfe des Satzes von S. 240, daß die obige Überlegung auch auf den Fall einer unendlich lange ausgedehnten Fahrt verallgemeinert werden kann.

2. Man verallgemeinere das Problem auf den Fall, daß der Zug längs einer beliebigen Kurve in der Ebene fährt und der Stab ein Kugelgelenk hat, so daß er in beliebiger Richtung fallen kann. [Anleitung: Es ist nicht möglich, eine Kreisscheibe stetig auf ihren Umfang allein abzubilden, wenn jeder Punkt des Umfanges fest bleiben soll (siehe S. 194)].

3. Man beweise für den Fall des stehenden Zuges: die Zeit, die der Stab braucht, um zu Boden zu fallen, wenn er aus einer um ε von der Vertikalen abweichenden Lage freigegeben wird, strebt gegen unendlich, wenn ε gegen 0 strebt.

Ergänzung zum Kapitel VI

Weitere Beispiele für Grenzwerte und Stetigkeit

§ 1. Beispiele von Grenzwerten

1. Allgemeine Bemerkungen

In vielen Fällen kann die Konvergenz einer Folge a_n in der folgenden Weise bewiesen werden. Wir suchen zwei andere Folgen b_n und c_n, deren Glieder einfacher gebaut als die der ursprünglichen Folge und so beschaffen sind, daß

$$(1) \qquad b_n \leqq a_n \leqq c_n$$

für alle n. *Wenn wir dann zeigen können, daß die Folgen b_n und c_n beide gegen denselben Grenzwert α konvergieren, so folgt, daß a_n ebenfalls gegen den Grenzwert α konvergiert.* Den formalen Beweis dieser Behauptung überlassen wir dem Leser.

Es ist klar, daß die Durchführung dieses Verfahrens die Benutzung von Ungleichungen erfordert. Es wird daher zweckmäßig sein, an einige allgemeine Regeln zu erinnern, die für das Rechnen mit Ungleichungen gelten.

1. Wenn $a > b$, so ist auch $a + c > b + c$ (eine beliebige Zahl darf zu beiden Seiten einer Ungleichung addiert werden).
2. Wenn $a > b$ und die Zahl c *positiv* ist, so ist $ac > bc$ (eine Ungleichung darf mit einer beliebigen positiven Zahl multipliziert werden).
3. Wenn $a < b$, so ist $-b < -a$ (der Sinn einer Ungleichung kehrt sich um, wenn beide Seiten mit -1 multipliziert werden). So ist $2 < 3$, aber $-3 < -2$.
4. Wenn a und b dasselbe Vorzeichen haben und wenn $a < b$, so ist $1/a > 1/b$.
5. $|a + b| \leqq |a| + |b|$.

2. Der Grenzwert von q^n

Wenn q eine Zahl größer als 1 ist, so wächst die Folge q^n über alle Grenzen, wie etwa die Folge $2, 2^2, 2^3, \ldots$ für $q = 2$. Die Folge „strebt gegen unendlich" (siehe S. 224). Der Beweis für den allgemeinen Fall beruht auf der wichtigen Ungleichung (auf S. 13 bewiesen)

$$(2) \qquad (1 + h)^n \geqq 1 + nh > nh\,,$$

worin h eine beliebige positive Zahl ist. Wir setzen $q = 1 + h$, wobei also $h > 0$ ist; dann ist

$$q^n = (1 + h)^n > nh\,.$$

Wenn nun k eine beliebig große positive Zahl ist, so folgt für alle $n > k/h$, daß

$$q^n > nh > k\,,$$

also $q^n \to \infty$.

Wenn $q = 1$, so sind die Glieder der Folge q^n alle gleich 1, und demnach ist 1 der Grenzwert der Folge. Wenn q negativ ist, so wechselt q^n zwischen positiven und negativen Werten ab und hat keinen Grenzwert, wenn $q \leqq -1$.

Übung: Die letzte Behauptung ist streng zu beweisen.

Auf S. 52 zeigten wir: Wenn $-1 < q < 1$, dann $q^n \to 0$. Dafür können wir einen weiteren, sehr einfachen Beweis geben. Wir betrachten zuerst den Fall $0 < q < 1$. Dann bilden die Zahlen $q, q^2, q^3, \ldots$ eine monoton abnehmende Folge mit der unteren Schranke 0. Folglich muß nach S. 225 die Folge einen Limes haben: $q^n \to a$. Multiplizieren wir beide Seiten dieser Relation mit q, so erhalten wir $q^{n+1} \to aq$. Nun muß q^{n+1} denselben Grenzwert haben wie q^n, da es unwesentlich ist, ob der wachsende Exponent n oder $n+1$ genannt wird. Folglich ist $aq = a$, oder $a(q-1) = 0$. Da aber $1 - q \neq 0$, so geht daraus hervor, daß $a = 0$.

Wenn $q = 0$, ist die Behauptung $q^n \to 0$ trivial. Wenn $-1 < q < 0$, so ist $0 < |q| < 1$. Somit gilt $|q^n| = |q|^n \to 0$ nach der vorstehenden Überlegung. Hieraus folgt, daß q^n immer gegen 0 strebt, wenn $|q| < 1$. Hiermit ist der Beweis abgeschlossen.

Übungen: Man beweise für $n \to \infty$:

1. $(x^2/(1 + x^2))^n \to 0$
2. $(x/(1 + x^2))^n \to 0$
3. $(x^3/(4 + x^2))^n$ strebt gegen unendlich, wenn $x > 2$, gegen 0, wenn $|x| < 2$.

3. Der Grenzwert von $\sqrt[n]{p}$

Die Folge $a_n = \sqrt[n]{p}$, d. h. die Folge $p, \sqrt{p}, \sqrt[3]{p}, \sqrt[4]{p}, \ldots$, hat den Limes 1 für jede feste positive Zahl p:

$$\sqrt[n]{p} \to 1, \quad \text{wenn } n \to \infty. \tag{3}$$

(Mit dem Symbol $\sqrt[n]{p}$ ist, wie immer, die positive n-te Wurzel gemeint. Für negative Zahlen p gibt es bei geradem n keine reellen n-ten Wurzeln.)

Um die Relation (3) zu beweisen, nehmen wir zunächst an, daß $p > 1$; dann ist $\sqrt[n]{p}$ ebenfalls größer als 1. Daher dürfen wir setzen

$$\sqrt[n]{p} = 1 + h_n,$$

wobei h_n eine von n abhängige positive Zahl ist. Die Ungleichung (2) zeigt dann, daß

$$p = (1 + h_n)^n > n h_n.$$

Dividieren wir durch n, so sehen wir, daß

$$0 < h_n < p/n.$$

Da die Folgen $b_n = 0$ und $c_n = p/n$ beide den Limes 0 haben, so folgt nach der Überlegung in Abschnitt 1, daß auch h_n bei wachsendem n den Limes 0 hat, und unsere Behauptung ist für $p > 1$ bewiesen. Hier haben wir ein typisches Beispiel dafür, daß eine Limesrelation, in diesem Fall $h_n \to 0$, erkannt wird, indem man h_n zwischen zwei Folgen einschließt, deren Grenzwerte übereinstimmen und leichter zu bestimmen sind.

Nebenbei haben wir eine Abschätzung für die Differenz h_n zwischen $\sqrt[n]{p}$ und 1 abgeleitet: diese Differenz muß immer kleiner als p/n sein.

Wenn $0 < p < 1$, so ist $\sqrt[n]{p} < 1$, und wir können

$$\sqrt[n]{p} = \frac{1}{1 + h_n}$$

setzen, wobei h_n wiederum eine von n abhängige positive Zahl ist. Es folgt, daß

$$p = \frac{1}{(1 + h_n)^n} < \frac{1}{n h_n},$$

so daß

$$0 < h_n < \frac{1}{np}.$$

Hieraus schließen wir, daß h_n mit wachsendem n gegen 0 strebt. Wegen $\sqrt[n]{p} = \frac{1}{1 + h_n}$ folgt daraus $\sqrt[n]{p} \to 1$.

Die „nivellierende" Wirkung des n-ten Wurzelziehens, die jede positive Zahl gegen 1 schiebt, wenn n zunimmt, ist sogar stark genug, um dies noch in einigen Fällen zu bewirken, wo der Radikand nicht konstant bleibt. Wir werden beweisen, daß die Folge $1, \sqrt{2}, \sqrt[3]{3}, \sqrt[4]{4}, \sqrt[5]{5}, \ldots$ gegen 1 strebt, d. h. daß

$$\sqrt[n]{n} \to 1,$$

wenn n zunimmt. Durch einen kleinen Kunstgriff kann man zeigen, daß auch dies aus der Ungleichung (2) folgt. Statt der n-ten Wurzel aus n nehmen wir die n-te Wurzel aus $\sqrt{n}$. Setzen wir $\sqrt[n]{\sqrt{n}} = 1 + k_n$, wobei k_n eine von n abhängige, positive Zahl ist, dann liefert diese Ungleichung $\sqrt{n} = (1 + k_n)^n > n k_n$, so daß

$$k_n < \frac{\sqrt{n}}{n} = \frac{1}{\sqrt{n}}.$$

Folglich ist

$$1 < \sqrt[n]{n} = (1 + k_n)^2 = 1 + 2k_n + k_n^2 < 1 + \frac{2}{\sqrt{n}} + \frac{1}{n}.$$

Die rechte Seite dieser Ungleichung strebt mit wachsendem n gegen 1, so daß $\sqrt[n]{n}$ ebenfalls gegen 1 streben muß.

4. Unstetige Funktionen als Limites stetiger Funktionen

Wir können auch Grenzwerte von Folgen a_n betrachten, wenn a_n keine feste Zahl ist, sondern von einer Variablen x abhängt:

$$a_n = f_n(x).$$

Für jeden festen Wert von x haben wir dann eine gewöhnliche Folge, und wenn alle diese Folgen konvergieren, so bilden die Grenzwerte wieder eine Funktion von x:

$$f(x) = \lim f_n(x).$$

Solche Darstellungen von Funktionen $f(x)$ als Limites anderer Funktionen können dazu dienen, „höhere" Funktionen $f(x)$ auf einfachere Funktionen $f_n(x)$ zurückzuführen.

Dies gilt insbesondere für die Darstellung unstetiger Funktionen durch explizite Formeln. Zum Beispiel wollen wir die Folge $f_n(x) = \frac{1}{1 + x^{2n}}$ betrachten. Für $|x| = 1$ haben wir $x^{2n} = 1$ und daher $f_n(x) = \frac{1}{2}$ für jedes n, so daß $f_n(x) \to \frac{1}{2}$.

Für $|x| < 1$ haben wir $x^{2n} \to 0$, und daher $f_n(x) \to 1$, dagegen haben wir für $|x| > 1$ $x^{2n} \to \infty$, und daher $f_n(x) \to 0$.
Zusammengefaßt:

$$f(x) = \lim \frac{1}{1+x^{2n}} = \begin{cases} 1 & \text{für } |x| < 1\,, \\ 1/2 & \text{für } |x| = 1\,, \\ 0 & \text{für } |x| > 1\,. \end{cases}$$

Hier ist die unstetige Funktion $f(x)$ als Limes einer Folge von stetigen rationalen Funktionen dargestellt.

Ein weiteres interessantes Beispiel von ähnlichem Charakter bildet die Folge

$$f_n(x) = x^2 + \frac{x^2}{1+x^2} + \frac{x^2}{(1+x^2)^2} + \cdots + \frac{x^2}{(1+x^2)^n}\,.$$

Für $x = 0$ sind alle Werte $f_n(x)$ Null, und daher $f(0) = \lim f_n(0) = 0$. Für $x \neq 0$ ist der Ausdruck $1/(1+x^2) = q$ positiv und kleiner als 1; unsere Ergebnisse über geometrische Reihen sichern die Konvergenz von $f_n(x)$ für $n \to \infty$. Der Limes, d. h. die Summe der unendlichen geometrischen Reihe, ist $\frac{x^2}{1-q} = \frac{x^2}{1-\frac{1}{1+x^2}}$, was gleich $1 + x^2$ ist. Also strebt $f_n(x)$ gegen die Funktion $f(x) = 1 + x^2$, wenn $x \neq 0$ und gegen $f(x) = 0$ für $x = 0$. Diese Funktion hat eine hebbare Unstetigkeit bei $x = 0$.

*5. Grenzwerte durch Iteration

Häufig sind die Glieder einer Folge so beschaffen, daß a_{n+1} aus a_n durch das gleiche Verfahren erhalten wird, wie a_n aus a_{n-1}; die fortlaufende Wiederholung derselben Operation liefert die ganze Folge aus einem gegebenen Anfangsglied. In solchen Fällen sprechen wir von einem „Iterationsverfahren".

Zum Beispiel hat die Folge

$$1,\ \sqrt{1+1},\ \sqrt{1+\sqrt{2}},\ \sqrt{1+\sqrt{1+\sqrt{2}}},\ \ldots$$

ein solches Bildungsgesetz; jedes Glied nach dem ersten entsteht, indem man die Quadratwurzel aus 1 plus dem vorhergehenden Glied zieht. Daher wird durch die Formel

$$a_1 = 1,\quad a_{n+1} = \sqrt{1 + a_n}$$

die ganze Folge definiert. Wir wollen ihren Grenzwert bestimmen. Offenbar ist a_n größer als 1, sobald $n > 1$. Ferner ist a_n eine monoton zunehmende Folge, denn

$$a_{n+1}^2 - a_n^2 = (1 + a_n) - (1 + a_{n-1}) = a_n - a_{n-1}\,.$$

Also wird immer, wenn $a_n > a_{n-1}$, auch $a_{n+1} > a_n$ sein. Wir wissen aber, daß $a_2 - a_1 = \sqrt{2} - 1 > 0$, daraus schließen wir durch mathematische Induktion, daß $a_{n+1} > a_n$ für alle n, d. h. daß die Folge monoton zunimmt. Außerdem ist sie beschränkt; denn nach dem Vorhergehenden haben wir

$$a_{n+1} = \frac{1 + a_n}{a_{n+1}} < \frac{1 + a_{n+1}}{a_{n+1}} = 1 + \frac{1}{a_{n+1}} < 2\,.$$

Nach dem Prinzip der monotonen Folgen schließen wir, daß $a_n \to a$ für $n \to \infty$, wobei a eine gewisse Zahl zwischen 1 und 2 ist. Man sieht leicht ein, daß a die positive Wurzel der quadratischen Gleichung $x^2 = 1 + x$ ist, denn wenn $n \to \infty$, wird die Gleichung $a_{n+1}^2 = 1 + a_n$ zu $a^2 = 1 + a$. Lösen wir diese Gleichung, so finden wir die positive Wurzel $a = \frac{1+\sqrt{5}}{2}$. Daher können wir diese quadratische Gleichung durch ein Iterationsverfahren lösen, das den Wert der Wurzel mit jedem beliebigen Genauigkeitsgrad ergibt, wenn wir lange genug fortfahren.

Viele andere algebraische Gleichungen lassen sich in ähnlicher Weise durch Iterationsverfahren lösen. Zum Beispiel können wir die kubische Gleichung $x^3 - 3x + 1 = 0$ in der Form

$$x = \frac{1}{3 - x^2}$$

schreiben. Wir wählen einen beliebigen Wert für a_1, etwa $a_1 = 0$, und definieren $a_{n+1} = \frac{1}{3 - a_n^2}$, so daß wir die Folge $a_2 = 1/3 = 0{,}333\ldots$, $a_3 = 9/26 = 0{,}3461\ldots$, $a_4 = 676/1947 = 0{,}3472\ldots$, usw. erhalten. Es läßt sich zeigen, daß die Folge a_n gegen einen Grenzwert $a = 0{,}3473\ldots$ konvergiert, der eine Lösung der gegebenen kubischen Gleichung ist. Iterationsprozesse wie diese sind äußerst wichtig, sowohl für die reine Mathematik, für die sie „Existenzbeweise" liefern, als auch für die angewandte Mathematik, für die sie Näherungsmethoden zur Lösung vieler Arten von Problemen angeben.

Übungen über Grenzwerte: für $n \to \infty$.

1. Man beweise, daß $\sqrt{n+1} - \sqrt{n} \to 0$.
   (Anleitung: Man schreibe die Differenz in der Form
   $$\frac{\sqrt{n+1} - \sqrt{n}}{\sqrt{n+1} + \sqrt{n}} \cdot (\sqrt{n+1} + \sqrt{n}).)$$
2. Man bestimme den Grenzwert von $\sqrt{n^2 + a} - \sqrt{n^2 + b}$.
3. Man bestimme den Grenzwert von $\sqrt{n^2 + an + b} - n$.
4. Man bestimme den Grenzwert von $\frac{1}{\sqrt{n+1} + \sqrt{n}}$.
5. Man beweise, daß der Grenzwert von $\sqrt[n]{n+1}$ gleich 1 ist.
6. Was ist der Grenzwert von $\sqrt[n]{a^n + b^n}$, wenn $a > b > 0$?
7. Was ist der Grenzwert von $\sqrt[n]{a^n + b^n + c^n}$, wenn $a > b > c > 0$?
8. Was ist der Grenzwert von $\sqrt[n]{a^n b^n + a^n c^n + b^n c^n}$, wenn $a > b > c > 0$?
9. Wir werden später sehen (S. 342), daß $e = \lim (1 + 1/n)^n$. Was ist dann $\lim (1 + 1/n^2)^n$?

§ 2. Ein Beispiel für Stetigkeit

Ein exakter Beweis für die Stetigkeit einer Funktion verlangt die ausdrückliche Nachprüfung der Definition auf S. 236. Zuweilen ist dies ein langwieriges Unternehmen, und es ist daher günstig, daß Stetigkeit, wie wir im Kapitel VIII sehen werden, eine Konsequenz der Differenzierbarkeit ist. Da wir diese systematisch bei allen elementaren Funktionen feststellen werden, so können wir, wie es gewöhnlich geschieht, die etwas langweiligen einzelnen Stetigkeitsbeweise hier übergehen. Aber zur Verdeutlichung der allgemeinen Definition wollen wir doch noch ein weiteres Beispiel untersuchen, die Funktion $f(x) = \frac{1}{1 + x^2}$. Wir können x auf ein festes Intervall $|x| \leqq M$ einschränken, wobei M eine beliebig gewählte positive Zahl ist. Schreiben wir

$$f(x_1) - f(x) = \frac{1}{1+x_1^2} - \frac{1}{1+x^2} = \frac{x^2 - x_1^2}{(1+x^2)(1+x_1^2)} = (x - x_1)\frac{(x+x_1)}{(1+x^2)(1+x_1^2)},$$

so finden wir für $|x| \leqq M$ und $|x_1| \leqq M$

$$|f(x_1) - f(x)| \leqq |x - x_1|\,|x + x_1| \leqq |x - x_1| \cdot 2M .$$

Also ist es klar, daß die Differenz auf der linken Seite kleiner sein wird als eine beliebige positive Zahl ε, wenn nur $|x_1 - x| < \delta = \frac{\varepsilon}{2M}$.

Dabei sollte man beachten, daß wir hier recht großzügig mit unseren Abschätzungen sind. Für große Werte von x und x_1 würde, wie der Leser leicht einsehen wird, ein viel größeres δ genügen.

Siebentes Kapitel

Maxima und Minima

Einleitung

Eine Strecke ist die kürzeste Verbindung zwischen ihren Endpunkten. Ein Bogen eines Großkreises ist die kürzeste Kurve zwischen zwei Punkten auf einer Kugel. Unter allen geschlossenen ebenen Kurven von gleicher Länge umschließt der Kreis die größte Fläche, und unter allen geschlossenen Flächen vom gleichen Flächeninhalt umschließt die Kugel das größte Volumen.

Maximum- und Minimumeigenschaften dieser Art waren schon den Griechen bekannt, wenn auch die Resultate häufig ohne den Versuch eines Beweises ausgesprochen wurden. Eine der bedeutsamsten griechischen Entdeckungen wird dem alexandrinischen Gelehrten HERON aus dem ersten Jahrhundert n. Chr. zugeschrieben. Es war schon lange bekannt, daß ein Lichtstrahl von einem Punkt P, der einen ebenen Spiegel in dem Punkt R trifft, in Richtung auf einen Punkt Q so reflektiert wird, daß PR und QR gleiche Winkel mit dem Spiegel bilden. HERON entdeckte: Wenn R' irgendein anderer Punkt des Spiegels ist, dann ist der Gesamtweg $PR' + R'Q$ länger als der Weg $PR + RQ$. Dieser Satz, den wir sogleich beweisen werden, kennzeichnet den tatsächlichen Lichtweg PRQ zwischen P und Q als den kürzesten möglichen Weg von P nach Q über den Spiegel, eine Entdeckung, die man als den Ausgangspunkt der geometrischen Optik ansehen kann.

Es ist ganz natürlich, daß sich die Mathematiker für derartige Fragen interessieren. Im täglichen Leben entstehen fortwährend Probleme über Maxima und Minima, über das „beste“ oder „schlechteste“. Viele praktisch wichtige Probleme stellen sich in dieser Form dar. Wie muß man zum Beispiel die Gestalt eines Bootes wählen, damit es den geringstmöglichen Widerstand im Wasser bietet? Welches zylindrische Gefäß aus einer gegebenen Materialmenge hat den größten Rauminhalt? Seit dem 17ten Jahrhundert ist die allgemeine Theorie der Extremwerte — Maxima und Minima — zu einem der Prinzipien geworden, die der systematischen Zusammenfassung und Vereinheitlichung der Wissenschaft dienen. FERMATs erste Schritte in seiner Differentialrechnung ergaben sich aus dem Wunsch, Fragen über Maxima und Minima mit allgemeinen Methoden zu untersuchen. Im folgenden Jahrhundert wurde die Reichweite dieser Methoden durch die Erfindung der „Variationsrechnung“ stark erweitert. Es wurde immer deutlicher, daß allgemeine physikalische Gesetze ihren prägnantesten Ausdruck in Minimalprinzipien finden und daß so ein Zugang zu einer mehr oder weniger vollständigen Lösung spezieller Probleme geöffnet wird. Eine Erweiterung des Begriffes der Extremwerte hat neuerdings zu der bemerkenswerten Theorie der stationären Werte geführt, in welcher Analysis und Topologie verknüpft sind. Wenn auch die Verzweigungen der Theorie der Extremwerte in hohe Regionen der Mathematik führen, so wird doch im vorliegenden Kapitel eine völlig elementare Darstellung gegeben werden.

§ 1. Probleme aus der elementaren Geometrie

1. Die maximale Fläche eines Dreiecks mit zwei gegebenen Seiten

Gegeben seien zwei Strecken a und b; gesucht sei das Dreieck mit der größten Fläche, welches a und b als Seiten hat. Die Lösung ist einfach das rechtwinklige Dreieck, dessen Katheten a und b sind. Dazu betrachten wir irgendein Dreieck mit den Seiten a und b wie in Fig. 176. Wenn h die Höhe auf der Basis a ist, dann ist die Fläche des Dreiecks $A = \frac{1}{2}ah$. Nun ist $\frac{1}{2}ah$ offenbar ein Maximum, wenn h seinen größten Wert annimmt, und das tritt ein, wenn h mit b zusammenfällt, d. h. für das rechtwinklige Dreieck. Daher ist die maximale Fläche $\frac{1}{2}ab$.

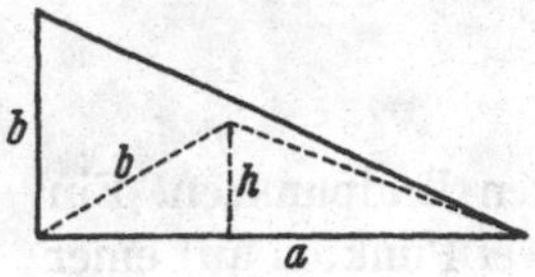

Fig. 176

2. Der Satz des Heron. Extremaleigenschaften von Lichtstrahlen

Gegeben seien eine Gerade L und zwei Punkte P und Q auf derselben Seite von L. Für welchen Punkt R auf L ist $PR + RQ$ der kürzeste Weg von P über L nach Q? Dies ist das Heronsche Lichtstrahl-Problem. (Wenn L das Ufer eines Flusses wäre, und jemand so schnell als möglich von P nach Q zu gehen und dabei unterwegs einen Eimer Wasser von L zu holen hätte, so hätte er genau dasselbe Problem zu lösen.) Um die Lösung zu finden, spiegeln wir P an der Geraden L und erhalten den Punkt P', so daß L die Mittelsenkrechte auf PP' ist. Dann schneidet die Gerade $P'Q$ die Gerade L in dem gesuchten Punkt R. Für jeden andern Punkt R' auf L ist nun $PR' + R'Q$ größer als $PR + RQ$. Denn $PR = P'R$ und $PR' = P'R'$; daher ist $PR + RQ = P'R + RQ = P'Q$ und $PR' + R'Q = P'R' + R'Q$. Aber $P'R' + R'Q$ ist größer als $P'Q$ (da die Summe zweier Seiten eines Dreiecks größer als die dritte Seite ist), also ist auch $PR' + R'Q$ größer als $PR + RQ$, was zu beweisen war. Im folgenden nehmen wir an, daß weder P noch Q auf L liegen.

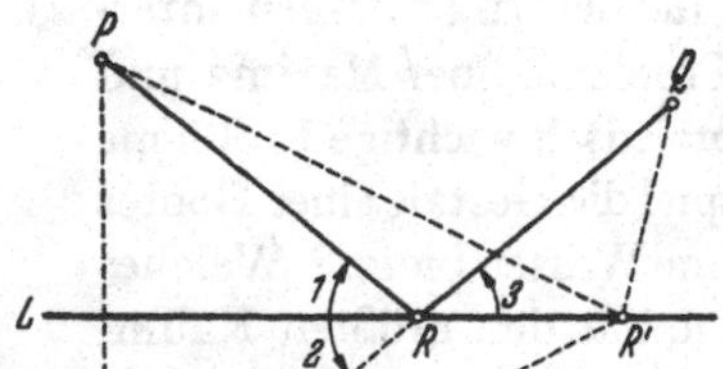

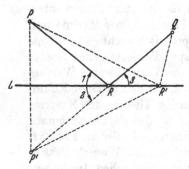

Fig. 177. Der Satz des Heron

Aus Fig. 177 sehen wir, daß $\sphericalangle 3 = \sphericalangle 2$ und $\sphericalangle 2 = \sphericalangle 1$, so daß $\sphericalangle 1 = \sphericalangle 3$. Mit andern Worten, *$R$ ist der Punkt, für den PR und QR gleiche Winkel mit L bilden.* Daraus folgt, daß ein an L reflektierter Lichtstrahl (bei dem Einfalls- und Reflexionswinkel gleich groß sind, wie man aus dem Experiment weiß) tatsächlich den kürzesten Weg von P über L nach Q wählt, wie in der Einleitung behauptet wurde.

Das Problem läßt sich allgemeiner auch für mehrere Geraden $L, M, \ldots$ stellen. Zum Beispiel betrachten wir den Fall, daß wir zwei Geraden L, M und zwei Punkte P, Q haben, wie in Fig. 178, und der kürzeste Weg gesucht ist, der vom Punkt P zu der Geraden L, dann zu M und von da nach Q führt. Es sei Q' das Spiegelbild von Q an M und Q'' das Spiegelbild von Q' an L. Man ziehe PQ'', wobei L in R geschnitten wird, und RQ', wobei M in S geschnitten wird. Dann sind R und S die gesuchten Punkte, so daß $PR + RS + SQ$ der kürzeste Weg von

P über L und M nach Q ist. Der Beweis ist ganz ähnlich dem für das vorige Problem und sei dem Leser zur Übung überlassen. Wenn L und M Spiegel wären, so würde ein Lichtstrahl von P, der von L nach M und von da nach Q reflektiert wird, L in R und M in S treffen; daher würde der Lichtstrahl wiederum den kürzesten Weg wählen.

Man kann auch nach dem kürzesten Weg von P über M nach L und von da nach Q fragen. Dies würde einen Weg $PRSQ$ ergeben (siehe Fig. 179), der in ähnlicher Weise zu ermitteln ist wie der vorige Weg $PRSQ$. Die Länge des ersten Weges kann größer, gleich oder kleiner als die des zweiten sein.

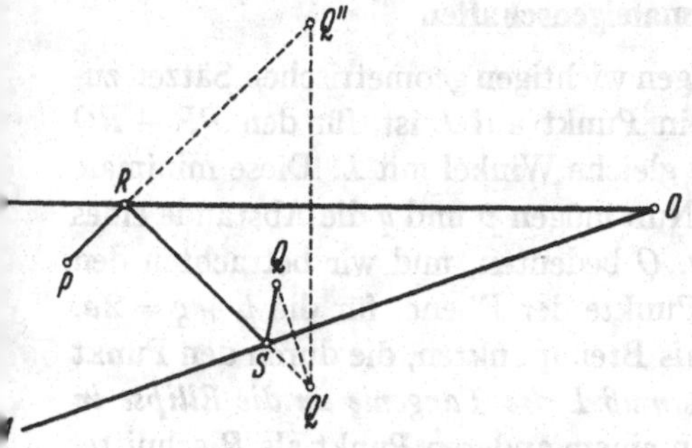

Fig. 178. Reflexion an zwei Spiegeln

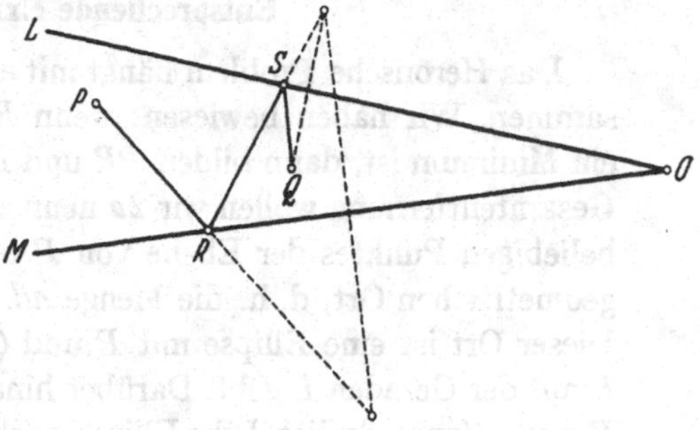

Fig. 179

***Übung: Man zeige, daß der erste Weg kürzer ist als der zweite, wenn O und R auf derselben Seite der Geraden PQ liegen. Wann werden beide Wege gleiche Längen haben?**

3. Anwendungen auf Probleme für Dreiecke

Mit Hilfe des Heronschen Satzes lassen sich die Lösungen der folgenden beiden Aufgaben leicht ermitteln.

a) Gegeben sei der Flächeninhalt F und eine Seite $c = PQ$ eines Dreiecks; unter allen solchen Dreiecken sei dasjenige zu bestimmen, für das die Summe der beiden andern Seiten den kleinsten Wert hat. Anstatt die Seite c und den Flächeninhalt des Dreiecks vorzuschreiben, kann man ebenso gut die Seite c und die Höhe h auf c geben, da $F = \frac{1}{2} ch$ ist. Nach Fig. 180 besteht also die Aufgabe darin, einen Punkt R zu finden, dessen Abstand von der Geraden PQ gleich dem gegebenen h und für den die Summe $a + b$ ein Minimum ist. Aus der ersten Bedingung folgt, daß R auf der Parallelen zu PQ in Abstand h liegen muß. Die Antwort ergibt sich aus dem Heronschen Satz für den Spezialfall, daß P und Q gleich weit von L entfernt sind; das gesuchte Dreieck ist gleichschenklig.

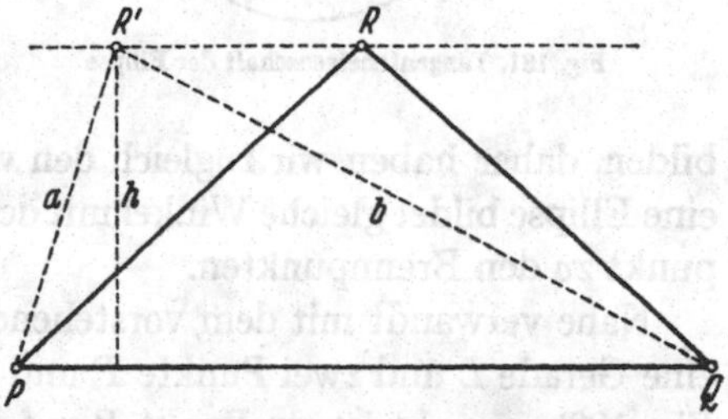

Fig. 180. Dreieck mit minimalem Umfang bei gegebener Basis und Fläche

b) In einem Dreieck sei die Seite c und die Summe $a + b$ der beiden anderen Seiten gegeben; es soll unter allen solchen Dreiecken das mit dem größten Flächeninhalt gefunden werden. Dies ist ein genaues Gegenstück zum Problem a). Die Lösung ist wieder das gleichschenklige Dreieck, bei dem $a = b$ ist. Wie wir eben gezeigt haben, hat dieses Dreieck den kleinsten Wert für $a+b$ bei gegebenem Flächeninhalt; das heißt, jedes andere Dreieck mit der Basis c und derselben Fläche hat einen größeren Wert für $a+b$. Ferner ist nach a) klar, daß jedes Dreieck mit der Basis c und einem größeren Flächeninhalt als das gleichschenklige Dreieck auch einen größeren Wert für $a+b$ hat. Daher hat jedes andere Dreieck mit denselben Werten für $a+b$ und c einen kleineren Flächeninhalt, so daß das gleichschenklige Dreieck bei gegebenem c und $a+b$ den maximalen Flächeninhalt besitzt.

4. Tangentialeigenschaften der Ellipse und Hyperbel
Entsprechende Extremaleigenschaften

Das Heronsche Problem hängt mit einigen wichtigen geometrischen Sätzen zusammen. Wir haben bewiesen: wenn R ein Punkt auf L ist, für den $PR+RQ$ ein Minimum ist, dann bilden PR und RQ gleiche Winkel mit L. Diese minimale Gesamtentfernung wollen wir $2a$ nennen. Nun mögen p und q die Abstände eines beliebigen Punktes der Ebene von P bzw. Q bedeuten, und wir betrachten den geometrischen Ort, d. h. die Menge *aller* Punkte der Ebene, für die $p+q=2a$. Dieser Ort ist eine Ellipse mit P und Q als Brennpunkten, die durch den Punkt R auf der Geraden L geht. Darüber hinaus *muß L die Tangente an die Ellipse in R sein.* Wenn nämlich L die Ellipse noch an einem anderen Punkt als R schnitte, dann gäbe es einen Abschnitt von L, der innerhalb der Ellipse läge; für jeden Punkt dieses Abschnitts wäre $p+q$ kleiner als $2a$, da man leicht sieht, daß $p+q$ innerhalb der Ellipse kleiner als $2a$ und außerhalb größer als $2a$ ist. Auf L ist aber, wie wir wissen $p+q \geqq 2a$. Dieser Widerspruch zeigt, daß L die Ellipse in R berühren muß. Aber wir wissen auch, daß PR und RQ mit L gleiche Winkel

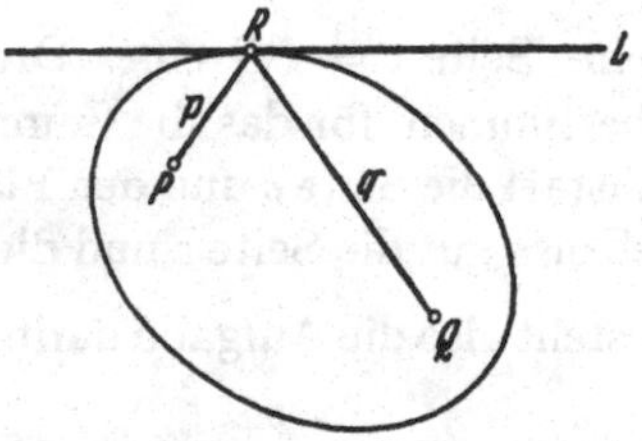

Fig. 181. Tangenteneigenschaft der Ellipse

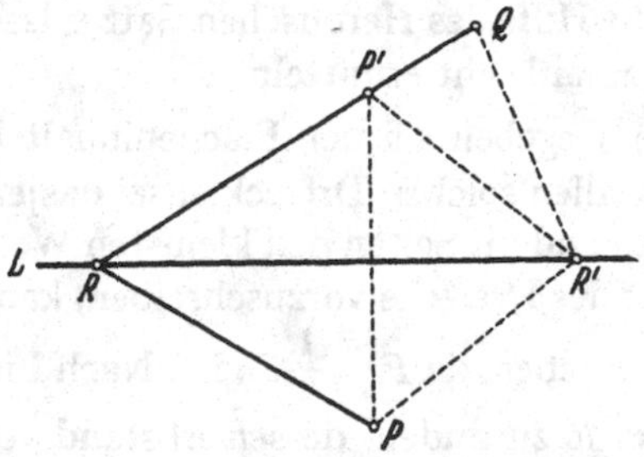

Fig. 182. $|PR-QR|$ = Maximum

bilden, daher haben wir zugleich den wichtigen Satz bewiesen: eine Tangente an eine Ellipse bildet gleiche Winkel mit den Verbindungslinien von dem Berührungspunkt zu den Brennpunkten.

Nahe verwandt mit dem vorstehenden ist das folgende Problem: Gegeben sei eine Gerade L und zwei Punkte P und Q auf *entgegengesetzten* Seiten von L (siehe Fig. 182), gesucht ist ein Punkt R auf L, für den die Größe $|p-q|$, das heißt der absolute Betrag der *Differenz* der Abstände von R nach P und Q, ein *Maximum* ist. (Wir wollen annehmen, daß L nicht die Mittelsenkrechte von PQ ist; denn dann wäre $p-q$ Null für jeden Punkt R auf L, und das Problem wäre sinnlos.) Um dieses Problem zu lösen, spiegeln wir zuerst P an L und erhalten den Punkt P' auf derselben Seite von L wie Q. Für jeden Punkt R' auf L haben wir $p=R'P=$

$R'P'$, $q = R'Q$. Da R', Q und P' als Ecken eines Dreiecks betrachtet werden können, ist die Größe $|p-q| = |R'P' - R'Q|$ nie größer als $P'Q$; denn die Differenz zweier Dreiecksseiten ist nie größer als die dritte Seite. Wenn R', P', Q alle auf einer Geraden liegen, ist $|p-q|$ *gleich* $P'Q$, wie man aus der Figur sieht. Daher ist der gesuchte Punkt R der Schnittpunkt von L mit der Geraden durch P' und Q. Wie im vorigen Falle sieht man leicht, daß die Winkel, die RP und RQ mit L bilden, gleich groß sind, da die Dreiecke RPR' und $RP'R'$ kongruent sind.

Dieses Problem ist mit einer Tangenteneigenschaft der Hyperbel verknüpft, ebenso wie das vorige mit der Ellipse. Wenn die maximale Differenz $|PR - QR|$ den Wert $2a$ hat, dann betrachten wir den geometrischen Ort aller Punkte der Ebene, für die $p-q$ den absoluten Betrag $2a$ hat. Dies ist eine Hyperbel mit P und Q als Brennpunkten, die durch den Punkt R geht. Wie man leicht zeigt, ist der absolute Betrag von $p-q$ kleiner als $2a$ in dem Bereich zwischen den beiden Hyperbelästen und größer als $2a$ auf der Seite jedes Zweiges, auf welcher der zugehörige Brennpunkt liegt. Aus einer ähnlichen Überlegung wie bei der Ellipse folgt, daß L die Hyperbel in R berühren muß. Welchen von den beiden Ästen L berührt, hängt davon ab, ob P oder Q näher an L liegt; wenn P näher liegt, wird der Ast um P von L berührt; das Entsprechende gilt für Q (siehe Fig. 183).

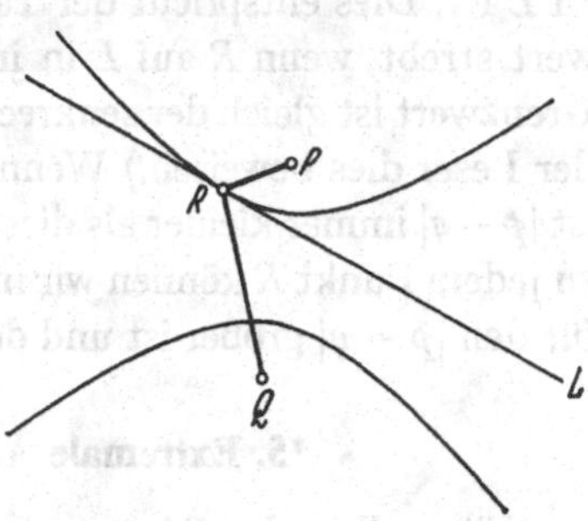

Fig. 183. Tangenteneigenschaft der Hyperbel

Wenn P und Q gleich weit von L entfernt sind, so berührt L keinen von beiden Ästen, sondern ist eine der Asymptoten der Kurve. Diese Feststellung wird plausibel, wenn man bedenkt, daß in diesem Fall die beschriebene Konstruktion keinen (endlichen) Punkt R liefert, da die Gerade $P'Q$ dann parallel zu L verläuft.

In derselben Weise wie oben beweist diese Überlegung den bekannten Satz: die Tangente an eine Hyperbel in einem beliebigen Punkt halbiert den Winkel zwischen den Verbindungslinien des Punktes mit den Brennpunkten der Hyperbel.

Es könnte sonderbar erscheinen, daß wir ein Minimumproblem zu lösen haben, wenn P und Q auf derselben Seite von L liegen, während sich ein Maximumproblem ergibt, wenn sie auf verschiedenen Seiten von L liegen. Daß dies ganz natürlich ist, kann man aber sofort einsehen. Im ersten Problem nimmt jede der Entfernungen p, q, und daher auch ihre Summe, unbegrenzt zu, wenn wir entlang L nach irgendeiner Richtung ins Unendliche gehen. Es wäre also unmöglich, einen maximalen Wert von $p+q$ zu finden; ein *Minimumproblem* ist also die einzige Möglichkeit. Im zweiten Fall, wo P und Q auf verschiedenen Seiten von L liegen, ist es anders. Hier müssen wir, um Konfusion zu vermeiden, unterscheiden zwischen $p-q$, dem entgegengesetzten Wert $q-p$ und dem absoluten Betrag $|p-q|$; der letzte ist es, der zum *Maximum* gemacht wurde. Man versteht die Situation am besten, wenn man den Punkt R entlang der Geraden L durch die verschiedenen Lagen $R_1, R_2, R_3, \ldots$ wandern läßt. Es gibt einen Punkt, für den die Differenz $p-q$ Null ist: nämlich den Schnittpunkt der Mittelsenkrechten von PQ mit L. Dieser Punkt liefert demnach ein Minimum für den absoluten Betrag $|p-q|$. Auf der einen Seite von diesem Punkt ist p größer als q, auf der andern kleiner; also ist die Größe $p-q$ auf der einen Seite des Punktes positiv, auf der andern negativ. Folglich hat $p - q$ selbst weder ein Maximum noch ein Minimum an dem Punkt, an dem $|p - q| = 0$. Dagegen liefert der Punkt, der $|p - q|$ zum Maximum macht, auch ein wirkliches Extremum von $p - q$. Ist $p > q$, so haben wir ein Maximum von $p - q$; ist $q > p$, ein Maximum von $q - p$ und daher ein Minimum von $p - q$. Ob sich ein Maximum oder ein Minimum von $p - q$ finden läßt, hängt von der Lage der beiden gegebenen Punkte P und Q in bezug auf die Gerade L ab.

Wir sahen, daß es keine Lösung des Maximumproblems gibt, wenn P und Q den gleichen Abstand von L haben, da dann die Gerade $P'Q$ in Fig. 182 parallel zu L ist. Dies entspricht der Tatsache, daß die Größe $|p - q|$ gegen einen Grenzwert strebt, wenn R auf L in irgendeiner Richtung ins Unendliche rückt. Dieser Grenzwert ist gleich der senkrechten Projektion s von PQ auf L. (Zur Übung möge der Leser dies beweisen.) Wenn P und Q die gleiche Entfernung von L haben, so ist $|p - q|$ immer kleiner als dieser Grenzwert, und es existiert kein Maximum, denn zu jedem Punkt R können wir immer einen finden, der noch weiter entfernt ist und für den $|p - q|$ größer ist und doch noch nicht gleich s.

*5. Extremale Abstände von einer gegebenen Kurve

Wir wollen den *kleinsten* und *größten Abstand* eines Punktes P von einer gegebenen Kurve C bestimmen. Der Einfachheit halber nehmen wir an, daß C eine einfache geschlossene Kurve ist, die überall eine Tangente hat, wie in Fig. 184. (Der Begriff der Tangente wird hier aus der Anschauung entnommen; er soll im nächsten Kapitel genauer analysiert werden.) Die Antwort ist sehr einfach: ein Punkt R auf C, für den der Abstand PR seinen kleinsten oder seinen größten Wert hat, muß so liegen, daß die Gerade PR auf der Tangente an C in R senkrecht steht. Der Beweis ist der folgende: der Kreis durch R um P muß die Kurve berühren. Denn ist R der Punkt mit dem minimalen Abstand, so muß C ganz außerhalb des Kreises liegen, und kann ihn daher nicht bei R schneiden; ist R der Punkt mit dem maximalen Abstand, so muß C ganz innerhalb des Kreises liegen und kann ihn wiederum nicht in R schneiden. (Dies folgt daraus, daß die Entfernung eines Punktes von P offenbar kleiner ist als RP, wenn der Punkt innerhalb des Kreises, und größer als RP, wenn er außerhalb liegt.) Daher müssen Kreis und Kurve sich in R berühren und eine gemeinsame Tangente haben. Da nun die Gerade PR, als Radius des Kreises, auf der Tangente des Kreises in R senkrecht steht, ist sie auch senkrecht zu C in R.

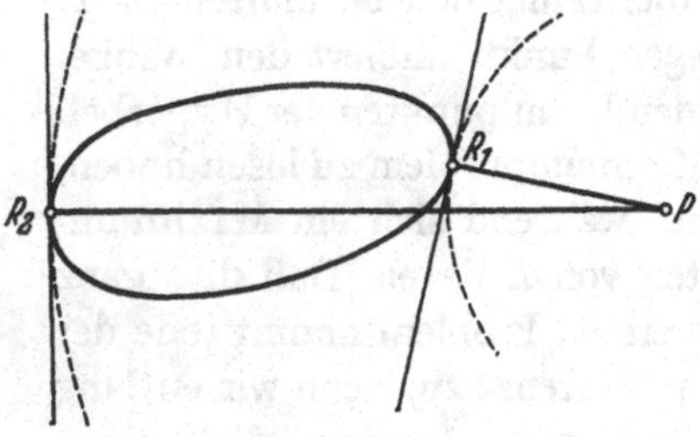

Fig. 184. Extremale Abstände von einer Kurve

Übrigens muß jeder Durchmesser einer solchen geschlossenen Kurve, das heißt jede Sehne von maximaler Länge, in beiden Endpunkten senkrecht auf C stehen. Der Beweis sei dem Leser als Übung überlassen. Eine ähnliche Behauptung möge auch für drei Dimensionen formuliert und bewiesen werden.

Übung: Man beweise, daß jede kürzeste bzw. längste Strecke, die zwei sich nicht schneidende geschlossene Kurven verbindet, an ihren Endpunkten senkrecht auf den Kurven stehen.

Die Probleme des Abschnitts 4 über die Summe und Differenz von Entfernungen können jetzt verallgemeinert werden. Betrachten wir anstelle der Geraden L eine einfache geschlossene Kurve C, die in jedem Punkt eine Tangente hat und zwei nicht auf C gelegene Punkte P und Q. Wir wollen die Punkte auf C charakterisieren, für welche die Summe $p+q$ und die Differenz $p-q$ ihre Extremwerte annehmen, wobei p und q die Abstände eines beliebigen Punktes auf C von P bzw. Q bedeuten. Hier können wir nicht von der einfachen Konstruktion der Spiegelung Gebrauch machen, mit der wir die Probleme für den Fall lösten, daß C eine Gerade war. Aber wir können die Eigenschaften der Ellipse und Hyperbel zur Lösung der

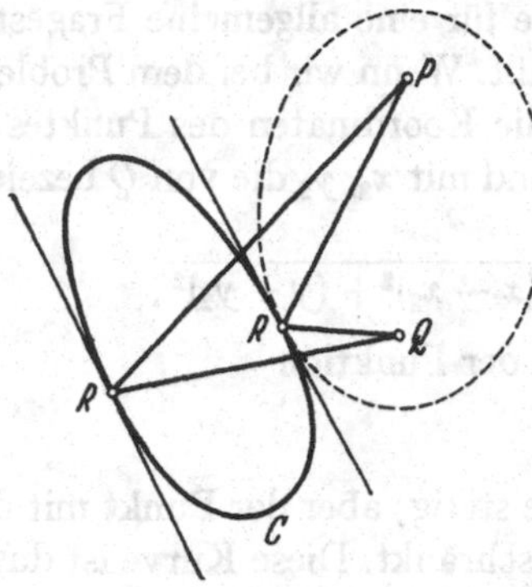

Fig. 185. Größte und kleinste Werte von $PR + QR$

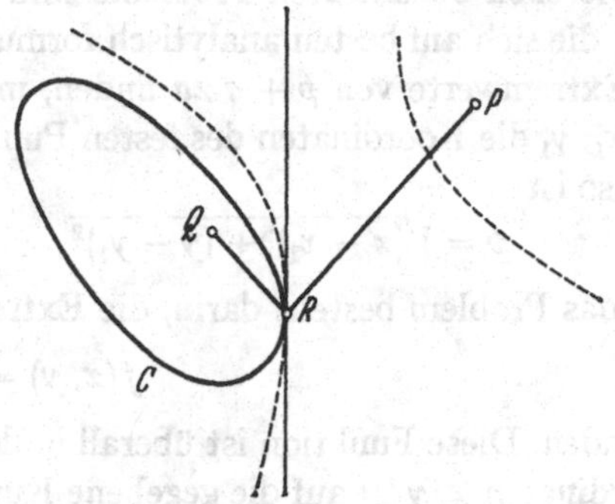

Fig. 186. Kleinste Werte von $PR - QR$

vorliegenden Probleme benutzen. Da C eine geschlossene Kurve ist und nicht mehr eine ins Unendliche verlaufende Linie, sind hier sowohl die Minimum- als die Maximumprobleme sinnvoll, denn man kann als gesichert annehmen, daß die Größen $p+q$ und $p-q$ auf einem beschränkten Kurvenstück, insbesondere auf einer geschlossenen Kurve, einen größten *und* einen kleinsten Wert haben (siehe § 7).

Für den Fall der Summe $p+q$ möge R ein Punkt auf C sein, für den $p+q$ maximal ist, und es sei $2a$ der Wert von $p+q$ in R. Wir betrachten die Ellipse mit den Brennpunkten P und Q, die der geometrische Ort für alle Punkte mit $p+q=2a$ ist. Diese Ellipse muß C in R berühren (der Beweis sei als Übung dem Leser überlassen). Nun haben wir gesehen, daß die Geraden PR und QR mit der Ellipse in R gleiche Winkel bilden; da die Ellipse C in R berührt, müssen die Geraden PR und QR auch mit C in R gleiche Winkel bilden. Wenn $p+q$ in R ein Minimum ist, so sehen wir in derselben Weise, daß PR und QR mit C in R gleiche Winkel bilden. Also haben wir den Satz: Gegeben sei eine geschlossene Kurve C und zwei Punkte P und Q auf derselben Seite von C; ist dann R ein Punkt auf C, in dem die Summe $p+q$ ihren größten oder kleinsten Wert annimmt, dann bilden die Geraden PR und QR in R gleiche Winkel mit der Kurve C (d. h. mit ihrer Tangente).

Wenn P innerhalb von C liegt und Q außerhalb, so gilt dieser Satz auch noch für den größten Wert von $p+q$; aber er versagt für den kleinsten Wert, da hier die Ellipse in eine Gerade entartet.

Durch ein genau analoges Verfahren, das die Eigenschaften der Hyperbel anstelle der Ellipse benutzt, möge der Leser selbst den folgenden Satz beweisen: Gegeben seien eine geschlossene Kurve C und zwei Punkte P und Q auf verschiedenen Seiten von C; dann bilden in den Punkten R auf C, in denen $p - q$ den größten oder kleinsten Wert auf C annimmt, die Geraden PR und QR gleiche Winkel mit C. Wir betonen wiederum, daß sich das Problem für die geschlossene Kurve C von dem für die unbeschränkte Gerade insofern unterscheidet, als bei der Geraden das Maximum des absoluten Betrages $|p - q|$ gesucht wurde, während hier ein Maximum (und auch ein Minimum) von $p - q$ existiert.

*§ 2. Ein allgemeines Prinzip bei Extremalproblemen

1. Das Prinzip

Die eben behandelten Probleme sind Beispiele für eine allgemeine Fragestellung, die sich am besten analytisch formulieren läßt. Wenn wir bei dem Problem, die Extremwerte von $p + q$ zu finden, mit x, y die Koordinaten des Punktes R, mit x_1, y_1 die Koordinaten des festen Punktes P und mit x_2, y_2 die von Q bezeichnen, so ist

$$p = \sqrt{(x - x_1)^2 + (y - y_1)^2}, \qquad q = \sqrt{(x - x_2)^2 + (y - y_2)^2},$$

und das Problem besteht darin, die Extremwerte der Funktion

$$f(x, y) = p + q$$

zu finden. Diese Funktion ist überall in der Ebene stetig; aber der Punkt mit den Koordinaten x, y ist auf die gegebene Kurve C beschränkt. Diese Kurve ist durch eine Gleichung $g(x, y) = 0$ bestimmt, z. B. $x^2 + y^2 - 1 = 0$, wenn sie der Einheitskreis ist. Unser Problem ist also, die Extremwerte von $f(x, y)$ zu finden, wenn x und y durch die Bedingung eingeschränkt sind, daß $g(x, y) = 0$ sein soll, und wir wollen jetzt dieses allgemeine Problem betrachten.

Um die Lösungen zu charakterisieren, betrachten wir die Schar der Kurven mit den Gleichungen $f(x, y) = c$; das heißt die Kurven, die durch Gleichungen dieser Form gegeben sind, wobei für jede Kurve c konstant ist, während verschiedene Werte von c verschiedenen Kurven der Schar entsprechen. Wir wollen annehmen, daß durch jeden Punkt der Ebene eine und nur eine Kurve der Schar $f(x, y) = c$ geht, wenigstens wenn wir uns auf die Umgebung der Kurve C beschränken. Wenn sich dann c stetig ändert, so überstreicht die Kurve $f(x, y) = c$ einen Teil der Ebene, und kein Punkt dieses Teils wird bei dem Überstreichen zweimal erfaßt. (Die Kurven $x^2 - y^2 = c$, $x + y = c$ und $x = c$ sind solche Scharen.) Insbesondere wird eine Kurve der Schar durch den Punkt R_1 gehen, wo $f(x, y)$ seinen größten Wert auf C annimmt, und eine andere durch den Punkt R_2, wo $f(x, y)$ seinen kleinsten Wert annimmt. Wir nennen den größten Wert a und den kleinsten b. Auf einer Seite der Kurve $f(x, y) = a$ wird der Wert von $f(x, y)$ kleiner als a sein, auf der andern Seite größer als a. Da $f(x, y) \leqq a$ auf C, muß C ganz auf einer Seite der Kurve $f(x, y) = a$ liegen. Also muß C diese Kurve in R_1

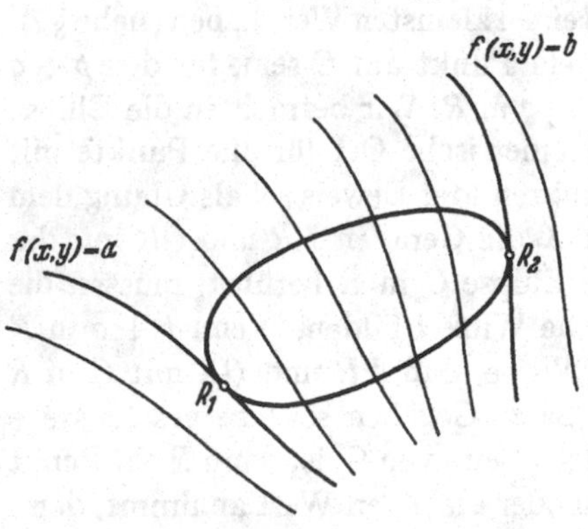

Fig. 187. Extremwerte einer Funktion auf einer Kurve

berühren. Ebenso berührt C die Kurve $f(x, y) = b$ in R_2. So ergibt sich der allgemeine Satz: *Wenn eine Funktion $f(x, y)$ auf einer Kurve C im Punkte R einen Extremwert a hat, so berührt die Kurve $f(x, y) = a$ die Kurve C in R.*

2. Beispiele

Die Ergebnisse des vorigen Paragraphen sind leicht als Spezialfälle dieses allgemeinen Satzes zu erkennen. Für die Untersuchung der Extremwerte von $p + q$ betrachten wir die Funktion $f(x, y) = p + q$, die Kurven $f(x, y) = c$ sind die konfokalen Ellipsen mit den Brennpunkten P und Q. Wir sahen, daß – genau wie

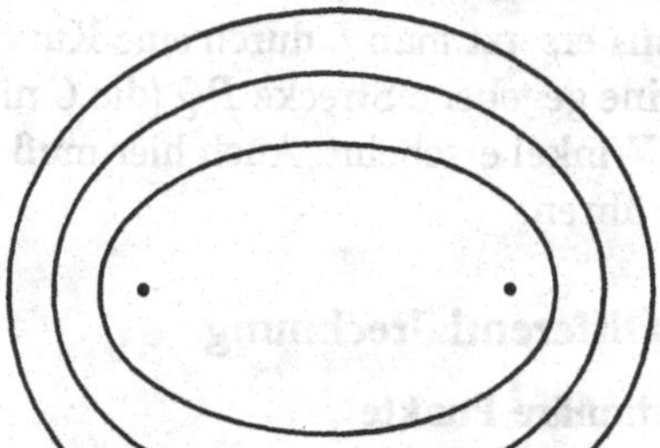

Fig. 188. Konfokale Ellipsen

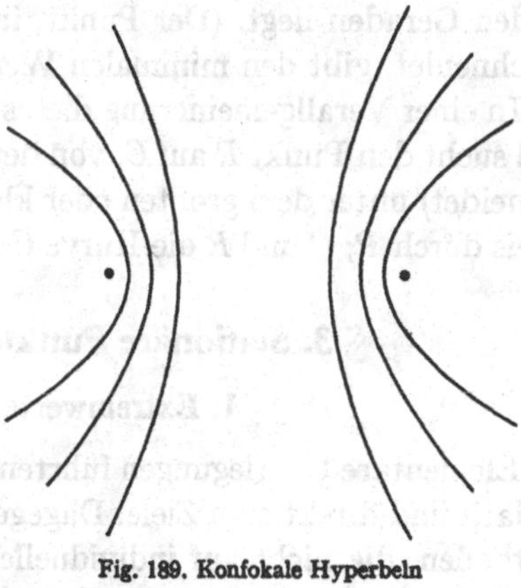

Fig. 189. Konfokale Hyperbeln

unser Satz behauptet – die Ellipsen, die durch solche Punkte von C gehen, in denen $f(x, y)$ seine Extremwerte annimmt, in diesen Punkten C berühren müssen. Und wenn die Extrema von $p - q$ gesucht werden, ist $p - q$ die Funktion $f(x, y)$; die Kurven $f(x, y) = c$ sind die konfokalen Hyperbeln mit P und Q als Brennpunkten, und die Hyperbeln, die durch die Punkte mit extremen Werten von $f(x, y)$ gehen, berühren die Kurve C.

Ein weiteres Beispiel ist das folgende: gegeben sei eine Strecke PQ und eine Gerade L, welche die Strecke nicht schneidet. Von welchem Punkt auf L erscheint PQ unter dem größten Winkel?

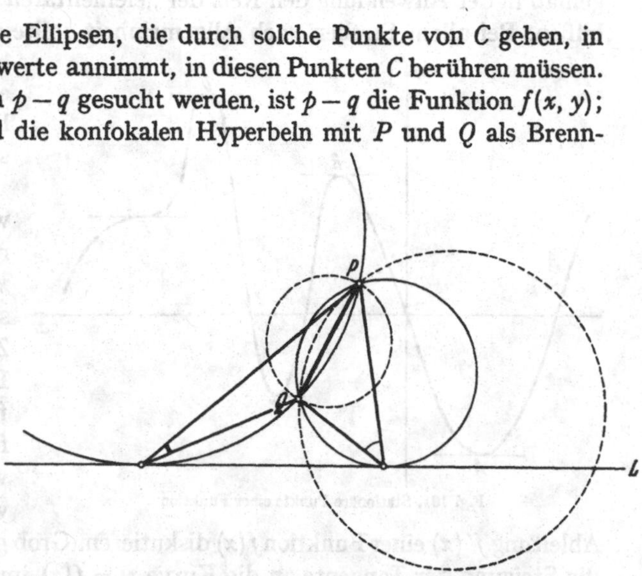

Fig. 190. Punkt auf L, von dem die Strecke PQ am größten erscheint

Die Funktion, deren Maximum gesucht wird, ist hier der Winkel θ, unter dem PQ von den Punkten auf L aus erscheint. Der Winkel, unter dem PQ von einem beliebigen Punkt R aus erscheint, ist eine Funktion $\theta = f(x, y)$ der Koordinaten von R. Aus der elementaren Geometrie wissen wir, daß die Kurvenschar $\theta = f(x, y) = c$ die Schar der Kreise durch

P und Q ist, da die Sehne eines Kreises von allen Punkten des Umfangs aus, die auf derselben Seite der Sehne liegen, unter dem gleichen Winkel erscheint. Wie man aus Fig. 190 sieht, werden im allgemeinen zwei dieser Kreise, deren Mittelpunkte auf verschiedenen Seiten von PQ liegen, die Gerade L berühren. Einer dieser Berührungspunkte gibt das absolute Maximum von θ, während der andere Punkt ein „relatives" Maximum ergibt, (das heißt, der Wert von θ ist *in einer gewissen Umgebung* des Punktes kleiner als im Punkte selbst). Das größere der beiden Maxima, also das absolute Maximum, ergibt sich in dem Berührungspunkt, der in dem spitzen Winkel zwischen L und der Verlängerung von PQ liegt, und das kleinere Maximum bei dem, der in dem stumpfen Winkel zwischen denselben beiden Geraden liegt. (Der Punkt, in dem die Verlängerung von PQ die Gerade L schneidet, gibt den minimalen Wert von θ, nämlich Null.)

In einer Verallgemeinerung dieses Problems ersetzt man L durch eine Kurve C und sucht den Punkt R auf C, von dem aus eine gegebene Strecke PQ (die C nicht schneidet) unter dem größten oder kleinsten Winkel erscheint. Auch hier muß der Kreis durch P, Q und R die Kurve C in R berühren.

§ 3. Stationäre Punkte und Differentialrechnung

1. Extremwerte und stationäre Punkte

Elementare Überlegungen führten in den vorangehenden, speziellen Problemen einfach und direkt zum Ziele. Dagegen liefert die Differentialrechnung allgemeine Methoden, die nicht auf individuelle Probleme beschränkt sind, die aber naturgemäß in der Anwendung den Reiz der „elementaren", direkten Behandlung einbüßen. Bei allem Streben nach Allgemeinheit sollte man nie vergessen, daß die bunte Vielfalt der individuellen Probleme für die Vitalität der Mathematik entscheidend ist.

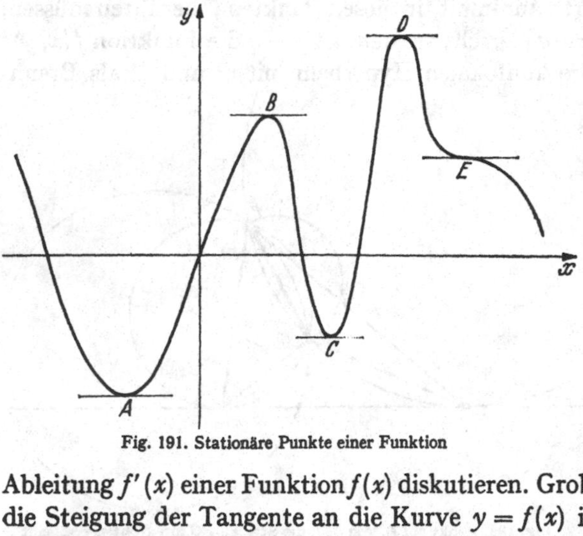

Fig. 191. Stationäre Punkte einer Funktion

In der historischen Entwicklung ist die Differentialrechnung durch spezielle Maximum-Minimum-Probleme stark beeinflußt worden. Der Zusammenhang zwischen Extremalproblemen und Differentialrechnung kann kurz folgendermaßen beschrieben werden. In Kapitel VIII werden wir den Begriff der Ableitung $f'(x)$ einer Funktion $f(x)$ diskutieren. Grob gesagt, ist die Ableitung $f'(x)$ die Steigung der Tangente an die Kurve $y=f(x)$ im Punkte (x, y). Es ist dann geometrisch evident, daß im Maximum oder Minimum einer glatten Kurve[1] $y=f(x)$ die Tangente an die Kurve horizontal sein muß, das heißt, daß ihre Steigung Null sein muß. Daher haben wir die Bedingung $f'(x)=0$ für die Extremwerte von $f(x)$.

[1] Eine glatte Kurve ist eine solche, die in jedem Punkt eine Tangente besitzt, also z. B. keine Ecken enthält.

Die Bedeutung von $f'(x) = 0$ wollen wir an der Kurve der Fig. 191 illustrieren. Sie hat fünf Punkte A, B, C, D und E, in denen die Tangente an die Kurve horizontal ist; die Werte von $f(x)$ an diesen Punkten seien a, b, c, d bzw. e. Das Maximum von $f(x)$ in dem dargestellten Intervall liegt bei D, das Minimum bei A. Der Punkt B stellt auch ein Maximum dar in dem Sinne, daß $f(x)$ für alle Punkte in der *unmittelbaren Umgebung* von B kleiner als b ist, obwohl $f(x)$ für Punkte in der Nähe von D größer als b ist. Aus diesem Grunde nennen wir B ein *relatives Maximum* von $f(x)$, während D das *absolute Maximum* ist. Ebenso stellt C ein relatives Minimum und A das absolute Minimum dar. Bei E endlich hat $f(x)$ weder ein Maximum noch ein Minimum, obwohl $f'(x) = 0$ ist. Hieraus folgt, daß das Verschwinden von $f'(x)$ eine *notwendige* aber keine *hinreichende* Bedingung für die Existenz eines Extremums einer glatten Funktion $f(x)$ ist. Mit anderen Worten, bei jedem Extremum, relativ oder absolut, ist $f'(x) = 0$, aber nicht jeder Punkt, für den $f'(x) = 0$, muß ein Extremum sein. Ein Punkt, in dem die Ableitung verschwindet, heißt ein *stationärer* Punkt. Durch eine verfeinerte Analyse ist es möglich, mehr oder weniger komplizierte Bedingungen für die höheren Ableitungen von $f(x)$ aufzustellen, welche die Maxima, Minima und andere stationäre Punkte vollständig charakterisieren (siehe Kap. VIII).

2. Maxima und Minima von Funktionen mehrerer Variabeln. Sattelpunkte

Es gibt Maximum-Minimum-Probleme, die sich nicht durch Funktionen $f(x)$ von einer Veränderlichen ausdrücken lassen. Der einfachste derartige Fall betrifft die Extremwerte einer Funktion $z = f(x, y)$ von zwei Veränderlichen.

Wir können $f(x, y)$ durch die Höhe z einer Fläche über der x, y-Ebene darstellen, die wir etwa als eine Gebirgslandschaft deuten. Ein Maximum von $f(x, y)$ entspricht einem Berggipfel; ein Minimum der tiefsten Stelle einer Senke oder eines Sees. Bei glatten Flächen ist in beiden Fällen die Tangentialebene an die Fläche horizontal. Aber es gibt noch andere Punkte außer den Berggipfeln und den Talgründen, an denen die Tangentialebene horizontal ist. Das sind die Punkte auf der Höhe eines Gebirgspasses. Wir wollen diese Punkte genauer untersuchen. Betrachten wir (wie in Fig. 192) zwei Gipfel A und B einer Bergkette und zwei Punkte C und D auf verschiedenen Seiten der Bergkette und nehmen wir an, daß wir von C nach D gehen wollen. Wir wollen zuerst nur die Wege von C nach D betrachten, die man erhält, wenn man die Fläche von einer Ebene durch C und D schneiden läßt. Jeder dieser Wege hat einen höchsten Punkt. Verändern wir die Lage der Ebene, dann ändert sich der Weg; es gibt einen Weg CD, für den die Höhe dieses *höchsten Punktes am geringsten* ist. Der höchste Punkt E auf diesem Wege ist die Paßhöhe, in mathematischer Sprache *Sattelpunkt* genannt. Offenbar ist E weder ein Maximum noch ein Minimum, da wir in beliebiger Nähe von E immer noch Punkte finden können, die höher, und auch solche, die niedriger liegen als E. Anstatt uns auf Wege zu beschränken, die in einer Ebene liegen, können wir ebenso gut auch Wege ohne diese Einschränkung betrachten. Die Kennzeichnung des Sattelpunktes E bleibt dieselbe.

Ebenso wird, wenn wir von dem Gipfel A zum Gipfel B hinübergehen, jeder einzelne Weg einen tiefsten Punkt haben; wiederum wird es einen bestimmten Weg AB geben, dessen tiefster Punkt am höchsten liegt, und das Minimum auf diesem Wege wird wieder in dem oben gefundenen Punkt E liegen. Dieser Sattelpunkt E hat also die Eigenschaft, das höchste Minimum und das niedrigste Maximum zu sein, das heißt ein *Maxi-minimum* oder ein *Mini-maximum*. Die Tangentialebene in E ist horizontal; denn da E das Minimum von AB ist, muß die Tangente an AB in E horizontal sein, und ebenso muß, da E das Maximum von CD ist, die Tangente an CD in E auch horizontal sein. Daher ist die Tangentialebene, welche durch diese Geraden bestimmt ist, ebenfalls horizontal. Wir haben also drei verschiedene Arten von Punkten mit horizontaler Tangentialebene gefunden: Maxima, Minima und Sattelpunkte; ihnen entsprechen verschiedene Typen stationärer Werte von $f(x, y)$.

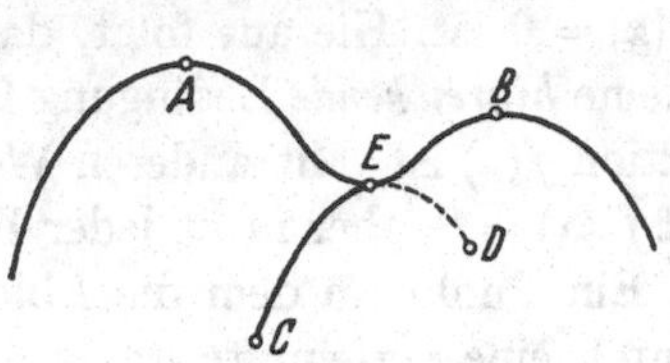

Fig. 192. Ein Gebirgspass

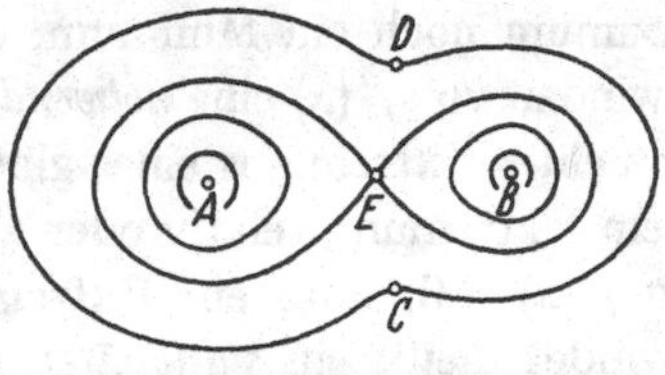

Fig. 193. Die zugehörige Höhenlinienkarte

Man kann eine Funktion $f(x, y)$ auch durch Höhenlinien darstellen, wie sie auf Landkarten benutzt werden, um die Höhen anzugeben (siehe S. 218). Eine Höhenlinie ist eine Kurve in der x, y-Ebene, auf der die Funktion $f(x, y)$ einen konstanten Wert hat, also sind die Höhenlinien identisch mit den Kurven der Schar $f(x, y) = c$. Durch einen gewöhnlichen Punkt der Ebene geht genau eine Höhenlinie. Ein Maximum oder Minimum ist von geschlossenen Höhenlinien umgeben, während sich an einem Sattelpunkt mehrere Höhenlinien kreuzen. In Fig. 193 sind die Höhenlinien für die Landschaft der Fig. 192 gezeichnet, und die Maximum-Minimum-Eigenschaft des Punktes E ist evident: Jeder Weg, der A und B verbindet und nicht durch E geht, muß durch ein Gebiet gehen, in dem $f(x, y) < f(E)$, während der Weg AEB der Fig. 192 ein Minimum in E hat. In derselben Weise sieht man, daß der Wert von $f(x, y)$ in E das kleinste Maximum der Wege ist, die C und D verbinden.

3. Minimaxpunkte und Topologie

Es besteht ein enger Zusammenhang zwischen der allgemeinen Theorie der stationären Punkte und den Begriffen der Topologie. Hier können wir dies nur kurz an einem einfachen Beispiel andeuten.

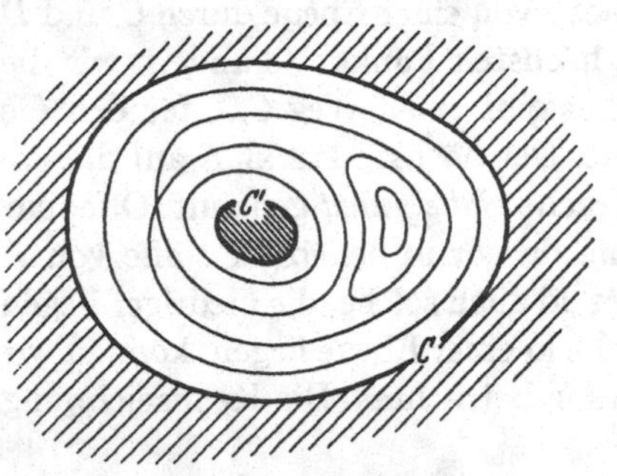

Fig. 194. Stationäre Punkte in einem zweifach zusammenhängenden Gebiet

Betrachten wir die Berglandschaft auf einer ringförmigen Insel B mit den beiden Uferlinien C und C'. Wenn wir die Höhe über dem Meeresspiegel wieder mit $u = f(x, y)$ bezeichnen, wobei $f(x, y) = 0$ auf C und C' und $f(x, y) > 0$ im Innern von B, dann muß es auf der Insel mindestens einen Gebirgspaß geben, der in Fig. 194 durch den Kreuzungspunkt der Höhenlinien gezeigt wird. Dies läßt sich anschaulich erkennen, wenn man versucht, von C nach C' zu kommen, ohne daß der Weg höher als notwendig ansteigt. Jeder Weg von C nach C' muß einen höchsten Punkt besitzen, und wenn wir den Weg auswählen, dessen höchster Punkt möglichst niedrig liegt, dann ist der höchste Punkt dieses Weges der Sattelpunkt von $u=f(x, y)$. (Man beachte Grenzfälle, in welchen stationäre Punkte nicht isoliert sind, wenn z. B. eine horizontale Ebene den Bergkamm um den ganzen Ring herum berührt.) Für ein Gebiet, das von p Kurven begrenzt wird, müssen im allgemeinen mindestens $p-1$ stationäre Punkte vom Minimaxtypus existieren. Ähnliche Beziehungen gelten, wie MARSTON MORSE entdeckt hat, auch für höhere Dimensionen, wo eine noch größere Mannigfaltigkeit von topologischen Möglichkeiten und von Typen stationärer Punkte besteht. Diese Beziehungen bilden die Basis für die moderne Theorie der stationären Punkte, welche insbesondere von MARSTON MORSE entwickelt worden ist.

4. Der Abstand eines Punktes von einer Fläche

Für den Abstand zwischen einem Punkt P und einer geschlossenen Kurve gibt es (mindestens) zwei stationäre Werte, ein Minimum und ein Maximum. Nichts Neues tritt auf, wenn wir dieses Ergebnis auf drei Dimensionen zu erweitern

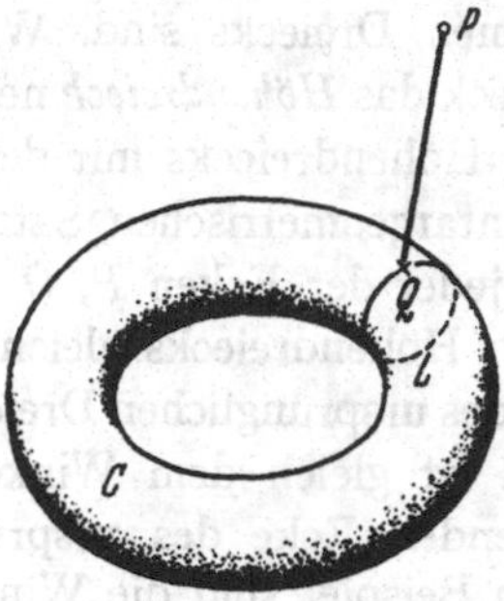

Fig. 195

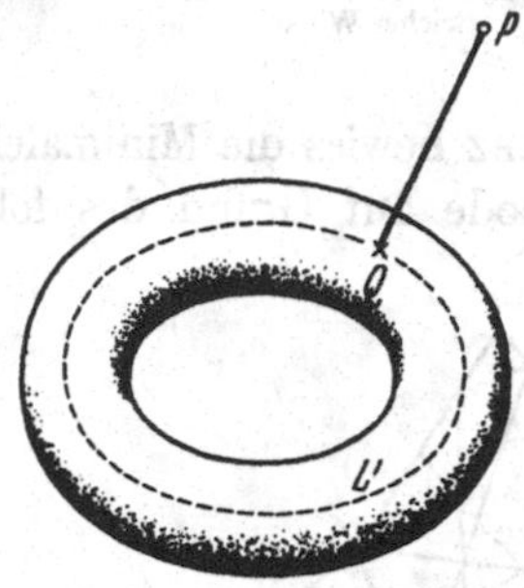

Fig. 196

suchen, solange wir nur eine Fläche C betrachten, die topologisch einer Kugel äquivalent ist, z. B. ein Ellipsoid. Dagegen ergeben sich neue Erscheinungen, wenn die Fläche von höherem Geschlecht ist, z. B. ein Torus. Natürlich gibt es auch eine kürzeste und eine längste Entfernung zwischen dem Punkt P und einem Torus C, wobei beide Strecken senkrecht auf C stehen. Außerdem aber existieren Extremwerte anderer Art, Maxima eines Minimums oder Minima eines Maximums. Um sie zu finden, zeichnen wir auf dem Torus einen geschlossenen „Meridiankreis" L wie in Fig. 195 und suchen auf L den Punkt Q, der P am nächsten liegt. Dann versuchen wir L so zu verschieben, daß der Abstand PQ entweder a) ein Minimum wird: dies ergibt einfach den Punkt Q auf C, der P am nächsten liegt oder b) ein Maximum wird: so erhalten wir einen anderen stationären Punkt. Ebenso gut können wir auf L den von P am weitesten entfernten Punkt bestimmen und dann ein solches L suchen, daß dieser maximale Abstand c) ein Maximum wird; dies liefert den Punkt von C, der am weitesten von P entfernt ist, oder daß der Abstand d) ein Minimum wird. Damit ergeben sich vier verschiedene stationäre Werte des Abstandes.

*** *Übung:* Man wiederhole die Überlegung für den Typ der geschlossenen Kurven L' auf C, die sich nicht in einen Punkt zusammenziehen lassen, siehe Fig. 196.**

§ 4. Das Schwarzsche Dreiecksproblem

1. Der Schwarzsche Spiegelungsbeweis

Hermann Amandus Schwarz (1843–1921) war einer der hervorragenden Mathematiker an der Universität Berlin; er hat bedeutende Beiträge zur modernen Funktionentheorie und Analysis geleistet, aber er verschmähte es nicht, auch elementare Gegenstände zu behandeln. Eine seiner Arbeiten betrifft das folgende Problem: Gegeben sei ein spitzwinkliges Dreieck; diesem soll ein zweites Dreieck mit dem kleinstmöglichen Umfang einbeschrieben werden. (Mit einem einbeschriebenen Dreieck ist ein Dreieck gemeint, dessen Ecken je auf einer Seite des ursprünglichen Dreiecks liegen.) Wir werden sehen, daß es genau ein solches Dreieck gibt, und daß seine Ecken die Fußpunkte der Höhen des gegebenen Dreiecks sind. Wir wollen dieses Dreieck das *Höhendreieck* nennen.

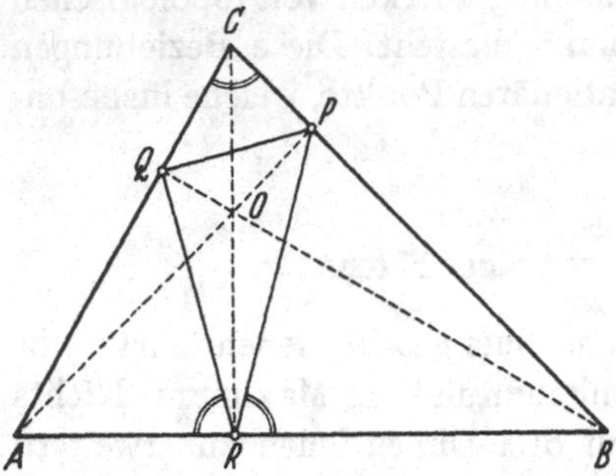

Fig. 197. Höhendreieck von *ABC* mit Kennzeichnung gleicher Winkel

Schwarz bewies die Minimaleigenschaft des Höhendreiecks mit der Spiegelungsmethode auf Grund des folgenden elementargeometrischen Satzes (siehe Fig. 197): an jeder der Ecken P, Q, R bilden die Seiten des Höhendreiecks gleiche Winkel mit der Seite des ursprünglichen Dreiecks, und dieser Winkel ist gleich dem Winkel an der gegenüberliegenden Ecke des ursprünglichen Dreiecks. Zum Beispiel sind die Winkel ARQ und BRP beide gleich dem Winkel bei C, usw.

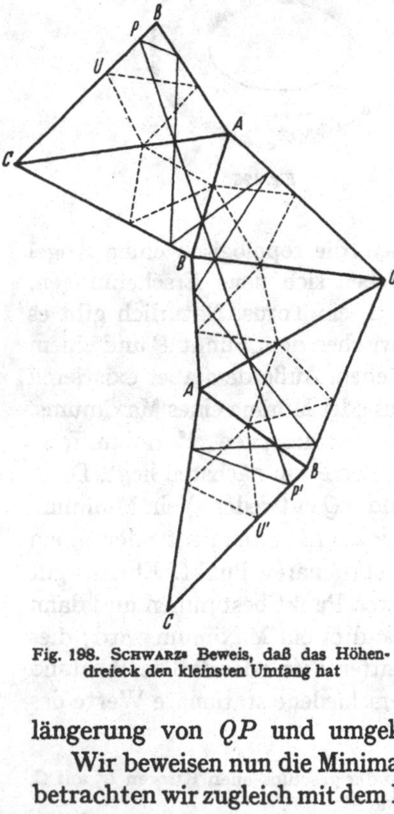

Fig. 198. Schwarzs Beweis, daß das Höhendreieck den kleinsten Umfang hat

Um diesen vorbereitenden Satz zu beweisen, bemerken wir, daß $OPBR$ ein Viereck ist, das einem Kreis einbeschrieben werden kann, da $\sphericalangle OPB$ und $\sphericalangle ORB$ beide rechte Winkel sind. Daher ist $\sphericalangle PBO = \sphericalangle PRO$ als Peripheriewinkel über derselben Sehne PO in dem umbeschriebenen Kreis. Nun ist $\sphericalangle PBO$ komplementär zu $\sphericalangle C$, da CBQ ein rechtwinkliges Dreieck ist, und $\sphericalangle PRO$ ist komplementär zu $\sphericalangle PRB$. Also ist $\sphericalangle PRB = \sphericalangle C$. In derselben Weise erkennt man mit Hilfe des Vierecks $QORA$, daß $\sphericalangle QRA = \sphericalangle C$ ist, usw.

Dieses Ergebnis läßt die folgende Reflexionseigenschaft des Höhendreiecks erkennen: da beispielsweise $\sphericalangle AQR = \sphericalangle CQP$, so ist das Spiegelbild von RQ an der Seite AC die Verlängerung von QP und umgekehrt, und dasselbe gilt für die anderen Seiten.

Wir beweisen nun die Minimaleigenschaft des Höhendreiecks. Im Dreieck ABC betrachten wir zugleich mit dem Höhendreieck ein beliebiges anderes einbeschriebenes Dreieck UVW. Wir spiegeln die ganze Figur zuerst an der Seite AC von ABC, dann das entstandene Dreieck an seiner Seite AB, dann an BC, dann wieder an AC und zuletzt an AB. Dadurch erhalten wir im ganzen sechs kongruente Dreiecke, jedes mit seinem Höhendreieck und dem anderen einbeschriebenen Dreieck. Die Seite BC des letzten Dreiecks ist der ursprünglichen Seite BC parallel. Denn bei der ersten Spiegelung wurde BC im Uhrzeigersinn um einen Winkel $2C$ gedreht, dann um $2B$ wieder im Uhrzeigersinn; bei der dritten Spiegelung bleibt BC unverändert, bei der vierten dreht es sich um $2C$ entgegen dem Uhrzeiger und bei der fünften um $2B$ entgegen dem Uhrzeiger. Also ist der Gesamtwinkel, um den BC gedreht wird, Null.

Wegen der Reflexionseigenschaft des Höhendreiecks ist die geradlinige Verbindung PP' gleich dem doppelten Umfang des Höhendreiecks; denn PP' besteht aus sechs Stücken, die ihrerseits gleich der ersten, zweiten und dritten Seite des Dreiecks sind, wobei jede zweimal vorkommt. Ebenso ist die gebrochene Linie von U nach U' gleich dem doppelten Umfang des andern einbeschriebenen Dreiecks. Diese Linie ist nicht kürzer als die geradlinige Verbindung UU'. Da UU' parallel PP' ist, ist die gebrochene Linie von U nach U' also auch nicht kürzer als PP', und daher ist der Umfang des Höhendreiecks der kleinstmögliche für alle einbeschriebenen Dreiecke, was zu beweisen war. Wir haben also zugleich gezeigt, daß ein Minimum existiert, und daß dieses durch das Höhendreieck gegeben ist. Daß es kein anderes Dreieck mit ebenso kleinem Umfang gibt, werden wir sogleich sehen.

2. Ein zweiter Beweis

Die einfachste Lösung des Schwarzschen Problems ist vielleicht die folgende, die sich auf den früher in diesem Kapitel bewiesenen Satz stützt, daß die Summe der Entfernungen zweier Punkte P und Q von einer Geraden L am kleinsten ist für den Punkt R von L, in dem PR und QR mit L den gleichen Winkel bilden, vorausgesetzt, daß die Punkte P und Q auf derselben Seite von L liegen und keiner von beiden auf L selbst. Angenommen, das dem Dreieck ABC einbeschriebene Dreieck PQR sei eine Lösung des Minimalproblems. Dann muß R der Punkt auf der Seite AB sein, in dem $p + q$ ein Minimum ist, und daher müssen die Winkel ARQ und BRP gleich sein; ebenso muß $\sphericalangle AQR = \sphericalangle CQP$ und $\sphericalangle BPR = \sphericalangle CPQ$ sein. Wenn daher ein Minimumdreieck existiert, so muß es die Eigenschaft der Winkelgleichheit haben, die in dem Schwarzschen Beweis benutzt wurde. Es muß noch gezeigt werden, daß das einzige Dreieck mit dieser Eigenschaft das Höhendreieck ist. Da außerdem in dem Satz, auf dem dieser Beweis beruht, angenommen war, daß P und Q nicht auf AB liegen, so gilt der Beweis nicht, wenn einer der Punkte P, Q, R ein Eckpunkt des ursprünglichen Dreiecks ist. (In diesem Fall würde das Minimaldreieck in die doppelt genommene entsprechende Höhe entarten.) Um den Beweis zu vervollständigen, müssen wir noch zeigen, daß der Umfang des Höhendreiecks kleiner ist als das Doppelte jeder der drei Höhen.

Zum ersten Punkt bemerken wir: Wenn ein einbeschriebenes Dreieck die erwähnte Eigenschaft der Winkelgleichheit hat, müssen die Winkel in P, Q und R jeweils den Winkeln in A, B und C gleich sein. Denn nehmen wir an, daß $\sphericalangle ARQ = \sphericalangle C + \delta$ ist, dann müssen, da die Winkelsumme im Dreieck 180° ist, der Winkel in $Q = B - \delta$ und der in $P = A - \delta$ sein, damit die Dreiecke ARQ und

BRP die Winkelsumme von 180° haben. Aber dann ist die Winkelsumme des Dreiecks CPQ gleich $A - \delta + B - \delta + C = 180° - 2\delta$; andererseits muß diese Summe aber 180° sein. Also kann δ nur Null sein. Wir haben schon gesehen, daß das Höhendreieck diese Eigenschaft der Winkelgleichheit hat. Bei jedem anderen Dreieck mit dieser Eigenschaft müßten die Seiten den entsprechenden Seiten des Höhendreiecks parallel sein; mit anderen Worten: es müßte ihm ähnlich und ebenso

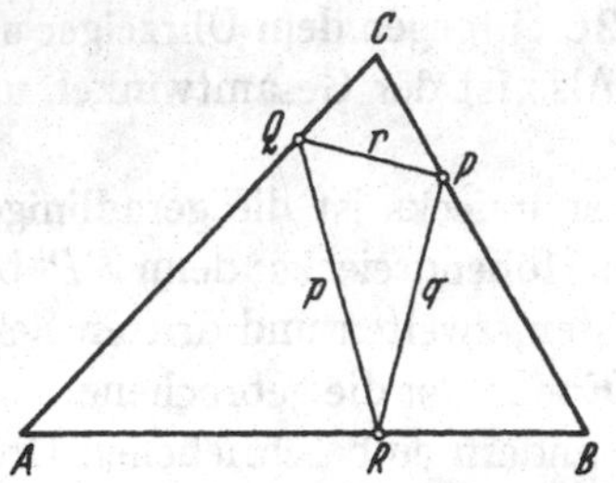

Fig. 199

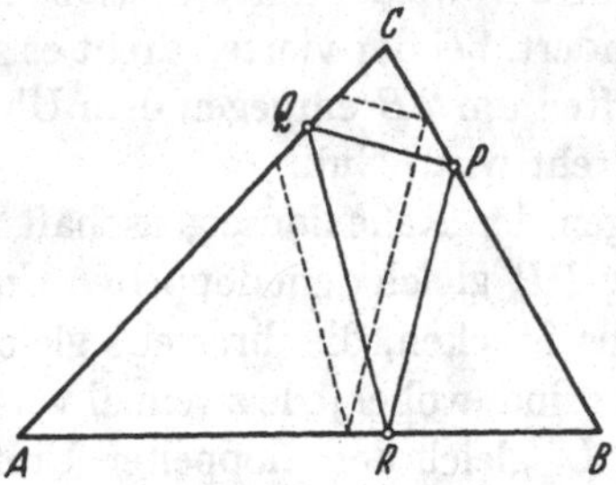

Fig. 200

orientiert sein. Der Leser möge zeigen, daß kein anderes solches Dreieck dem gegebenen Dreieck einbeschrieben werden kann (siehe Fig. 200).

Schließlich werden wir zeigen, daß der Umfang des Höhendreiecks PQR kleiner ist als das Doppelte jeder Höhe (wenn das ursprüngliche Dreieck nur spitze Winkel hat). Wir verlängern die Seiten QP und QR und fällen die Lote von B auf QP, QR und PR; die Fußpunkte seien L, M und N. Dann sind QL und QM die Projektionen der Höhe QB auf die Geraden QP bzw. QR. Folglich ist $QL + QM < 2QB$. Nun ist $QL + QM$ gleich dem Umfang u des Höhendreiecks. Denn die Dreiecke MRB und NRB sind kongruent, da die Winkel MRB und NRB gleich sind und die Winkel bei M und N rechte Winkel sind. Also ist $RM = RN$, und somit $QM = QR + RN$. In derselben Weise sieht man, daß $PN = PL$, und somit $QL = QP + PN$. Wir haben daher $QL + QM = QP + QR + PN + NR = QP + QR + RP = u$. Aber wir haben gezeigt, daß $2QB > QL + QM$. Daher ist u kleiner als die doppelte Höhe QB; ganz entsprechend zeigt man, daß u kleiner ist als das Doppelte jeder der beiden anderen Höhen, was zu beweisen war. Damit ist die Minimumeigenschaft des Höhendreiecks vollständig bewiesen.

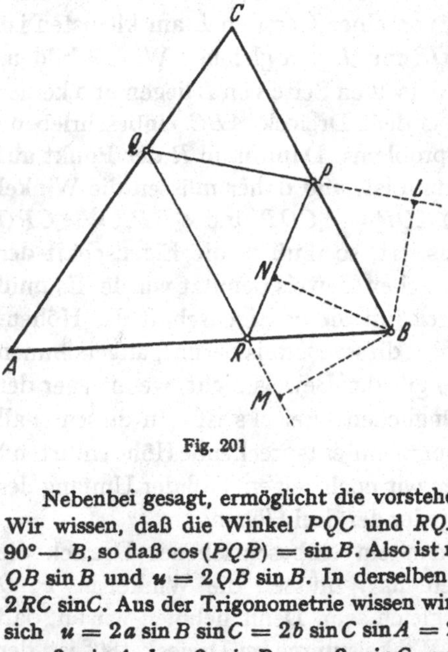

Fig. 201

Nebenbei gesagt, ermöglicht die vorstehende Konstruktion die direkte Berechnung von u. Wir wissen, daß die Winkel PQC und RQA gleich B sind, und daher ist $PQB = RQB = 90° - B$, so daß $\cos(PQB) = \sin B$. Also ist nach der elementaren Trigonometrie $QM = QL = QB \sin B$ und $u = 2QB \sin B$. In derselben Weise kann man zeigen, daß $u = 2PA \sin A = 2RC \sin C$. Aus der Trigonometrie wissen wir, daß $RC = a \sin B = b \sin A$, usw., damit ergibt sich $u = 2a \sin B \sin C = 2b \sin C \sin A = 2c \sin A \sin B$. Schließlich erhalten wir, wegen $a = 2r \sin A$, $b = 2r \sin B$, $c = 2r \sin C$, wobei r der Radius des Umkreises ist, den symmetrischen Ausdruck $u = 4r \sin A \sin B \sin C$.

3. Stumpfwinklige Dreiecke

In den beiden vorhergehenden Beweisen war angenommen worden, daß die Winkel A, B und C sämtlich spitz sind. Wenn etwa C stumpf ist, wie in Fig. 202, liegen die Punkte P und Q außerhalb des Dreiecks. Man kann daher nicht mehr sagen, daß das Höhendreieck wirklich dem Dreieck *ein*beschrieben ist, wenn wir nicht unter einem einbeschriebenen Dreieck einfach ein solches verstehen, dessen Ecken auf den Seiten oder deren Verlängerungen des ursprünglichen Dreiecks liegen. Jedenfalls ergibt das Höhendreieck jetzt nicht den minimalen Umfang, denn $PR > CR$ und $QR > CR$; also ist $u = PR + QR + PQ > 2CR$. Da die Überlegung des ersten Teils unseres letzten Beweises zeigte, daß der minimale Umfang, wenn er nicht durch das Höhendreieck gegeben wird, gleich dem doppelten einer Höhe sein muß, so schließen wir, daß für stumpfwinklige Dreiecke das „einbeschriebene Dreieck" mit dem kleinsten Umfang die doppelt genommene kleinste Höhe sein muß, obwohl dies strenggenommen kein Dreieck ist. Immerhin kann man ein wirkliches Dreieck finden, dessen Umfang von der doppelten Höhe beliebig wenig abweicht. Im Grenzfall des rechtwinkligen Dreiecks fallen die beiden Lösungen, – die doppelte kürzeste Höhe und das Höhendreieck, – zusammen.

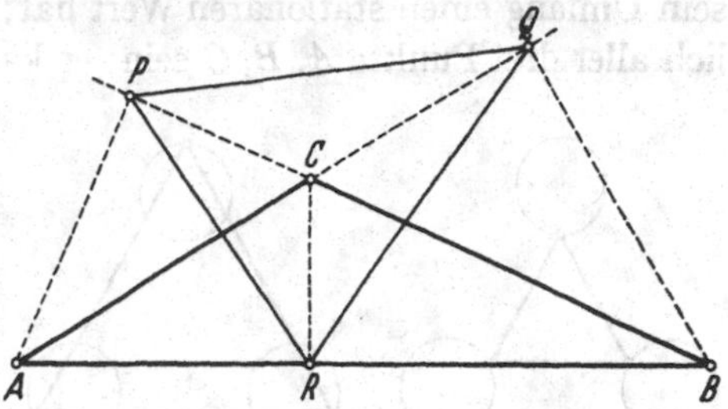

Fig. 202. Höhendreieck eines stumpfwinkligen Dreiecks

Die interessante Frage, ob das Höhendreieck beim stumpfwinkligen Dreieck irgendeine Extremaleigenschaft hat, soll hier nicht diskutiert werden. Wir teilen nur das folgende Resultat mit: Das Höhendreieck gibt kein Minimum für die Summe der Seiten, $p + q + r$, sondern einen stationären Wert vom Minimaxtypus für den Ausdruck $p + q - r$, wobei r die Seite des einbeschriebenen Dreiecks gegenüber dem stumpfen Winkel bedeutet.

4. Dreiecke aus Lichtstrahlen

Wenn das Dreieck ABC ein Zimmer mit reflektierenden Wänden darstellt, dann ist das Höhendreieck der einzig mögliche dreieckförmige Lichtweg in dem Zimmer. Andere geschlossene Lichtwege in Form von Polygonen sind nicht ausgeschlossen, wie Fig. 203 zeigt, aber das Höhendreieck ist das einzige solche Polygon mit drei Seiten.

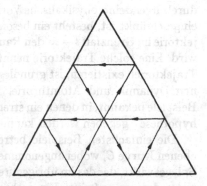

Fig. 203. Geschlossener Lichtweg in einem spiegelnden Dreieck

Wir können dieses Problem verallgemeinern, indem wir nach den möglichen „Lichtdreiecken" in einem beliebigen Gebiet fragen, das durch eine oder sogar mehrere glatte Kurven begrenzt ist; d. h. wir fragen nach Dreiecken, deren Ecken irgendwo auf der Begrenzungslinie liegen, und zwar so, daß die beiden anliegenden Seiten gleiche Winkel mit der Kurve bilden. Wie wir in § 1 gesehen haben, ist die Winkelgleichheit eine Bedingung sowohl für die maximale wie für die minimale Gesamtlänge der beiden Seiten, so daß wir je nach den Umständen verschiedene Typen von Lichtdreiecken finden können. Wenn wir zum Beispiel das Innere einer einzigen glatten geschlossenen Kurve C betrachten, so muß ein einbeschriebenes Dreieck von maximalem Umfang stets ein Lichtdreieck sein. Oder wir können (wie es den Verfassern von MARSTON MORSE vorgeschlagen wurde) das Äußere von drei glatten geschlossenen Kurven betrachten. Ein Lichtdreieck ABC ist dadurch gekennzeichnet, daß sein Umfang einen stationären Wert hat; dieser Wert kann ein Minimum hinsichtlich aller drei Punkte A, B, C sein; er kann ein Minimum sein in bezug auf irgend

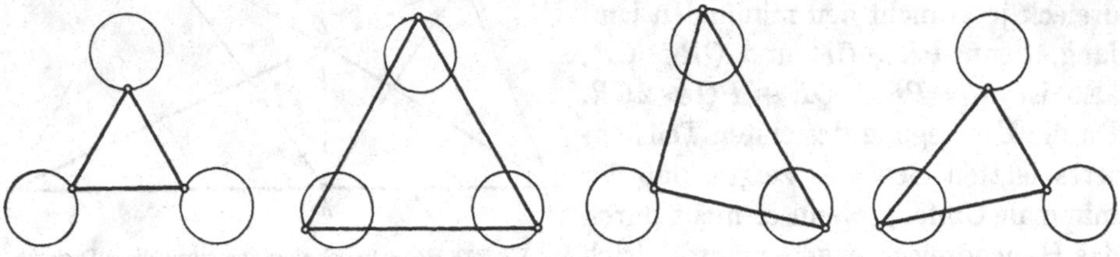

Fig. 204 Fig. 205 Fig. 206 Fig. 207

Fig. 204—207. Die vier Typen von Lichtdreiecken zwischen drei Kreisen

zwei Punkte, wie etwa A und B, und ein Maximum in bezug auf den dritten Punkt C; er kann ein Minimum bezüglich eines Punktes sein und ein Maximum bezüglich der beiden anderen oder endlich ein Maximum in bezug auf alle drei Punkte. Insgesamt ist die Existenz von mindestens $2^3 = 8$ Lichtdreiecken gesichert, da für jeden einzelnen der drei Punkte, unabhängig von den anderen, entweder ein Maximum oder Minimum möglich ist.

*5. Bemerkungen über Reflexionsprobleme und ergodische Bewegung

Es ist ein Problem von großer Bedeutung für die Dynamik und Optik, die Bahn oder „Trajektorie" eines Teilchens im Raum bzw. eines Lichtstrahls für eine unbegrenzte Zeit zu beschreiben. Wenn das Teilchen oder der Lichtstrahl durch irgendeine physikalische Vorrichtung auf einen begrenzten Teil des Raumes eingeschränkt ist, besteht ein besonderes Interesse daran zu erfahren, ob die Trajektorie im Grenzfall $t \to \infty$ den Raum überall mit ungefähr gleicher Dichte erfüllen wird. Eine solche Trajektorie nennt man *ergodisch*. Die Annahme, daß ergodische Trajektorien existieren, ist grundlegend für die statistischen Methoden der modernen Dynamik und Atomtheorie. Aber es sind sehr wenige wirklich relevante Beispiele bekannt, in denen ein strenger mathematischer Beweis für die „Ergodenhypothese" gegeben werden kann.

Die einfachsten Beispiele betreffen den Fall der Bewegung innerhalb einer ebenen Kurve C, wobei angenommen wird, daß die Wand C wie ein vollkommener Spiegel wirkt, der das im übrigen freie Teilchen unter demselben Winkel reflektiert, unter dem es auftrifft. Ein rechteckiger Kasten zum Beispiel (ein idealisierter Billardtisch mit vollkommener Reflexion und einem Massenpunkt als Billardkugel) führt im allgemeinen zu einer ergodischen Bahn; die ideale Billardkugel, die dauernd weiter läuft, wird jedem Punkt beliebig nahekommen, außer im Falle gewisser singulärer Anfangslagen und -richtungen. Wir übergehen den Beweis, obwohl er im Prinzip nicht schwierig ist.

Von besonderem Interesse ist der Fall eines elliptischen Tisches mit den Brennpunkten F_1 und F_2. Da die Tangente an eine Ellipse gleiche Winkel mit den Geraden bildet, die den Berührungspunkt mit den beiden Brennpunkten verbinden, wird jede Trajektorie durch einen Brennpunkt so reflektiert, daß sie durch den anderen Brennpunkt geht, und das wiederholt sich ständig. Es ist nicht schwer zu sehen, daß die Trajektorie unabhängig von der Anfangsrichtung nach n Reflexionen mit wachsendem n der großen Achse F_1F_2 zustrebt. Wenn der Anfangsstrahl nicht durch einen Brennpunkt geht, dann gibt es zwei Möglichkeiten. Wenn er zwischen den Brennpunkten hindurchgeht, werden auch alle reflektierten Strahlen zwischen den Brennpunkten liegen und alle eine gewisse Hyperbel mit F_1 und F_2 als Brennpunkten berühren. Trennt der Anfangsstrahl F_1 und F_2 nicht, dann werden auch alle reflektierten Strahlen dies nicht tun, sondern werden eine Ellipse mit F_1 und F_2 als Brennpunkten berühren. Also wird in keinem Fall die Bewegung für die ganze Ellipse ergodisch sein.

***Übungen: 1. Man beweise: Wenn der Anfangsstrahl durch einen Brennpunkt der Ellipse geht, dann nähert sich die n-te Reflexion des Anfangsstrahls mit zunehmendem n der großen Achse.**

2. Man beweise: wenn der Anfangsstrahl zwischen den beiden Brennpunkten hindurchgeht, dann gehen alle reflektierten Strahlen zwischen ihnen hindurch, und sie sind Tangenten an eine gewisse Hyperbel, die F_1 und F_2 zu Brennpunkten hat; ferner: wenn der Anfangsstrahl nicht zwischen den Brennpunkten hindurchgeht, verläuft auch keiner der reflektierten Strahlen so, und alle Strahlen sind Tangenten an eine gewisse Ellipse, die F_1 und F_2 zu Brennpunkten hat. (Anleitung: Man zeige, daß ein Strahl vor und nach der Reflexion in R gleiche Winkel mit den Geraden RF_1 bzw. RF_2 bildet, und beweise dann, daß Tangenten an konfokale Kegelschnitte durch diese Eigenschaft gekennzeichnet sind.)

§ 5. Das Steinersche Problem

1. Das Problem und seine Lösung

Ein sehr einfaches aber lehrreiches Problem wurde von JACOB STEINER behandelt, dem berühmten Vertreter der Geometrie an der Universität Berlin in der Mitte des 19. Jahrhunderts. Drei Dörfer A, B, C sollen durch ein System von Straßen minimaler Gesamtlänge verbunden werden. Mathematisch gesprochen: es seien drei Punkte A, B, C in der Ebene gegeben; gesucht ist ein vierter Punkt P der Ebene, so daß die Summe $a + b + c$ ein Minimum wird, wenn a, b, c die drei Entfernungen von P nach den Punkten A, B, C sind. Die Lösung des Problems ist: wenn in dem Dreieck ABC alle Winkel kleiner als 120° sind, so ist P derjenige Punkt, von dem aus alle drei Seiten AB, BC, CA unter Winkeln von 120° erscheinen. Wenn jedoch ein Winkel des Dreiecks, z. B. der bei C, gleich oder größer als 120° ist, dann fällt der Punkt P mit der Ecke C zusammen.

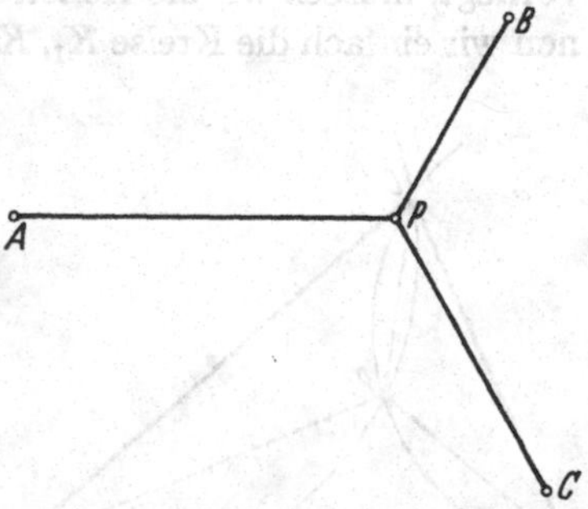

Fig. 208. Die kleinste Summe der Entfernungen zu drei Punkten

Es ist nicht schwer, diese Lösung zu erhalten, wenn wir die bisherigen Ergebnisse über Extrema benutzen. Angenommen, P sei der gesuchte Punkt, der das Minimum ergibt. Es bestehen zwei Möglichkeiten: entweder fällt P mit einer der

Ecken A, B, C zusammen oder P ist von ihnen allen verschieden. Im ersten Fall ist es klar, daß P die Ecke mit dem größten Winkel C von ABC sein muß; denn die Summe $CA + CB$ ist kleiner als jede andere Summe zweier Seiten im Dreieck ABC. Um also den Beweis unserer Behauptung zu vervollständigen, müssen wir den zweiten Fall untersuchen. Es sei K der Kreis mit dem Radius c um C. Dann muß P der Punkt auf K sein, für den $PA + PB$ ein Minimum ist. Wenn A und B außerhalb K liegen, wie in Fig. 209, so müssen nach dem Resultat von § 1 PA und PB gleiche Winkel mit dem Kreis K bilden und daher auch mit dem Radius PC, der auf K senkrecht steht. Da dieselbe Überlegung auch für die Lage von P in bezug auf den Kreis mit dem Radius a um A gilt, so folgt, daß alle drei von PA, PB, PC gebildeten Winkel gleich sind, und folglich gleich 120°, wie behauptet. Diese Schlußweise setzte voraus, daß A und B beide außerhalb K liegen, was noch bewiesen werden muß. Würde wenigstens einer der Punkte A und B, etwa A, auf oder in K liegen, dann wäre $AC \leqq c$. Andererseits ist in jedem Falle $a + b \geqq AB$. Daher wäre

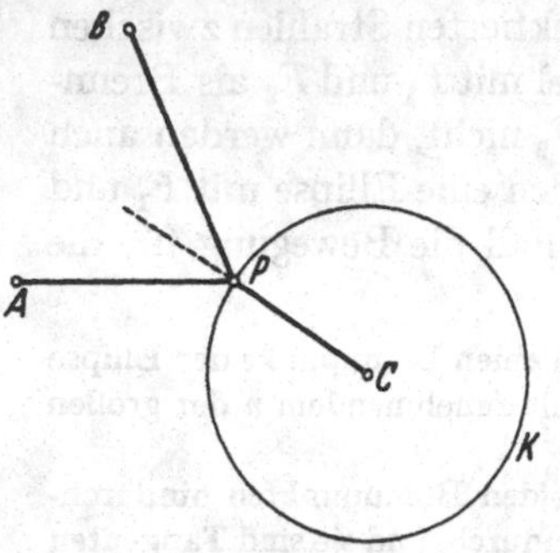

Fig. 209

$$a + b + c \geqq AB + AC,$$

also ergäbe sich die kleinste Summe der Abstände, wenn P mit A zusammenfiele, im Widerspruch zu unserer Annahme. Damit ist bewiesen, daß A und B beide außerhalb des Kreises K liegen. Ebenso beweist man die entsprechende Tatsache für die anderen Kombinationen: B, C in bezug auf einen Kreis mit dem Radius a um A und A, C in bezug auf einen Kreis mit dem Radius b um B.

2. Diskussion der beiden Alternativen

Um festzustellen, welche der beiden Alternativen für den Punkt P tatsächlich vorliegt, müssen wir die Konstruktion von P analysieren. Um P zu finden, zeichnen wir einfach die Kreise K_1, K_2, von deren Punkten aus je eine der Seiten, etwa AC und BC unter Winkeln von 120° erscheinen. Genauer gesagt, erscheint dann AC unter 120° von jedem Punkt des kürzeren Bogens, den AC auf K_1 abschneidet, aber unter 60° von jedem Punkte des längeren Bogens. Der Schnittpunkt der beiden kürzeren Bögen von K_1 und K_2, sofern ein solcher Schnittpunkt existiert, liefert den gesuchten Punkt P; denn nicht nur AC und BC erscheinen von P aus unter 120°, sondern auch AB, da die Summe der drei Winkel 360° ist.

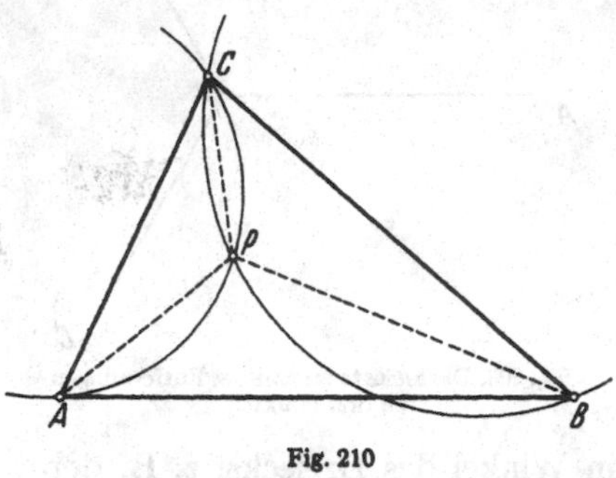

Fig. 210

Aus Fig. 210 erkennt man: Wenn kein Winkel des Dreiecks ABC größer als 120° ist, schneiden sich die beiden kürzeren Bögen innerhalb des Dreiecks. Wenn aber ein Winkel C des Dreiecks ABC größer als 120° ist, so schneiden sich die beiden kürzeren Bögen von K_1 und K_2 nicht, wie Fig. 211 zeigt. In diesem Fall gibt es keinen Punkt P, von dem aus alle drei Seiten unter 120° erscheinen. Indessen bestimmen K_1 und K_2 durch ihren Schnitt einen Punkt P', von dem aus sowohl AC als auch BC unter 60° erscheinen, während die Seite AB, die dem stumpfen Winkel gegenüberliegt, unter 120° erscheint.

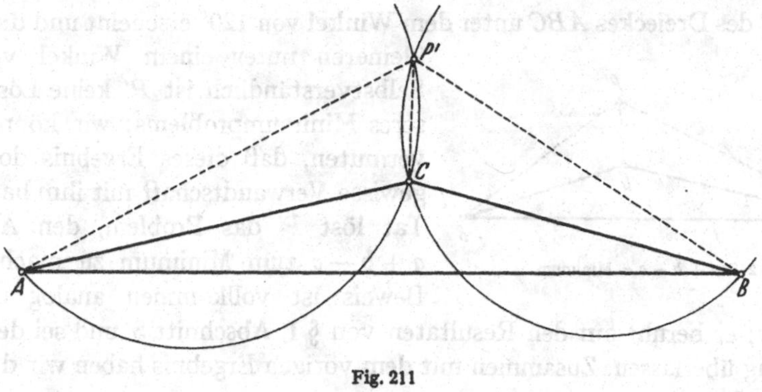

Fig. 211

Für ein Dreieck ABC, das einen Winkel von mehr als 120° enthält, gibt es daher keinen Punkt, von dem aus jede Seite unter 120° erscheint. Es muß also der Minimum-Punkt mit einer Ecke zusammenfallen, da wir gezeigt haben, daß dies die einzige andere Alternative war, und zwar muß dies die Ecke beim stumpfen Winkel sein. Wenn andererseits alle Winkel eines Dreiecks kleiner als 120° sind, haben wir gesehen, daß sich ein Punkt konstruieren läßt, von dem aus jede Seite unter 120° erscheint. Um den Beweis unseres Satzes vollständig zu machen, müssen wir aber noch zeigen, daß $a + b + c$ dann auch wirklich kleiner ist, als wenn P mit einer Ecke zusammenfällt; denn wir haben bis jetzt nur gezeigt, daß P ein Minimum liefert, *wenn* die kleinste Gesamtlänge nicht für einen der Eckpunkte erreicht wird. Dementsprechend haben wir zu zeigen, daß $a+b+c$ kleiner ist als die Summe von irgend zwei Seiten, etwa $AB + AC$. Zu diesem Zweck verlängern wir BP, projizieren A auf diese Gerade und erhalten den Punkt D (Fig. 212). Wegen $\sphericalangle APD = 60°$ ist die Länge der Projektion PD gleich $\frac{1}{2}a$. Nun ist BD die Projektion von AB auf die Gerade durch B und P; folglich ist $BD < AB$. Aber BD ist $b + \frac{1}{2}a$, also ist $b + \frac{1}{2}a < AB$. In genau derselben Weise sehen wir, indem wir A auf die Verlängerung CP projizieren, daß $c + \frac{1}{2}a < AC$. Durch Addieren erhalten wir die Ungleichung $a + b + c < AB + AC$. Da wir schon wissen, daß der Minimumpunkt, wenn er nicht einer der Eckpunkte ist, P sein muß, folgt schließlich, daß P wirklich der Punkt ist, in dem $a + b + c$ ein Minimum ist.

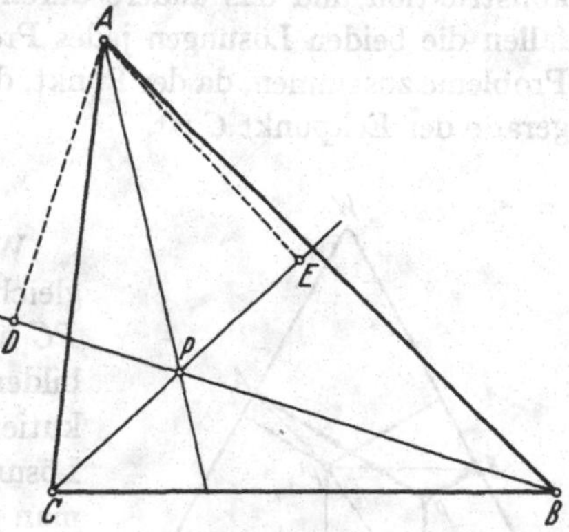

Fig. 212

3. Ein komplementäres Problem

Die formalen Methoden der Mathematik führen manchmal über das ursprüngliche Ziel hinaus. Wenn der Winkel in C größer als 120° ist, liefert beispielsweise das geometrische Konstruktionsverfahren anstelle des Punktes P (der in diesem Fall der Punkt C selbst ist) einen anderen Punkt P', von dem aus die größere Seite AB des Dreieckes ABC unter dem Winkel von 120° erscheint und die beiden kleineren unter einem Winkel von 60°. Selbstverständlich ist P' keine Lösung unseres Minimumproblems; wir können aber vermuten, daß dieses Ergebnis doch eine gewisse Verwandtschaft mit ihm hat. In der Tat löst P' das Problem, den Ausdruck $a + b - c$ zum Minimum zu machen. Der Beweis ist vollkommen analog dem für $a + b + c$; er beruht auf den Resultaten von § 1, Abschnitt 5 und sei dem Leser zur Übung überlassen. Zusammen mit dem vorigen Ergebnis haben wir dann den folgenden Satz:

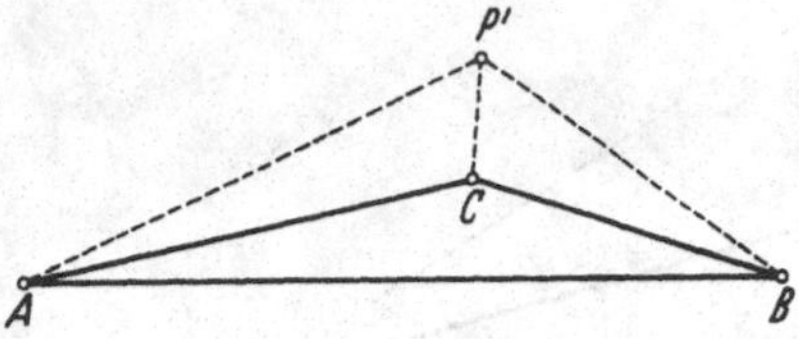

Fig. 213. $a + b - c$ = Minimum

Wenn die Winkel eines Dreiecks ABC alle kleiner als 120° sind, dann ist die Summe der Abstände a, b, c von einem beliebigen Punkt zu A bzw. B bzw. C am kleinsten für den Punkt, von dem aus jede Dreieckseite unter 120° erscheint, und $a + b - c$ ist am kleinsten für den Eckpunkt C; ist aber ein Winkel, etwa C, größer als 120°, dann ist $a + b + c$ am kleinsten für den Eckpunkt C, und $a + b - c$ ist am kleinsten für den Punkt, von dem aus die beiden kürzeren Seiten des Dreiecks unter 60° und die längste unter 120° erscheinen.

Von den beiden Minimalproblemen wird also immer das eine durch die Kreiskonstruktion und das andere durch einen Eckpunkt gelöst. Ist $\sphericalangle C = 120°$, so fallen die beiden Lösungen jedes Problems und überhaupt die Lösungen beider Probleme zusammen, da der Punkt, den man durch die Konstruktion erhält, dann gerade der Eckpunkt C ist.

4. Bemerkungen und Übungen

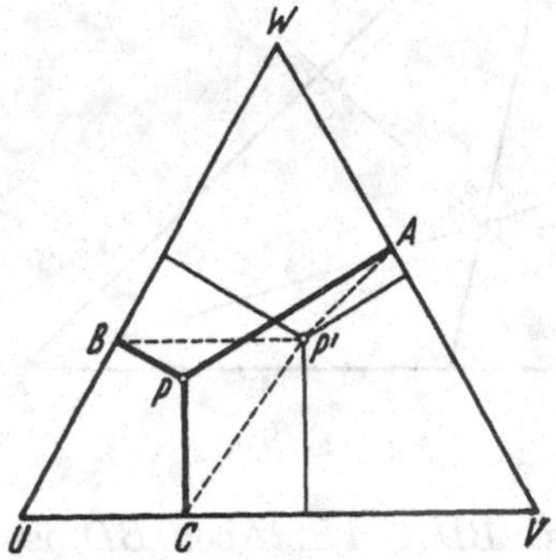

Fig. 214. Ein zweiter Beweis für die Steinersche Lösung

Wenn man von einem Punkt im Innern eines gleichseitigen Dreiecks UVW drei Lote PA, PB, PC auf die Seiten fällt, wie Fig. 214 zeigt, dann bilden die Punkte A, B, C und P die oben diskutierte Figur. Diese Bemerkung kann zu einer Lösung des Steinerschen Problems führen, wenn man von den Punkten A, B, C ausgeht und daraus U, V, W konstruiert.

Übungen: 1. Man führe dies durch und benutze dabei die Tatsache, daß in einem gleichseitigen Dreieck die Summe der drei Lote von einem beliebigen Punkt auf die drei Seiten konstant und gleich der Höhe ist.

2. Auf Grund der entsprechenden Tatsache für einen Punkt P außerhalb von UVW soll das komplementäre Problem erörtert werden.

Für drei Dimensionen kann man ein ähnliches Problem untersuchen: Gegeben seien vier Punkte A, B, C, D; gesucht ist ein fünfter Punkt, für den $a + b + c + d$ ein Minimum ist.

**Übung*: Man untersuche dieses und das komplementäre Problem mit den Methoden von § 1 oder mit Hilfe eines regelmäßigen Tetraeders.

5. Verallgemeinerung auf das Straßennetz-Problem

In STEINERs Problem sind drei feste Punkte gegeben. Es liegt nahe, das Problem auf den Fall von n gegebenen Punkten $A_1, A_2, \ldots, A_n$ zu verallgemeinern; wir fragen nach dem Punkt P in der Ebene, für den die Summe der Abstände $a_1 + a_2 + \cdots + a_n$ ein Minimum ist, wenn a_i den Abstand PA_i bedeutet. (Für vier Punkte, die wie in Fig. 215 angeordnet sind, ist der Punkt P der Schnittpunkt der Diagonalen des Vierecks $A_1A_2A_3A_4$; der Leser möge dies zur Übung beweisen.) Dieses Problem, das ebenfalls von STEINER behandelt wurde, führt nicht zu besonders interessanten Ergebnissen. Es ist eine der oberflächlichen Verallgemeinerungen, wie man sie in der mathematischen Literatur manchmal antrifft. Für eine wirklich sinnvolle Verallgemeinerung müssen wir nicht nach einem einzigen Punkt P fragen, sondern nach einem „Straßennetz" von geringster Gesamtlänge. Mathematisch ausgedrückt: ***Zu n gegebenen Punkten $A_1, A_2, \ldots, A_n$ soll ein zusammenhängendes Streckensystem von geringster Gesamtlänge gefunden werden, so daß je zwei der gegebenen Punkte durch einen Polygonzug aus Strecken des Systems verbunden werden können.***

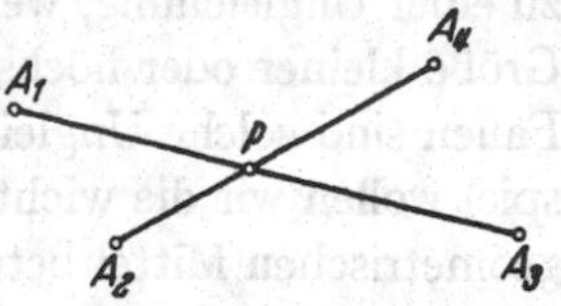

Fig. 215. Kleinste Summe der Entfernungen zu vier Punkten

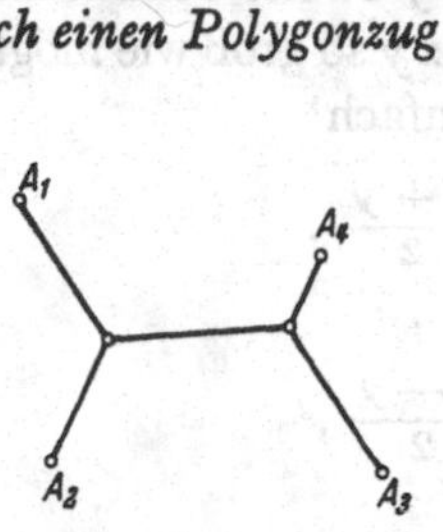

Fig. 216

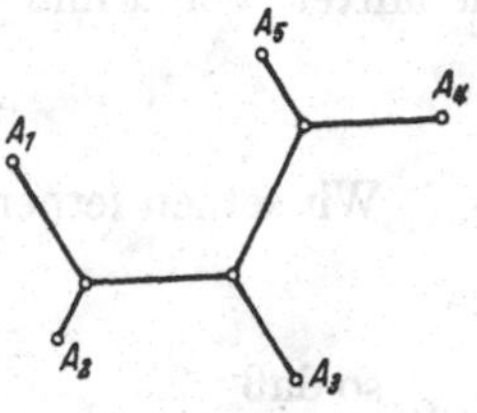

Fig. 217

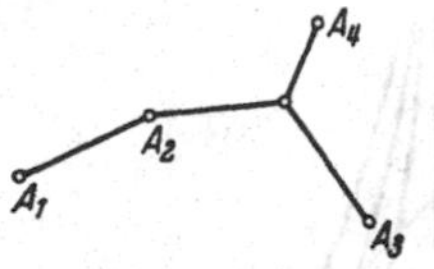

Fig. 218

Fig. 216—218. Kürzeste Netze zwischen mehr als 3 Punkten

Der Charakter der Lösung hängt natürlich von der Anordnung der gegebenen Punkte ab. Wir wollen uns hier damit begnügen, die Antwort für die typischen Fälle der Figuren 216—218 anzugeben. Im ersten Fall besteht die Lösung aus fünf Strecken mit zwei mehrfachen Eckpunkten, in denen je drei Strecken unter Winkeln von 120° zusammentreffen. Im zweiten Fall enthält die Lösung drei mehrfache Eckpunkte. Sind die Punkte anders angeordnet, so kann es vorkommen, daß solche Figuren nicht möglich sind. Einer oder mehrere der mehrfachen Eckpunkte können entarten und durch einen oder mehrere der gegebenen Punkte ersetzt werden, wie im dritten Fall.

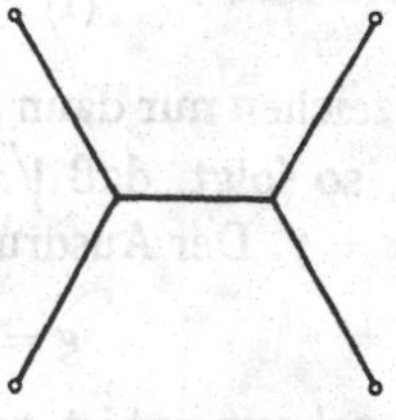
Fig. 219

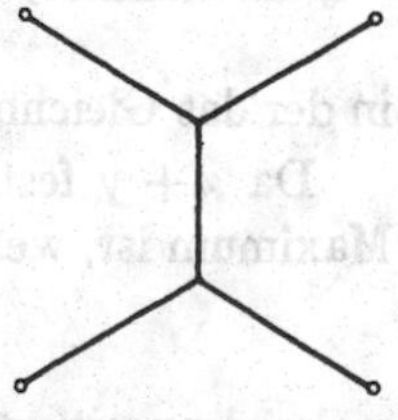
Fig. 220

Zwei kürzeste Netze zwischen 4 Punkten

Im Fall von n gegebenen Punkten gibt es höchstens $n - 2$ mehrfache Eckpunkte, in denen je drei Strecken unter Winkeln von 120° zusammentreffen.

Die Lösung des Problems ist nicht immer eindeutig bestimmt. Für vier Punkte A, B, C, D, die ein Quadrat bilden, haben wir zwei äquivalente Lösungen, die in den Figuren 219—220 dargestellt sind. Wenn die Punkte $A_1, A_2, \ldots, A_n$ die Ecken eines einfachen Polygons mit hinreichend flachen Winkeln sind, so bildet das Polygon selbst das Minimum.

§ 6. Extrema und Ungleichungen

Ein charakteristischer Zug der höheren Mathematik ist das häufige Auftreten von Ungleichungen. Die Lösung eines Maximumproblems führt im Prinzip immer zu einer Ungleichung, welche die Tatsache ausdrückt, daß die betreffende variable Größe kleiner oder höchstens gleich dem Maximalwert der Lösung ist. In vielen Fällen sind solche Ungleichungen schon an und für sich von Interesse. Zum Beispiel wollen wir die wichtige Ungleichung zwischen dem arithmetischen und dem geometrischen Mittel betrachten.

1. Das arithmetische und geometrische Mittel zweier positiver Größen

Wir beginnen mit einem einfachen, häufig auftretenden Maximumproblem. In geometrischer Sprache lautet es: Unter allen Rechtecken mit vorgeschriebenem Umfang soll das mit der größten Fläche gefunden werden. Die Lösung ist erwartungsgemäß das Quadrat. Beweis: Es sei $2a$ der vorgegebene Umfang des Rechtecks. Dann ist die feste Summe der Längen x und y zweier benachbarter Seiten gleich $x+y=a$, während die veränderliche Fläche xy so groß wie möglich werden soll. Das „arithmetische Mittel" von x und y ist einfach

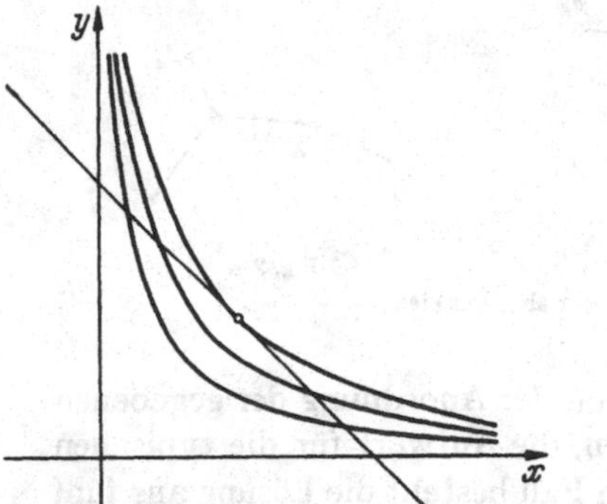

Fig. 221. Maximales xy für gegebenes $x+y$

$$m=\frac{x+y}{2}.$$

Wir setzen ferner

$$d=\frac{x-y}{2},$$

so daß

$$x=m+d, \quad y=m-d,$$

und daher

$$xy=(m+d)(m-d)=m^2-d^2=\frac{(x+y)^2}{4}-d^2.$$

Da d^2 größer als Null ist, außer wenn $d=0$, erhalten wir sofort die Ungleichung

$$\text{(1)} \qquad \sqrt{xy} \leqq \frac{x+y}{2},$$

in der das Gleichheitszeichen nur dann gilt, wenn $d=0$, also $x=y=m$.

Da $x+y$ fest ist, so folgt, daß $\sqrt{xy}$ und demnach auch die Fläche xy ein Maximum ist, wenn $x=y$. Der Ausdruck

$$g=\sqrt{xy},$$

wobei die positive Wurzel gemeint ist, wird das „geometrische Mittel" der positiven Größen x und y genannt; die Ungleichung (1) drückt die grundlegende Beziehung zwischen dem arithmetischen und geometrischen Mittel aus.

Die Ungleichung (1) folgt übrigens auch direkt aus der Tatsache, daß der Ausdruck

$$(\sqrt{x}-\sqrt{y})^2=x+y-2\sqrt{xy}$$

notwendigerweise nicht-negativ ist als ein Quadrat und nur für $x=y$ Null wird.

Eine geometrische Herleitung der Ungleichung ergibt sich, wenn man die feste Gerade $x + y = 2m$ in der Ebene zusammen mit der Kurvenschar $xy = c$ betrachtet, wo c für jede der Kurven (Hyperbeln) konstant ist, aber von Kurve zu Kurve variiert. Wie man aus Fig. 221 sieht, ist die Kurve mit dem größten c-Wert, die mit der Geraden einen Punkt gemeinsam hat, die Hyperbel, welche die Gerade im Punkte $x = y = m$ berührt. Für diese Hyperbel ist daher $c = m^2$. Folglich ist

$$xy \leqq \left(\frac{x+y}{2}\right)^2.$$

Man sollte beachten, daß jede Ungleichung $f(x, y) \leqq g(x, y)$ vorwärts und rückwärts gelesen werden kann und daher sowohl eine Minimum- wie eine Maximumeigenschaft liefert. So drückt (1) beispielsweise zugleich die Tatsache aus, daß unter allen Rechtecken von gegebener Fläche das Quadrat den kleinsten Umfang hat.

2. Verallgemeinerung auf n Variable

Die Ungleichung (1) zwischen dem arithmetischen und geometrischen Mittel läßt sich auf eine beliebige Anzahl n von positiven Größen $x_1, x_2, \ldots, x_n$ erweitern. Wir nennen

$$m = \frac{x_1 + x_2 + \cdots + x_n}{n}$$

ihr arithmetisches Mittel und

$$g = \sqrt[n]{x_1 x_2 \ldots x_n}$$

ihr geometrisches Mittel, wobei die positive n-te Wurzel gemeint ist. Die allgemeine Behauptung lautet:

$$g \leqq m \tag{2}$$

und $g = m$ nur dann, wenn alle x_i gleich sind.

Viele verschiedene geistreiche Beweise sind für diesen allgemeinen Satz erdacht worden. Der einfachste Weg ist der, auf dieselbe Überlegung zurückzugreifen, die im Abschnitt 1 benutzt wurde und das folgende Maximumproblem aufzustellen: eine gegebene positive Größe C sei in n positive Teile $C = x_1 + \cdots + x_n$ zu zerlegen derart, daß das Produkt $P = x_1 x_2 \ldots x_n$ so groß wie möglich wird. Wir gehen aus von der Annahme – die scheinbar selbstverständlich, aber später in § 7 noch zu erörtern ist –, daß es ein Maximum von P gibt und daß es durch die Werte

$$x_1 = a_1, \ldots, x_n = a_n$$

erreicht wird. Wir haben dann nur zu beweisen, daß $a_1 = a_2 = \cdots = a_n$; denn in diesem Falle ist $g = m$. Wir nehmen an, dies träfe nicht zu, also es wäre etwa $a_1 \neq a_2$, und betrachten die n Größen

$$x_1 = s, \quad x_2 = s, \quad x_3 = a_3, \quad \ldots, \quad x_n = a_n$$

mit

$$s = \frac{a_1 + a_2}{2}.$$

Mit anderen Worten, wir ersetzen die Größen a_i durch ein anderes System von Größen, worin nur die beiden ersten abgeändert und einander gleich sind, während die Gesamtsumme C erhalten bleibt. Wir können dann schreiben

$$a_1 = s + d\,, \quad a_2 = s - d$$

mit

$$d = \frac{a_1 - a_2}{2}\,.$$

Das neue Produkt ist

$$P' = s^2 a_3 \ldots a_n\,,$$

während das alte Produkt die Form

$$P = (s + d)\,(s - d)\,a_3 \ldots a_n = (s^2 - d^2)\,a_3 \ldots a_n$$

erhält. Folglich gilt offenbar, wenn d nicht verschwindet:

$$P < P'\,,$$

im Widerspruch zu der Annahme, daß P das Maximum war. Also muß $d = 0$ und $a_1 = a_2$ sein. In derselben Weise kann man beweisen, daß $a_1 = a_i$, wobei a_i irgendein a ist; daraus folgt, daß alle a gleich sind. Da $g = m$, wenn alle x_i gleich sind, und da wir gezeigt haben, daß nur dies den maximalen Wert von g ergibt, so folgt $g < m$ für jeden anderen Fall, wie wir behauptet hatten.

3. Die Methode der kleinsten Quadrate

Das arithmetische Mittel von n Zahlen $x_1, \ldots, x_n$, die in diesem Abschnitt nicht alle positiv sein müssen, hat eine wichtige Minimumeigenschaft. Es sei u eine unbekannte Größe, die wir so genau wie möglich mit irgendeinem Meßinstrument zu bestimmen wünschen. Zu diesem Zweck machen wir eine Reihe von n Messungen, die etwas unterschiedliche Ergebnisse $x_1, \ldots, x_n$ liefert, infolge der verschiedenen experimentellen Fehlerquellen. Dann entsteht die Frage: Welcher Wert von u ist als zuverlässigster anzusehen? Es ist üblich, das arithmetische Mittel $m = \frac{x_1 + \cdots + x_n}{n}$ als diesen „wahren" oder „besten" Wert zu wählen. Um diese Annahme einwandfrei zu rechtfertigen, müßte man die Wahrscheinlichkeitstheorie eingehend erörtern. Hier können wir wenigstens auf eine Minimaleigenschaft von m hinweisen, die seine Wahl als sinnvoll erweist. Es sei u ein beliebiger möglicher Wert der gemessenen Größe. Dann sind die Differenzen $u - x_1, \ldots, u - x_n$ die Abweichungen dieses Wertes von den verschiedenen Ablesungen. Diese Abweichungen können zum Teil positiv, zum Teil negativ sein, und man wird natürlich das Bestreben haben, als optimalen Wert von u einen solchen zu wählen, für den die gesamte Abweichung in gewissem Sinne so klein wie möglich ist. Nach GAUSS ist es üblich, nicht die Abweichungen selbst, sondern ihre Quadrate $(u - x_i)^2$ als Maß für die Ungenauigkeit zu nehmen und als optimalen Wert unter allen möglichen Werten von u einen solchen zu wählen, der die Summe der Quadrate der Abweichungen

$$(u - x_1)^2 + (u - x_2)^2 + \cdots + (u - x_n)^2$$

so klein wie möglich macht. *Dieser optimale Wert für u ist genau das arithmetische Mittel m*, und diese Tatsache bildet den Ausgangspunkt für die Gaußsche „Methode der kleinsten Quadrate". Wir können den kursiv gedruckten Satz leicht beweisen: Schreiben wir

$$(u - x_i) = (m - x_i) + (u - m)\,,$$

so erhalten wir

$$(u - x_i)^2 = (m - x_i)^2 + (u - m)^2 + 2(m - x_i)(u - m).$$

Nun sind alle diese Gleichungen für $i = 1, 2, \ldots, n$ zu addieren. Die letzten Glieder ergeben zusammen $2(u - m)(nm - x_1 - \cdots - x_n)$; das ist Null nach der Definition von m. Folglich bleibt

$$(u - x_1)^2 + \cdots + (u - x_n)^2 = (m - x_1)^2 + \cdots + (m - x_n)^2 + n(m - u)^2.$$

Dies läßt erkennen, daß

$$(u - x_1)^2 + \cdots + (u - x_n)^2 \geqq (m - x_1)^2 + \cdots + (m - x_n)^2,$$

und daß das Gleichheitszeichen nur für $u = m$ gilt, was zu beweisen war.

Die allgemeine Methode der kleinsten Quadrate nimmt diese Tatsache als leitendes Prinzip in komplizierteren Fällen, in denen ein plausibler Endwert aus nicht ganz zusammenpassenden Meßergebnissen ermittelt werden soll. Nehmen wir zum Beispiel an, daß die Koordinaten von n Punkten (x_i, y_i) einer theoretisch geraden Linie gemessen worden sind und daß diese gemessenen Punkte nicht genau auf einer Geraden liegen. Wie ist die Gerade zu ziehen, damit sie sich am besten den n gemessenen Punkten anpaßt? Unser voriges Ergebnis legt das folgende Verfahren nahe, das allerdings auch durch ebenso begründete Abwandlungen ersetzt werden könnte. Es sei $y = ax + b$ die Gleichung der Geraden, so daß das Problem darin besteht, die Koeffizienten a und b zu finden. Der Abstand in y-Richtung von der Geraden zum Punkt (x_i, y_i) ist $y_i - (ax_i + b) = y_i - ax_i - b$, positiv für Punkte oberhalb, negativ für Punkte unterhalb der Geraden. Also ist das Quadrat dieses Abstandes $(y_i - ax_i - b)^2$ und die Methode fordert einfach, a und b so zu bestimmen, daß der Ausdruck

$$(y_1 - ax_1 - b)^2 + \cdots + (y_n - ax_n - b)^2$$

den kleinstmöglichen Wert annimmt. Hier haben wir ein Minimalproblem, das zwei Unbekannte, a und b, enthält. Die nicht schwierige Diskussion der Lösung sei hier übergangen.

§ 7. Die Existenz eines Extremums. Das Dirichletsche Prinzip

1. Allgemeine Bemerkungen

Bei einigen der bisher behandelten Extremalprobleme ließ sich sofort zeigen, daß die Lösung ein besseres Resultat gab als jeder ihrer „Konkurrenten". Ein frappierendes Beispiel dafür war die Schwarzsche Konstruktion, welche deutlich vor Augen führt, daß kein einbeschriebenes Dreieck einen kleineren Umfang hat als das Höhendreieck. Andere Beispiele sind die Maximum- oder Minimumprobleme, deren Lösung auf einer expliziten Ungleichung beruht, wie etwa der zwischen dem arithmetischen und geometrischen Mittel. Aber in einigen Fällen verfolgten wir einen anderen Weg. Wir gingen von der Annahme aus, daß eine Lösung gefunden sei; dann analysierten wir diese Annahme und zogen daraus Schlüsse, die schließlich eine Beschreibung und Konstruktion der Lösung gestatteten. So verfuhren wir bei dem Steinerschen Problem und bei der zweiten Lösung des Schwarzschen Problems. Die beiden Methoden sind logisch voneinander verschieden. Die erste ist in gewissem Sinne vollkommener, da sie einen mehr oder weniger konstruktiven Beweis für die Lösung gibt. Die zweite Methode wird, wie wir im Fall des Dreiecksproblems sahen, im allgemeinen einfacher sein; aber sie ist nicht so direkt und gilt vor allem nur bedingungsweise; denn sie beginnt mit der *Annahme*, daß eine Lösung des Problems *existiert*. Sie liefert die Lösung nur unter der Voraussetzung, daß diese Annahme bewiesen ist. Ohne diese Annahme führt sie nur zu einer hypothetischen Aussage von der Form „*wenn* eine Lösung existiert, dann muß sie von der und der Art sein".

Daß es notwendig ist, die Existenz eines Extremums logisch zu beweisen, wird durch den folgenden Trugschluß verdeutlicht: Behauptet wird, daß 1 die größte ganze Zahl ist. Zum Beweise werde etwa die größte ganze Zahl mit x bezeichnet. Wäre $x > 1$, so wäre $x^2 > x$, also könnte x nicht die größte ganze Zahl sein. Also muß x gleich 1 sein. Diese Absurdität beruht natürlich auf der stillschweigenden Annahme, daß eine größte ganze Zahl existiert.

Wegen der scheinbaren Selbstverständlichkeit der Prämisse, daß eine Lösung existiert, haben die Mathematiker bis weit in das 19. Jahrhundert hinein die erwähnte Schwierigkeit nicht beachtet und die Existenz einer Lösung bei Extremalproblemen ohne weiteres angenommen. Einige der größten Mathematiker des 19. Jahrhunderts – GAUSS, DIRICHLET und RIEMANN – benutzten diese Voraussetzung bedenkenlos als Grundlage für tiefe und sonst kaum zugängliche Theoreme der mathematischen Physik und Funktionentheorie. Eine dramatische Wendung trat ein, als RIEMANN 1851 seine Doktorarbeit über die Grundlagen der Theorie der Funktionen einer komplexen Variablen einreichte. Die in knappster Form geschriebene Arbeit, eine der großen Pionierleistungen der modernen Mathematik, war so völlig unorthodox und neuartig, daß viele Fachleute sie am liebsten ignoriert hätten. WEIERSTRASS, später der führende Mathematiker an der Universität Berlin und der anerkannte Schrittmacher beim Aufbau einer strengen Funktionentheorie, war beeindruckt, aber doch etwas zweifelnd. Bald entdeckte er eine logische Lücke in der Arbeit, mit deren Ausfüllung der Verfasser sich nicht abgegeben hatte. WEIERSTRASS' Kritik beirrte RIEMANN zwar nicht, führte aber zunächst zu einer fast allgemeinen bedauernden Abkehr der Fachwelt von seiner genialen Theorie. Nach wenigen Jahren fand RIEMANNs meteorische Laufbahn ihr Ende, als er an Schwindsucht starb. Doch für seine faszinierenden Ideen fanden sich immer wieder begeisterte Anhänger, und endlich, fünfzig Jahre nach dem Erscheinen der Riemannschen Arbeiten, gelang es endgültig HILBERT, einen Weg für die vollständige Beantwortung der Fragen, die RIEMANN unerledigt gelassen hatte, zu öffnen. Diese Entwicklung in der Mathematik und mathematischen Physik war einer der größten Triumphe in der Geschichte der modernen mathematischen Analysis.

In RIEMANNs Arbeit war der Angriffspunkt gerade die obenerwähnte Frage nach der Existenz eines Minimums. RIEMANN gründete einen großen Teil seiner Theorie auf das, was er das Dirichletsche Prinzip nannte. (DIRICHLET war in Berlin RIEMANNs Lehrer gewesen und hatte über dieses Prinzip wohl vorgetragen, aber nie etwas veröffentlicht.) Das Prinzip kann physikalisch veranschaulicht werden. Nehmen wir zum Beispiel an, daß ein Teil einer Ebene oder einer andersartigen Fläche mit Zinnfolie überzogen ist, und daß ein stationärer elektrischer Strom durch die Zinnfolie geschickt wird, indem zwei ihrer Punkte mit den Polen einer Batterie verbunden werden. Niemand wird daran zweifeln, daß dieses Experiment zu einem bestimmten Ergebnis, d. h. zu einer wohlbestimmten Stromverteilung in der Folie, führen wird. Aber wie steht es mit dem entsprechenden mathematischen Problem, das von großer Bedeutung für die Funktionentheorie und andere Gebiete ist? Die beschriebene physikalische Anordnung entspricht einem „Randwertproblem" einer partiellen Differentialgleichung, der sogenannten Potentialgleichung. Dieses mathematische Problem steht hier zur Debatte; seine Lösbarkeit wird wohl plausibel durch die Äquivalenz mit einem physikalischen Versuchsergebnis, ist aber dadurch noch keineswegs mathematisch bewiesen. RIEMANN beantwortete die mathematische Frage in zwei Schritten. Zuerst zeigte er, daß das Problem mit einem Minimalproblem äquivalent ist: Eine gewisse Größe, welche die Energie des elektrischen Stromes ausdrückt, ist für den wirklich auftretenden Strom ein Minimum im Vergleich zu den anderen, mit den vorgeschriebenen Bedingungen verträglichen Stromverteilungen. Dann erklärte er als „Dirichletsches Prinzip", daß ein solches Minimalproblem eine Lösung besitzt. RIEMANN machte nicht den geringsten Versuch, diese zweite Behauptung mathematisch zu beweisen, und dies war der Punkt, den WEIERSTRASS angriff. Nicht nur war die Existenz des Minimums in keiner Weise evident, sondern das Problem erwies sich sogar als eine äußerst schwierige Frage, auf welche die Mathematik der damaligen Zeit noch nicht vorbereitet war und die erst nach Jahrzehnten intensiver Forschung endgültig beantwortet wurde.

2. Beispiele

Wir wollen an zwei Beispielen die Art der Schwierigkeit illustrieren. 1. Wir betrachten zwei Punkte A und B mit einem Abstand d auf einer Geraden L und fragen nach dem kürzesten Streckenzug, der in A in der Richtung senkrecht zu L beginnt und in B endigt. Da die Strecke AB die kürzeste Verbindung zwischen A und B ist, so ist sicher jeder zum Vergleich zugelassene Weg länger als d; denn der einzige Weg der Länge d ist die Strecke AB, und diese hat in A nicht die verlangte Richtung, ist also nach den Bestimmungen des Problems nicht zulässig. Andererseits betrachten wir den zulässigen Weg AOB in Fig. 222. Wenn wir O durch einen Punkt O' ersetzen, der nahe genug an A liegt, so können wir einen zulässigen Weg erhalten, dessen Länge sich beliebig wenig von d unterscheidet; wenn daher ein *kürzester* zulässiger Weg existiert, so kann er keine Länge haben, die d überschreitet und müßte daher die genaue Länge d haben. Aber der einzige Weg, der diese Länge hat, ist nicht zulässig, wie wir sahen. Daher kann kein kürzester zulässiger Weg existieren, und das aufgestellte Minimalproblem hat keine Lösung.

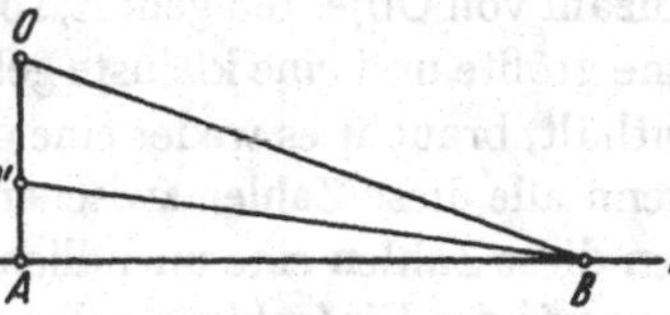

Fig. 222

2. Wie in Fig. 223 möge C ein Kreis sein und S ein Punkt im Abstand 1 über seinem Mittelpunkt. Wir betrachten die Klasse aller Flächen, die von C begrenzt werden, durch den Punkt S gehen und so über C liegen, daß keine zwei verschiedenen Punkte die gleiche senkrechte Projektion auf die Ebene von C haben. Welche dieser Flächen hat den kleinsten Inhalt? Dieses Problem hat, so natürlich es zu sein scheint, keine Lösung; es gibt keine zulässige Fläche von

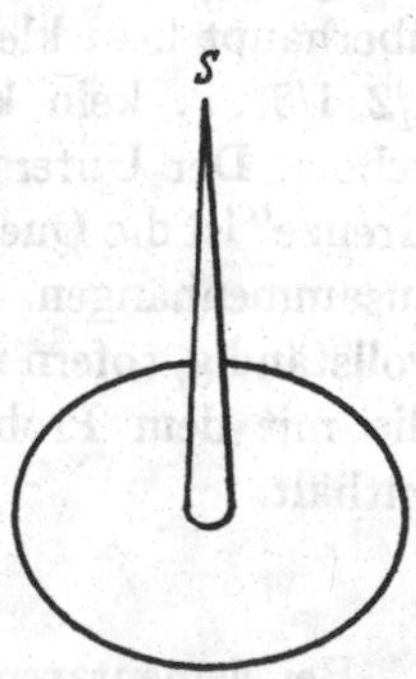

Fig. 223

minimalem Flächeninhalt. Wenn nicht verlangt würde, daß die Fläche durch S gehen soll, so wäre die Lösung offenbar die von C begrenzte ebene Kreisscheibe, deren Flächeninhalt sei mit A bezeichnet. Jede andere von C begrenzte Fläche hat einen Flächeninhalt, der größer ist als A. Wir können aber eine zulässige Fläche finden, deren Flächeninhalt sich beliebig wenig von A unterscheidet. Zu diesem Zweck nehmen wir einen Kegel von der Höhe 1 und so spitz, daß seine Mantelfläche kleiner ist als irgendein beliebig kleiner vorgeschriebener Wert. Diesen Kegel setzen wir auf die Kreisscheibe mit der Spitze in S und betrachten die Fläche, die aus dem Mantel des Kegels und dem Teil der Kreisscheibe außerhalb der Kegelgrundfläche besteht. Es ist sofort klar, daß diese Fläche, die nur in der Nähe des Mittelpunktes von der Kreisscheibe abweicht, einen Flächeninhalt hat, der sich von A um weniger als den vorgeschriebenen Wert unterscheidet. Da dieser Wert beliebig klein gewählt werden kann, so folgt wiederum, daß das Minimum, wenn es existiert, nichts anderes sein kann als der Flächeninhalt A der Scheibe. Aber von allen durch C begrenzten Flächen hat nur die Kreisscheibe selbst diesen Inhalt, und da diese nicht durch S geht, ist sie nicht zulässig. Folglich hat das Problem keine Lösung.

Wir können hier auf die von WEIERSTRASS angegebenen spitzfindigeren Beispiele verzichten. Die beiden dargestellten zeigen deutlich genug, daß die Existenz eines Minimums kein trivialer Teil eines mathematischen Beweises ist. Um den Sachverhalt allgemein zu formulieren, betrachten wir eine Klasse von Objekten Z, z. B. Kurven oder Flächen, denen je eine gewisse Zahl, etwa Länge oder Flächeninhalt, als Funktion $f(Z)$ zugeordnet ist. Wenn zu der Klasse nur eine endliche Anzahl von Objekten gehört, so muß es offenbar unter den entsprechenden Zahlen eine größte und eine kleinste geben. Aber wenn die Klasse unendlich viele Objekte enthält, braucht es weder eine größte noch eine kleinste Zahl $f(Z)$ zu geben, selbst wenn alle diese Zahlen zwischen zwei festen Schranken liegen. Ganz allgemein werden diese Zahlen eine unendliche Punktmenge F auf der Zahlenachse bilden. Nehmen wir der Einfachheit halber an, daß die Zahlen alle positiv sind. Dann hat die Menge eine „untere Grenze", das heißt, es gibt einen Punkt α, unterhalb dessen keine Zahl der Menge F liegt, und der entweder selbst ein Punkt der Menge ist oder dem sich Punkte der Menge mit beliebiger Genauigkeit nähern. Wenn α zur Menge F gehört, so ist α das kleinste Element; wenn nicht, so enthält die Menge überhaupt kein kleinstes Element. So enthält zum Beispiel die Zahlenmenge 1, 1/2, 1/3, ... kein kleinstes Element, da die untere Grenze 0 nicht zur Menge gehört. Der Unterschied zwischen den Begriffen „kleinster Wert" und „untere Grenze" ist die Quelle der logischen Schwierigkeiten, die mit dem Existenzproblem zusammenhängen. Die mathematische Lösung eines Minimalproblems ist nicht vollständig, sofern nicht explizit oder implizit ein Beweis geliefert worden ist, daß die mit dem Problem verknüpfte Menge von Werten ein kleinstes Element enthält.

3. Elementare Extremalprobleme

Bei elementaren Problemen bedarf es nur einer Berufung auf einfache, grundlegende Tatsachen, um die Frage nach der Existenz einer Lösung zu entscheiden. In Kapitel VI, §5 wurde der allgemeine Begriff einer kompakten Menge besprochen; es wurde dort gesagt, daß eine stetige Funktion, die für die Elemente einer kompakten Menge definiert ist, stets ihren größten und kleinsten Wert irgendwo in der Menge annimmt. In jedem der bisher behandelten elementaren Probleme können die zur Auswahl stehenden Werte als Werte einer Funktion von einer oder mehreren Variablen angesehen werden in einem Gebiet, das entweder kompakt ist oder doch leicht zu einem solchen gemacht werden kann, ohne daß das Problem wesentlich verändert wird. In einem solchen Fall ist die Existenz eines Maximums und eines Minimums gesichert. Im Steinerschen Problem zum Beispiel ist die betrachtete Größe die Summe von drei Abständen, und diese hängt stetig von der Lage des beweglichen Punktes ab. Da der Bereich dieses Punktes die ganze Ebene ist, schadet es nichts, wenn wir die Figur in einen großen Kreis einschließen und den Punkt auf dessen Inneres nebst Rand beschränken. Denn sobald der bewegliche Punkt genügend weit von den drei gegebenen Punkten entfernt ist, wird die Summe seiner Abstände von diesen sicherlich die Größe $AB + AC$ übertreffen, die einer der zulässigen Werte der Funktion ist. Wenn es daher ein Minimum gibt für einen Punkt, der auf einen großen Kreis beschränkt ist, so wird dies auch das Minimum für das ursprüngliche Problem sein. Es ist leicht zu sehen, daß der aus einem Kreis und seinem Inneren bestehende Bereich kompakt ist, also existiert ein Minimum für das Steinersche Problem.

Die Bedeutung der Annahme, daß der Bereich der unabhängigen Variablen kompakt ist, läßt sich an folgendem Beispiel erkennen. Gegeben seien zwei geschlossene Kurven C_1 und C_2; dann gibt es stets zwei Punkte P_1, P_2 auf C_1 bzw. C_2, die den kleinstmöglichen Abstand voneinander haben, und Punkte Q_1, Q_2, die den größtmöglichen Abstand haben. Denn der Abstand zwischen einem Punkt A_1 auf C_1 und einem Punkt A_2 auf C_2 ist eine stetige Funktion auf der kompakten Menge, die aus den betrachteten Punktpaaren A_1, A_2 besteht. Wenn jedoch zwei Kurven nicht beschränkt sind, sondern sich ins Unendliche erstrecken, dann kann es vorkommen, daß das Problem keine Lösung hat. In dem Fall, den Fig. 224 zeigt, wird weder ein kleinster noch ein größter Abstand zwischen den Kurven erreicht; die untere Grenze der Abstände ist Null, die obere Grenze ist unendlich, und keine von beiden wird erreicht. In manchen Fällen existiert ein Minimum, aber kein Maximum. Im Fall der beiden Äste einer Hyperbel (Fig. 17, S. 61) wird nur ein minimaler Abstand zwischen A und A' erreicht; Punkte mit maximalem Abstand existieren nicht.

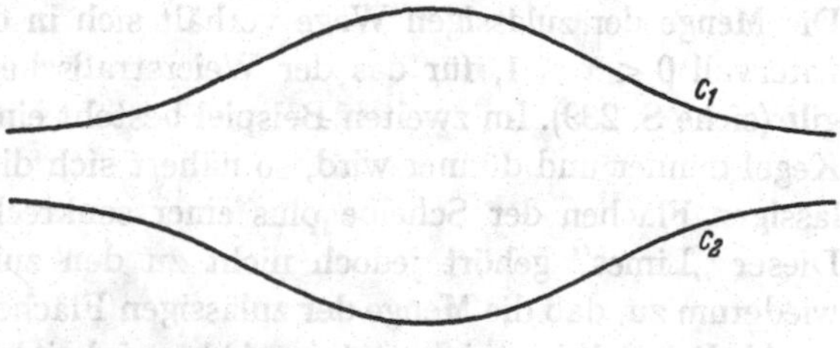

Fig. 224. Kurven, zwischen denen es keinen längsten oder kürzesten Abstand gibt

Wir können diesen Unterschied im Verhalten erklären, indem wir künstlich den Bereich der Variablen beschränken. Wir wählen eine beliebige positive Zahl R und beschränken x durch die Bedingung $|x| \leq R$. Dann existiert sowohl ein Maximum wie ein Minimum in jedem der beiden letzten Probleme. Im ersten garantiert eine solche Beschränkung des Bereichs die Existenz eines maximalen und eines minimalen Abstandes, indem beide auf der Begrenzung erreicht werden. Wird R vergrößert, so liegen die Punkte, in denen die Extrema erreicht werden, wiederum auf der Begrenzung. Wenn also R wächst, so rücken diese Punkte ins

Unendliche. Im zweiten Fall wird der minimale Abstand im Innern angenommen, und die betreffenden beiden Punkte bleiben dieselben, wie stark R auch zunimmt.

4. Schwierigkeiten bei komplizierteren Problemen

Während die Existenzfrage keine ernstliche Schwierigkeit bietet, wenn es sich um elementare Probleme mit einer, zwei oder einer anderen endlichen Anzahl von unabhängigen Variablen handelt, so ist es ganz anders bei dem Dirichletschen Prinzip oder selbst bei einfacheren Problemen von ähnlicher Art. Der Grund ist

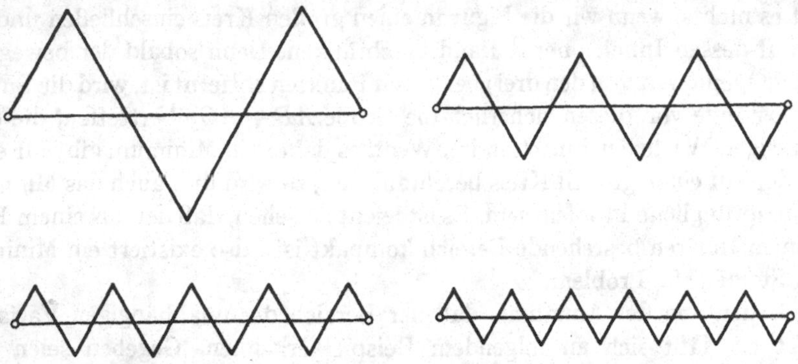

Fig. 225. Approximation einer Strecke durch Polygone von der doppelten Länge

in diesen Fällen entweder, daß der Bereich der unabhängigen Variablen nicht kompakt ist oder daß die Funktion nicht stetig ist. In dem ersten Beispiel des Abschnitts 2 hatten wir eine Folge von Wegen $AO'B$, wobei O' auf den Punkt A zustrebte. Jeder Weg dieser Folge war zulässig, aber die Wege $AO'B$ strebten gegen die Strecke AB, und dieser Limes gehört nicht mehr zu der zulässigen Menge. Die Menge der zulässigen Wege verhält sich in dieser Hinsicht ähnlich wie das Intervall $0 < x \leqq 1$, für das der Weierstraßsche Satz über Extremwerte nicht gilt (siehe S. 239). Im zweiten Beispiel besteht eine ähnliche Situation: Wenn der Kegel dünner und dünner wird, so nähert sich die Folge der entsprechenden zulässigen Flächen der Scheibe plus einer senkrechten Strecke, die bis S reicht. Dieser „Limes" gehört jedoch nicht zu den zulässigen Flächen, und es trifft wiederum zu, daß die Menge der zulässigen Flächen nicht kompakt ist.

Als Beispiel einer nicht stetigen Abhängigkeit können wir die Länge einer Kurve betrachten. Diese Länge ist nicht mehr eine Funktion von endlich vielen Veränderlichen, da man eine ganze Kurve nicht durch eine endliche Anzahl von „Koordinaten" kennzeichnen kann, und sie ist auch keine stetige Funktion der Kurve. Um dies einzusehen, verbinden wir zwei Punkte A und B, die den Abstand d haben, durch ein Zickzackpolygon P_n, das mit der Strecke AB n gleichseitige Dreiecke bildet. Nach Fig. 225 ist klar, daß die Gesamtlänge von P_n für jeden Wert von n genau gleich $2d$ ist. Nun betrachten wie die Folge der Polygone $P_1, P_2, \ldots$. Die einzelnen Zacken dieser Polygone verlieren an Höhe, wenn sie an Zahl zunehmen, und es leuchtet ein, daß das Polygon P_n auf die Strecke AB zustrebt, wo im Limes die Gezacktheit völlig verschwindet. Die Länge von P_n ist, unabhängig vom Index n, stets $2d$, während die Länge der Grenzkurve nur gleich d ist. Also hängt die Länge nicht stetig von der Kurve ab.

Alle diese Beispiele bestätigen die Behauptung, daß hinsichtlich der Existenz einer Lösung für kompliziertere Minimalprobleme Vorsicht geboten ist.

§ 8. Das isoperimetrische Problem

Daß der Kreis unter allen geschlossenen Kurven von vorgeschriebener Länge den größten Flächeninhalt einschließt, ist eine der „offensichtlichen" Tatsachen der Mathematik, für die erst in neuerer Zeit ein strenger Beweis geliefert werden konnte. STEINER erfand verschiedene geistreiche Methoden für einen Beweis, von denen wir eine betrachten wollen.

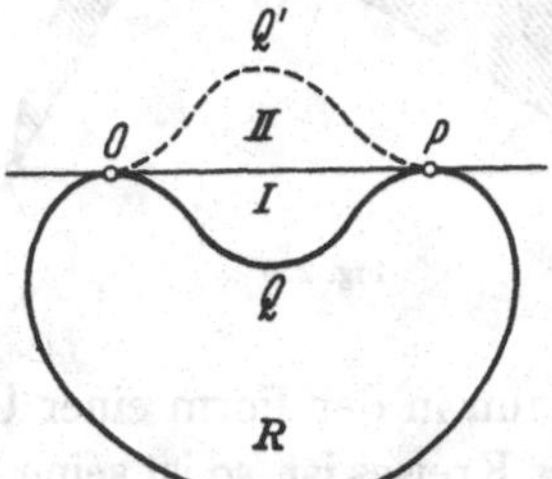

Fig. 226

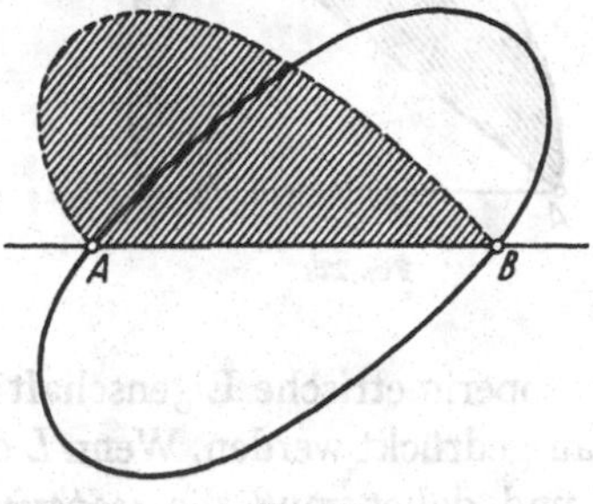

Fig. 227

Gehen wir von der Annahme aus, daß eine Lösung existiert. Es sei also C die verlangte Kurve mit der vorgeschriebenen Länge L und maximalem Flächeninhalt. Dann können wir leicht zeigen, daß C konvex sein muß in dem Sinne, daß jede gerade Verbindungslinie zweier beliebiger Punkte von C ganz innerhalb von C oder höchstens auf C liegt. Denn wäre C nicht konvex, wie in Fig. 226, dann könnte eine Strecke wie OP zwischen einem gewissen Punktepaar O und P auf C gezeichnet werden, so daß OP außerhalb von C läge. Der Bogen $OQ'P$, der das Spiegelbild von OQP an der Geraden OP ist, würde dann zusammen mit dem Bogen ORP eine Kurve von der Länge L bilden, die einen größeren Flächeninhalt einschlösse als die ursprüngliche Kurve C, da sie zusätzlich noch die Flächen I und II enthielte. Dies ist ein Widerspruch zu der Annahme, daß C den größten Flächeninhalt bei der gegebenen Länge L einschließt. Daher muß C konvex sein.

Nun wählen wir zwei Punkte A, B, welche die Lösungskurve C in Bögen gleicher Länge zerlegen. Dann muß die Gerade AB die Fläche von C in gleiche Teile zerlegen, denn sonst könnte der Teil mit dem größeren Inhalt an AB gespiegelt werden (Fig. 227), so daß eine andere Kurve der Länge L entstünde, die einen größeren Flächeninhalt hätte als C. Daraus folgt, daß die Hälfte der Lösungskurve C das folgende Problem lösen muß: man bestimme den Bogen von der Länge $L/2$, dessen Endpunkte A, B auf einer Geraden liegen und der zwischen sich und dieser Geraden maximalen Flächeninhalt einschließt. Nun werden wir zeigen, daß die Lösung dieses neuen Problems ein Halbkreis ist, so daß die ganze Kurve C, die das isoperimetrische Problem löst, ein Kreis ist. Es sei der Bogen AOB die Lösung des neuen Problems. Es genügt zu zeigen, daß jeder einbeschriebene Winkel, wie etwa $\sphericalangle AOB$ in Fig. 228, ein rechter Winkel ist, denn das beweist, daß AOB ein Halbkreis ist. Nehmen wir also im Gegensatz dazu an, daß $\sphericalangle AOB$ nicht 90° ist. Dann können wir Fig. 228 durch Fig. 229 ersetzen, in welcher die schraffierten Flächen und die Länge des Bogens AOB unverändert sind, während die Fläche des Dreiecks größer geworden ist, da $\sphericalangle AOB$ gleich 90° gemacht wurde. Daher ergibt Fig. 229 einen größeren als den ursprünglichen Flächeninhalt (siehe S. 252). Wir gingen aber von der Annahme aus, daß Fig. 228 das Problem löst, so daß also Fig. 229 auf keinen Fall eine größere Fläche ergeben kann. Dieser Widerspruch zeigt, daß für jeden Punkt O der Winkel AOB ein rechter sein muß, und damit ist der Beweis vollendet.

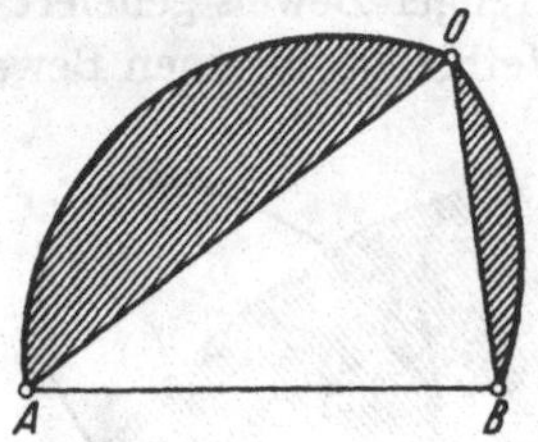

Fig. 228

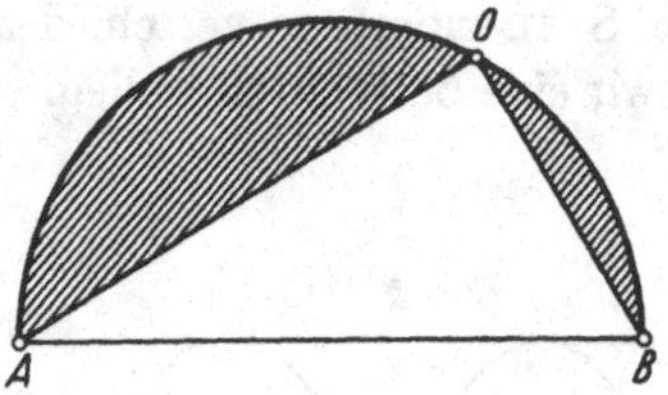

Fig. 229

Die isoperimetrische Eigenschaft des Kreises kann in der Form einer Ungleichung ausgedrückt werden. Wenn L der Umfang des Kreises ist, so ist seine Fläche $L^2/4\pi$, und daher muß die *isoperimetrische Ungleichung* $F \leqq L^2/4\pi$ zwischen Fläche F und Länge L jeder geschlossenen Kurve bestehen, wobei das Gleichheitszeichen nur für den Kreis gilt.

*Wie aus den Überlegungen des § 7 hervorgeht, hat der Steinersche Beweis nur bedingungsweise Gültigkeit: „Wenn es eine Kurve von der Länge L mit maximalem Flächeninhalt gibt, dann muß diese ein Kreis sein." Die Begründung der hypothetischen Prämisse erfordert eine ganz andersartige Überlegung. Zuerst beweisen wir einen elementaren Satz über geschlossene Polygone P_n mit einer geraden Anzahl $2n$ von Seiten: Unter allen solchen $2n$-Ecken von gleichem Umfang hat das regelmäßige $2n$-Eck den größten Flächeninhalt. Der Beweis folgt mit einigen Abwandlungen dem Steinerschen Gedankengang. Die Frage der Existenz bietet hier keine Schwierigkeit, da ein $2n$-Eck, zusammen mit seinem Umfang und Flächeninhalt, stetig von den $4n$ Koordinaten der Ecken abhängt, die man ohne Beschränkung der Allgemeinheit auf eine kompakte Punktmenge im $4n$-dimensionalen Raum einschränken kann. Dementsprechend können wir bei diesem Problem für Polygone unbedenklich von der Annahme ausgehen, daß ein gewisses Polygon P die Lösung *ist*, und auf Grund dieser Annahme die Eigenschaften von P untersuchen. Genau wie bei dem Steinerschen Beweis ergibt sich, daß P konvex sein muß. Wir beweisen weiter, daß alle $2n$ Seiten von P dieselbe Länge haben müssen. Denn nähmen wir an, daß zwei benachbarte Seiten AB und BC verschieden lang sind, so könnten wir das Dreieck ABC von P abschneiden und durch ein gleichschenkliges Dreieck $AB'C$ ersetzen, in dem $AB' + B'C = AB + BC$ wäre und das einen größeren Flächeninhalt besäße (siehe § 1). Dann würden wir ein Polygon P' mit demselben Umfang und größerem Flächeninhalt erhalten, im Widerspruch zu der Annahme, daß P das optimale Polygon mit $2n$ Seiten ist. Daher müssen alle Seiten von P

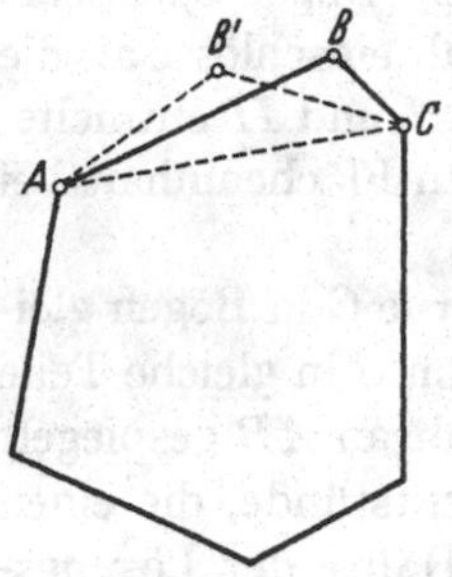

Fig. 230

die gleiche Länge haben, und es bleibt nur noch zu zeigen, daß P regelmäßig ist; hierfür genügt es, wenn man weiß, daß alle Ecken von P auf einem Kreise liegen. Der Gedankengang folgt wieder dem Steinerschen Muster. Zuerst zeigen wir, daß jede Diagonale, die gegenüberliegende Ecken verbindet, z. B. die erste mit der $(n + 1)$-ten, die Fläche in gleich große Teile zerlegt. Dann beweisen wir, daß alle Ecken des einen dieser Teile auf einem Halbkreis liegen. Die Durchführung der Einzelheiten sei dem Leser zur Übung überlassen.

Den Existenzbeweis, zusammen mit der Lösung des isoperimetrischen Problems, kann man jetzt durch einen Grenzprozeß erhalten, bei dem die Anzahl der Ecken gegen unendlich strebt und das optimale regelmäßige Polygon gegen den Kreis.

Die Steinersche Schlußweise ist keineswegs geeignet, die entsprechende isoperimetrische Eigenschaft der Kugel bei drei Dimensionen zu beweisen. Eine etwas andere und kompliziertere Behandlung wurde von STEINER angegeben, die sich sowohl auf drei Dimensionen als auch auf zwei anwenden läßt, aber da diese nicht so unmittelbar auch für den Nachweis der Existenz benutzt werden kann, soll sie hier übergangen werden. In der Tat ist die Aufgabe, die isoperimetrische Eigenschaft der Kugel zu beweisen, sehr viel schwieriger als beim Kreis. Erst lange nach STEINER ist ein strenger Beweis von H. A. SCHWARZ erbracht und später von anderen in verschiedener Weise vereinfacht worden. Die dreidimensionale isoperimetrische Eigenschaft läßt sich durch die Ungleichung

$$36\pi V^2 \leqq F^3$$

zwischen der Oberfläche F und dem Rauminhalt V eines beliebigen dreidimensionalen Körpers ausdrücken, wobei das Gleichheitszeichen nur für die Kugel gilt.

*§ 9. Extremalprobleme mit Randbedingungen Zusammenhang zwischen dem Steinerschen Problem und dem isoperimetrischen Problem

Interessante Resultate ergeben sich bei Extremalproblemen, wenn der Bereich der Variablen durch Randbedingungen eingeschränkt wird. Der Satz von WEIERSTRASS, daß in einem kompakten Bereich eine stetige Funktion ihren größten und kleinsten Wert annimmt, schließt die Möglichkeit nicht aus, daß die Extremwerte auf dem Rande des Bereichs angenommen werden. Ein einfaches, fast triviales Beispiel liefert die Funktion $u = x$. Wenn x nicht beschränkt ist und von $-\infty$ bis $+\infty$ variieren kann, dann ist der Bereich B der unabhängigen Variablen die ganze Zahlenachse, und daraus erklärt es sich, daß die Funktion $u = x$ nirgends einen größten oder kleinsten Wert hat. Wenn aber der Bereich B durch Grenzen eingeschränkt ist, etwa $0 \leqq x \leqq 1$, dann existiert ein größter Wert 1, der am rechten Endpunkt, und ein kleinster Wert 0, der am linken Endpunkt angenommen wird. Allerdings stellen diese Extremwerte keinen Gipfel- oder Talpunkt auf der Kurve der Funktion dar; sie sind keine Extrema bezüglich einer vollen zweiseitigen Umgebung. Sie ändern sich, sobald das Intervall vergrößert wird, da sie stets an dessen Endpunkten bleiben. Für einen richtigen Gipfel oder Talpunkt einer Funktion bezieht sich der extremale Charakter immer auf die ganze beiderseitige Umgebung des Punktes, in dem der Wert erreicht wird; er ändert sich bei einer geringfügigen Änderung der Begrenzung nicht. Ein solches Extremum bleibt selbst bei freier Variation der unabhängigen Variablen im Bereich B erhalten, wenigstens in einer hinreichend kleinen Umgebung. Die Unterscheidung zwischen solchen „freien" Extremen und denen, die an der Begrenzung angenommen werden, ist für viele scheinbar ganz verschiedene Zusammenhänge aufschlußreich. Für Funktionen einer Variablen läuft der Unterschied natürlich einfach auf den zwischen monotonen und nicht monotonen Funktionen hinaus und führt nicht zu besonders interessanten Feststellungen. Es gibt aber viele bedeutsame Beipiele für Extremwerte, die am Rande des Variabilitätsbereichs von Funktionen mehrerer Variablen angenommen werden.

Dies kann zum Beispiel bei dem Schwarzschen Dreiecksproblem vorkommen. Der Variabilitätsbereich der drei unabhängigen Variabeln besteht hier aus allen Punkttripeln, von denen je ein Punkt auf einer der drei Seiten des Dreiecks ABC liegt. Die Lösung des Problems erforderte die Unterscheidung zweier Fälle: Entweder wird das Minimum angenommen, wenn alle drei unabhängig verschiebbaren Punkte P, Q, R auf dem Innern der betreffenden Dreiecksseiten liegen — in diesem Fall ist das Minimum durch das Höhendreieck gegeben – oder das Minimum wird in der Grenzlage angenommen, wenn zwei der Punkte P, Q, R mit dem gemeinsamen Endpunkt ihrer jeweiligen Intervalle zusammenfallen – in diesem Fall ist das minimale einbeschriebene „Dreieck" die doppelt genommene Höhe von diesem Eckpunkt aus. Demnach ist der Charakter der Lösung ganz verschieden, je nachdem, welche dieser Alternativen vorliegt.

Bei dem Steinerschen Problem der drei Dörfer ist der Variabilitätsbereich des Punktes P die ganze Ebene, wobei die drei gegebenen Punkte A, B, C als Grenzpunkte angesehen werden können. Es gibt wieder zwei Alternativen, die zwei gänzlich verschiedene Typen von Lösungen liefern: Entweder wird das Minimum im Innern des Dreiecks ABC angenommen – dies ist der Fall der drei gleich großen Winkel – oder es wird in einem Grenzpunkt C angenommen. Ähnliche Alternativen gelten für das komplementäre Problem.

Als letztes Beispiel wollen wir noch das durch Randbedingungen modifizierte isoperimetrische Problem betrachten. Wir entdecken dabei einen überraschenden Zusammenhang zwischen dem isoperimetrischen Problem und dem Steinerschen Problem und haben zugleich ein besonders einfaches Beispiel für einen neuen Typ von Extremalproblemen. In dem ursprünglichen Problem konnte die unabhängige Variable, die geschlossene Kurve von gegebener Länge, beliebig von der Kreisgestalt abweichen, und jede derartige Kurve war zur Konkurrenz zugelassen, so daß wir ein wirklich freies Minimum hatten. Jetzt wollen wir das folgendermaßen abgeänderte Problem betrachten: Die zugelassenen Kurven C sollen drei gegebene Punkte P, Q, R in ihrem Innern einschließen oder durch sie hindurchgehen, der Flächeninhalt F ist vorgeschrieben, und die Länge L soll ein Minimum werden. Dies stellt eine echte Randbedingung dar.

Ist F genügend groß vorgeschrieben, dann haben die drei Punkte P, Q, R auf das Problem natürlich gar keinen Einfluß. Wenn der dem Dreieck PQR umbeschriebene Kreis einen Flächeninhalt kleiner oder gleich F hat, so ist die Lösung einfach ein Kreis vom Inhalt F, der die drei Punkte enthält. Wenn nun aber F kleiner ist? Wir wollen die Lösung hier mitteilen, aber den etwas umständlichen Beweis fortlassen, obwohl er uns zugänglich wäre. Wir beschreiben die Lösungen für eine Folge von F-Werten, die gegen Null strebt. Sobald F kleiner ist als die

Fläche des umbeschriebenen Kreises, zerfällt der ursprüngliche isoperimetrische Kreis in drei Bögen von gleichem Radius, die ein konvexes Kreisbogendreieck mit den Ecken P, Q, R bilden (Fig. 232). Dieses Dreieck ist die Lösung. Seine Abmessungen können aus dem gegebenen Wert F bestimmt werden. Wenn F weiter abnimmt, wächst der Radius der Kreisbögen, und die Bögen nähern sich mehr und mehr geraden Linien, bis schließlich, wenn F genau gleich dem Inhalt des Dreiecks PQR ist, dieses Dreieck selbst die Lösung bildet. Wenn F noch kleiner wird, so besteht die Lösung wieder aus drei Kreisbögen von gleichem Radius, die ein Dreieck mit den Ecken P, Q, R bilden. Aber jetzt ist das Dreieck

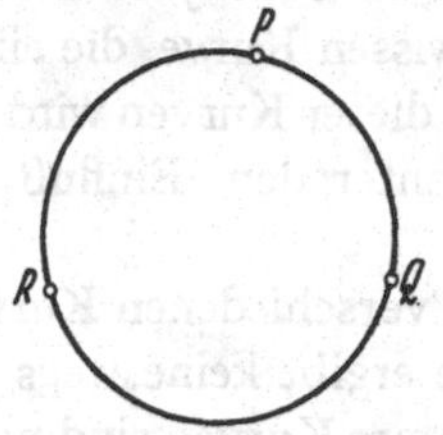

Fig. 231

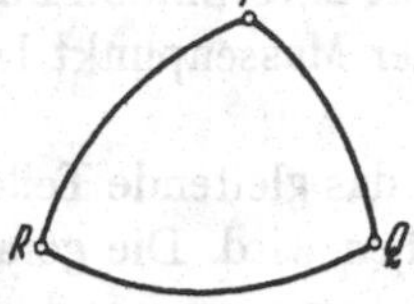

Fig. 232

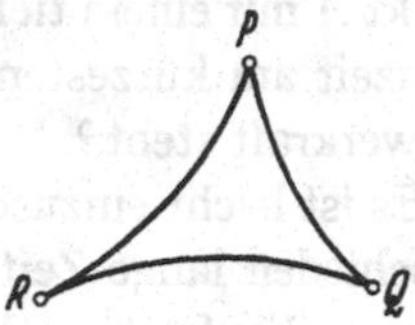

Fig. 233

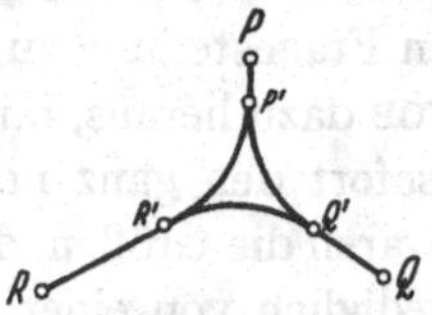

Fig. 234

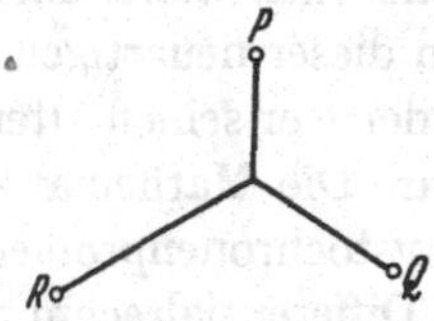

Fig. 235

Fig. 231—235. Isoperimetrische Figuren, die gegen die Lösung der Steinerschen Problems streben

konkav, und die Bögen liegen innerhalb des Dreiecks PQR (Fig. 233). Nimmt F weiter ab, so kommt ein Zeitpunkt, in dem sich für einen gewissen Wert von F zwei der konkaven Kreisbögen in einer Ecke R berühren. Bei noch weiterer Abnahme von F ist es nicht mehr möglich, ein Kreisbogendreieck vom bisherigen Typ zu konstruieren. Es tritt eine neue Erscheinung auf: die Lösung ist noch immer ein Kreisbogendreieck, aber eine seiner Ecken R' hat sich von der entsprechenden Ecke R abgelöst, und die Lösung besteht jetzt aus einem Kreisbogendreieck PQR' plus der doppelt gezählten Strecke RR' (sie läuft von R' nach R und zurück). Diese Strecke ist die Tangente an die beiden sich in R' berührenden Bögen. Nimmt F noch weiter ab, so setzt der Ablösungsprozeß auch an den anderen Ecken ein. Schließlich erhalten wir als Lösung eine Figur, die aus drei sich berührenden Kreisbögen von gleichem Radius besteht, welche ein gleichseitiges Kreisbogendreieck $P'Q'R'$ bilden, und dazu aus drei doppelt gezählten Strecken $P'P$, $Q'Q$, $R'R$ (Fig. 234). Wird schließlich F gleich Null, dann reduziert sich das Kreisbogendreieck auf einen Punkt und wir kommen zu der Lösung des Steinerschen Problems; wir sehen also, daß dieses ein Grenzfall des modifizierten isoperimetrischen Problems ist.

Wenn P, Q, R ein stumpfwinkliges Dreieck mit einem Winkel von mehr als 120° bilden, dann führt der Schrumpfungsprozeß zu der entsprechenden Lösung des Steinerschen Problems; denn dann ziehen sich die Kreisbögen auf die stumpfe

Ecke zusammen. Die Lösungen des verallgemeinerten Steinerschen Problems (siehe Fig. 216–218 auf S. 273) können durch Grenzprozesse von ähnlicher Art gefunden werden.

§ 10. Die Variationsrechnung

1. Einleitung

Das isoperimetrische Problem ist wahrscheinlich das älteste Beispiel für eine große Klasse von wichtigen Problemen, auf die JOHANN BERNOULLI 1696 aufmerksam gemacht hat. In den „Acta Eruditorum", der wissenschaftlichen Zeitschrift der damaligen Zeit, stellte er das folgende „Problem der Brachystochrone" auf: Ein Massenpunkt gleitet ohne Reibung längs einer gewissen Kurve, die einen Punkt A mit einem tieferen Punkt B verbindet. Für welche dieser Kurven wird die Laufzeit am kürzesten, wenn der Massenpunkt lediglich unter dem Einfluß der Schwerkraft steht?

Es ist leicht einzusehen, daß das gleitende Teilchen auf verschiedenen Kurven verschieden lange Zeiten brauchen wird. Die gerade Linie ergibt keineswegs die kürzeste Laufzeit, auch der Kreisbogen oder andere elementare Kurven sind nicht die Lösung. BERNOULLI rühmte sich, eine elegante Lösung zu besitzen, die er nicht gleich veröffentlichen wolle, um die größten Mathematiker seiner Zeit anzuregen, ihre Kunst an dieser neuartigen mathematischen Fragestellung zu erproben. Insbesondere forderte er seinen älteren Bruder JAKOB dazu heraus, mit dem er bitter verfeindet war. Die Mathematiker erkannten sofort den ganz neuen Charakter dieses „Brachystochronenproblems". Bis dahin waren die Größen, deren Minimum man mit der Differentialrechnung bestimmte, lediglich von einer oder mehreren Variablen abhängig gewesen. In dem neuen Problem jedoch hängt die betrachtete Größe, nämlich die Laufzeit, von dem *ganzen* Kurvenverlauf ab, und darin besteht ein wesentlicher Unterschied, der das Problem dem Zugriff der Differentialrechnung und aller damals bekannten Methoden entzog.

Die Neuartigkeit des Problems – anscheinend war damals noch nicht sofort erkannt worden, daß das isoperimetrische Problem von derselben Art war – faszinierte die zeitgenössischen Mathematiker um so mehr, als es sich herausstellte, daß die Lösung die Zykloide ist, eine Kurve, die erst kurz zuvor entdeckt worden war. (Wir erinnern an die Definition der Zykloide: Sie ist die Bahn eines Punktes auf dem Umfang eines Kreises, der ohne zu gleiten entlang einer geraden Linie rollt, wie Fig. 236 zeigt.) Diese Kurve war mit interessanten mechanischen Problemen in Zusammenhang gebracht worden, vor allem mit der Konstruktion eines idealen Pendels. HUYGENS hatte entdeckt, daß ein Massenpunkt, der ohne Reibung unter dem Einfluß der Schwerkraft auf einer vertikalen Zykloide hin und her schwingt, eine von der Amplitude der Bewegung unabhängige Schwingungsdauer besitzt. Auf einem kreisbogenförmigen Wege, wie er von dem gewöhnlichen Pendel beschrieben wird, besteht diese Unabhängigkeit nur angenähert, und dies galt als Nachteil bei der Benutzung des Pendels für Präzisionsuhren. Die Zykloide hatte den Ehrennamen „Tautochrone" erhalten; nun bekam sie dazu den neuen Titel „Brachystochrone".

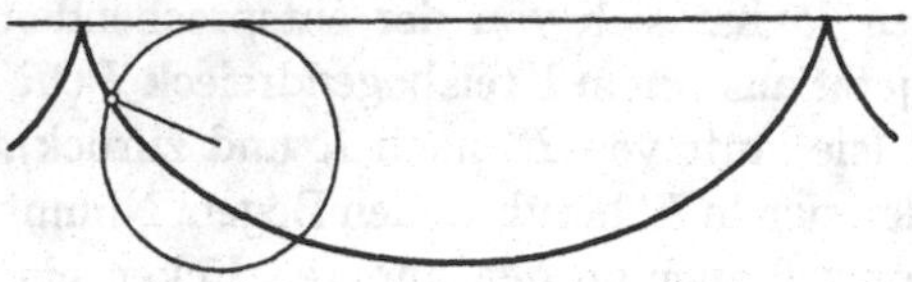

Fig. 236. Die Zykloide

2. Die Variationsrechnung. Das Fermatsche Prinzip in der Optik

Beide Brüder BERNOULLI und andere gaben Lösungen für das Problem der Brachystochrone; die originellste, welche von dem angegriffenen älteren Bruder JAKOB herrührte, werden wir unten besprechen. Bald entwickelten EULER und LAGRANGE (1736–1813) allgemeinere Methoden für die Lösung von Extremalproblemen, bei denen die unabhängige Veränderliche nicht eine einzelne numerische Variable oder eine endliche Anzahl solcher Variablen, sondern eine ganze Kurve oder Funktion oder sogar ein System von Funktionen war. Die neue Methode zur Lösung solcher Probleme wurde *Variationsrechnung* genannt. Es ist hier nicht möglich, die technische Seite dieses Zweiges der Analysis darzustellen oder auf die Diskussion spezieller Probleme genauer einzugehen.

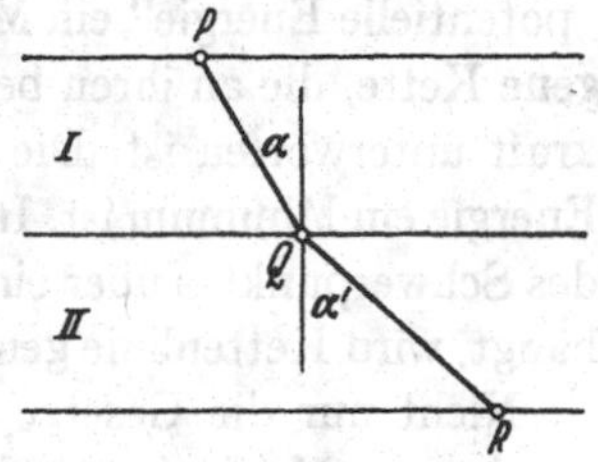

Fig. 237. Brechung eines Lichtstrahls

Man hatte schon seit langem bemerkt, daß Naturerscheinungen sich häufig durch Extremaleigenschaften charakterisieren lassen. Wie wir gesehen haben, erkannte HERON von ALEXANDRIA, daß die Reflexion eines Lichtstrahles an einem ebenen Spiegel durch ein Minimalprinzip beschrieben werden kann. Im 17. Jahrhundert tat FERMAT den nächsten Schritt: Er bemerkte, daß auch das Gesetz der Lichtbrechung in Form eines Minimalprinzips dargestellt werden kann. Es ist bekannt, daß der Weg des Lichts aus einem homogenen Medium in ein anderes an der Grenzfläche gebrochen wird. Fig. 237 stellt einen Lichtstrahl dar, der einen Punkt P im oberen Medium mit einem Punkt R im unteren Medium verbindet, wobei die Geschwindigkeit im oberen Medium v, im unteren w sein soll. Nach dem empirischen Gesetz von SNELL (1591–1626) besteht der Weg aus zwei geradlinigen Strecken PQ und QR, deren Richtungswinkel α und α' zur Normalen durch die Bedingung $\sin\alpha/\sin\alpha' = v/w$ bestimmt sind. Mit Hilfe der Differentialrechnung bewies FERMAT, daß für diesen Lichtweg die Zeit, die das Licht von P nach R braucht, ein Minimum ist, d. h. kleiner ist, als sie auf jedem anderen, die Punkte verbindenden Wege sein würde. So wurde HERONs Reflexionsgesetz sechzehnhundert Jahre später durch ein ganz ähnliches und ebenso wichtiges Brechungsgesetz ergänzt.

FERMAT verallgemeinerte die Aussage des Brechungsgesetzes so, daß auch gekrümmte Grenzflächen zwischen den Medien, zum Beispiel die Oberflächen von Linsen, eingeschlossen werden. Auch in diesem Fall gilt die Aussage, daß das Licht einen Weg durchläuft, für den ein Minimum an Zeit erforderlich ist, im Vergleich zu irgendeinem anderen möglichen Weg zwischen denselben Punkten. Schließlich betrachtete FERMAT beliebige optische Systeme, in denen die Lichtgeschwindigkeit in bestimmter Weise von Punkt zu Punkt variiert, wie es in der Atmosphäre der Fall ist. Er dachte sich das stetig inhomogene Medium in dünne Scheiben zerlegt, in denen jeweils die Lichtgeschwindigkeit angenähert konstant ist, und ersetzte dieses Medium durch ein solches, in dem die Geschwindigkeit in jeder Scheibe wirklich konstant ist. Dann konnte er wieder das Prinzip des Brechungsgesetzes anwenden, indem er von jeder Scheibe zur nächsten weiterging. Als er schließlich die Dicke der Scheiben gegen Null streben ließ, gelangte er zu dem allgemeinen *Fermatschen Prinzip der geometrischen Optik*: in einem inhomogenen

Medium durchläuft ein Lichtstrahl zwischen zwei Punkten einen solchen Weg, daß die dazu nötige Zeit ein Minimum ist im Vergleich zu allen andern die Punkte verbindenden Wegen. Dieses Prinzip gewann die größte Bedeutung, nicht nur für die theoretische Einsicht in die geometrische Optik, sondern auch für deren praktische Beherrschung. Die Technik der Variationsrechnung, angewandt auf dieses Prinzip, liefert in der Tat die Grundlage für die Berechnung von Linsensystemen.

Minimalprinzipien spielen auch in andern Zweigen der Physik eine beherrschende Rolle. Zum Beispiel herrscht in einem mechanischen System dann stabiles Gleichgewicht, wenn sich das System in einem Zustand befindet, in dem seine „potentielle Energie" ein Minimum ist. Betrachten wir etwa eine biegsame homogene Kette, die an ihren beiden Enden aufgehängt und der Wirkung der Schwerkraft unterworfen ist. Die Kette nimmt eine Gestalt an, bei der die potentielle Energie ein Minimum ist. In diesem Fall ist die potentielle Energie durch die Höhe des Schwerpunktes über einer festen Achse bestimmt. Die Kurve, in der die Kette hängt, wird Kettenlinie genannt und ähnelt einer Parabel.

Nicht nur die Gesetze des Gleichgewichts, sondern auch die der Bewegung werden von Maximum- und Minimumprinzipien beherrscht. Es war EULER, der die ersten klaren Vorstellungen über diese Prinzipien entwickelte, während andere, die wie MAUPERTUIS (1698–1759) zu philosophischen und mystischen Spekulationen neigten, nicht unterscheiden konnten zwischen mathematischen Aussagen und unklaren Ideen über „Gottes Absicht, die physikalischen Erscheinungen nach dem Prinzip der größten Vollkommenheit zu regeln". EULERs Variationsprinzipien der Physik, die später durch den irischen Mathematiker W. R. HAMILTON (1805–1865) wiederentdeckt und erweitert wurden, haben sich als ein wirksames Hilfsmittel in Mechanik, Optik und Elektrodynamik erwiesen und zu vielen, auch technischen Anwendungen geführt. Die neuere Entwicklung der Physik – Relativität und Quantentheorie – weist zahlreiche Beispiele für die Vielseitigkeit und Kraft der Variationsmethoden auf.

3. BERNOULLIs Behandlung des Problems der Brachystochrone

Eine der ersten Methoden, die von JAKOB BERNOULLI für das Problem der Brachystochrone entwickelt wurden, läßt sich schon mit verhältnismäßig geringen Vorkenntnissen verstehen.

Wir gehen von der aus der Mechanik bekannten Tatsache aus, daß ein Massenpunkt, der aus der Ruhelage A längs einer beliebigen Kurve C fällt, in jedem Punkt P eine Geschwindigkeit proportional $\sqrt{h}$ hat, wobei h der vertikale Abstand zwischen A und P ist; das heißt $v = c\sqrt{h}$, mit einer Konstanten c. Nun ersetzen wir das gegebene Problem durch ein leicht abgeändertes. Wir zerlegen den Raum in viele dünne horizontale Schichten von je der Dicke d und nehmen für den Augenblick an, daß die Geschwindigkeit des bewegten Punktes sich nicht stetig, sondern in kleinen Sprüngen von Schicht zu Schicht ändert, so daß in der ersten, A benachbarten Schicht die Geschwindigkeit $c\sqrt{d}$, in der zweiten $c\sqrt{2d}$, in der n-ten $c\sqrt{nd}$ ist, usw. (siehe Fig. 238). Dieses Problem bezieht sich tatsächlich nur auf eine endliche Anzahl von Variablen. In jeder Schicht muß die Bahn des Teilchens geradlinig sein; ein Existenzproblem tritt nicht auf, die Lösung muß ein Polygon sein, und die einzige Frage ist, wie dessen Eckpunkte zu bestimmen sind. Wie bei der gewöhnlichen Brechung muß die Bewegung von P nach R über Q in jedem Paar benachbarter Schichten so verlaufen, daß, wenn P und R festliegen, Q die kürzestmögliche Zeit gewährleistet. Daher muß das folgende „Brechungsgesetz" gelten:

$$\frac{\sin\alpha}{\sqrt{nd}} = \frac{\sin\alpha'}{\sqrt{(n+1)d}}\,.$$

Wiederholte Anwendung dieser Überlegung liefert eine Reihe von Gleichungen:

$$(1)\qquad \frac{\sin\alpha_1}{\sqrt{d}} = \frac{\sin\alpha_2}{\sqrt{2d}} = \ldots,$$

wobei α_n der Winkel zwischen dem Polygonstück in der n-ten Schicht und der Vertikalen ist.

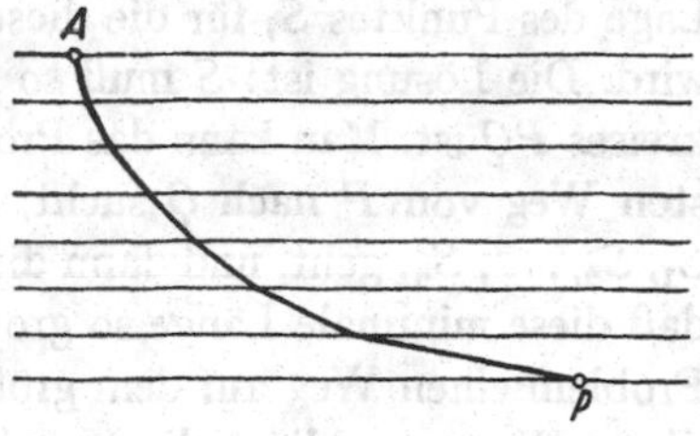

Fig. 238

Nun stellt BERNOULLI sich vor, daß die Dicke d kleiner und kleiner wird, also gegen Null strebt, so daß das Polygon, das sich als Lösung des angenäherten Problems ergeben hatte, gegen die verlangte Lösung des ursprünglichen Problems strebt. Bei diesem Grenzübergang werden die Gleichungen (1) nicht gestört, und daher schließt BERNOULLI, daß die Lösung eine Kurve C mit der folgenden Eigenschaft sein muß: wenn α der Winkel zwischen der Tangente und der Vertikalen an irgendeinem Punkt P von C und h der vertikale Abstand des Punktes P von der Horizontalen durch A ist, dann ist $\sin\alpha/\sqrt{h}$ konstant für alle Punkte P von C. Es läßt sich sehr einfach zeigen, daß diese Eigenschaft für die Zykloide charakteristisch ist.

BERNOULLIs „Beweis" ist ein typisches Beispiel für eine geistreiche und sinnvolle mathematische Überlegung, die aber keineswegs streng ist. Sie enthält mehrere stillschweigende Annahmen, deren Rechtfertigung komplizierter und langwieriger sein würde als die Überlegung selbst. Zum Beispiel wurde einfach angenommen, daß eine Lösung C existiert und daß ferner die Lösung des angenäherten Problems sich der wirklichen Lösung nähern muß. Trotzdem ist BERNOULLIs Konstruktion einleuchtend und inspirierend. Es ist eine wesentliche Tatsache, daß Logik und Strenge nicht allein das Wesen der Mathematik ausmachen.

4. Geodätische Linien auf einer Kugel. Geodätische Linien und Maxi-Minima

In der Einleitung zu diesem Kapitel erwähnten wir das Problem, den kürzesten Bogen zwischen zwei gegebenen Punkten einer Fläche zu finden. Auf einer Kugel sind, wie die Elementargeometrie lehrt, diese „geodätischen Linien" die Bögen von Großkreisen. Sind P und Q zwei (nicht antipodische) Punkte einer Kugel, und ist c der kürzere Bogen des Großkreises durch P und Q, so entsteht die Frage, was man über den längeren Bogen c' desselben Kreises aussagen kann. Jedenfalls gibt er nicht die kürzeste Verbindung, aber er kann auch nicht die maximale Länge einer P und Q verbindenden Kurve darstellen, denn man kann zwischen P und Q beliebig lange Kurven zeichnen. Die Antwort ist, daß c' die Lösung eines

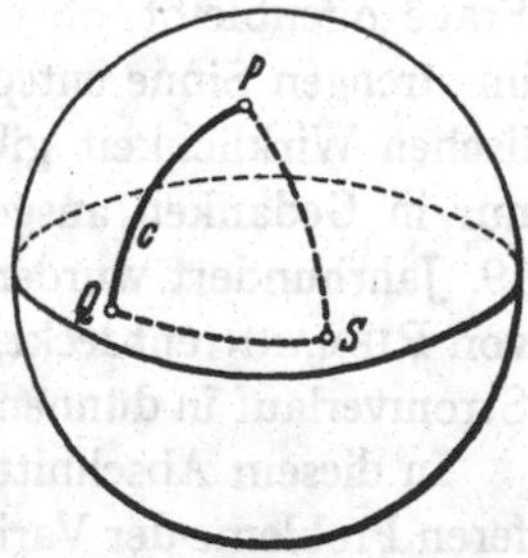

Fig. 239.
Geodätische Linien auf der Kugel

Maxi-Minimum-Problems ist. Betrachten wir einen weiteren Punkt S auf der Kugel und fragen wir nach der kürzesten Verbindung von P nach Q, die durch S geht. Das Minimum ist natürlich durch eine Kurve gegeben, die aus den beiden kleineren Bögen der Großkreise PS und QS besteht. Nun suchen wir eine solche Lage des Punktes S, für die diese kleinste Entfernung PSQ so groß wie möglich wird. Die Lösung ist: S muß so liegen, daß PSQ der längere Bogen c' des Großkreises PQ ist. Man kann das Problem modifizieren, indem man zuerst den kürzesten Weg von P nach Q sucht, der durch n vorgeschriebene Punkte der Kugel, $S_1, S_2, \ldots, S_n$, geht, und dann die Punkte $S_1, S_2, \ldots, S_n$ so zu bestimmen sucht, daß diese minimale Länge so groß wie möglich wird. Es ist plausibel, daß dieses Problem einen Weg auf dem größten Kreis ergibt, der P und Q verbindet, aber dieser Weg umschlingt die Kugel so oft, daß die Punkte die diametral gegenüber P und Q liegen, genau n mal durchlaufen werden.

Dieses Beispiel eines Maximum-Minimum-Problems ist typisch für eine große Klasse von Fragen in der Variationsrechnung, die mit großem Erfolg aufgrund der Methoden, die von MORSE und anderen entwickelt wurden, untersucht worden sind.

§ 11. Experimentelle Lösungen von Minimumproblemen Seifenhautexperimente

1. Einführung

Es ist häufig schwierig, manchmal unmöglich, Variationsprobleme durch explizite Formeln oder geometrische Konstruktionen aus bekannten einfachen Elementen zu lösen. Statt dessen begnügt man sich oft damit, nur die Existenz einer Lösung unter gewissen Bedingungen zu beweisen und nachher die Eigenschaften der Lösung zu untersuchen. In vielen Fällen, in denen ein solcher Existenzbeweis sich als mehr oder weniger schwierig erweist, ist es anregend, die mathematischen Bedingungen des Problems durch entsprechende physikalische Anordnungen zu realisieren oder besser, das mathematische Problem als Deutung einer physikalischen Erscheinung aufzufassen. Die Existenz der physikalischen Erscheinung entspricht dann der Lösung des mathematischen Problems. Natürlich ist dies nur eine Plausibilitätsbetrachtung und kein mathematischer Beweis, da noch die Frage offenbleibt, ob die mathematische Deutung dem physikalischen Vorgang im strengen Sinne entspricht oder ob sie nur ein inadäquates Bild der physikalischen Wirklichkeit gibt. Zuweilen sind solche Experimente, selbst wenn sie nur in Gedanken ausgeführt werden, sogar für Mathematiker überzeugend. Im 19. Jahrhundert wurden viele Fundamentalsätze der Funktionentheorie dadurch von RIEMANN entdeckt, daß er sich einfache Experimente über den elektrischen Stromverlauf in dünnen Metallfolien ausdachte.

In diesem Abschnitt wollen wir, ausgehend von Experimenten, eines der tieferen Probleme der Variationsrechnung erörtern. Dieses Problem wird „PLATEAUs Problem" genannt, da PLATEAU, ein belgischer Physiker (1801–1883), interessante Experimente über diesen Gegenstand durchführte. Das Problem selbst ist viel älter und stammt aus den Anfängen der Variationsrechnung. In seiner einfachsten Form lautet es: man bestimme die kleinstmögliche Fläche, die von einer gegebenen Randkurve begrenzt wird. Wir werden außerdem Experimente besprechen, die sich mit verwandten Fragen beschäftigen; dabei werden wir entdecken, daß manche unserer früheren Ergebnisse ebenso wie gewisse neue Probleme dadurch sehr durchsichtig werden.

2. Seifenhautexperimente

Mathematisch ist „Plateaus Problem" mit der Lösung einer „partiellen Differentialgleichung" oder einem System solcher Gleichungen verknüpft. EULER hatte gezeigt, daß alle (nicht-ebenen) Minimalflächen sattelförmig sein müssen und daß die mittlere Krümmung* in jedem Punkt Null sein muß. Während des letzten Jahrhunderts ist für viele spezielle Fälle gezeigt worden, daß es eine Lösung gibt, aber die Existenz einer Lösung für den allgemeinen Fall wurde erst kürzlich bewiesen.

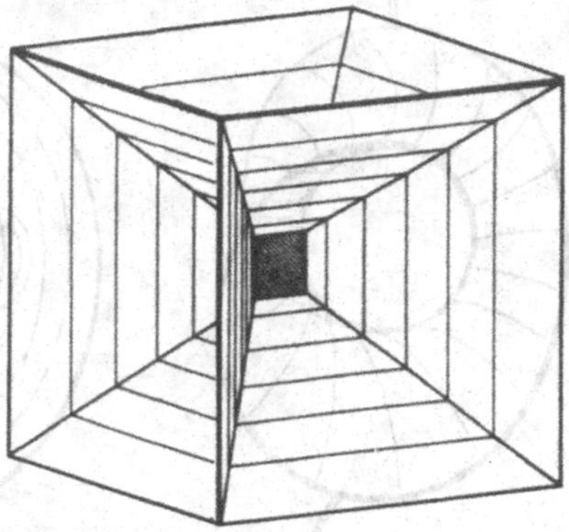

Fig. 240. Würfelförmiger Rahmen mit einem Seifenhautsystem von 13 nahezu ebenen Flächen

PLATEAUs Experimente ergeben sofort physikalische Lösungen für recht allgemeine Randkurven. Wenn man ein aus Draht hergestelltes, geschlossenes Rähmchen in eine Flüssigkeit mit geringer Oberflächenspannung eintaucht und dann herauszieht, so bildet sich eine dünne Haut in der Form einer Minimalfläche innerhalb des Rähmchens. (Denn die kleinstmögliche Fläche hat den geringstmöglichen Wert der durch die Oberflächenspannung bedingten potentiellen Energie und stellt daher eine Lage stabilen Gleichgewichts dar, auf die sich die Haut einstellen muß, sofern von dem Einfluß der Schwerkraft und anderer störender Kräfte abgesehen werden kann.) Ein gutes Rezept für eine solche Flüssigkeit ist das folgende: Man löse 10 g reines, trockenes, ölsaures Natrium in 500 g destilliertem Wasser und mische 15 Raumteile der Lösung mit 11 Raumteilen Glycerin. Häute, die man mit dieser Lösung und mit Rahmen aus Messingdraht erhält, sind verhältnismäßig stabil. Die Rahmen sollten nicht mehr als 12–15 cm Durchmesser haben.

Mit dieser Methode ist es sehr leicht, das Plateausche Problem zu „lösen", indem man einfach den Draht in die gewünschte Form biegt. Sehr schöne Minimalflächen entstehen in polygonalen Drahtrahmen, die aus einem System von Kanten regulärer Polyeder bestehen. Insbesondere ist es interessant, den ganzen Rahmen eines Würfels in eine solche Lösung zu tauchen. Das Ergebnis ist zuerst ein System verschiedener Flächen, die einander in Winkeln von 120° längs gerader Schnittlinien treffen. (Wird der Würfel vorsichtig aus der Lösung gezogen, so entstehen 13 nahezu ebene Flächen.) Dann kann man so viele von diesen verschiedenen Flächen durchstoßen und damit zerstören, daß schließlich nur eine von einem

* Die mittlere Krümmung einer Fläche in einem Punkt P ist folgendermaßen definiert: Man betrachte die Senkrechte auf die Fläche in P und alle Ebenen, die sie enthalten. Diese Ebenen schneiden die Flächen in Kurven, die im allgemeinen in P verschiedene Krümmung haben. Nun betrachte man die Kurven minimaler bzw. maximaler Krümmung. (Im allgemeinen werden die Ebenen, die diese Kurven enthalten, aufeinander senkrecht stehen.) Die halbe Summe dieser beiden Krümmungen heißt die mittlere Krümmung der Fläche in P.

geschlossenen Polygon begrenzte Fläche übrig bleibt. Mehrere schöne Flächen lassen sich auf diese Weise herstellen. Auch mit einem Tetraeder läßt sich das gleiche Experiment durchführen.

3. Neue Experimente zum Plateauschen Problem

Der Anwendungsbereich solcher Seifenhautversuche mit Minimalflächen ist größer, als diese ursprünglichen Plateauschen Experimente zeigten. In neuerer Zeit wurde das Problem der Minimalflächen studiert, wenn nicht nur eine, sondern eine beliebige Anzahl von begrenzenden Konturen vorgegeben sind und wenn

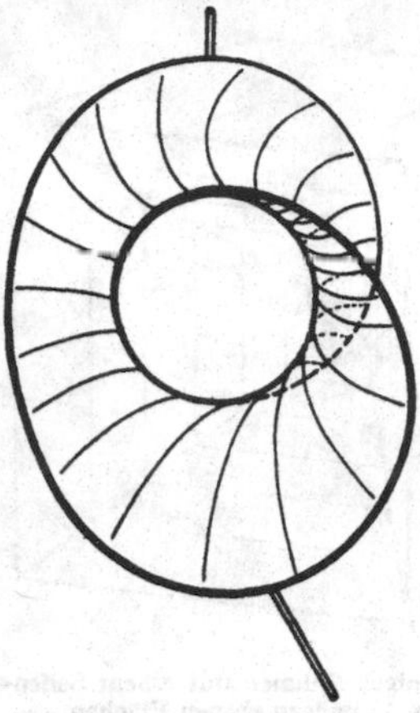

Fig. 241. Einseitige Fläche (Möbiussches Band)

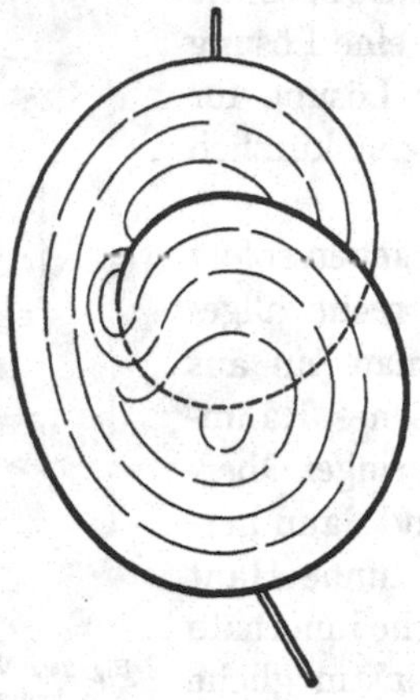

Fig. 242. Zweiseitige Fläche

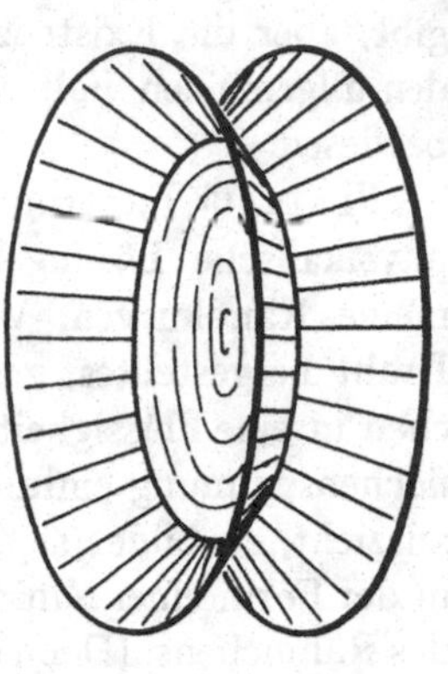

Fig. 243. System von drei Flächen

außerdem die topologische Struktur der Fläche komplizierter ist. Zum Beispiel kann die Fläche einseitig sein oder von einem von Null verschiedenen Geschlecht. Diese allgemeineren Probleme ergeben eine erstaunliche Mannigfaltigkeit geometrischer Erscheinungen, die sich durch Seifenhautexperimente darstellen lassen. In diesem Zusammenhang ist es zweckmäßig, den Drahtrahmen biegsam zu machen und die Wirkung von Deformationen der vorgeschriebenen Randlinien auf die Lösung zu studieren.

Wir wollen einige Beispiele beschreiben.

1. Für eine kreisförmige Randkurve erhalten wir eine ebene Kreisfläche. Wenn wir den Randkreis stetig deformieren, so sollte man erwarten, daß die Minimalfläche stets den topologischen Charakter einer Kreisfläche hat. Das ist aber nicht der Fall. Wenn die Randlinie in die durch Fig. 241 angedeutete Form gebogen wird, so ergibt sich eine Minimalfläche, die nicht mehr einfach zusammenhängend ist wie die Kreisfläche, sondern ein einseitiges Möbiussches Band ist. Umgekehrt könnten wir auch von diesem Rahmen und einer Seifenhaut in der Form eines Möbiusschen Bandes ausgehen. Wir können dann den Drahtrahmen deformieren, indem wir zwei angelötete Handgriffe (Fig. 241) auseinanderziehen. Bei diesem Vorgang tritt einmal der Zeitpunkt ein, in dem sich plötzlich der topologische Charakter des Häutchens ändert, so daß die Fläche wieder einfach zusammenhängend ist (Fig. 242). Machen wir die Deformation rückgängig, so erhalten wir wieder das Möbiussche Band. Bei diesem umgekehrten Deformationsprozeß tritt die Verwandlung der einfach zusammenhängenden Fläche in das Möbiussche Band

erst in einem späteren Stadium ein. Dies zeigt, daß es einen ganzen Bereich von Formen der Randlinie geben muß, in denen sowohl das Möbiussche Band wie die einfach zusammenhängende Fläche stabil sind, d. h. relative Minima liefern. Wenn aber die Fläche des Möbiusschen Bandes sehr viel kleiner ist als die andere Fläche, dann ist diese zu unstabil, um sich auszubilden.

2. Zwischen zwei Kreisen können wir eine rotationssymmetrische Minimalfläche ausspannen. Nach dem Herausziehen der Drahtrahmen aus der Seifenlösung erhalten wir nicht eine einfache Fläche, sondern ein System von drei Flächen, die unter Winkeln von 120° zusammentreffen; eine davon ist eine einfache Kreisscheibe parallel zu den gegebenen Randkreisen (Fig. 243). Zerstört man diese mittlere Fläche, so entsteht das klassische Katenoid (das Katenoid ist die Fläche, die man erhält, wenn man die auf S. 290 beschriebene Kettenlinie um eine zu ihrer Symmetrieachse senkrechte Gerade rotieren läßt). Zieht man die beiden Randkreise auseinander, so kommt ein Moment, in dem die zweifach zusammenhängende Minimalfläche (das Katenoid) instabil wird. In diesem Moment springt das Katenoid um in zwei getrennte Kreisflächen. Dieser Vorgang läßt sich natürlich nicht umkehren.

3. Ein anderes interessantes Beispiel kann mit Hilfe des Rahmens der Figuren 244–246 dargestellt werden, in dem sich drei verschiedene Minimalflächen ausspannen lassen; die eine (Fig. 244) hat das Geschlecht 1, während die beiden andern einfach zusammenhängen und in gewisser Weise symmetrisch zueinander sind. Diese beiden haben denselben Flächeninhalt, wenn die Kontur vollkommen symmetrisch ist. Ist dies nicht der Fall, so gibt nur die eine Fläche das absolute Minimum des Flächeninhalts, während die andere ein relatives Minimum ergibt, sofern man nur die einfach zusammenhängenden Flächen ins Auge faßt. Die Möglichkeit der Lösung vom Geschlecht 1 beruht auf der Tatsache, daß durch Zulassung von Flächen vom Geschlecht 1 ein kleinerer Flächeninhalt erzielt werden

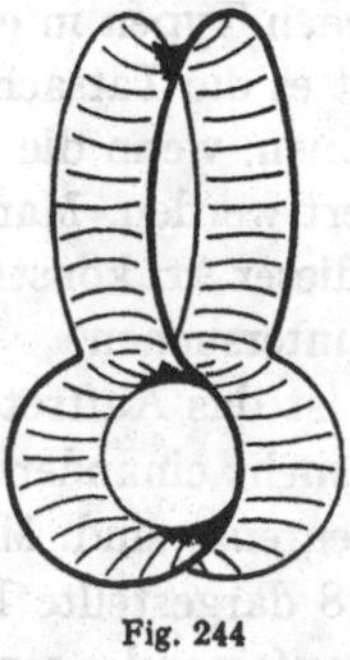
Fig. 244

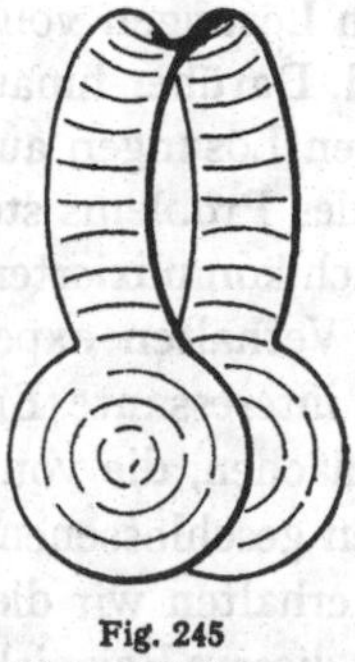
Fig. 245

Fig. 246

Ein Rahmen, der drei verschiedene Flächen vom Geschlecht 0 bzw. 1 zuläßt

kann, als wenn verlangt wird, daß die Fläche einfach zusammenhängt. Deformiert man den Rahmen, so wird man, wenn die Deformation stark genug ist, einen Punkt erreichen, wo dies nicht mehr zutrifft. Von da an wird die Fläche vom Geschlecht 1 immer instabiler und geht schließlich unstetig in die einfach zusammenhängende, stabile Lösung über, die in Fig. 245 oder 246 dargestellt ist. Wenn wir von einer dieser einfach zusammenhängenden Lösungen ausgehen, etwa der von Fig. 246, so können wir sie in der Weise deformieren, daß die andere einfach zusammenhängende Lösung der Fig. 245 sehr viel stabiler wird. Die Folge ist, daß in einem gewissen Moment ein unstetiger Übergang von der einen zur anderen Lösung stattfindet. Macht man die Deformation langsam rückgängig, so gelangt man wieder zu der ursprünglichen Gestalt des Rahmens, der jetzt aber die andere Lösung enthält.

Wir können den Vorgang in umgekehrter Richtung wiederholen und auf diese Weise in unstetigen Übergängen zwischen den beiden Typen hin- und herpendeln.

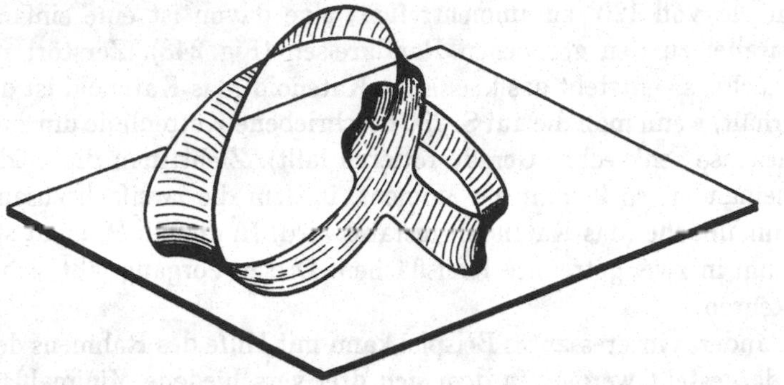

Fig. 247. Einseitige Minimalfläche von höherer topologischer Struktur mit einer einzigen Randkurve

Bei vorsichtigem Manipulieren kann man auch jede der beiden einfach zusammenhängenden Lösungen unstetig in die vom Geschlecht 1 überführen. Zu diesem Zweck müssen wir die kreisförmigen Teile sehr nahe aneinander bringen, so daß die Fläche vom Geschlecht 1 sehr erheblich stabiler wird. Zuweilen erscheinen bei diesem Prozeß zuerst stückweise ausgebildete Zwischenlösungen, die zerstört werden müssen, ehe die Fläche vom Geschlecht 1 entstehen kann.

Dieses Beispiel zeigt, daß nicht nur verschiedene Lösungen von demselben topologischen Typ, sondern auch Lösungen von verschiedenen Typen in ein und demselben Rahmen möglich sind. Darüber hinaus illustriert es die Tatsache, daß unstetige Übergänge zwischen den Lösungen auftreten können, wenn die Bedingungen des Problems stetig geändert werden. Man kann leicht auch kompliziertere Modelle dieser Art konstruieren und ihr Verhalten experimentell untersuchen.

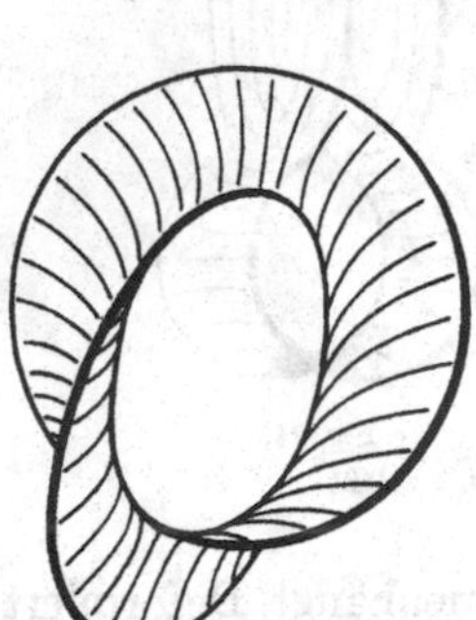

Fig. 248.
Ineinanderhängende Kurven

Eine interessante Erscheinung ist das Auftreten von Minimalflächen, die von zwei oder mehr einander durchsetzenden geschlossenen Kurven begrenzt sind. Mit zwei Kreisen erhalten wir die in Fig. 248 dargestellte Fläche. Wenn in diesem Beispiel die Kreise aufeinander senkrecht stehen und die Schnittlinie ihrer Ebenen ein Durchmesser beider Kreise ist, so gibt es zwei symmetrisch entgegengesetzte Formen dieser Fläche mit gleichem Flächeninhalt. Werden die Kreise relativ zueinander ein wenig bewegt, so ändert sich die Gestalt stetig, obwohl für jede Stellung der Kreise nur die eine Form ein absolutes und die andere ein relatives Minimum ist. Wenn die Kreise so bewegt werden, daß das relative Minimum entsteht, dann wird dieses bei einer bestimmten Stellung in das absolute überspringen.

Hier haben beide möglichen Minimalflächen denselben topologischen Charakter, ebenso wie die Flächen in den Figuren 245–246, bei denen man durch eine leichte Deformation des Rahmens die eine in die andere umspringen lassen kann.

4. Experimentelle Lösungen anderer mathematischer Probleme

Wegen der Wirkung der Oberflächenspannung ist ein Flüssigkeitshäutchen nur dann im stabilen Gleichgewicht, wenn sein Flächeninhalt ein Minimum ist. Diese

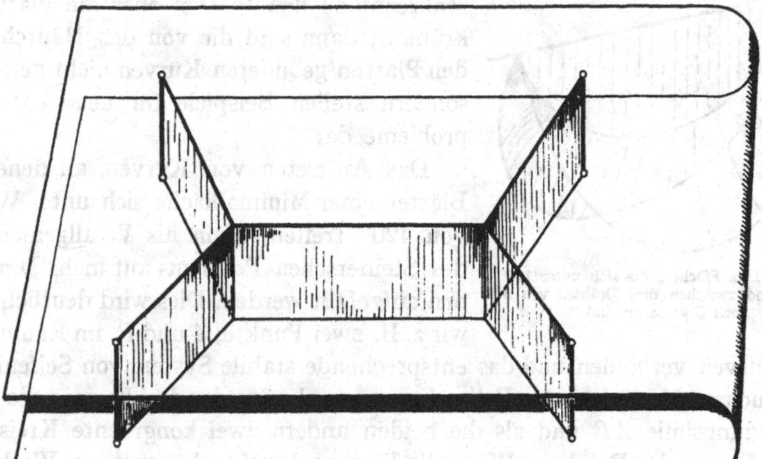

Fig. 249. Demonstration der kürzesten Verbindung zwischen 4 Punkten

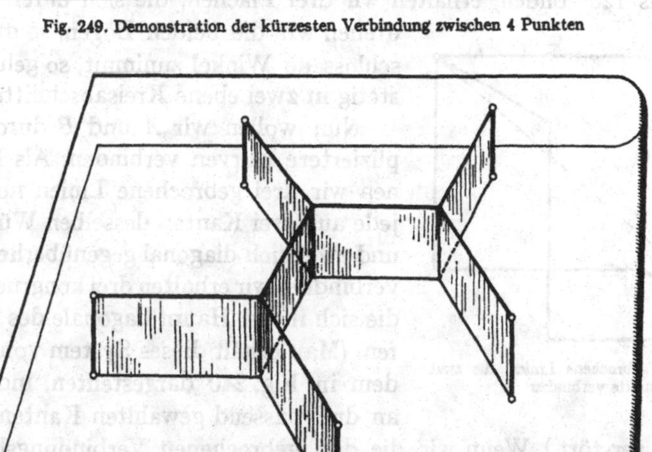

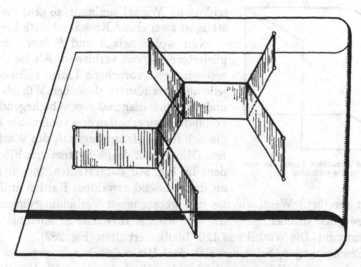

Fig. 250. Kürzeste Verbindung zwischen 5 Punkten

Tatsache ist eine unerschöpfliche Quelle für mathematisch wichtige Experimente. Wenn Teile der Begrenzung eines Häutchens sich auf gegebenen Flächen, etwa Ebenen, frei bewegen können, so stellt sich auf solchen Begrenzungen das Häutchen senkrecht zu der gegebenen Fläche.

Diesen Umstand kann man zu eindrucksvollen Demonstrationen des Steinerschen Problems und seiner Verallgemeinerungen benutzen (siehe § 5). Zwei parallele Platten aus Glas oder durchsichtigem Kunststoff sind durch drei oder mehr senkrechte Stäbe verbunden. Wenn wir dieses Objekt in eine Seifenlösung tauchen und herausziehen, so bildet die Seifenhaut ein System vertikaler Ebenen zwischen den Platten indem sie die festen Stäbe verbindet. Die Projektion der Haut auf die Glasplatten ist die Lösung des auf S. 273 besprochenen Problems.

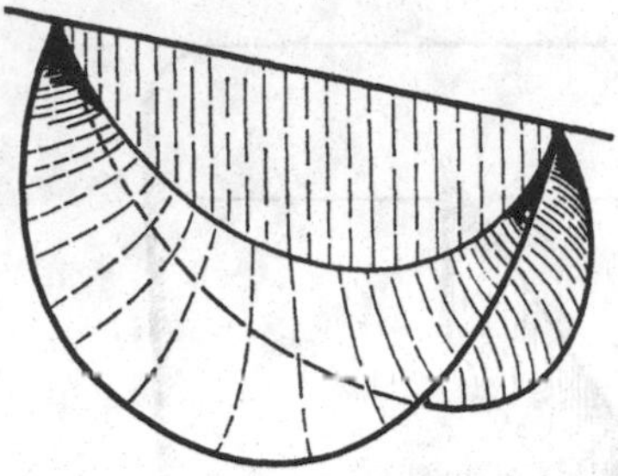

Fig. 251. Drei Flächen, die sich unter 120° treffen und zwischen drei Drähten von A nach B gespannt sind

Sind die Platten nicht parallel, die Stäbe nicht senkrecht zu den Platten oder die Platten gekrümmt, dann sind die von den Häutchen auf den Platten gebildeten Kurven nicht geradlinig, sondern stellen Beispiele für neue Variationsprobleme dar.

Das Auftreten von Kurven, an denen drei Blätter einer Minimalfläche sich unter Winkeln von 120° treffen, kann als Verallgemeinerung des Steinerschen Problems auf mehr Dimensionen aufgefaßt werden. Dies wird deutlich, wenn wir z. B. zwei Punkte, A und B, im Raum durch drei Kurven verbinden und das entsprechende stabile System von Seifenhäuten untersuchen. Als einfachsten Fall nehmen wir als eine der drei Kurven die gerade Verbindungslinie AB und als die beiden andern zwei kongruente Kreisbögen. Fig. 251 zeigt das Ergebnis. Wenn die Ebenen der Kreisbögen einen Winkel von weniger als 120° bilden, erhalten wir drei Flächen, die sich unter 120° treffen; drehen wir die beiden Bögen, so daß der eingeschlossene Winkel zunimmt, so geht die Lösung stetig in zwei ebene Kreisabschnitte über.

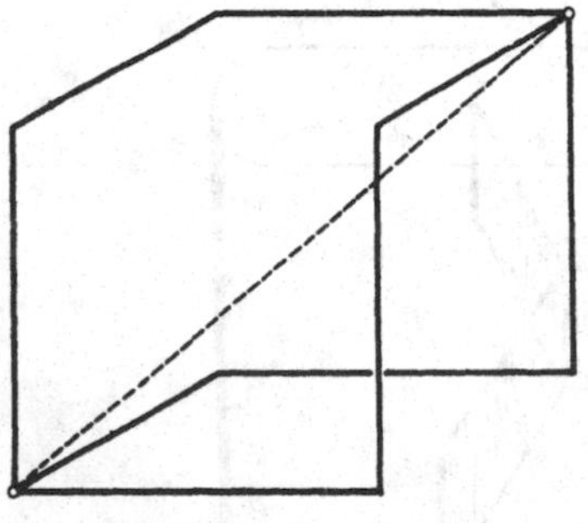

Fig. 252. Drei gebrochene Linien, die zwei Punkte verbinden

Nun wollen wir A und B durch drei kompliziertere Kurven verbinden. Als Beispiel können wir drei gebrochene Linien nehmen, deren jede aus drei Kanten desselben Würfels besteht und zwei sich diagonal gegenüberliegende Ecken verbindet; wir erhalten drei kongruente Flächen, die sich in der Hauptdiagonale des Würfels treffen. (Man erhält dieses System von Flächen aus dem in Fig. 240 dargestellten, indem man die an drei passend gewählten Kanten anliegenden Häutchen zerstört.) Wenn wir die drei gebrochenen Verbindungslinien von A und B beweglich machen, so sehen wir, wie die dreifache Schnittlinie sich allmählich krümmt. Die Winkel von 120° bleiben erhalten (Fig. 252).

Alle Erscheinungen, bei denen sich drei Minimalflächen in gewissen Kurven treffen, sind im wesentlichen von gleicher Art. Es sind sachgemäße Verallgemeinerungen des ebenen Problems, n Punkte durch das kürzeste System von Geraden zu verbinden.

Zum Schluß noch ein Wort über Seifenblasen. Die kugelförmige Seifenblase zeigt, daß von allen geschlossenen Flächen mit gegebenem Volumen (bestimmt durch die Menge der darin enthaltenen Luft) die Kugel die kleinste Oberfläche hat.

Seifenblasen von gegebenem Volumen, die gewisse Randbedingungen erfüllen müssen, bilden im allgemeinen keine Kugeln, sondern andere Flächen konstanter mittlerer Krümmung, unter denen Kugel und Zylinder Spezialfälle darstellen.

Zum Beispiel blasen wir eine Seifenblase zwischen zwei parallele Glasplatten, die vorher mit der Seifenlösung benetzt worden sind. Wenn die Blase eine der Platten berührt, so nimmt sie plötzlich die Gestalt einer Halbkugel an; sobald sie

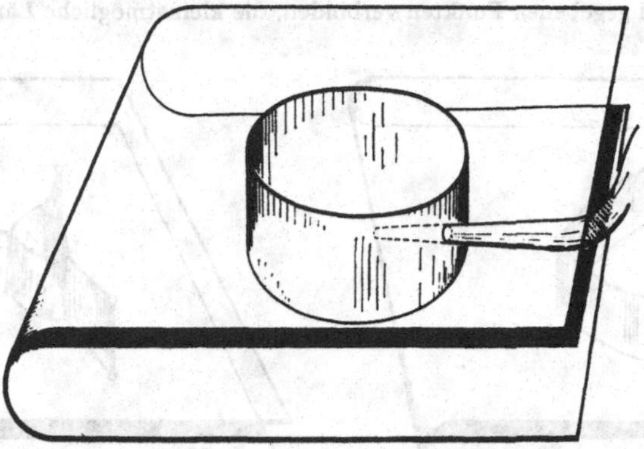

Fig. 253. Demonstration, daß der Kreis den kleinsten Umfang bei gegebener Fläche hat

auch die andere Platte berührt, springt sie in die Gestalt eines Kreiszylinders — eine eindrucksvolle Demonstration für die isoperimetrische Eigenschaft des Kreises. Daß die Seifenhaut sich an ihrem „freien" Rand senkrecht zu der begrenzenden Fläche stellt, ist ein wesentlicher Punkt für dieses Experiment. Durch Aufblasen von Seifenblasen zwischen zwei Platten mit senkrechten Verbindungsstäben kann man die auf S. 286f. besprochenen Probleme veranschaulichen.

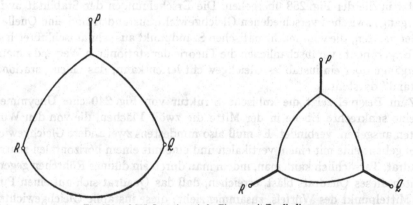

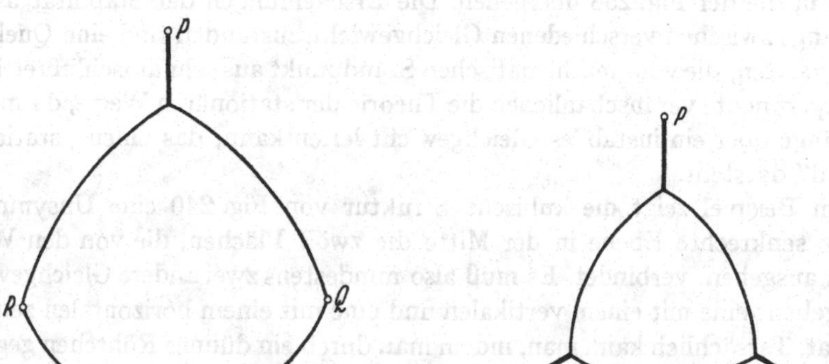

Fig. 254 und 255. Isoperimetrische Figuren mit Randbedingungen

So kann man das Verhalten der Lösung des isoperimetrischen Problems studieren, indem man die Luftmenge in der Seifenblase mit Hilfe eines zugespitzten Röhrchens vermehrt oder auch verringert. Durch Aussaugen der Luft erhält man jedoch nicht diejenigen Figuren von S. 287, die aus sich berührenden Kreisbogen bestehen. Wenn die Luftmenge im Innern abnimmt, dann werden die Winkel des Kreisbogendreiecks (theoretisch) nicht kleiner als 120°; wir erhalten Formen, wie sie Fig. 254 und 255 zeigen, die schließlich wieder in ein Streckennetz wie in Fig. 235

übergehen, wenn der Flächeninhalt Null wird. Der mathematische Grund für die Unfähigkeit der Seifenhäute, sich berührende Kreisbögen zu bilden, liegt darin, daß, sobald die Seifenblase sich von dem Eckpunkt ablöst, die Verbindungslinie nicht mehr doppelt zu zählen ist. Die entsprechenden Experimente sind in den Figuren 256 und 257 dargestellt.

Übung: Man untersuche das entsprechende mathematische Problem: ein Kreisbogendreieck von gegebener Fläche zu finden, dessen Umfang, vermehrt um drei Strecken, die die Eckpunkte mit drei gegebenen Punkten verbinden, die kleinstmögliche Länge hat.

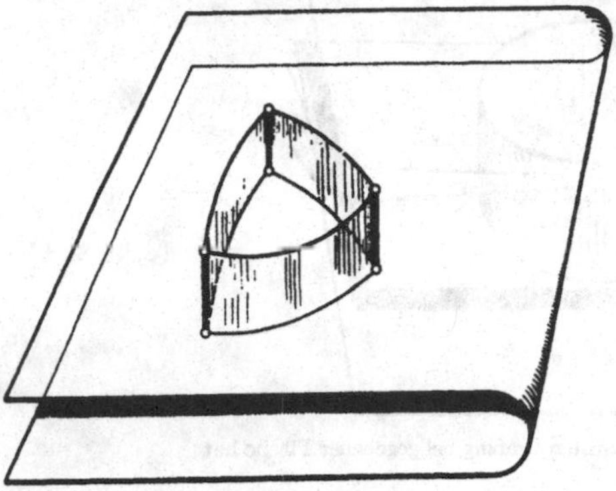

Fig. 256

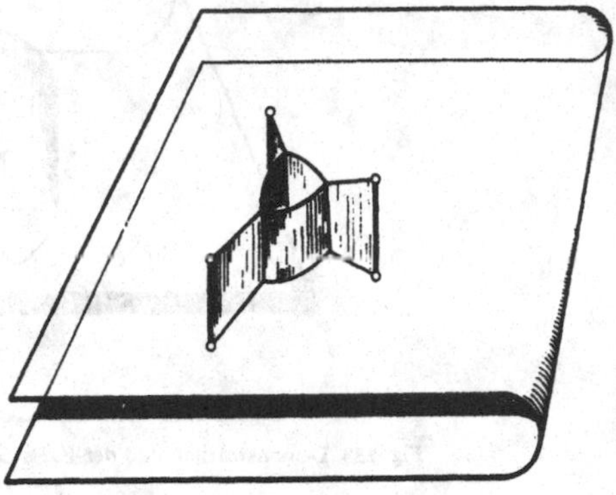

Fig. 257

Ein kubischer Rahmen, in dessen Inneres eine Seifenblase geblasen wird, liefert Flächen konstanter mittlerer Krümmung mit quadratischer Grundfläche, wenn die Seifenblase aus dem Rahmen herausquillt. Wenn man die Luft durch Saugen an einem Strohhalm herauszieht, erhält man eine Folge von schönen Strukturen, die zuletzt in die der Fig. 258 übergehen. Die Erscheinungen der Stabilität und des Übergangs zwischen verschiedenen Gleichgewichtszuständen sind eine Quelle von Experimenten, die vom mathematischen Standpunkt aus sehr aufschlußreich sind. Die Experimente veranschaulichen die Theorie der stationären Werte, da man die Übergänge über ein instabiles Gleichgewicht leiten kann, das einen „stationären Zustand“ darstellt.

Zum Beispiel zeigt die kubische Struktur von Fig. 240 eine Unsymmetrie, da eine senkrechte Ebene in der Mitte die zwölf Flächen, die von den Würfelkanten ausgehen, verbindet. Es muß also mindestens zwei andere Gleichgewichtslagen geben: eine mit einem vertikalen und eine mit einem horizontalen zentralen Quadrat. Tatsächlich kann man, indem man durch ein dünnes Röhrchen gegen die Kanten dieses Quadrats bläst, erreichen, daß das Quadrat sich auf einen Punkt, den Mittelpunkt des Würfels, zusammenzieht; diese instabile Gleichgewichtslage geht sofort in eine der andern stabilen Lagen über, die man aus der ursprünglichen durch eine Drehung um 90° erhält. Ein ähnliches Experiment kann man mit der Seifenhaut durchführen, die das Steinersche Problem für vier Punkte, die ein Quadrat bilden, veranschaulicht (Fig. 219–220).

Wenn wir die Lösungen solcher Probleme als Grenzfälle isoperimetrischer Probleme erhalten wollen – zum Beispiel, wenn wir Fig. 240 aus der Fig. 258 erhalten wollen –, so müssen wir die Luft aus der Seifenblase saugen. Nun ist Fig. 258 vollkommen symmetrisch, und ihr Grenzfall für verschwindenden Inhalt der Seifenblase wäre ein symmetrisches System von 12 ebenen Flächen die, im Mittelpunkt zusammentreffen. Dies läßt sich tatsächlich beobachten. Diese als Grenzfall erhaltene Struktur ist aber nicht in stabilem Gleichgewicht; statt dessen wird sie sich in eine der Stellungen der Fig. 240 verwandeln. Benutzt man

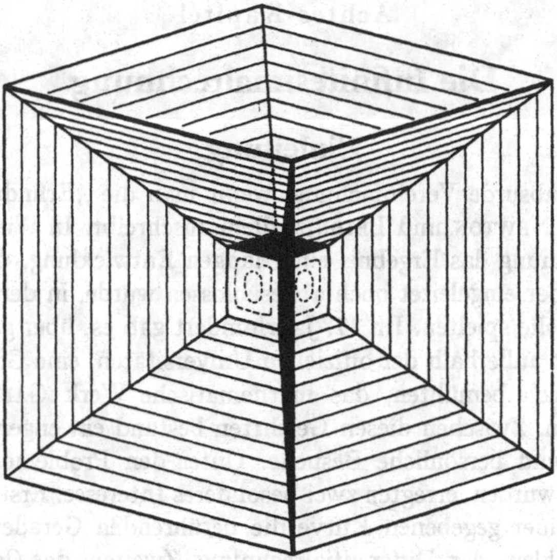

Fig. 258

eine Flüssigkeit von etwas größerer Zähigkeit als die oben beschriebene, so läßt sich die ganze Erscheinung leicht beobachten. Sie ist ein Beispiel für die Tatsache, daß selbst bei physikalischen Problemen die Lösung eines Problems nicht stetig von den Daten abzuhängen braucht; denn im Grenzfall für verschwindendes Volumen ist die Lösung, die durch Figur 240 gegeben ist, nicht der „Limes" der in Fig. 258 gegebenen Lösung für das Volumen ε, wenn ε gegen Null strebt.

Achtes Kapitel

Die Infinitesimalrechnung

Einleitung

Es ist eine absurde Vereinfachung, wenn man die „Erfindung" der Infinitesimalrechnung NEWTON und LEIBNIZ allein zuschreibt. In Wirklichkeit ist die Infinitesimalrechnung das Ergebnis einer langen Entwicklung, die von NEWTON und LEIBNIZ weder eingeleitet noch abgeschlossen wurde, in der aber beide eine entscheidende Rolle spielten. Im 17. Jahrhundert gab es, über ganz Europa verstreut und meist außerhalb der offiziellen Universitäten, eine Gruppe geistvoller Gelehrter, die sich bemühten, das mathematische Werk GALILEIs und KEPLERs fortzuführen. Zwischen diesen Gelehrten bestand ein enger Kontakt durch Korrespondenz und persönliche Besuche. Unter den Problemen, die auf diese Weise diskutiert wurden, erregten zwei besonderes Interesse. Erstens das *Tangentenproblem:* zu einer gegebenen Kurve die berührenden Geraden zu finden, das Fundamentalproblem der Differentialrechnung. Zweitens das *Quadraturproblem:* den Flächeninhalt innerhalb einer gegebenen Kurve zu finden, das Fundamentalproblem der Integralrechnung. NEWTONs und LEIBNIZ' großes Verdienst ist es, den ***inneren Zusammenhang dieser beiden Probleme*** klar erkannt zu haben. In ihren Händen entwickelten sich die vielfach vorhandenen Ansätze zu neuen einheitlichen Methoden, und die Infinitesimalrechnung entstand als ein machtvolles neues Werkzeug für die Wissenschaft. Ein guter Teil des Erfolges beruht auf der genialen symbolischen Schreibweise, die LEIBNIZ erfand. Seine Leistung wird in keiner Weise beeinträchtigt durch den Umstand, daß sie nicht frei von nebelhaften und unklaren Vorstellungen war, die lange ein genaues Verständnis erschwerten und einen leisen Mystizismus begünstigten. NEWTON, der bei weitem bedeutendere Wissenschaftler, scheint hauptsächlich durch BARROW (1630–1677), seinen Lehrer und Vorgänger in Cambridge, angeregt worden zu sein. LEIBNIZ war eher ein Außenseiter; als glänzender Jurist, Diplomat und Philosoph, einer der aktivsten und vielseitigsten Köpfe seines Jahrhunderts, lernte er die neue Mathematik in unglaublich kurzer Zeit von dem Physiker HUYGENS, während er in diplomatischer Mission Paris besuchte. Kurz darauf veröffentlichte er Resultate, die den Kern der modernen Infinitesimalrechnung enthalten. NEWTON, dessen Entdeckungen viel weiter zurückgingen, scheute sich vor dem Publizieren. Obwohl er viele der Resultate seines Meisterwerks, der *Principia*, ursprünglich mit Hilfe der Methoden der Infinitesimalrechnung gefunden hatte, bevorzugte er eine Darstellung im Stil der klassischen Geometrie, und so tritt in den *Principia* explizit die Infinitesimalrechnung kaum hervor. Erst später wurden seine Arbeiten über die „Fluxionsmethode" veröffentlicht. Bald begannen seine Verehrer eine bittere Prioritätsfehde mit den Freunden von LEIBNIZ. Sie beschuldigten LEIBNIZ des Plagiats; obwohl in einer Atmosphäre, die mit den Ideen einer neuen Theorie gesättigt ist, nichts natürlicher ist als gleichzeitige, voneinander unabhängige Entdeckungen. Der daraus entstandene Streit über die Priorität der „Erfindung" der Infinitesimalrechnung schuf ein unseliges Vorbild für die Überbetonung von Prioritätsfragen und von Ansprüchen auf geistiges Eigentum, die den freien wissenschaftlichen Austausch gelegentlich schwer beeinträchtigen.

In der mathematischen Analysis des 17. und fast des ganzen 18. Jahrhunderts wurde das griechische Ideal der klaren und strengen Schlußfolgerungen vernachlässigt. Ein unkritischer Glaube an die Zauberkraft der neuen Methoden herrschte vor. Man glaubte allgemein, daß eine klare Darstellung der Ergebnisse der Infinitesimalrechnung nicht nur unnötig, sondern unmöglich sei. Wäre die neue Wissenschaft nicht von einer kleinen Gruppe außerordentlich fähiger Männer gehandhabt worden, so hätten sich entscheidende Irrtümer ergeben können. Die genialen Pioniere ließen sich oft durch ein instinktives, aber sicheres Gefühl leiten, das sie davor bewahrte, zu weit in die Irre zu gehen. Aber als die Französische Revolution den Weg für eine gewaltige Ausdehnung der wissenschaftlichen Ausbildung freilegte, als immer zunehmende Scharen von Menschen sich zu wissenschaftlicher Betätigung drängten, da ließ sich die kritische Revision der neuen Analysis nicht länger aufschieben. Diese Aufgabe wurde im 19. Jahrhundert mit Erfolg in Angriff genommen, und heute wird die Infinitesimalrechnung ohne jede Spur von Mystik und in voller Strenge gelehrt. Für den gebildeten Menschen ist dieses wichtige Hilfsmittel der Wissenschaft heute leicht zugänglich.

Das vorliegende Kapitel gibt eine elementare Einführung, wobei der Nachdruck mehr auf dem Verständnis der grundlegenden Begriffe liegt als auf formaler Rechentechnik. Wir werden dabei versuchen, anschauliche Motivierungen mit präzisen Begriffen und klaren Ableitungen zu verbinden.

§ 1. Das Integral

1. Der Flächeninhalt als Grenzwert

Um den Flächeninhalt einer ebenen Figur zu berechnen, wählen wir als Flächeneinheit ein Quadrat, dessen Seiten gleich der Längeneinheit sind. Ist die Längeneinheit ein Zentimeter, so ist die entsprechende Flächeneinheit das Quadratzentimeter, d. h. das Quadrat mit der Seitenlänge von 1 cm. Auf Grund dieser Definition ist es sehr leicht, den Flächeninhalt des Rechtecks zu berechnen. Sind p und q die Längen zweier benachbarter Seiten, in den gegebenen Längeneinheiten gemessen, dann ist die Fläche des Rechtecks pq Flächeneinheiten, oder kurz: gleich dem Produkt pq. Dies gilt für beliebige p und q, einerlei ob rational oder nicht. Für rationale p und q erhalten wir dies Ergebnis, indem wir $p = m/n$ und $q = m'/n'$ schreiben, mit den natürlichen Zahlen m, n, m', n'. Dann ergibt sich das gemeinsame Maß $1/N = 1/nn'$ für die beiden Seiten, so daß $p = mn'/N$, $q = nm'/N$. Schließlich unterteilen wir das Rechteck in kleine Quadrate mit der Seitenlänge $1/N$ und der Fläche $1/N^2$. Die Anzahl dieser Quadrate ist $nm' \cdot mn'$, und die Gesamtfläche ist $nm'mn' \cdot 1/N^2 = nm'mn'/n^2n'^2 = m/n \cdot m'/n' = pq$. Sind p und q irrational, so erhält man dasselbe Resultat, indem man zuerst p und q durch die rationalen Näherungswerte p_r bzw. q_r ersetzt und dann p_r und q_r gegen p und q streben läßt.

Es ist geometrisch evident, daß die Fläche eines Dreiecks gleich der halben Fläche eines Rechtecks mit derselben Basis b und Höhe h ist; folglich ist die Fläche des Dreiecks durch den bekannten Ausdruck $\frac{1}{2} bh$ gegeben. Jedes Gebiet der Ebene, das durch eine oder mehrere Polygonzüge begrenzt ist, kann in Dreiecke zerlegt werden, also kann sein Flächeninhalt als Summe der Dreiecksflächen bestimmt werden.

Eine allgemeinere Methode zur Flächenberechnung wird erforderlich, wenn nach dem Flächeninhalt einer Figur gefragt wird, die nicht von Polygonen sondern von *Kurven* begrenzt ist. Wie sollen wir zum Beispiel die Fläche eines Kreises oder eines Abschnitts einer Parabel bestimmen? Diese entscheidende Frage, die der Integralrechnung zugrunde liegt, wurde schon im dritten Jahrhundert v. Chr. von ARCHIMEDES behandelt, der solche Flächen mit Hilfe der „Exhaustionsmethode" berechnete. Mit ARCHIMEDES und den großen Mathematikern bis GAUSS können wir die „naive" Einstellung annehmen, daß der Flächeninhalt eines krummlinig begrenzten Gebiets eine anschauliche Gegebenheit ist, und daß es nicht darauf ankommt, ihn zu *definieren*, sondern ihn zu *berechnen* (siehe jedoch die Diskussion auf S. 355). Wir nähern das Gebiet durch ein einbeschriebenes Gebiet mit polygonaler Grenzlinie und daher wohldefinierter Fläche an. Durch Wahl eines zweiten polygonalen Gebietes, welches das vorige umfaßt, erhalten wir eine bessere Annäherung an das gegebene Gebiet. Fahren wir in dieser Weise fort, so können wir allmählich die ganze Fläche „ausschöpfen" (lat. exhaurire) und wir erhalten die Fläche des gegebenen Gebietes als Limes der Flächen einer geeignet gewählten Folge von einbeschriebenen polygonalen Gebieten mit zunehmender Seitenzahl. Die Fläche des Kreises vom Radius 1 kann auf diese Weise berechnet werden; ihr numerischer Wert wird durch das Symbol π bezeichnet.

ARCHIMEDES führte dieses allgemeine Schema für den Kreis und für den Parabelabschnitt durch. Während des 17. Jahrhunderts wurden viele weitere Fälle erfolgreich behandelt. In jedem Einzelfall wurde die tatsächliche Ausrechnung des Grenzwerts auf einen sinnreichen Kunstgriff gegründet, der dem speziellen Problem angepaßt war. Einer der Hauptfortschritte der Infinitesimalrechnung lag darin, daß diese speziellen Verfahren zur Flächenberechnung durch eine allgemeine leistungsfähige Methode ersetzt wurden.

2. Das Integral

Der erste grundlegende Begriff der Infinitesimalrechnung ist der des Integrals. In diesem Abschnitt wollen wir das Integral als Ausdruck für den *Flächeninhalt unter einer Kurve* im Sinne eines Grenzwerts verstehen. Wenn eine positive stetige Funktion $y = f(x)$ gegeben ist, z. B. $y = x^2$ oder $y = 1 + \cos x$, so betrachten wir das Gebiet, das unten begrenzt ist durch das Stück der x-Achse von der Koordinate a bis zu der größeren Koordinate b, an den Seiten durch die Senkrechten zur x-Achse in diesen Punkten und oben durch die Kurve $y = f(x)$. Unser Ziel ist, die Fläche F dieses Gebietes zu berechnen.

Da man ein solches Gebiet im allgemeinen nicht in Rechtecke und Dreiecke zerlegen kann, so haben wir zur expliziten Berechnung dieser Fläche F keinen direkten Ausdruck zur Verfügung. Aber wir können einen angenäherten Wert von F finden und F als einen Grenzwert ausdrücken mit Hilfe des folgenden Verfahrens: wir unterteilen das Intervall von $x = a$ bis $x = b$ in eine Anzahl kleiner Teilstrecken, errichten Senkrechten in jedem der Teilpunkte und ersetzen jeden Streifen des Gebietes unter der Kurve durch ein Rechteck, dessen Höhe irgendwo zwischen der größten und kleinsten Höhe der Kurve in diesem Streifen gewählt wird. Die Summe S der Flächen dieser Rechtecke ergibt einen Näherungswert für die wirkliche Fläche F unterhalb der Kurve. Die Genauigkeit der Approximation wird um so größer sein, je größer die Anzahl der Rechtecke und je kleiner die Breite jedes einzelnen Rechtecks ist. Daher können wir den genauen Flächeninhalt als einen Grenzwert charakterisieren. Bilden wir eine Folge,

(1) $$S_1, S_2, S_3, \ldots,$$

von Rechteckapproximationen der Fläche unterhalb der Kurve in der Weise, daß die Breite des breitesten Rechtecks in S_n gegen 0 strebt, wenn n zunimmt, so nähert sich die Folge (1) dem Grenzwert F,

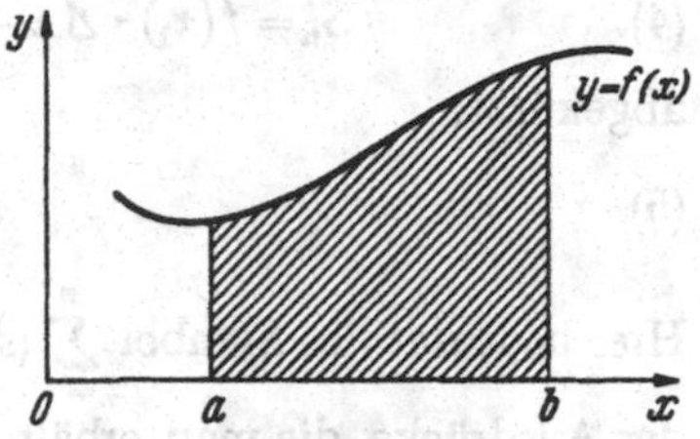

Fig. 259. Das Integral als Flächeninhalt

(2) $$S_n \to F,$$

und dieser Grenzwert F, die Fläche unter der Kurve, ist unabhängig von der besonderen Art, wie die Folge (1) gewählt wurde, wenn nur die Breiten der die Näherung bildenden Rechtecke gegen Null streben. (Zum Beispiel kann S_n aus S_{n-1} entstehen, indem man einen oder mehrere neue Unterteilungspunkte zu den in S_{n-1} enthaltenen hinzufügt, aber die Wahl der Teilpunkte für S_n kann auch ganz unabhängig von deren Wahl für S_{n-1} sein.) Die Fläche F des Gebietes, ausgedrückt durch diesen Grenzprozeß, nennen wir nach Definition das *Integral der Funktion* $f(x)$ *von* a *bis* b. Mit einem besonderen Symbol, dem „Integralzeichen", schreiben wir

(3) $$F = \int_a^b f(x)\,dx.$$

Das Symbol $\int$, das „dx" und der Name „Integral" wurden von LEIBNIZ eingeführt, um damit den Weg anzudeuten, auf dem man den Grenzwert erhält. Um diese Bezeichnungsweise zu erläutern, wollen wir den Vorgang der Annäherung an die Fläche F nochmals etwas eingehender wiederholen. Die analytische Formulierung des Grenzprozesses erlaubt uns zugleich, von der einschränkenden Voraussetzung $f(x) \geqq 0$ und $b > a$ abzusehen und schließlich auch die vorherige anschauliche Vorstellung einer Fläche als der Grundlage unserer Integraldefinition auszuschalten (das geschieht in der Ergänzung zu diesem Kapitel in § 1).

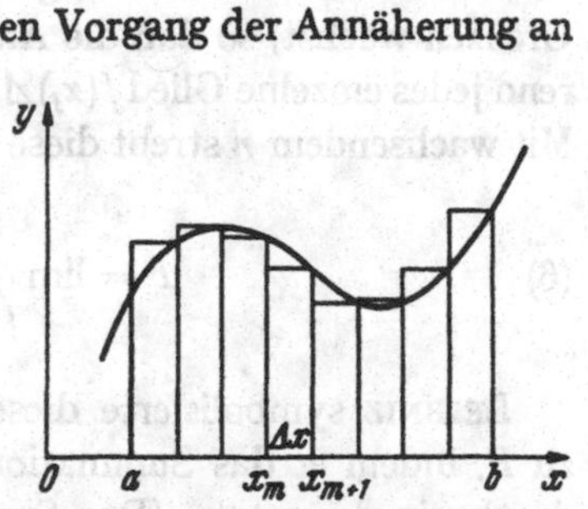

Fig. 260. Annäherung der Fläche durch schmale Rechtecke

Wir teilen das Intervall von a bis b in n kleine Teilstrecken, die wir nur der Einfachheit wegen von gleicher Breite, also $\frac{b-a}{n}$, wählen. Wir bezeichnen die Teilpunkte mit

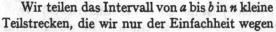

$$x_0 = a, \quad x_1 = a + \frac{b-a}{n}, \quad x_2 = a + \frac{2(b-a)}{n}, \ldots, x_n = a + \frac{n(b-a)}{n} = b.$$

Für die Größe $\frac{b-a}{n}$, die Differenz zwischen benachbarten x-Werten, führen wir die Bezeichnung Δx (sprich „Delta x") ein,

$$\Delta x = \frac{b-a}{n} = x_{j+1} - x_j ,$$

worin das Symbol Δ einfach „Differenz" bedeutet (es ist ein Symbol für einen „Operator" und darf nicht mit einer Zahl verwechselt werden). Wir können als Höhe jedes der Näherungsrechtecke den Wert von $y = f(x)$ am rechten Endpunkt der Teilstrecke wählen. Dann ist die Summe der Flächen dieser Rechtecke

$$S_n = f(x_1) \cdot \Delta x + f(x_2) \cdot \Delta x + \cdots + f(x_n) \cdot \Delta x , \tag{4}$$

abgekürzt:

$$S_n = \sum_{j=1}^{n} f(x_j) \cdot \Delta x . \tag{5}$$

Hier bedeutet das Symbol $\sum\limits_{j=1}^{n}$ (sprich „Summe von $j = 1$ bis n") die Summe aller der Ausdrücke, die man erhält, wenn j der Reihe nach die Werte $1, 2, 3, \ldots, n$ annimmt.

Die Verwendung des Symbols Σ (griech. „Sigma"), um in knapper Form das Ergebnis einer Summation darzustellen, möge durch folgende Beispiele erläutert werden:

$$2 + 3 + 4 + \cdots + 10 = \sum_{j=2}^{10} j ,$$

$$1 + 2 + 3 + \cdots + n = \sum_{j=1}^{n} j ,$$

$$1^2 + 2^2 + 3^2 + \cdots + n^2 = \sum_{j=1}^{n} j^2 ,$$

$$aq + aq^2 + \cdots + aq^n = \sum_{j=1}^{n} aq^j ,$$

$$a + (a+d) + (a+2d) + \cdots + (a+nd) = \sum_{j=0}^{n} (a + jd) .$$

Nun bilden wir eine Folge derartiger Näherungswerte S_n, in der n über alle Grenzen wächst, so daß die Anzahl der Glieder jeder Summe (5) zunimmt, während jedes einzelne Glied $f(x_j)\,\Delta x$ gegen 0 strebt, wegen des Faktors $\Delta x = (b-a)/n$. Mit wachsendem n strebt diese Summe gegen den Flächeninhalt F:

$$F = \lim \sum_{j=1}^{n} f(x_j) \cdot \Delta x = \int_a^b f(x)\, dx . \tag{6}$$

Leibniz symbolisierte diesen Grenzübergang von der Näherungssumme S_n zu F, indem er das Summationszeichen Σ durch $\int$ und das Differenzsymbol Δ durch ein d ersetzte. (Das Summationszeichen Σ wurde zu Leibniz' Zeiten gewöhnlich S geschrieben, und das Symbol $\int$ ist nur ein etwas stilisiertes S.) Wenn auch der Leibnizsche Symbolismus suggestiv daran erinnert, wie das Integral als Grenzwert einer endlichen Summe erhalten werden kann, so muß man sich doch davor hüten, dieser Bezeichnung eine tiefere, philosophische Bedeutung beizulegen; es handelt sich im Grunde nur um eine Übereinkunft zur Bezeichnung des

Grenzwerts. In den Anfängen der Infinitesimalrechnung, als der Begriff des Grenzwerts noch nicht vollkommen klar verstanden und jedenfalls nicht immer gehörig beachtet wurde, erklärte man die Bedeutung des Integrals, indem man sagte: „die endliche Differenz Δx wird durch die unendlich kleine Größe dx ersetzt, und das Integral selbst ist die Summe von unendlich vielen, unendlich kleinen Größen $f(x)\,dx$". Obwohl das „Unendlich Kleine" eine gewisse Anziehungskraft auf spekulative Geister ausübt, hat es keinen Platz in der modernen Mathematik. Es wird nichts gewonnen, wenn man den klaren Begriff des Integrals mit einem Nebel bedeutungsloser Phrasen umgibt. Selbst LEIBNIZ ließ sich zuweilen von der suggestiven Kraft seiner Symbole verleiten; sie lassen sich gebrauchen, *als ob* sie eine Summe „unendlich kleiner" Größen bezeichneten, mit denen man trotzdem bis zu einem gewissen Grade wie mit gewöhnlichen Größen umgehen kann. Tatsächlich wurde das Wort Integral geprägt, um anzudeuten, daß die ganze oder integrale Fläche aus den „infinitesimalen" Teilen $f(x)\,dx$ zusammengesetzt ist. Jedenfalls sind nach NEWTON und LEIBNIZ fast hundert Jahre vergangen, ehe klar erkannt wurde, daß der Grenzbegriff und nichts anderes die wahre Grundlage für die Definition des Integrals ist. Indem wir an dieser Grundlage festhalten, können wir alle Unklarheiten und Schwierigkeiten vermeiden, die bei der ersten Entwicklung der Infinitesimalrechnung so viel Verwirrung gestiftet haben.

3. Allgemeine Bemerkungen zum Integralbegriff. Endgültige Definition

Bei der geometrischen Definition des Integrals als Fläche nahmen wir ausdrücklich an, daß $f(x)$ in dem Integrationsintervall $[a, b]$ niemals negativ ist, d. h. daß kein Stück der Kurve unterhalb der x-Achse liegt. Bei der analytischen Definition des Integrals als Grenzwert einer Folge von Summen S_n ist diese Annahme aber überflüssig. Wir nehmen einfach die kleinen Größen $f(x_j)\cdot\Delta x$, bilden ihre Summe und gehen zur Grenze über; dieses Verfahren bleibt vollkommen sinnvoll, wenn einige oder alle Werte von $f(x_j)$ negativ sind. Deuten wir dies geometrisch durch Flächenstücke (Fig. 261), so finden wir, daß das Integral von $f(x)$ die *algebraische* Summe der Flächen zwischen der Kurve und der x-Achse ist, wobei alle unterhalb der x-Achse liegenden Flächen negativ und die übrigen positiv gerechnet werden.

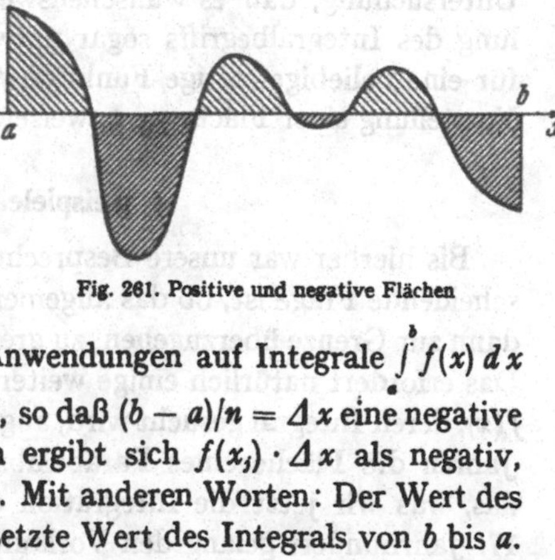

Fig. 261. Positive und negative Flächen

Es kann vorkommen, daß wir bei den Anwendungen auf Integrale $\int_a^b f(x)\,dx$ geführt werden, bei denen b kleiner ist als a, so daß $(b-a)/n = \Delta x$ eine negative Zahl ist. In unserer analytischen Definition ergibt sich $f(x_j)\cdot\Delta x$ als negativ, wenn $f(x_j)$ positiv und Δx negativ ist, usw. Mit anderen Worten: Der Wert des Integrals ist in diesem Falle der entgegengesetzte Wert des Integrals von b bis a. Wir haben also die einfache Regel

$$\int_a^b f(x)\,dx = -\int_b^a f(x)\,dx\,.$$

Wir müssen betonen, daß der Wert des Integrals unverändert bleibt, auch wenn wir uns nicht auf äquidistante Teilpunkte x_j, d. h. auf gleich große

Differenzen $\Delta x = x_{j+1} - x_j$ beschränken. Wir können nämlich die x_j auch anders wählen, so daß die Differenzen $\Delta x_j = x_{j+1} - x_j$ nicht gleich sind (und daher durch Indizes unterschieden werden müssen). Auch dann streben die Summen

$$S_n = f(x_1)\Delta x_0 + f(x_2)\Delta x_1 + \cdots + f(x_n)\Delta x_{n-1}$$

und ebenso die Summen

$$S'_n = f(x_0)\Delta x_0 + f(x_1)\Delta x_1 + \cdots + f(x_{n-1})\Delta x_{n-1}$$

gegen denselben Grenzwert, den Wert des Integrals $\int\limits_a^b f(x)\,dx$, wenn man nur dafür sorgt, daß alle Differenzen $\Delta x_j = x_{j+1} - x_j$ in der Weise gegen Null streben, daß die größte von diesen Differenzen für einen gegebenen Wert von n sich bei wachsendem n der Null nähert.

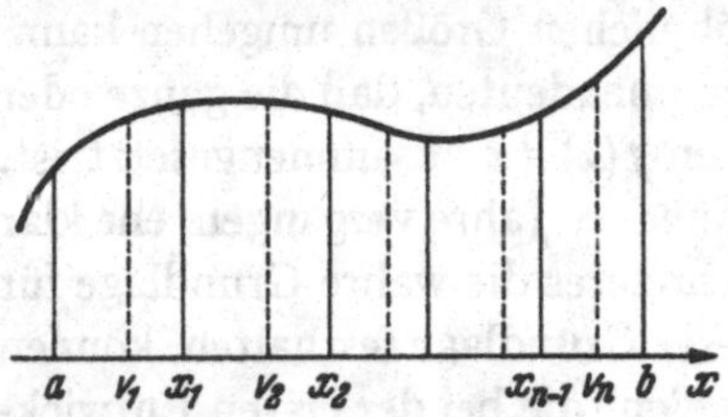

Fig. 262. Beliebige Unterteilung bei der allgemeinen Definition des Integrals

Demnach ist die *endgültige Definition des Integrals* gegeben durch

$$\text{(6a)} \qquad \int\limits_a^b f(x)\,dx = \lim \sum_{j=1}^{n} f(v_j)\Delta x_j\,,$$

wenn $n \to \infty$. In diesem Ausdruck kann v_j einen beliebigen Punkt des Intervalls $x_j \leqq v_j \leqq x_{j+1}$ bedeuten, und die einzige Beschränkung für die Unterteilung ist, daß das längste Intervall $\Delta x_j = x_{j+1} - x_j$ gegen Null streben muß, wenn n wächst.

Die Existenz des Grenzwertes (6a) braucht nicht bewiesen zu werden, wenn wir den Begriff der Fläche unter einer Kurve und die Möglichkeit, diese Fläche durch eine Summe von Rechtecken zu approximieren, als gegeben ansehen. Wie sich indessen aus einer späteren Betrachtung ergibt (S. 355), zeigt eine genauere Untersuchung, daß es wünschenswert und für eine logisch vollständige Darstellung des Integralbegriffs sogar notwendig ist, die Existenz dieses Grenzwertes für eine beliebige stetige Funktion $f(x)$ ohne Bezugnahme auf die geometrische Vorstellung einer Fläche zu beweisen.

4. Beispiele. Integration von x^n

Bis hierher war unsere Besprechung des Integrals ganz theoretisch. Die entscheidende Frage ist, ob das allgemeine Verfahren, eine Summe S_n zu bilden und dann zur Grenze überzugehen, zu greifbaren Ergebnissen im konkreten Fall führt. Das erfordert natürlich einige weitere Überlegungen, die der speziellen Funktion $f(x)$, deren Integral gesucht wird, angepaßt sind. Als ARCHIMEDES vor zweitausend Jahren die Fläche eines Parabelabschnitts fand, leistete er in genialer Weise das, was wir jetzt die Integration der Funktion $f(x) = x^2$ nennen würden; im 17. Jahrhundert gelang den Vorläufern der modernen Infinitesimalrechnung die Lösung von Integrationsproblemen für einfache Funktionen wie x^n wiederum mit speziellen Methoden. Erst nach vielen Erfahrungen an Spezialfällen wurde ein allgemeiner Zugang zum Integrationsproblem durch die systematischen Methoden der Infinitesimalrechnung gefunden und damit der Bereich der lösbaren Einzelprobleme bedeutend erweitert. Im vorliegenden Abschnitt wollen wir einige der instruktiven, speziellen Probleme besprechen, die aus der Zeit vor der Infinitesimalrechnung stammen; denn nichts kann die Integration besser verdeutlichen als ein direkt ausgeführter Grenzprozeß.

a) Wir beginnen mit einem trivialen Beispiel. Wenn $y = f(x)$ eine Konstante ist, zum Beispiel $f(x) = 2$, dann ist offenbar das Integral $\int_a^b 2\,dx$, als Fläche aufgefaßt, gleich $2(b-a)$, da die Fläche eines Rechtecks gleich Grundlinie mal Höhe ist. Wir wollen dieses Ergebnis mit der Integraldefinition (6) vergleichen. Wenn wir in (5) $f(x_j) = 2$ für alle Werte von j einsetzen, so finden wir

$$S_n = \sum_{j=1}^{n} f(x_j)\Delta x = \sum_{j=1}^{n} 2\Delta x = 2\sum_{j=1}^{n}\Delta x = 2(b-a)$$

für jedes n, da

$$\sum_{j=1}^{n}\Delta x = (x_1 - x_0) + (x_2 - x_1) + \cdots + (x_n - x_{n-1}) = x_n - x_0 = b - a\,.$$

b) Beinahe ebenso einfach ist die Integration von $f(x) = x$. Hier ist $\int_a^b x\,dx$ die Fläche eines Trapezes (Fig. 263), und diese ist nach der elementaren Geometrie

$$(b-a)\frac{b+a}{2} = \frac{b^2 - a^2}{2}\,.$$

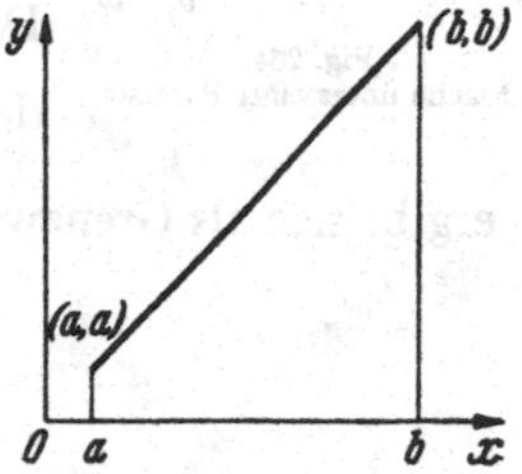

Fig. 263. Fläche eines Trapezes

Dieses Resultat stimmt wieder mit der Integraldefinition (6) überein, wie man aus dem Grenzübergang erkennt, ohne die geometrische Figur zu benutzen. Setzen wir $f(x) = x$ in (5) ein, dann wird die Summe

$$\begin{aligned} S_n &= \sum_{j=1}^{n} x_j\,\Delta x = \sum_{j=1}^{n}(a + j\Delta x)\Delta x \\ &= (na + \Delta x + 2\Delta x + 3\Delta x + \cdots + n\Delta x)\Delta x \\ &= na\Delta x + (\Delta x)^2(1 + 2 + 3 + \cdots + n)\,. \end{aligned}$$

Unter Verwendung der Formel (1) von S. 10 für die arithmetische Reihe $1 + 2 + 3 + \cdots + n$ haben wir

$$S_n = na\Delta x + \frac{n(n+1)}{2}(\Delta x)^2\,.$$

Da $\Delta x = \dfrac{b-a}{n}$, so ist dies gleich

$$S_n = a(b-a) + \frac{1}{2}(b-a)^2 + \frac{1}{2n}(b-a)^2\,.$$

Lassen wir jetzt n gegen unendlich gehen, so strebt das letzte Glied gegen Null, und wir erhalten

$$\lim S_n = \int_a^b x\,dx = a(b-a) + \frac{1}{2}(b-a)^2 = \frac{1}{2}(b^2 - a^2)\,,$$

in Übereinstimmung mit der geometrischen Deutung des Integrals als Fläche.

c) Weniger trivial ist die Integration der Funktion $f(x) = x^2$. ARCHIMEDES benutzte geometrische Methoden, um das äquivalente Problem der Flächenbestimmung eines Abschnittes der Parabel $y = x^2$ zu lösen. Wir wollen auf Grund der Definition (6a) analytisch vorgehen. Um die formale Berechnung zu vereinfachen, wollen wir die „untere Grenze" a des Integrals gleich 0 wählen; dann wird $\Delta x = b/n$. Wegen $x_j = j\Delta x$ und $f(x_j) = j^2(\Delta x)^2$ erhalten wir für S_n den Ausdruck

$$S_n = \sum_{j=1}^{n} f(j\Delta x)\Delta x = [1^2(\Delta x)^2 + 2^2(\Delta x)^2 + \cdots + n^2(\Delta x)^2]\Delta x$$
$$= (1^2 + 2^2 + \cdots + n^2)(\Delta x)^3 .$$

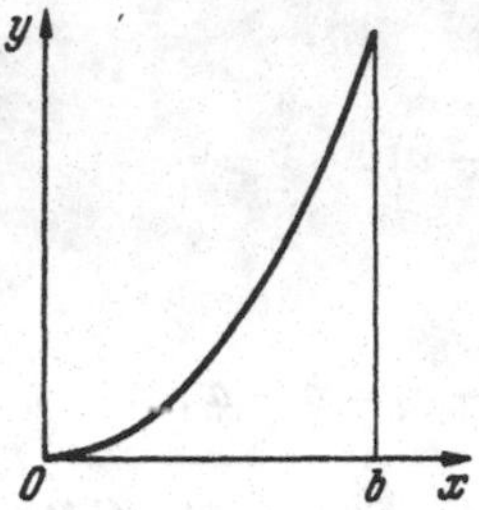

Fig. 264.
Fläche unter einer Parabel

Jetzt können wir den Grenzwert sogleich ausrechnen. Unter Benutzung der auf S. 12 aufgestellten Formel

$$1^2 + 2^2 + \cdots + n^2 = \frac{n(n+1)(2n+1)}{6}$$

und der Substitution $\Delta x = b/n$ erhalten wir

$$S_n = \frac{n(n+1)(2n+1)}{6} \cdot \frac{b^3}{n^3} = \frac{b^3}{6}\left(1 + \frac{1}{n}\right)\left(2 + \frac{1}{n}\right).$$

Diese Umformung macht den Grenzübergang sehr einfach, da $\frac{1}{n}$ gegen Null strebt, wenn n unbegrenzt zunimmt. Daher ergibt sich als Grenzwert $\frac{b^3}{6} \cdot 1 \cdot 2 = \frac{b^3}{3}$, und demnach ist das Ergebnis:

$$\int_0^b x^2 dx = \frac{b^3}{3}.$$

Für die Fläche von 0 bis a erhalten wir also

$$\int_0^a x^2 dx = \frac{a^3}{3},$$

und durch Subtraktion der Flächen

$$\int_a^b x^2 dx = \frac{b^3 - a^3}{3}.$$

Übung: Man beweise auf dieselbe Art, unter Benutzung der Formel (5) auf S. 12, daß

$$\int_a^b x^3 dx = \frac{b^4 - a^4}{4}.$$

Durch Entwicklung allgemeiner Formeln für die Summe $1^k + 2^k + \cdots + n^k$ der k-ten Potenzen der ganzen Zahlen von 1 bis n kann man ableiten, daß

(7) $$\int_a^b x^k dx = \frac{b^{k+1} - a^{k+1}}{k+1}, \text{ für jede natürliche Zahl } k.$$

*Anstatt diesen Weg einzuschlagen, kann man auf einfachere Weise ein noch allgemeineres Ergebnis erhalten, indem wir unsere frühere Bemerkung benutzen, daß das Integral auch mit Hilfe von nicht äquidistanten Unterteilungspunkten berechnet werden kann. Wir werden die Formel (7) nicht nur für jede positive ganze Zahl k, sondern für eine beliebige positive oder negative rationale Zahl

$$k = u/v$$

beweisen, worin u eine positive und v eine positive oder negative ganze Zahl ist. Nur der Wert $k = -1$, für den die Formel (7) sinnlos wird, bleibt ausgeschlossen. Wir wollen außerdem annehmen, daß $0 < a < b$. Um die Integralformel (7) zu erhalten, bilden wir S_n, indem wir die Teilpunkte $x_0 = a, x_1, x_2, \ldots, x_n = b$ in *geometrischer Progression* wählen. Wir setzen $\sqrt[n]{\frac{b}{a}} = q$, so daß $\frac{b}{a} = q^n$, und definieren $x_0 = a, x_1 = aq, x_2 = aq^2, \ldots, x_n = aq^n = b$. Durch diesen Kunstgriff wird, wie sich zeigen wird, der Grenzübergang sehr einfach. Für die „Rechtecksumme" S_n finden wir, da $f(x_j) = x_j^k = a^k q^{jk}$ und $\Delta x_j = x_{j+1} - x_j = aq^{j+1} - aq^j$,

$$S_n = a^k(aq - a) + a^k q^k(aq^2 - aq) + a^k q^{2k}(aq^3 - aq^2) + \cdots + a^k q^{(n-1)k}(aq^n - aq^{n-1}).$$

Da jedes Glied den Faktor $a^k(aq - a)$ enthält, können wir schreiben

$$S_n = a^{k+1}(q-1)\{1 + q^{k+1} + q^{2(k+1)} + \cdots + q^{(n-1)(k+1)}\}.$$

Ersetzen wir q^{k+1} durch t, so sehen wir, daß der Ausdruck in der Klammer die geometrische Reihe $1 + t + t^2 + \cdots + t^{(n-1)}$ ist, deren Summe, wie auf S. 11 gezeigt, $\frac{t^n - 1}{t - 1}$ ist. Nun ist $t^n = q^{n(k+1)} = \left(\frac{b}{a}\right)^{k+1} = \frac{b^{k+1}}{a^{k+1}}$. Folglich ist

$$S_n = (q-1)\frac{b^{k+1} - a^{k+1}}{q^{k+1} - 1} = \frac{b^{k+1} - a^{k+1}}{N}, \tag{8}$$

mit $N = \frac{q^{k+1} - 1}{q - 1}$.

Bis hierher war n eine feste Zahl. Jetzt wollen wir n wachsen lassen und den Grenzwert von N bestimmen. Indem n zunimmt, strebt die n-te Wurzel $\sqrt[n]{\frac{b}{a}} = q$ gegen 1 (siehe S. 246), und daher gehen sowohl Zähler wie Nenner von N gegen Null, so daß Vorsicht geboten ist. Nehmen wir zuerst an, daß k eine positive ganze Zahl ist. Dann kann man die Division durch $q - 1$ durchführen, und wir erhalten (siehe S. 11) $N = q^k + q^{k-1} + \cdots + q + 1$. Wenn dann n zunimmt, strebt q gegen 1, und demnach streben $q^2, q^3, \ldots, q^k$ auch alle gegen 1, so daß N sich dem Wert $k + 1$ nähert. So zeigt sich, daß S_n gegen $\frac{b^{k+1} - a^{k+1}}{k+1}$ strebt, was zu beweisen war.

Übung: Man zeige, daß für jedes rationale $k \neq -1$ dieselbe Grenzformel $N \to k + 1$ und damit auch die Formel (7) gültig bleibt. Zuerst ist zu zeigen, daß der Beweis nach unserem Vorbild auch für negative ganze k gilt. Wenn dann $k = u/v$ gesetzt wird, schreibe man $q^{1/v} = s$ und

$$N = \frac{s^{(k+1)v} - 1}{s^v - 1} = \frac{s^{u+v} - 1}{s^v - 1} = \frac{s^{u+v} - 1}{s - 1} \Big/ \frac{s^v - 1}{s - 1}.$$

Wenn n wächst, streben s und q beide gegen 1 und daher streben beide Quotienten auf der rechten Seite gegen $u + v$ bzw. v, womit der Grenzwert wiederum $\frac{u+v}{v} = k + 1$ wird.

In § 5 werden wir sehen, wie diese langatmige und etwas künstliche Überlegung durch die einfacheren und leistungsfähigeren Methoden der Integralrechnung ersetzt werden kann.

Übungen: 1. Man führe die vorstehende Integration von x^k durch für die Fälle $k = 1/2, -1/2, 2, -2, 3, -3$.

2. Man bestimme den Wert folgender Integrale:

a) $\int_{-2}^{-1} x\,dx$. b) $\int_{-1}^{+1} x\,dx$. c) $\int_{1}^{2} x^2 dx$. d) $\int_{-1}^{-2} x^3 dx$. e) $\int_{0}^{n} x\,dx$.

3. Man bestimme den Wert folgender Integrale:

a) $\int_{-1}^{+1} x^3 dx$. b) $\int_{-2}^{+2} x^3 \cos x\,dx$. c) $\int_{-1}^{+1} x^4 \cos^2 x \sin^5 x\,dx$. d) $\int_{-1}^{+1} \tan x\,dx$.

(Anleitung: Man betrachte die Kurven der Funktionen unter dem Integralzeichen, beachte ihre Symmetrie in bezug auf $x = 0$ und deute die Integrale als Flächen.)

*4. Man integriere $\sin x$ und $\cos x$ von 0 bis b, indem man $\Delta x = h$ setzt und die Formeln auf S. 374 benutzt.

5. Man integriere $f(x) = x$ und $f(x) = x^2$ von 0 bis b, indem man in gleiche Teile unterteilt und in (6a) die Werte $v_j = \frac{1}{2}(x_j + x_{j+1})$ einsetzt.

***6.** Mit Hilfe der Formel (7) und der Definition des Integrals mit gleichgroßen Werten von Δx beweise man die Grenzbeziehung

$$\frac{1^k + 2^k + \cdots + n^k}{n^{k+1}} \to \frac{1}{k+1}, \text{ wenn } n \to \infty .$$

$\left(\text{Anleitung: Man setze } \frac{1}{n} = \Delta x \text{ und zeige, daß der Grenzwert gleich } \int\limits_0^1 x^k dx \text{ ist.}\right)$

***7.** Man beweise, daß für $n \to \infty$

$$\frac{1}{\sqrt{n}}\left(\frac{1}{\sqrt{1+n}} + \frac{1}{\sqrt{2+n}} + \cdots + \frac{1}{\sqrt{n+n}}\right) \to 2(\sqrt{2}-1) .$$

(Anleitung: Man schreibe diese Summe so, daß ihr Grenzwert als Integral erscheint.)

8. Man drücke die Fläche eines Parabelsegments, das durch einen Bogen P_1P_2 und die Sehne P_1P_2 der Parabel $y = ax^2$ begrenzt wird, durch die Koordinaten x_1 und x_2 der beiden Punkte aus.

5. Regeln der Integralrechnung

Für die Entwicklung der Infinitesimalrechnung war entscheidend, daß gewisse allgemeine Regeln aufgestellt wurden, mit deren Hilfe man verwickelte Probleme auf einfachere zurückführen und sie dadurch in einem fast mechanischen Verfahren lösen konnte. Diese algorithmische Behandlung wird durch die Leibnizsche Bezeichnungsweise außerordentlich unterstützt. Man sollte allerdings der bloßen Rechentechnik nicht zuviel Gewicht beimessen, da sonst der Unterricht in der Integralrechnung in leere Routine ausartet.

Einige einfache Regeln zum Integrieren folgen sofort entweder aus der Definition (6) oder aus der geometrischen Deutung der Integrale als Flächen.

Das Integral der Summe zweier Funktionen ist gleich der Summe der Integrale der beiden Funktionen. Das Integral des Produkts einer Konstanten c mit einer Funktion $f(x)$ ist gleich dem c-fachen des Integrals von $f(x)$. Diese beiden Regeln zusammen lassen sich in der Formel ausdrücken

$$\int_a^b [c f(x) + e g(x)]\, dx = c\int_a^b f(x)\, dx + e\int_a^b g(x)\, dx . \tag{9}$$

Der Beweis folgt unmittelbar aus der Definition des Integrals als Grenzwert einer endliche Summe (5), da die entsprechende Formel für eine Summe S_n offenbar zutrifft. Die Regel läßt sich sofort auf Summen von mehr als zwei Funktionen ausdehnen.

Als Beispiel für die Anwendung dieser Regel betrachten wir ein Polynom

$$f(x) = a_0 + a_1 x + a_2 x^2 + \cdots + a_n x^n$$

mit konstanten Koeffizienten $a_0, a_1, \ldots, a_n$. Um das Integral von $f(x)$ von a bis b zu bilden, gehen wir der Regel entsprechend gliedweise vor. Mittels der Formel (7) erhalten wir

$$\int_a^b f(x)\, dx = a_0(b-a) + a_1\frac{b^2 - a^2}{2} + \cdots + a_n\frac{b^{n+1} - a^{n+1}}{n+1} .$$

Eine weitere Regel, die ebenfalls aus der analytischen Definition und zugleich aus der geometrischen Deutung folgt, wird durch die Formel

(10) $$\int_a^b f(x)\,dx + \int_b^c f(x)\,dx = \int_a^c f(x)\,dx$$

gegeben. Ferner ist klar, daß das Integral Null wird, wenn b gleich a ist. Die Regel von S. 307

(11) $$\int_a^b f(x)\,dx = -\int_b^a f(x)\,dx$$

ist mit den beiden letzten Regeln in Einklang, da sie sich aus (10) ergibt, wenn $c = a$ ist.

Zuweilen ist es eine Erleichterung, daß der Wert des Integrals in keiner Weise von dem speziellen Namen x abhängt, den man der unabhängigen Variablen in $f(x)$ gibt; zum Beispiel ist

$$\int_a^b f(x)\,dx = \int_a^b f(u)\,du = \int_a^b f(t)\,dt\,, \text{ usw.},$$

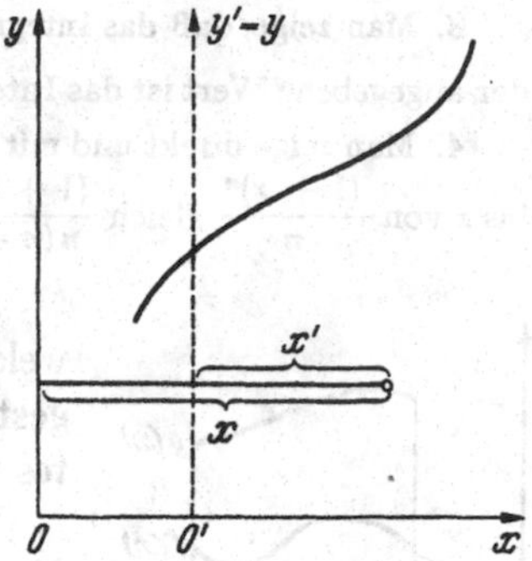

Fig. 265. Verschiebung der y-Achse

denn eine bloße Umbenennung der Koordinaten in dem System, auf das sich der Graph einer Funktion bezieht, ändert die Fläche unter der Kurve nicht. Die gleiche Bemerkung gilt auch dann, wenn wir gewisse Änderungen am Koordinatensystem selbst vornehmen. Zum Beispiel können wir den Ursprung um eine Einheit von O bis O' nach rechts verschieben, wie in Fig. 265, so daß x ersetzt wird durch eine neue Koordinate x', für die $x = 1 + x'$. Eine Kurve mit der Gleichung $y = f(x)$ hat in dem neuen Koordinatensystem die Gleichung $y = f(1 + x')$. (Zum Beispiel $y = \frac{1}{x} = \frac{1}{1+x'}$.) Eine gegebene Fläche F unter dieser Kurve, etwa zwischen $x = 1$ und $x = b$, ist im neuen Koordinatensystem die Fläche unter dem Kurvenstück zwischen $x' = 0$ und $x' = b - 1$. Daher haben wir

$$\int_1^b f(x)\,dx = \int_0^{b-1} f(1 + x')\,dx'$$

oder, wenn wir die Benennung x' durch u ersetzen,

(12) $$\int_1^b f(x)\,dx = \int_0^{b-1} f(1 + u)\,du\,.$$

Zum Beispiel

(12a) $$\int_1^b \frac{1}{x}\,dx = \int_0^{b-1} \frac{1}{1+u}\,du\,;$$

und für die Funktion $f(x) = x^k$

(12b) $$\int_1^b x^k\,dx = \int_0^{b-1} (1 + u)^k\,du\,.$$

Ebenso ist

(12c) $$\int_0^b x^k\,dx = \int_{-1}^{b-1} (1 + u)^k\,du \qquad (k \geqq 0)\,.$$

Da die linke Seite von (12c) gleich $\frac{b^{k+1}}{k+1}$ ist, so erhalten wir

(12d) $$\int_{-1}^{b-1} (1+u)^k du = \frac{b^{k+1}}{k+1}.$$

Übungen: 1. Man berechne das Integral von $1 + x + x^2 + \cdots + x^n$ von 0 bis b.

2. Man beweise, daß für $n > 0$ das Integral von $(1 + x)^n$ von -1 bis z gleich

$$\frac{(1+z)^{n+1}}{n+1}$$

ist.

3. Man zeige, daß das Integral von 0 bis 1 von $x^n \sin x$ kleiner als $\frac{1}{(n+1)}$ ist. (Anleitung: der angegebene Wert ist das Integral von x^n).

4. Man zeige direkt und mit Benutzung des binomischen Satzes, daß das Integral von -1 bis z von $\frac{(1+x)^n}{n}$ gleich $\frac{(1+z)^{n+1}}{n(n+1)}$ ist.

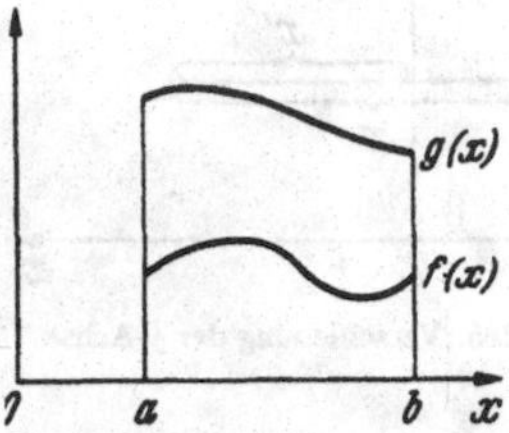

Fig. 266. Vergleich von Integralen

Schließlich erwähnen wir noch zwei wichtige Regeln, welche die Form von Ungleichungen haben. Diese Regeln gestatten grobe, aber nützliche Abschätzungen des Wertes von Integralen.

Wir nehmen an, daß $b > a$, und daß die Werte von $f(x)$ in dem Intervall nirgends die einer anderen Funktion $g(x)$ überschreiten. Dann haben wir

(13) $$\int_a^b f(x)\,dx \leqq \int_a^b g(x)\,dx,$$

wie man sofort aus Fig. 266 oder aus der analytischen Definition des Integrals erkennt. Wenn insbesondere $g(x) = M$ eine Konstante ist, die nirgends von den Werten von $f(x)$ überschritten wird, so haben wir $\int_a^b g(x)\,dx = \int_a^b M\,dx = M(b-a)$. Es folgt also, daß

(14) $$\int_a^b f(x)\,dx \leqq M(b-a).$$

Wenn $f(x)$ nicht negativ ist, so ist $f(x) = |f(x)|$. Wenn $f(x) < 0$, so ist $|f(x)| > f(x)$. Setzen wir daher in (13) $g(x) = |f(x)|$, so ergibt sich die nützliche Formel

(15) $$\int_a^b f(x)\,dx \leqq \int_a^b |f(x)|\,dx.$$

Da $|-f(x)| = |f(x)|$, erhalten wir

$$-\int_a^b f(x)\,dx \leqq \int_a^b |f(x)|\,dx.$$

Dies ergibt in Verbindung mit (15) die etwas schärfere Ungleichung

(16) $$\left|\int_a^b f(x)\,dx\right| \leqq \int_a^b |f(x)|\,dx.$$

§ 2. Die Ableitung

1. Die Ableitung als Steigung

Während der Integralbegriff im Altertum wurzelt, wurde der andere Grundbegriff der Infinitesimalrechnung, die Ableitung, erst im 17. Jahrhundert von FERMAT und anderen formuliert. NEWTON und LEIBNIZ entdeckten dann, daß zwischen diesen beiden scheinbar ganz verschiedenen Begriffen ein organischer Zusammenhang besteht, wodurch eine beispiellose Entwicklung der mathematischen Wissenschaft eingeleitet wurde.

FERMAT stellte sich die Aufgabe, die Maxima und Minima einer Funktion $y = f(x)$ zu bestimmen. In der graphischen Darstellung einer Funktion entspricht ein Maximum einem Gipfel, der höher liegt als alle benachbarten Punkte, und ein Minimum einem Tal, das tiefer liegt als alle benachbarten Punkte. In der Fig. 191 auf S. 260 ist der Punkt B ein Maximum und der Punkt C ein Minimum. Um die Punkte des Maximums und Minimums zu charakterisieren, liegt es nahe, daß man die *Kurventangente* benutzt. Wir nehmen an, daß die Kurve keine scharfen Ecken oder sonstige Singularitäten besitzt, und daß sie an jeder Stelle eine bestimmte, durch die Tangente gegebene Richtung hat. In Maximum- und Minimumpunkten muß die Tangente der Kurve $y = f(x)$ der x-Achse parallel sein, da andernfalls die Kurve in diesen Punkten steigen oder fallen würde. Diese Einsicht regt dazu an, ganz allgemein in jedem Punkt der Kurve $y = f(x)$ die Richtung der Kurventangente zu betrachten.

Um die Richtung einer Geraden in der x, y-Ebene zu charakterisieren, gibt man üblicherweise ihre *Steigung* an, das ist der Tangens des Winkels α, den die Gerade mit der positiven x-Achse bildet. Ist P irgendein Punkt der Geraden L, so gehen wir nach rechts bis zu einem Punkt R und dann hinauf oder hinunter

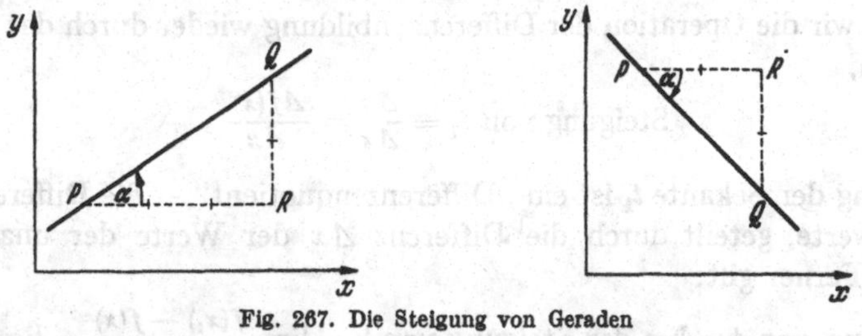

Fig. 267. Die Steigung von Geraden

bis zu dem Punkt Q auf der Geraden; dann ist die Steigung von $L = \tan\alpha = \frac{RQ}{PR}$.
Die Länge PR wird positiv genommen, während RQ positiv oder negativ ist, je nachdem, ob die Richtung von R nach Q aufwärts oder abwärts weist, so daß die Steigung den Auf- oder Abstieg je Längeneinheit längs der Horizontalen angibt, wenn wir auf der Geraden von links nach rechts gehen. In Fig. 267 ist die Steigung der ersten Geraden 2/3, die der zweiten -1.

Unter der Steigung einer *Kurve* in einem Punkt P verstehen wir die Steigung der Tangente an die Kurve in P. Wenn wir die Tangente einer Kurve als anschaulich gegebenen mathematischen Begriff akzeptieren, bleibt nur noch das Problem, ein *Verfahren zur Berechnung der Steigung zu finden*. Vorderhand wollen wir diesen Standpunkt einnehmen und eine genauere Analyse der damit zusammenhängenden Probleme auf die Ergänzung (S. 353) verschieben.

2. Die Ableitung als Grenzwert

Die Steigung einer Kurve $y = f(x)$ im Punkte $P(x, y)$ kann nicht berechnet werden, wenn man sich nur auf die Kurve im Punkt P selbst bezieht. Man muß stattdessen zu einem Grenzprozeß greifen, der dem für die Berechnung der Fläche unter einer Kurve ganz ähnlich ist. Dieser Grenzprozeß bildet die Grundlage der Differentialrechnung. Wir betrachten auf der Kurve einen anderen, P nahegelegenen Punkt P_1 mit den Koordinaten x_1, y_1. Die gerade Verbindungslinie von P und P_1 nennen wir t_1; sie ist eine Sekante der Kurve, welche die Tangente in P annähert, wenn P_1 dicht bei P liegt. Den Winkel von der x-Achse bis zu t_1 nennen wir α_1. Wenn wir nun x_1 gegen x rücken lassen, so bewegt sich P_1 auf der Kurve gegen P, und die Sekante t_1 wird in ihrer Grenzlage zur Tangente t an die Kurve in P. Wenn α den Winkel zwischen der x-Achse und t bezeichnet, dann gilt für $x_1 \to x$ *

$$y_1 \to y, \quad P_1 \to P, \quad t_1 \to t \quad \text{und} \quad \alpha_1 \to \alpha .$$

Die Tangente ist der Limes der Sekante, und die Steigung der Tangente ist der Limes der Steigung der Sekante.

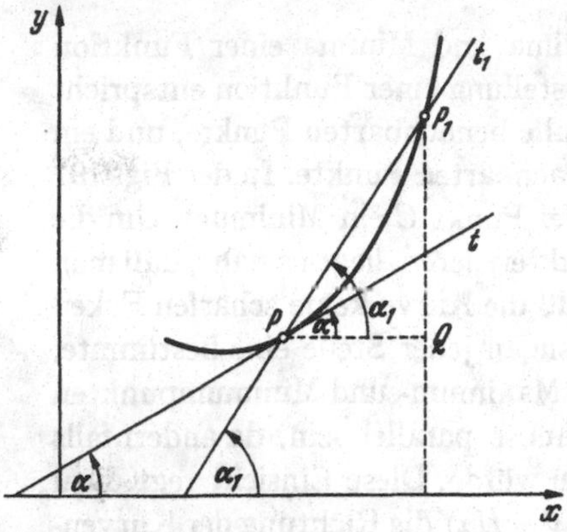

Fig. 268. Die Ableitung als Grenzwert

Während wir keinen expliziten Ausdruck für die Steigung der Tangente t selbst haben, ist die Steigung der Sekante t_1 gegeben durch die Formel

$$\text{Steigung von } t_1 = \frac{y_1 - y}{x_1 - x} = \frac{f(x_1) - f(x)}{x_1 - x},$$

oder, wenn wir die Operation der Differenzenbildung wieder durch das Symbol Δ ausdrücken,

$$\text{Steigung von } t_1 = \frac{\Delta y}{\Delta x} = \frac{\Delta f(x)}{\Delta x}.$$

Die Steigung der Sekante t_1 ist ein „Differenzenquotient" – die Differenz Δy der Funktionswerte, geteilt durch die Differenz Δx der Werte der unabhängigen Variabeln. Ferner gilt:

$$\text{Steigung von } t = \lim \text{ der Steigung von } t_1 = \lim \frac{f(x_1) - f(x)}{x_1 - x} = \lim \frac{\Delta y}{\Delta x},$$

wobei die Limites für $x_1 \to x$, d. h. für $\Delta x = x_1 - x \to 0$, genommen werden. *Die Steigung der Tangente t an die Kurve ist der Limes des Differenzenquotienten $\Delta y / \Delta x$, wenn $\Delta x = x_1 - x$ gegen Null strebt.*

Die ursprüngliche Funktion $f(x)$ gab die *Höhe* der Kurve $y = f(x)$ an der Stelle x an. Wir können jetzt die *Steigung* der Kurve für einen variablen Punkt P mit den Koordinaten x und y $[= f(x)]$ als eine neue Funktion von x betrachten, die wir mit $f'(x)$ bezeichnen und die *Ableitung* der Funktion $f(x)$ nennen. Der Grenzprozeß, durch den wir sie erhielten, wird *Differentiation* von $f(x)$ genannt. Dieser

* Unsere Schreibweise ist hier etwas verschieden von der in Kapitel VI, insofern als wir dort $x \to x_1$ hatten, wobei der zweite Wert festlag. Durch diesen Wechsel der Symbole darf man sich nicht verwirren lassen.

Prozeß ist eine Operation, die einer gegebenen Funktion $f(x)$ nach einer bestimmten Regel eine neue Funktion $f'(x)$ zuordnet, genau so, wie die Funktion $f(x)$ durch eine Regel definiert ist, die jedem Wert der Variablen x den Wert $f(x)$ zuordnet:

$$f(x) = \text{Höhe der Kurve } y = f(x) \text{ an der Stelle } x\,,$$
$$f'(x) = \text{Steigung der Kurve } y = f(x) \text{ an der Stelle } x\,.$$

Das Wort „Differentiation" beruht auf der Tatsache, daß $f'(x)$ der Grenzwert der Differenz $f(x_1) - f(x)$, dividiert durch die Differenz $x_1 - x$, ist:

$$(1) \qquad f'(x) = \lim \frac{f(x_1) - f(x)}{x_1 - x}, \text{ wenn } x_1 \to x\,.$$

Eine andere vielfach nützliche Schreibweise ist

$$f'(x) = Df(x)\,,$$

worin D einfach eine Abkürzung ist für „Ableitung von"; eine weitere Schreibweise ist die Leibnizsche für die Ableitung von $y = f(x)$:

$$\frac{dy}{dx} \text{ oder } \frac{df(x)}{dx}\,,$$

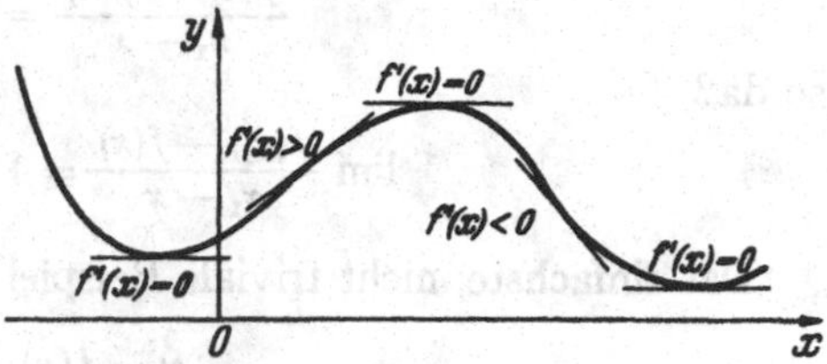

Fig. 269. Das Vorzeichen der Ableitung

die wir in § 4 besprechen werden und die den Charakter der Ableitung als Grenzwert eines Differenzenquotienten $\Delta y/\Delta x$ oder $\Delta f(x)/\Delta x$ andeutet.

Wenn wir die Kurve $y = f(x)$ in der Richtung zunehmender x-Werte durchlaufen, dann bedeutet eine *positive Ableitung*, $f'(x) > 0$, ein *Ansteigen der Kurve* (wachsende y-Werte) in dem betreffenden Punkt, eine *negative Ableitung*, $f'(x) < 0$, bedeutet ein *Fallen der Kurve*, während $f'(x) = 0$ einen horizontalen Verlauf der Kurve für den Wert x anzeigt. Bei einem Maximum oder Minimum muß die Steigung Null sein (Fig. 269).

Folglich kann man durch Auflösen der Gleichung

$$f'(x) = 0$$

nach x die Lage der Maxima und Minima finden, wie es FERMAT erstmalig durchgeführt hat.

3. Beispiele

Die Überlegungen, die zu der Definition (1) führten, könnten für die Praxis ziemlich wertlos erscheinen. Ein Problem ist durch ein anderes ersetzt worden: anstatt die Steigung der Tangente an eine Kurve $y = f(x)$ zu bestimmen, sollen wir einen Grenzwert (1) berechnen, was auf den ersten Blick ebenso schwierig erscheint. Aber sobald wir die allgemeinen Begriffsbildungen auf spezielle Funktionen $f(x)$ anwenden, erkennen wir einen greifbaren Vorteil.

Die einfachste derartige Funktion ist $f(x) = c$, worin c eine Konstante ist. Der Graph der Funktion $y = f(x) = c$ ist eine horizontale Gerade, die mit allen ihren Tangenten zusammenfällt, und es ist offenbar, daß

$$f'(x) = 0$$

für alle Werte von x gilt. Dies folgt auch aus der Definition (1), denn wegen

$$\frac{\Delta y}{\Delta x} = \frac{f(x_1) - f(x)}{x_1 - x} = \frac{c - c}{x_1 - x} = \frac{0}{x_1 - x} = 0$$

ist es trivial, daß

$$\lim \frac{f(x_1) - f(x)}{x_1 - x} = 0, \text{ wenn } x_1 \to x.$$

Sodann betrachten wir die einfache Funktion $y = f(x) = x$, deren Graph eine Gerade durch den Nullpunkt ist, die den ersten Quadranten halbiert. Geometrisch ist klar, daß

$$f'(x) = 1$$

für alle Werte von x, und die analytische Definition (1) liefert wiederum

$$\frac{f(x_1) - f(x)}{x_1 - x} = \frac{x_1 - x}{x_1 - x} = 1,$$

so daß

$$\lim \frac{f(x_1) - f(x)}{x_1 - x} = 1, \quad \text{wenn} \quad x_1 \to x.$$

Das einfachste, nicht triviale Beispiel ist die Differentiation der Funktion

$$y = f(x) = x^2,$$

die darauf hinausläuft, die Steigung einer Parabel zu finden. Dies ist der einfachste Fall, der uns lehrt, wie man den Grenzübergang ausführt, wenn das Ergebnis nicht von vornherein evident ist. Wir haben

$$\frac{\Delta y}{\Delta x} = \frac{f(x_1) - f(x)}{x_1 - x} = \frac{x_1^2 - x^2}{x_1 - x}.$$

Wollten wir versuchen, direkt in Zähler und Nenner zur Grenze überzugehen, so erhielten wir den sinnlosen Ausdruck 0/0. Wir können dies aber vermeiden, wenn wir den Differenzenquotienten umformen und den störenden Faktor $x_1 - x$ wegkürzen, *ehe wir zur Grenze übergehen*. (Beim Auswerten des Limes des Differenzenquotienten betrachten wir nur Werte $x_1 \neq x$, so daß dies erlaubt ist; siehe S. 243). Dann erhalten wir den Ausdruck:

$$\frac{x_1^2 - x^2}{x_1 - x} = \frac{(x_1 - x)(x_1 + x)}{x_1 - x} = x_1 + x.$$

Jetzt, *nach* dem Kürzen, besteht keine Schwierigkeit mehr mit dem Grenzwert für $x_1 \to x$. Wir erhalten den Grenzwert „durch Einsetzen"; denn die neue Form $x_1 + x$ des Differenzenquotienten ist stetig, und der Limes einer stetigen Funktion für $x_1 \to x$ ist einfach der Wert der Funktion für $x_1 = x$, also in diesem Fall $x + x = 2x$, so daß

$$f'(x) = 2x \quad \text{für} \quad f(x) = x^2.$$

In ähnlicher Weise können wir beweisen, daß $f(x) = x^3$ die Ableitung $f'(x) = 3x^2$ hat. Denn der Differenzenquotient

$$\frac{\Delta y}{\Delta x} = \frac{f(x_1) - f(x)}{x_1 - x} = \frac{x_1^3 - x^3}{x_1 - x}$$

kann vereinfacht werden nach der Formel $x_1^3 - x^3 = (x_1 - x) \cdot (x_1^2 + x_1 x + x^2)$;

der Nenner $\Delta x = x_1 - x$ kürzt sich weg, und wir erhalten den stetigen Ausdruck

$$\frac{\Delta y}{\Delta x} = x_1^2 + x_1 x + x^2 .$$

Wenn wir nun x_1 gegen x rücken lassen, so nähert sich dieser Ausdruck einfach $x^2 + x^2 + x^2$, und wir erhalten als Grenzwert $f'(x) = 3x^2$. Ganz allgemein ergibt sich für

$$f(x) = x^n,$$

wenn n eine beliebige positive ganze Zahl ist, als Ableitung

$$f'(x) = n x^{n-1} .$$

Übung: Man beweise dieses Resultat. (Man benutze die algebraische Formel

$$x_1^n - x^n = (x_1 - x)\,(x_1^{n-1} + x_1^{n-2}x + x_1^{n-3}x^2 + \cdots + x_1 x^{n-2} + x^{n-1})) .$$

Als weiteres Beispiel für einfache Kunstgriffe, die eine explizite Bestimmung der Ableitung erlauben, betrachten wir die Funktion

$$y = f(x) = \frac{1}{x} .$$

Wir haben

$$\frac{\Delta y}{\Delta x} = \frac{y_1 - y}{x_1 - x} = \left(\frac{1}{x_1} - \frac{1}{x}\right) \cdot \frac{1}{x_1 - x} = \frac{x - x_1}{x_1 x} \cdot \frac{1}{x_1 - x} .$$

Wieder können wir kürzen und erhalten $\frac{\Delta y}{\Delta x} = -\frac{1}{x_1 x}$; dies ist eine stetige Funktion in $x_1 = x$, also haben wir nach dem Grenzübergang

$$f'(x) = -\frac{1}{x^2} .$$

Natürlich ist weder die Ableitung noch die Funktion selbst für $x = 0$ definiert.

Übungen: Man beweise in derselben Weise: für $f(x) = \frac{1}{x^2}$ ist $f'(x) = -\frac{2}{x^3}$, für $f(x) = \frac{1}{x^n}$ ist $f'(x) = -\frac{n}{x^{n+1}}$ und für $f(x) = (1 + x)^n$ ist $f'(x) = n(1 + x)^{n-1}$.

Wir wollen jetzt die Differentiation von

$$y = f(x) = \sqrt{x}$$

durchführen. Für den Differenzenquotienten erhalten wir

$$\frac{y_1 - y}{x_1 - x} = \frac{\sqrt{x_1} - \sqrt{x}}{x_1 - x} .$$

Nach der Formel $x_1 - x = (\sqrt{x_1} - \sqrt{x})(\sqrt{x_1} + \sqrt{x})$ können wir den einen Faktor kürzen und erhalten die stetige Funktion

$$\frac{y_1 - y}{x_1 - x} = \frac{1}{\sqrt{x_1} + \sqrt{x}} .$$

Gehen wir zur Grenze über, so ergibt sich

$$f'(x) = \frac{1}{2\sqrt{x}} .$$

Übungen: Man beweise: Für $f(x) = \frac{1}{\sqrt{x}}$ ist $f'(x) = \frac{-1}{2(\sqrt{x})^3}$, für $f(x) = \sqrt[3]{x}$ ist $f'(x) = \frac{1}{3\sqrt[3]{x^2}}$, für $f(x) = \sqrt{1 - x^2}$ ist $f'(x) = \frac{-x}{\sqrt{1 - x^2}}$ und für $f(x) = \sqrt[n]{x}$ ist $f'(x) = \frac{1}{n\sqrt[n]{x^{n-1}}}$.

4. Die Ableitungen der trigonometrischen Funktionen

Wir behandeln jetzt die wichtige Aufgabe der *Differentiation der trigonometrischen Funktionen*. Hier werden wir ausschließlich das Bogenmaß benutzen.

Um die Funktion $y = f(x) = \sin x$ zu differenzieren, setzen wir $x_1 - x = h$, so daß $x_1 = x + h$ und $f(x_1) = \sin x_1 = \sin(x+h)$. Nach der trigonometrischen Formel für $\sin(A+B)$ ist

$$f(x_1) = \sin(x+h) = \sin x \cos h + \cos x \sin h .$$

Daher ist

$$(2) \qquad \frac{f(x_1) - f(x)}{x_1 - x} = \frac{\sin(x+h) - \sin x}{h} = \cos x \frac{\sin h}{h} + \sin x \frac{\cos h - 1}{h} .$$

Wenn wir jetzt x_1 gegen x gehen lassen, strebt h gegen 0, $\sin h$ gegen 0 und $\cos h$ gegen 1. Ferner ist nach den Ergebnissen von S. 234

$$\lim \frac{\sin h}{h} = 1$$

und

$$\lim \frac{\cos h - 1}{h} = 0 .$$

Daher strebt die rechte Seite von (2) gegen $\cos x$, so daß sich ergibt:

Die Funktion $f(x) = \sin x$ hat die Ableitung $f'(x) = \cos x$, oder kurz

$$D \sin x = \cos x .$$

Übung: Man beweise, daß $D \cos x = -\sin x$.

Um die Funktion $\tan x$ zu differenzieren, schreiben wir $\tan x = \dfrac{\sin x}{\cos x}$ und erhalten

$$\frac{f(x+h) - f(x)}{h} = \left(\frac{\sin(x+h)}{\cos(x+h)} - \frac{\sin x}{\cos x}\right)\frac{1}{h}$$
$$= \frac{\sin(x+h)\cos x - \cos(x+h)\sin x}{h} \frac{1}{\cos(x+h)\cos x}$$
$$= \frac{\sin h}{h} \frac{1}{\cos(x+h)\cos x} .$$

(Die letzte Gleichung folgt aus der Formel $\sin(A - B) = \sin A \cos B - \cos A \sin B$, für $A = x + h$ und $B = x$). Wenn wir jetzt h gegen Null rücken lassen, nähert sich $\dfrac{\sin h}{h}$ dem Wert 1, $\cos(x+h)$ nähert sich $\cos x$, und wir schließen:

Die Ableitung der Funktion $f(x) = \tan x$ ist $f'(x) = \dfrac{1}{\cos^2 x}$ oder

$$D \tan x = \frac{1}{\cos^2 x} .$$

Übung: Man beweise, daß $D \cot x = -\dfrac{1}{\sin^2 x}$.

*5. Differentiation und Stetigkeit

Die Differenzierbarkeit einer Funktion impliziert ihre Stetigkeit. Denn existiert der Limes von $\Delta y / \Delta x$, wenn Δx gegen Null geht, so sieht man leicht, daß die Änderung Δy der Funktion $f(x)$ beliebig klein werden muß, wenn die Differenz Δx gegen Null geht. Wenn sich daher eine Funktion differenzieren läßt, so ist ihre

Stetigkeit automatisch gesichert; wir werden deshalb darauf verzichten, die Stetigkeit der in diesem Kapitel vorkommenden differenzierbaren Funktionen ausdrücklich zu erwähnen oder zu beweisen, es sei denn, daß ein besonderer Grund dafür vorliegt.

6. Ableitung und Geschwindigkeit. Zweite Ableitung und Beschleunigung

Die bisherige Diskussion der Ableitung wurde in Verbindung mit dem geometrischen Begriff der Kurve einer Funktion durchgeführt. Aber die Bedeutung des Ableitungsbegriffs ist keineswegs beschränkt auf das Problem der Bestimmung der Tangentensteigung einer Kurve. Noch wichtiger ist in der Naturwissenschaft die Berechnung der *Änderungsgeschwindigkeit* einer Größe $f(t)$, die mit der Zeit t variiert. Dieses Problem führte NEWTON auf die Differentialrechnung. NEWTON suchte insbesondere das Phänomen der Geschwindigkeit zu analysieren, bei dem die Zeit und die momentane Lage eines bewegten Teilchens als die variablen Elemente betrachtet werden, oder, wie NEWTON es ausdrückte, als „die fließenden Größen".

Wenn ein Teilchen sich auf einer Geraden, der x-Achse, bewegt, wird seine Bewegung vollkommen durch die Lage x zu jeder Zeit t als Funktion $x = f(t)$ beschrieben. Eine „gleichförmige Bewegung" mit konstanter Geschwindigkeit längs der x-Achse wird durch die lineare Funktion $x = a + bt$ definiert, wobei a die Koordinate des Teilchens zur Zeit $t = 0$ ist.

In einer Ebene wird die Bewegung eines Teilchens durch zwei Funktionen

$$x = f(t), \quad y = g(t),$$

beschrieben, welche die beiden Koordinaten als Funktionen der Zeit charakterisieren. Gleichförmige Bewegung insbesondere entspricht einem Paar von linearen Funktionen,

$$x = a + bt, \quad y = c + dt,$$

wobei b und d die beiden „Komponenten" einer konstanten Geschwindigkeit sind und a und c die Koordinaten des Teilchens im Augenblick $t = 0$; die Bahn des Teilchens ist eine Gerade mit der Gleichung $(x - a)d - (y - c)b = 0$, die man erhält, wenn man die Zeit t aus den beiden obigen Relationen eliminiert.

Wenn ein Teilchen sich in der vertikalen x, y-Ebene unter dem Einfluß der Schwerkraft allein bewegt, dann läßt sich, wie in der elementaren Physik gezeigt wird, die Bewegung durch zwei Gleichungen beschreiben:

$$x = a + bt, \quad y = c + dt - \frac{1}{2}gt^2,$$

worin a, b, c, d Konstanten sind, die von dem Anfangszustand des Teilchens abhängen, und g die Erdbeschleunigung, die angenähert gleich 9,81 ist, wenn die Zeit in Sekunden und die Entfernung in Metern gemessen werden. Die Bahn des Teilchens, die man erhält, wenn man t aus den beiden Gleichungen eliminiert, ist jetzt eine Parabel,

$$y = c + \frac{d}{b}(x - a) - \frac{1}{2}g\frac{(x - a)^2}{b^2},$$

wenn $b \neq 0$; andernfalls ist sie eine vertikale Gerade.

Wenn ein Teilchen gezwungen ist, sich auf einer gegebenen Kurve in der Ebene zu bewegen (wie ein Zug auf den Gleisen), so kann seine Bewegung beschrieben werden, indem man die Bogenlänge s, gemessen von einem festen Anfangspunkt P_0 längs der Kurve bis zu der Lage P des Teilchens zur Zeit t, als Funktion von t angibt: $s = f(t)$. Auf dem Einheitskreis $x^2 + y^2 = 1$ zum Beispiel stellt die Funktion $s = ct$ eine gleichförmige Rotation mit der Geschwindigkeit c auf dem Kreise dar.

Übungen: *Man zeichne die Bahnen der ebenen Bewegungen, die beschrieben werden durch 1. $x = \sin t$, $y = \cos t$. 2. $x = \sin 2t$, $y = \sin 3t$. 3. $x = \sin 2t$, $y = 2 \sin 3t$.

4. In der oben beschriebenen parabolischen Bewegung möge sich das Teilchen zur Zeit $t = 0$ im Ursprung befinden und es sei $b > 0$, $d > 0$. Es sind die Koordinaten des höchsten Punktes der Bahn zu bestimmen, ferner die Zeit t und der x-Wert für den zweiten Schnittpunkt der Bahn mit der x-Achse.

NEWTONs erstes Ziel war, die Geschwindigkeit einer nicht-gleichförmigen Bewegung zu definieren. Der Einfachheit halber betrachten wir die Bewegung eines Teilchens längs einer Geraden, gegeben durch eine Funktion $x = f(t)$. Wäre die Bewegung gleichförmig, d. h. die Geschwindigkeit konstant, so könnte die Geschwindigkeit gefunden werden, indem man zwei Werte der Zeit t und t_1 mit den zugehörigen Werten der Lage $x = f(t)$ und $x_1 = f(t_1)$ wählt und den Quotienten bildet:

$$v = \text{Geschwindigkeit} = \frac{\text{Entfernung}}{\text{Zeit}} = \frac{x_1 - x}{t_1 - t} = \frac{f(t_1) - f(t)}{t_1 - t}.$$

Wenn zum Beispiel t in Stunden und x in Kilometern gemessen werden, so bedeutet für $t_1 - t = 1$ die Differenz $x_1 - x$ die Anzahl der Kilometer, die in einer Stunde durchlaufen werden, und v ist die Geschwindigkeit in Kilometern pro Stunde. Die Aussage, daß die Geschwindigkeit der Bewegung konstant ist, bedeutet einfach, daß der Differenzenquotient

$$\frac{f(t_1) - f(t)}{t_1 - t} \tag{3}$$

für alle Werte von t und t_1 derselbe ist. Wenn aber die Bewegung nicht gleichförmig ist, wie im Falle eines frei fallenden Körpers, dessen Geschwindigkeit während des Fallens zunimmt, dann gibt der Quotient (3) nicht die Geschwindigkeit im Augenblick t an, sondern nur die *mittlere Geschwindigkeit* während des Zeitintervalls von t bis t_1. Um die Geschwindigkeit in dem exakten Augenblick t zu erhalten, müssen wir den Grenzwert der mittleren Geschwindigkeit nehmen, wenn t_1 gegen t geht. So definieren wir nach NEWTON

$$\text{Geschwindigkeit zum Zeitpunkt } t = \lim \frac{f(t_1) - f(t)}{t_1 - t} = f'(t). \tag{4}$$

Mit anderen Worten: die Geschwindigkeit ist die Ableitung der Entfernungskoordinate in bezug auf die Zeit oder die „momentane Änderungsgeschwindigkeit" der Entfernung in bezug auf die Zeit (im Unterschied zu der *mittleren* Änderungsgeschwindigkeit, die durch (3) gegeben ist).

Die *Änderungsgeschwindigkeit der Geschwindigkeit* selbst nennt man *Beschleunigung*. Sie ist einfach die Ableitung der Ableitung, wird gewöhnlich mit $f''(t)$ bezeichnet und heißt die *zweite Ableitung* von $f(t)$.

GALILEI machte die Beobachtung, daß bei einem frei fallenden Körper die vertikale Strecke, um die der Körper während der Zeit t fällt, gegeben ist durch die

Formel

(5) $$x = f(t) = \frac{1}{2} g t^2,$$

worin g die Gravitationskonstante ist. Durch Differentiation von (5) ergibt sich, daß die Geschwindigkeit v des Körpers zur Zeit t gegeben ist durch

(6) $$v = f'(t) = gt$$

und die Beschleunigung b durch

$$b = f''(t) = g\,,$$

eine Konstante.

Nehmen wir an, es werde verlangt, die Geschwindigkeit zu bestimmen, die der Körper nach 2 Sekunden freien Fallens besitzt. Die *mittlere* Geschwindigkeit während des Zeitintervalls von $t = 2$ bis $t = 2{,}1$ ist

$$\frac{\frac{1}{2} g (2{,}1)^2 - \frac{1}{2} g (2)^2}{2{,}1 - 2} = \frac{4{,}905\,(0{,}41)}{0{,}1} = 20{,}11 \text{ (m/sec)}.$$

Setzen wir jedoch $t = 2$ in (6) ein, so finden wir die *momentane* Geschwindigkeit nach zwei Sekunden zu $v = 19{,}62$.

Übung: Wie groß ist die mittlere Geschwindigkeit des Körpers während der Zeitintervalle von $t = 2$ bis $t = 2{,}01$ und von $t = 2$ bis $t = 2{,}001$?

Für Bewegungen in der Ebene geben die beiden Ableitungen $f'(t)$ und $g'(t)$ der Funktionen $x = f(t)$ und $y = g(t)$ die Komponenten der Geschwindigkeit. Für eine Bewegung längs einer festen Kurve ist der Betrag der Geschwindigkeit durch die Ableitung der Funktion $s = f(t)$ gegeben, worin s die Bogenlänge bezeichnet.

7. Die geometrische Bedeutung der zweiten Ableitung

Die zweite Ableitung ist auch in der Analysis und der Geometrie von Bedeutung; denn $f''(x)$, d.h. die „Änderungsgeschwindigkeit" der Steigung $f'(x)$ der Kurve $y = f(x)$ in bezug auf x, gibt eine Vorstellung davon, in welcher Weise die Kurve

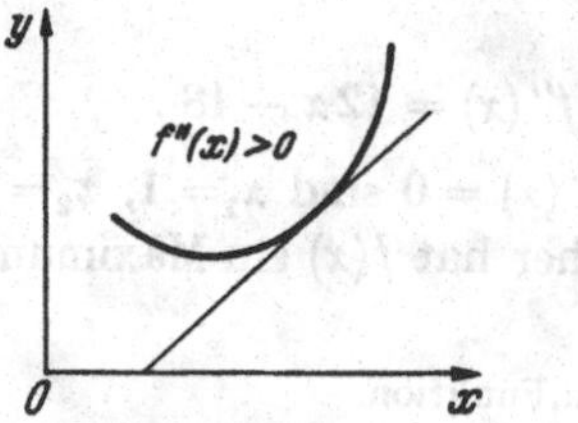

Fig. 270

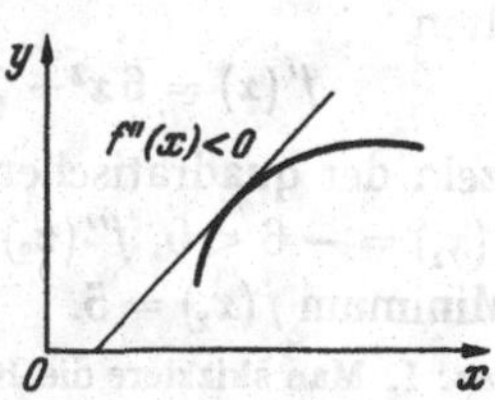

Fig. 271

sich krümmt. Wenn $f''(x)$ in einem Intervall positiv ist, dann ist die Änderung von $f'(x)$ im Verhältnis zu der von x positiv. Ein positives Änderungsverhältnis einer Funktion bedeutet, daß die Werte der Funktion zunehmen, wenn x zunimmt. Daher bedeutet $f''(x) > 0$, daß die Steigung $f'(x)$ zunimmt, wenn x zunimmt, so daß die Kurve steiler wird, wenn sie eine positive Steigung hat, und weniger steil, wenn sie eine negative Steigung hat. Wir sagen dann, daß die Kurve ***nach oben konkav*** ist (Fig. 270).

Umgekehrt ist, wenn $f''(x) < 0$, die Kurve $y = f(x)$ ***nach unten konkav*** (Fig. 271).

Die Parabel $y = f(x) = x^2$ ist überall nach oben konkav, da $f''(x) = 2$ stets positiv ist. Die Kurve $y = f(x) = x^3$ ist nach oben konkav für $x > 0$ und nach unten konkav für $x < 0$ (Fig. 153), da $f''(x) = 6x$, wie der Leser leicht nachprüfen kann. Nebenbei haben wir für $x = 0$ die Steigung $f'(x) = 3x^2 = 0$ (aber kein Maximum oder Minimum!); ferner ist $f''(x) = 0$ für $x = 0$. Dieser Punkt wird ein *Wendepunkt* genannt. An einem solchen Punkt durchsetzt die Tangente, in diesem Fall die x-Achse, die Kurve.

Wenn s die Bogenlänge längs der Kurve und α den Steigungswinkel bezeichnet, so ist $\alpha = h(s)$ eine Funktion von s. Indem wir die Kurve durchlaufen, ändert sich $\alpha = h(s)$. Die „Änderungsgeschwindigkeit" $h'(s)$ heißt die *Krümmung* der Kurve an dem Punkt, in dem die Bogenlänge s ist. Wir erwähnen ohne Beweis, daß die Krümmung $\varkappa$ sich mit Hilfe der ersten und zweiten Ableitung der Funktion $f(x)$, welche die Kurve bestimmt, ausdrücken läßt:

$$\varkappa = \frac{f''(x)}{(1 + (f'(x))^2)^{3/2}}.$$

8. Maxima und Minima

Wir können die Maxima und Minima einer gegebenen Funktion $f(x)$ ermitteln, indem wir zuerst $f'(x)$ bilden, dann die Werte von x bestimmen, für welche diese Ableitung verschwindet, und zum Schluß untersuchen, welche dieser Werte Maxima und welche Minima liefern. Diese Frage läßt sich entscheiden, wenn wir die zweite Ableitung $f''(x)$ bilden, deren Vorzeichen angibt, ob die Kurve nach oben oder nach unten konkav ist, und deren Verschwinden gewöhnlich einen Wendepunkt anzeigt, an dem kein Extremum auftritt. Indem man die Vorzeichen von $f'(x)$ und $f''(x)$ beachtet, kann man nicht nur die Extrema bestimmen, sondern überhaupt die Gestalt der Kurve $y = f(x)$ erkennen. Diese Methode liefert die Werte von x, bei denen Extrema auftreten; um die zugehörigen Werte von $y = f(x)$ zu finden, haben wir diese Werte von x in $f(x)$ einzusetzen.

Als Beispiel betrachten wir das Polynom

$$f(x) = 2x^3 - 9x^2 + 12x + 1$$

und erhalten

$$f'(x) = 6x^2 - 18x + 12, \quad f''(x) = 12x - 18.$$

Die Wurzeln der quadratischen Gleichung $f'(x) = 0$ sind $x_1 = 1$, $x_2 = 2$, und wir haben $f''(x_1) = -6 < 0$, $f''(x_2) = 6 > 0$. Daher hat $f(x)$ ein Maximum $f(x_1) = 6$ und ein Minimum $f(x_2) = 5$.

Übungen: 1. Man skizziere die Kurve der obigen Funktion.

2. Man diskutiere und skizziere die Kurve von $f(x) = (x^2 - 1)(x^2 - 4)$.

3. Man bestimme das Minimum von $x + 1/x$, von $x + a^2/x$ und von $px + q/x$, wenn p und q positiv sind. Haben diese Funktionen Maxima?

4. Man bestimme die Maxima und Minima von $\sin x$ und $\sin(x^2)$.

§ 3. Die Technik des Differenzierens

Bisher haben wir uns bemüht, eine Reihe spezieller Funktionen zu differenzieren, indem wir den Differenzenquotienten vor dem Grenzübergang umformten. Es war ein entscheidender Fortschritt, als durch die Arbeiten von LEIBNIZ, NEWTON und ihren Nachfolgern diese individuellen Kunstgriffe durch leistungsfähigere allgemeine Methoden ersetzt wurden. Mit diesen Methoden kann man beinahe automatisch jede Funktion differenzieren, die normalerweise in der Mathematik auftritt, sofern man nur einige einfache Regeln beherrscht und richtig anwendet. So hat das Differenzieren geradezu den Charakter eines „Algorithmus" erhalten.

Wir können hier nicht auf die feineren Einzelheiten der Technik eingehen. Nur einige einfache Regeln sollen erwähnt werden.

a) *Differentiation einer Summe.* Wenn a und b Konstanten sind, und die Funktion $k(x)$ gegeben ist durch

$$k(x) = af(x) + bg(x),$$

so ist, wie der Leser leicht bestätigen wird,

$$k'(x) = af'(x) + bg'(x).$$

Eine entsprechende Regel gilt für beliebig viele Summanden.

b) *Differentiation eines Produktes.* Für ein Produkt

$$p(x) = f(x)\, g(x)$$

ist die Ableitung

$$p'(x) = f(x)\, g'(x) + g(x)\, f'(x).$$

Dies kann man leicht durch den folgenden Kunstgriff beweisen: wir schreiben, indem wir denselben Ausdruck nacheinander addieren und subtrahieren

$$\begin{aligned} p(x+h) - p(x) &= f(x+h)\, g(x+h) - f(x)\, g(x) \\ &= f(x+h)\, g(x+h) - f(x+h)\, g(x) + f(x+h)\, g(x) - f(x)g(x) \end{aligned}$$

und erhalten, indem wir die beiden ersten und die beiden letzten Glieder zusammenfassen,

$$\frac{p(x+h) - p(x)}{h} = f(x+h)\,\frac{g(x+h) - g(x)}{h} + g(x)\,\frac{f(x+h) - f(x)}{h}.$$

Nun lassen wir h gegen Null streben; da $f(x+h)$ gegen $f(x)$ strebt, ergibt sich sofort die Behauptung, die zu beweisen war.

Übung: Man beweise mit dieser Regel, daß die Funktion $p(x) = x^n$ die Ableitung $p'(x) = nx^{n-1}$ hat. (Anleitung: Man schreibe $x^n = x \cdot x^{n-1}$ und benutze die mathematische Induktion.)

Mit Hilfe der Regel a) können wir jedes Polynom

$$f(x) = a_0 + a_1 x + a_2 x^2 + \cdots + a_n x^n$$

differenzieren; die Ableitung ist

$$f'(x) = a_1 + 2a_2 x + 3a_3 x^2 + \cdots + na_n x^{n-1}.$$

Als Anwendung können wir den *binomischen Satz* beweisen (vgl. S. 15). Dieser Satz betrifft die Entwicklung von $(1+x)^n$ als Polynom:

$$(1)\qquad f(x) = (1+x)^n = 1 + a_1 x + a_2 x^2 + a_3 x^3 + \cdots + a_n x^n,$$

und sagt aus, daß der Koeffizient a_k gegeben ist durch die Formel

$$(2)\qquad a_k = \frac{n(n-1)\cdots(n-k+1)}{k!}.$$

Natürlich ist $a_n = 1$.

Nun wissen wir (Übung S. 319), daß die linke Seite von (1) die Ableitung $n(1+x)^{n-1}$ liefert. Daher erhalten wir nach dem vorigen Absatz

$$(3)\qquad n(1+x)^{n-1} = a_1 + 2a_2 x + 3a_3 x^2 + \cdots + n a_n x^{n-1}.$$

In dieser Formel setzen wir nun $x = 0$ und finden, daß $n = a_1$ ist, was (2) für $k = 1$ entspricht. Dann differenzieren wir (3) nochmals und erhalten

$$n(n-1)(1+x)^{n-2} = 2a_2 + 3\cdot 2a_3 x + \cdots + n(n-1)a_n x^{n-2}.$$

Setzen wir wieder $x = 0$, so ergibt sich $n(n-1) = 2a_2$, in Übereinstimmung mit (2) für $k = 2$.

Übung: Man beweise (2) für $k = 3, 4$ und für allgemeines k mittels mathematischer Induktion.

c) *Differentiation eines Quotienten.* Wenn

$$q(x) = \frac{f(x)}{g(x)},$$

so ist

$$q'(x) = \frac{g(x)f'(x) - f(x)g'(x)}{(g(x))^2}.$$

Der Beweis bleibe dem Leser überlassen. (Natürlich muß $g(x) \neq 0$ angenommen werden.)

Übung: Man leite mit dieser Regel die Formeln von S. 320 für die Ableitungen von $\tan x$ und $\cot x$ aus denen von $\sin x$ und $\cos x$ ab. Man zeige, daß die Ableitungen von $\sec x = 1/\cos x$ und $\operatorname{cosec} x = 1/\sin x$ gleich $\sin x/\cos^2 x$ bzw. $-\cos x/\sin^2 x$ sind.

Wir sind jetzt in der Lage, jede Funktion zu differenzieren, die sich als Quotient zweier Polynome schreiben läßt. Zum Beispiel hat

$$f(x) = \frac{1-x}{1+x}$$

die Ableitung

$$f'(x) = \frac{-(1+x)-(1-x)}{(1+x)^2} = \frac{-2}{(1+x)^2}.$$

Übung: Man differenziere

$$f(x) = \frac{1}{x^m} = x^{-m},$$

wenn m eine positive ganze Zahl ist. Das Ergebnis ist

$$f'(x) = -m x^{-m-1}.$$

d) *Differentiation inverser Funktionen.* Wenn

$$y = f(x) \quad \text{und} \quad x = g(y)$$

inverse Funktionen sind (z. B. $y = x^2$ und $x = \sqrt{y}$), dann sind ihre Ableitungen reziprok zueinander:

$$g'(y) = \frac{1}{f'(x)} \quad \text{oder} \quad Dg(y)\cdot Df(x) = 1.$$

Dies läßt sich leicht beweisen, indem man auf die reziproken Differenzenquotienten $\frac{\Delta y}{\Delta x}$ bzw. $\frac{\Delta x}{\Delta y}$ zurückgeht; man kann es ebenfalls aus der geometrischen Deutung der inversen Funktionen auf S. 214 erkennen, wenn man die Steigung der Tangente auf die y-Achse statt auf die x-Achse bezieht.

Als Beispiel differenzieren wir die Funktion

$$y = f(x) = \sqrt[m]{x} = x^{\frac{1}{m}},$$

die invers zu $x = y^m$ ist. (Siehe auch die direkte Behandlung für $m = 2$ auf S. 319.) Da die letzte Funktion die Ableitung $m y^{m-1}$ hat, so gilt

$$f'(x) = \frac{1}{m y^{m-1}} = \frac{1}{m} \frac{y}{y^m} = \frac{1}{m} y y^{-m},$$

woraus man durch die Substitutionen $y = x^{\frac{1}{m}}$ und $y^{-m} = x^{-1}$

$$f'(x) = \frac{1}{m} x^{\frac{1}{m}-1} \quad \text{oder} \quad D\left(x^{\frac{1}{m}}\right) = \frac{1}{m} x^{\frac{1}{m}-1}$$

erhält.

Als weiteres Beispiel differenzieren wir die *inverse trigonometrische Funktion* (siehe S. 214)

$$y = \text{arc tan } x, \text{ was gleichbedeutend ist mit } x = \tan y.$$

Hier ist die Variable y, die das Bogenmaß angibt, auf das Intervall $-\frac{1}{2}\pi < y < \frac{1}{2}\pi$ beschränkt, damit eine eindeutige Definition der inversen Funktion garantiert ist.

Da $D \tan y = \frac{1}{\cos^2 y}$ ist (siehe S. 320) und $\frac{1}{\cos^2 y} = \frac{\sin^2 y + \cos^2 y}{\cos^2 y} = 1 + \tan^2 y = 1 + x^2$, haben wir

$$D \text{ arc tan } x = \frac{1}{1 + x^2}.$$

In derselben Weise möge der Leser die folgenden Formeln ableiten:

$$D \text{ arc cot } x = -\frac{1}{1 + x^2},$$

$$D \text{ arc sin } x = \frac{1}{\sqrt{1 - x^2}},$$

$$D \text{ arc cos } x = -\frac{1}{\sqrt{1 - x^2}}.$$

Schließlich kommen wir zu der wichtigen Regel für die

e) *Differentiation zusammengesetzter Funktionen.* Solche Funktionen bestehen aus zwei (oder mehr) einfacheren Funktionen (siehe S. 214). Zum Beispiel ist $z = \sin \sqrt{x}$ zusammengesetzt aus $z = \sin y$ und $y = \sqrt{x}$; die Funktion $z = \sqrt{x} + \sqrt{x^5}$ ist zusammengesetzt aus $z = y + y^5$ und $y = \sqrt{x}$; $z = \sin(x^2)$ ist zusammengesetzt aus $z = \sin y$ und $y = x^2$; $z = \sin \frac{1}{x}$ ist zusammengesetzt aus $z = \sin y$ und $y = \frac{1}{x}$.

Wenn zwei Funktionen

$$z = g(y) \quad \text{und} \quad y = f(x)$$

gegeben sind, und wenn die zweite Funktion in die erste eingesetzt wird, so erhalten wir die zusammengesetzte Funktion

$$z = k(x) = g[f(x)].$$

Wir behaupten, daß

$$k'(x) = g'(y)\, f'(x) \tag{4}$$

ist. Denn, wenn wir schreiben

$$\frac{k(x_1) - k(x)}{x_1 - x} = \frac{z_1 - z}{y_1 - y} \cdot \frac{y_1 - y}{x_1 - x},$$

worin $y_1 = f(x_1)$ und $z_1 = g(y_1) = k(x_1)$ ist, und lassen wir dann x_1 gegen x rücken, so strebt die linke Seite gegen $k'(x)$, und die beiden Faktoren der rechten Seite streben gegen $g'(y)$ bzw. $f'(x)$, womit (4) bewiesen ist.

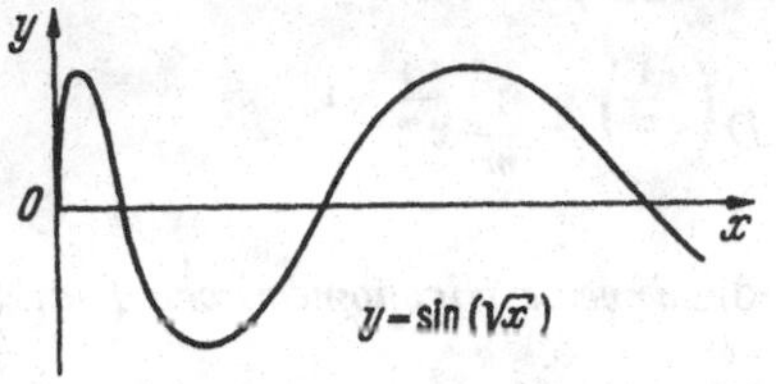

Fig. 272

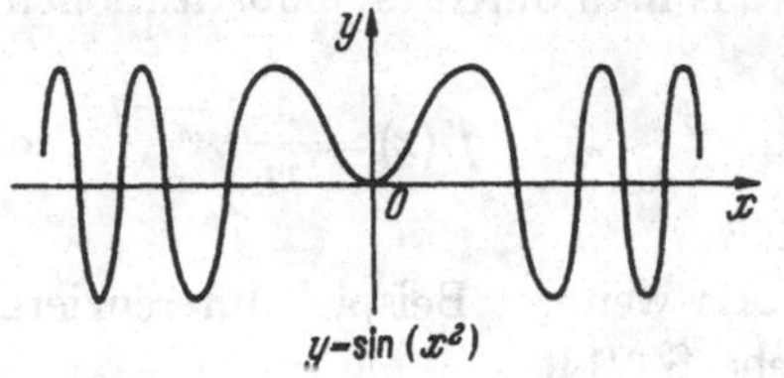

Fig. 273

Bei diesem Beweis war die Bedingung $y_1 - y \neq 0$ notwendig. Denn wir dividierten durch $\Delta y = y_1 - y$, und wir können keine Werte x_1 benutzen, für die $y_1 - y = 0$ ist. Aber die Formel (4) bleibt gültig, selbst wenn in einem Intervall um x herum $\Delta y = 0$ ist; y ist dann konstant, $f'(x)$ ist 0, $k(x) = g(y)$ ist konstant in bezug auf x, (da y sich mit x nicht ändert) und folglich ist $k'(x) = 0$, was in diesem Fall der Aussage von (4) entspricht.

Es wird empfohlen, die folgenden Beispiele nachzuprüfen:

$$k(x) = \sin\sqrt{x}, \quad k'(x) = (\cos\sqrt{x})\frac{1}{2\sqrt{x}},$$

$$k(x) = \sqrt{x} + \sqrt{x^5}, \quad k'(x) = (1 + 5x^2)\frac{1}{2\sqrt{x}},$$

$$k(x) = \sin(x^2), \quad k'(x) = \cos(x^2) \cdot 2x,$$

$$k(x) = \sin\frac{1}{x}, \quad k'(x) = -\cos\left(\frac{1}{x}\right)\frac{1}{x^2},$$

$$k(x) = \sqrt{1 - x^2}, \quad k'(x) = \frac{-1}{2\sqrt{1 - x^2}} \cdot 2x = \frac{-x}{\sqrt{1 - x^2}}.$$

Übung: Mit Hilfe der Resultate von S. 319 und S. 327 zeige man, daß die Funktion

$$f(x) = \sqrt[m]{x^s} = x^{\frac{s}{m}}$$

die Ableitung hat

$$f'(x) = \frac{s}{m}\, x^{\frac{s}{m} - 1}.$$

Man beachte, daß alle unsere Formeln, die Potenzen von x betreffen, zu einer einzigen zusammengefaßt werden können:

Wenn r eine beliebige positive oder negative rationale Zahl ist, so hat die Funktion

$$f(x) = x^r$$

die Ableitung

$$f'(x) = r\, x^{r-1}.$$

Übungen: 1. Die Differentiationen der Übungen auf S. 319 sollen mit Hilfe der Regeln dieses Abschnitts durchgeführt werden.

2. Man differenziere folgende Funktionen: $x \sin x$, $\frac{1}{1+x^2} \sin n x$, $(x^3 - 3x^2 - x + 1)^3$, $1 + \sin^2 x$, $x^2 \sin \frac{1}{x^2}$, $\arcsin(\cos n x)$, $\tan \frac{1+x}{1-x}$, $\arctan \frac{1+x}{1-x}$, $\sqrt[4]{1-x^2}$, $\frac{1}{1+x^2}$.

3. Man bestimme die zweiten Ableitungen von einigen der vorstehenden Funktionen und von $\frac{1-x}{1+x}$, $\arctan x$, $\sin^2 x$, $\tan x$.

4. Man differenziere $c_1 \sqrt{(x-x_1)^2 + y_1^2} + c_2 \sqrt{(x-x_2)^2 + y_2^2}$, *und beweise die Minimumeigenschaft des Lichtstrahls bei Reflexion und Brechung, die in Kapitel VII S. 252 und S. 289 besprochen wurde. Dabei soll die Reflexion oder Brechung an der x-Achse stattfinden, und die Koordinaten der Endpunkte des Lichtweges seien x_1, y_1, bzw. x_2, y_2. (Bemerkung: Die Funktion besitzt nur einen Punkt mit verschwindender Ableitung, und da offenbar nur ein Minimum und kein Maximum auftritt, ist es nicht nötig, die zweite Ableitung zu untersuchen.)

Weitere Probleme über Maxima und Minima: 5. Man bestimme die Extrema der folgenden Funktionen, skizziere ihre Kurven und stelle die Abschnitte fest, in denen sie zunehmen, abnehmen, nach unten und nach oben konkav sind:

$$x^3 - 6x + 2, \quad \frac{x}{1+x^2}, \quad \frac{x^2}{1+x^4}, \quad \cos^2 x.$$

6. Man untersuche die Maxima und Minima der Funktion $x^3 + 3ax + 1$ in ihrer Abhängigkeit von a.

7. Welcher Punkt der Hyperbel $2y^2 - x^2 = 2$ hat den kleinsten Abstand von dem Punkt $x = 0$, $y = 3$?

8. Unter allen Rechtecken von gegebenem Flächeninhalt ist das mit der kürzesten Diagonale zu bestimmen.

9. Der Ellipse $x^2/a^2 + y^2/b^2 = 1$ ist das Rechteck mit dem größten Flächeninhalt einzubeschreiben.

10. Von allen Kreiszylindern von gegebenem Volumen ist der mit der kleinsten Oberfläche zu bestimmen.

§ 4. Die Leibnizsche Schreibweise und das „Unendlich Kleine"

Newton und Leibniz wußten das Integral und die Ableitung als Grenzwerte zu bestimmen. Aber die eigentlichen Grundlagen des „Kalküls", wie man die Infinitesimalrechnung früher bezeichnete, wurden lange verdunkelt durch die verbreitete Abneigung, den Grenzbegriff allein als wahre Quelle der neuen Methoden anzuerkennen. Weder Newton noch Leibniz brachten es über sich, eine solche unmißverständliche Auffassung auszusprechen, so einfach sie uns heute auch erscheint, nachdem der Grenzbegriff vollkommen klar herausgearbeitet worden ist. So wurde der Gegenstand mehr als ein Jahrhundert lang durch Formulierungen wie „unendlich kleine Größen", „Differentiale", „letzte Verhältnisse" usw. verschleiert. Das Widerstreben, mit dem diese Vorstellungen schließlich aufgegeben wurden, war tief verwurzelt in der philosophischen Einstellung der damaligen Zeit und in dem Wesen des menschlichen Geistes überhaupt. Man hätte argumentieren können: „Natürlich lassen sich Integral und Ableitung als Grenzwerte berechnen. Aber was *sind* schließlich diese Objekte selbst, unabhängig von der besonderen Art, sie als Grenzprozesse zu beschreiben? Es scheint doch selbstverständlich, daß anschauliche Begriffe, wie Fläche und Steigung einer Kurve, eine absolute Bedeutung in sich tragen und nicht auf Hilfsvorstellungen wie eingeschriebene Polygone oder Sekanten und deren Grenzwerte angewiesen sind!" Es ist in der Tat psychologisch ganz natürlich, nach angemessenen Definitionen von Fläche und Steigung als „Dingen an sich" zu suchen. Diesem Bedürfnis zu entsagen und statt dessen in den Grenzprozessen die einzige wissenschaftlich brauchbare Definition zu sehen – dies entspricht einer reiferen Geisteshaltung, die auch auf anderen Gebieten dem Fortschritt den Weg bereitet hat. Im 17. Jahrhundert gab es noch keine geistige Tradition, die solchen philosophischen Radikalismus gestattet hätte.

LEIBNIZ' Versuch, die Ableitung zu „erklären", begann vollkommen korrekt mit dem Differenzenquotienten einer Funktion $f(x)$,

$$\frac{\Delta y}{\Delta x} = \frac{f(x_1) - f(x)}{x_1 - x}.$$

Für den Limes, also die Ableitung, die wir $f'(x)$ genannt haben (dem später von LAGRANGE eingeführten Brauch entsprechend), schrieb LEIBNIZ

$$\frac{dy}{dx},$$

indem er das Differenzsymbol Δ durch das „Differentialsymbol" d ersetzte. Wenn wir verstehen, daß dieses Symbol nur andeuten soll, daß der Grenzübergang $\Delta x \to 0$ und folglich $\Delta y \to 0$ auszuführen ist, besteht keine Schwierigkeit und nichts Geheimnisvolles. *Ehe* man zur Grenze übergeht, wird der Nenner Δx in dem Quotienten $\Delta y/\Delta x$ weggekürzt oder so umgeformt, daß der Grenzprozeß glatt durchgeführt werden kann. Dies ist entscheidend für die Durchführung der Differentiation. Hätten wir versucht, ohne eine solche vorherige Umformung zur Grenze überzugehen, so hätten wir nur die sinnlose Beziehung $\Delta y/\Delta x = 0/0$ erhalten, mit der sich gar nichts anfangen läßt. Mystizismus und Konfusion ergeben sich nur, wenn wir mit LEIBNIZ und vielen seiner Nachfolger etwa folgendermaßen argumentieren.

„Δx nähert sich nicht der Null. Vielmehr ist der ‚letzte Wert' von Δx nicht 0, sondern eine ‚unendliche kleine Größe', ein ‚Differential', dx genannt, und ebenso hat Δy einen „letzten" unendlich kleinen Wert dy. Der Quotient dieser unendlich kleinen Differentiale ist wieder eine gewöhnliche Zahl, $f'(x) = dy/dx$". LEIBNIZ nannte daher die Ableitung „*Differentialquotient*". Solche unendlich kleinen Größen wurden als eine neue Art von Zahlen aufgefaßt, die nicht Null sind, aber kleiner als jede positive Zahl des reellen Zahlensystems. Nur wer den richtigen „mathematischen Sinn" besaß, konnte diesen Begriff erfassen, und man hielt die Infinitesimalrechnung für ausgesprochen schwierig, weil nicht jeder diesen Sinn besitzt oder entwickeln kann. In ähnlicher Weise wurde auch das Integral als eine Summe unendlich vieler „unendlich kleiner Größen" $f(x)\,dx$ aufgefaßt. Eine solche Summe, so schien man zu empfinden, sei das Integral oder die Fläche, während die Berechnung des Wertes als *Grenzwert einer endlichen Summe gewöhnlicher Zahlen* $f(x_j)\,\Delta x$ nur als Hilfsmittel angesehen wurde. Heute verzichten wir einfach auf eine „direkte" Erklärung und *definieren* das Integral als den Grenzwert einer endlichen Summe. Auf diese Weise werden die Schwierigkeiten vermieden, und die Infinitesimalrechnung wird auf eine solide Grundlage gestellt.

Trotz dieser späteren Entwicklung wurde die Leibnizsche Schreibweise dy/dx für $f'(x)$ und $\int f(x)\,dx$ für das Integral beibehalten und hat sich als äußerst nützlich bewährt. Sie tut keinerlei Schaden, wenn wir die Buchstaben d nur als Symbole für einen Grenzübergang ansehen. Die Leibnizsche Schreibweise hat den Vorzug, daß man mit den Grenzwerten von Quotienten und Summen in gewissem Sinne so umgehen kann, „als ob" sie wirkliche Quotienten und Summen wären. Die suggestive Kraft dieses Symbolismus hat vielfach die Menschen verleitet, diesen Symbolen einen gänzlich unmathematischen Sinn beizulegen. Aber wenn wir dieser Versuchung widerstehen, dann ist die Leibnizsche Schreibweise zumindest eine vorzügliche Abkürzung für die etwas umständliche Schreibweise des Grenzprozesses; tatsächlich ist sie für die weiter fortgeschrittenen Zweige der Theorie nahezu unentbehrlich.

Zum Beispiel ergab die Regel (d) auf S. 326 für die Differentiation der inversen Funktion $x = g(y)$ von $y = f(x)$, daß $g'(y) \cdot f'(x) = 1$. In der Leibnizschen Schreibweise stellt sie sich einfach dar als

$$\frac{dx}{dy} \cdot \frac{dy}{dx} = 1,$$

„als ob" die „Differentiale" weggekürzt werden dürften wie bei einem gewöhnlichen Bruch. Ebenso schreibt sich die Regel (e) der S. 328 für die Differentiation einer zusammengesetzten Funktion $z = k(x)$, wenn

$$z = g(y), \quad y = f(x),$$

jetzt als

$$\frac{dz}{dx} = \frac{dz}{dy} \cdot \frac{dy}{dx}.$$

Die Leibnizsche Schreibweise hat ferner den Vorzug, daß sie den Nachdruck auf die *Größen* x, y, z legt, mehr als auf ihre explizite funktionale Verknüpfung. Diese drückt ein *Verfahren* aus, eine *Operation*, die eine Größe y aus einer andern Größe x entstehen läßt, z. B. erzeugt die Funktion $y = f(x) = x^2$ eine Größe y gleich dem Quadrat der Größe x. Die Operation (das Quadrieren) ist in den Augen des Mathematikers das Wesentliche; aber die Physiker und Techniker interessieren sich im allgemeinen in erster Linie für die Größen selbst. Daher ist der Nachdruck, den die Leibnizsche Schreibweise den Größen selbst verleiht, für alle angewandten Mathematiker besonders ansprechend.

Noch eine weitere Bemerkung sei angeführt. Während die „Differentiale" als unendlich kleine Größen endgültig diskreditiert und abgeschafft sind, hat sich dasselbe Wort „Differential" durch eine Hintertür wieder eingeschlichen, – diesmal zur Bezeichnung eines vollkommen berechtigten und nützlichen Begriffs. Es bedeutet jetzt einfach eine Differenz Δx, wenn Δx im Verhältnis zu den anderen vorkommenden Größen klein ist. Wir können uns hier nicht auf eine Erörterung des Wertes dieser Vorstellung für Näherungsrechnungen einlassen. Auch können wir nicht noch andere legitime mathematische Begriffsbildungen erörtern, für die ebenfalls der Name „Differentiale" eingeführt worden ist und von denen einige sich in der Infinitesimalrechnung und ihren Anwendungen auf die Geometrie durchaus als nützlich erwiesen haben.

§ 5. Der Fundamentalsatz der Differential- und Integralrechnung

1. Der Fundamentalsatz

Die Idee der Integration und bis zu einem gewissen Grade auch die der Differentiation waren schon vor Newton und Leibniz recht gut entwickelt. Um die gewaltige Entwicklung der neueren Analysis in Gang zu setzen, war nur noch eine weitere einfache Entdeckung notwendig. Die beiden anscheinend ganz verschiedenartigen Grenzprozesse, die bei der Differentiation und Integration einer Funktion auftreten, hängen eng zusammen. Sie sind tatsächlich invers zueinander wie etwa die Operationen der Addition und Subtraktion oder der Multiplikation und Division. Es gibt keine Differentialrechnung für sich und Integralrechnung für sich, sondern nur eine *Infinitesimalrechnung*.

Es war die große Leistung von LEIBNIZ und NEWTON, diesen *Fundamentalsatz der Infinitesimalrechnung* zuerst erkannt und angewandt zu haben. Natürlich lag ihre Entdeckung auf dem geraden Wege der wissenschaftlichen Entwicklung, und es ist naheliegend, daß verschiedene Gelehrte unabhängig voneinander und fast zur gleichen Zeit zu der klaren Einsicht in die Situation gelangt sind.

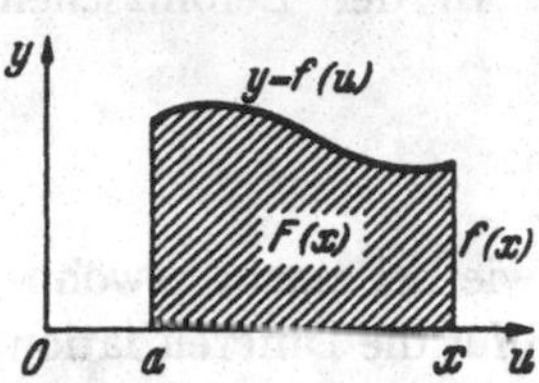

Fig. 274. Das Integral als Funktion der oberen Grenze

Um den Fundamentalsatz zu formulieren, betrachten wir das Integral einer Funktion $f(x)$ von der festen unteren Grenze a an bis zu der variablen oberen Grenze x. Um Verwechslungen zwischen der oberen Integrationsgrenze und der Variablen x zu vermeiden, die in dem Symbol $f(x)$ vorkommt, schreiben wir dieses Integral in der Form (siehe S. 313)

$$(1) \qquad F(x) = \int_a^x f(u)\, du ,$$

um anzudeuten, daß wir das Integral als Funktion $F(x)$ der oberen Grenze x ansehen wollen (Fig. 274). Diese Funktion $F(x)$ ist die Fläche unter der Kurve $y = f(u)$ von der Stelle $u = a$ bis zur Stelle $u = x$. Zuweilen wird das Integral $F(x)$ mit variabler oberer Grenze ein „unbestimmtes" Integral genannt.

Nun besagt der Fundamentalsatz der Infinitesimalrechnung:

Die Ableitung des unbestimmten Integrals (1) *als Funktion von x ist gleich dem Wert von* $f(u)$ *an der Stelle x:*

$$F'(x) = f(x) .$$

Mit anderen Worten, der Prozeß der Integration, der von der Funktion $f(x)$ *zu* $F(x)$ *führt, wird rückgängig gemacht durch den Prozeß der Differentiation, angewandt auf* $F(x)$, d. h. er wird umgekehrt.

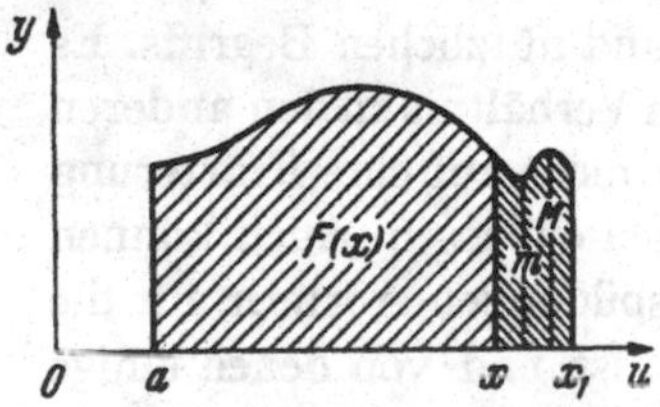

Fig. 275. Beweis des Fundamentalsatzes

Auf anschaulicher Grundlage kann der Beweis sehr einfach geführt werden. Er beruht auf der Deutung des Integrals $F(x)$ als einer Fläche und würde erschwert werden, wenn man versuchte, $F(x)$ durch eine Kurve und die Ableitung $F'(x)$ durch ihre Steigung darzustellen. Statt dieser ursprünglichen geometrischen Deutung der Ableitung behalten wir die geometrische Erklärung des Integrals $F(x)$ bei, gehen aber bei der Differentiation von $F(x)$ analytisch vor. Die Differenz

$$F(x_1) - F(x)$$

ist einfach die Fläche zwischen x und x_1 in Fig. 275, und wir sehen, daß diese

Fläche zwischen den Werten $(x_1 - x)m$ und $(x_1 - x)M$ liegt,

$$(x_1 - x)m \leqq F(x_1) - F(x) \leqq (x_1 - x)M,$$

worin M und m der größte bzw. kleinste Wert von $f(u)$ zwischen x und x_1 sind. Denn diese beiden Produkte sind die Rechteckflächen, welche die von der Kurve begrenzte Fläche einschließen bzw. von ihr eingeschlossen werden. Es folgt

$$m \leqq \frac{F(x_1) - F(x)}{x_1 - x} \leqq M.$$

Wir wollen annehmen, daß die Funktion $f(u)$ stetig ist, so daß, wenn x_1 sich x nähert, sowohl M wie m sich $f(x)$ nähern. Dann haben wir

$$F'(x) = \lim \frac{F(x_1) - F(x)}{x_1 - x} = f(x), \tag{2}$$

wie behauptet. Anschaulich bedeutet dies, daß das Änderungsverhältnis der Fläche unter der Kurve bei Zunahme von x gleich der Höhe der Kurve an der Stelle x ist.

In manchen Lehrbüchern wird das Wesen des Fundamentalsatzes durch eine ungünstig gewählte Bezeichnungsweise verdunkelt. Viele Autoren führen zuerst die Ableitung ein und definieren dann die Integration einfach als die inverse Operation der Differentiation, indem sie sagen, daß $G(x)$ ein unbestimmtes Integral von $f(x)$ ist, wenn

$$G'(x) = f(x).$$

So wird die Differentiation sofort mit dem Wort „Integral" verknüpft. Erst später wird dann der Begriff des „bestimmten Integrals" als Fläche oder als Grenzwert einer Summe eingeführt, und es wird nicht betont, daß das Wort „Integral" nun eine andere Bedeutung hat. Auf diese Weise wird die Haupttatsache der Theorie durch eine Hintertür eingeschmuggelt, und der Anfänger wird in seinem Bestreben um ein wirkliches Verständnis ernstlich behindert. Wir ziehen es vor, Funktionen $G(x)$, für die $G'(x) = f(x)$ gilt, nicht „unbestimmte Integrale" zu nennen, sondern *primitive Funktionen oder Stammfunktionen* von $f(x)$. Der Fundamentalsatz sagt dann einfach aus:

$F(x)$, das Integral von $f(u)$ mit fester unterer und variabler oberer Grenze, ist eine primitive Funktion von $f(x)$.

Wir sagen „eine" primitive Funktion und nicht „die" primitive Funktion, denn wenn $G(x)$ eine primitive Funktion von $f(x)$ ist, dann ist offensichtlich auch

$$H(x) = G(x) + c \qquad (c = \text{eine beliebige Konstante})$$

eine primitive Funktion, wegen $H'(x) = G'(x)$. Auch das Umgekehrte ist richtig. *Zwei primitive Funktionen $G(x)$ und $H(x)$ können sich nur um eine Konstante unterscheiden.* Denn die Differenz $U(x) = G(x) - H(x)$ hat die Ableitung $U'(x) = G'(x) - H'(x) = f(x) - f(x) = 0$ und ist demnach konstant, da eine Funktion, die durch eine überall horizontale Kurve dargestellt wird, notwendig konstant sein muß.

Dies führt zu einer wichtigen Regel für das Bestimmen des Wertes eines Integrals von a bis b, sofern wir eine primitive Funktion $G(x)$ von $f(x)$ kennen. Nach unserm Hauptsatz ist

$$F(x) = \int_a^x f(u)\, du$$

auch eine primitive Funktion von $f(x)$. Daher ist $F(x) = G(x) + c$, worin c eine Konstante ist. Diese Konstante kann bestimmt werden, wenn wir daran denken, daß $F(a) = \int_a^a f(u)\,du = 0$. Dies ergibt $0 = G(a) + c$, also $c = -G(a)$. Daher ist das bestimmte Integral zwischen den Grenzen a und x einfach $F(x) = \int_a^x f(u)\,du = G(x) - G(a)$, oder, wenn wir b statt x schreiben,

$$\int_a^b f(u)\,du = G(b) - G(a)\,, \tag{3}$$

unabhängig davon, welche besondere primitive Funktion $G(x)$ wir gewählt haben. Mit anderen Worten:

Um das bestimmte Integral $\int_a^b f(x)\,dx$ auszuwerten, brauchen wir nur eine Funktion $G(x)$ zu finden, für die $G'(x) = f(x)$, und dann die Differenz $G(b) - G(a)$ zu bilden.

2. Erste Anwendungen. Integration von x^r, $\cos x$, $\sin x$, $\operatorname{arc\,tan} x$

Es ist hier unmöglich, von der Reichweite des Fundamentalsatzes eine angemessene Vorstellung zu geben, aber vielleicht werden die folgenden Beispiele wenigstens eine Andeutung liefern. Die Probleme, denen man in der Mechanik, der Physik oder der reinen Mathematik begegnet, führen sehr oft auf bestimmte Integrale, nach deren Wert gefragt wird. Der direkte Versuch, ein solches Integral als Grenzwert einerSumme zu berechnen, kann schwierig sein. Andererseits ist es, wie wir in § 3 sahen, verhältnismäßig einfach, alle möglichen Arten von Differentiationen auszuführen und einen „Vorrat" von Kenntnissen auf diesem Gebiet zu sammeln. Jede Ableitungsformel $G'(x) = f(x)$ kann rückwärts gelesen werden und liefert dann eine primitive Funktion $G(x)$ für $f(x)$. Mit Hilfe der Formel (3) kann dies ausgenutzt werden, um das Integral von $f(x)$ zwischen zwei beliebigen Grenzen zu bestimmen.

Wenn wir zum Beispiel das Integral von x^2 oder x^3 oder x^n suchen, so können wir jetzt viel einfacher vorgehen als in § 1. Wir wissen aus unserer Differentiationsformel für x^n, daß die Ableitung von x^n gleich $n\,x^{n-1}$ ist, so daß die Ableitung von

$$G(x) = \frac{x^{n+1}}{n+1} \qquad (n \neq -1)$$

sich als

$$G'(x) = \frac{n+1}{n+1}\,x^n = x^n$$

ergibt. Daher ist $\dfrac{x^{n+1}}{(n+1)}$ eine primitive Funktion von $f(x) = x^n$, und folglich haben wir sofort

$$\int_a^b x^n\,dx = G(b) - G(a) = \frac{b^{n+1} - a^{n+1}}{n+1}\,.$$

Dieses Verfahren ist viel einfacher als die mühsame Prozedur, das Integral als Grenzwert einer Summe zu ermitteln.

Noch allgemeiner hatten wir in § 3 gefunden, daß für jedes rationale, positive oder negative s die Funktion x^s die Ableitung $s\,x^{s-1}$ hat, und daher hat für $s = r + 1$ die Funktion

$$G(x) = \frac{1}{r+1}\,x^{r+1}$$

die Ableitung $f(x) = G'(x) = x^r$. (Wir nehmen an, daß $r \neq -1$, also $s \neq 0$ ist.) Daher ist $\frac{x^{r+1}}{r+1}$ eine primitive Funktion oder ein „unbestimmtes Integral" von x^r, und wir haben (für positive a, b und $r \neq -1$)

(4) $$\int_a^b x^r\,dx = \frac{1}{r+1}\,(b^{r+1} - a^{r+1})\,.$$

In (4) soll im Integrationsintervall der Integrand x^r definiert und stetig sein, wodurch $x = 0$ ausgeschlossen ist, falls $r < 0$. Daher machen wir die Annahme, daß in diesem Fall a und b positiv sind.

Für $G(x) = -\cos x$ haben wir $G'(x) = \sin x$, daher ist

$$\int_0^a \sin x\,dx = -(\cos a - \cos 0) = 1 - \cos a\,.$$

Ebenso folgt, da für $G(x) = \sin x$ die Ableitung $G'(x) = \cos x$ ist,

$$\int_0^a \cos x\,dx = \sin a - \sin 0 = \sin a\,.$$

Ein besonders interessantes Resultat ergibt sich aus der Formel für die Differentiation der inversen Tangensfunktion, $D \operatorname{arc\,tan} x = \frac{1}{1+x^2}$. Es folgt, daß die Funktion $\operatorname{arc\,tan} x$ eine primitive Funktion von $\frac{1}{1+x^2}$ ist, und wir erhalten aus der Formel (3) das Resultat

$$\operatorname{arc\,tan} b - \operatorname{arc\,tan} 0 = \int_0^b \frac{1}{1+x^2}\,dx\,.$$

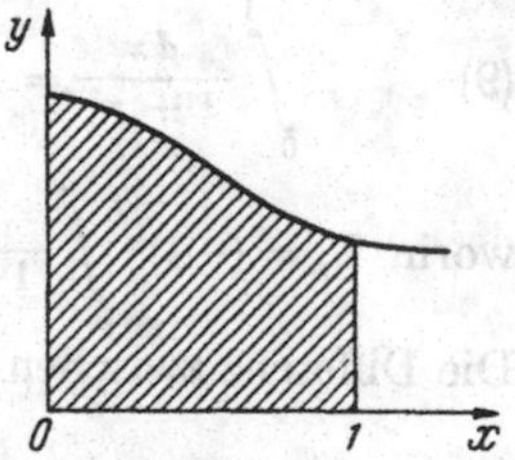

Fig. 276. $\frac{\pi}{4}$ als Fläche unter $y = \frac{1}{1+x^2}$ von 0 bis 1.

Nun ist $\operatorname{arc\,tan} 0 = 0$, da zu dem Wert 0 des Tangens der Wert 0 des Winkels gehört. Daher haben wir

(5) $$\operatorname{arc\,tan} b = \int_0^b \frac{1}{1+x^2}\,dx\,.$$

Ist insbesondere $b = 1$, so ist $\operatorname{arc\,tan} b = \pi/4$, da dem Wert 1 des Tangens der Winkel von 45°, oder vom Bogenmaß $\pi/4$ entspricht. Daher erhalten wir die bemerkenswerte Formel

(6) $$\frac{\pi}{4} = \int_0^1 \frac{1}{1+x^2}\,dx\,.$$

Sie zeigt, daß die Fläche unter der Kurve $y = \frac{1}{1+x^2}$ von 0 bis 1 ein Viertel der Fläche eines Kreises vom Radius 1 ist.

3. Die Leibnizsche Formel für π

Das letzte Ergebnis führt zu einer der schönsten mathematischen Entdeckungen des 17. Jahrhunderts, der Leibnizschen alternierenden Reihe für π:

$$\frac{\pi}{4} = \frac{1}{1} - \frac{1}{3} + \frac{1}{5} - \frac{1}{7} + \frac{1}{9} - \frac{1}{11} + \cdots. \tag{7}$$

Mit dem Symbol $+ \cdots$ meinen wir, daß die Folge endlicher „Partialsummen", die man erhält, indem man den Ausdruck auf der rechten Seite nach n Gliedern abbricht, gegen den Grenzwert $\pi/4$ konvergiert, wenn n zunimmt.

Um diese berühmte Formel zu beweisen, brauchen wir uns nur an die endliche geometrische Reihe $\frac{1-q^n}{1-q} = 1 + q + q^2 + \cdots + q^{n-1}$ oder

$$\frac{1}{1-q} = 1 + q + q^2 + \cdots + q^{n-1} + \frac{q^n}{1-q}$$

zu erinnern. In dieser algebraischen Identität substituieren wir $q = -x^2$ und erhalten

$$\frac{1}{1+x^2} = 1 - x^2 + x^4 - x^6 + \cdots + (-1)^{n-1} x^{2n-2} + R_n, \tag{8}$$

worin das „Restglied" R_n den Wert hat

$$R_n = (-1)^n \frac{x^{2n}}{1+x^2}.$$

Die Gleichung (8) kann nun zwischen den Grenzen 0 und 1 integriert werden. Nach Regel (a) von § 3 haben wir auf der rechten Seite die Summe der Integrale der einzelnen Glieder zu nehmen. Da nach (4) $\int\limits_a^b x^m\,dx = \frac{b^{m+1} - a^{m+1}}{m+1}$, so finden wir $\int\limits_0^1 x^m\,dx = \frac{1}{m+1}$, und daher ist

$$\int\limits_0^1 \frac{dx}{1+x^2} = 1 - \frac{1}{3} + \frac{1}{5} - \frac{1}{7} + \cdots + (-1)^{n-1} \frac{1}{2n-1} + T_n, \tag{9}$$

worin $T_n = (-1)^n \int\limits_0^1 \frac{x^{2n}}{1+x^2}\,dx$. Nach (6) ist die linke Seite von (9) gleich $\pi/4$. Die Differenz zwischen $\pi/4$ und der Partialsumme

$$S_n = 1 - \frac{1}{3} + \frac{1}{5} + \cdots + \frac{(-1)^{n-1}}{2n-1}$$

ist $\pi/4 - S_n = T_n$. Es bleibt zu zeigen, daß T_n gegen Null strebt, wenn n zunimmt. Nun ist

$$\frac{x^{2n}}{1+x^2} \leqq x^{2n} \qquad \text{für } 0 \leqq x \leqq 1.$$

Erinnern wir uns an Formel (13) von § 1, die aussagt, daß $\int\limits_a^b f(x)\,dx \leqq \int\limits_a^b g(x)\,dx$, wenn $f(x) \leqq g(x)$ und $a < b$, so sehen wir, daß

$$|T_n| = \int\limits_0^1 \frac{x^{2n}}{1+x^2}\,dx \leqq \int\limits_0^1 x^{2n}\,dx;$$

da die rechte Seite gleich $\frac{1}{2n+1}$ ist, wie wir oben sahen [Formel (4)], so ergibt sich $|T_n| < \frac{1}{2n+1}$. Folglich ist

$$\left|\frac{\pi}{4} - S_n\right| < \frac{1}{2n+1}.$$

Dies zeigt, daß S_n mit wachsendem n gegen $\pi/4$ strebt, da $\frac{1}{2n+1}$ gegen Null strebt. Damit ist die Leibnizsche Formel bewiesen.

§ 6. Die Exponentialfunktion und der Logarithmus

Die Grundbegriffe der Infinitesimalrechnung liefern eine viel angemessenere Theorie des Logarithmus und der Exponentialfunktion als das „elementare" Verfahren, das im üblichen Schulunterricht zugrunde gelegt wird. Dort geht man gewöhnlich von den ganzzahligen Potenzen a^n einer positiven Zahl a aus und definiert dann $a^{1/m} = \sqrt[m]{a}$, womit man den Wert a^r für alle rationalen $r = n/m$ erhält. Der Wert von a^x für jedes irrationale x wird dann so definiert, daß a^x eine stetige Funktion von x wird, ein Schritt, dessen Rechtfertigung im Elementarunterricht stillschweigend unterlassen wird. Endlich wird dann der Logarithmus von y zur Basis a

$$x = \lg_a y$$

als inverse Funktion zu $y = a^x$ definiert.

In der folgenden Theorie dieser Funktionen, die auf der Infinitesimalrechnung basiert, wird die Reihenfolge umgekehrt. Wir fangen mit dem Logarithmus an und erhalten dann die Exponentialfunktion.

1. Definition und Eigenschaften des Logarithmus. Die Eulersche Zahl e

Wir definieren den Logarithmus oder genauer gesagt den „natürlichen Logarithmus" $F(x) = \ln x$ (seine Beziehung zu dem gewöhnlichen Logarithmus mit der Basis 10 wird im Abschnitt 2 gezeigt werden) als die Fläche unter der Kurve $y = 1/u$ von $u = 1$ bis $u = x$, oder was auf dasselbe hinausläuft, als das Integral

$$F(x) = \ln x = \int_1^x \frac{1}{u}\,du \tag{1}$$

(siehe Fig. 5, S. 23). Die Variable x kann eine beliebige positive Zahl sein. Null ist ausgeschlossen, weil der Integrand $1/u$ unendlich wird, wenn u gegen Null geht.

Es liegt durchaus nahe, die Funktion $F(x)$ zu studieren. Denn wir wissen, daß die Stammfunktion irgendeiner Potenz x^n gleich einer Funktion $\frac{x^{n+1}}{n+1}$ von demselben Typus ist, außer wenn $n = -1$. In diesem Falle würde der Nenner $n + 1$ verschwinden, und die Formel (4) S. 335 würde sinnlos werden. So können wir erwarten, daß die Integration von $1/x$ oder $1/u$ uns auf einen neuen – und interessanten – Funktionstypus führen wird.

Obwohl wir (1) als Definition der Funktion $\ln x$ auffassen, können wir nicht sagen, daß wir die Funktion „kennen", ehe wir nicht ihre Eigenschaften abgeleitet und Methoden zu ihrer zahlenmäßigen Berechnung gefunden haben. Es ist typisch für die moderne Betrachtungsweise, daß wir von allgemeinen Begriffen, wie Fläche und Integral, ausgehen, auf dieser Basis Definitionen wie die von (1) aufstellen, sodann Eigenschaften der definierten Objekte ableiten und erst ganz zuletzt bei expliziten Ausdrücken zur numerischen Berechnung anlangen.

Die erste wichtige Eigenschaft von $\ln x$ ist eine unmittelbare Konsequenz des Fundamentalsatzes von § 5. Dieser Satz liefert die Gleichung

$$F'(x) = \frac{1}{x}\,. \tag{2}$$

Aus (2) folgt, daß die Ableitung immer positiv ist, wodurch die bekannte Tatsache bestätigt wird, daß die Funktion $\ln x$ eine monoton zunehmende Funktion ist, wenn wir uns in der Richtung wachsender x-Werte bewegen.

Die Haupteigenschaft des Logarithmus wird durch die Formel ausgedrückt

$$\ln a + \ln b = \ln(ab)\,. \tag{3}$$

Die Bedeutung dieser Formel für die praktische Anwendung des Logarithmus bei numerischen Berechnungen ist bekannt. Anschaulich könnte die Formel (3) erhalten werden, indem man sich die Flächen ansieht, welche die drei Größen $\ln a$, $\ln b$ und $\ln(ab)$ definieren. Aber wir ziehen es vor, sie durch eine für den „Kalkül" typische Überlegung abzuleiten: zusammen mit der Funktion $F(x) = \ln x$ betrachten wir die zweite Funktion

$$k(x) = \ln(ax) = \ln w = F(w)\,,$$

indem wir $w = f(x) = ax$ setzen, worin a eine beliebige positive Konstante ist. Wir können $k(x)$ leicht differenzieren nach der Regel (e) von § 3: $k'(x) = F'(w)f'(x)$. Nach (2) und wegen $f'(x) = a$ wird hieraus

$$k'(x) = \frac{a}{w} = \frac{a}{ax} = \frac{1}{x}\,.$$

Also hat $k(x)$ dieselbe Ableitung wie $F(x)$; demnach haben wir nach S. 333

$$\ln(ax) = k(x) = F(x) + c\,,$$

worin c eine Konstante ist, die nicht von dem speziellen Wert von x abhängt. Die Konstante c läßt sich bestimmen, indem man für x den speziellen Wert 1 einsetzt. Aus der Definition (1) wissen wir, daß

$$F(1) = \ln 1 = 0\,,$$

da das betreffende Integral für $x = 1$ die gleiche obere und untere Grenze hat. Daher erhalten wir

$$k(1) = \ln(a \cdot 1) = \ln a = \ln 1 + c = c\,,$$

wonach $c = \ln a$, und daher für jedes x

$$\ln(ax) = \ln a + \ln x\,. \tag{3a}$$

Setzen wir $x = b$, so haben wir die verlangte Formel (3).

Insbesondere ergibt sich (für $a = x$) der Reihe nach

$$\begin{aligned} \ln(x^2) &= 2\ln x \\ \ln(x^3) &= 3\ln x \\ &\cdots\cdots\cdots \\ \ln(x^n) &= n\ln x\,. \end{aligned} \tag{4}$$

Die Gleichung (4) zeigt, daß für zunehmende Werte von x die Werte von $\ln x$

gegen unendlich streben. Denn der Logarithmus ist eine monoton zunehmende Funktion, und wir haben zum Beispiel

$$\ln(2^n) = n \ln 2\,,$$

was mit n gegen unendlich strebt. Ferner haben wir

$$0 = \ln 1 = \ln\left(x \cdot \frac{1}{x}\right) = \ln x + \ln\frac{1}{x}\,,$$

so daß

(5) $$\ln\frac{1}{x} = -\ln x\,.$$

Endlich gilt

(6) $$\ln x^r = r \ln x$$

für jede rationale Zahl $r = \frac{m}{n}$. Denn setzen wir $x^r = u$, so haben wir

$$n \ln u = \ln u^n = \ln x^{\frac{m}{n}\cdot n} = \ln x^m = m \ln x\,,$$

so daß

$$\ln x^{\frac{m}{n}} = \frac{m}{n} \ln x\,.$$

Da $\ln x$ eine stetige, monotone Funktion von x ist, die für $x = 1$ den Wert 0 hat und gegen unendlich strebt, wenn n zunimmt, muß es eine gewisse Zahl x größer als 1 geben, für die $\ln x = 1$ ist. Nach EULER nennen wir diese Zahl e. (Die Äquivalenz mit der Definition auf S. 227 werden wir später zeigen.) Also ist e definiert durch die Gleichung

(7) $$\ln e = 1\,.$$

Wir haben die Zahl e auf Grund einer Eigenschaft eingeführt, durch die ihre *Existenz* gesichert ist. Sogleich werden wir die Analyse fortsetzen, indem wir als *Konsequenz* daraus explizite Formeln ableiten, mit denen man beliebig genaue Näherungswerte für e berechnen kann.

2. Die Exponentialfunktion

Fassen wir unsere bisherigen Ergebnisse zusammen, so sehen wir, daß die Funktion $F(x) = \ln x$ für $x = 1$ den Wert Null hat, daß sie monoton zunimmt bis ins Unendliche, aber mit stets abnehmender Steigung $1/x$, und für positive Werte von x kleiner als 1 durch das Negative von $\ln 1/x$ gegeben ist, so daß $\ln x$ für $x \to 0$ negativ unendlich wird.

Wegen des monotonen Charakters von $y = \ln x$ können wir die inverse Funktion $x = E(y)$ betrachten, deren Kurve (Fig. 278) sich in der vorher beschriebenen Art aus der von $y = \ln x$ (Fig. 277) ergibt und die für alle Werte von y zwischen $-\infty$ und $+\infty$ definiert ist. Wenn y

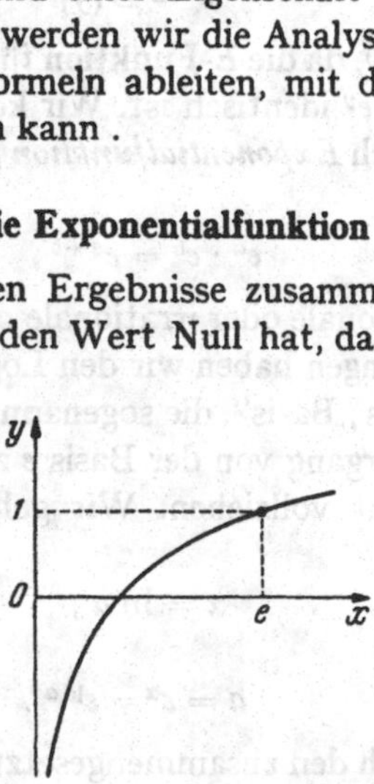

Fig. 277. $y = \ln x$

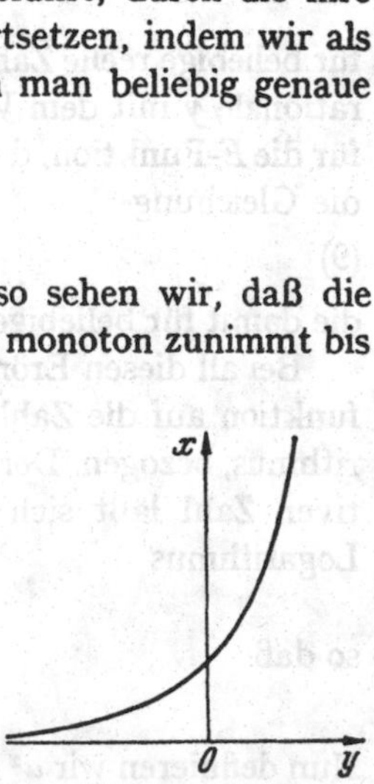

Fig. 278. $x = E(y)$

gegen $-\infty$ geht, strebt der Wert von $E(y)$ gegen Null, und wenn y gegen $+\infty$ geht, strebt $E(y)$ gegen $+\infty$.

Die E-Funktion hat folgende Grundeigenschaft:

$$E(a) \cdot E(b) = E(a+b) \tag{8}$$

für beliebige Wertepaare a, b. Dieses Gesetz ist nur eine andere Form des Gesetzes (3) für den Logarithmus. Denn setzen wir

$$E(b) = x, \quad E(a) = z, \qquad \text{(d. h. } b = \ln x,\ a = \ln z\text{)},$$

so haben wir

$$\ln xz = \ln x + \ln z = b + a$$

und daher ist

$$E(b+a) = xz = E(a) \cdot E(b),$$

was zu beweisen war.

Wegen der Definition $\ln e = 1$ gilt

$$E(1) = e,$$

und es folgt aus (8), daß $e^2 = E(1) \cdot E(1) = E(2)$ usw. Allgemeiner gilt

$$E(n) = e^n$$

für jede ganze Zahl n. In ähnlicher Weise erhält man $E(1/n) = e^{\frac{1}{n}}$, so daß $E(p/q) = E(1/q) \ldots E(1/q) = \left[e^{\frac{1}{q}}\right]^p = e^{\frac{p}{q}}$; setzen wir demnach $p/q = r$, so haben wir

$$E(r) = e^r$$

für jedes rationale r. Daher ist es zweckmäßig, die Operation, mit der die Zahl e zu einer irrationalen Potenz erhoben wird, zu *definieren*, indem man setzt

$$e^y = E(y)$$

für beliebige reelle Zahlen y, da die E-Funktion für alle Werte von y stetig und für rationale y mit dem Wert e^y identisch ist. Wir können jetzt das Grundgesetz (8) für die E-Funktion, die auch *Exponentialfunktion* genannt wird, ausdrücken durch die Gleichung

$$e^a \cdot e^b = e^{a+b}, \tag{9}$$

die damit für beliebige rationale oder irrationale a und b gültig ist.

Bei all diesen Erörterungen haben wir den Logarithmus und die Exponentialfunktion auf die Zahl e als „Basis", die sogenannte „natürliche Basis" des Logarithmus, bezogen. Der Übergang von der Basis e zu einer beliebigen anderen positiven Zahl läßt sich leicht vollziehen. Wir gehen aus von dem (natürlichen) Logarithmus

$$\alpha = \ln a,$$

so daß

$$a = e^\alpha = e^{\ln a}.$$

Nun definieren wir a^x durch den zusammengesetzten Ausdruck

$$z = a^x = e^{\alpha x} = e^{x \ln a}; \tag{10}$$

zum Beispiel

$$10^x = e^{x \ln 10}.$$

Wir nennen die inverse Funktion von a^x *den Logarithmus zur Basis a* und sehen sofort, daß der *natürliche Logarithmus* von z gleich $x \ln a$ ist; mit andern Worten, man erhält den Logarithmus der Zahl z zur Basis a, indem man den natürlichen Logarithmus von z durch den festen Wert des natürlichen Logarithmus von a dividiert. Für $a = 10$ hat dieser (auf drei Stellen hinter dem Komma) den Wert

$$\ln 10 = 2{,}303\,.$$

3. Differentiationsformeln für e^x, a^x, x^s

Da wir die Exponentialfunktion $E(y)$ als inverse Funktion von $y = \ln x$ definiert haben, folgt aus der Regel über die Differentiation inverser Funktionen (§ 3), daß

$$E'(y) = \frac{dx}{dy} = \frac{1}{\frac{dy}{dx}} = \frac{1}{1/x} = x = E(y)\,,$$

d. h.

$$E'(y) = E(y)\,. \tag{11}$$

Die natürliche Exponentialfunktion ist mit ihrer eigenen Ableitung identisch.

Dies ist die eigentliche Quelle aller Eigenschaften der Exponentialfunktion und die wahre Ursache ihrer Bedeutung für die Anwendungen, wie in den folgenden Abschnitten deutlich werden wird. Mit der in Abschnitt 2 eingeführten Schreibweise können wir (11) in die Form bringen

$$\frac{d}{dx} e^x = e^x\,. \tag{11a}$$

In größerer Allgemeinheit ergibt sich durch Differenzieren von

$$f(x) = e^{\alpha x}$$

nach der Regel von § 3

$$f'(x) = \alpha e^{\alpha x} = \alpha f(x)\,.$$

Daher finden wir für $\alpha = \ln a$, daß die Funktion

$$f(x) = a^x$$

die Ableitung hat

$$f'(x) = a^x \ln a\,.$$

Wir können jetzt die Funktion

$$f(x) = x^s$$

für jeden reellen Exponenten s und jede positive Variable x definieren, indem wir setzen

$$x^s = e^{s \ln x}\,.$$

Wenden wir wiederum die Regel für das Differenzieren zusammengesetzter Funktionen an, $f(x) = e^{sz}$, $z = \ln x$, so finden wir $f'(x) = s e^{sz} \frac{1}{x} = s x^s \frac{1}{x}$ und daher ist

$$f'(x) = s x^{s-1}\,,$$

in Übereinstimmung mit unserem früheren Resultat für rationale s.

4. Explizite Ausdrücke für e, e^x und $\ln x$ als Limites

Um explizite Ausdrücke für diese Funktionen zu finden, benutzen wir die Differentiationsformeln für die Exponentialfunktion und den Logarithmus. Da die Ableitung der Funktion $\ln x$ gleich $1/x$ ist, erhalten wir aus der Definition der Ableitung die Beziehung

$$\frac{1}{x} = \lim \frac{\ln x_1 - \ln x}{x_1 - x}, \text{ wenn } x_1 \to x.$$

Setzen wir $x_1 = x + h$ und lassen h gegen Null streben, indem es die Folge

$$h = \frac{1}{2}, \frac{1}{3}, \frac{1}{4}, \ldots, \frac{1}{n}, \ldots$$

durchläuft, so finden wir durch Anwendung der Regeln für Logarithmen

$$\frac{\ln\left(x + \frac{1}{n}\right) - \ln x}{\frac{1}{n}} = n \ln \frac{x + \frac{1}{n}}{x} = \ln\left[\left(1 + \frac{1}{nx}\right)^n\right] \to \frac{1}{x}.$$

Schreiben wir $z = 1/x$ und benutzen wieder die Gesetze für Logarithmen, so ergibt sich

$$z = \lim \ln\left[\left(1 + \frac{z}{n}\right)^n\right], \text{ wenn } n \to \infty.$$

Mit der Exponentialfunktion drückt sich das Ergebnis so aus:

(12) $$e^z = \lim\left(1 + \frac{z}{n}\right)^n, \text{ wenn } n \to \infty.$$

Hier haben wir die berühmte Formel, welche die Exponentialfunktion als einen einfachen Limes definiert. Insbesondere ergibt sich für $z = 1$

(13) $$e = \lim\left(1 + \frac{1}{n}\right)^n$$

und für $z = -1$

(13a) $$\frac{1}{e} = \lim\left(1 - \frac{1}{n}\right)^n.$$

Diese Ausdrücke führen sofort zu Entwicklungen in Form von unendlichen Reihen. Nach dem binomischen Satz finden wir, daß

$$\left(1 + \frac{x}{n}\right)^n = 1 + n\frac{x}{n} + \frac{n(n-1)}{2!}\frac{x^2}{n^2} + \frac{n(n-1)(n-2)}{3!}\frac{x^3}{n^3} + \cdots + \frac{x^n}{n^n}$$

oder

$$\left(1 + \frac{x}{n}\right)^n = 1 + \frac{x}{1!} + \frac{x^2}{2!}\left(1 - \frac{1}{n}\right) + \frac{x^3}{3!}\left(1 - \frac{1}{n}\right)\left(1 - \frac{2}{n}\right) + \cdots$$
$$+ \frac{x^n}{n!}\left(1 - \frac{1}{n}\right)\left(1 - \frac{2}{n}\right)\cdots\left(1 - \frac{n-2}{n}\right)\left(1 - \frac{n-1}{n}\right).$$

Es ist plausibel und leicht vollständig zu beweisen (die Einzelheiten seien hier übergangen), daß man den Übergang zur Grenze $n \to \infty$ vollziehen kann, indem man in jedem Gliede $\frac{1}{n}$ durch 0 ersetzt. Dies ergibt die bekannte unendliche Reihe für e^x

(14) $$e^x = 1 + \frac{x}{1!} + \frac{x^2}{2!} + \frac{x^3}{3!} + \cdots$$

und insbesondere die Reihe für e:

$$e = 1 + \frac{1}{1!} + \frac{1}{2!} + \frac{1}{3!} + \cdots,$$

womit die Identität von e mit der auf S. 227 definierten Zahl festgestellt ist. Für $x = -1$ erhalten wir die Reihe

$$\frac{1}{e} = \frac{1}{2!} - \frac{1}{3!} + \frac{1}{4!} - \frac{1}{5!} + \cdots,$$

die schon mit wenigen Gliedern eine sehr gute numerische Annäherung gibt, da der totale Fehler beim Abbrechen der Reihe nach dem n-ten Gliede absolut genommen kleiner ist als das $(n+1)$-te Glied.

Unter Benutzung der Differentiationsformel für die Exponentialfunktion kann man einen interessanten Ausdruck für den Logarithmus erhalten. Wir haben

$$\lim \frac{e^h - 1}{h} = \lim \frac{e^h - e^0}{h} = 1,$$

wenn h gegen 0 geht, weil dieser Limes die Ableitung von e^y für $y = 0$ ist und diese gleich $e^0 = 1$ ist. In dieser Formel setzen wir für h die Werte z/n ein, worin z eine beliebige, aber feste Zahl ist und n die Folge der positiven ganzen Zahlen durchläuft. Dies ergibt

$$n \frac{e^{z/n} - 1}{z} \to 1$$

oder

$$n\left(\sqrt[n]{e^z} - 1\right) \to z,$$

wenn n gegen unendlich geht. Schreibt man nun $z = \ln x$ oder $e^z = x$, so erhält man schließlich

$$\text{(15)} \qquad \ln x = \lim n\left(\sqrt[n]{x} - 1\right), \quad \text{wenn } n \to \infty.$$

Da $\sqrt[n]{x} \to 1$, wenn $n \to \infty$ (siehe S. 246), stellt dies den Logarithmus als Limes eines Produktes von zwei Faktoren dar, von denen der eine gegen Null, der andere gegen unendlich strebt.

Beispiele und Übungen. Mit Einschluß der Exponentialfunktion und des Logarithmus beherrschen wir jetzt eine große Zahl von Funktionen und haben Zugang zu vielerlei Anwendungen.

Man differenziere: 1. $x(\ln x - 1)$. 2. $\ln(\ln x)$. 3. $\ln\left(x + \sqrt{1 + x^2}\right)$. 4. $\ln\left(x + \sqrt{1 - x^2}\right)$. 5. e^{-x^2}. 6. e^{e^x} (eine zusammengesetzte Funktion e^z mit $z = e^x$). 7. x^x (Anleitung: $x^x = e^{x \ln x}$). 8. $\ln \tan x$. 9. $\ln \sin x$; $\ln \cos x$. 10. $x/\ln x$.

Man bestimme Maxima und Minima von 11. xe^{-x}. 12. $x^2 e^{-x}$. 13. xe^{-ax}.

*14. Man bestimme den geometrischen Ort der höchsten Punkte der Kurven $y = xe^{-ax}$, wenn a variiert.

15. Man zeige, daß alle aufeinanderfolgenden Ableitungen von e^{-x^2} die Form e^{-x^2}, multipliziert mit einem Polynom in x, haben.

*16. Man zeige, daß die n-te Ableitung von e^{-1/x^2} die Form $e^{-1/x^2} \cdot 1/x^{3n}$, multipliziert mit einem Polynom vom Grade $2n - 2$, hat.

*17. *Logarithmische Differentiation.* Mit Hilfe der Grundeigenschaft des Logarithmus kann die Differentiation von Produkten oft auf einfachere Weise durchgeführt werden. Für ein Produkt von der Form

$$p(x) = f_1(x) \cdot f_2(x) \cdots f_n(x)$$

haben wir

$$D(\ln p(x)) = D(\ln f_1(x)) + D(\ln f_2(x)) + \cdots + D(\ln f_n(x))$$

und daher nach der Differentiationsregel für zusammengesetzte Funktionen

$$\frac{p'(x)}{p(x)} = \frac{f_1'(x)}{f_1(x)} + \frac{f_2'(x)}{f_2(x)} + \cdots + \frac{f_n'(x)}{f_n(x)}.$$

Man benutze dies zum Differenzieren von

a) $x(x+1)(x+2)\ldots(x+n)$, b) xe^{-ax^2}.

5. Unendliche Reihen für den Logarithmus. Numerische Berechnung

Zur numerischen Berechnung des Logarithmus benutzt man nicht die Formel (15). Weit besser eignet sich für diesen Zweck ein anderer expliziter Ausdruck von großer theoretischer Bedeutung. Wir gelangen zu diesem Ausdruck mit der auf S. 335 benutzten Methode zur Berechnung von π, indem wir die Definition des Logarithmus durch die Formel (1) verwenden. Ein kleiner vorbereitender Schritt ist erforderlich: Anstatt auf $\ln x$ hinzuzielen, wollen wir versuchen, $y = \ln(1+x)$ auszudrücken, eine Funktion, die aus $y = \ln z$ und $z = 1 + x$ zusammengesetzt ist. Wir haben $\frac{dy}{dx} = \frac{dy}{dz} \cdot \frac{dz}{dx} = \frac{1}{z} \cdot 1 = \frac{1}{1+x}$. Daher ist $\ln(1+x)$ eine Stammfunktion von $\frac{1}{1+x}$, und wir schließen aus dem Fundamentalsatz, daß das Integral von $1/(1+u)$ von 0 bis x gleich $\ln(1+x) - \ln 1 = \ln(1+x)$ ist, in Symbolen

$$\ln(1+x) = \int_0^x \frac{1}{1+u}\,du. \tag{16}$$

(Natürlich hätte man diese Formel genau so gut auch anschaulich aus der geometrischen Deutung des Logarithmus als Fläche gewinnen können. (Vgl. S. 313).

In die Formel (16) setzen wir, wie auf S. 336, die geometrische Reihe für $(1+u)^{-1}$ ein, indem wir schreiben

$$\frac{1}{1+u} = 1 - u + u^2 - u^3 + \cdots + (-1)^{n-1}u^{n-1} + (-1)^n \frac{u^n}{1+u},$$

wobei wir vorsichtshalber nicht die unendliche Reihe hinschreiben, sondern eine endliche Reihe mit dem Restglied

$$R_n = (-1)^n \frac{u^n}{1+u}.$$

Setzen wir diese Reihe in (16) ein, so können wir die Regel benutzen, daß eine solche (endliche) Summe gliedweise integriert werden kann. Das Integral von u^s von 0 bis x liefert $\frac{x^{s+1}}{s+1}$, und so erhalten wir sofort

$$\ln(1+x) = x - \frac{x^2}{2} + \frac{x^3}{3} - \frac{x^4}{4} + \cdots + (-1)^{n-1}\frac{x^n}{n} + T_n,$$

worin das Restglied T_n durch

$$T_n = (-1)^n \int_0^x \frac{u^n}{1+u}\,du$$

gegeben ist. Wir zeigen jetzt, daß T_n gegen Null strebt, wenn n zunimmt, vorausgesetzt, daß x größer als -1 und nicht größer als $+1$ gewählt wird, mit andern Worten, wenn

$$-1 < x \leqq +1,$$

wobei zu bemerken ist, daß $x = +1$ zugelassen ist, aber $x = -1$ nicht. Nach unserer Annahme ist u im Integrationsintervall nicht kleiner als eine Zahl $-\alpha$, die zwar nahe an -1 liegen kann, aber jedenfalls größer ist als -1, so daß $0 < 1 - \alpha \leqq 1 + u$. Daher gilt in dem Intervall von 0 bis x

$$\left|\frac{u^n}{1+u}\right| \leqq \frac{|u|^n}{1-\alpha},$$

und demnach

$$|T_n| = \left|\int_0^x \frac{u^n}{1+u}\,du\right| \leqq \frac{1}{1-\alpha}\left|\int_0^x u^n\,du\right|$$

oder

$$|T_n| \leqq \frac{1}{1-\alpha}\,\frac{|x|^{n+1}}{n+1} \leqq \frac{1}{1-\alpha}\,\frac{1}{n+1}.$$

Da $1 - \alpha$ ein fester Faktor ist, sehen wir, daß bei zunehmendem n dieser Ausdruck gegen 0 strebt, so daß wir aus

(17) $$\left|\ln(1+x) - \left\{x - \frac{x^2}{2} + \frac{x^3}{3} - \cdots + (-1)^{n-1}\frac{x^n}{n}\right\}\right| \leqq \frac{1}{1-\alpha}\,\frac{1}{n+1}$$

die unendliche Reihe erhalten

(18) $$\ln(1+x) = x - \frac{x^2}{2} + \frac{x^3}{3} - \frac{x^4}{4} + \cdots,$$

die für $-1 < x \leqq 1$ gültig ist. Wenn wir insbesondere $x = 1$ wählen, so ergibt sich das interessante Resultat

(19) $$\ln 2 = 1 - \frac{1}{2} + \frac{1}{3} - \frac{1}{4} + \cdots.$$

Diese Formel hat eine ähnliche Struktur wie die der Reihe für $\pi/4$.

Die Reihe (18) ist kein sehr praktisches Hilfsmittel für die numerische Berechnung des Logarithmus, da ihr Gültigkeitsbereich auf die Werte von $1 + x$ zwischen 0 und 2 beschränkt ist, und da sie so langsam konvergiert, daß man sehr viele Glieder nehmen muß, um ein Resultat von annehmbarer Genauigkeit zu erhalten. Mit dem folgenden Kunstgriff können wir einen geeigneteren Ausdruck erzielen: Ersetzen wir x durch $-x$ in (18), so finden wir

(20) $$\ln(1-x) = -x - \frac{x^2}{2} - \frac{x^3}{3} - \frac{x^4}{4} - \cdots.$$

Subtrahieren wir (20) von (18) und benutzen die Tatsache, daß $\ln a - \ln b = \ln a + \ln(1/b) = \ln(a/b)$, so erhalten wir

(21) $$\ln\frac{1+x}{1-x} = 2\left(x + \frac{x^3}{3} + \frac{x^5}{5} + \cdots\right).$$

Diese Reihe konvergiert nicht nur viel schneller, sondern die linke Seite kann auch jetzt den Logarithmus jeder positiven Zahl z ausdrücken, da $\frac{1+x}{1-x} = z$ stets eine Lösung x zwischen -1 und $+1$ hat. Wenn wir also etwa ln 3 berechnen wollen, so setzen wir $x = \frac{1}{2}$ und erhalten

$$\ln 3 = \ln\frac{1+\frac{1}{2}}{1-\frac{1}{2}} = 2\left(\frac{1}{1\cdot 2} + \frac{1}{3\cdot 2^3} + \frac{1}{5\cdot 2^5} + \cdots\right).$$

Mit nur 6 Gliedern, also bis $\frac{2}{11 \cdot 2^{11}} = \frac{1}{11264}$, ergibt sich der Wert

$$\ln 3 = 1{,}0986$$

auf fünf Ziffern genau.

§ 7. Differentialgleichungen

1. Definition

Die beherrschende Rolle, welche die Exponentialfunktion und die trigonometrischen Funktionen in der Analysis und ihren Anwendungen auf physikalische Probleme spielen, beruht auf der Tatsache, daß diese Funktionen Lösungen der einfachsten „Differentialgleichungen" sind.

Unter einer Differentialgleichung für eine unbekannte Funktion $u = f(x)$ mit der Ableitung $u' = f'(x)$ – die Schreibweise u' ist eine sehr nützliche Abkürzung für $f'(x)$, solange die Größe u und ihre durch $f(x)$ gegebene Abhängigkeit von x nicht streng auseinandergehalten zu werden brauchen – versteht man eine Gleichung, in der u, u' und möglicherweise auch die unabhängige Variable x vorkommen, zum Beispiel

$$u' = u + \sin(xu)$$

oder

$$u' + 3u = x^2 .$$

Allgemeiner kann eine Differentialgleichung auch die zweite Ableitung $u'' = f''(x)$ oder noch höhere Ableitungen enthalten, wie in dem Beispiel

$$u'' + 2u' - 3u = 0 .$$

In jedem Fall besteht die Aufgabe darin, eine Funktion $u = f(x)$ zu finden, welche die gegebene Gleichung befriedigt. Die Auflösung einer Differentialgleichung ist eine Verallgemeinerung des Problems der Integration, d. h. der Integration im Sinne der Bestimmung einer primitiven Funktion zu einer gegebenen Funktion $g(x)$; denn das bedeutet die Auflösung der einfachen Differentialgleichung

$$u' = g(x) .$$

Zum Beispiel sind die Lösungen der Differentialgleichung

$$u' = x^2$$

die Funktionen $u = \frac{x^3}{3} + c$, worin c eine beliebige Konstante ist.

2. Die Differentialgleichung der Exponentialfunktion

Radioaktiver Zerfall. Wachstumsgesetz. Zinseszins

Die Differentialgleichung

$$u' = u \tag{1}$$

hat die Exponentialfunktion $u = e^x$ als Lösung, da die Exponentialfunktion ihre eigene Ableitung ist. Allgemeiner ist auch die Funktion $u = ce^x$, worin c eine beliebige Konstante ist, eine Lösung von (1). Ebenso ist die Funktion

$$u = ce^{kx}, \tag{2}$$

worin c und k zwei beliebige Konstanten sind, eine Lösung der Differentialgleichung

$$u' = ku\,. \tag{3}$$

Umgekehrt muß jede Funktion $u = f(x)$, die Gleichung (3) befriedigt, von der Form ce^{kx} sein. Denn wenn $x = h(u)$ die inverse Funktion von $u = f(x)$ ist, so gilt nach der Regel für die Ableitung einer inversen Funktion

$$h' = \frac{1}{u'} = \frac{1}{ku}\,.$$

Nun ist aber $\frac{\ln u}{k}$ eine primitive Funktion von $\frac{1}{ku}$, so daß $x = h(u) = \frac{\ln u}{k} + b$ ist, worin b eine gewisse Konstante ist. Also ist

$$\ln u = kx - bk\,,$$

und

$$u = e^{kx}e^{-bk}\,.$$

Setzen wir den konstanten Wert e^{-bk} gleich c, so haben wir

$$u = ce^{kx}\,,$$

was zu beweisen war.

Die große Bedeutung der Differentialgleichung (3) liegt in der Tatsache, daß sie alle physikalischen Prozesse beherrscht, bei denen eine Größe u als Funktion der Zeit t,

$$u = f(t)\,,$$

in jedem Augenblick mit einer Geschwindigkeit zu- oder abnimmt, die dem momentanen Wert von u selbst proportional ist. In einem solchen Fall ist die Änderungsgeschwindigkeit zur Zeit t

$$u' = f'(t) = \lim \frac{f(t_1) - f(t)}{t_1 - t}$$

gleich ku, worin k eine Konstante ist, und zwar eine positive, wenn u zunimmt, und eine negative, wenn u abnimmt. In beiden Fällen befriedigt u die Differentialgleichung (3); daher ist

$$u = ce^{kt}\,.$$

Die Konstante c ist festgelegt, wenn wir den Betrag u_0 kennen, der zur Zeit $t = 0$ vorhanden war. Wir müssen diesen Betrag erhalten, wenn wir $t = 0$ setzen,

$$u_0 = ce^0 = c\,;$$

also ist

$$u = u_0 e^{kt}\,. \tag{4}$$

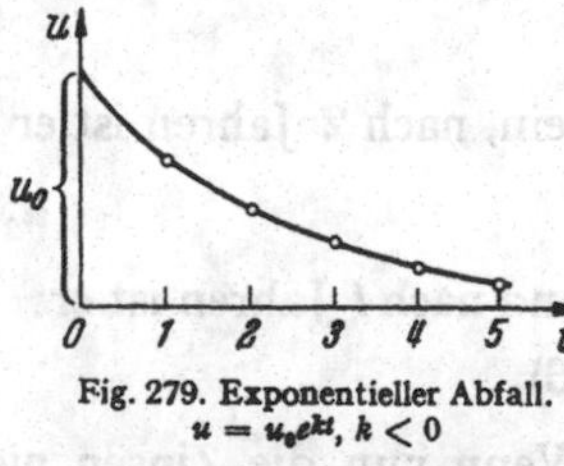

Fig. 279. Exponentieller Abfall. $u = u_0 e^{kt}$, $k < 0$

Man beachte, daß wir von der Kenntnis der *Änderungsgeschwindigkeit* ausgehen, und daraus das Gesetz (4) ableiten, das uns den tatsächlichen *Betrag* von u zu beliebiger Zeit t liefert. Dies ist die genaue Umkehrung der Aufgabe, die Ableitung einer Funktion zu finden.

Ein typisches Beispiel hierfür ist der radioaktive Zerfall. Es sei $u = f(t)$ die Menge irgendeiner radioaktiven Substanz zur Zeit t; auf Grund der Hypothese, daß jedes individuelle Teilchen der Substanz eine gewisse Wahrscheinlichkeit hat, in einer gegebenen Zeit zu zerfallen, und daß die Wahrscheinlichkeit durch die Gegenwart der übrigen Teilchen nicht beeinflußt wird, wird die Geschwindigkeit, mit der u zu einer gegebenen Zeit zerfällt, proportional u sein, d. h. zu der in dem betreffenden Moment vorhandenen Gesamtmenge. Daher wird u die Gleichung (3) mit einer negativen Konstante k befriedigen, welche die Geschwindigkeit des Zerfallsprozesses mißt, und demnach ist

$$u = u_0 e^{kt}.$$

Es folgt daraus, daß der Bruchteil von u, der während zweier gleichgroßer Zeitintervalle zerfällt, derselbe ist; denn wenn u_1 die zur Zeit t_1 vorhandene Menge ist und u_2 die zu einer späteren Zeit t_2 vorhandene Menge, so haben wir den Quotienten

$$\frac{u_2}{u_1} = \frac{u_0 e^{kt_2}}{u_0 e^{kt_1}} = e^{k(t_2 - t_1)},$$

der nur von $t_2 - t_1$ abhängt. Um herauszufinden, wie lange es dauert, bis eine gegebene Substanzmenge zur Hälfte zerfallen ist, müssen wir $s = t_2 - t_1$ so bestimmen, daß

$$\frac{u_2}{u_1} = \frac{1}{2} = e^{ks};$$

daraus ergibt sich

$$ks = \ln\frac{1}{2}, \quad s = \frac{-\ln 2}{k} \quad \text{oder} \quad k = \frac{-\ln 2}{s}. \tag{5}$$

Für jede radioaktive Substanz nennt man den Wert s ihre Halbwertszeit, und s oder ein ähnlicher Wert (etwa der Wert r, für den $u_2/u_1 = 999/1000$) läßt sich experimentell ermitteln. Für Radium ist die Halbwertszeit etwa 1550 Jahre, und

$$k = \frac{\ln\frac{1}{2}}{1550} = -0{,}000447.$$

Daraus folgt

$$u = u_0 e^{-0{,}000447\,t},$$

wobei t die Zahl der Jahre mißt.

Ein Beispiel für ein Wachstumsgesetz, das angenähert exponentiell ist, stellt der „Zinseszins" dar. Eine gegebene Geldsumme u_0 wird mit 3% auf Zinseszins gelegt, der jährlich zugeschlagen werden soll. Nach 1 Jahr wird der Geldbetrag

$$u_1 = u_0(1 + 0{,}03)$$

sein, nach 2 Jahren ist er

$$u_2 = u_1(1 + 0{,}03) = u_0(1 + 0{,}03)^2,$$

und nach t Jahren ist er

$$u_t = u_0(1 + 0{,}03)^t. \tag{6}$$

Wenn nun die Zinsen nicht nach jährlichen Intervallen, sondern nach jedem Monat oder nach jedem n-ten Teil eines Jahres zugeschlagen werden, so ist nach t Jahren der Betrag

$$u_0\left(1 + \frac{0{,}03}{n}\right)^{nt} = u_0\left[\left(1 + \frac{0{,}03}{n}\right)^n\right]^t.$$

Wird n sehr groß gewählt, so daß die Zinsen jeden Tag oder gar jede Stunde zugeschlagen werden, so wird nach § 6 die Größe in der eckigen Klammer, wenn n

gegen unendlich strebt, sich $e^{0,03}$ nähern, und im Limes wird der Betrag nach t Jahren gleich

(7) $$u_0 e^{0,03t}$$

sein, was einem kontinuierlichen Berechnungsverfahren für den Zinseszins entspricht. Wir können auch die Zeit s berechnen, die erforderlich ist, damit sich das ursprüngliche Kapital bei 3% kontinuierlichem Zinseszins verdoppelt. Wir haben dann $\frac{u_0 \cdot e^{0,03s}}{u_0} = 2$, so daß $s = \frac{100}{3} \ln 2 = 23{,}10$. Also wird sich der Betrag nach etwa 23 Jahren verdoppelt haben.

Anstatt in dieser Weise Schritt für Schritt vorzugehen und dann den Grenzübergang zu vollziehen, hätten wir die Formel (7) auch ableiten können, indem wir einfach sagten, daß die Zunahmegeschwindigkeit u' des Kapitals proportional u mit dem Faktor $k = 0{,}03$ ist, so daß

$$u' = ku\,, \quad \text{worin } k = 0{,}03\,.$$

Dann folgt die Formel (7) aus dem allgemeinen Resultat (4).

3. Weitere Beispiele. Einfachste Schwingungen

Die Exponentialfunktion tritt oft auch in komplizierteren Kombinationen auf. Zum Beispiel ist die Funktion

(8) $$u = e^{-kx^2},$$

worin k eine positive Konstante ist, eine Lösung der Differentialgleichung

$$u' = -2kxu\,.$$

Die Funktion (8) ist von grundlegender Bedeutung für Wahrscheinlichkeitstheorie und Statistik, da sie die „normale" Häufigkeitsverteilung bestimmt.

Die trigonometrischen Funktionen $u = \cos t$, $v = \sin t$ befriedigen ebenfalls eine einfache Differentialgleichung. Wir haben zunächst

$$u' = -\sin t = -v$$
$$v' = \cos t = u\,;$$

dies ist ein „System zweier Differentialgleichungen für zwei Funktionen". Differenziert man nochmals, so ergibt sich

$$u'' = -v' = -u$$
$$v'' = u' = -v\,,$$

so daß beide Funktionen $u(t)$ und $v(t)$ als Lösungen derselben Differentialgleichung,

(9) $$z'' + z = 0\,,$$

aufgefaßt werden können, einer sehr einfachen Differentialgleichung „zweiter Ordnung", d. h. einer, in der die zweite Ableitung von z enthalten ist. Diese Gleichung und ihre Verallgemeinerung mit einer positiven Konstanten k^2,

(10) $$z'' + k^2 z = 0\,,$$

für die $z = \cos kt$ und $z = \sin kt$ Lösungen sind, begegnen uns beim Studium der Schwingungen. Das ist der Grund, weshalb die oszillierenden Kurven $u = \sin kt$

und $u = \cos kt$ (Fig. 280) das Kernstück der Theorie der Schwingungsmechanismen bilden. Dabei ist zu bemerken, daß die Differentialgleichung (10) den Idealfall ohne Reibung oder Widerstand darstellt. Ein Widerstand wird in der Differentialgleichung schwingender Systeme durch ein weiteres Glied rz' dargestellt,

$$z'' + rz' + k^2 z = 0, \tag{11}$$

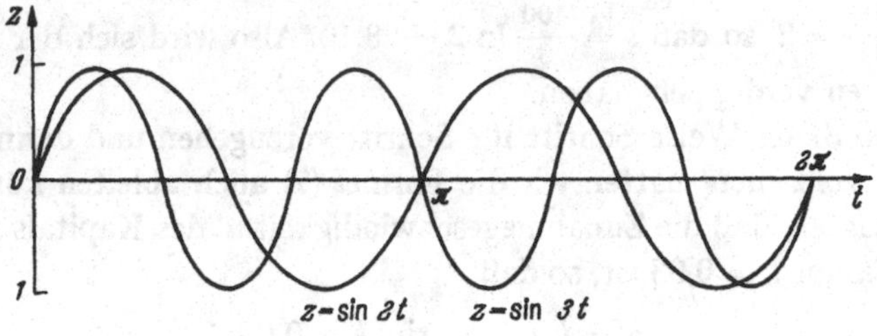

Fig. 280

und die Lösungen sind dann „gedämpfte" Schwingungen, mathematisch ausgedrückt durch die Formeln

$$e^{-rt/2} \cos \omega t, \quad e^{-rt/2} \sin \omega t\ ; \quad \omega = \sqrt{k^2 - \left(\frac{r}{2}\right)^2},$$

und graphisch dargestellt durch Fig. 281. (Zur Übung möge der Leser diese Lösungen durch Differentiation verifizieren.) Die Schwingungen sind hier von

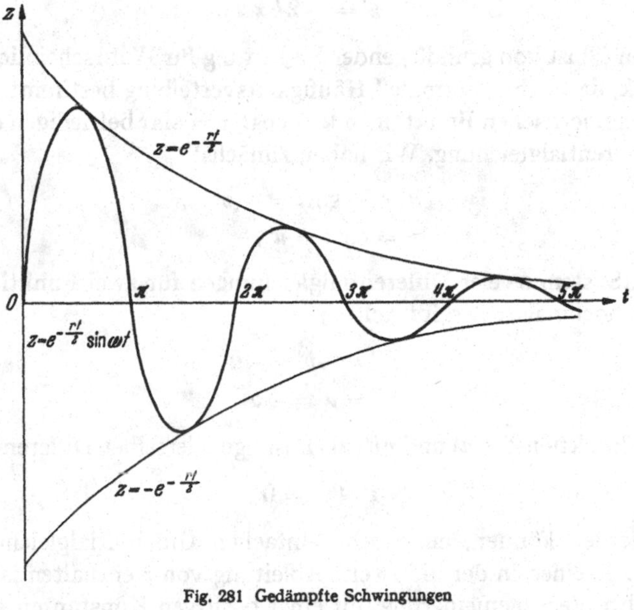

Fig. 281 Gedämpfte Schwingungen

derselben Art wie die des reinen Sinus und Cosinus, aber sie werden durch einen exponentiellen Faktor in ihrer Intensität zeitlich vermindert, wobei sie je nach der Größe des Reibungskoeffizienten r mehr oder weniger schnell abklingen.

4. Newtons Grundgesetz der Dynamik

Obwohl eine eingehende Analyse dieser Fakten nicht im Rahmen dieses Buches gegeben werden kann, wollen wir doch den Zusammenhang mit den allgemeinen Grundbegriffen andeuten, durch die NEWTON die Mechanik und überhaupt die Physik revolutionierte. Er betrachtete die Bewegung eines Teilchens von der Masse m mit den räumlichen Koordinaten $x(t)$, $y(t)$, $z(t)$, die Funktionen von t sind, so daß die Komponenten der Beschleunigung die zweiten Ableitungen $x''(t)$, $y''(t)$, $z''(t)$ sind. Der entscheidende Schritt NEWTONs war die Erkenntnis, daß die Größen mx'', my'', mz'' als die Komponenten der auf das Teilchen wirkenden Kraft betrachtet werden können. Auf den ersten Blick könnte dies nur als eine formale Definition des Wortes „Kraft" in der Physik erscheinen. NEWTONs geniale Leistung lag darin, diese Definition so gefaßt zu haben, daß sie mit den realen Erscheinungen der Natur übereinstimmte, insofern als die Natur sehr oft ein Kraftfeld liefert, das wir im Voraus kennen, ohne daß wir etwas über die spezielle Bewegung, die wir untersuchen wollen, zu wissen brauchen. NEWTONs größter Triumph in der Dynamik, seine Rechtfertigung der Keplerschen Gesetze für die Planetenbewegung, zeigt deutlich die Harmonie zwischen seiner mathematischen Konzeption und der Natur. NEWTON nahm als erster an, daß die Gravitationskraft umgekehrt proportional zum Quadrat der Entfernung ist. Denken wir uns die Sonne im Ursprung des Koordinatensystems und nehmen wir an, daß ein gegebener Planet die Koordinaten x, y, z hat, so folgt, daß die Komponenten der Kraft in x, y, z-Richtung jeweils gleich

$$-k\frac{x}{r^3}, \quad -k\frac{y}{r^3}, \quad -k\frac{z}{r^3}$$

sind, worin k die zeitunabhängige Gravitationskonstante und $r = \sqrt{x^2+y^2+z^2}$ die Entfernung von der Sonne zum Planeten ist. Diese Ausdrücke bestimmen das Kraftfeld an jeder Stelle, unabhängig von der Bewegung eines Körpers in dem Felde. Jetzt wird diese Kenntnis des Kraftfeldes mit dem Newtonschen Grundgesetz der Dynamik („Kraft gleich Masse mal Beschleunigung") kombiniert; setzt man die beiden verschiedenen Ausdrücke gleich, so erhält man die Gleichungen

$$mx'' = \frac{-kx}{(x^2+y^2+z^2)^{3/2}},$$

$$my'' = \frac{-ky}{(x^2+y^2+z^2)^{3/2}},$$

$$mz'' = \frac{-kz}{(x^2+y^2+z^2)^{3/2}},$$

ein System von drei Differentialgleichungen für drei unbekannte Funktionen $x(t)$, $y(t)$, $z(t)$. Dieses System läßt sich lösen, und es zeigt sich, in Übereinstimmung mit KEPLERs empirischen Beobachtungen, daß die Bahn des Planeten ein Kegelschnitt mit der Sonne in einem der Brennpunkte ist, daß weiter die Flächen, die von der Verbindungslinie Sonne-Planet überstrichen werden, in gleichen Zeiten gleich groß sind, und daß schließlich die Quadrate der vollen Umlaufzeiten zweier Planeten proportional den dritten Potenzen ihrer Abstände von der Sonne sind. Den Beweis dafür müssen wir allerdings übergehen.

Das Problem der Schwingungen liefert ein einfacheres Beispiel für die Newtonsche Methode. Nehmen wir an, wir hätten ein Teilchen, das sich längs einer

Geraden, etwa der x-Achse, bewegt und das durch eine elastische Kraft, etwa durch eine Feder oder ein Gummiband, an den Ursprung gebunden ist. Bringt man das Teilchen aus seiner Gleichgewichtslage im Ursprung in eine durch die Koordinate x gegebene Lage, so wird es mit einer Kraft, die wir proportional der Verschiebung x annehmen, zurückgezogen. Da die Kraft zum Ursprung hin gerichtet ist, wird sie durch $-k^2 x$ dargestellt, worin $-k^2$ der negative Proportionalitätsfaktor ist, welcher die Stärke der elastischen Feder oder des Gummibandes angibt. Ferner nehmen wir an, daß die Bewegung durch Reibung gehemmt wird, und daß diese Reibung proportional der Geschwindigkeit x' des Teilchens mit einem Proportionalitätsfaktor $-r$ ist. Dann ist die Gesamtkraft in jedem Augenblick gegeben durch $-k^2 x - r x'$, und nach NEWTONs Grundgesetz haben wir $m x'' = -k^2 x - r x'$ oder

$$m x'' + r x' + k^2 x = 0 .$$

Dies ist genau die Differentialgleichung (11) für gedämpfte Schwingungen, die oben erwähnt wurde.

Dieses einfache Beispiel ist von großer Bedeutung, da viele Typen schwingender mechanischer oder elektrischer Systeme mathematisch durch genau diese Differentialgleichung zu beschreiben sind. Hier haben wir ein typisches Beispiel dafür, wie eine abstrakte mathematische Formulierung mit einem Schlage die gemeinsame innere Struktur vieler scheinbar verschiedenartiger und nicht miteinander zusammenhängender Einzelerscheinungen aufdeckt. Dieses Absehen von der besonderen Natur einer Erscheinung und der Übergang zur Formulierung des allgemeinen Gesetzes, das die ganze Klasse von Erscheinungen beherrscht, ist einer der charakteristischen Züge der mathematischen Behandlung physikalischer Probleme.

Ergänzung zu Kapitel VIII

§ 1. Grundsätzliche Fragen

1. Differenzierbarkeit

Wir haben den Begriff der Ableitung einer Funktion $y = f(x)$ mit der anschaulichen Vorstellung der Tangente an die Kurve der Funktion verknüpft. Da aber der allgemeine Begriff der Funktion mehr umfaßt als durch eine glatte Kurve veranschaulicht ist, so erscheint zu logischer Vollständigkeit notwendig, sich dieser Abhängigkeit von der geometrischen Anschauung zu entledigen. Denn wir haben keine Gewähr dafür, daß die anschaulichen Tatsachen, die uns aus der Betrachtung einfacher Kurven, wie etwa Kreisen und Ellipsen, vertraut sind, auch notwendigerweise für die Graphen komplizierterer Funktionen gültig bleiben.

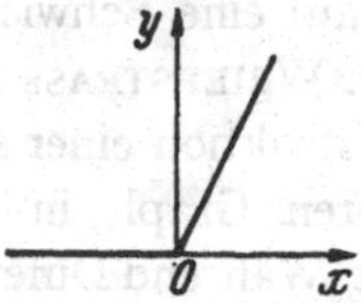

Fig. 282. $y = x + |x|$

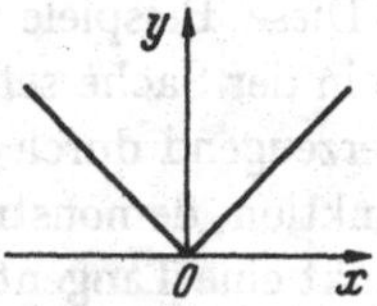

Fig. 283. $y = |x|$

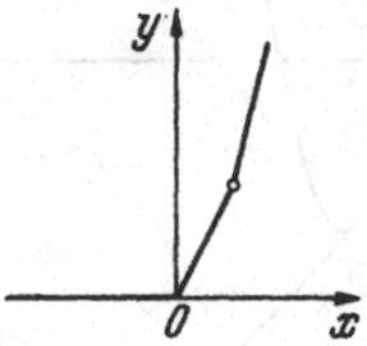

Fig. 284. $y = x + |x| + (x - 1) + |x - 1|$

Betrachten wir zum Beispiel die Funktion der Fig. 282, deren Graph eine Ecke enthält. Diese Funktion ist durch die Gleichung $y = x + |x|$ bestimmt, worin $|x|$ der absolute Betrag von x ist, d. h.

$$y = x + x = 2x \quad \text{für} \quad x \geqq 0,$$
$$y = x - x = 0 \quad \text{für} \quad x < 0.$$

Ein weiteres solches Beispiel ist die Funktion $y = |x|$, noch ein weiteres die Funktion $y = x + |x| + (x - 1) + |x - 1|$. Die „Kurven" dieser Funktionen haben an gewissen Punkten keine bestimmte Tangente oder Richtung; das bedeutet, daß die Funktionen für die betreffenden x-Werte keine Ableitung besitzen.

Übungen: 1. Man bilde die Funktion $f(x)$, deren Graph die Hälfte eines regelmäßigen Sechsecks ist.

2. Wo liegen die Ecken des Graphen von

$$f(x) = (x + |x|) + \frac{1}{2}\left\{\left(x - \frac{1}{2}\right) + \left|x - \frac{1}{2}\right|\right\} + \frac{1}{4}\left\{\left(x - \frac{1}{4}\right) + \left|x - \frac{1}{4}\right|\right\}?$$

Welches sind die Unstetigkeiten von $f'(x)$?

Als ein weiteres einfaches Beispiel für Nichtdifferenzierbarkeit betrachten wir die Funktion

$$y = f(x) = x \sin\frac{1}{x},$$

die man aus der Funktion sin $1/x$ (siehe S. 215) durch Multiplikation mit dem Faktor x erhält; wir definieren $f(x)$ gleich Null für $x = 0$. Diese Funktion, deren Graph für positive x-Werte durch Fig. 285 dargestellt wird, ist überall stetig. Die Kurve oszilliert in der Umgebung von $x = 0$ unendlich oft, wobei die „Wellen" bei Annäherung an $x = 0$ sehr klein werden. Die Steigung dieser Wellen ist durch

$$f'(x) = \sin\frac{1}{x} - \frac{1}{x}\cos\frac{1}{x}$$

gegeben (der Leser möge dies zur Übung nachrechnen); wenn x gegen 0 strebt, schwankt diese Steigung zwischen immer wachsenden positiven und negativen Grenzen. Für $x = 0$ können wir versuchen, die Ableitung als Grenzwert für $h = 0$ des Differenzenquotienten

$$\frac{f(0+h) - f(0)}{h} = \frac{h\sin\frac{1}{h}}{h} = \sin\frac{1}{h}$$

zu finden. Aber wenn h gegen 0 geht, oszilliert dieser Differenzenquotient zwischen -1 und $+1$, ohne sich einem Grenzwert zu nähern; also kann die Funktion in $x = 0$ nicht differenziert werden.

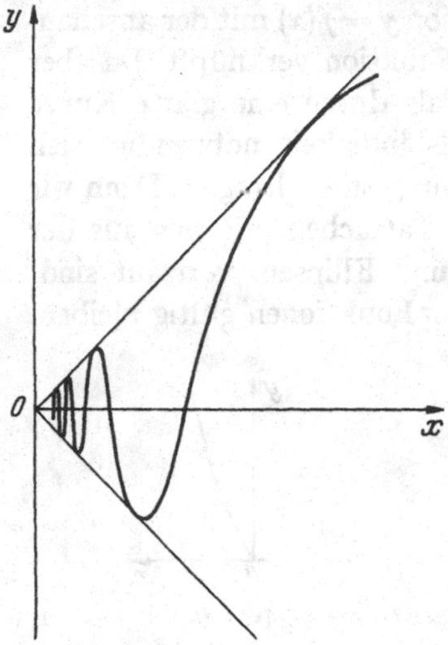

Fig. 285. $y = x \sin 1/x$

Diese Beispiele deuten auf eine Schwierigkeit, die in der Sache selbst liegt. WEIERSTRASS hat das überzeugend durch die Konstruktion einer stetigen Funktion demonstriert, deren Graph in keinem Punkt eine Tangente besitzt. Während Differenzierbarkeit die Stetigkeit garantiert, sieht man hieran, daß Stetigkeit nicht auch die Differenzierbarkeit zur Folge hat, da die Weierstraßsche Funktion stetig, aber nirgends differenzierbar ist. In praktischen Fällen treten solche Schwierigkeiten nicht auf. Abgesehen vielleicht von isolierten Punkten, sind Kurven im allgemeinen glatt, und die Differentiation wird nicht nur möglich sein, sondern auch eine stetige Ableitung liefern. Warum sollen wir daher nicht einfach fordern, daß in den Problemen, die wir betrachten wollen, keine „pathologischen" Erscheinungen vorkommen? Genau das geschieht in der Infinitesimalrechnung, wo man nur differenzierbare Funktionen betrachtet. In Kapitel VIII haben wir die Differentiation einer großen Klasse von Funktionen durchgeführt und damit ihre Differenzierbarkeit bewiesen.

Da die Differenzierbarkeit einer Funktion nicht logisch selbstverständlich ist, muß sie entweder vorausgesetzt oder bewiesen werden. Der Begriff der Tangente oder der Richtung einer Kurve, der ursprünglich die Grundlage für den Begriff der Ableitung war, wird nun auf die rein analytische Definition der Ableitung zurückgeführt: Besitzt die Funktion $y = f(x)$ eine Ableitung, d. h. hat der Differenzenquotient $\frac{f(x+h) - f(x)}{h}$ einen einzigen Grenzwert $f'(x)$, wenn h in irgendeiner Weise gegen 0 strebt, dann sagen wir, daß die zugehörige Kurve eine Tangente mit der Steigung $f'(x)$ hat. So wird also die naive Auffassung von FERMAT, LEIBNIZ und NEWTON im Interesse der logischen Geschlossenheit umgekehrt.

Übungen: 1. Man zeige, daß die stetige Funktion, die durch $x^2 \sin(1/x)$ definiert ist, in $x = 0$ eine Ableitung hat.

2. Man zeige, daß die Funktion $\operatorname{arc\,tan}(1/x)$ in $x = 0$ unstetig ist, daß $x \operatorname{arc\,tan}(1/x)$ dort stetig ist, aber keine Ableitung hat, und daß $x^2 \operatorname{arc\,tan}(1/x)$ eine Ableitung in $x = 0$ hat.

2. Das Integral

Ähnliches gilt für das Integral einer stetigen Funktion $f(x)$. Anstatt die „Fläche unter der Kurve" $y = f(x)$ als eine Größe anzusehen, die offensichtlich existiert und die man *a posteriori* als Grenzwert einer Summe ausdrücken kann, *definieren* wir das Integral durch diesen Grenzwert und betrachten den Integralbegriff als die primäre Grundlage, aus welcher der allgemeine Begriff der Fläche nachher abgeleitet wird. Zu dieser Einstellung sehen wir uns gezwungen, wenn wir die Unzuverlässigkeit der geometrischen Anschauung bei der Anwendung auf allgemeine analytische Begriffe wie die der stetigen Funktion erkennen. Wir gehen aus von der Summe

$$S_n = \sum_{j=1}^{n} f(v_j)\,(x_j - x_{j-1}) = \sum_{j=1}^{n} f(v_j)\,\Delta x_j\,, \tag{1}$$

worin $x_0 = a, x_1, \ldots, x_n = b$ eine Unterteilung des Integrationsintervalls, $\Delta x_j = x_j - x_{j-1}$ die x-Differenz oder die Länge des j-ten Teilintervalls und v_j ein beliebiger x-Wert in diesem Teilintervall ist, d. h. $x_{j-1} \leqq v_j \leqq x_j$. (Wir können zum Beispiel $v_j = x_j$ oder $v_j = x_{j-1}$ nehmen.) Nun bilden wir eine Folge solcher Summen, in denen die Anzahl n der Teilintervalle zunimmt und zugleich die größte Länge dieser Intervalle gegen Null strebt. Dann ist die Haupttatsache: Die Summe S_n bei gegebener Funktion $f(x)$ strebt gegen einen bestimmten Grenzwert F, der unabhängig ist von der speziellen Art, wie die Teilintervalle und die Punkte v_j gewählt werden. Nach Definition ist dieser Grenzwert das Integral $F = \int_a^b f(x)\,dx$. Natürlich muß die Existenz dieses Grenzwerts analytisch bewiesen werden, wenn wir uns nicht auf die anschauliche geometrische Vorstellung der Fläche verlassen wollen. In jedem strengen Lehrbuch der Infinitesimalrechnung wird dieser Beweis geführt.

Vergleichen wir Differentiation und Integration, so stehen wir der folgenden antithetischen Situation gegenüber. Differenzierbarkeit ist entschieden eine einschränkende Bedingung für stetige Funktionen, aber die tatsächliche Ausführung der Differentiation, d. h. das Rechenverfahren der Differentialrechnung, wird praktisch nach gewissen einfachen Regeln durchgeführt. Auf der anderen Seite existiert für jede stetige Funktion ohne Ausnahme ein Integral zwischen zwei beliebigen Grenzen. Aber die explizite Berechnung solcher Integrale ist, selbst für ganz einfache Funktionen, im allgemeinen eine recht schwierige Aufgabe. Hier bietet der Fundamentalsatz der Infinitesimalrechnung in manchen Fällen ein wirksames Hilfsmittel für die Durchführung der Integration. Für die meisten Funktionen aber, selbst für ganz elementare, liefern die Regeln der Integralrechnung keine einfachen expliziten Ausdrücke, und man ist oft auf die numerisch genäherte Berechnung von Integralen angewiesen.

3. Andere Anwendungen des Integralbegriffes. Arbeit. Länge

Wenn wir den analytischen Begriff des Integrals von seiner ursprünglichen geometrischen Deutung lösen, gelangen wir zu weiteren, ebenso wichtigen Deutungen oder Anwendungen. Zum Beispiel kann das Integral in der Mechanik als ein Ausdruck für den Begriff der Arbeit gedeutet werden. Der folgende, einfachste Fall möge zur Erklärung genügen. Angenommen, ein Körper bewegt sich längs der x-Achse unter dem Einfluß einer längs der Achse gerichteten Kraft. Wir denken uns den Körper punktförmig mit der Koordinate x, und die Kraft soll als eine Funktion $f(x)$ des Ortes gegeben sein, wobei das Vorzeichen von $f(x)$ anzeigt, ob die Kraft in die positive oder negative x-Richtung weist. Wenn die Kraft konstant ist und der Körper sich von a nach b bewegt, so ist die geleistete Arbeit gegeben durch das Produkt $(b-a)f$ aus der Intensität f der Kraft und dem von dem Körper zurückgelegten Weg. Wenn aber die Intensität mit x variiert, so müssen wir die geleistete Arbeit durch einen Grenzprozeß definieren (wie wir es bei der Geschwindigkeit taten). Zu diesem Zweck teilen wir wieder das Intervall von a bis b durch die Teilpunkte $x_0 = a, x_1, \ldots, x_n = b$ in kleine Teilintervalle; dann stellen wir uns vor, daß die Kraft in jedem Teilintervall konstant ist, und zwar etwa gleich $f(x_j)$, dem wirklichen Wert am Ende des Intervalls, und berechnen nun die Arbeit, die dieser stufenweise variierenden Kraft entsprechen würde:

$$S_n = \sum_{j=1}^{n} f(x_j)\,\Delta x_j\,.$$

Wenn wir jetzt die Unterteilung verfeinern und n wachsen lassen, sehen wir, daß die Summe gegen das Integral

$$\int_a^b f(x)\,dx$$

strebt. Es ist also die von einer stetig variierenden Kraft geleistete Arbeit durch ein Integral bestimmt.

Als Beispiel sei ein Körper betrachtet, der durch eine elastische Feder an den Ursprung $x = 0$ gebunden ist. Die Kraft $f(x)$ ist dann, im Einklang mit der Erörterung auf S. 352, proportional zu x:

$$f(x) = -k^2 x\,,$$

worin k^2 eine positive Konstante ist. Die von dieser Kraft geleistete Arbeit, wenn der Körper vom Ursprung bis zum Punkte $x = b$ bewegt wird, ist

$$\int_0^b -k^2 x\,dx = -k^2 \frac{b^2}{2}\,,$$

und die Arbeit, die gegen diese Kraft geleistet werden muß, wenn wir die Feder bis zu dieser Lage bringen wollen, ist $+\,k^2 \frac{b^2}{2}$.

Eine zweite Anwendung des allgemeinen Integralbegriffs ist der Begriff der Bogenlänge einer Kurve. Nehmen wir an, der Teil der Kurve, den wir betrachten wollen, sei durch die Funktion $y = f(x)$ dargestellt, deren Ableitung $f'(x) = \frac{dy}{dx}$ ebenfalls eine stetige Funktion ist. Um die Länge zu definieren, gehen wir genauso vor, als ob wir die Kurve für praktische Zwecke mit einem geraden Maßstab auszumessen hätten. Wir schreiben dem Bogen AB ein Polygon mit n kleinen Seiten ein, messen die Gesamtlänge L_n dieses Polygons und betrachten die Länge L_n als einen Näherungswert; indem wir n wachsen und die Polygonseiten gegen Null streben lassen, definieren wir

$$L = \lim L_n$$

als Länge des Bogens AB. (In Kapitel VI wurde die Länge eines Kreises in dieser Weise als Grenzwert der Umfänge einbeschriebener regulärer n-Ecke gewonnen.) Es läßt sich zeigen, daß für genügend glatte Kurven dieser Grenzwert existiert und unabhängig von der speziellen Art ist, in der die Folge der einbeschriebenen Polygone gewählt wird. Kurven, für die dies zutrifft, heißen *rektifizierbar*. Jede „vernünftige“ Kurve, die in der Theorie oder den Anwendungen auftritt, wird rektifizierbar sein, und wir wollen uns hier nicht mit der Untersuchung pathologischer Fälle aufhalten. Es möge genügen zu zeigen, daß der Bogen AB für eine Funktion $y = f(x)$ mit stetiger Ableitung $f'(x)$ in diesem Sinne eine Länge L hat und daß sich L als Integral ausdrücken läßt.

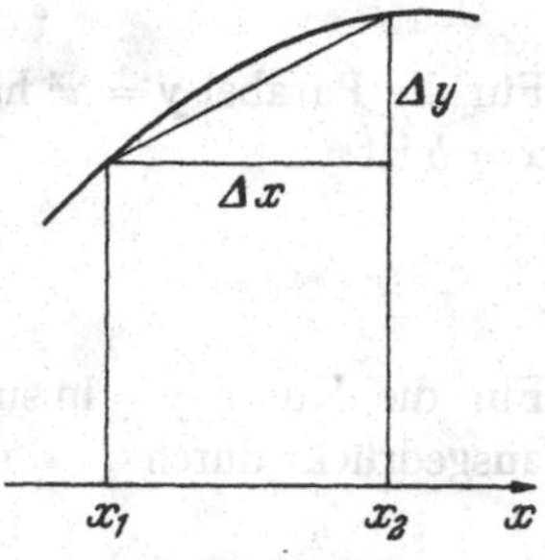

Fig. 286. Bogenlänge

Zu diesem Zwecke seien die x-Koordinaten von A und B mit a bzw. b bezeichnet; dann unterteilen wir, wie vorher, das x-Intervall von a bis b durch die Punkte $x_0 = a, x_1, \ldots, x_n = b$ mit den Differenzen $\Delta x_j = x_j - x_{j-1}$ und betrachten das Polygon mit den Ecken $x_j, y_j = f(x_j)$ über diesen Unterteilungspunkten. Eine einzelne Polygonseite hat die Länge $\sqrt{(x_j - x_{j-1})^2 + (y_j - y_{j-1})^2} = \sqrt{\Delta x_j^2 + \Delta y_j^2} = \Delta x_j \sqrt{1 + \left(\frac{\Delta y_j}{\Delta x_j}\right)^2}$. Daher haben wir für die Gesamtlänge des Polygons

$$L_n = \sum_{j=1}^{n} \sqrt{1 + \left(\frac{\Delta y_j}{\Delta x_j}\right)^2}\,\Delta x_j\,.$$

Wenn nun n gegen unendlich strebt, so strebt der Differenzenquotient $\frac{\Delta y_j}{\Delta x_j}$ gegen die Ableitung $\frac{dy}{dx} = f'(x)$, und wir erhalten für die Länge L den Integralausdruck

$$L = \int_a^b \sqrt{1 + (f'(x))^2}\,dx\,. \tag{2}$$

Ohne auf weitere Einzelheiten dieser theoretischen Erörterung einzugehen, machen wir noch zwei zusätzliche Bemerkungen. Erstens: wird B als variabler Punkt der Kurve mit der Koordinate x angenommen, so wird $L = L(x)$ eine Funktion von x, und wir haben nach dem Fundamentalsatz

$$L'(x) = \frac{dL}{dx} = \sqrt{1 + (f'(x))^2}\,,$$

eine häufig benutzte Formel. Zweitens liefert die Formel (2), obwohl sie die „allgemeine“ Lösung des Problems gibt, doch noch keinen expliziten Ausdruck für die Bogenlänge in speziellen Fällen. Hierfür müssen wir die betreffende Funktion $f(x)$ oder vielmehr $f'(x)$ in (2) einsetzen und dann die tatsächliche Integration des so gewonnenen Ausdrucks durchführen. Hier ist die Schwierigkeit im allgemeinen unüberwindlich, auch wenn wir uns auf den Bereich der in diesem Buch behandelten elementaren Funktionen beschränken. Wir wollen einige Fälle anführen, bei denen die Integration möglich ist. Die Funktion

$$y = f(x) = \sqrt{1 - x^2}$$

stellt den Einheitskreis dar; wir haben $f'(x) = \frac{dy}{dx} = -\frac{x}{\sqrt{1-x^2}}$, also $\sqrt{1+(f'(x))^2} = \frac{1}{\sqrt{1-x^2}}$, so daß die Bogenlänge eines Kreisbogens gegeben ist durch das Integral

$$\int_a^b \frac{dx}{\sqrt{1-x^2}} = \arcsin b - \arcsin a\,.$$

Für die Parabel $y = x^2$ haben wir $f'(x) = 2x$, und die Bogenlänge von $x = 0$ bis $x = b$ ist

$$\int_0^b \sqrt{1 + 4x^2}\, dx\,.$$

Für die Kurve $y = \ln \sin x$ haben wir $f'(x) = \cot x$, und die Bogenlänge wird ausgedrückt durch

$$\int_a^b \sqrt{1 + \cot^2 x}\, dx\,.$$

Wir begnügen uns damit, diese Integralausdrücke hinzuschreiben. Sie würden sich bei etwas mehr Übung, als wir hier voraussetzen können, auswerten lassen.

§ 2. Größenordnungen

1. Die Exponentialfunktion und die Potenzen von x

Oft begegnen uns in der Mathematik Folgen a_n, die gegen unendlich streben. Häufig müssen wir dann eine solche Folge mit einer andern Folge b_n vergleichen, die auch gegen unendlich strebt, aber vielleicht „schneller" als a_n. Um diese Vorstellung zu präzisieren, wollen wir sagen, daß b_n schneller als a_n gegen unendlich strebt oder von *höherer Größenordnung* ist als a_n, wenn das Verhältnis a_n/b_n (dessen Zähler und Nenner beide gegen unendlich streben) mit wachsendem n gegen Null strebt. So strebt die Folge $b_n = n^2$ schneller gegen unendlich als die Folge $a_n = n$, und diese ihrerseits schneller als $c_n = \sqrt{n}$, denn

$$\frac{a_n}{b_n} = \frac{n}{n^2} = \frac{1}{n} \to 0\,, \quad \frac{c_n}{a_n} = \frac{\sqrt{n}}{n} = \frac{1}{\sqrt{n}} \to 0\,.$$

Es ist klar, daß n^s schneller gegen unendlich strebt als n^r, sobald $s > r > 0$, da dann $n^r/n^s = \frac{1}{n^{s-r}} \to 0$.

Wenn das Verhältnis a_n/b_n sich einer endlichen Konstanten c nähert, die von Null verschieden ist, so sagen wir, daß die beiden Folgen a_n und b_n gleich schnell gegen unendlich streben oder von *gleicher Größenordnung* sind. So sind $a_n = n^2$ und $b_n = 2n^2 + n$ von derselben Größenordnung, da

$$\frac{a_n}{b_n} = \frac{n^2}{2n^2 + n} = \frac{1}{2 + \frac{1}{n}} \to \frac{1}{2}\,.$$

Man könnte annehmen, daß man mit den Potenzen von n als Maßstab die Größenordnungen für beliebige gegen unendlich strebende Folgen a_n charakterisieren könnte. Zu diesem Zweck müßte man eine geeignete Potenz n^s suchen, die von derselben Größenordnung wäre wie a_n; d. h. von der Art, daß a_n/n^s gegen eine endliche, von Null verschiedene Konstante strebt. Es ist eine bemerkenswerte Tatsache, daß dies keineswegs immer möglich ist, da die *Exponentialfunktion* a^n, *mit* $a > 1$ (beispielsweise e^n), *schneller als jede Potenz* n^s *gegen unendlich strebt, wie groß wir auch* s *wählen, während* $\ln n$ *langsamer als jede Potenz* n^s *gegen unendlich strebt, wie klein der Exponent* s *auch sei*. Mit andern Worten: es bestehen die Beziehungen

(1) $$\frac{n^s}{a^n} \to 0$$

und

(2) $$\frac{\ln n}{n^s} \to 0\,,$$

wenn $n \to \infty$. Der Exponent s muß keine ganze Zahl sein, sondern kann eine beliebige feste positive Zahl sein.

Um (1) zu beweisen, vereinfachen wir zuerst die Behauptung, indem wir die s-te Wurzel aus dem Verhältnis ziehen; wenn diese Wurzel gegen Null geht, gilt das auch von dem ursprünglichen Verhältnis. Also brauchen wir nur zu beweisen, daß

$$\frac{n}{a^{n/s}} \to 0\,,$$

wenn n wächst. Es sei $b = a^{1/s}$; da $a > 1$ angenommen wurde, ist auch b und $\sqrt{b} = b^{1/2}$ größer als 1. Wir können schreiben

$$b^{1/2} = 1 + q\,,$$

worin q positiv ist. Nun ist nach der Ungleichung (6) auf S. 13

$$b^{n/2} = (1+q)^n \geqq 1 + nq > nq\,,$$

so daß

$$a^{n/s} = b^n > n^2 q^2$$

und

$$\frac{n}{a^{n/s}} < \frac{n}{n^2 q^2} = \frac{1}{nq^2}\,.$$

Da diese Größe bei wachsendem n gegen Null strebt, ist der Beweis erbracht.

Tatsächlich gilt die Beziehung

(3) $$\frac{x^s}{a^x} \to 0$$

auch dann, wenn x auf beliebige Art unendlich wird, indem es eine Folge $x_1, x_2, \ldots$ durchläuft, die nicht notwendig mit der Folge der natürlichen Zahlen $1, 2, 3, \ldots$ identisch zu sein braucht. Denn wenn $n - 1 \leqq x \leqq n$, so ist

$$\frac{x^s}{a^x} < \frac{n^s}{a^{n-1}} = a \cdot \frac{n^s}{a^n} \to 0\,.$$

Diese Bemerkung kann zu einem Beweis von (2) benutzt werden. Setzen wir $x = \ln n$ und $e^s = a$, so daß $n = e^x$ und $n^s = (e^s)^x$, dann wird das Verhältnis in

(2) gleich

$$\frac{x}{a^x},$$

das ist der Spezialfall von (3) für $s = 1$.

Übungen: 1. Man beweise, daß für $x \to \infty$ die Funktion $\ln \ln x$ langsamer gegen unendlich strebt als $\ln x$.

2. Die Ableitung von $x/\ln x$ ist $1/\ln x - 1/(\ln x)^2$. Man zeige, daß dies für große x „asymptotisch" dem ersten Gliede $1/\ln x$ gleich ist, d. h. daß ihr Verhältnis gegen 1 strebt, wenn $x \to \infty$.

2. Die Größenordnung von ln (n!)

In vielen Anwendungen, zum Beispiel in der Wahrscheinlichkeitsrechnung, ist es wichtig, die Größenordnung oder das „asymptotische Verhalten" von $n!$ für große n zu kennen. Wir werden uns hier damit begnügen, den Logarithmus von $n!$, d. h. den Ausdruck

$$P_n = \ln 2 + \ln 3 + \ln 4 + \cdots + \ln n$$

zu betrachten. Wir werden zeigen, daß der „asymptotische Wert" von P_n durch $n \ln n$ gegeben ist, d. h. daß

$$\frac{\ln (n!)}{n \ln n} \to 1,$$

wenn $n \to \infty$.

Der Beweis ist typisch für eine viel benutzte Methode des Vergleichens einer Summe mit einem Integral. In Fig. 287 ist die Summe P_n gleich der Summe der Rechtecke, deren obere Seiten ausgezogen sind und die zusammen die Fläche

$$\int_1^{n+1} \ln x \, dx = (n+1) \ln (n+1) - (n+1) + 1$$

unter der Logarithmuskurve zwischen 1 und $n + 1$ (siehe S. 343, Übung 1) nicht übersteigen. Aber die Summe P_n ist andererseits gleich der Gesamtsumme der Rechtecke mit gestrichelten oberen Seiten, die zusammen größer sind als die Fläche der Kurve zwischen 1 und n, die gegeben ist durch

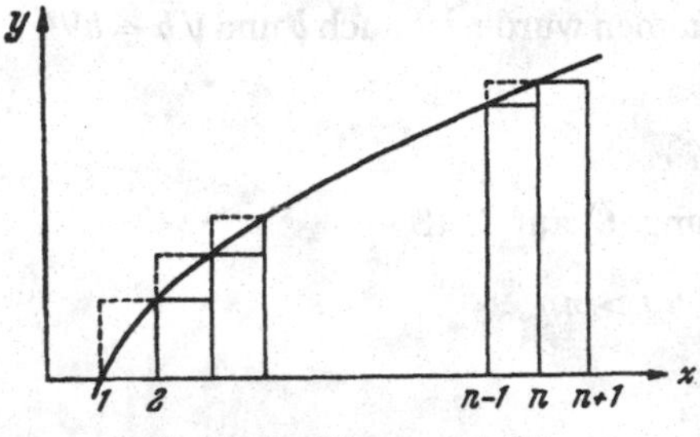

Fig. 287. Abschätzung von ln (n!)

$$\int_1^{n} \ln x \, dx = n \ln n - n + 1.$$

Demnach haben wir

$$n \ln n - n + 1 < P_n < (n+1) \ln (n+1) - n,$$

und wenn wir durch $n \ln n$ dividieren,

$$1 - \frac{1}{\ln n} + \frac{1}{n \ln n} < \frac{P_n}{n \ln n} < (1 + 1/n) \frac{\ln (n+1)}{\ln n} - \frac{1}{\ln n}$$

$$= (1 + 1/n) \frac{\ln n + \ln (1 + 1/n)}{\ln n} - \frac{1}{\ln n}.$$

Beide Grenzen streben offenbar gegen 1, wenn n gegen unendlich strebt, und damit ist unsere Behauptung bewiesen.

§ 3. Unendliche Reihen und Produkte

1. Unendliche Reihen von Funktionen

Wie wir schon gesagt haben, bedeutet die Darstellung einer Größe s als unendliche Reihe

(1) $$s = b_1 + b_2 + b_3 + \cdots$$

nichts weiter als eine bequeme Schreibweise für die Aussage, daß s der Grenzwert ist, dem sich die Folge der endlichen „Partialsummen"

$$s_1, s_2, s_3, \ldots$$

bei wachsendem n nähert, wobei

(2) $$s_n = b_1 + b_2 + \cdots + b_n .$$

Die Gleichung (1) ist also äquivalent der Limesrelation

(3) $$\lim s_n = s , \quad \text{wenn} \quad n \to \infty ,$$

worin s_n durch (2) definiert ist. Wenn der Grenzwert (3) existiert, sagen wir, daß die Reihe (1) gegen den Wert s konvergiert, wenn aber der Grenzwert (3) nicht existiert, sagen wir, daß die Reihe *divergiert*.

So konvergiert die Reihe

$$1 - \frac{1}{3} + \frac{1}{5} - \frac{1}{7} + \cdots$$

gegen den Wert $\pi/4$ und die Reihe

$$1 - \frac{1}{2} + \frac{1}{3} - \frac{1}{4} + \cdots$$

gegen den Wert ln 2; die Reihe

$$1 - 1 + 1 - 1 + \cdots$$

dagegen divergiert (da die Partialsummen zwischen 1 und 0 alternieren), und die Reihe

$$1 + 1 + 1 + 1 + \cdots$$

divergiert, weil die Partialsummen gegen unendlich streben.

Wir kennen bereits Reihen, deren Glieder b_i Funktionen von x in der Form

$$b_i = c_i x^i$$

mit konstanten Faktoren c_i sind. Solche Reihen heißen *Potenzreihen*; sie sind Grenzwerte von Polynomen, die ihre Partialsummen darstellen

$$S_n = c_0 + c_1 x + c_2 x^2 + \cdots + c_n x^n$$

(das zusätzliche konstante Glied c_0 erfordert eine unwesentliche Änderung in der Bezeichnungsweise (2)). Die Entwicklung

$$f(x) = c_0 + c_1 x + c_2 x^2 + \cdots$$

einer Funktion $f(x)$ in eine Potenzreihe bietet also die Möglichkeit, einen Näherungswert von $f(x)$ durch Polynome, die einfachsten Funktionen, auszudrücken. Fassen wir unsere früheren Resultate zusammen und ergänzen sie, dann können wir die folgenden Potenzreihenentwicklungen aufstellen:

(4) $$\frac{1}{1+x} = 1 - x + x^2 - x^3 + \cdots, \qquad \text{gültig für } -1 < x < +1$$

(5) $$\operatorname{arc\,tg} x = x - \frac{x^3}{3} + \frac{x^5}{5} - \cdots, \qquad \text{gültig für } -1 \leqq x \leqq +1$$

(6) $$\ln(1+x) = x - \frac{x^2}{2} + \frac{x^3}{3} - \cdots, \qquad \text{gültig für } -1 < x \leqq +1$$

(7) $$\frac{1}{2}\ln\frac{1+x}{1-x} = x + \frac{x^3}{3} + \frac{x^5}{5} + \cdots, \qquad \text{gültig für } -1 < x < +1$$

(8) $$e^x = 1 + x + \frac{x^2}{2!} + \frac{x^3}{3!} + \frac{x^4}{4!} + \cdots, \qquad \text{gültig für alle } x.$$

Dieser Zusammenstellung fügen wir die folgenden wichtigen Entwicklungen hinzu:

(9) $$\sin x = x - \frac{x^3}{3!} + \frac{x^5}{5!} - \cdots \qquad \text{gültig für alle } x,$$

(10) $$\cos x = 1 - \frac{x^2}{2!} + \frac{x^4}{4!} - \cdots \qquad \text{gültig für alle } x.$$

Der Beweis, bei dem wir uns auf positive Werte von x beschränken dürfen, ist einfach eine Konsequenz der Formeln (siehe S. 335)

(a) $$\int_0^x \sin u\, du = 1 - \cos x,$$

(b) $$\int_0^x \cos u\, du = \sin x.$$

Wir beginnen mit der Ungleichung

$$\cos x \leqq 1.$$

Integrieren wir von 0 bis x, wobei x eine beliebige feste positive Zahl ist, so finden wir (siehe Formel (13), S. 314)

$$\sin x \leqq x;$$

integrieren wir nochmals, so entsteht

$$1 - \cos x \leqq \frac{x^2}{2}$$

oder umgeformt

$$\cos x \geqq 1 - \frac{x^2}{2}.$$

Integrieren wir abermals, so erhalten wir

$$\sin x \geqq x - \frac{x^3}{2\cdot 3} = x - \frac{x^3}{3!}.$$

Fahren wir in dieser Weise unbegrenzt fort, so ergeben sich die beiden Folgen von Ungleichungen

$$\begin{array}{ll}
\sin x \leqq x & \cos x \leqq 1 \\
\sin x \geqq x - \dfrac{x^3}{3!} & \cos x \geqq 1 - \dfrac{x^2}{2!} \\
\sin x \leqq x - \dfrac{x^3}{3!} + \dfrac{x^5}{5!} & \cos x \leqq 1 - \dfrac{x^2}{2!} + \dfrac{x^4}{4!} \\
\sin x \geqq x - \dfrac{x^3}{3!} + \dfrac{x^5}{5!} - \dfrac{x^7}{7!} & \cos x \geqq 1 - \dfrac{x^2}{2!} + \dfrac{x^4}{4!} - \dfrac{x^6}{6!} \\
\ldots\ldots & \ldots\ldots
\end{array}$$

Nun strebt $\frac{x^n}{n!}$ gegen 0, wenn n gegen unendlich strebt. Um dies zu zeigen, wählen wir eine feste positive ganze Zahl m, so daß $\frac{x}{m} < \frac{1}{2}$ und schreiben $c = \frac{x^m}{m!}$. Für jede ganze Zahl $n > m$ setzen wir $n = m + r$; dann ist

$$0 < \frac{x^n}{n!} = c \cdot \frac{x}{m+1} \cdot \frac{x}{m+2} \cdots \frac{x}{m+r} < c\left(\frac{1}{2}\right)^r,$$

und da für $n \to \infty$ auch $r \to \infty$, folgt $c\left(\frac{1}{2}\right)^r \to 0$. Also ergibt sich

$$\begin{cases} \sin x = x - \frac{x^3}{3!} + \frac{x^5}{5!} - \frac{x^7}{7!} + \cdots \\ \cos x = 1 - \frac{x^2}{2!} + \frac{x^4}{4!} - \frac{x^6}{6!} + \cdots. \end{cases}$$

Da die Vorzeichen der Glieder dieser Reihen abwechseln und der Wert der Glieder abnimmt (wenigstens für $|x| \leqq 1$), so folgt, daß der *Fehler, dadurch begangen, daß man eine dieser Reihen bei einem beliebigen Gliede abbricht, den Wert des ersten fortgelassenen Gliedes nicht überschreitet.*

Bemerkungen. Man kann diese Reihen benutzen, um Tabellen zu berechnen. Beispiel: Wie groß ist $\sin 1°$? $1°$ ist $\pi/180$ im Bogenmaß; daher

$$\sin\frac{\pi}{180} = \frac{\pi}{180} - \frac{1}{6}\left(\frac{\pi}{180}\right)^3 + \cdots.$$

Der Fehler, der entsteht, wenn man hier abbricht, ist nicht größer als $\frac{1}{120}\left(\frac{\pi}{180}\right)^5$, d. h. kleiner als 0,0000000002. Daher ist $\sin 1° = 0.0174524064$, auf 10 Dezimalstellen genau.

Schließlich erwähnen wir ohne Beweis die „Binomialreihe"

(11) $$(1 + x)^a = 1 + ax + \binom{a}{2}x^2 + \binom{a}{3}x^3 + \cdots,$$

worin

$$\binom{a}{s} = \frac{a(a-1)(a-2)\ldots(a-s+1)}{s!}$$

ist. Wenn $a = n$, also eine positive ganze Zahl ist, so haben wir $\binom{a}{n} = 1$, und für $s > n$ werden alle Koeffizienten $\binom{a}{s}$ in (11) gleich Null, so daß wir die endliche Formel des gewöhnlichen binomischen Satzes erhalten. Es war eine von Newtons großen Entdeckungen am Beginn seiner Laufbahn, daß der elementare binomische Satz von positiven, ganzzahligen Exponenten a auf beliebige positive oder negative, rationale oder irrationale Exponenten a erweitert werden kann. Wenn a keine positive ganze Zahl ist, liefert die rechte Seite von (11) eine unendliche Reihe, die für $-1 < x < +1$ gültig ist. Für $|x| > 1$ wird die Reihe (11) divergent, so daß das Gleichheitszeichen sinnlos ist.

Insbesondere finden wir, wenn in (11) $a = \frac{1}{2}$ gesetzt wird, die Entwicklung

(12) $$\sqrt{1+x} = 1 + \frac{1}{2}x - \frac{1}{2^2 \cdot 2!}x^2 + \frac{1 \cdot 3}{2^3 \cdot 3!}x^3 - \frac{1 \cdot 3 \cdot 5}{2^4 \cdot 4!}x^4 + \cdots.$$

Wie die andern Mathematiker des 18. Jahrhunderts gab Newton keinen eigentlichen Beweis für die Gültigkeit dieser Formel. Eine befriedigende Analyse der Konvergenz und des Gültigkeitsbereichs solcher unendlicher Reihen wurde erst im 19. Jahrhundert gegeben.

Übung: Man stelle die Potenzreihen für $\sqrt{1-x^2}$ und $\dfrac{1}{\sqrt{1-x}}$ auf.

Die Entwicklungen (4) bis (11) sind Spezialfälle der allgemeinen Formel von Brook Taylor (1685–1731), die darauf abzielt, beliebige Funktionen $f(x)$ einer großen Funktionenklasse in Potenzreihen zu entwickeln,

$$f(x) = c_0 + c_1 x + c_2 x^2 + c_3 x^3 + \cdots, \tag{13}$$

indem ein Gesetz angegeben wird, das die Koeffizienten c_i durch die Funktion f und ihre Ableitungen ausdrückt.

Es ist nicht möglich, hier einen exakten Beweis der Taylorschen Formel durch Formulierung und Prüfung der Bedingungen ihrer Gültigkeit zu geben. Aber die folgenden Plausibilitätsbetrachtungen werden die Zusammenhänge der erforderlichen mathematischen Tatsachen erläutern.

Nehmen wir versuchsweise an, daß eine Entwicklung (13) möglich ist. Nehmen wir weiter an, daß $f(x)$ differenzierbar ist, daß auch $f'(x)$ differenzierbar ist und so fort, so daß die unendliche Folge der Ableitungen

$$f'(x), f''(x), \ldots, f^{(n)}(x), \ldots$$

tatsächlich existiert. Endlich wollen wir voraussetzen, daß eine unendliche Potenzreihe wie ein endliches Polynom gliedweise differenziert werden kann. Unter diesen Annahmen können wir die Koeffizienten c_n aus der Kenntnis des Verhaltens von $f(x)$ in der Umgebung von $x = 0$ bestimmen. Zuerst finden wir durch Einsetzen von $x = 0$ in (13)

$$c_0 = f(0),$$

da alle Glieder der Reihe, die x enthalten, verschwinden. Jetzt differenzieren wir (13) und erhalten

$$f'(x) = c_1 + 2c_2 x + 3c_3 x^2 + \cdots + n c_n x^{n-1} + \cdots. \tag{13'}$$

Setzen wir wiederum $x = 0$ ein, aber jetzt in 13', nicht in (13), so finden wir

$$c_1 = f'(0).$$

Durch Differentiation von (13') erhalten wir

$$f''(x) = 2c_2 + 2\cdot 3 c_3 x + \cdots + (n-1) n c_n x^{n-2} + \cdots, \tag{13''}$$

und setzen wir $x = 0$ in (13'') ein, so sehen wir, daß

$$2!\, c_2 = f''(0).$$

Ebenso ergibt Differentiation von (13'') und Einsetzen von $x = 0$

$$3!\, c_3 = f'''(0),$$

und durch Fortsetzung dieses Verfahrens gelangen wir zu der allgemeinen Formel

$$c_n = \frac{1}{n!} f^{(n)}(0),$$

worin $f^{(n)}(0)$ der Wert der n-ten Ableitung von $f(x)$ in $x = 0$ ist. Das Ergebnis ist die *Taylorsche Reihe*

$$f(x) = f(0) + x\, f'(0) + \frac{x^2}{2!} f''(0) + \frac{x^3}{3!} f'''(0) + \cdots. \tag{14}$$

Als Übung im Differenzieren möge der Leser an den Beispielen (4) bis (11) feststellen, daß das Bildungsgesetz der Koeffizienten einer Taylorschen Reihe erfüllt ist.

2. Die Eulersche Formel $\cos x + i \sin x = e^{ix}$

Eines der reizvollsten Ergebnisse von EULERs formalistischen Manipulationen ist der enge Zusammenhang im Gebiet der komplexen Zahlen zwischen den Sinus- und Cosinusfunktionen einerseits und der Exponentialfunktion andererseits. Es soll gleich gesagt werden, daß der Eulersche „Beweis" und unsere hier folgende Ableitung keinen strengen Charakter tragen; sie sind typische Beispiele für die formale Behandlungsweise des 18. Jahrhunderts.

Beginnen wir mit der in Kapitel II bewiesenen Moivreschen Formel

$$\cos n\varphi + i \sin n\varphi = (\cos\varphi + i \sin\varphi)^n .$$

Hierin setzen wir $\varphi = x/n$ und erhalten

$$\cos x + i \sin x = \left(\cos\frac{x}{n} + i \sin\frac{x}{n}\right)^n .$$

Wenn nun x gegeben ist, so wird $\cos\frac{x}{n}$ für große n sich nur wenig von $\cos 0 = 1$ unterscheiden. Ferner sehen wir, da

$$\frac{\sin\frac{x}{n}}{\frac{x}{n}} \to 1 , \quad \text{wenn } \frac{x}{n} \to 0$$

(siehe S. 234), daß $\sin\frac{x}{n}$ asymptotisch gleich $\frac{x}{n}$ ist. Wir können es daher als plausibel ansehen, zu der folgenden Grenzformel überzugehen:

$$\cos x + i \sin x = \lim\left(1 + \frac{ix}{n}\right)^n, \quad \text{wenn } n \to \infty .$$

Vergleichen wir die rechte Seite dieser Gleichung mit der Formel (S. 342)

$$e^z = \lim\left(1 + \frac{z}{n}\right)^n, \quad \text{wenn } n \to \infty ,$$

so haben wir

(15) $$\cos x + i \sin x = e^{ix} ,$$

und das ist EULERs Resultat.

Wir können dasselbe Ergebnis auch auf andere formalistische Weise aus der Entwicklung

$$e^z = 1 + \frac{z}{1!} + \frac{z^2}{2!} + \frac{z^3}{3!} + \cdots$$

erhalten, indem wir darin $z = ix$ einsetzen, wobei x eine reelle Zahl ist. Erinnern wir uns, daß die sukzessiven Potenzen von i gleich $i, -1, -i, +1$ sind und so weiter in periodischer Wiederholung, dann haben wir durch Zusammenfassen der reellen und der imaginären Glieder

$$e^{ix} = \left(1 - \frac{x^2}{2!} + \frac{x^4}{4!} - \frac{x^6}{6!} + \cdots\right) + i\left(x - \frac{x^3}{3!} + \frac{x^5}{5!} - \frac{x^7}{7!} + \cdots\right);$$

vergleichen wir die rechte Seite mit den Reihen für Sinus und Cosinus, so ergibt sich wieder die Eulersche Formel.

Eine solche Überlegung ist keineswegs ein wirklicher Beweis der Beziehung (15). Der Einwand gegen unsere zweite Argumentation ist, daß die Reihenentwicklung für e^z unter der Annahme abgeleitet war, daß z eine reelle Zahl ist; daher ist für die Substitution $z = ix$ eine Rechtfertigung erforderlich. Ebenso ist die Schlüssigkeit der ersten Argumentation aufgehoben durch den Umstand, daß die Formel

$$e^z = \lim \left(1 + \frac{z}{n}\right)^n, \text{ wenn } n \to \infty$$

nur für reelle Werte von z abgeleitet worden war.

Um die Eulersche Formel aus der Sphäre des reinen Formalismus in die der strengen mathematischen Wahrheit zu erheben, war die Entwicklung der Theorie der Funktionen einer komplexen Variabeln notwendig, eine der großen mathematischen Leistungen des 19. Jahrhunderts. Viele andere Probleme regten diese weitreichende Entwicklung an. Wir haben zum Beispiel gesehen, daß die Potenzreihenentwicklungen verschiedener Funktionen in verschiedenen x-Intervallen konvergieren. Warum konvergieren einige Entwicklungen immer, d. h. für alle x, während andere für $|x| > 1$ sinnlos werden?

Betrachten wir zum Beispiel die geometrische Reihe (4), S. 362, die für $|x| < 1$ konvergiert. Die linke Seite dieser Gleichung ist vollkommen sinnvoll für $x = 1$, sie nimmt den Wert $\frac{1}{1+1} = \frac{1}{2}$ an, während die Reihe auf der rechten Seite sich höchst sonderbar benimmt, da sie zu

$$1 - 1 + 1 - 1 + \cdots$$

wird. Diese Reihe konvergiert nicht, da ihre Partialsummen zwischen 1 und 0 hin- und herschwanken. Dies läßt erkennen, daß Funktionen divergente Reihen entstehen lassen können, auch wenn sie selbst keinerlei Unregelmäßigkeit zeigen. Allerdings wird die Funktion $\frac{1}{1+x}$ unendlich, wenn $x \to -1$. Da man leicht zeigen kann, daß die Konvergenz einer Potenzreihe für $x = a > 0$ immer die Konvergenz für $-a < x < a$ zur Folge hat, so könnten wir eine „Erklärung" für das seltsame Verhalten der Reihe in der Unstetigkeit der Funktion $\frac{1}{1+x}$ für $x = -1$ finden. Aber die Funktion $\frac{1}{1+x^2}$ läßt sich in die Reihe

$$\frac{1}{1+x^2} = 1 - x^2 + x^4 - x^6 + \cdots$$

entwickeln, indem man in (4) x^2 für x setzt. Diese Reihe konvergiert ebenfalls für $|x| < 1$, während sie für $x = 1$ wieder auf die divergente Reihe $1 - 1 + 1 - 1 + \cdots$ führt und für $|x| > 1$ explosionsartig divergiert, obwohl die dargestellte Funktion selbst überall regulär ist.

Es hat sich gezeigt, daß eine vollständige Erklärung solcher Erscheinungen nur möglich ist, wenn man die Funktionen nicht nur für reelle, sondern auch für komplexe Werte von x untersucht. Zum Beispiel muß die Reihe für $\frac{1}{1+x^2}$ für $x = i$ divergieren, weil der Nenner der Funktion Null wird. Daraus folgt, daß die Reihe für alle x mit $|x| > |i| = 1$ auch divergieren muß, da sich zeigen läßt, daß ihre Konvergenz für irgendein solches x die Konvergenz für $x = i$ nach sich ziehen würde. So wurde die Frage der Konvergenz von Reihen, die in der ersten

Zeit der Infinitesimalrechnung völlig unbeachtet blieb, zu einem der Hauptfaktoren bei dem Aufbau der Funktionentheorie einer komplexen Variabeln.

3. Die harmonische Reihe und die Zeta-Funktion. Das Eulersche Produkt für den Sinus

Reihen, deren Glieder sich in einfacher Weise aus den ganzen Zahlen aufbauen, sind von besonderem Interesse. Als Beispiel betrachten wir die „harmonische Reihe"

$$1+\frac{1}{2}+\frac{1}{3}+\frac{1}{4}+\cdots+\frac{1}{n}+\cdots, \tag{16}$$

die sich von der für ln 2 nur durch die Vorzeichen der geradzahligen Glieder unterscheidet.

Die Frage nach der Konvergenz dieser Reihe ist die Frage, ob die Folge

$$s_1, s_2, s_3, \ldots,$$

worin

$$s_n = 1+\frac{1}{2}+\frac{1}{3}+\cdots+\frac{1}{n}, \tag{17}$$

einem endlichen Grenzwert zustrebt. Obwohl die Glieder der Reihe (16) sich der Null nähern, wenn wir immer weiter gehen, kann man leicht einsehen, daß die Reihe nicht konvergiert. Denn nimmt man genügend viele Glieder, dann kann man jede beliebige positive Zahl überschreiten, so daß s_n unbegrenzt zunimmt und daher die Reihe (16) „gegen unendlich divergiert". Um das zu erkennen, bemerken wir, daß

$$s_2 = 1+\frac{1}{2},$$

$$s_4 = s_2+\left(\frac{1}{3}+\frac{1}{4}\right) > s_2+\left(\frac{1}{4}+\frac{1}{4}\right) = 1+\frac{2}{2},$$

$$s_8 = s_4+\left(\frac{1}{5}+\frac{1}{6}+\frac{1}{7}+\frac{1}{8}\right) > s_4+\left(\frac{1}{8}+\cdots+\frac{1}{8}\right) = s_4+\frac{1}{2} > 1+\frac{3}{2}$$

und allgemein

$$s_{2^m} > 1+\frac{m}{2}. \tag{18}$$

Es ist also zum Beispiel die Partialsumme s_{2^m} größer als 100, sobald $m \geqq 200$.

Während die harmonische Reihe selbst nicht konvergiert, läßt sich zeigen, daß die Reihe

$$1+\frac{1}{2^s}+\frac{1}{3^s}+\frac{1}{4^s}+\cdots+\frac{1}{n^s}+\cdots \tag{19}$$

für jeden s-Wert größer als 1 konvergiert, so daß sie für alle $s > 1$ die sogenannte Zetafunktion

$$\zeta(s) = \lim\left(1+\frac{1}{2^s}+\frac{1}{3^s}+\frac{1}{4^s}+\cdots+\frac{1}{n^s}\right), \text{ wenn } n\to\infty, \tag{20}$$

als Funktion von s definiert. Es besteht eine wichtige Beziehung zwischen der Zetafunktion und den Primzahlen, die wir mit Hilfe unserer Kenntnis der geometrischen Reihe ableiten können. Es sei $p = 2, 3, 5, 7, \ldots$ eine beliebige Primzahl;

dann ist für $s \geqq 1$

$$0 < \frac{1}{p^s} < 1,$$

so daß

$$\frac{1}{1-\frac{1}{p^s}} = 1 + \frac{1}{p^s} + \frac{1}{p^{2s}} + \frac{1}{p^{3s}} + \cdots.$$

Wir wollen nun alle diese Ausdrücke für sämtliche Primzahlen $p_1 = 2$, $p_2 = 3$, $p_3 = 5$, $p_4 = 7, \ldots$ miteinander multiplizieren, ohne uns zunächst um die Zulässigkeit einer solchen Operation zu kümmern. Auf der linken Seite erhalten wir das unendliche „Produkt"

$$\left(\frac{1}{1-\frac{1}{2^s}}\right)\cdot\left(\frac{1}{1-\frac{1}{3^s}}\right)\left(\frac{1}{1-\frac{1}{5^s}}\right)\cdots = \lim \text{ für } n \to \infty \text{ von } \left[\frac{1}{1-\frac{1}{p_1^s}}\cdots\frac{1}{1-\frac{1}{p_n^s}}\right],$$

auf der rechten Seite dagegen die Reihe

$$1 + \frac{1}{2^s} + \frac{1}{3^s} + \cdots = \zeta(s)$$

auf Grund der Tatsache, daß jede ganze Zahl größer als 1 auf eine einzige Weise als Produkt verschiedener Primzahlpotenzen dargestellt werden kann. Also haben wir die Zeta-Funktion ausgedrückt als ein Produkt

$$\zeta(s) = \left(\frac{1}{1-\frac{1}{2^s}}\right)\cdot\left(\frac{1}{1-\frac{1}{3^s}}\right)\cdot\left(\frac{1}{1-\frac{1}{5^s}}\right)\cdots. \tag{21}$$

Wenn es nur eine endliche Anzahl verschiedener Primzahlen gäbe, etwa $p_1, p_2, \ldots, p_r$, dann wäre das Produkt auf der rechten Seite von (21) ein gewöhnliches endliches Produkt und hätte daher einen endlichen Wert, auch für $s = 1$. Aber wie wir sahen, divergiert die ζ-Reihe für $s = 1$,

$$\zeta(1) = 1 + \frac{1}{2} + \frac{1}{3} + \cdots,$$

gegen unendlich. Diese Überlegung, die man leicht zu einem strengen Beweis ergänzen kann, zeigt, daß es unendlich viele Primzahlen geben muß. Allerdings ist sie viel verwickelter und künstlicher als der Euklidische Beweis hierfür (siehe S. 18). Sie hat aber denselben Reiz wie die schwierige Ersteigung eines Berggipfels, den man von der anderen Seite her auf einem bequemen Wege hätte erreichen können.

Unendliche Produkte wie (21) sind oft ebenso nützlich für die Darstellung von Funktionen wie unendliche Reihen. Ein anderes unendliches Produkt, dessen Entdeckung auch zu EULERs Leistungen gehört, betrifft die trigonometrische Funktion $\sin x$. Um diese Formel zu verstehen, gehen wir von einer Bemerkung über Polynome aus. Wenn $f(x) = a_0 + a_1 x + \cdots + a_n x^n$ ein Polynom n-ten Grades ist und n verschiedene Nullstellen $x_1, x_2, \ldots, x_n$ hat, so wissen wir aus der Algebra, daß man $f(x)$ in Linearfaktoren

$$f(x) = a_n(x - x_1)\ldots(x - x_n)$$

zerlegen kann (siehe S. 80). Klammern wir das Produkt $x_1 x_2 \ldots x_n$ aus, so können wir schreiben

$$f(x) = C\left(1-\frac{x}{x_1}\right)\left(1-\frac{x}{x_2}\right)\cdots\left(1-\frac{x}{x_n}\right),$$

worin C eine Konstante ist, die wir, wenn $x = 0$ gesetzt wird, als $C = a_0$ erkennen. Wenn wir kompliziertere Funktionen $f(x)$ an Stelle von Polynomen betrachten, so entsteht die Frage, ob auch hier eine Produktzerlegung mit Hilfe der Nullstellen möglich ist. (Dies kann nicht allgemein gelten, wie man aus dem Beispiel der Exponentialfunktion sieht, die überhaupt keine Nullstellen besitzt, da $e^x \neq 0$ für alle Werte von x.) EULER entdeckte aber, daß für die Sinusfunktion eine solche Zerlegung möglich ist. Um die Formel auf die einfachste Art zu schreiben, betrachten wir nicht $\sin x$ sondern $\sin \pi x$. Diese Funktion hat die Nullstellen $x = 0, \pm 1, \pm 2, \pm 3, \ldots$, da $\sin \pi n = 0$ ist für alle ganzzahligen n und nur für diese. EULERs Formel sagt nun aus, daß

$$\sin \pi x = \pi x\left(1-\frac{x^2}{1^2}\right)\left(1-\frac{x^2}{2^2}\right)\left(1-\frac{x^2}{3^2}\right)\left(1-\frac{x^2}{4^2}\right)\cdots. \tag{22}$$

Dieses unendliche Produkt konvergiert für alle Werte von x und ist eine der schönsten Formeln der Mathematik. Für $x = \frac{1}{2}$ liefert sie

$$\sin\frac{\pi}{2} = 1 = \frac{\pi}{2}\left(1-\frac{1}{2^2\cdot 1^2}\right)\left(1-\frac{1}{2^2\cdot 2^2}\right)\left(1-\frac{1}{2^2\cdot 3^2}\right)\left(1-\frac{1}{2^2\cdot 4^2}\right)\cdots.$$

Schreiben wir

$$1-\frac{1}{2^2\cdot n^2} = \frac{(2n-1)(2n+1)}{2n\cdot 2n},$$

so erhalten wir das Wallissche Produkt

$$\frac{\pi}{2} = \frac{2}{1}\cdot\frac{2}{3}\cdot\frac{4}{3}\cdot\frac{4}{5}\cdot\frac{6}{5}\cdot\frac{6}{7}\cdot\frac{8}{7}\cdot\frac{8}{9}\cdots,$$

das auf S. 229 erwähnt wurde.

Für die Beweise dieser Tatsachen müssen wir den Leser auf die Lehrbücher der Infinitesimalrechnung verweisen (siehe auch S. 391).

**§ 4. Ableitung des Primzahlsatzes mit statistischen Methoden

Wenn mathematische Methoden auf das Studium der Naturerscheinungen angewandt werden, begnügt man sich gewöhnlich mit Überlegungen, in deren Verlauf die streng logische Beweiskette durch mehr oder weniger plausible Annahmen unterbrochen wird. Sogar in der reinen Mathematik begegnet man Betrachtungen, die, wenn sie auch keinen strengen Beweis bilden, doch die richtige Lösung liefern und die Richtung andeuten, in der ein strenger Beweis gesucht werden kann. BERNOULLIs Lösung des Problems der Brachystochrone (siehe S. 290) hat diesen Charakter, ebenso wie das meiste aus dem Anfangsstadium der Analysis.

Mit Hilfe eines Verfahrens, das für die angewandte Mathematik und insbesondere die statistische Mechanik typisch ist, wollen wir hier einen Gedankengang entwickeln, der die Gültigkeit des berühmten Gesetzes von GAUSS über die Verteilung der Primzahlen zum mindesten plausibel macht. (Ein ähnliches Verfahren wurde einem der Verfasser von dem Experimentalphysiker GUSTAV HERTZ vorgeschlagen.) Dieses Gesetz, das in der Ergänzung zu Kapitel I (S. 22ff.) empirisch behandelt wurde, sagt aus, daß die Anzahl $A(n)$ der Primzahlen, die nicht größer sind als n, asymptotisch gleich der Größe $n/\ln n$ ist:

$$A(n) \sim \frac{n}{\ln n}.$$

Hiermit ist gemeint, daß das Verhältnis von $A(n)$ zu $n/\ln n$ gegen den Grenzwert 1 strebt, wenn n gegen unendlich strebt.

Wir beginnen mit der Annahme, daß ein mathematisches Gesetz *existiert*, welches die Verteilung der Primzahlen in dem folgenden Sinn beschreibt: Für große Werte von n ist die Funktion $A(n)$ angenähert gleich dem Integral $\int_2^n W(x)\,dx$, worin $W(x)$ eine Funktion ist, welche die „Dichte" der Primzahlen mißt. (Wir wählen 2 als untere Grenze des Integrals, weil für $x < 2$ offenbar $A(x) = 0$ ist.) Damit soll folgendes gemeint sein: Ist x eine große Zahl und Δx eine andere große Zahl, wobei aber die Größenordnung von x größer sei als die von Δx (zum Beispiel könnten wir $\Delta x = \sqrt{x}$ vereinbaren), dann nehmen wir an, daß die Verteilung der Primzahlen so gleichmäßig ist, daß die Anzahl der Primzahlen in dem Intervall zwischen x und $x + \Delta x$ angenähert gleich $W(x)\Delta x$ ist und ferner, daß $W(x)$ als Funktion von x sich so langsam ändert, daß das Integral $\int_2^n W(x)\,dx$ durch die im folgenden beschriebene treppenförmige Annäherung ersetzt werden kann, ohne seinen asymptotischen Wert zu ändern.

Wir haben bewiesen (S. 360), daß für große ganze Zahlen $\ln n!$ asymptotisch gleich $n \ln n$ ist:

$$\ln n! \sim n \ln n.$$

Jetzt gehen wir dazu über, eine zweite Formel für $\ln n!$ aufzustellen, welche die Primzahlen enthält, und dann beide Formeln zu vergleichen. Wir wollen abzählen, wie oft eine beliebige Primzahl p (kleiner als n) als Faktor in der ganzen Zahl $n! = 1 \cdot 2 \cdot 3 \cdots n$ enthalten ist. Es möge $[a]_p$ die größte ganze Zahl k bezeichnen, für die p^k Teiler von a ist. Da die Primzahlzerlegung jeder ganzen Zahl nur auf eine Art möglich ist, so folgt $[ab]_p = [a]_p + [b]_p$ für zwei beliebige ganze Zahlen a und b. Daher ist

$$[n!]_p = [1]_p + [2]_p + [3]_p + \cdots + [n]_p.$$

Die Glieder der Zahlenfolge $1, 2, 3, \ldots, n$, die sich durch p^k teilen lassen, sind $p^k, 2p^k, 3p^k, \ldots$. Ihre Anzahl N_k ist für große n angenähert n/p^k. Die Anzahl M_k dieser Glieder, die durch p^k, aber durch keine höhere Potenz von p teilbar sind, ist gleich $N_k - N_{k+1}$. Also ist

$$\begin{aligned}[n!]_p &= M_1 + 2M_2 + 3M_3 + \cdots \\ &= (N_1 - N_2) + 2(N_2 - N_3) + 3(N_3 - N_4) + \cdots \\ &= N_1 + N_2 + N_3 + \cdots \\ &= \frac{n}{p} + \frac{n}{p^2} + \frac{n}{p^3} + \cdots = \frac{n}{p-1}.\end{aligned}$$

(Alle diese Gleichheiten gelten natürlich nur näherungsweise.)

Hieraus folgt, daß für große n die Zahl $n!$ angenähert gegeben ist durch das Produkt aller Ausdrücke $p^{\frac{n}{p-1}}$ für sämtliche Primzahlen $p < n$. Also haben wir die Formel

$$\ln n! \sim \sum_{p<n} \frac{n}{p-1} \ln p.$$

Vergleichen wir dies mit unserer früheren asymptotischen Beziehung für $\ln n!$, so finden wir, wenn wir x statt n schreiben,

$$\ln x \sim \sum_{p<x} \frac{\ln p}{p-1}. \tag{1}$$

Der nächste und entscheidende Schritt ist, die rechte Seite von (1) asymptotisch mit $W(x)$ in Beziehung zu setzen. Wenn x sehr groß ist, können wir das Intervall von 2 bis $x = n$ in eine große Anzahl r von Teilintervallen unterteilen, indem wir Teilpunkte $2 = \xi_1, \xi_2, \ldots, \xi_r, \xi_{r+1} = x$ wählen; die zugehörigen Intervalle haben dann die Längen $\Delta\xi_j = \xi_{j+1} - \xi_j$. In jedem Teilintervall kann es Primzahlen geben, und alle Primzahlen im j-ten Teilintervall haben angenähert den Wert ξ_j. Nach unserer Annahme über $W(x)$ gibt es angenähert $W(\xi_j)\,\Delta\xi_j$ Primzahlen im j-ten Teilintervall; daher ist die Summe auf der rechten Seite von (1) angenähert gleich

$$\sum_{j=1}^{r+1} W(\xi_j) \frac{\ln \xi_j}{\xi_j - 1} \cdot \Delta\xi_j.$$

Ersetzen wir diese endliche Summe durch das Integral, dessen Näherungswert sie bildet, so haben wir als eine plausible Konsequenz von (1) die Beziehung

$$\ln x \sim \int_2^x W(\xi) \frac{\ln \xi}{\xi - 1}\, d\xi. \tag{2}$$

Hieraus wollen wir die unbekannte Funktion $W(x)$ bestimmen. Wenn wir das Zeichen $\sim$ durch ein gewöhnliches Gleichheitszeichen ersetzen und beide Seiten nach x differenzieren, so erhalten wir nach dem Fundamentalsatz der Infinitesimalrechnung

$$\frac{1}{x} = W(x) \frac{\ln x}{x-1}, \quad \text{also}$$
$$W(x) = \frac{x-1}{x \ln x}. \tag{3}$$

Wir nahmen zu Beginn unserer Betrachtung an, daß $A(x)$ angenähert gleich $\int_2^x W(\xi)\, d\xi$ ist; mithin ist $A(x)$ angenähert gegeben durch das Integral

$$\int_2^x \frac{\xi - 1}{\xi \ln \xi}\, d\xi. \tag{4}$$

Um dieses Integral auszuwerten, bemerken wir, daß die Funktion $f(x) = x/\ln x$ die Ableitung hat:

$$f'(x) = \frac{1}{\ln x} - \frac{1}{(\ln x)^2}.$$

Für große Werte von x sind die beiden Ausdrücke

$$\frac{1}{\ln x} - \frac{1}{(\ln x)^2}, \quad \frac{1}{\ln x} - \frac{1}{x \ln x} = W(x)$$

angenähert gleich, da für große x das zweite Glied in beiden Fällen viel kleiner ist als das erste. Daher ist das Integral (4) asymptotisch gleich dem Integral

$$\int_2^x f'(\xi)\, d\xi = f(x) - f(2) = \frac{x}{\ln x} - \frac{2}{\ln 2},$$

da die Integranden über dem größten Teil des Integrationsbereichs beinahe gleich sind. Der Ausdruck $\frac{2}{\ln 2}$ kann bei großem x vernachlässigt werden, da er konstant ist, und so erhalten wir schließlich das Resultat

$$A(x) \sim \frac{x}{\ln x},$$

also den Primzahlsatz.

Wir können nicht behaupten, daß der vorstehenden Überlegung mehr als ein heuristischer Wert zukommt. Aber bei genauer Untersuchung ergibt sich immerhin folgende Tatsache: Es ist nicht schwer, für alle die Schritte, die wir so unbekümmert unternommen haben, eine vollständige Rechtfertigung zu geben, insbesondere für die Gleichung (1), für die asymptotische Äquivalenz zwischen dieser Summe und dem Integral in (2), und für den Schritt, der von (2) zu (3) führt. Es ist sehr viel schwieriger, die *Existenz* einer glatten Dichtefunktion $W(x)$ zu beweisen, die wir ja am Anfang vorausgesetzt hatten. Ist diese einmal angenommen, so ist die *Berechnung* dieser Funktion verhältnismäßig einfach; von diesem Gesichtspunkt aus ist der Existenzbeweis einer solchen Funktion die Hauptschwierigkeit bei der Behandlung des Primzahlproblems.

Anhang

Ergänzungen, Probleme und Übungsaufgaben

Viele der folgenden Probleme sind für den fortgeschritteneren Leser bestimmt. Sie bezwecken weniger Übung in mathematischer Routine als Anregung eines besseren Verständnisses. Anordnung und Auswahl sind nicht systematisch.

Arithmetik und Algebra

(1) Woher wissen wir, daß 3 nicht Teiler irgendeiner Zehnerpotenz ist, wie auf S. 50 behauptet wird? (Siehe S. 38.)

(2) Man beweise, daß das Prinzip der kleinsten natürlichen Zahl aus dem Prinzip der mathematischen Induktion folgt (Siehe S. 16).

(3) Durch Anwendung des binomischen Satzes auf $(1+1)^n$ ist zu zeigen, daß $\binom{n}{0}+\binom{n}{1}+\binom{n}{2}+\cdots+\binom{n}{n}=2^n$.

(4*) Man nehme eine beliebige positive ganze Zahl $z = abc\ldots$, bilde die Summe ihrer Ziffern $a+b+c+\cdots$, subtrahiere diese von z, streiche von dem Ergebnis eine beliebige Ziffer weg und bezeichne die Summe der übrigen Ziffern mit w. Läßt sich eine Regel finden, um aus der Kenntnis von w allein den Wert der weggestrichenen Ziffer zu bestimmen? (Es kann dabei ein zweideutiger Fall auftreten, wenn $w = 0$ ist.) Wie manche anderen einfachen Tatsachen über Kongruenzen, kann man dies als Grundlage für ein „Rechenkunststück" benutzen.

(5) Eine arithmetische Folge erster Ordnung ist eine Folge von Zahlen a, $a+d$, $a+2d$, $a+3d, \ldots$, bei der die Differenz zweier aufeinander folgender Glieder eine Konstante ist. Eine arithmetische Folge zweiter Ordnung ist eine Folge von Zahlen $a_1, a_2, a_3, \ldots$, bei der die Differenzen $a_{i+1}-a_i$ eine arithmetische Folge erster Ordnung bilden. Ebenso ist eine arithmetische Folge k-ter Ordnung eine Folge, bei der die Differenzen eine arithmetische Folge $(k-1)$-ter Ordnung bilden. Man beweise, daß die Quadrate der natürlichen Zahlen eine arithmetische Folge zweiter Ordnung bilden, und zeige durch Induktion, daß die k-ten Potenzen der natürlichen Zahlen eine arithmetische Folge der Ordnung k bilden. Man beweise ferner, daß jede Folge, deren n-tes Glied a_n durch den Ausdruck $c_0 + c_1 n + c_2 n^2 + \cdots + c_k n^k$ gegeben ist, worin die c irgendwelche Konstanten sind, eine arithmetische Folge der Ordnung k ist. *Man beweise die Umkehrung dieser Behauptung für $k = 2$, $k = 3$ und allgemein für k.

(6) Man beweise, daß die Summe der ersten n Glieder einer arithmetischen Folge k-ter Ordnung eine arithmetische Folge $(k+1)$-ter Ordnung ist.

(7) Wieviele Teiler hat die Zahl 10296? (siehe S. 20.)

(8) Aus der algebraischen Formel $(a^2+b^2)(c^2+d^2) = (ac-bd)^2 + (ad+bc)^2$ soll durch Induktion bewiesen werden, daß jede ganze Zahl $r = a_1 a_2 \cdots a_n$, in der jedes a_i eine Summe zweier Quadrate ist, selbst auch eine Summe zweier Quadrate ist. Man kontrolliere dies mit $2 = 1^2 + 1^2$, $5 = 1^2 + 2^2$, $8 = 2^2 + 2^2$ usw.,

für $r = 160$, $r = 1600$, $r = 1300$, $r = 625$. Wenn möglich, gebe man mehrere verschiedene Darstellungen dieser Zahlen als Summen zweier Quadrate.

(9) Man wende die Ergebnisse der Aufgabe (8) an, um aus gegebenen pythagoräischen Zahlentripeln neue zu konstruieren.

(10) Man stelle Teilbarkeitsregeln, ähnlich denen von S. 28, für Zahlensysteme mit der Basis 7, 11 und 12 auf.

(11) Man zeige, daß für zwei positive rationale Zahlen $r = a/b$ und $s = c/d$ die Ungleichung $r > s$ äquivalent ist mit $ad - bc > 0$.

(12) Man zeige, daß für positive r und s mit $r < s$ stets

$$r < \frac{r+s}{2} < s \quad \text{und} \quad \frac{2}{\left(\frac{1}{r} + \frac{1}{s}\right)^2} < 2rs < (r+s)^2.$$

(13) Man zeige durch Induktion: wenn z eine beliebige komplexe Zahl ist, läßt sich $z^n + 1/z^n$ als Polynom n-ten Grades der Größe $w = z + \frac{1}{z}$ ausdrücken (siehe S. 79).

(*14) Führen wir die Abkürzung $\cos\varphi + i \sin\varphi = E(\varphi)$ ein, so haben wir $[E(\varphi)]^m = E(m\varphi)$. Man benutze dies und die Formeln auf S. 11 über die geometrische Reihe, die auch für komplexe Größen gültig bleiben, um zu beweisen, daß

$$\sin\varphi + \sin 2\varphi + \sin 3\varphi + \cdots + \sin n\varphi = \frac{\cos\frac{\varphi}{2} - \cos\left(n + \frac{1}{2}\right)\varphi}{2\sin\frac{\varphi}{2}},$$

$$\frac{1}{2} + \cos\varphi + \cos 2\varphi + \cos 3\varphi + \cdots + \cos n\varphi = \frac{\sin\left(n + \frac{1}{2}\right)\varphi}{2\sin\frac{\varphi}{2}}.$$

(15) Man untersuche, was die Formel der Übung 3 auf S. 15 liefert, wenn man $q = E(\varphi)$ setzt.

Analytische Geometrie

Ein sorgfältiges Studium der folgenden Übungsaufgaben, ergänzt durch Zeichnungen und numerische Beispiele, wird den Leser mit den Elementen der analytischen Geometrie vertraut machen. Die Definitionen und die einfachsten Tatsachen der Trigonometrie werden vorausgesetzt.

Es ist oft nützlich, sich eine Gerade oder Strecke als von einem ihrer Punkte zu einem andern gerichtet vorzustellen. Unter der *gerichteten* Geraden PQ (oder der *gerichteten* Strecke PQ) wollen wir die Gerade (oder Strecke) verstehen, die von P nach Q gerichtet ist. Wird keine ausdrückliche Spezialisierung angegeben, so werden wir bei einer gerichteten Geraden l annehmen, daß sie eine feste, aber noch willkürliche Richtung hat; jedoch soll die gerichtete x-Achse immer als vom Nullpunkt nach einem Punkt mit positiver Koordinate gerichtet angenommen werden. Entsprechendes gilt für die y-Achse. Gerichtete Geraden (oder gerichtete Strecken) werden dann und nur dann als parallel bezeichnet, wenn sie dieselbe Richtung haben. Die Richtung einer gerichteten Strecke auf einer gerichteten Geraden kann angedeutet werden, indem man die Entfernung zwischen den Endpunkten der Strecke positiv oder negativ rechnet, je nachdem ob die Strecke dieselbe Richtung hat wie die Gerade oder die entgegengesetzte. Es wird zweckmäßig sein, die Bezeichnung „Strecke PQ" auch auf den Fall auszudehnen, daß P und Q zusammenfallen; einer solchen „Strecke" müssen wir offenbar die Länge Null und keine Richtung zuschreiben.

(16) Es ist zu beweisen: Wenn $P_1(x_1, y_1)$ und $P_2(x_2, y_2)$ zwei beliebige Punkte sind, so sind die Koordinaten des Mittelpunktes $P_0(x_0, y_0)$ der Strecke P_1P_2 durch $x_0 = (x_1 + x_2)/2$, $y_0 = (y_1 + y_2)/2$ gegeben. Allgemeiner soll gezeigt werden: Wenn P_1 und P_2 verschieden sind, besitzt der Punkt P_0 auf der gerichteten Geraden P_1P_2, für den das Verhältnis $P_1P_0 : P_1P_2$ der gerichteten Längen den Wert k hat, die Koordinaten

$$x_0 = (1-k)x_1 + kx_2\,, \quad y_0 = (1-k)y_1 + ky_2\,.$$

(Anleitung: Parallele Gerade schneiden zwei Transversale in proportionalen Abschnitten.)

Demnach haben die Punkte auf der Geraden P_1P_2 Koordinaten von der Form $x = \lambda_1 x_1 + \lambda_2 x_2$, $y = \lambda_1 y_1 + \lambda_2 y_2$, wobei $\lambda_1 + \lambda_2 = 1$. Die Werte $\lambda_1 = 1$ und $\lambda_1 = 0$ kennzeichnen die Punkte P_1 bzw. P_2 selbst. Negative Werte von λ_1 entsprechen Punkten hinter P_2 und negative Werte von λ_2 Punkten vor P_1.

(17) Die Lage der Punkte auf der Geraden sollen in derselben Weise mit Hilfe der Werte von k gekennzeichnet werden.

Auch bei Drehungen ist die Kennzeichnung der Richtung durch positive und negative Zahlen wichtig, ebenso wie bei Entfernungen. Durch Definition setzen wir den Drehsinn, der die gerichtete x-Achse durch eine Drehung von 90° in die gerichtete y-Achse überführt, als positiv an. Bei dem üblichen Koordinatensystem, in dem die positive x-Achse nach rechts und die positive y-Achse nach oben gerichtet sind, ist dies der Drehsinn entgegen dem Uhrzeiger. Wir definieren nun den Winkel von einer gerichteten Geraden l_1 zu einer gerichteten Geraden l_2 als den Winkel, um den l_1 gedreht werden muß, um parallel zu l_2 zu werden. Natürlich ist dieser Winkel nur bis auf ein ganzes Vielfaches einer vollen Drehung von 360° bestimmt. So ist der Winkel von der gerichteten x-Achse zur gerichteten y-Achse gleich 90° oder −270°, usw.

(18) Man zeige: Wenn α der Winkel zwischen der gerichteten x-Achse und der gerichteten Geraden l ist, wenn P_1, P_2 zwei beliebige Punkte auf l sind und d die gerichtete Entfernung von P_1 nach P_2 ist, dann gilt:

$$\cos\alpha = \frac{x_2 - x_1}{d}\,, \quad \sin\alpha = \frac{y_2 - y_1}{d}\,, \quad (x_2 - x_1)\sin\alpha = (y_2 - y_1)\cos\alpha\,.$$

Wenn die Gerade l nicht senkrecht zur x-Achse ist, so ist die Steigung von l definiert durch

$$m = \tan\alpha = \frac{y_2 - y_1}{x_2 - x_1}\,.$$

Der Wert von m hängt nicht von der Wahl der Richtung auf der Geraden ab, da $\tan\alpha = \tan(\alpha + 180°)$ oder, was dasselbe ist, $\dfrac{y_1 - y_2}{x_1 - x_2} = \dfrac{y_2 - y_1}{x_2 - x_1}$.

(19) Man beweise: Die Steigung einer Geraden ist Null, positiv oder negativ, je nachdem ob die durch den Ursprung gehende Parallele zu ihr auf der x-Achse, im ersten und dritten Quadranten oder im zweiten und vierten Quadranten liegt.

Wir unterscheiden eine positive und eine negative Seite einer gerichteten Geraden folgendermaßen: Es sei P ein nicht auf l gelegener Punkt und Q der Fußpunkt der Senkrechten auf l durch P. Dann liegt P auf der positiven oder negativen Seite von l, je nachdem ob der Winkel von l zu der gerichteten Geraden QP $-90°$ oder $90°$ ist.

Wir wollen jetzt die Gleichung einer gerichteten Geraden l bestimmen. Wir fällen vom Ursprung O eine Senkrechte m auf l und legen m eine solche Richtung bei, daß der Winkel von m nach l gleich $90°$ ist. Der Winkel von der gerichteten x-Achse nach m soll β heißen. Dann ist $\alpha = 90° + \beta$, $\sin\alpha = \cos\beta$, $\cos\alpha = -\sin\beta$. Es sei R mit den Koordinaten x_1, y_1 der Punkt, in dem m auf l trifft. Wir bezeichnen mit d den gerichteten Abstand OR auf der gerichteten Geraden m.

(20) Es ist zu zeigen, daß d dann und nur dann positiv ist, wenn O auf der negativen Seite von l liegt.

Wir haben $x_1 = d\cos\beta$, $y_1 = d\sin\beta$ (vgl. Aufgabe 18). Daher ist $(x - x_1)\sin\alpha = (y - y_1)\cos\alpha$ oder $(x - d\cos\beta)\cos\beta = -(y - d\sin\beta)\sin\beta$; das liefert die Gleichung

$$x\cos\beta + y\sin\beta - d = 0\,.$$

Dies ist die *Normalform* der Gleichung der Geraden l. Man beachte, daß diese Gleichung nicht von der l zugeschriebenen Richtung abhängt, denn die Umkehrung der Richtung würde das Vorzeichen jedes Gliedes auf der linken Seite umkehren und daher die Gleichung unverändert lassen.

Multiplizieren wir die Normalform mit einem willkürlichen Faktor, so erhalten wir die allgemeine Form der Geradengleichung

$$ax + by + c = 0\,.$$

Um aus dieser allgemeinen Form die geometrisch bedeutungsvolle Normalform wiederzugewinnen, müssen wir mit einem Faktor multiplizieren, der die beiden ersten Koeffizienten in $\cos\beta$ und $\sin\beta$ verwandelt, deren Quadrate zusammen 1 geben. Dies wird erreicht durch den Faktor $\frac{1}{\sqrt{a^2+b^2}}$, so daß sich für die Normalform

$$\frac{a}{\sqrt{a^2+b^2}}\,x + \frac{b}{\sqrt{a^2+b^2}}\,y + \frac{c}{\sqrt{a^2+b^2}} = 0$$

ergibt; wir haben also

$$\frac{a}{\sqrt{a^2+b^2}} = \cos\beta\,, \quad \frac{b}{\sqrt{a^2+b^2}} = \sin\beta\,, \quad -\frac{c}{\sqrt{a^2+b^2}} = d\,.$$

(21) Es ist zu zeigen: (a) Die einzigen Faktoren, welche die allgemeine Form in die Normalform überführen, sind die Größen $1/\sqrt{a^2+b^2}$ und $-1/\sqrt{a^2+b^2}$; (b) die Wahl des einen oder anderen dieser Faktoren legt fest, welche Richtung der Geraden zuzuschreiben ist; (c) wenn einer dieser Faktoren gewählt worden ist, liegt der Ursprung auf der positiven oder negativen Seite der sich ergebenden gerichteten Geraden oder auf ihr selbst, je nachdem ob d negativ, positiv oder Null ist.

(22) Man beweise auf direktem Wege, daß die Gerade mit der Steigung m durch einen gegebenen Punkt $P_0(x_0, y_0)$ gegeben ist durch die Gleichung

$$y - y_0 = m(x - x_0) \quad \text{oder} \quad y = mx + y_0 - mx_0\,.$$

Man beweise, daß die Gerade durch zwei gegebene Punkte $P_1(x_1, y_1)$, $P_2(x_2, y_2)$ die Gleichung hat:

$$(y_2 - y_1)(x - x_1) = (x_2 - x_1)(y - y_1).$$

Die x-Koordinate des Punktes, in dem eine Gerade oder Kurve die x-Achse schneidet, wird der x-Achsen-Abschnitt der Kurve genannt; das Entsprechende gilt für den y-Achsen-Abschnitt.

(23) Man zeige durch Division der allgemeinen Gleichung der Aufgabe (20) durch einen passend gewählten Faktor, daß die Gleichung einer Geraden in der *Abschnittsform*

$$\frac{x}{a} + \frac{y}{b} = 1$$

geschrieben werden kann, worin a und b die Abschnitte auf der x- bzw. y-Achse sind. Welche Ausnahmen gibt es?

(24) Durch ein ähnliches Verfahren ist zu zeigen, daß die Gleichung einer nicht zur y-Achse parallelen Geraden in der *Steigungs-Abschnittsform*

$$y = mx + b$$

geschrieben werden kann. (Wenn die Gerade parallel zur y-Achse ist, kann die Gleichung in der Form $x = a$ geschrieben werden.)

(25) Es seien $ax + by + c = 0$ und $a'x + b'y + c' = 0$ die Gleichungen der ungerichteten Geraden l und l' mit den Steigungen m bzw. m'. Man zeige, daß l und l' parallel oder senkrecht zueinander verlaufen, je nachdem, ob (a) $m = m'$ oder $mm' = -1$; (b) $ab' - a'b = 0$ oder $aa' + bb' = 0$. (Man beachte, daß (b) auch dann gilt, wenn die eine Gerade die Steigung ∞ hat, d. h. wenn sie parallel zur y-Achse ist.)

(26) Man zeige, daß eine Gerade durch einen gegebenen Punkt $P_0(x_0, y_0)$ und parallel zu einer gegebenen Geraden l mit der Gleichung $ax + by + c = 0$ die Gleichung $ax + by = ax_0 + by_0$ hat. Man zeige ferner, daß eine ähnliche Formel $bx - ay = bx_0 - ay_0$ für die Gleichung einer Geraden gilt, die durch P_0 geht und auf l senkrecht steht. (Man bemerke: Wenn die Gleichung von l in der Normalform gegeben ist, dann gilt dies in jedem Fall auch für die neue Gleichung.)

(27) Es seien $x \cos\beta + y \sin\beta - d = 0$ und $ax + by + c = 0$ die Normalform und die allgemeine Form der Gleichung einer Geraden l. Man zeige: Der gerichtete Abstand h von l zu einem beliebigen Punkt $Q(u, v)$ ist gegeben durch

$$h = u \cos\beta + v \sin\beta - d$$

oder durch

$$h = \frac{au + bv + c}{\pm\sqrt{a^2 + b^2}},$$

und h ist positiv oder negativ, je nachdem ob Q auf der positiven oder negativen Seite der gerichteten Geraden l liegt (wobei die Richtung durch β oder durch die Wahl des Zeichens vor $\sqrt{a^2 + b^2}$ bestimmt ist). (Anleitung: Man stelle für die Gerade m durch Q parallel zu l die Normalform ihrer Gleichung auf und bestimme den Abstand von l nach m.)

(28) Es sei $l(x, y) = 0$ eine Abkürzung für die Gleichung $ax + by + c = 0$ einer Geraden l und ebenso $l'(x, y) = 0$ für die einer zweiten Geraden l'. Ferner seien λ und λ' zwei Konstante mit der Eigenschaft $\lambda + \lambda' = 1$. Man zeige: Wenn l

und l' sich in $P_0(x_0, y_0)$ schneiden, hat jede Gerade durch P_0 die Gleichung

$$\lambda l(x, y) + \lambda' l'(x, y) = 0$$

und umgekehrt, und jede solche Gerade ist durch die Wahl eines Wertepaares λ, λ' eindeutig bestimmt. (Anleitung: P_0 liegt dann und nur dann auf l, wenn $l(x_0, y_0) = a x_0 + b y_0 + c = 0$.) Welche Geraden werden durch die Gleichung dargestellt, wenn l und l' parallel sind? Man bemerke, daß die Bedingung $\lambda + \lambda' = 1$ nicht notwendig ist, aber dazu dient, für jede Gerade durch P_0 nur eine einzige Gleichung festzulegen.

(29) Man benutze das Ergebnis der vorigen Aufgabe, um für eine Gerade durch den Schnittpunkt P_0 von l und l' und durch einen andern Punkt $P_1(x_1, y_1)$ die Gleichung aufzustellen, ohne die Koordinaten von P_0 auszurechnen. (Anleitung: Man bestimme λ und λ' aus den Bedingungen $\lambda l(x_1, y_1) + \lambda' l'(x_1, y_1) = 0$ und $\lambda + \lambda' = 1$.) Man mache die Probe, indem man die Koordinaten von P_0 berechnet (siehe S. 61) und zeigt, daß P_0 auf der Geraden mit der gefundenen Gleichung liegt.

(30) Es soll bewiesen werden, daß die Gleichungen der Winkelhalbierenden zwischen den sich schneidenden Geraden l und l' die Form haben

$$\sqrt{a'^2 + b'^2}\, l(x, y) = \pm \sqrt{a^2 + b^2}\, l'(x, y) .$$

(Anleitung: Siehe Aufgabe 27.) Was stellen diese Gleichungen dar, wenn l und l' parallel sind?

(31) Man bestimme die Gleichung der Mittelsenkrechten der Strecke $P_1 P_2$ nach jeder der beiden folgenden Methoden: (a) Man stelle die Gleichung der Geraden $P_1 P_2$ auf, suche die Koordinaten des Mittelpunktes P_0 von $P_1 P_2$ und bestimme die Gleichung der Geraden durch P_0 senkrecht auf $P_1 P_2$. (b) Man schreibe die Gleichung hin, die aussagt, daß der Abstand (S. 59) zwischen P_1 und einem beliebigen Punkt $P(x, y)$ der Mittelsenkrechten gleich dem Abstand zwischen P_2 und P ist, quadriere beide Seiten der Gleichung und vereinfache sie.

(32) Man bestimme die Gleichung des Kreises durch drei nicht kollineare Punkte P_1, P_2, P_3 nach jeder der beiden folgenden Methoden: (a) Man stelle die Gleichungen der Mittelsenkrechten der Strecken P_1P_2 und P_2P_3 auf, suche die Koordinaten des Kreismittelpunktes als Schnittpunkt dieser Geraden und dann den Radius als Abstand des Mittelpunktes vom Punkt P_1. (b) Die Gleichung muß die Form haben $x^2 + y^2 - 2ax - 2by = k$ (S. 60). Da jeder der gegebenen Punkte auf dem Kreis liegen muß, haben wir

$$x_1^2 + y_1^2 - 2a x_1 - 2b y_1 = k ,$$
$$x_2^2 + y_2^2 - 2a x_2 - 2b y_2 = k ,$$
$$x_3^2 + y_3^2 - 2a x_3 - 2b y_3 = k ;$$

denn ein Punkt liegt dann und nur dann auf einer Kurve, wenn seine Koordinaten die Gleichung der Kurve befriedigen. Man löse diese drei simultanen Gleichungen nach a, b und k auf.

(33) Um die Gleichung einer Ellipse mit der großen Achse $2p$, der kleinen Achse $2q$ und den Brennpunkten bei $F(e, 0)$ und $F'(-e, 0)$ mit $e^2 = p^2 - q^2$ zu finden, berechne man die Abstände r und r' eines beliebigen Kurvenpunktes von

F bzw. F'. Nach der Definition der Ellipse ist $r + r' = 2p$. Mit Hilfe der Abstandsformel von Seite 59 ist zu zeigen, daß

$$r'^2 - r^2 = (x+e)^2 - (x-e)^2 = 4ex.$$

Da

$$r'^2 - r^2 = (r'+r)(r'-r) = 2p(r'-r),$$

zeige man, daß $r' - r = 2ex/p$.

Man kombiniere diese Gleichung mit $r' + r = 2p$ und leite daraus die wichtigen Formeln ab

$$r = -\frac{e}{p}x + p, \quad r' = \frac{e}{p}x + p.$$

Da (wieder nach der Abstandsformel) $r^2 = (x-e)^2 + y^2$, erhält man durch Gleichsetzen dieses Ausdrucks für r^2 mit dem eben gefundenen $\left(-\frac{e}{p}x + p\right)^2$:

$$(x-e)^2 + y^2 = \left(-\frac{e}{p}x + p\right)^2.$$

Man multipliziere die Klammern aus, ordne $p^2 - q^2$ für e^2 ein und vereinfache. Es ist zu zeigen, daß das Resultat in der Form

$$\frac{x^2}{p^2} + \frac{y^2}{q^2} = 1$$

geschrieben werden kann.

Man führe das gleiche für die Hyperbel aus, die als geometrischer Ort aller Punkte P definiert ist, für die der absolute Wert der Differenz $r - r'$ gleich einer gegebenen Größe $2p$ ist. Hier ist $e^2 = p^2 + q^2$.

(34) Die Parabel ist definiert als geometrischer Ort aller Punkte, deren Abstand von einer festen Geraden (der Leitlinie) ihrem Abstand von einem festen Punkt (dem Brennpunkt) gleich ist. Man zeige: Wenn die Gerade $x = -a$ als Leitlinie und der Punkt $F(a, 0)$ als Brennpunkt gewählt wird, kann die Gleichung der Parabel in der Form $y^2 = 4ax$ geschrieben werden.

Geometrische Konstruktionen

(35) Man beweise die Unmöglichkeit, die Zahlen $\sqrt[3]{3}$, $\sqrt[3]{4}$, $\sqrt[3]{5}$ mit Zirkel und Lineal zu konstruieren. Weiter ist zu beweisen, daß die Konstruktion von $\sqrt[3]{a}$ nur dann möglich ist, wenn a die dritte Potenz einer rationalen Zahl ist (siehe S. 107ff.).

(36) Man bestimme die Seiten des regelmäßigen $3 \cdot 2^n$-Ecks und des $5 \cdot 2^n$-Ecks und gebe die entsprechenden Folgen von Erweiterungskörpern an.

(37) Man beweise die Unmöglichkeit, mit Zirkel und Lineal einen Winkel von 120° oder 30° in drei gleiche Teile zu teilen. (Anleitung für den Fall von 30°: Die zu diskutierende Gleichung lautet $4z^3 - 3z = \cos 30° = \frac{1}{2}\sqrt{3}$. Man führe eine neue Unbekannte $u = z\sqrt{3}$ ein; aus der entstehenden Gleichung für u folgt die Nichtkonstruierbarkeit von z ebenso wie im Text S. 111.)

(38) Man beweise, daß das regelmäßige 9-Eck nicht konstruierbar ist.

(39) Man beweise, daß die Inversion eines Punktes $P(x, y)$ in den Punkt $P'(x', y')$ mit Bezug auf den Kreis vom Radius r um den Ursprung durch die Gleichungen

$$x' = \frac{xr^2}{x^2 + y^2}, \quad y' = \frac{yr^2}{x^2 + y^2}$$

gegeben ist. Man bestimme algebraisch die Gleichungen, die x, y durch x', y' ausdrücken.

*(40) Man beweise analytisch mit Hilfe der Aufgabe (39), daß durch die Inversion die Gesamtheit aller Kreise und Geraden in sich selbst übergeht. Man bestätige die Eigenschaften a)–d) auf S. 114 einzeln und ebenso die Transformationen, die der Fig. 61 entsprechen.

(41) Was wird aus den beiden Geradenscharen $x =$ const. und $y =$ const., die den Koordinatenachsen parallel sind, nach Inversion am Einheitskreis um den Ursprung? Die Antwort ist mit und ohne analytische Geometrie zu ermitteln (siehe S. 126).

(42) Man führe die apollonischen Konstruktionen für selbstgewählte, einfache Fälle durch. Man suche die Lösung auch auf analytischem Wege nach der Methode auf S. 99.

Projektive und nichteuklidische Geometrie

(43) Man bestimme alle Werte des Doppelverhältnisses λ für vier harmonische Punkte, wenn die Punkte Permutationen unterworfen werden (Lösung: $\lambda = -1, 2, \frac{1}{2}$).

(44) Für welche Konfigurationen von vier Punkten fallen einige der auf S. 137 angegebenen sechs Werte des Doppelverhältnisses zusammen? (Lösung: Nur für $\lambda = -1$ oder $\lambda = 1$; es gibt auch einen imaginären Wert von λ, für den $\lambda = \frac{1}{1-\lambda}$, das „äquianharmonische" Doppelverhältnis.)

(45) Es ist zu zeigen, daß das Doppelverhältnis $(ABCD) = 1$ bedeutet, daß die Punkte C und D zusammenfallen.

(46) Man beweise die Behauptungen über das Doppelverhältnis von Ebenen auf S. 138.

(47) Man beweise: Wenn P und P' invers in bezug auf einen Kreis sind und wenn der Durchmesser AB kollinear mit P, P' ist, dann bilden die Punkte $ABPP'$ ein harmonisches Quadrupel. (Anleitung: Man benutze den analytischen Ausdruck (2) auf S. 138, wähle den Kreis als Einheitskreis und AB als Achse.)

(48) Die Koordinaten des vierten harmonischen Punktes zu drei Punkten P_1, P_2, P_3 sind zu bestimmen. Was geschieht, wenn P_3 in die Mitte von P_1P_2 rückt? (Siehe S. 139.)

(*49) Man benutze die Dandelinschen Kugeln, um die Theorie der Kegelschnitte zu entwickeln. Insbesondere weise man nach, daß alle (außer dem Kreis) geometrische Örter von Punkten sind, deren Abstände von einem festen Punkt F und einer festen Geraden l ein konstantes Verhältnis k haben. Für $k > 1$ haben wir eine Hyperbel, für $k = 1$ eine Parabel, für $k < 1$ eine Ellipse. Die Gerade l erhält man, wenn man die Schnittlinie der Ebene des Kegelschnitts mit der Ebene des Kreises aufsucht, in dem die Dandelinsche Kugel den Kegel berührt. (Da der Kreis nur als Grenzfall unter diese Kennzeichnung fällt, ist es nicht zweckmäßig, diese Eigenschaft zur Definition der Kegelschnitte zu benutzen, obwohl dies zuweilen geschieht.)

(50) Man diskutiere folgenden Satz: „Ein Kegelschnitt, zugleich als System von Punkten *und* als System von Geraden betrachtet, ist zu sich selbst dual." (Siehe S. 160.)

(*51) Man versuche den Desarguesschen Satz in der Ebene zu beweisen, indem man aus der dreidimensionalen Konfiguration der Fig. 73 den Grenzübergang vollzieht. (Siehe S. 134.)

(*52) Wieviele Geraden gibt es, die vier gegebene windschiefe Geraden schneiden? Wie können sie charakterisiert werden? (Anleitung: Man lege durch drei der gegebenen Geraden ein Hyperboloid, siehe S. 162.)

(*53) Wenn der Poincarésche Kreis der Einheitskreis der komplexen Ebene ist, dann definieren zwei Punkte z_1 und z_2 und die z-Werte w_1, w_2 der beiden Schnittpunkte der „Geraden" durch die beiden Punkte mit dem Einheitskreis ein Doppelverhältnis $\frac{z_1 - w_1}{z_1 - w_2} : \frac{z_2 - w_1}{z_2 - w_2}$, das gemäß Übung 8 auf S. 78 reell ist; dessen Logarithmus ist nach Definition der hyperbolische Abstand von z_1 und z_2.

(*54) Man transformiere durch eine Inversion den Poincaré-Kreis in die obere Halbebene. Man entwickle das Poincarésche Modell und seine Eigenschaften für diese Halbebene auf direktem Wege und mit Hilfe dieser Inversion. (Siehe Seite 171f.)

Topologie

(55) Man bestätige die Eulersche Formel für die fünf regulären und für andere Polyeder. Man führe die entsprechenden Reduktionen des Netzes durch.

(56) In dem Beweis der Eulerschen Formel (S. 182) wurde verlangt, daß man ein ebenes Netz aus lauter Dreiecken durch sukzessive Anwendung zweier Grundoperationen schließlich auf ein Netz aus einem einzigen Dreieck reduzieren sollte, für das dann $E - K + F = 3 - 3 + 1 = 1$ ist. Wodurch haben wir die Gewähr, daß das Endergebnis nicht ein *Paar* von Dreiecken sein kann, die keine Ecke gemeinsam haben, so daß $E - K + F = 6 - 6 + 2 = 2$ ist? (Anleitung: Wir können annehmen, daß das ursprüngliche Netz *zusammenhängend* ist, d. h. daß man von jeder Ecke über Kanten des Netzes zu jeder anderen Ecke gelangen kann. Man zeige, daß diese Eigenschaft durch die beiden Grundoperationen nicht zerstört werden kann.)

(57) Wir haben bei der Reduktion des Netzes nur zwei Grundoperationen zugelassen. Könnte es nicht in irgendeinem Stadium vorkommen, daß ein Dreieck auftritt, das mit den übrigen Dreiecken des Netzwerks nur eine Ecke gemeinsam hat? (Man konstruiere ein Beispiel.) Dies würde eine dritte Operation nötig machen: Entfernung zweier Ecken, dreier Kanten und einer Fläche. Würde dies den Beweis beeinträchtigen?

(58) Kann man einen breiten Gummiring dreimal um einen Besenstiel wickeln, so daß er flach (d. h. unverdreht) auf dem Besenstiel anliegt? (Natürlich muß der Gummiring sich irgendwo selbst überkreuzen.)

(59) Man zeige, daß eine kreisförmige Scheibe, deren Mittelpunkt herausgeschnitten ist, eine fixpunktfreie, stetige Transformation in sich selbst zuläßt.

(*60) Die Transformation, die jeden Punkt einer Scheibe um eine Längeneinheit in einer bestimmten Richtung verschiebt, hat offenbar keinen Fixpunkt. Selbstverständlich ist dies keine Transformation der Scheibe *in sich selbst*, da gewisse Punkte in Punkte außerhalb der Scheibe transformiert werden. Warum gilt die Argumentation von Seite 194, die auf der Transformation $P \to P^*$ beruhte, in diesem Falle nicht?

(61) Angenommen, wir haben einen Fahrradschlauch, dessen Innenseite weiß und dessen Außenseite schwarz gefärbt ist. Es sei erlaubt, ein kleines Loch einzuschneiden, den Schlauch zu deformieren und das Loch wieder zuzukleben. Ist es möglich, dabei den Schlauch so von innen nach außen zu kehren, daß er innen schwarz und außen weiß ist?

(*62) Man zeige, daß es in drei Dimensionen kein „Vierfarbenproblem" gibt, indem man nachweist, daß es für jede Zahl n möglich ist, n Körper so im Raum anzuordnen, daß jeder allen andern anliegt.

(*63) Entweder auf einer wirklichen Torusfläche (Fahrradschlauch, Trauring) oder auf einem ebenen Gebiet mit Kantenidentifizierung (Fig. 143) soll eine Karte konstruiert werden, die aus sieben Gebieten besteht, von denen jedes allen andern anliegt. (Siehe S. 189.)

(64) Das 4-dimensionale Simplex der Fig. 118 besteht aus fünf Punkten, a, b, c, d, e, von denen jeder mit den vier anderen verbunden ist. Selbst wenn man gekrümmte Verbindungslinien zuläßt, kann die Figur in der Ebene nicht so gezeichnet werden, daß sich keine zwei Verbindungslinien kreuzen. Eine andere Konfiguration mit neun Verbindungslinien, die sich ebenfalls in der Ebene nicht ohne Überkreuzungen zeichnen läßt, besteht aus sechs Punkten a, b, c, a', b', c', wobei jeder der Punkte a, b, c mit jedem der Punkte a', b', c' verbunden ist. Man bestätige diese Tatsachen experimentell und suche einen Beweis dafür mit Hilfe des Jordanschen Kurvensatzes. (Es ist bewiesen worden, daß jede Konfiguration von Punkten und Linien, die sich nicht ohne Überkreuzungen in der Ebene darstellen lassen, eine dieser beiden Konfigurationen als Teil enthalten muß.)

(65) Eine Konfiguration werde gebildet, indem man zu den sechs Kanten eines 3-dimensionalen Simplex eine Linie, welche die Mitten zweier gegenüberliegender Kanten verbindet, hinzufügt. (Zwei Kanten eines Simplex heißen gegenüberliegend, wenn sie keinen Eckpunkt gemeinsam haben.) Es ist zu zeigen, daß diese Konfiguration einer der beiden in der vorigen Aufgabe beschriebenen äquivalent ist.

(*66) Es seien p, q, r die drei Endpunkte des Zeichens E. Das Zeichen wird eine Strecke weit verschoben, so daß ein zweites E mit den Endpunkten p', q', r' entsteht. Kann man p mit p', q mit q' und r mit r' durch drei Kurven verbinden, die weder einander noch die beiden E's kreuzen?

Wenn man um ein Quadrat herumgeht, so wechselt man die Richtung viermal, jedesmal um 90°, so daß die Gesamtänderung $\Delta = 360°$ ist. Gehen wir um ein Dreieck, so ist aus der Elementargeometrie bekannt, daß $\Delta = 360°$.

(67) Man beweise: Wenn C ein beliebiges einfaches geschlossenes Polygon ist, gilt immer $\Delta = 360°$. (Anleitung: Man zerlege das Innere von C in Dreiecke und entferne nacheinander die Randdreiecke, siehe Seite 182. Die sukzessiv entstehenden Polygone seien $B_1, B_2, B_3, \ldots, B_n$; dann ist $B_1 = C$, und B_n ist ein Dreieck. Δ_i sei die gesamte Richtungsänderung des Polygons B_i. Man zeige, daß dann $\Delta_i = \Delta_{i-1}$ ist.)

(*68) Es sei C eine beliebige einfache geschlossene Kurve mit einem sich stetig drehenden Tangentenvektor; Δ bezeichne die Gesamtänderung des Tangentenwinkels bei einmaligem Durchlaufen der Kurve. Man zeige, daß auch hier $\Delta = 360°$ ist. (Anleitung: Es seien $p_0, p_1, p_2, \ldots, p_n = p_0$ Punkte, die C in kleine, nahezu geradlinige Stücke teilen. Es sei C_i die Kurve, die aus den geraden Strecken

$p_0p_1, p_1p_2, \ldots, p_{i-1}p_i$ und aus den ursprünglichen Kurvenbögen $p_ip_{i+1}, \ldots, p_np_0$ besteht. Dann ist $C_0 = C$ und C_n besteht aus lauter geraden Strecken. Man zeige, daß $\Delta_i = \Delta_{i+1}$, und benutze das Ergebnis der vorigen Aufgabe.) Gilt dies auch für die Hypozykloide der Figur 55?

(69) Man zeige: Wenn in dem Diagramm der Kleinschen Flasche auf S. 200 alle vier Pfeile im Uhrzeigersinn gezeichnet werden, entsteht eine Fläche, die äquivalent einer Kugelfläche ist, an der ein kreisförmiges Stück durch eine Kreuzhaube ersetzt ist. (Diese Fläche ist topologisch äquivalent der erweiterten Ebene der projektiven Geometrie.)

(70) Die Kleinsche Flasche der Figur 142 läßt sich durch eine Ebene in zwei symmetrische Hälften zerlegen. Man zeige, daß das Resultat aus zwei Möbiusschen Bändern besteht.

(*71) Bei dem Möbiusschen Band der Figur 139 sollen die beiden Endpunkte jeder Querlinie miteinander identifiziert werden. Man zeige, daß ein topologisches Äquivalent der Kleinschen Flasche entsteht.

Alle möglichen geordneten Punktepaare einer Strecke (wobei die zwei Punkte zusammenfallen können oder nicht) bilden im folgenden Sinn ein Quadrat: Wenn die Punkte der Strecke durch ihre Abstände x, y vom einen Ende A der Strecke gekennzeichnet werden, so können die geordneten Zahlenpaare (x, y) als kartesische Koordinaten eines Punktes des Quadrates betrachtet werden.

Alle möglichen Punktepaare einer Strecke, ohne Rücksicht auf die Ordnung [d. h. wenn (x, y) als dasselbe gilt wie (y, x)], bilden eine Fläche S, die topologisch dem Quadrat äquivalent ist. Um das einzusehen, wähle man die Darstellung, bei welcher der erste Punkt jeden Paares näher am Ende A der Strecke liegt, sofern $x \neq y$. Dann ist S die Menge aller Paare (x, y), bei denen entweder x kleiner ist als y oder $x = y$. Benutzt man kartesische Koordinaten, so ergibt dies das Dreieck in der Ebene mit den Ecken $(0, 0)$, $(0, 1)$, $(1, 1)$.

(*72) Welche Fläche wird durch die Menge aller geordneten Punktepaare gebildet, von denen jeder erste Punkt zu einer Geraden und der zweite zum Umfang eines Kreises gehört? (Antwort: ein Zylinder.)

(73) Welche Fläche wird durch die Menge aller geordneten Punktepaare auf einem Kreise gebildet? (Antwort: ein Torus.)

(*74) Welche Fläche wird durch die Menge aller *ungeordneten* Punktepaare eines Kreises gebildet? (Antwort: ein Möbiussches Band.)

(75) Die folgenden Regeln gelten für ein Spiel, das mit Pfennigstücken auf einem kreisförmigen Tisch gespielt wird: A und B legen abwechselnd Münzen auf den Tisch. Die Münzen brauchen sich nicht zu berühren, und jede Münze darf auf eine beliebige Stelle des Tisches gelegt werden, nur darf sie nicht über den Rand ragen oder eine liegende Münze ganz oder teilweise überdecken. Jede niedergelegte Münze darf nicht verschoben werden. Nach hinreichend langer Zeit wird der Tisch so weit mit Münzen bedeckt sein, daß kein Platz für eine weitere Münze mehr übrig ist. Der Spieler, der in der Lage ist, die letzte Münze auf den Tisch zu legen, hat das Spiel gewonnen. Man beweise: Wenn A das Spiel beginnt, kann er, einerlei wie B spielt, mit Sicherheit gewinnen, sofern er richtig spielt.

(76) Man beweise: Wenn bei dem Spiel von Aufgabe (75) der Tisch die Form von Fig. 125b hat, kann B immer gewinnen.

Funktionen, Grenzwerte und Stetigkeit

(77) Man entwickle das Verhältnis $OB:AB$ von S. 98 in einen Kettenbruch.

(78) Man zeige, daß die Folge $a_0 = \sqrt{2}$, $a_{n+1} = \sqrt{2 + a_n}$ monoton zunimmt, die obere Schranke $S = 2$ hat und daher einen Grenzwert besitzt. Man zeige ferner, daß dieser Grenzwert die Zahl 2 sein muß. (Siehe S. 99 und 248.)

(*79) Man suche durch ähnliche Methoden wie auf Seite 242 zu beweisen, daß sich zu jeder glatten, geschlossenen Kurve ein Quadrat zeichnen läßt, dessen Seiten die Kurve berühren.

Die Funktion $u = f(x)$ heißt *konvex*, wenn der Mittelpunkt jeder Strecke, die zwei beliebige Punkte ihres Graphen verbindet, oberhalb des Graphen liegt. Zum Beispiel ist $u = e^x$ (Fig. 278) konvex, während $u = \ln x$ (Fig. 277) es nicht ist.

(80) Man beweise, daß die Funktion $u = f(x)$ dann und nur dann konvex ist, wenn

$$\frac{f(x_1) + f(x_2)}{2} \geqq f\left(\frac{x_1 + x_2}{2}\right),$$

wobei das Gleichheitszeichen nur für $x_1 = x_2$ gilt.

(*81) Man beweise, daß für konvexe Funktionen die noch allgemeinere Ungleichung

$$\lambda_1 f(x_1) + \lambda_2 f(x_2) \geqq f(\lambda_1 x_1 + \lambda_2 x_2)$$

gilt, wenn λ_1, λ_2 zwei beliebige Konstante sind, für die $\lambda_1 + \lambda_2 = 1$ und $\lambda_1 \geqq 0$, $\lambda_2 \geqq 0$. Dies ist äquivalent mit der Behauptung, daß kein Punkt der Verbindungsstrecke zweier Kurvenpunkte unterhalb der Kurve liegt.

(82) Mit Hilfe der Bedingung der Aufgabe 80 beweise man, daß die Funktionen $u = \sqrt{1 + x^2}$ und $u = 1/x$ (für $x > 0$) konvex sind, d. h. daß

$$\frac{\sqrt{1 + x_1^2} + \sqrt{1 + x_2^2}}{2} \geqq \sqrt{1 + \left(\frac{x_1 + x_2}{2}\right)^2},$$

$$\frac{1}{2}\left(\frac{1}{x_1} + \frac{1}{x_2}\right) \geqq \frac{2}{x_1 + x_2} \text{ für positive } x_1 \text{ und } x_2.$$

(83) Man beweise dasselbe für $u = x^2$, $u = x^n$ für $x > 0$, $u = \sin x$ für $\pi \leqq x \leqq$ $\leqq 2\pi$, $u = \tan x$ für $0 < x \leqq \pi/2$, $u = -\sqrt{1 - x^2}$ für $|x| \leqq 1$.

Maxima und Minima

(84) Man ermittle den kürzesten Weg zwischen P und Q, wie in Fig. 178, wenn der Weg die beiden gegebenen Geraden abwechselnd n-mal berühren soll. (Siehe S. 253f.)

(85) Man suche die kürzeste Verbindungslinie zwischen zwei Punkten P und Q im Innern eines spitzwinkligen Dreiecks, wenn der Weg die Seiten des Dreiecks in einer vorgeschriebenen Reihenfolge berühren soll. (Siehe S. 254.)

(86) In einer Fläche über einem dreifach zusammenhängenden Gebiet, deren Randlinie in einer horizontalen Ebene liegt, zeichne man die Höhenlinien und weise die Existenz von mindestens zwei Sattelpunkten nach. (Siehe S. 262.) Wieder muß der Fall, in dem die Berührungsebene längs einer ganzen geschlossenen Kurve horizontal ist, ausgeschlossen werden.

(87) Ausgehend von zwei beliebigen positiven rationalen Zahlen a_0 und b_0 bilde man Schritt für Schritt die Zahlenpaare $a_{n+1} = \sqrt{a_n b_n}$, $b_{n+1} = \frac{1}{2}(a_n + b_n)$. Man zeige, daß sie eine Intervallschachtelung definieren. (Der Grenzpunkt für $n \to \infty$, das sogenannte arithmetisch-geometrische Mittel von a_0 und b_0, spielte in den frühen Untersuchungen von GAUSS eine große Rolle.)

(88) Man bestimme die Gesamtlänge der Strecken in der Fig. 219 und vergleiche sie mit der Summe der beiden Diagonalen.

(*89) Man untersuche die Bedingungen für vier Punkte A_1, A_2, A_3, A_4, die entscheiden, ob sie zu Fig. 216 oder zu Fig. 218 führen.

(*90) Man suche Systeme von fünf Punkten auf, für die es verschiedene Straßennetze gibt, welche die Winkelbedingung erfüllen. Nur einige von ihnen ergeben relative Minima. (Siehe S. 273.)

(91) Man beweise die Schwarzsche Ungleichung

$$(a_1 b_1 + \cdots + a_n b_n)^2 \leqq (a_1^2 + \cdots + a_n^2)(b_1^2 + \cdots + b_n^2),$$

die für ein beliebiges System von Zahlenpaaren a_i, b_i gilt; man weise nach, daß das Gleichheitszeichen nur dann gilt, wenn die a_i den b_i proportional sind. (Anleitung: Man verallgemeinere die algebraische Formel der Aufgabe 8.)

(*92) Aus n positiven Zahlen $x_1, \ldots, x_n$ bilden wir die Ausdrücke s_k, die durch

$$s_k = \frac{x_1 x_2 \cdots x_k + \cdots}{\binom{n}{k}}$$

definiert sind, wobei das Symbol „$+ \cdots$" bedeutet, daß alle $\binom{n}{k}$ Produkte aus Kombinationen von k dieser Größen addiert werden sollen. Dann soll gezeigt werden, daß

$$\sqrt[k+1]{s_{k+1}} \leqq \sqrt[k]{s_k},$$

worin das Gleichheitszeichen nur gilt, wenn alle Größen x_i einander gleich sind.

(93) Für $n = 3$ sagen diese Ungleichungen aus, daß für drei positive Zahlen a, b, c gilt:

$$\sqrt[3]{abc} \leqq \sqrt{\frac{ab + ac + bc}{3}} \leqq \frac{a + b + c}{3}.$$

Welche Extremaleigenschaften des Würfels ergeben sich aus diesen Ungleichungen?

(*94) Man ermittle den kürzesten Kurvenbogen, der zwei Punkte A, B verbindet und mit der Strecke AB einen vorgeschriebenen Flächeninhalt einschließt. (Lösung: die Kurve muß ein Kreisbogen sein.)

(*95) Gegeben sind zwei Strecken AB und $A'B'$; gesucht ist ein Bogen, der A und B und ein zweiter, der A' und B' verbindet, derart, daß die beiden Bögen mit den beiden Strecken eine vorgeschriebene Fläche einschließen und eine minimale Gesamtlänge haben. (Lösung: die Kurven sind Kreisbögen mit demselben Radius.)

(*96) Dasselbe für eine beliebige Anzahl von Strecken, AB, $A'B'$, usw.

(*97) Auf zwei von 0 ausgehenden Halbgeraden sollen zwei Punkte A bzw. B gefunden und durch eine Kurve minimaler Länge verbunden werden derart, daß die von ihr und den Halbgeraden eingeschlossene Flächengröße vorgeschrieben ist. (Lösung: die Kurve ist ein Stück eines Kreises um 0.)

(*98) Dasselbe Problem, aber jetzt soll der Gesamtumfang des eingeschlossenen Gebietes, d. h. der Bogen plus OA plus OB, ein Minimum sein. (Lösung: die Kurve ist ein nach außen gewölbter Kreisbogen, der die beiden Geraden berührt.)

(*99) Dasselbe Problem für mehrere Winkelsektoren.

(*100) Man beweise, daß die nahezu ebenen Flächen der Figur 240 nicht eben sind, abgesehen von der stabilisierenden Fläche in der Mitte. Zu beachten: Die Bestimmung und analytische Kennzeichnung dieser gekrümmten Flächen ist ein noch ungelöstes Problem. Dasselbe gilt von den Flächen der Figur 251. In Figur 258 dagegen haben wir tatsächlich zwölf symmetrische ebene Flächen, die längs der Diagonalen unter 120° zusammentreffen.

Hinweise für einige weitere Seifenhautexperimente: Man führe die in den Fig. 256 und 257 angedeuteten Experimente für mehr als drei Verbindungsstäbe durch. Man untersuche die Grenzfälle, wenn der Luftinhalt gegen Null strebt. Experimente mit nichtparallelen Ebenen oder sonstigen Flächen. Die würfelförmige Blase in Fig. 258 ist durch Einblasen von Luft zu vergrößern, bis sie den ganzen Würfel erfüllt und über die Kanten hinausschwillt. Dann sauge man die Luft wieder aus, so daß sich der Vorgang wieder umkehrt.

(*101) Man bestimme zwei gleichseitige Dreiecke mit gegebenem Gesamtumfang und minimaler Gesamtfläche. (Lösung: die Dreiecke müssen kongruent sein. [Differentialrechnung anwenden!])

(*102) Man bestimme zwei Dreiecke mit gegebenem Gesamtumfang und maximaler Gesamtfläche. (Lösung: das eine Dreieck entartet zum Punkt, das andere ist gleichseitig.)

(*103) Man bestimme zwei Dreiecke mit gegebenem Gesamtinhalt und minimalem Gesamtumfang.

(*104) Man bestimme zwei gleichseitige Dreiecke mit gegebenem Gesamtinhalt und maximalem Gesamtumfang.

Infinitesimalrechnung

(105) Man differenziere die Funktionen $\sqrt{1+x}$, $\sqrt{1+x^2}$, $\sqrt{\frac{x+1}{x-1}}$ durch direkte Anwendung der Ableitungsdefinition, indem man den Differenzenquotienten bildet und so umformt, daß der Grenzwert leicht durch Einsetzen von $x_1 = x$ ermittelt werden kann. (Siehe S. 319.)

(106) Man beweise, daß alle Ableitungen der Funktion $y = e^{-1/x^2}$, wobei $y = 0$ für $x = 0$ sein soll, an der Stelle $x = 0$ den Wert Null haben.

(107) Es ist zu zeigen, daß die Funktion der Aufgabe (106) sich nicht in eine Taylorsche Reihe entwickeln läßt. (Siehe S. 364.)

(108) Es sind die Wendepunkte ($f''(x) = 0$) der Kurven $y = e^{-x^2}$ und $y = xe^{-x^2}$ zu bestimmen.

(109) Man beweise, daß für ein Polynom $f(x)$, dessen n Wurzeln $x_1, x_2, \ldots, x_n$ alle voneinander verschieden sind, die Formel gilt

$$\frac{f'(x)}{f(x)} = \sum_{i=1}^{n} \frac{1}{x - x_i}.$$

(*110) Mit Hilfe der direkten Definition des Integrals als Grenzwert einer Summe ist zu beweisen, daß für $n \to \infty$

$$n\left(\frac{1}{1^2+n^2} + \frac{1}{2^2+n^2} + \cdots + \frac{1}{n^2+n^2}\right) \to \frac{\pi}{4}.$$

(*111) Man beweise auf ähnliche Weise, daß

$$\frac{b}{n}\left(\sin\frac{b}{n}+\sin\frac{2b}{n}+\cdots+\sin\frac{nb}{n}\right)\to\cos b-1\,.$$

(112) Indem man Figur 276 in großem Maßstabe auf Koordinatenpapier zeichnet und die kleinen Quadrate auszählt, soll ein Näherungswert für π gefunden werden.

(113) Man benutze die Formel (7) S. 336 zur numerischen Berechnung von π mit einer garantierten Genauigkeit von mindestens 1/100.

(114) Man beweise, daß $e^{\pi i}=-1$. (Siehe S. 365.)

(115) Eine geschlossene Kurve von gegebener Gestalt wird im Verhältnis $1:x$ vergrößert. $L(x)$ und $F(x)$ bedeuten Länge und Fläche der vergrößerten Kurve. Man zeige, daß $\frac{L(x)}{F(x)}\to 0$ für $x\to\infty$ und allgemeiner $\frac{L(x)}{F(x)^k}\to 0$ für $x\to\infty$, wenn $k>\frac{1}{2}$. Man kontrolliere dies für den Kreis, das Quadrat und *dieEllipse. (Die Fläche ist von höherer Größenordnung als der Umfang. Siehe S. 358.)

(116) Häufig kommt die Exponentialfunktion in besonderen Verbindungen vor, die folgendermaßen definiert und geschrieben werden:

$$u=\sinh x=\frac{1}{2}(e^{x}-e^{-x})\,,\qquad v=\cosh x=\frac{1}{2}(e^{x}+e^{-x})\,,$$

$$w=\tanh x=\frac{e^{x}-e^{-x}}{e^{x}+e^{-x}}$$

und die als *hyperbolischer Sinus, hyperbolischer Cosinus* bzw. *hyperbolischer Tangens* bezeichnet werden. Diese Funktionen haben manche Eigenschaften, die denen der trigonometrischen Funktionen analog sind; sie stehen mit der Hyperbel $u^2-v^2=1$ in etwa dem gleichen Zusammenhang wie die Funktionen $u=\cos x$ und $v=\sin x$ mit dem Kreise $u^2+v^2=1$. Der Leser möge die folgenden Tatsachen nachprüfen und mit den entsprechenden Tatsachen bei den trigonometrischen Funktionen vergleichen.

$$D\cosh x=\sinh x\,,\quad D\sinh x=\cosh x\,,\quad D\tanh x=\frac{1}{\cosh^2 x}\,,$$

$$\sinh(x+x')=\sinh x\cosh x'+\cosh x\sinh x'\,,$$

$$\cosh(x+x')=\cosh x\cosh x'+\sinh x\sinh x'.$$

Die inversen Funktionen heißen $x=\operatorname{ar\,sinh} u$ (sprich: Areasinus) $=\ln\left(u+\sqrt{u^2+1}\right)$, $x=\operatorname{ar\,cosh} v=\ln\left(v\pm\sqrt{v^2-1}\right)$ $(v\geq 1)$ und $x=\operatorname{ar\,tanh} w=\frac{1}{2}\ln\frac{1+w}{1-w}$ $(|w|<1)$.

Ihre Ableitungen sind gegeben durch

$$D\operatorname{ar\,sinh} u=\frac{1}{\sqrt{1+u^2}}\,,\quad D\operatorname{ar\,cosh} v=\pm\frac{1}{\sqrt{v^2-1}}\,,\quad (v>1)\,,$$

$$D\operatorname{ar\,tanh} w=\frac{1}{1-w^2}\,,\qquad (|w|<1)\,.$$

(117) Auf Grund der Eulerschen Formel kontrolliere man die Analogie zwischen den hyperbolischen und den trigonometrischen Funktionen.

(*118) Man stelle einfache Summationsformeln auf für

$$\sinh x+\sinh 2x+\cdots+\sinh nx$$

und

$$\frac{1}{2} + \cosh x + \cosh 2x + \cdots + \cosh nx,$$

analog zu den in Aufgabe 14 angegebenen für die trigonometrischen Funktionen.

Integrationstechnik

Der Satz auf S. 334 führt das Problem, eine Funktion $f(x)$ zwischen den Grenzen a und b zu integrieren, darauf zurück, eine primitive Funktion $G(x)$ für $f(x)$ zu finden, d. h. eine solche, für die $G'(x) = f(x)$ ist. Das Integral ist dann einfach $G(b) - G(a)$. Für diese primitiven Funktionen, die durch $f(x)$ (bis auf eine willkürliche additive Konstante) bestimmt sind, ist der Name „unbestimmtes Integral" und die Schreibweise

$$G(x) = \int f(x)\,dx$$

ohne Integrationsgrenzen gebräuchlich. (Diese Schreibweise könnte auf den Anfänger verwirrend wirken; vgl. die Bemerkung auf S. 333.)

Jede Differentiationsformel enthält zugleich die Lösung eines unbestimmten Integrationsproblems, da man sie einfach umgekehrt als Integrationsformel interpretieren kann. Wir können dieses etwas empirische Verfahren mit Hilfe zweier wichtiger Regeln erweitern, die nur das Äquivalent der Regeln für die Differentiation von zusammengesetzten Funktionen und von Produkten mehrerer Funktionen sind. Für die Integration heißen diese die Regeln der *Integration durch Substitution* und der *Produktintegration* oder *partiellen Integration.*

A) Die erste Regel ergibt sich aus der Formel für die Differentiation einer zusammengesetzten Funktion,

$$H(u) = G(x),$$

worin $x = \psi(u)$ und $u = \varphi(x)$ Funktionen voneinander sein sollen, die in dem betrachteten Intervall eindeutig definiert sind. Dann haben wir

$$H'(u) = G'(x)\,\psi'(u).$$

Ist

$$G'(x) = f(x),$$

so können wir schreiben

$$G(x) = \int f(x)\,dx$$

und auch

$$G'(x)\,\psi'(u) = f(x)\,\psi'(u),$$

was gemäß der oben angegebenen Formel für $H'(u)$ äquivalent ist zu

$$H(u) = \int f(\psi(u))\,\psi'(u)\,du.$$

Folglich ist, wegen $H(u) = G(x)$,

$$\text{(I)} \qquad \int f(x)\,dx = \int f(\psi(u))\,\psi'(u)\,du.$$

In der Leibnizschen Schreibweise (siehe S. 330) erhält diese Regel die suggestive Form

$$\int f(x)\,dx = \int f(x)\,\frac{dx}{du}\,du,$$

das heißt, daß das Symbol dx durch das Symbol $\frac{dx}{du}\,du$ ersetzt werden darf, genau als ob dx und du Zahlen wären und $\frac{dx}{du}$ ein Bruch.

Wir wollen die Nützlichkeit der Formel (I) an einigen Beispielen demonstrieren.

a) $J = \int \frac{1}{u \ln u}\,du$. Hier gehen wir von der rechten Seite von (I) aus, indem wir $x = \ln u = \psi(u)$ setzen. Wir haben dann $\psi'(u) = \frac{1}{u}$, $f(x) = \frac{1}{x}$; folglich ist

$$J = \int \frac{dx}{x} = \ln x$$

oder

$$\int \frac{du}{u \ln u} = \ln \ln u\,.$$

Wir können dieses Resultat nachprüfen, indem wir beide Seiten differenzieren. Wir erhalten $\frac{1}{u \ln u} = \frac{d}{du}(\ln \ln u)$, was sich leicht als richtig nachweisen läßt.

b) $J = \int \cot u\,du = \int \frac{\cos u}{\sin u}\,du$. Setzt man $x = \sin u = \psi(u)$, so hat man

$$\psi'(u) = \cos u\,, \quad f(x) = \frac{1}{x}$$

und daher

$$J = \int \frac{dx}{x} = \ln x$$

oder

$$\int \cot u\,du = \ln \sin u\,.$$

Dieses Resultat kann wieder durch Differenzieren bestätigt werden.

c) Haben wir ganz allgemein ein Integral von der Form

$$J = \int \frac{\psi'(u)}{\psi(u)}\,du\,,$$

so setzen wir $x = \psi(u)$, $f(x) = 1/x$ und erhalten

$$J = \int \frac{dx}{x} = \ln x = \ln \psi(u)\,.$$

d) $J = \int \sin x \cos x\,dx$. Wir setzen $\sin x = u$, $\cos x = \frac{du}{dx}$. Dann ist

$$J = \int u \frac{du}{dx}\,dx = \int u\,du = \frac{u^2}{2} = \frac{1}{2}\sin^2 x\,.$$

e) $J = \int \frac{\ln u}{u}\,du$. Wir setzen $\ln u = x$, $\frac{1}{u} = \frac{dx}{du}$. Dann ist

$$J = \int x \frac{dx}{du}\,du = \int x\,dx = \frac{x^2}{2} = \frac{1}{2}(\ln u)^2\,.$$

In den folgenden Beispielen wenden wir (I) an, gehen aber von der linken Seite aus.

f) $J = \int \frac{dx}{\sqrt{x}}$. Man setze $\sqrt{x} = u$. Dann ist $x = u^2$ und $\frac{dx}{du} = 2u$. Daher ist

$$J = \int \frac{1}{u} 2u\,du = 2u = 2\sqrt{x}\,.$$

g) Durch die Substitution $x = au$, in der a eine Konstante ist, finden wir

$$\int \frac{dx}{a^2 + x^2} = \int \frac{dx}{du} \frac{1}{a^2} \frac{1}{1+u^2}\,du = \int \frac{1}{a} \frac{du}{1+u^2} = \frac{1}{a}\arctan\frac{x}{a}\,.$$

h) $J = \int \sqrt{1-x^2}\,dx$. Man setze $x = \cos u$, $\frac{dx}{du} = -\sin u$. Dann ist

$$J = -\int \sin^2 u\,du = -\int \frac{1-\cos 2u}{2}\,du = -\frac{u}{2} + \frac{\sin 2u}{4}.$$

Benutzen wir $\sin 2u = 2\sin u \cos u = 2\cos u\sqrt{1-\cos^2 u}$, so haben wir

$$J = -\frac{1}{2}\operatorname{arc\,cos} x + \frac{1}{2}x\sqrt{1-x^2}.$$

Die folgenden unbestimmten Integrale sind auszuwerten und die Ergebnisse durch Differenzieren zu kontrollieren:

(119) $\int \frac{u\,du}{u^2-u+1}$. (120) $\int u e^{u^2} du$.

(121) $\int \frac{du}{u(\ln u)^n}$. (122) $\int \frac{8x}{3+4x}\,dx$.

(123) $\int \frac{dx}{x^2+x+1}$. (124) $\int \frac{dx}{x^2+2ax+b}$.

(125) $\int t^2\sqrt{1+t^2}\,dt$. (126) $\int \frac{t+1}{\sqrt{1-t^2}}\,dt$.

(127) $\int \frac{t^4}{1-t}\,dt$. (128) $\int \cos^n t \cdot \sin t\,dt$.

(129) Man beweise, daß $\int \frac{dx}{a^2-x^2} = \frac{1}{a}\cdot \operatorname{ar\,tanh}\frac{x}{a}$; $\int \frac{dx}{\sqrt{a^2+x^2}} = \operatorname{ar\,sinh}\frac{x}{a}$.
(Vgl. die Beispiele g, h).

B. Die Regel (S. 325) für die Differentiation eines Produktes

$$(p(x)\cdot q(x))' = p(x)\cdot q'(x) + p'(x)\cdot q(x)$$

kann als Integralformel geschrieben werden:

$$p(x)\cdot q(x) = \int p(x)q'(x)\,dx + \int p'(x)q(x)\,dx$$

oder

(II) $$\int p(x)\,q'(x)\,dx = p(x)\,q(x) - \int p'(x)\,q(x)\,dx.$$

In dieser Form heißt sie die Regel für die *Produktintegration* oder partielle Integration. Diese Regel ist nützlich, wenn die zu integrierende Funktion als Produkt von der Form $p(x)q'(x)$ geschrieben werden kann, wobei die primitive Funktion $q(x)$ von $q'(x)$ bekannt ist. In diesem Falle reduziert die Formel (II) das Problem, das unbestimmte Integral von $p(x)q'(x)$ zu finden, auf die Integration der Funktion $p'(x)q(x)$, die sich häufig viel einfacher durchführen läßt.

Beispiele:

a) $J = \int \ln x\,dx$. Wir setzen $p(x) = \ln x$, $q'(x) = 1$, so daß $q(x) = x$. Dann liefert (II)

$$\int \ln x\,dx = x\ln x - \int \frac{x}{x}\,dx = x\ln x - x.$$

b) $J = \int x\ln x\,dx$. Wir setzen $p(x) = \ln x$, $q'(x) = x$. Dann ist

$$J = \frac{x^2}{2}\ln x - \int \frac{x^2}{2x}\,dx = \frac{x^2}{2}\ln x - \frac{x^2}{4}.$$

c) $J = \int x\sin x\,dx$. Hier setzen wir $p(x) = x$, $q(x) = -\cos x$ und finden

$$\int x\sin x\,dx = -x\cos x + \sin x.$$

Man werte die folgenden Integrale durch partielle Integration aus:

(130) $\int x e^x dx$ (131) $\int x^a \ln x\, dx \quad (a \neq -1)$

(132) $\int x^2 \cos x\, dx$ (133) $\int x^2 e^x dx$

(Anleitung: (II) ist zweimal anzuwenden.) (Anleitung: man benutze das Beispiel (130).)

Partielle Integration des Integrals $\int \sin^m x\, dx$ führt zu einem bemerkenswerten Ausdruck für die Zahl π als unendliches Produkt. Um diesen abzuleiten, schreiben wir die Funktion $\sin^m x$ in der Form $\sin^{m-1} x \cdot \sin x$ und integrieren partiell zwischen den Grenzen 0 und $\pi/2$. Dies führt auf die Formel

$$\int_0^{\pi/2} \sin^m x\, dx = (m-1) \int_0^{\pi/2} \sin^{m-2} x \cos^2 x\, dx$$

$$= -(m-1) \int_0^{\pi/2} \sin^m x\, dx + (m-1) \int_0^{\pi/2} \sin^{m-2} x\, dx$$

oder

$$\int_0^{\pi/2} \sin^m x\, dx = \frac{m-1}{m} \int_0^{\pi/2} \sin^{m-2} x\, dx\,;$$

denn das erste Glied auf der rechten Seite von (II), pq, verschwindet für die Werte 0 und $\pi/2$. Durch wiederholte Anwendung der letzten Formel erhalten wir den folgenden Wert für $I_m = \int_0^{\pi/2} \sin^m x\, dx$ (die Formeln unterscheiden sich, je nachdem, ob m gerade oder ungerade ist):

$$I_{2n} = \frac{2n-1}{2n} \cdot \frac{2n-3}{2n-2} \cdots \frac{1}{2} \frac{\pi}{2}\,,$$

$$I_{2n+1} = \frac{2n}{2n+1} \cdot \frac{2n-2}{2n-1} \cdots \frac{2}{3}\,.$$

Da $0 < \sin x < 1$ für $0 < x < \pi/2$, haben wir $\sin^{2n-1} x > \sin^{2n} x > \sin^{2n+1} x$, so daß

$$I_{2n-1} > I_{2n} > I_{2n+1} \qquad \text{(siehe S. 314)}$$

oder

$$\frac{I_{2n-1}}{I_{2n+1}} > \frac{I_{2n}}{I_{2n+1}} > 1\,.$$

Setzen wir die oben für I_{2n-1} usw. berechneten Werte in die letzten Ungleichungen ein, so ergibt sich

$$\frac{2n+1}{2n} > \frac{1}{2} \cdot \frac{3}{2} \cdot \frac{3}{4} \cdot \frac{5}{4} \cdot \frac{5}{6} \cdot \frac{7}{6} \cdots \frac{2n-1}{2n} \cdot \frac{2n+1}{2n} \cdot \frac{\pi}{2} > 1\,.$$

Wenn wir jetzt zur Grenze für $n \to \infty$ übergehen, so sehen wir, daß der mittlere Ausdruck gegen 1 strebt; also erhalten wir die Wallissche Produktdarstellung für $\pi/2$:

$$\frac{\pi}{2} = \frac{2}{1} \cdot \frac{2}{3} \cdot \frac{4}{3} \cdot \frac{4}{5} \cdot \frac{6}{5} \cdot \frac{6}{7} \cdots \frac{2n}{2n-1} \cdot \frac{2n}{2n+1}$$

$$= \lim \frac{2^{4n}(n!)^4}{[(2n)!]^2 (2n+1)}\,, \text{ wenn } n \to \infty\,.$$

Hinweise auf weiterführende Literatur

Allgemeine Hinweise

AHRENS, W.: Mathematische Unterhaltungen und Spiele, 2. Aufl., 2 Bände. Leipzig 1910 und 1918.

BELL, E. T.: The development of mathematics, 2. Aufl., New York 1945.

— Men of mathematics. New York 1937 (auch: Penguin Book 1953).

ENRIQUES, F. (Herausgeber): Fragen der Elementargeometrie, 2. Aufl., 2 Bände. Leipzig 1923.

KASNER, E., u. J. NEWMAN: Mathematics and the imagination. New York 1940.

KLEIN, F.: Elementarmathematik vom höheren Standpunkte aus, 3. Aufl., 2 Bände. Berlin 1924 und 1925.

KRAÏTCHIK, M.: La mathématique des jeux ou récréations mathématiques, 2. Aufl. Brüssel und Paris 1953.

NEUGEBAUER, O.: Vorlesungen über Geschichte der antiken mathematischen Wissenschaften. Erster Band: Vorgriechische Mathematik. Berlin 1934.

RADEMACHER, H., u. O. TOEPLITZ: Von Zahlen und Figuren, 2. Aufl. Berlin 1933.

ROUSE BALL, W. W.: Mathematical recreations and essays, 11. Aufl., hrg. von H. S. M. COXETER. New York 1939.

RUSSELL, B.: Einführung in die Mathematische Philosophie. Übertragung aus dem Englischen. Darmstadt und Genf 1953.

STEINHAUS, H.: Kaleidoskop der Mathematik. Deutsche Ausgabe. Berlin 1959.

VAN DER WAERDEN, B. L.: Erwachende Wissenschaft. Basel 1956.

WEYL, H.: The mathematical way of thinking. Science 92, 437ff. (1940).

— Philosophie der Mathematik und Naturwissenschaft, Handbuch der Philosophie, Band II S. 3—162. München 1926.

Kapitel I

DICKSON, L. E.: Einführung in die Zahlentheorie. Deutsche Ausgabe, hrg. von E. BODEWIG. Leipzig 1931.

— Modern elementary theory of numbers, 3. Aufl. Chicago 1947.

HARDY, G. H.: An Introduction to the theory of numbers. Bull. Am. Math. Soc. 35, 778—818 (1929).

— u. E. M. WRIGHT: Einführung in die Zahlentheorie. Übersetzt von H. RUOFF. München 1958.

HASSE, H.: Vorlesungen über Zahlentheorie. Berlin, Göttingen, Heidelberg: Springer 1950.

SCHOLZ, A.: Einführung in die Zahlentheorie, 2. Aufl., hrg. von B. SCHÖNEBERG. Sammlung Göschen, Band 1131. Berlin 1955.

Kapitel II

BIRKHOFF, G., and S. MACLANE: A survey of modern algebra, 10. Aufl. New York 1951.

ENRIQUES, F.: Zur Geschichte der Logik, Deutsch von L. BIEBERBACH. Leipzig und Berlin 1927.

FRAENKEL, A.: Einleitung in die Mengenlehre, 3. Aufl. Berlin 1928.

HARDY, G. H.: A course of pure mathematics, 10. Aufl. Cambridge 1952.

HILBERT, D., u. W. ACKERMANN: Grundzüge der theoretischen Logik, 4. Aufl. Berlin, Göttingen, Heidelberg: Springer 1959.

KNOPP, K.: Theorie und Anwendung der unendlichen Reihen. 4. Aufl. Berlin, Göttingen, Heidelberg: Springer 1947.

PERRON, O.: Irrationalzahlen. Berlin 1947.

TARSKI, A.: Einführung in die Mathematische Logik und in die Methodologie der Mathematik. Wien 1937.

Kapitel III

ARTIN, E.: Galoissche Theorie. Leipzig 1959.

BIEBERBACH, L.: Theorie der geometrischen Konstruktionen. Basel 1952.

COOLIDGE, J. L.: A history of geometrical methods. Oxford 1947.
ENRIQUES, F. (Herausgeber): Fragen der Elementargeometrie, 2. Aufl., 2 Bände. Leipzig 1923.
HASSE, H.: Höhere Algebra I und II, 3. Aufl. Sammlung Göschen, Band 931 und 932. Berlin 1951.
HOBSON, E. W.: Squaring the circle, a history of the problem. Cambridge 1913.
KEMPE, A. B.: How to draw a straight line. London 1877. (Neudruck in: HOBSON, E. W. et al.: Squaring the circle and other monographs. Chelsea Publishing Comp. 1953.)
MASCHERONI, L.: La geometria del compasso. Palermo 1901.
MOHR, G.: Euclides Danicus, mit deutscher Übersetzung von J. PÁL Kopenhagen 1928.
SCHMIDT, H.: Die Inversion und ihre Anwendungen. München 1950.
WEISNER, L.: Introduction to the theory of equations. New York 1949.

Kapitel IV

BLASCHKE, W.: Projektive Geometrie, 3. Aufl. Basel und Stuttgart 1954.
COXETER, H. S. M.: Non-Euclidian geometry, 3. Aufl. Toronto 1957.
GRAUSTEIN, W. C.: Introduction to higher geometry. New York 1930.
HESSENBERG, G.: Grundlagen der Geometrie. Berlin und Leipzig 1930.
HILBERT, D.: Grundlagen der Geometrie, 8. Aufl. Stuttgart 1956.
O'HARA, C. W., and D. R. WARD: An introduction to projective geometry. Oxford 1937.
ROBINSON, G. DE B.: The foundations of geometry, 2. Aufl. Toronto 1946.
SACCHERI, G.: Euclides ab omni naevo vindicatus. Englische Übersetzung von G. B. HALSTED. Chicago 1920.
VEBLEN, O., and J. W. YOUNG: Projective geometry, 2. Bände, Boston 1910 und 1918.

Kapitel V

ALEXANDROFF, P.: Einfachste Grundbegriffe der Topologie. Berlin 1932.
HILBERT, D., u. S. COHN-VOSSEN: Anschauliche Geometrie. Berlin 1932.
NEWMAN, M. H. A.: Elements of the topology of plane sets of points. 2. Aufl. Cambridge 1951.
SEIFERT, H., u. W. THRELFALL: Lehrbuch der Topologie. Leipzig 1934.

Kapitel VI

COURANT, R.: Vorlesungen über Differential- und Integralrechnung, 3. Aufl., 2 Bände. Berlin, Göttingen, Heidelberg: 1955.
HARDY, G. H.: A course of pure mathematics, 10. Aufl. Cambridge 1952.
OSTROWSKI, A.: Vorlesungen über Differential- und Integralrechnung, Band I und II, 2. Aufl. Basel/Stuttgart 1960.
Für die Theorie der Kettenbrüche siehe z. B.
PERRON, O.: Die Lehre von den Kettenbrüchen, 3. Aufl., 2 Bände, Stuttgart 1954 und 1957.

Kapitel VII

COURANT, R.: Soap film experiments with minimal surfaces. Am. Math. Monthly 47, 167—174 (1940).
PLATEAU, J.: Sur les figures d'équilibre d'une masse liquide sans pésanteur. Mém Acad. Roy. Belgique, nouvelle série 23, XXIII (1849).
— Statique expérimentale et théoretique des Liquides. Paris 1873.

Kapitel VIII

BOYER, C. B.: The concepts of the calculus. New York 1939.
COURANT, R.: Vorlesungen über Differential- und Integralrechnung, 3. Aufl., 2 Bände. Berlin, Göttingen, Heidelberg: 1955.
HARDY, G. H.: A course of pure mathematics, 10. Aufl. Cambridge 1952.
OSTROWSKI, A.: Vorlesungen über Differential- und Integralrechnung, Band I und II, 2. Aufl. Basel/Stuttgart 1960.
TOEPLITZ, O.: Die Entwicklung der Infinitesimalrechnung. Berlin, Göttingen, Heidelberg: 1949.

Sachverzeichnis

Printed in the United States
By Bookmasters